中 国 国 家 标 准 汇 编

318

GB 19770～19816

(2005 年制定)

中 国 标 准 出 版 社

2006

图书在版编目（CIP）数据

中国国家标准汇编．318：GB 19770～19816：2005 年制定/中国标准出版社总编室编．—北京：中国标准出版社，2006

ISBN 7-5066-4055-4

Ⅰ．中… Ⅱ．中… Ⅲ．国家标准-汇编-中国-2005 Ⅳ．T-652.1

中国版本图书馆 CIP 数据核字（2006）第 022640 号

中国标准出版社出版发行
北京复兴门外三里河北街 16 号
邮政编码：100045
网址 www.spc.net.cn
电话：68523946 68517548
中国标准出版社秦皇岛印刷厂印刷
各地新华书店经销
*
开本 880×1230 1/16 印张 40.75 字数 1 183 千字
2006 年 5 月第一版 2006 年 5 月第一次印刷
*
定价 180.00 元

ISBN 7-5066-4055-4

出 版 说 明

1.《中国国家标准汇编》是一部大型综合性国家标准全集。自1983年起，按国家标准顺序号以精装本、平装本两种装帧形式陆续分册汇编出版。本《汇编》在一定程度上反映了我国建国以来标准化事业发展的基本情况和主要成就，是各级标准化管理机构，工矿企事业单位，农林牧副渔系统，科研、设计、教学等部门必不可少的工具书。

2. 本《汇编》收入我国正式发布的全部国家标准。各分册中如有顺序号缺号的，除特殊情况注明外，均为作废标准号或空号。

3. 由于本《汇编》的出版时间与新国家标准的发布时间已达到基本同步，我社将在每年出版前一年发布的新制定的国家标准，便于读者及时使用。出版的形式不变，分册号继续顺延。

4. 由于标准不断修订，修订信息不能在本《汇编》中得到充分和及时的反应，根据多年来读者的要求，自1995年起，在本《汇编》汇集出版前一年发布的新制定的国家标准的同时，新增出版前一年发布的被修订的标准的汇编版本，视篇幅分设若干分册。这些修订标准汇编的正书名、版本形式与《中国国家标准汇编》相同，但不占总的分册号，仅在封面和书脊上注明“20××年修订-1，-2，-3，……”字样，作为本《汇编》的补充。读者配套购买则可收齐前一年制定和修订的全部国家标准。

5. 由于读者需求的变化，自第201分册起，仅出版精装本。

本分册为第318分册，收入国家标准GB 19770～19816的最新版本。

中国标准出版社

2006年3月

目　录

ICS 37.060.20
A 15

中华人民共和国国家标准

GB/T 19770—2005

电影　评价电视用电影和幻灯的观看条件 彩色、亮度和尺寸

Cinematography—Viewing conditions for the evaluation of films and slides for television—Colours, luminances and dimensions

(ISO 6035:1983, MOD)

2005-05-20 发布　　2005-12-01 实施

中华人民共和国国家质量监督检验检疫总局
中国国家标准化管理委员会　发布

前　言

本标准修改采用 ISO 6035:1983《电影　评价电视用电影和幻灯的观看条件　彩色、亮度和尺寸》(英文版)。

本标准与 ISO 6035:1983 的主要差别是:

——重新编写了前言;

——为规范性引用文件一章添加了引导语;

——将第 2 章"规范性引用文件"中的部分国际标准改为与之对应的国家标准;

——为图编了号,并添加了标题;

——将表的内容改作图 1 的图注;

——删去了 A.1.1 与 A.2.2 中的示例;

——删去了 A.3.1 的条号。

本标准的附录 A 为规范性附录。

本标准由国家广播电影电视总局提出。

本标准由中国电影科学技术研究所归口。

本标准由中国电影科学技术研究所起草。

本标准主要起草人:顾欣台。

电影　评价电视用电影和幻灯的观看条件　彩色、亮度和尺寸

1　范围

1.1　本标准规定了在开片门放映的银幕彩色和亮度的必要条件，以及周围区域照明的彩色和亮度的必要条件。

本标准还规定了银幕和银幕周围区的相对尺寸及严格评价电视用彩色电影片的彩色平衡和反差所需的对周围区域的照明要求。

1.2　本标准还推荐了能容纳大量观众的看片室的条件。

2　规范性引用文件

下列文件中的条款通过本标准的引用而成为本标准的条款。凡是注日期的引用文件，其随后所有的修改单(不包括勘误的内容)或修订版均不适用于本标准，然而，鼓励根据本标准而达成协议的各方研究是否可使用这些文件的最新版本。凡是不注日期的引用文件，其最新版本适用于本标准。

GB/T 4645—1994　室内影院和鉴定放映室的银幕亮度(eqv ISO 2910:1990)

ISO 6036:1996　电影　电视广播用的彩色电影和幻灯　密度

3　开片门放映的银幕彩色和亮度

3.1　虽然在电视系统中白色最终还原的色温是D_{6500}或光源C，但银幕的色度和光谱分布应采用接近黑体标称的5 400 K。5 000 K到6 500 K都在能接受的范围，但如有可能，优选5 400 K。

3.2　在3.1中所述的银幕彩色特性取决于放映机光源的色谱分布特性和银幕的反射特性(见附录A.1.1)。

3.3　使用低反射率或定向性的银幕有利于控制银幕周围可见区域的照明。

3.4　按GB/T 4645—1994的规定进行测量，开片门放映的银幕亮度应为137 $cd/m^2 \pm 13.7\ cd/m^2$(40 ftL±4 ftL)。这个亮度在放映符合ISO 6036:1996规定的影片时，将产生大约68 cd/m^2(20 ftL)的白光亮度，这大致对应于彩色电视监视器上的峰值白电平。

3.5　沿水平轴线，距离银幕边缘为银幕宽度5%的位置上的亮度应为银幕中心亮度的90%±10%。

3.6　如果使用定向银幕，观众应集中到亮度容差在允许范围内的区域中。

4　银幕的尺寸

4.1　银幕的尺寸应使观众席离银幕的距离等于银幕高度的四至六倍。银幕尺寸应足够小，使能看到的银幕周围区的面积大约等于银幕面积的八倍(见图1)。

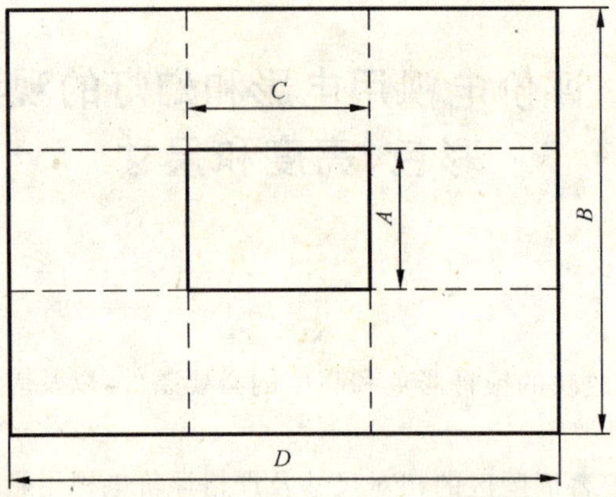

注：各部分的尺寸相对比例如下：

$A=1.00$；$B=3.00$；$C=1.33$；$D=4.00$

图1 银幕周围区的面积与银幕面积的关系

4.2 银幕的宽高比应为1.33∶1。

5 银幕周围的照明

5.1 银幕周围的照明是指银幕周围能看到的光，不包括银幕的光。

5.2 银幕周围的照明面积应最好不小于银幕面积的八倍(见图1)。

5.3 银幕周围的照明亮度应为开片门放映银幕亮度的1/6至1/10(见附录A.2.1)。

5.4 银幕周围区域的照明的彩色应与开片门放映银幕的彩色匹配，差别控制在±200 K范围内(见附录A.2.2)。

6 环境条件

6.1 环境照明的亮度与银幕亮度及银幕周围照明的亮度相比应可忽略。

6.2 投射到银幕再反射到观看区的环境光应足够暗，因此投射到银幕上的环境照明的亮度应低于3.4 cd/m^2(1 ftL)，为实现这一点，宜采用低反射的墙面。

7 大量观众的看片室

如果看片室因为需要容纳较多观众，造成以上条件无法实现时，对影片特性的评价和印象可能产生变化。GB/T 4645—1994所描述的观看特性适合大量观众的影院。在这些条件下观看时，要提醒使用者，取消银幕周围的照明区域会降低观众对反差的判断力。

附　录　A
（规范性附录）
其他数据

A.1　银幕和放映机的特性

A.1.1　在放映机中使用弧光光源可以得到满意的彩色。高亮度的碳弧灯一般工作在 5 400 K 左右。氙弧灯在新的时候工作在 6 000 K 左右，但随使用时间的增加会降至 5 000 K。另外一种方法是给使用钨灯光源的放映机加上能将微倒度值改变约 110 单位的蓝滤色片，使标称色温从大约 3 500 K 变到 5 400 K。使用适当厚度的蓝色玻璃滤色片，可以使微倒度值减少 110 个单位。不推荐使用明胶滤色片。

验证色温最简单的方法是用分光辐射谱仪与已知是 5 400 K 的基准进行对比测试。二色或三色的色温表测不出偏离黑体光谱质量的氙灯或其他光源的相对结果。另一个方法是使用钨灯光源加足够厚度的蓝色滤色片，使之产生大约 5 400 K 的标称色温。

A.1.2　银幕材料的选择取决于所用放映光源的照度和选用何种方法对银幕周围区域照明。如果放映光源是钨灯，需要在放映镜头前加滤色片，将色温变为 5 400 K，有可能需要使用定向高增益银幕，以提供足够的开片门银幕亮度。如果光源是光输出达到大约 100 lm 的氙弧灯，可以使用无光的白色银幕。如果照度有 500 lm，可以使用 20%反射率的灰色幕，20%反射率的无光灰色幕和定向高增益银幕能在有一些环境光的条件下，在没有光照的银幕上得到令人满意的黑度。只要照明能达到均匀，以上实践不排除背面放映幕。

出于美学的原因，银幕可以加一个框。如果加框，它的宽度最好不要超过画面宽度的 4%。

A.2　照明环境

A.2.1　为判断电影的反差，理想的环境照明的水平应与画面的平均亮度大体相同，虽然它的变化范围很大，但在大多数情况下，应是画面中白光亮度的大约 1/5。然而，为了使观察者对色度和色平衡误差有最佳的判断力，银幕周围区域需要较高的亮度，而经常采用的是白亮度的 1/3，尽管观察者在这种条件下长期观看会出现疲劳。最理想的是环境亮度可以调整，但如果只能采用一个固定值时，宜是开片门银幕亮度的 1/6 到 1/10 之间，即典型拷贝的画面白亮度的 1/3 至 1/5。这个值可以直接测量，或在镜头前加一个适当值的无散射中灰滤光片，以检查与银幕亮度的相对关系。这样能使银幕亮度按一定系数衰减，并用视觉的方法判断它与银幕周围区域的照明匹配。

A.2.2　银幕与环境的彩色匹配是十分重要的，用密度 0.6 的无散射中灰滤光片加在镜头前，能从视觉上判断银幕与环境的匹配，这是最简单、最准确的验证彩色匹配的方法。最重要的是，滤光片不能引入颜色，而金属镀膜的滤光片可以满足这一要求。

银幕周围区域的照明可以用多种方法获得，它可以是一个透射的板，假如银幕本身不发光，可以使用正向照明，采用这种方法时，可以把银幕放在一个平面，这个平面在银幕周围区域平面的前面，这样使银幕周围区域平面处于银幕的后面。也可以用镜面光学装置投射出银幕周围区域光，银幕部分用遮板挡住。在使用定向、高增益幕时，经过适当布置头顶光的位置，也能达到目的。随处可见的荧光灯管，标称工作色温是 5 400 K。

A.2.3　如果由于房屋设计的局限，银幕周围区域无法实现完全满意的规格和几何要求，在银幕周围区域的照明均匀性和与银幕的同心度方面要求略有降低，看片室的基本性能仍可能达到要求。

A.3 兼容性

试验证明，在较大型银幕的暗室条件下，拷贝最好具有与在较小银幕、银幕周围有照明条件下相同的彩色平衡和密度。然而，由于视觉的适应性，有可能观察者在暗室中判断为可以接受的拷贝，在银幕周围区域有照明的环境中会判断为不大能接受，或完全不能接受。

ICS 35.100.70
L 79

中华人民共和国国家标准

GB/T 19771—2005

信息技术　安全技术　公钥基础设施 PKI组件最小互操作规范

Information technology—Security technology—Public key infrastructure—Minimum interoperability specification for PKI components

2005-05-25 发布　　　　2005-12-01 实施

中华人民共和国国家质量监督检验检疫总局
中国国家标准化管理委员会　发布

前　言

本标准是在参考美国国家标准与技术研究院(NIST)提出的《公钥基础设施 PKI 组件最小互操作规范》第二版内容的基础上修改而成,同时本标准还参照了包括证书管理策略(CMP)、证书请求消息格式(CRMF)、FIPS 许可的密码算法和 X9 密码算法等相关的规范。

本标准凡涉及密码算法相关内容,按国家有关法规实施。

本标准中引用的 SHA-1、RSA、SHA1-MAC、SHA1-HMAC 、DES-MAC、tDEA 密码算法均为举例性说明,具体使用时均须采用国家商用密码管理委员会批准的相应算法。

本标准的附录 A、附录 B、附录 C、附录 D 为规范性附录。

本标准由中华人民共和国信息产业部提出。

本标准由全国信息安全标准化技术委员会(TC260)归口。

本标准起草单位:信息安全国家重点实验室、中国电子技术标准化研究所。

本标准主要起草人:冯登国、吴志刚、荆继武、高 能、向 继、张 凯、周瑞辉、徐 佳、林璟锵、曹 政、余婧、廖洪銮、李 丹、罗锋盈、陈 星。

引 言

数字签名证书在政府服务商业和法律程序中代替手写签名，并且允许以前没有联系的双方可靠地鉴别对方以进行商业事务。加密证书提供了加密传输和加密算法的应用，来建立或保护对称密钥以提供机密性。这样的一个公钥基础设施（PKI）系统和它相应的证书，也许远远超出了一些应用的实际需要，对那些特别的应用要求来说改进的证书和协议更合适。

信息技术 安全技术 公钥基础设施 PKI组件最小互操作规范

1 范围

本标准支持大规模公钥基础设施(PKI负责发布、撤销和管理用于数字签名及密钥管理的公钥证书)的互操作性。本标准为不同的PKI开发者所开发的组件产品提供了基本的互操作性参考。

本标准的内容涉及：

- 公钥证书的产生、更新和撤销；
- 签名的产生和验证；
- 证书和证书认证路径验证。

本标准主要包括了对证书、证书撤销列表(CRL)扩展和一套事务的描述。这些事务包括证书申请、证书更新、证书撤销以及从资料库检索证书和CRL。

本标准主要以最终用户的角度来看待PKI的互操作性，即怎样申请和获得一个证书；怎样签署文档；怎样检索他人的证书；怎样验证签名。就像下面所提及的，PKI的"内部"操作规范还没有达到足够成熟，因此它们没有被详细规定。

在本标准中PKI被分成五个组件：

- 颁发和撤销证书的证书认证机构(CAs)；
- 确保公钥和证书持有者的身份以及别的属性之间绑定的注册机构(RAs)；
- 获得证书和签署文档的证书持有者；
- 验证签名并且执行密钥管理协议以及验证证书认证路径的客户；
- 存储并提供对证书和CRL查询的资料库。

许多实体在功能上既是证书持有者又是客户。CAs和RAs也是如此。终端实体证书持有者通常也是客户。当然，也有一些客户并不是证书持有者。

资料库不必是证书持有者和客户。本标准仅仅涉及资料库协议的一部分，那就是客户要求从资料库中获得证书和CRL的信息。

本标准将轻型目录访问协议(LDAP)版本2作为用户访问资料库的传输手段，因为它是被广泛接受和采用的方法。例如，这种选择既不强调CA用来更新资料库的标准化协议，也不强调资料库之间互相映射的协议，尽管它们都是需要的。前者可以具体情况具体分析以解决CA和资料库之间的协议，后者也许并不必要。

在通常的证书状态确认(本标准遵循的)中，资料库不是可信实体，CA对CRL的签名更可靠。在线证书状态实时确认机制要求资料库是可信实体，而且它们也能让客户相信他们的身份。这样的证书状态确认协议超出了本标准的范围，但是在一些应用中可能需要实时证书状态确认，所以在以后的修订版中可能会解决这个问题。

本标准中没有提供让资料库验证使用者的协议，该协议是资料库记费应用的前提。虽然这可能是资料库重要的商用模式，但目前人们对该模式的看法还没有达到一致，也没有统一的支撑协议。在以后的修订版中可能会解决这个问题。

在一些情况下，带外事务也是本标准中事务的一部分。带外事务的形式和内容超出了本标准的范围。

本标准假定CA、RA和证书持有者是物理上分离的。如果这些实体在物理上是在一起的话，那么对特定接口的支持是不需要的。具体地说,如果一个 PKI 组件既包含 RA 又包含 CA 的功能,那么就不必支持这两者之间的事务消息格式。然而,如果一个系统包括一个 CA,该 CA 除了具有本地 RA 功能以外还支持远程 RA,那么它就必须支持和远程 RA 之间的事务。在以下的论述中,我们假设 CA 和 RA 是单独的 PKI 组件。

本标准把 CA 和 RA 当作 PKI 系统的功能实体。这些实体的内部设计超出了本标准的范围。

本标准假设,从最小范围来讲,证书持有者有一个签名密钥和证书。可选的,证书持有者还可以获得一个加密密钥和证书。一旦证书持有者希望请求或者撤销加密证书,它就需要用签名密钥来向 CA 证明自己。

对那些没有签名密钥对、不需要不可否认性服务的系统,本标准不予直接支持。当然,这些实体主要是这样一些计算机系统(例如,路由器或是链路加密机),它们由管理员来维护。如果管理员有系统管理的签名密钥对,本标准的事务集合也可用来支持这些实体的证书请求和撤销。

本标准选定了一个成熟重要的数字签名算法,新的标准算法很容易加入进来。

本标准支持层状和网状信任模型。在层次模型中,CA 通过认证一个次级 CA 来提供可信性。信任授权从根 CA 开始,该 CA 被所有节点信任。在网状模型中,信任是建立在两个同等关系的 CA 中的(即交叉认证),因此两个 CA 之间可以有多个信任路径。最小互操作规范假设 GB/T 16264.8—2005 证书的扩展 basicConstraints, nameConstraints, keyUsage 和 certificatePolicy 都会包含在证书中,以便对信任关系进行明确管理。

本标准假设无需确认就可以从资料库中检索证书和 CRL。客户可以从适当的资料库中获得证书和 CRL 来进行路径验证。资料库可以是 X.500 目录或者使用通用资源标识符(URI)可访问的目录。希望资料库能够支持 LDAP(即 RFC 1777),因此相应的产品也要求支持这个协议。

资料库不必连接在一起,别的协议也可以用来获得证书和 CRL。本标准要求明确所使用的证书资料库和检索证书以及 CRL 的机制。

CRL 是一个广泛使用的机制,它用于撤销证书和验证未到期证书的状态。CRL 的使用可能还没有统一。一些 CA 选择在线实时确认证书状态的机制,CRL 的产生对于别的 CA 的使用者来说应该具有互操作性。除了当前检查证书的有效性,CRL 还提供了一个重要的机制,即将证书以前的撤销状态存档。如果一个带日期签名的签名日期在证书的有效期内,那么该签名是合法的,当前的 CRL 不会显示证书被撤销的信息。

在本标准中,假设 CA 可以产生 CRL,客户在验证证书时可以使用 CRL。

2 规范性引用文件

下列文件中的条款通过本标准的引用而成为本标准的条款。凡是注日期的引用文件,其随后所有的修改单(不包括勘误的内容)或修订版均不适用于本标准,然而,鼓励根据本标准达成协议的各方研究是否可使用这些文件的最新版本。凡是不注日期的引用文件,其最新版本适用于本标准。

GB/T 16264.8—2005 信息技术 开放系统互连 目录 第 8 部分:公钥和属性证书框架(ISO/IEC 9594-8:2001,IDT)

ISO/IEC 8825-1:2002 信息技术 ASN.1 编码规则 第 1 部分:基本编码规则(BER)、正则编码规则(CER)和非典型编码规则(DER)规范

ANSI X9.52 用于金融服务业的公钥密码算法:三重 DES 操作模式

ANSI X9.55 用于金融服务业的公钥密码算法:公钥证书扩展和证书撤销列表扩展

RFC 822 Internet 文本邮件的标准消息格式

RFC 1766 语言标识用标签

RFC 1777 轻量级目录访问协议

RFC 1959 LDAPURL 格式

RFC 2104　用于消息认证的带密钥散列函数
RFC 2202　HMAC-MD5 和 HMAC-SHA-1 测试用例
RFC 2313　PKCS#1　RSA 加密版本 1.5
RFC 2314　PKCS#10　认证请求语法版本 1.5
RFC 2459　因特网 X.509 公开密钥基础设施证书和证书撤销列表框架
RFC 2510　因特网 X.509 公开密钥基础设施证书管理协议
RFC 2511　因特网 X.509 公开密钥基础设施证书消息格式
RFC 2559　因特网 X.509 公开密钥基础设施操作协议-轻量目录访问协议版本 2
RFC 2985　PKCS#9　可选的对象类和参数类型版本 2.0
FIPS-113:1985　计算机数据加密鉴别
PKCS#11　密码令牌接口标准版本 2.0

3　术语和定义

下列术语和定义适用于本标准。

3.1

抽象语法记法一(ASN.1)　Abstract Syntax Notation 1(ASN.1)

用来组织复杂数据对象的表示法。

3.2

许可　accredit

认可一个实体或个人去执行特定动作。

3.3

公钥证书　public key certificate

用户的公钥连同其他信息，并由发布该证书的证书认证机构的私钥进行加密使其不可伪造。

3.4

证书持有者　certificate holder

有效证书的主体对应的实体。

3.5

证书策略　certificate policy

命名的一组规则，指出证书对具有公共安全要求的特定团体和/或应用的适用范围。例如，一个特定的证书策略表明，用于确认电子数据交换贸易证书的适用范围是价格在某一预定范围内的交易。

3.6

证书用户　certificate user

需要确切地知道另一实体的公开密钥的某一实体。

3.7

证书使用系统　certificate-using system

证书用户使用的、本标准定义的那些功能实现。

3.8

证书认证机构(CA)　Certificate Authority(CA)

负责创建和分配证书，受用户信任的权威机构。用户可以选择该机构为其创建密钥。

3.9

证书认证路径　certification path

一个 DIT 中对象证书的有序序列，通过处理该有序序列及其起始对象的公钥可以获得该路径的末端对象的公钥。

3.10

认证业务说明(CPS)　Certification Practice Statement(CPS)

证书认证机构发放证书时遵循的业务说明。

3.11

CRL 分布点　CRL distribution point

一个 CRL 目录项或其他 CRL 分发源;由 CRL 分布点分发的 CRL 可以包括仅对某 CA 所发证书全集某个子集的撤销条目,或者可以包括有多个 CA 的撤销条目。

3.12

证书撤销列表(CRL)　Certificate Revocation List(CRL)

一个已标识的列表,它指定了一套证书发布者认为无效的证书。除了普通 CRL 外,还定义了一些特殊的 CRL 类型用于覆盖特殊领域的 CRL。

3.13

发证　certify

颁发一个证书的行为。

3.14

客户　client

使用 PKI 来获得证书并且去验证证书和签名的功能。

3.15

增量 CRL　delta-CRL

部分撤销列表,在可参考的基础 CRL 发布以后,这些证书更改了其撤销状态。

3.16

可辨别编码规则(DER)　Distinguished Encoding Rules(DER)

对 ASN.1 对象进行编码的规则。

注:本标准中使用 DER 对 ASN.1 对象进行编码。

3.17

数字签名　digital signature

允许接收者验证签名人的身份和数据完整性的数据单元。

3.18

目录服务(DS)　Directory Service(DS)

分布在网络中的各种节点或服务器提供的分布式数据库服务。

3.19

终端实体　end entity

不以签署证书为目的而使用其私钥的证书主体或者是依赖(证书)方。

3.20

散列函数,哈希函数　hash function

将值从一个大的(可能很大)定义域映射到一个较小值域的(数学)函数。"好的"散列函数是把该函数应用到大的定义域中的若干值的(大)集合的结果可以均匀地(和随机地)被分布在该范围上。

3.21

散列码　hash code

散列函数的输出比特串。

3.22

消息认证码(MAC)　Message Authentication Code(MAC)

通过密码技术由消息产生的认证数据。

3.23

消息摘要　message digest

散列一个消息后得到的固定长度数据。

3.24

带外事务　out of band

不是通过电子形式，而是通过通常的物理形式进行的一些 PKI 组件的事务。

3.25

策略映射　policy mapping

当某个域中的一个 CA 认证另一个域中的一个 CA 时，在第二个域中的特定证书策略可能被第一个域中的证书认证机构认为等价(但不必在各方面均相同)于第一个域中认可的特定证书策略。

3.26

注册机构(RA)　Registration Authority(RA)

为用户办理证书申请、身份审核、证书下载、证书更新、证书注销以及密钥恢复等实际业务的办事机构或业务受理点。

3.27

资料库　repository

存储证书和 CRL 等信息，并提供无需验证的信息检索服务的数据库。

3.28

自颁发证书　self-issued certificate

证书的主体和颁发者相同的 CA 证书。

3.29

统一资源标识符(URI)　Uniform Resource Identifier(URI)

包含了名字或地址的短数据串，指向 web 上的某个对象。

3.30

统一资源定位符(URL)　Uniform Resource Locator(URL)

包含地址的短数据串，指向 web 上的某个对象，URL 是 URI 的子集。

4　缩略语

下列缩略语适用于本标准。

CA　证书认证机构

CRL　证书撤销列表

PKCS　公钥密码系统

PKI　公钥基础设施

POP　拥有证明

RA　注册机构

5　PKI 组件规范

5.1　概述

本章规定了 PKI 各组件进行互操作时所需的功能和事务的最小集合。它们分别是 CA、RA、证书持有者和 PKI 客户的规范。

5.2　证书认证机构(CA)

5.2.1　概述

CA 负责生成、撤销、公布和存档证书。资料库使得所有证书使用者都可以获得证书和 CRLs 的信息。

CA生成自己的公私钥对并公布自己的证书。因此,CA应当生成、估定相应的参数以便生成/验证它们的签名。为了使新的CA能加入到已有的层次结构中,它们应当可以从父CA那里申请证书。CA也应可以生成交叉证书,在其他CA的策略允许下支持与其他CA进行交叉认证。CA对所有的事务进行存档,这些事务包括PKI各组件之间的服务请求与响应。

CA授权RA去确认那些申请证书的使用者的身份或其他的特征属性。这种授权通过离线接受来自某个RA的证书请求完成。CA利用X.500的可辨别名(DN)来唯一标识证书持有者。

CA本身也具备证书持有者的功能:请求、撤销、更新由其他CA颁发的证书(5.4);检索证书和CRLs,验证证书认证路径的客户功能(5.5)。

5.2.2 与互操作性有关的CA功能要求

CA执行下列功能:

- 颁发并传送证书给终端实体和其他的CA;
- 接收来自RA的证书撤销请求;
- 将证书和CRL存入资料库;
- 请求CA证书。

a) 颁发数字签名证书

CA支持三种有关数字签名证书的证书请求:RA发起的注册请求、更新和自我注册请求。根据每种请求的不同,CA以不同的方式来鉴别这些申请证书主体的身份。潜在的证书持有者在自我注册请求中提供一个证据证明自己的身份已经得到了RA的核实,该证据是由从RA那里获得的秘密信息导出的。当用户与RA物理上在一起时,RA产生并签署基于RA的登记请求来保证该用户的身份。在证书更新请求中,当前有效证书的主体可以用它们的私钥签名来保证它们身份的真实性。

RA发起的证书请求:RA保证该用户的身份并将其和公钥绑定在一起。当CA接收到来自授权RA的证书请求时,CA就处理该请求,如果接受,就生成新证书,并将其放到资料库中,然后将证书发给相应的RA。CA也可以直接把新证书发给该证书的持有者。如果基于RA的证书请求不是来自一个授权的RA,即签名无效,或者包含不匹配信息,CA将会拒绝该证书请求。如果CA拒绝了该证书请求,它将会向RA报告失败并说明原因。

在自我注册证书请求中,RA为潜在证书持有者提供了一个秘密信息。请求实体产生自己的公私钥对,组成一个证书请求消息,并用相应的私钥签名,被签名部分包括基于RA提供的秘密导出的认证信息。CA接收来自实体的证书请求,通过认证信息验证请求者的身份并且验证实体拥有相应的私钥。如果接受,CA就产生新证书,并将其放到资料库中,然后将证书发给证书持有者。如果认证信息验证不通过,签名无效,或者包含不匹配信息,CA将会拒绝该证书请求。如果CA拒绝了自我注册证书请求,它将会向申请者报告失败并说明原因。

证书更新请求:申请者已确定的身份通过该更新请求消息来验证。证书持有者产生更新请求并直接发给CA。CA处理证书更新请求,如果正确的话,就把新证书发给证书持有者,并将其放入资料库。如果签名是无效的,或者请求实体当前是非法的,或者CA认证业务说明或证书策略不允许更新请求,CA将会拒绝该证书更新请求。如果CA拒绝了更新请求,它将会向请求实体报告失败并说明原因。

b) 颁发加密证书

CA可以支持某个请求者发出的加密证书的证书请求,该请求者拥有该CA颁发的有效签名证书。请求者的身份由对请求的数字签名来验证。本标准中规定请求者的密钥对由第三方集中产生并通过带外方式提供给CA。

在集中密钥管理证书请求中,证书持有者生成一个证书请求,说明自己想要的加密算法,并用当前得到该CA认可的签名密钥来对该请求签名。CA响应该请求,发还一个证书和加密私钥。

c) 交叉认证

在一定的约束条件下CA可向别的CA颁发证书。交叉认证的决定是在带外做出的,并且要通过认证业务说明和证书策略检查。每个CA都会对它们的使用者的路径验证做出适当的约束。在获得别的CA的公钥后,该CA生成证书并将其存放到资料库中。

可选的,交叉认证的CA之间可以交换证书,构造证书对并把它们放入资料库。

d) 撤销证书

CA产生和发布证书撤销列表(CRLs)。CRL中包括所有被撤销但没有到期的证书。可选的,CA也可以颁发间接的和增量CRL。被颁发CRL的形式由CA的认证业务说明决定。

在CA为所有的撤销证书仅颁布唯一的CRL的情况下:

1) 新的CRL产生时,老CRL中的全部信息将放到它的里面,那些新被撤销的证书将被加入到新的CRL。老CRL中带certificateHold原因代码的证书也将被放入新的CRL,继续保持同样的原因代码,变成一个不同的原因代码,或是被新CRL忽略。如果被忽略就表明CA将保证证书主体和公钥之间的绑定。那种决定撤销但还没有被撤销的证书将放入新的CRL,既使在新CRL发布之前它已经到期了。

2) 在这种情况下,CA只撤销它们自己颁发的证书。(撤销可能来自一个签名请求,或是CA自己决定撤销。本标准中不考虑CA自己撤销证书的情况)撤销请求的签署者或者是证书持有者,或者是代表证书持有者或证书持有者组织的权威实体(比如被授权的RA),在把证书放入CRL之前,CA要确认验证撤销请求。撤销请求的合法性包括请求签名的合法性。对RA签名的撤销请求进行带外验证,根据证书策略是可选的。

CA发布X.509版本2的CRL(版本2的CRL对应版本3的证书)。字段和扩展,以及赋给它们的值,要与6.3.2一致。产生和签署了CRL之后,CA要把它放到资料库中去。

e) 颁发证书、交叉证书和CRL

CA应当能够颁发证书,交叉证书对和CRL以供PKI client检索。CA也应能颁发CA证书、交叉证书对、CRL和终端实体的加密证书。终端实体数字签名证书的颁发是可选的。用于更新目录的机制超出本标准范围。

f) 请求CA证书

CA应能向层次更高的CA申请证书,以支持PKI的层次信任模型。这个请求可以参考6.6.2中的描述。这个证书请求将通过6.2.3.4中描述的basicConstraints扩展来把该请求CA确定为一个实体。

5.2.3 电子事务集合

提供证书管理服务所需的电子事务如下:

- 处理终端实体的证书请求和证书撤销请求;
- 将证书和CRL放入资料库;
- 为了验证签名的有效性从资料库中检索证书和CRL。

CA处理在CertReq消息中的RA发起的注册请求。CertReq消息由RA在PKIProtection结构里签名。通过签署请求消息,RA保证证书持有者的身份并且确认它拥有相应私钥。CA以CertRep消息回复RA或者证书持有者。如果接受请求,CertRep中包含新的证书。如果拒绝请求,报文中包含错误代码。(见6.6.2)

CA支持自我注册证书请求,此时请求实体还不是证书持有者。CA要求请求实体利用带外方式从RA获得的秘密产生认证信息。这一认证信息代替RA的签名保证请求者的身份是经过RA核实的。以带外方式从RA获得的秘密可以用来产生mac或者带密钥的散列函数的对称密钥。请求实体产生

CertReq 消息并且用相应的私钥签名。这一消息利用从 RA 获得的秘密加以保护。之后，CA 产生 CertRep 消息，如果请求消息正确，则 CertRep 中包含新的证书。如果拒绝请求，报文中包含错误代码。(见 6.6.3 和 6.6.4)

CA 处理以 CertReq 消息形式出现的证书更新请求。这种消息被请求实体发到 CA。这个消息包括证书持有者的标识名，当前证书的序列号，新的公钥以及拥有相应私钥的证明。消息可以包括预定的有效期和建议的密钥 id。这个消息可用证书持有者的有效证书(未过期，未被撤销)私钥签署。CA 用 CertRep 消息回复申请者。这个消息包含一个新证书或者错误代码。如果颁发新证书的话，证书中将包含证书持有者的标识名和新的公钥。CA 可以自由修改请求中的合法期限。如果申请消息中没有密钥标识符，CA 将产生一个(见 6.6.5)。

CA 应该接收从 RA 发来的 RevReq 消息。RevReq 消息应该包括证书序列号或证书持有者的标识名。CA 用 RevRep 消息回应。这个消息应该包括状态和失败信息，也可以包括撤销证书的附加细节。

CA 支持由第三方集中产生密钥对(并通过带外方式提供给 CA)的加密证书请求。支持对第三方集中产生的密钥对颁发加密证书的 CA 要处理 CertReq 消息形式的请求。这些消息由请求证书的终端实体发送给 CA。这些消息应当包括证书持有者的可辨别名，当前证书的序列号。可选的，该消息可包括一个有效期。该消息用证书持有者的未过期，未被撤销的签名证书的相应私钥签名。之后 CA 以 CertRep 消息的形式响应请求者。该消息包括新证书和加密私钥，或是错误代码。如果颁发证书的话，该证书就包括证书持有者的可辨别名和新的公钥。CA 可以随意修改请求中希望的有效期。

CA 应该把 CA 证书、交叉证书对、CRL 以及它颁发的终端实体的加密证书放入资料库。

5.3 注册机构(RA)

5.3.1 概述

RA 保证请求证书的实体的身份。RA 可以通过要求实体用物理令牌来和 RA 进行物理上的接触或通过带外机制来验证身份。当实体物理上接触 RA 时，RA 也要通过验证一个被签名的消息来验证它们拥有与公钥相应的私钥材料(见 6.6.2)。

RA 应该验证实体拥有一个完整的密钥对。在密钥对和实体身份被验证之后，RA 签署并发送一个电子证书请求给相应的 CA。

没有与 RA 进行过物理接触的证书请求者，在进行证书请求时，必须具有 RA 提供给他的认证信息。这一信息用于实体在自我注册请求中向 CA 证明自己的身份。本标准不对实现自我注册请求的带外事务的格式和内容进行规定。

RA 可以对 CA 授权它们管理的实体证书请求证书撤销。RevReq 的格式在 6.6.7 中定义。RA 功能可以与 CA 在一起也可以在一个不同的设施中执行。

RA 本身既包括证书持有者的功能——请求、撤销和更新由 CA 颁发的证书(它得是该证书的主体)(见 5.4)，又包括客户的功能——检索证书和 CRL 以及验证证书认证路径(见 5.5)。

5.3.2 与互操作性有关的 RA 功能要求

RA 应该执行下列功能：

- 接受和验证证书请求；
- 向 CA 发送证书请求；
- 从资料库检索证书和 CRL；
- 产生证书撤销请求。

RA 应该能够连同 CA 的证书一起把新签署的证书发给证书持有者。

RA 应该可以代表不再拥有它们的私钥并且怀疑该私钥已泄露的证书持有者产生并签署证书撤销请求(丢失而并不认为已泄露的签名密钥不是必须被撤销；这由策略决定。注意丢失的保密性的密钥无论如何都必须被撤销，否则发送方就会加密和传输接受方无法解秘的消息)。如果 CA 的认证业务说明允许，RA 也应该可以代表证书持有者的组织产生并签署证书撤销请求。撤销请求由后来把它们发送给颁发证书的 CA 的 RA 所签署。

5.3.3 事务集合

RA 所用电子事务能够实现终端实体证书的请求、发送和撤销，以及为了验证签名而从资料库中检索证书和 CRL。下面将给出这些事务的一个概括；它们将在 6.6 中具体地描述。

RA 接收来自潜在证书持有者的 CertReq 格式的证书请求。CertReq 消息被潜在证书持有者在 PKIProtection 结构中所签署。在审查了请求者的凭证并确认该潜在证书持有者拥有相应的私钥之后，RA 抽取公钥信息并且用 RA 的名字和签名建立一个新的 CertReq 消息。RA 把该消息发送给 CA。RA 应该可以向证书持有者提供该 CA 的证书。

RA 可以从 CA 接收 CertRep 消息。如果证书请求被拒绝，RA 将审查从 CA 发来的错误代码并可能会发送一个新的请求。如果一个证书请求被接受了，RA 可以向证书持有者提供新的证书。

RA 应该在不再拥有它们自己私钥的证书持有者或证书持有者所在组织的要求下，产生撤销请求。通过签署这个请求，RA 保证请求者的身份。RA 应该可以产生 RevReq 消息，包括证书序列号或证书持有者的可辨别名。这个 RevReq 消息应该被一个 RA 所签署。CA 应该用 RevRep 消息回应 RA。

这个消息应该包括状态和失败信息，并且可以包括关于被撤销证书的附加细节。如果证书被撤销了，RA 应该提供这个信息给请求者。如果请求被拒绝了，RA 将审查错误代码并且可能再产生该请求。

5.4 证书持有者规范

5.4.1 概述

PKI 为证书持有者提供证书管理功能。证书持有者包括 CAs、RAs 和其他的终端实体。终端实体可能是个人用户和计算机系统(例如路由器和防火墙)，也可能是应用程序(CAs 和 RAs 除外)。

PKI 证书持有者生成签名并且支持 PKI 事务来获取、更新和撤销他们的证书。

5.4.2 与互操作性相关的 PKI 证书持有者功能要求

证书持有者的功能：

- 生成签名；
- 生成证书请求；
- 请求证书撤销；
- 请求证书更新(可选项)。

证书持有者同时也是客户，因此它也具备 5.5 中定义的客户功能。

5.4.3 证书持有者事务集合

证书持有者的事务能使证书持有者请求新的证书，以及撤销当前持有的证书。所有的证书持有者事务都由发放证书的 CA 及其 CA 授权的 RA 执行。

证书持有者应该能够请求撤销他们自己的证书。这个事务由 CA 执行，允许证书持有者签署他们的证书撤销请求。证书持有者为每个他们希望撤销的证书产生一个 RevReq 消息并发送给 CA。RevReq 消息要包括撤销原因。CA 产生 RevRep 消息并返还给证书持有者。这个事务过程在 6.6.7 中有详细描述。

可选的，证书持有者能够实现证书更新请求。这个事务由 CA 执行，允许证书持有者签署自己的证书请求(不需要 RA 验证其身份)。CA 可以支持该项事务，但是它的具体使用由认证业务说明决定。在不与 RA 交互的情况下请求一个新的证书，证书持有者产生一个 CertReq 消息，并且使用新的和当前的私钥进行签名。CA 产生 CertRep 消息，如果请求成功，就包含一个新的证书。如果请求被拒绝，就包含错误代码。

证书持有者能够实现自我注册的证书请求。

证书持有者也可以实现加密证书请求。在此事务中，证书持有者产生一个证书请求，说明希望的密钥管理算法，并用一个有效的签名密钥对该请求签名。CA 响应一个证书和加了密的私钥或是错误代码。

5.5 客户规范

5.5.1 客户概述

PKI 客户使用 PKI 来为证书持有者和证书使用者，包括 CA 和其他的终端实体提供证书处理功能。终端实体也可以包括 RA，个人用户和计算机系统（如路由器和防火墙）。

在最小意义上，PKI 客户验证签名，获得证书和 CRLs，并验证证书认证路径。同时具有证书持有者身份的客户也能产生签名，也可以支持撤销或更新证书的 PKI 事务。

5.5.2 与互操作性相关的 PKI 客户功能要求

客户的最小功能集合：

- 验证签名；
- 从查询服务器中检索证书和 CRLs；
- 验证证书认证路径。

5.5.3 PKI 客户事务集合

客户事务使客户能从资料库中获得证书和 CRLs。所有的事务都与证书资料库有关。所有的客户必须支持以下事务：

- 检索证书——这个事务允许一个用户利用 LDAP 绑定目录服务或指定资料库，并根据主体 名或证书序列号和颁发者的名字检索证书；
- 检索 CRL——这个事务允许一个用户利用 LDAP 绑定目录服务或指定资料库，来检索一个特定 CA 的当前 CRL 或是某个特定的 CRL。所有的客户都必须支持轻型目录访问协议(LDAP)，以检索证书和 CRLs。事务的详细规定参见 RFC1777。

6 数据格式

6.1 数据格式概述

必须为 PKI 组件之间的互操作定义基本的数据格式。数据格式包括证书、CRL 和事务格式。本标准包括了 PKI 组件之间、PKI client 和 PKI 组件之间所有事务的数据格式。

6.2 证书格式

本标准使用 GB/T 16264.8—2005 的证书格式。虽然 ITU-T 建议的 X.509 的修订版没有公布，但版本 3 的格式已经被广泛采用，并且 ANSI 的 X9.55 和 IETF 的 RFC 2459 都对其作了详细说明。GB/T 16264.8—2005 的证书包括以下内容：

- Version 版本；
- Serial Number 证书序列号；
- Issuer Signature Algorithm 颁发者签名算法；
- Issuer Distinguished Name 颁发者可辨别名；
- Validity Period 证书有效时间；
- Subject Distinguished Name 主体可辨别名；
- Subject Public Key Information 主体公钥信息；
- Issuer Unique Identifier 颁发者唯一标识符（可选，本标准不使用）；
- Subject Unique Identifier 主体唯一标识符（可选，本标准不使用）；
- Extensions 证书扩展（可选）；
- Issuer's Signature on all the above fields 颁发者对以上所有域的签名。

6.2.1 证书字段

X.509 证书语法的 ASN.1 定义见附录 A。出于签名考虑，证书用 ASN.1 DER 编码表示。ASN.1 DER 是一个为每个元素赋予标签、长度和值的编码系统。详见 ISO/IEC 8825.1—2002。

以下介绍 GB/T 16264.8—2005 的证书。除了可选的 subjectUniqueID 和 issuerUniqueID 字段，

CA 应该产生下面这些字段,而且客户根据 GB/T 16264.8—2005 可以处理它们。CA 可以不颁发包括 issuerUniqueID 和 subjectUniqueID 的证书。客户也可以不处理 subjectUniqueID 和 issuerUniqueID。他们可以拒绝那些含有这两部分字段的证书。

a) Version

version 字段表示证书的版本号。该字段的值应为 2,以表示版本 3 证书。

b) Serial Number

serialNumber 是 CA 给每个证书分配的一个整数。对一个给定的 CA,它提供的证书序列号应该是唯一的(即,颁发者和证书序列号唯一标识一个证书)。

c) Signature

signature 字段包含了一个算法标识符,用于表示签署证书的算法。此字段包括一个 algorithmIdentifier,用于传递参数。在 6.2.2.2 中列出了 algorithmIdentifier 的内容。证书不应该使用 signature 字段去传递参数(看下面的Subject Public Key Information),因为该字段没有被颁发者的签名保护。

d) Issuer Name

issuer Name 字段提供了签署证书机构的全球唯一标识符。颁发者的名字是一个 X.500 标识名。该标识名由属性类型和属性值组成。通常属性类型由 X.500 系列建议定义,属性值为 DirectoryString 类型。

DirectoryString 可选择 PrintableString, TeletexString, BMPString, UniversalString 和 Utf8String 中的一种。PrintableString 是一个基本拉丁字符集,可使用大小写字母,数字和少量特殊字符。TeletexString 是 PrintableString 的扩展集,在拉丁字符中加入了重音符和日本字符。BMPString 是双字节字符集,它满足绝大多数的欧洲字符集。UniversalString 是多字节字符集,包括了所有的主要字符集。Utf8String 是 UniversalString 的替代编码。

当创建新名字时,CA 要从 PrintableString, BMPString, 和 Utf8String 里选择最严格的类型来创建 DirectoryString。也就是说,仅需基本拉丁字符的 AttributeValue 一般就使用 PrintableString。包含重音符拉丁字符的 AttributeValue 就使用 BMPString。当 BMPString 字符集不够用时才使用 Utf8String。

仍然保留 TeletexString, 和 UniversalString 是为了向后兼容性的需要,不应该在新主体的证书中使用它们。但是,此种类型可能会在已经颁发的证书中使用。Clients 可能会收到使用这些类型的证书。

可选的名字可放在 issuerAltName 扩展字段,一些 GB/T 16264.8—2005 证书的使用者希望 issuer 字段为空。然而,遵从本标准的证书中的这个字段都含有 X.500 的可辨别名。

e) Validity

validity 字段说明了证书开始生效的日期(notBefore)和变成无效的日期(notAfter)。validity 字段的时间表示形式用 UTCTime 或 GeneralizedTime。

对于 1950 年到 2049 年(含)的日期,validity 字段一般使用 UTCTTime。UTCTTime 使用格林威治时间,而且要精确到秒。秒要清楚表示,即使为零。UCTCTime 的格式为 YYMMDDHHMMSSZ。

年字段做如下规定:

1) 如果 YY 等于或大于 50,年代为 19YY;

2) 如果 YY 小于 50,年代为 20YY。

对于 2050 年以后的日期,validity 字段一般用 GeneralizedTime。GeneralizedTime 使用格林威治时间,而且要精确到秒。秒要清楚表示,即使为零。GeneralizedTime 的格式为 YYMMDDHHMMSSZ。GeneralizedTime 不能包括分秒。(1950 年前的日期对本标准来说无效,所以不予考虑。)

f) Subject Name

subject Name 字段的目的是给证书主体提供唯一的标识符。主体名使用 X.500 可辨别名。像在 issuer name 中描述的一样,在构建 DirectoryString 时 CA 使用最严格的选择。可替代的名字可放在 subjectAltName 扩展中,GB/T 16264.8—2005 证书的使用者希望本字段为空。然而,遵从本标准的证书都在这个字段里带有主体的 X.500 可辨别名。

g) Subject Public Key Information

SubjectPublicKeyInfo 字段是用来携带公钥和公钥使用的算法的。它包括 subjectPublicKey 字段和 algorithmIdentifier 字段,algorithmIdentifier 字段有 algorithm and parameters 次级字段。

h) Unique Identifiers

证书里的 subjectUniqueIdentifier 和 issuerUniqueIdentifier 字段是用来处理主体名和颁发者名被过时重用的可能性。CA 不会颁发含有这些唯一标识符的证书。PKI 客户也不会被要求去处理含有这些标识符的证书。当然,如果它们不处理这些字段,他们会拒绝包含这些字段的证书。

i) Extesion

extension 字段的增加是 GB/T 16264.8—2005 证书最主要的改变。扩展有三部分:extnId,标识该扩展,critical,说明该扩展是 critical 或 noncritical 的,extnValue,扩展值。一个证书可以包括任意多个扩展字段,其中也包括局部定义的扩展。如果设置了 critical 标志,就要求客户或者能够处理该扩展字段,或者不能验证该证书。

在 GB/T 16264.8—2005 中有完整的扩展标准。6.2.3 详述了这些标准扩展在本标准中的使用。

j) Issuer's Signature

实际的证书签名使用 SIGNED 参数类型,扩展为被签名的数据的 SEQUENCE(例如,证书),算法标识符,以及一个 BIT STRING 形式的实际签名。algorithmIdentifier 标识了用来对证书签名的算法。尽管这个 algorithmIdentifier 字段包括了一个 parameters 字段,在理论上可以用来传递签名算法的参数(见 6.2.2.3),但它本身并不是一个被签名的对象。parameters 字段不能用来传递参数。当需要获得验证签名的参数时,应当从颁发证书的 CA 的证书的 subjectPublicKeyInfo 字段中获得相应参数。

6.2.2 加密算法

6.2.2.1 加密算法概述

本标准使用四类算法:散列函数、数字签名算法、消息认证算法和对称加密算法。当描述数字签名算法时,通常与散列函数一起介绍。当描述证书中的公钥时,散列函数被忽略。这就允许当散列函数被另一个更强的算法替换时,证书也能使用。

要求一个 PKI 组件至少应该实现其中一个数字签名算法。对于简单的 PKI 客户组件来说,能验证由其中一个算法生成的签名已经足够了;要求其他的组件能够产生和验证由其中一个算法生成的签名。遵守本标准的 PKI 组件应该支持一个加密算法。

允许相应的组件使用额外的算法,甚至当它们不能使用所有的这些算法时。比如,支持这里的一个密钥协定算法的客户可以使用别的密钥传递算法,即使它不支持这里的密钥传递算法。

6.2.2.2 散列函数

散列函数用于为证书和 CRL 产生数字签名,它也用于将共享秘密散列为报文确认码。

本标准中建议使用一种散列函数。以 SHA-1 为例,它是通过对象标识符以及数字签名算法表示的。SHA-1 的 ASN.1 对象标识符是:

sha1 OBJECT IDENTIFIER ::= {

iso(1) identified-organization(3) oiw(14) secsig(3) algorithm(2) 26 }

只要该对象标识符在算法类型中出现，相应的参数域应该被忽略，如果出现，必须为NULL。

6.2.2.3 **数字签名算法**

GB/T 16264.8—2005中指定了发放证书的签名算法和其他主体的加密算法。这两种算法可以是不同的。本标准以RFC 2313中的RSA算法为例。

RSA的签名算法在RFC 2313中定义。RSA也可使用几种散列算法。本标准中引用的RSA定义为：

```
pkcs-1 OBJECT IDENTIFIER ::= { iso(1) member-body(2) US(840)
                rsadsi(113549) pkcs(1) 1 }
sha-1WithRSAEncryption OBJECT IDENTIFIER ::= { pkcs-1(1) 5 }
```

在RSA签署的证书和证书撤销列表中，它应出现在SIGNED类型中和signature字段中。只要实体的标识符作为算法标识符出现，那么参数的值必须是NULL。

当证书和证书撤销列表签署时，签名将按下列规则生成和加密：证书和证书撤销列表按ASN.1 DER加密，并作为SHA-1的散列函数的输入。SHA-1散列函数的输出为OCTET STRING并按照RSA的加密算法加密。签署证书时，RSA生成一个整数y。y的值按照ASN.1的BIT STRING输出。在y的signature字段包含了证书或证书撤销列表。(通常分为两步，整数y先转化为octet string。然后再转化为bit string。)

当CA发放了一个证书，并且它的subjectPublicKeyInfo字段包含了RSA的公钥，那么对象标识符rsaEncryption将作为algorithmIdentifier出现在subjectPublickeyInfo字段中，来标识RSA的公钥。

```
rsaEncryption OBJECT IDENTIFIER ::= { pkcs-1 1}
```

只要rsaEncryption对象标识符在算法类型中出现，那么参数字段必为NULL。

RSA的公钥必须为ASN.1的RSAPublicKey:的类型。

```
RSAPublicKey ::= SEQUENCE {
modulus                    INTEGER, -- n
publicExponent       INTEGER -- e}
```

系数为n，publicExponent为公共指数e，RSAPublicKey编码后为BIT STRING subjectPublicKey的值。

RSAPublicKey既出现在RSA的签名密钥中，也在RSA的加密密钥中出现。虽然不禁止只使用一个密钥来进行加密和签名，但不提倡这样做。

6.2.2.4 **消息认证算法**

本标准建议支持两种消息认证算法。以DES-MAC和SHA1-MAC为例，推荐使用SHA1-MAC，DES-MAC是为了保证向后的兼容性。

<u>SHA1-MAC</u>

本算法通过为数据计算一个SHA-1 HMAC值(在RFC2104中详细定义)而提供完整性保护。它的算法标识符如下：

SHA1-HMAC OBJECT IDENTIFIER ::= { 1 3 6 1 5 5 8 12 }

本标准中使用的mac长度为96bit。

<u>DES-MAC</u>

本算法通过为数据计算一个DES MAC值(在FIPS-113中详细定义)而提供完整性保护。它的算法标识符如下：

DES-MAC OBJECT IDENTIFIER ::= {

iso(1) identified-organization(3) oiw(14) secsig(3) algorithm(2) 10

-- MAC 的长度是一个整数型的参数，在本标准中限制为 32 }

参数域包含一个整数，表明了 MAC 的长度，在本标准中规定该值取为 32。

6.2.2.5 对称加密算法

本标准使用了对称密钥算法来实现挑战－响应协议和保护私钥传输。在本标准中，以使用 tDEA (Triple Data Encryption Algorithm)算法的 ECB 模式为例说明对称密钥算法的使用。

tDEA 算法在 ANSI X9.52 中定义。tDEA 算法基于 DES 算法，使用 3 个 56 bit 的密钥：K1、K2 和 K3。在本标准中，使用双密钥模式，K1＝K3。tDEA 算法的密钥绝对不能出现在 GB/T 16264.8—2005 证书中。有的情况下，会在 PKIMessage 中传输 tDEA 的密钥，这时候，tDEA 的密钥必须是经过加密的。

下文说明了 tDEA 的双密钥、ECB 模式的加密方法和密钥的编码格式。

tDEA 算法有 AlgorithmIdentifier，而且要有 tECB 的 OID。双密钥选项在 ECBParams 结构中指明。

ASN.1 表示如下：

```
TDEAIdentifier ::= AlgorithmIdentifier {{ TDEAModes }}
TDEAModes ALGORITHM-ID ::= {
{ OID tECB PARMS ECBParms } | -- mode 1 --
{ OID tCBC PARMS TDEAParms } | -- mode 2 --
{ OID tCBC-I PARMS TDEAParms } | -- mode 3 --
{ OID tCFB PARMS CFBParms } | -- mode 4 --
{ OID tCFB-P PARMS CFBParms } | -- mode 5 --
{ OID tOFB PARMS TDEAParms } | -- mode 6 --
{ OID tOFB-I PARMS TDEAParms }, -- mode 7 --
...
}
ECBParms ::= TDEAParms (WITH COMPONENTS {
..., ivGeneration ABSENT })
TDEAParms ::= SEQUENCE {
keyingOptions KeyingOptions OPTIONAL,
ivGeneration [0] IVGeneration OPTIONAL
}
-- 本标准中只支持双密钥
KeyingOptions ::= BIT STRING {
option-1 (0), -- (3-key) K1, K2 and K3 are independent keys
option-2 (1), -- (2-key) K1 and K2 are independent and K3 = K1
option-3 (2) -- (1-key) K1 = K2 = K3
}
id-ansi-x952 OBJECT IDENTIFIER ::= {
iso(1) member-body(2) us(840) ansi-x952(10047) }
Second CRADA Draft, Version 2
mode OBJECT IDENTIFIER ::= { id-ansi-x952 1 }
tECB OBJECT IDENTIFIER ::= { mode 1 }
```

有的情况下，需要对 tDEA 的密钥进行编码，就是两个密钥的直接串接。TwoKeys = [K1 | K2]，TwoKeys 的最高位比特是 K1 的最高位比特。

6.2.3 证书扩展

6.2.3.1 证书扩展概述

在 GB/T 16264.8—2005 中定义了一套标准扩展集合。扩展由三部分组成:扩展名称、关键性标识位和扩展取值。在 GB/T 16264.8—2005 中做了如下规定:客户如果不能处理设置了关键性标识位的扩展,就不能验证证书是否有效。

标准化的扩展可以分为四类:密钥和策略信息;主体和颁发者的特征;验证路径限制;CRL 标识扩展。

6.2.3.2 密钥和策略信息

此类扩展用于区分特定的公钥和证书,它们可以用于区别具有多个证书的证书认证机构(CA)中某一特定的公钥/证书,有助于客户查找某个特定的 CA 证书,以便建立验证路径。这些扩展可以限制密钥用途,提供 CA 证书中关于策略映射的信息。

a) 权威密钥标识符

扩展 authorityKeyIdentifier 提供了一种区别签名证书的特定私钥的手段,标识性信息既可以基于密钥标识符,也可以基于颁布者名字和序列号。在本标准中,使用密钥标识符的方法。本扩展用于具有多个签名密钥的颁发者(既可能是多个密钥对,也可能是正在进行密钥更换),证书认证机构(CA)应当能够产生本扩展,而且客户应能查找和验证具有多个数字签名密钥的证书颁发者 CA 的验证路径。建议客户既能够处理密钥标识符,又能够处理由证书颁发者和证书序列号组成的密钥标识符,便于找到验证路径。

b) 主体密钥标识符

本字段用于区别一个主体所拥有的多个密钥,在每个已颁发的证书中都应当包含本字段,本扩展应当是非关键的。

c) 密钥用途

扩展 keyUsage 定义了证书中密钥在使用上的限制,这种限制是基于策略和/或用途的(如签名,加密)。CA 应当能产生该扩展,而客户应当能处理该扩展。如果 keyUasge 定义为 BIT STRING,所有遵从本标准的 CA 都应当在终端实体证书中设置一个值,例如,一个终端实体证书中的 KeyUsage 不应当既是 digitalSignature 又是 dataEncipherment,本扩展应当设置为关键性的扩展。

d) 私钥使用期限

扩展 privateKeyUsagePeriod 仅适用于数字签名密钥。在私钥使用期限之外的签名是无效的,CA 可以产生此扩展,但客户不要求处理此扩展。

e) 扩展的密钥使用范围

扩展 extendedKeyUsage 用于定义在应用中对证书密钥的使用限制,如果使用此扩展,就不考虑互操作的因素。符合本标准的 PKI 组件不要求支持该扩展。

f) 证书策略

扩展 certificatePolicies 包括一个或多个对象标识符(OIDs),每个 OID 代表颁发本证书的一个策略。CA 应当能够产生带有一个或多个证书策略 OID 的证书,CA 应当支持一个特殊策略 OID,即任意策略 anyPolicy。anyPolicy 的 OID 可以认为是一个通用符,能够匹配任何策略。客户应当能够处理 policyIdentifier 字段,并与可接受的策略列表(策略列表取决于相应的应用程序)中的标识进行比较。如果提供了一个可接受策略列表,并且至少要有一个列表中的策略或其映射策略存在于 certificatePolicy 中时,客户才能验证证书认证路径。如果在证书策略中存在特定策略标识符 anyPolicy,并且没有禁止任何策略(见 6.2.3.4),就可以认为列表中的所有策略都可以接受。

要求符合本标准的组件能处理 certificatePolicy 的子域 policyQualifiers,并且支持 id-pkix-cps

和 id-pkix-unotice(见 RFC2459)。符合本标准的 CA 不要求能产生该子域。

g) 策略映射

此非关键性扩展用于 CA 证书。它罗列了对象标识符对;每对标识符包括 issuerDomainPolicy 和 subjectDomainPolicy。它意味着颁发 CA 认为其 issuerDomainPolicy 等价于主体 CA 的 subjectDomainPolicy。CA 应当能产生扩展 policyMappings,客户也应能够处理该扩展。

6.2.3.3 证书主体和颁发者特征

扩展 subjectAltName, issuerAltName, subjectDirectoryAttributes 和 authorityInformationAccess 都是非关键性的。它们提供了关于主体和颁发者的其他名称和特征的附加信息。

a) 别名

subjetAltName 和 issuerAltName 扩展提供了证书主体和证书颁发者的附加信息,这些附加信息包括 RFC822 名称(电子邮件地址)、DNS 名称和统一资源标识符(URI)。扩展中可以包括多个名称。如果需要在证书中提供这些信息,就应当使用扩展 subjectAltName 和 issuerAltName。

根据本标准,扩展 subjectAltName 和 issuerAltName 应当是非关键的。识别这些扩展的应用没有必要能支持所有可能的选择。如果应用不能识别证书中的别名,就可以忽略该扩展。

在本标准中,扩展 issuerAltName 中包括 URI 信息,URI 明确了颁发者证书的位置,这可以用来验证数字证书中的签名。在本标准中没有规定 subjectAltName 中包含的信息的意义。

如果证书认证机构(CA)的证书不能从 X.500 目录服务中得到,CA 就应当在证书中的别名扩展中包含相应的 URI 信息,以指出签名者证书的位置。要求客户能处理 URI 别名格式,必须能够识别 LDAP URL[RFC1959]。不要求客户能识别其他 URI 格式。

b) 主体目录属性

扩展 subjectDirectoryAttributes 可以包含任何关于主体的 X.500 目录属性信息。本扩展是非关键性的。本扩展的实现和使用是可选的。

c) 权威机构信息存取

扩展 authorityInformationAccess 中保存如何获得颁发 CA 和服务的信息。信息和服务可以包括在线验证服务和 CA 策略数据。(CRL 的位置信息不在本扩展域显示,该信息由 cRLDistributionPoints 扩展提供。)

6.2.3.4 验证路径限制

扩展 basicConstraints, nameConstraints 和 policyConstraints 用于限制有效的验证路径。

a) 基本约束

扩展 basicConstraints 通过 CA 部分的信息指定证书的实体是否是 CA,通过 pathLenConstraint 部分的信息指定验证路径的长度。CA 应当在证书中能产生扩展 basicConstraints,客户也应能够处理本扩展。只有在 CA 为 True 的时候,pathLenConstraint 才有意义。

在所有 CA 证书中都应当包括 basicConstraints 扩展,而且 CA 应当设置为 True。在终端实体的证书中也可以包括扩展 basicConstraints。如果在终端实体的证书中出现扩展 basicConstraints,它应当是一个空的序列值。在所有 CA 证书中的扩展 basicConstraints 应当设置成关键性的。

b) 名字约束

扩展 nameConstraints 只能用在 CA 证书中,它指定证书的验证路径中所有后续证书的名字范围。CA 应当在证书中能产生扩展 nameConstraints,客户也应能够处理该扩展。该扩展应设置为关键性的。

c) 策略约束

扩展 policyConstraints 只用于 CA 证书。它可以以两种方式对策略解释进行限制:既可以限制策略映射，又可以要求在验证路径中的每个证书包括一个可接受的策略标识符。

本扩展包括两个字段：inhibitPolicyMapping 和 requireExplicitpolicy。如果 inhibitPolicyMapping 存在，它的值代表验证路径中的策略映射不再有效之前的其他证书的个数。如果 requireExplicitPolicy 存在，在后续的证书中应当明确包含可接受的策略标识符。RequireExplicitpolicy 的值代表在验证路径中要求明确的策略前的其他证书的个数。

CA 应当在颁发证书中包括本扩展，客户应能够处理本扩展。该扩展应设置为关键性的。

d) 禁止 anyPolicy

本扩展禁止在今后的证书中使用 anyPolicy。此关键性的扩展可以出现在颁发给 CA 的证书中。禁止策略意味着特殊策略标识符 anyPolicy OID(值为{2 5 29 32 0})不能和其他证书策略匹配。该扩展的值是 INTEGER，代表在验证路径中不再允许 anyPolicy 之前的其他证书的个数。例如，1 意味着 any-policy 只能在本证书的主体所颁发的证书中处理，在验证路径中的其他证书中不能使用。CA 应当能够产生此扩展，客户应能够处理本扩展。

6.2.3.5 CRL 标识扩展

本类扩展包含如何获得证书撤销列表(CRL)的信息。通过标识 CRL 和颁发 CRL 者的名称(颁发者可能不是产生证书的 CA)的方式，可以将大的 CRL 列表划分为多个小 CRL 列表。

CRL 分发点：

CRLDistributionPoints 扩展标识 CRL 分发点，或指导客户如何验证一个已撤销的证书。本扩展由三部分字段组成：distributionPoint，reasons 和 cRLIssuer。

a) DistributionPoint 存放如何获得 CRL 的位置信息。如果本字段缺省，CRL 分发点的名字就是颁发者名字。在 CA 颁发的 CRL 很大的情况下，此字段提供了一种将 CRL 划分为多个可管理片断的机制。

b) Reasons 存放相应的 distributionPoint 分发的 CRL 撤销的原因。如果 reasons 不出现，在 distributePoints 分发的 CRL 中可以包括由于任何原因而撤销的证书。不要求客户能处理 reasons。

c) CRLIssuer 确定分发并签名 CRL 的权威机构。如果该字段不出现，CRL 颁发者与证书颁发者相同。使用本字段可以建立统一的 CRL，包括由多个 CA 颁发的证书。

CAs 应当能够产生带有 distributePoint 部分的 cRLDistributionPoints 扩展。如果不能从公共的 X.500 目录服务中获得 CRL 列表，CA 应当在 distributionPoint 中用 URI 别名格式来标注相应 CRL 列表的位置。要求客户能够处理 cRLDistributionPoint 扩展。必须能够识别 URI 格式，至少能够处理 LDAP URI 格式。如果使用了 cRLIssuer，要求客户能够使用分发点并验证 CRL。在 6.3.3 中对分发点做进一步的讨论。

6.3 证书撤销列表

6.3.1 证书撤销列表概述

证书撤销列表(CRL)用来列出那些已被撤销或冻结的但并未过期的证书。证书撤销的原因多种多样，例如日常的管理撤销(当证书的主体离开了发放组织，或责任和证书属性发生了变化)，或私钥被泄密。"冻结"是指 CA 不再确保证书主体和公钥之间的绑定。

X.509 v2 证书撤销列表格式增加了一些可选扩展，在概念上与证书扩展相似。CAs 应能产生如下的 X.509 v2 CRLs，当验证证书认证路径时客户也应能处理它们。颁发 CRLs 的 CA 不一定必须是颁发该撤销证书的 CA。一些 CAs 只负责发放 CRLs。X.509 v2 CRL 包含以下信息：

- Version 版本；
- Issuer Signature Algorithm 颁发者签名算法；
- Issuer Distinguished Name 颁发者可辨别名；
- This Update 本次更新；

- Next Update　下次更新；
- Revoked Certificates　撤销的证书，零个或多个以下序列的序列：
  - ◆ Certificate Serial Number　证书序列号，
  - ◆ Revocation Date　撤销日期，
  - ◆ CRL Entry Extensions　CRL Entry 扩展(可选)；
- CRL Extensions　CRL 扩展(可选)；
- 颁发者对以上字段的签名。

6.3.2　**CRL 字段**

X.509 v2 CRL 的 ASN.1 句法见附录 A。对于签名计算，签名的输入数据是 ASN.1 DER 形式的编码。ASN.1 DER 编码对每一个元素来说都是标签、长度、值的编码系统。以下各项描述了 X.509 v2 CRL 的使用：

a)　Version

这个字段描述了编码后的 CRL 的版本。该字段的值应是 1，表明是 v2 CRL。

b)　Signature

该字段包含签署 CRL 的算法的算法标识符。它的内容与证书的 signature 字段一样。关于这个字段的信息见 6.2.1 中关于 signature 字段的定义。CRL 可以被 6.2.2.2 中标识的任何算法签名；通常，CA 使用同一算法来对证书和 CRL 签名。

c)　Issuer Name

issuer 字段提供了签署 CRL 的 CA 的全球唯一标识名。颁发者的名字是 X.500 可辨别名。本标准不支持 CRL 颁发者名字为空的 CRL。

d)　This Update

thisUpdate 字段指定了该 CRL 的日期。此字段可以是 UTCTime 或 GeneralizedTime。对于本标准，thisUpdate 字段遵从证书的 validity 字段的规则。(见 6.2.1)

e)　Next Update

nextUpdate 字段指定了下一个 CRL 颁发的日期。下一个 CRL 颁发的日期可以在指定日期之前，但不可在指定日期之后。此字段可以是 UTCTime 或 GeneralizedTime。对于本标准，nextUpdate 字段遵从证书的 validity 字段的规则。(见 6.2.1)

f)　Revoked Certificates

revokedCertificates 字段是一个已经被撤销的证书的列表。每个被撤销证书包含：

1)　证书序列号(在 userCertificate 字段中指出)。它包含被撤销证书的 serialNumber 字段的值。它必须与颁发 CA 的名字一起使用以识别一个已经被撤销但还未到期的证书。

2)　包含撤销日期的 revocationDate 字段。本字段取值遵从证书的 validity 字段的规则。(见 6.2.1)

3)　CRL Entry 扩展(可选)(见 6.3.4)。它可以给出证书撤销的原因，说明证书无效日期，也可以说明发放该被撤销证书的 CA 的名字(或许与颁发 CRL 的 CA 不是同一个)。注意：我们假定颁发 CRL 的 CA 和颁发被撤销证书的 CA 是同一个，除非 CRL Entry 扩展包含 certificateIssuer 字段。

6.3.3　**CRL 扩展**

ISO/ITU 所定义的 X.509 v2 CRLs 扩展提供了对全部 CRLs 附加其他信息的方法。每个 CRL 扩展被设计为 critical 或 noncritical。(关键的或非关键的)如果客户碰到一个不能处理的关键性扩展，将无法对该 CRL 进行验证。

本条描述了应被支持的 CRL 扩展。当 CA 能够产生一个 CRL 的扩展且客户能够处理该扩展时，此 CRL 扩展才有效。

a) 机构密钥标识符

authorityKeyIdentifier，非关键性 CRL 扩展，标识了 CA 用来签署 CRL 的密钥。当 CA 使用多个密钥时该扩展是有用的；它使得不同的密钥得以区分(例如，密钥更新时)。身份的鉴定可基于密钥标识符或发放者名字和序列号。所有的 CRLs 都应有密钥标识名。当发放者拥有多个签名密钥时(或多个密钥对，或是在密钥更新期间)，该扩展是很有用的。当发放 CA 有多个签名密钥对时，在所有的 CRL 扩展里都应包括该扩展，并且客户也应能够找到并验证 CRL 验证路径。客户如果要查找证书认证路径，必须能够处理 authorityKeyIdentifier 的密钥标识符或证书发放者名加上序列号。

b) 颁发者别名

issuerAltName ，非关键性 CRL 扩展字段，包含一个或多个 CA 别名。别名一旦出现就放置在 issuesrAltName 里。并非所有的别名格式都要被识别处理，识别不出的别名格式可以被忽略。CA 可在 CRLs 中产生该扩展，然而客户可以不予处理。

c) CRL 编号

cRLNumber，非关键性扩展字段，是一个单调增加的序列号，该 CRL 由 CA 通过特定的 CA 目录入口或 CRL 分布点发放。该扩展可以用来通知证书使用者整个 CRL 的非固定时间发布，或是便于确定何时某一 CRL 替代了另一 CRL。在 CRL 中应该包括该扩展。

d) 颁发分布点

issuingDistributionPoint 字段是非关键性的扩展，决定了一个特定 CRL 的 CRL 分布点。一个分布点就是一个用来检索 CRL 的目录入口，它可以与 CA 的目录入口不同。CA 要用密钥对 CRL 加密。CRL 分布点没有自己的密钥对。

另外，issuingDistributionPoint 字段指定的 CRLs 可能只针对终端实体的证书，或者只针对 CA 证书，或者只针对由于某种特定原因撤销的证书。最后，该扩展也可以确定一个间接 CRL，间接 CRL 是由与发放被撤销证书 CA 不同的 CA 发放的。间接 CRL 包含以下组件：

- distributionPoint，给出了分布点的名字，遵循 X.500 标识名规则；
- onlyContainsUserCerts，布尔变量，表明该 CRL 只包含终端实体证书；
- onlyContainsCACerts，布尔变量，表明该 CRL 只包含 CA 证书；
- onlySomeReasons，一个 ReasonFlag 位串，标明 CRL 中所列证书的撤销原因；如下：
    - ◆ keyCompromise，表明密钥泄漏或怀疑密钥泄漏，
    - ◆ cACompromise，表明该证书撤销的原因是 CA 密钥泄漏，它只用于撤销 CA 证书，
    - ◆ affiliationChanged，表明该证书撤销的原因是证书主体的从属关系改变了，
    - ◆ superseded，表明该证书已被代替，
    - ◆ certificateHold，表明证书处于冻结状态，可能会被撤销，
    - ◆ cessationOfOperation，表明该证书的目的已经不再被需要，但并不是密钥被泄漏；
- IndirectCRL，布尔变量，表明这是一个间接 CRL。

客户应能处理这个字段。

e) 增量 CRL 指示符

deltaCRLIndicator 是一个关键 CRL 扩展，它确定一个增量 CRL。对于那些采用非 CRL 结构存储撤销信息的用户程序来说，增量 CRL 可以有效地节省处理时间。它允许把变化的信息增加到本地数据库里，忽略掉那些本地数据库中已经存在的未改变的信息部分。

BaseCRLNumber 的值表明基础 CRL 的 CRL 序列号，基础 CRL 是生成增量 CRL 的开始点。增量 CRL 包含基础 CRL 和当前 CRL 之间的变化部分。是否提供增量 CRL 要由 CA 来决定。

客户可以利用本地 CRL 和增量 CRL 合成一个 CRL，要注意的是如果本地 CRL 的 CRL 序列

号小于增量 CRL 中的 BaseCRLNumber，合成的 CRL 就不正确。如果增量 CRL 含有一个 CRL 序号扩展，那么合成的 CRL 的 CRL 序号就是该扩展的值。客户和 CA 是否支持增量 CRL 是可选的。

f) CRL 扩展使用总结

表 1 总结了标准 CRL 扩展，表 2 总结了这些标准 CRL 扩展的使用。

表 1 CRL 扩展概要

扩展	使用	Critical
AuthorityKeyIdentifier	标识签署 CRL 的 CA 密钥	
KeyIdentifier	唯一的密钥标识符；等价于 certIssuer 和 authorityCertSerialNumber	No
authorityCertSerialNumber	和 certIssuer 一起使用；两者必须唯一	
IssuerAltName	CRL 颁发者的别名	No*
CRLNumber	CRL 的序列号	No
IssuingDistributionPoint	CRL 分布点的名字；也给出了撤销原因	Yes
DeltaCRLIndicator	标明增量 CRL 并给出序列号	Yes
注：* 表示在 X.509 v2 CRL 中此扩展可以是关键扩展也可以是非关键扩展，为了实现互操作，本标准将该扩展定义为非关键扩展。		

表 2 CRL 扩展在本标准中的使用

扩展	CRL	客户
AuthorityKeyIdentifier	可选	可选
KeyIdentifier	所有的 CRL 中都包括该标识符	可选—用来帮助找到正确的 CA 证书以验证 CRL(1)
CertIssuer	不产生	可选—颁发者/序列号用来帮助找到正确的证书以验证 CRL(1)
certSerialNumber	不产生	
CRLNumber	支持：在所有的 CRL 中	可选
IssuingDistributionPoint	支持	支持
DeltaCRLIndicator	支持	可选
IssuerAltName	支持	可选
注：对 CRL 来说，"支持"意味着 CA 能够颁发含有该扩展的 CRL。对客户来说，"支持"意味着客户能够处理含有该扩展的 CRL。无论客户使用该扩展与否，无论 CRL 含有该扩展与否，当 CA 有多个证书时，客户都应当能够找到签署 CRL 的私钥的相应证书。		

6.3.4 CRL Entry 扩展

X.509 v2 CRLs 所定义的 Entry 扩展提供了获取 CRL 每条附加信息的方法。每个 CRL Entry 扩展被设计为关键性或非关键性。如果不能处理关键性扩展，该 CRL 的验证将是无效的。如果是不可识别的非关键性 CRL Entry 扩展，则可以忽略。

a) 原因代码

reasonCode 是非关键性 CRL Entry 扩展，标明了证书撤销原因。CA 应当能够生成该扩展，但客户是否要处理 reasonCode 扩展则是可选的。下面列举的是 reasonCode 的取值：

- unspecified，未使用；
- keyCompromise，表明密钥泄漏或怀疑泄漏；
- cACompromise，表明该证书撤销的原因是 CA 密钥泄漏，它只用于撤销 CA 证书；

- affiliationChanged,表明该证书撤销的原因是证书主体的从属关系改变了;
- superseded,表明该证书已被新的证书代替;
- cessationOfOperation,表明该证书的功能已经不需要,并不是密钥泄漏;
- certificateHold ,表明证书当前不能使用,如果证书的 CRL 的 reasonCode 字段是 certificateHold,那么客户就无法验证证书认证路径;
- removeFromCRL,只与增量 CRL 一块使用,表明应该删除一个存在的 CRLEntry。

b) 过期日期

expirationDate ,非关键性 CRL Entry 扩展,表明 Entry 的过期时间。该扩展不在 CRLs 中使用,也不被客户使用。

c) 指令码

instructionCode 是非关键性 CRL Entry 扩展,提供了一个注册过的指令标识符,指令标识符来指出当遇到一个被冻结的证书时要采取何种操作。本扩展不在 CRL 中使用。

d) 无效日期

invalidityDate 是非关键性 CRL Entry 扩展,指出知道密钥泄漏或怀疑泄漏的日期,即证书无效的日期。该日期必须比 CRL Entry 中的撤销日期要早。而 CRL Entry 中的撤销日期表明的是 CA 撤销证书的日期。无论是否可以获得此信息,都应该鼓励 CAs 将此信息与 CRL 用户共享。CAs 在 CRLs 中生成该扩展,取值的形式是 GeneralizedTime。

e) 证书发放者

certificateIssuer 和间接 CRL 一起使用,(间接 CRL,是 issuingDistributionPoint 扩展中有 indirectCRL 标识符的 CRL)。如果该扩展没有在间接 CRL 的第一个 Entry 中标出,那么该证书的发放者默认为 CRL 发放者。在间接 CRL 随后的 Entry 里,如果没有给出 certificateIssuer,则认为证书发放者与前一个 CRL Entry 的发放者相同。

f) CRL Entry 扩展使用总结

表 3 总结了 CRL Entry 扩展,表 4 总结了本标准中 CRL Entry 扩展的使用。

表 3　CRL Entry 扩展

扩展	使用	关键性与否
ReasonCode	说明证书撤销的原因	否
InstructionCode	和 certificateHold reasonCode 一起使用,表明遇到一个冻结证书时要采取的行为	否
InvalidityDate	证书无效的日期	否
CertficateIssuer	间接 CRL 中的撤销证书的颁发者	是

表 4　本标准中 CRL Entry 扩展的使用

扩展	CRL	客户
ReasonCode	支持;所有的 Entry 中均包括	可选—可以用来提供验证失败的信息
InstructionCode	不使用	可选
InvalidityDate	支持	可选—可以用来提供验证失败的信息
CertficateIssuer	可选	可选—如要支持间接 CRL 就必须

注:对 CRL 来说,“支持”意味着 CA 能够颁发含有该 CRL Entry 扩展的 CRL。对客户来说,“支持”意味着客户能够处理含有该 Entry 扩展的 CRL。

6.4　证书认证路径

RFC 2459 中的第 6 章有具体定义,认证路径功能应由客户来实现。

6.5 事务消息格式

6.5.1 事务消息格式概述

本条给出了一套最小的支持 PKI 事务的消息格式。系统如果想实现这些事务就必须支持这些消息格式,并能够正确的产生、识别它们。这些消息格式以 ASN. 1 的形式定义;消息利用 DER 编码传输。

6.5.2 全体 PKI 消息组件

a) PKI 消息

每个消息有四个组件:

```
PKIMessage ::= SEQUENCE {
header            PKIHeader,
body              PKIBody,
protection          [0]  PKIProtection      OPTIONAL,
extraCerts             [1]  SEQUENCE OF Certificate      OPTIONAL }
```

extraCerts 字段在本标准中用来放签名的证书序列,后面消息的描述中对这个字段不再具体描述。

b) PKI 消息头

所有的 PKI 消息都需要头信息来识别地址和处理。一些头信息会在传输特定包里给出。然而,如果 PKI 消息被签名,这个头信息也是被保护的。

下面是消息头的数据结构:

```
PKIHeader ::= SEQUENCE {
pvno              INTEGER            { ietf-version2 (1) },
sender            GeneralName,       -- 标识发送者
recipient         GeneralName,       -- 标识接收者
messageTime       [0] GeneralizedTime        OPTIONAL,
-- 该消息的产生时间(发送者使用)
-- 该时间对接收者来说仍然有意义。
protectionAlg     [1] AlgorithmIdentifier    OPTIONAL,
-- 计算保护比特的算法
senderKID         [2] KeyIdentifier          OPTIONAL,
recipKID          [3] KeyIdentifier          OPTIONAL,
-- 确定用来保护的特定密钥
transactionID     [4] OCTET STRING           OPTIONAL,
-- 确定事务,也就是说,相应的请求、响应和确认消息的 transactionID 相同。
senderNonce       [5] OCTET STRING           OPTIONAL,
recipNonce        [6] OCTET STRING           OPTIONAL,
-- nonces 用来提供重发保护,消息的产生者插入 senderNonce;该消息的接收者在相
-- 应消息中插入 recipNonce。
freeText          [7] PKIFreeText            OPTIONAL,
-- 这可以用来进行一些上下文说明(本字段的设计便于人工阅读)
generalInfo       [8] SEQUENCE SIZE (1.. MAX) OF InfoTypeAndValue OPTIONAL
-- 用来传递上下文相关信息
-- (本字段不是主要为人工考虑的)}
PKIFreeText ::= UTF8String
```

头消息中的 transactionID 字段允许响应消息的接收者将它与请求相关联。一个 RA 或许在同一个时刻有很多请求未被处理。为了做到有效,从发送者的角度看,本字段的取值应当是独一无二的。

MessageTime 字段表明消息产生的时间。它的值必须是格林威治时间,必须精确到秒(即年月日时分秒 YYYYMMDDHHMMSSZ),即使秒是零。MessageTime 字段不包括分秒。

sender 和 recipient 字段定义为 GeneralName。系统必须支持 X. 500 标识名和 RFC 822(Internet e-mail)标识名。

freetext 字段定义为 PKIFree Text,PKIFree Text 是 ASN. 1 中的 UTF8String 型。UTF8String 是统一字符集,它包括了 ASCII,本标准中,PKIFree Text 仅包括 ASCII 中的字符。

ProtectionAlg 所有的签名消息,以及用消息认证码保护的消息都要有该字段。当一个消息不受保护时(即,在含有 PKIHeader 的 PKIMessage 中不出现 protection 字段时),ProtectionAlg 必须被忽略。

senderNonce 和 recipNonce 在 client 和 RA 中是不需要的;CA 如果收到了带有 senderNonce 的 PKIMessage,就必须在随后的消息里返回 recipNonce。本标准中,senderKID,recipKID,generalInfo 是不需要的。

c) PKI 消息正文

```
PKIBody ::= CHOICE {
-- message-specific body elements
cr       [2]    CertReqMessages,           --证书请求
cp       [3]    CertRepMessage,            --证书响应
p10cr    [4]    PKCS10CertReqMessages,     --引自[PKCS10]
rr       [11]   RevReqContent,             --撤销请求
rp       [12]   RevRepContent,             --撤销响应
conf     [19]   PKIConfirmContent,         --确认}
```

其他的 message-specific 正文元素在 RFC2510、RFC2511 中定义。本标准并不需要这些元素,所以这里把它们省略了。附录 C 中描述了 message-specific 正文元素的完整列表。

其他部分所说的 CertReq、CertRep、RevReq、RevRep 在 PKIMessage 里就是指 ir、ip、cr、cp、rr、rp。一个 PKCS#10 请求是指带有 p10cr 正文元素的消息。一个确认消息带有正文消息 conf。

d) PKI 消息保护

使用以下结构,所有 PKI 消息的完整性将得到保护:

PKIProtection::=BIT STRING

用来计算 PKIProtection 的输入是如下数据结构的 DER 编码:

```
    ProtectedPart::=SEQUENCE{
Header          PKIHeader,
body            PKIBody}
```

在大多数情况下,PKIProtection 字段将包含一个数字签名,PKIHeader 里的 protectionAlg 字段将包含一个 AlgorithmIdentifier,用来说明为保护消息所使用的数字签名算法。

在有些情况下,例如密钥更新,附加多重签名是必要的。这时,签名消息是嵌套的结构—每个已签名的消息成为一个 PKIBody 的元素;下一个签名应用于这个消息。这个处理将会不断重复直到所有的签名都已应用完毕。

6.5.3 通用数据结构

下面的数据类型对几个消息格式都是通用的。

a) 证书模板

在各种各样的 PKI 管理消息中,始发者可能会提供一些值来识别一个已存在的证书,或申请一个证书时在请求中含有一些值。CertTemplate 结构允许实体标明这些值。CertTemplate 包含作为一个证书所需的所有信息。

```
CertTemplate ::= SEQUENCE {
version        [0] Version               OPTIONAL,
-- 用来请求特殊语法版本
serial         [1] INTEGER               OPTIONAL,
-- 用来请求一个特殊的序列号或声明请求代表一个以前的证书持有者
signingAlg     [2] AlgorithmIdentifier   OPTIONAL,
subject        [3] Name                  OPTIONAL,
validity       [4] OptionalValidity      OPTIONAL,
issuer         [5] Name                  OPTIONAL,
publicKey      [6] SubjectPublicKeyInfo  OPTIONAL,
issuerUID      [7] UniqueIdentifier      OPTIONAL, -- not supported
subjectUID     [8] UniqueIdentifier      OPTIONAL, -- not supported
extensions     [9] Extensions            OPTIONAL,
-- 包含请求者希望在证书里具有的扩展
}
OptionalValidity ::= SEQUENCE {
notBefore      [0] Time OPTIONAL,
notAfter       [1] Time OPTIONAL
}
CertTemplates ::= SEQUENCE OF CertTemplate
```

如果 CertTemplate 出现,validity 字段将包含请求证书的请求发放日期(notbefore 字段)和期满日期(notAfter)。对 CertTemplate 中的 validity 字段和证书中的 validity 字段的解释相同。(见 5.2.1)

b) 签名私钥的拥有证明

若由主体产生密钥对,CA 需要验证证书请求中主体拥有对应于相应公钥的私钥。这是通过 ProofOfPossession 字段来实现的。

当用户申请一个签名证书,则用 ProofOfPossession 中的 signature 字段实现的,该 signature 是一个 POPOSigningKey 结构。该结构包含输入数据、一个算法标识符和一个签名。

输入数据作为 DER 编码的 popInput,它是由证书请求中的数据生成的。通常,它包含 CertTemplate 里的主体名和公钥。当一个新的主体请求通过公钥 mac 验证后,或是 RA 修改了主体名后,popInput 必须由 POPOSigningKey 结构中的可选数据和 CertTemplate 里的公钥构成。这就允许 RA 把拥有证明传递给 CA 而不用改变 CertTemplate。

```
ProofOfPossession ::= CHOICE {
raVerified                 [0]  NULL,
-- 当 RA 已经验证了请求者拥有相应私钥时使用
  signature                     [1] POPOSigningKey,
-- 用户产生证书密钥对,并申请签名证书时使用
```

keyEncipherment [2] POPOPrivKey,
-- 本标准不使用该域
keyAgreement [3] POPOPrivKey
-- 本标准不使用该域}
POPOSigningKey ::= SEQUENCE {
poposkInput [0] POPOSKInput OPTIONAL,
algorithmIdentifier AlgorithmIdentifier,
signature BIT STRING }
-- 对popInput 的 DER 编码值签名(用"algorithmIdentifier")
-- 注意：如果在 pop 字段里出现 poposkInput，popInput 就由 otherinput 构成。
-- 如果 poposkInput 没有出现，主体就是 CertTemplate 中的名字。
-- 注意 PopInput 的编码值是有意含糊的。
PoposkInput ::= CHOICE {
Subject name,
Sender [0] generalName,
publicKeyMAC [1] PKMACValue}
-- pop 的计算是基于 popInput 的结构的。PopInput 的结构定义如下：
PopInput ::= SEQUENCE {
CHOICE {
otherinput popskInput,
subject name },
publicKey subjectpublicKey}
-- 如果 poposkInput 在 pop 字段出现的话，popInput 就用 otherinpu 构成。如果 poposkInput 不出现，主体就是 CertTemplate 中的名字。
-- 注意 PopInput 的编码值是有意含糊的。

c) 证书请求消息

CertReqMsg 是证书请求的基本结构。CertReqMsg 由三个字段构成的 SEQUENCE，certReq；pop；regInfo(可选)。certReq 是类型 CertRequest，pop 包括了证明拥有私钥的信息，regInfo 包含了特定的注册过程信息。regInfo 字段是可选的。CertReqMsg 定义见附录 D。

CertReqMsg ::= SEQUENCE {
certReq CertRequest,
pop ProofOfPossession OPTIONAL,
-- 本标准规定加密密钥对必须集中产生，此时该字段不出现
-- 若集中产生签名密钥对，则该字段不出现
-- 若是由终端实体产生签名密钥对，则该字段必须出现
regInfo SEQUENCE SIZE(1..MAX) of AttributeTypeAndValue OPTIONAL }

CertRequest

CertRequest 的组成包括：请求标识符，证书模板，可选的控制信息。

CertRequest ::= SEQUENCE {
certReqId INTEGER, -- 用来匹配请求和相应的 ID
certTemplate CertTemplate, -- 选定的证书中的某些字段
controls Controls OPTIONAL } -- 控制颁发的一些属性

certReqId 是一个 INTEGER，certTemplate 是 CertTemplate，controls 的定义如下。

CertReqMessages

CertReqMessages 是一个或多个 CertReqMessage 序列的结构。

CertReqMessages ::= SEQUENCE SIZE (1..MAX) OF CertReqMessage

本标准中,CertReqMessages 可以假设为仅由一个 CertReqMessage 构成的 SEQUENCE。即 MAX 可以定义为 1。

Controls

CertRequest 的产生者可以包括一个或多个适合请求处理的 control 值。

Controls ::= SEQUENCE SIZE (1..MAX) OF AttributeTypeAndValue

下列 control 在证书管理协议(CMP)里有定义:regToken;authenticator;pkiPublicationInfo;pkiArchiveOptions;oldCertId;protocolEncrKey。在具体实现规范中的事务时,这些 control 是可选的。这些 control 的 OIDs 如下。本标准不需要的 control (oldCertId,regToken,authenticator,pkiPublicationInfo,and pkiArchiveOptions)在这里没有描述。

```
id-pkix OBJECT IDENTIFIER ::= { iso(1) identified-organization(3)
dod(6) internet(1) security(5) mechanisms(5) pkix(7) }
-- arc for Internet X.509 PKI protocols and their components
id-pkip OBJECT IDENTIFIER :: { id-pkix pkip(5) }
-- Registration Controls in CRMF
id-regCtrl OBJECT IDENTIFIER ::= { id-pkip regCtrl(1) }
id-regCtrl-oldCertId            OBJECT IDENTIFIER ::= { id-regCtrl 5 }
id-regCtrl-protocolEncrKey      OBJECT IDENTIFIER ::= { id-regCtrl 6 }
```

d) 协议加密密钥控制

如果存在的话,协议加密密钥控制明确了 CA 用来对 CertReqMessages 的响应进行加密的密钥。

当 CA 发送给申请者的信息需要加密的时候就可以使用这一控制。这些信息包括 CA 把产生的私钥发给申请者供其使用。

protocolEncrKey 控制由属性类型里的 id-reg-protocolEncrKey 的 OID 来确定。它的值的语法是 SubjectPublicKeyInfo.

e) PKI 消息状态码

所有的响应消息都包含一些状态信息。定义如下的取值:

```
PKIStatus ::= INTEGER {
granted                 (0),
--请求得到许可,没有变更
grantedWithMods         (1),
--请求得到许可,有变更;请求者负责确定变更。
rejection               (2),
--请求被拒绝
waiting                 (3),
--已收到请求但还未处理,处理后将会附加一个响应
revocationWarning       (4),
--给予警告:撤销已被请求,正在处理。
revocationNotification  (5),
--通知:已经撤销
keyUpdateWarning        (6) }
```

本标准并未用到 KeyUpdateWarning 状态码。

f) 失败信息

响应者使用以下句法提供更多失败信息。

```
PKIFailureInfo ::= BIT STRING { -- 因为会以多种方式失败!
badAlg              (0),      -- 不被识别或不被支持算法名
badMessageCheck     (1),      -- 完整性检查失败(例如,签名核对错误)
badRequest          (2),      -- 事务不被允许或支持
badTime             (3),      -- messageTime 与系统时间相差太多
badCertId           (4),      -- 证书标识名错
badDataFormat       (5),      -- 数据格式不对
wrongAuthority      (6),      -- 请求中指出的 authority 和响应者不同
incorrectData       (7),      -- 请求者的数据不对(在公证服务里用)
missingTimeStamp    (8),      -- 没有时戳,但是策略需要
badPoP              (9)       -- 拥有证明字段核实失败,
-- 需要更多的失败信息}
PKIStatusInfo ::= SEQUENCE {
status          PKIStatus,
statusString    PKIFreeText     OPTIONAL,
failInfo        PKIFailureInfo   OPTIONAL}
```

g) 确认协议

确认消息会在 PKIHeader 中带着所需的所有信息。因此,该数据结构内容为空。

```
PKIConfirmCotent::=NULL
```

h) 证书识别

为了识别特定的证书,采用了 CerId 结构

```
CerId::=SEQUENCE{
issuer      GeneralName,
serialNumber    INTEGER}
```

i) Centrally Generated Keys

本标准规定由第三方集中产生加密密钥对并通过带外方式提供给 CA,此时 CA 用 Certified-KeyPair 结构发还证书。

```
CertifiedKeyPair ::= SEQUENCE {
certificate         [0] Certificate           OPTIONAL,
encryptedCert       [1] EncryptedValue        OPTIONAL,
privateKey          [2] EncryptedValue        OPTIONAL,
publicationInfo     [3] PKIPublicationInfo    OPTIONAL }
EncryptedValue ::= SEQUENCE {
intendedAlg         [0] AlgorithmIdentifier   OPTIONAL,
-- the intended algorithm for which the value will be used
symmAlg             [1] AlgorithmIdentifier   OPTIONAL,
-- 加密这一 value 的对称算法
encSymmKey          [2] BIT STRING            OPTIONAL,
-- 用来加密这一 value 的对称密钥(已加密)
keyAlg              [3] AlgorithmIdentifier   OPTIONAL,
```

-- 用来加密对称密钥的算法

valueHint [4] OCTET STRING OPTIONAL,

-- encValue 内容的简要描述或标识符

--（可能只对发送实体有意义，仅当将来发送实体对 EncryptedValue 重新检查时使用）

encValue BIT STRING

-- 加密的 value}

j) 带外信息

为了在带外传输一个 CA 的公钥，采用了 OOBCert 结构。OOBCert 只是一个 CA 的证书。

OOBCert::=Certificate

6.5.4 特殊操作的数据结构

a) 注册/证书请求

注册和证书请求消息(cr)包含一个 CertReqMessages 的数据结构，该结构规范了请求证书的特定取值。

CertReqMessages 是 CertReqMsg 结构的一个或多个序列。

CertReqMessages ::= SEQUENCE SIZE (1.. MAX) OF CertReqMsg

例外的，本标准里定义的事务假设 CertReqMessages 仅是一个 CertReqMsg 的 SEQUENCE。同时请签名证书和加密证书的可选事务请求要求 CertReqMessages 是大小为 2 的 SEQUENCE。本标准不鼓励同时申请两个证书，但不禁止。

b) 注册/证书响应

注册响应消息(cp)包含一个 CerRepMessage 结构（一个可选的公钥和一个 response）。特别的，本标准里定义的事务都假设响应仅是一个 CertResponse 的序列。一个例外就是含有签名证书和加密证书请求的事务；该事务的响应可以是响应消息的结合，即含有两个 CertResponse 的字段的序列。

CertResponse 包含一个请求 id、状态信息和一个 CertifiedKeyPair（可选）。CertifiedKeyPair 是一个包含四个可选字段的序列，四个可选字段分别是：一个证书，一个已加密证书、一个已加密私钥，以及公开信息。本标准中，证书字段总出现在 CertifiedKeyPair 里。仅当集中产生密钥管理密钥时才用到 PrivateKey，其余字段均不出现。

CertRepMessage ::= SEQUENCE {

caPub [1] Certificate OPTIONAL,

response SEQUENCE OF CertResponse}

CertResponse ::= SEQUENCE {

certReqId INTEGER, --与相应的请求相匹配

certRepStatus PKIStatusInfo,

certifiedKeyPair CertifiedKeyPair OPTIONAL;

—只有当状态为 granted 或 grantedWithMods 才存在

rspInfo OCTET STRING OPTIONAL

-- analogous to the id-regInfo-asciiPairs OCTET STRING defined

-- for regInfo in CertReqMsg [CRMF]}

如果 certRepStatus 包含 failInfo 字段，CertResponse 将不包含 certifiedKeyPair 并且 certRepStatus 字段的 status 的值将是 rejection. status 的值是 waiting 时，可选字段就都不出现。status 的值 revocationWarning 和 revocatonNotification 不会在消息中出现。

caPub 和 rspInfo 字段是不需要的，如果它们出现的话可以被忽略。本标准并不使用 CertifiedKeyPair 中的 encryptedCert 和 publicationInfo 字段。

c) 撤销请求的内容

当请求撤销一个证书时采用以下数据结构。请求者的名字在 PKIHeader 中显示。

```
RevReqContent ::= SEQUENCE OF RevDetails
RevDetails ::= SEQUENCE OF {
certDetails              CertTemplate,
--允许请求者尽可能多的指定所请求撤销的证书的参数(例如,不知道序列号时)
revocationReason         ReasonFlags,
-- 来自 DAM,这样 CA 就知道该用哪个 Dist. point
badSinceDate             GeneralizedTime          OPTIONAL,
-- indicates best knowledge of sender
crlEntryDetails          Extensions
-- 要求的 crlEntryExtensions}
```

ReasonFlags 定义见附录 B。为清楚起见这里再说明一遍。

```
ReasonFlags ::= BIT STRING {
unused                   (0),
keyCompromise            (1),
caCompromise             (2),
affiliationChanged       (3),
superseded               (4),
cessationOfOperation     (5),
certificateHold          (6),
removeFromCRL            (8) }
```

badSinceDate 和 revocationReason 表示的信息可以在 crlEntryDetails 中也同样表示出来,使用标准的 X.509 CRL 扩展 invalidityDate 和 reasonCode。推荐的位置是 crlEntryDetails,不过本标准建议 CA 处理其他位置的信息。当有冲突存在的时候,使用较早的日期。当撤销原因不匹配时,CA 应包括所有的原因。

d) 撤销响应内容

当对撤销请求做响应时,使用以下数据结构。把它发送给请求者。

```
RevRepContent ::= SEQUENCE {
status              PKIStatusInfo,
revCerts            [0] SEQUENCE OF CertId OPTIONAL,
-- 确定要请求撤销的证书
crls                [1] SEQUENCE OF CertificateList OPTIONAL,
-- 作为结果的相应的 RL}
```

在本标准中,revCerts 是一个或多个 CertID 字段的 SEQUENCE,crls 字段并不出现。

e) PKCS#10 证书请求

这个证书请求句法在 RFC 2314 中有定义,为清楚起见在此重复一遍。

```
PKCS10CertReqContent ::= SEQUENCE {
certificationRequestInfo        CertificationRequestInfo
signatureAlgorithm          SignatureAlgorithmIdentifier,
signature                   Signature}
SignatureAlgorithmIdentifier ::= AlgorithmIdentifier
Signature ::= BIT STRING
```

```
CertificationRequestInfo::= SEQUENCE {
version              Version,
subject              Name,
subjectPublicKeyInfo      SubjectPublicKeyInfo,
attributes           [0] IMPLICIT Attributes}
Version ::= INTEGER
Attributes ::= SET OF Attribute
```

Attributes 在 RFC 2985 中有定义。为了互操作而对 Attributes 的支持是可选的。即使出现了,也可以被忽略。

6.6 PKI 事务

6.6.1 PKI 事务概述

本条详细介绍了 PKI 的具体功能:注册请求、更新和撤销证书。也简要描述了访问目录服务的事务。

CA、RA 和证书持有者应能实现本条描述的所有事务。

对于 CA 和 RA 物理上在一起、不支持远端 RA 的 PKI 产品,CA 和 RA 之间的消息就可以忽略掉。

6.6.2 RA 发起的注册请求

RA 可以请求 CA 为一个终端实体颁发签名证书。这个事务分五步执行。第一步,终端实体通过带外事务(例如通过实际呈交一个磁盘)在一个签名消息中向 RA 提供一个公钥。第二步,RA 通过一个签名消息向 CA 请求证书。第三步,CA 通过一个含有证书或错误代码的签名消息回应 RA。第四步 RA 通过带外方式向终端实体提供 CA 的公钥和所颁发的证书(若是集中产生密钥对则还包括相应私钥),终端实体也可以直接从 CA 获得。第五步 RA 向 CA 发出确认消息。在这个过程中包括三条消息。

a) 从 RA 到 CA 的证书请求

RA 建立一个 PKIBody 为 cr 的 PKIMessage。其 PKIHeader 包括下列信息:

- pvno 是 1;
- transactionID 是该 RA 赋予这个事务的唯一整数;
- messageTime 是当前精确到秒的时间;
- sender 是 RA 的可辨别名;
- recipient 是 CA 的可辨别名;
- protectionAlg 是用来保护该消息的签名算法的算法标识符。

这个消息的消息体是 CertReqMessages,它是一个或多个 CertReqMessage 字段的序列。对于这个事务,CertReqMessages 是一个 CertReqMessage 的序列。这个 CertReqMessage 将包括如下信息:

- certReq 含有请求者希望包含在证书中的信息;
- pop 证明了对新证书私钥的拥有。

本标准中只支持终端实体产生签名密钥对,不支持终端实体产生加密密钥对。在进行签名私钥的拥有性证明时,如果由 RA 来实现,那么 RA 修改了主体名,popoSKInput 域出现,并且包含了原来的主体名。否则,RA 不修改主体名,那么 pop 域与请求者提交的主体名一致。详细原理见 6.5.3。

certReq 是 CertRequest,它是一个 certReqID、一个 CertTemplate 和 controls 的序列。对于这个事务,certReqID 可以是任何整数。

CertTemplate 将含有如下信息:

- version 是 v3(2);

- subject 是用户的名字；
- publicKey 提供了新证书的公钥，若用集中方式产生密钥对则不包括该字段；
- extensions 至少指定了与证书有关的证书策略的 OID。

如下的信息可以被包含在 CertTemplate 中：

- signingAlg 指定了首选签名算法；
- subject 指定了潜在证书持有者的可辨别名。

请求不应该包括如下信息：

- issuerUID；
- subjectUID。

PKIProtection 字段含有根据消息头和消息体的 DER 编码序列计算的 RA 的签名。

b) 从 CA 到 RA 的证书回应

CA 将返回以元素 cp 为 PKIBody 的 PKIMessage 给 RA。

PKIHeader 包括如下信息：

- pvno 是 1；
- transactionID 与 cr 消息中的 transactionID 相同；
- messageTime 是当前精确到秒的时间；
- sender 是 CA 的可辨别名；
- recipient 是 RA 的可辨别名；
- protectionAlg 是用来保护该消息的签名算法的算法标识符。

如果 senderNonce 在证书请求中被提供了，那么这个回应的消息头应该将其作为 recipNonce。PKIBody 元素 cp 是 CertRepMessage 类型。对于这个事务，CertRepMessage 将含有唯一的 response 字段。该 response 字段是一个 certReqId、status 和 certifiedKeyPair 的序列。如果 CA 颁发了一个证书，消息体将含有如下消息：

- certReqId 将与请求中的 certReqId 匹配；
- status 将是 granted 或者是 grantedWithMods；
- certifiedKeyPair 序列将至少含有一个字段——certificate，其将含有 GB/T 16264.8—2005 的证书。

证书必须满足如下性质：

- version 号应该是 v3(2)；
- publicKey 字段应该与证书请求中相同或者是由 CA 所产生的公钥；
- 主体可辨别名应该与证书请求中相同；
- 颁发者名字应该是 CA 的可辨别名；
- 如果 notBefore 出现在证书请求中，证书应该从颁发日和 notBefore 所指之日的较晚者之后生效；
- 如果 notAfter 出现在证书请求中，证书应该在该日或之前期满。

证书应该包括如下扩展(extensions)：

- subjectKeyIdentifier 域；
- 在 certificatePolicies 字段中至少包括一个证书策略的 OID；
- 包括 KeyIdentifier 字段的权威密钥标识符。

如果在证书请求消息中指定一个特定的密钥标识符，那么证书的 subjectKeyIdentifier 字段应该就是该密钥标识符。如果没有具体指明密钥标识符，CA 将用主体公钥的低 96 位 SHA-1 散列函数作为 subjectKeyIdentifier 字段中的 KeyIdentifier。散列函数是通过对证书中主体公钥字段的值(不包括标签和长度)进行计算得到的。

如果颁发者的证书或是 CRLs 不提供 X.500 目录服务，证书就应含有 issuerAltName 扩展中的 URLs 以及 CRLDistributionPoints 扩展中的 distributionPoint 字段。

如果 status 是 granted 和 grantedWithMods，那么 failInfo 字段可以不存在。

若 CA 拒绝了请求，则正文中包含以下信息：

- status 将是 rejected；
- failInfo 字段包含相应的错误码：
  - ◆ badAlg 说明 CA 不能验证签名，因为算法标识符无法识别或者不支持，
  - ◆ badMessageCheck 说明 PKIProtection 字段中的 mac 被检验，但是不匹配，
  - ◆ badPoP 说明 popoSigningKey 字段中的签名已经被检验，但是不匹配，
  - ◆ badRequest 说明响应者不允许或不支持该事务请求，
  - ◆ badTime 说明消息头中的 messageTime 字段中的时间与响应者的系统时间差别太大；

如果 status 是 rejected，那么 certifiedKeyPair 字段可以不出现。

PKIProtection 字段含有根据消息头和消息体的 DER 编码序列计算的 CA 的签名。

c) 确认消息

一旦接收到 cp，RA 应该产生 PKIConfirm 消息。确认消息的 PKIHeader 中的数据除了 messageTime 之外，应该与证书请求消息的 PKIHeader 中的数据相同。

PKIProtection 字段含有根据消息头和消息体的 DER 编码序列计算的 RA 的签名。

6.6.3 新实体的自我注册请求

一个新的实体如果从来没有从一个特定 CA 获得证书，他可以直接向那个 CA 申请一个新的证书。请求实体生成一个 PKI ir 消息来请求新证书，并在消息中包含和证书请求中公钥相对应的私钥的拥有证明。实体利用 RA 提供的一个秘密密钥和 SHA-1 HMAC 算法保护 PKI 消息。

如果 CA 接受自我注册请求，它将返回一个 ip 消息给证书持有者。该消息包含证书或者事务出错的原因代码。

a) RA 与实体的带外事务

自我注册申请证书的过程以 RA 和实体之间交换一个共享的秘密密钥开始。通过从共享的秘密中产生一个消息认证码，CA 能够对实体进行认证。

这里不指定这个带外事务的明确的内容和格式。但是秘密的密钥和可信 CA 的公钥信息应该以一种可信的方式传递给实体。

b) 从证书持有者到 CA 的自我注册请求

请求者建立一个 PKIBody 为 ir 的 PKIMessage。PKIHeader 包括如下信息：

- pvno 是 1；
- messageTime 是当前精确到秒的时间；
- sender 是请求者的可辨别名或一个电子邮件地址；
- recipient 是 CA 的可辨别名；
- protectionAlg 是用来保护消息的签名算法的算法标识符。

这个消息的消息体是 CertReqMessages，它是一个或多个 CertReqMessage 字段的序列。对于这个事务，CertReqMessages 是一个 CertReqMessage 的序列。这个 CertReqMessage 将包括如下信息：

- certReq 含有请求者希望包含在证书中的信息；
- popoSKInput 包含公钥的 mac 值；
- pop 证明了对证书私钥的拥有。

其中 pop 域通过与 CertTemplate 中的公钥相对应的私钥来产生，产生 pop 的输入数据包括

popoSKInput 中的公钥 mac 值和 CertTemplate 中的公钥。

certReq 是一个 CertRequest，它是一个 certReqID，一个 CertTemplate 和 controls 的序列。对于这个事务：

- certReqID 是任何整数；
- certTemplate 是一个 CertTemplate，其至少包括为新证书提供公钥的 publicKey 字段；
- controls 被省略。

CertTemplate 将含有如下信息：

- version 是 v3(2)；
- publicKey 提供了新证书的公钥。

如下的信息可以被包含在 CertTemplate 中：

- signingAlg 指定了首选签名算法；
- subject 指定了潜在证书持有者的可辨别名；
- extensions 至少指定了与证书有关的证书策略的 OID。

请求不应该包括如下信息：

- issuerUID；
- subjectUID。

PKIProtection 域包含一个请求者利用从 RA 获得的秘密产生的值。实体利用 RA 提供的秘密密钥产生一个 96bit 的 SHA1-HMAC。protectionAlg 域应该设成 SHA1-HMAC，PKIProtection 的值应该是 96 位的消息认证码。计算 PKIProtection 的输入是如下数据结构的 DER 编码：

ProtectedPart::=SEQUENCE {
PKIHeader,
PKIBody}

c) 从 CA 到证书请求者的自我注册请求的回应

CA 将返回给证书持有者一个 PKIBody 为 ip 的 PKIMessage 消息。PKIHeader 包含如下信息：

- pvno 是 1；
- messageTime 是当前精确到秒的时间；
- sender 是 CA 的可辨别名；
- recipient 是证书请求消息头中 sender 域的值；
- protectionAlg 是用来保护消息的签名算法的算法标识符。

如果 ir 消息中提供了 transactionID，这个回应的消息头中将包括同样的 transactionID。如果 ir 消息中提供了 senderNonce，这个回应的消息头中将包含 recipNonce。

PKIBody 元素 ip 是 CertRepMessage 类型。如果 CA 颁发了一个证书，消息体将含有如下信息：

- status 将是 granted 或者是 grantedWithMods；
- certificate 包含新的 GB/T 16264.8—2005 的证书。

如果 status 是 granted 或者是 grantedWithMods，failInfo 域可以不存在。

如果 CA 拒绝了请求，消息体将含有如下信息：

- status 将是 rejected；
- failInfo 包含适当的错误代码：
    - ◆ badAlg 说明 CA 不能验证签名，因为算法标识符无法识别或者不支持，
    - ◆ badMessageCheck 说明 PKIProtection 字段中的 mac 被检验，但是不匹配，

◆ badPoP 说明 popoSigningKey 字段中的签名已经被检验，但是不匹配，

◆ badRequest 说明响应者不允许或不支持该事务请求，

◆ badTime 说明消息头中的 messageTime 字段中的时间与响应者的系统时间差别太大，

◆ badCertID 表明 CertDetails 中的信息无法确定一个未过期、未撤销的证书；

如果 status 是 rejected，certificate 域可能不存在，如果存在证书应该遵从于 6.2.1 中定义的证书轮廓。

证书应该包括如下扩展(extensions)：

- subjectKeyIdentifier 域；
- 在 certificatePolicies 字段中至少包括一个证书策略的 OID；
- 包括 KeyIdentifier 字段的权威密钥标识符。

如果在 ir 消息中指定一个特定的密钥标识符，那么证书的 subjectKeyIdentifier 字段应该就是该密钥标识符。如果没有具体指明密钥标识符，CA 将用主体公钥的低 96 位 SHA-1 散列函数作为 subjectKeyIdentifier 字段中的 KeyIdentifier。散列函数是对证书中主体公钥字段的值(不包括标签和长度)计算得到的。

如果 ir 消息中包含了除 subjectKeyIdentifier 之外的其他扩展，CA 将修改或者忽略该扩展。

如果颁发者的证书或是 CRLs 不提供 X.500 目录服务，证书就应含有 issuerAltName 扩展中的 URLs 以及 CRLDistributionPoints 扩展中的 distributionPoint 字段。

PKIProtection 字段含有根据消息头和消息体的 DER 编码序列计算的 CA 的签名。

d) 确认消息

一旦接收到 ip，证书持有者应该产生一个 PKIConfirm 消息。确认消息的 PKIHeader 中的数据除了 messageTime 之外，应该与证书请求消息的 PKIHeader 中的数据相同。

如果请求被接受，PKIProtection 域包含证书持有者的数字签名，利用与新的签名证书对应的私钥对消息头和消息体的 DER 编码序列计算签名。如果请求被拒绝，PKIProtection 域包含 SHA-1 HMAC，利用共享秘密对消息头和消息体的 DER 编码计算。

一旦接收到 PKIConfirm，CA 应该产生一个 PKIConfirm 消息。确认消息的 PKIHeader 中的数据除了 messageTime 之外，应该与证书请求消息的 PKIHeader 中的数据相同。

PKIProtection 字段含有根据消息头和消息体的 DER 编码序列计算的 CA 的签名。

6.6.4 已知实体的自我注册请求

一个实体不是当前的证书持有者，但是以前曾经从一个特定 CA 获得过证书，他可以直接向那个 CA 申请一个新的证书。请求实体生成一个 PKI cr 消息来请求新证书，并在消息中包含与证书请求中公钥所对应的私钥的拥有证明。实体利用 RA 提供的一个秘密密钥和 SHA-1 HMAC 算法保护 PKI 消息。

如果 CA 接受自我注册请求，它将返回一个 cp 消息给证书持有者。该消息包含证书或者事务出错的原因代码。

a) RA 与实体的带外事务

自我注册申请证书的过程以 RA 传递一个共享的秘密密钥给实体开始。通过从共享的秘密中产生的一个消息认证码，CA 能够对实体进行认证。

这里不指定这个带外事务的明确的内容和格式。但是秘密的密钥和可信 CA 的公钥信息应该以一种可信的方式传递给实体。

b) 从证书持有者到 CA 的自我注册请求

请求者建立一个 PKIBody 为 cr 的 PKIMessage。PKIHeader 包括如下信息：

- pvno 是 1；

- messageTime 是当前精确到秒的时间；
- sender 是请求者的可辨别名或一个电子邮件地址；
- recipient 是 CA 的可辨别名；
- protectionAlg 是用来保护消息的签名算法的算法标识符。

这个消息的消息体是 CertReqMessages，它是一个或多个 CertReqMessage 字段的序列。对于这个事务，CertReqMessages 是一个 CertReqMessage 的序列。这个 CertReqMessage 将包括如下信息：

- certReq 含有请求者希望包含在证书中的信息；
- popoSKInput 包含公钥的 mac 值；
- pop 证明了对证书私钥的拥有。

其中 pop 域通过与 CertTemplate 中的公钥相对应的私钥来产生，产生 pop 的输入数据包括 popoSKInput 中的公钥 mac 值和 CertTemplate 中的公钥。

certReq 是一个 CertRequest，它是一个 certReqID，一个 CertTemplate 和 controls 的序列。对于这个事务：

- certReqID 是任何整数；
- certTemplate 是一个 CertTemplate，其至少包括为新证书提供公钥的 publicKey 字段。

CertTemplate 将含有如下信息：

- version 是 v3(2)；
- publicKey 提供了新证书的公钥。

如下的信息可以被包含在 CertTemplate 中：

- signingAlg 指定了首选签名算法；
- subject 指定了潜在证书持有者的可辨别名。
- extensions 至少指定了与证书有关的证书策略的 OID。

请求不应该包括如下信息：

- issuerUID；
- subjectUID。

PKIProtection 域包含一个请求者利用从 RA 获得的秘密产生的值。实体利用 RA 提供的秘密密钥产生一个 96bit 的 SHA1-HMAC。protectionAlg 域应该设成 SHA1-HMAC，PKIProtection 的值应该是 96 位的消息认证码。计算 PKIProtection 的输入是如下数据结构的 DER 编码：

ProtectedPart::=SEQUENCE {
PKIHeader,
PKIBody}

c) 从 CA 到证书请求者的自我注册请求的回应

CA 将返回给证书持有者一个 PKIBody 为 cp 的 PKIMessage 消息。PKIHeader 包含如下信息：

- pvno 是 1；
- messageTime 是当前精确到秒的时间；
- sender 是 CA 的可辨别名；
- recipient 是证书请求消息头中 sender 域的值；
- protectionAlg 是用来保护消息的签名算法的算法标识符。

如果 cr 消息中提供了 transactionID，这个回应的消息头中将包括同样的 transactionID。如果 cr 消息中提供了 senderNonce，这个回应的消息头中将包含 recipNonce。

PKIBody 元素 cp 是 CertRepMessage 类型。如果 CA 颁发了一个证书，消息体将含有如下信息：

- status 将是 granted 或者是 grantedWithMods；
- certificate 包含新的 GB/T 16264.8—2005 的证书。

如果 status 是 granted 或者是 grantedWithMods，failInfo 域可以不存在。

如果 CA 拒绝了请求，消息体将含有如下信息：

- status 将是 rejected；
- failInfo 包含适当的错误代码：
  - ◆ badAlg 说明 CA 不能验证签名，因为算法标识符无法识别或者不支持，
  - ◆ badMessageCheck 说明 PKIProtection 字段中的 mac 被检验，但是不匹配，
  - ◆ badPoP 说明 popoSigningKey 字段中的签名已经被检验，但是不匹配，
  - ◆ badRequest 说明响应者不允许或不支持该事务请求，
  - ◆ badTime 说明消息头中的 messageTime 字段中的时间与响应者的系统时间差别太大，
  - ◆ badCertID 表明 CertDetails 中的信息无法确定一个未过期、未撤销的证书；

如果 status 是 rejected，certificate 域可能不存在，如果存在证书应该遵从于 6.2.1 中定义的证书轮廓。

证书应该包括如下扩展(extensions)：

- subjectKeyIdentifier 域；
- 在 certificatePolicies 字段中至少包括一个证书策略的 OID；
- 包括 KeyIdentifier 字段的权威密钥标识符。

如果在 cr 消息中指定一个特定的密钥标识符，那么证书的 subjectKeyIdentifier 字段应该就是该密钥标识符。如果没有具体指明密钥标识符，CA 将用主体公钥的低 96 位 SHA-1 散列函数作为 subjectKeyIdentifier 字段中的 KeyIdentifier。散列函数是对证书中主体公钥字段的值(不包括标签和长度)计算得到的。

如果 cr 消息中包含了除 subjectKeyIdentifier 之外的其他扩展，CA 将修改或者忽略该扩展。

如果颁发者的证书或是 CRLs 不提供 X.500 目录服务，证书就应含有 issuerAltName 扩展中的 URLs 以及 CRLDistributionPoints 扩展中的 distributionPoint 字段。

PKIProtection 字段含有根据消息头和消息体的 DER 编码序列计算的 CA 的签名。

d) 确认消息

一旦接收到 cp，证书持有者应该产生一个 PKIConfirm 消息。确认消息的 PKIHeader 中的数据除了 messageTime 之外，应该与证书请求消息的 PKIHeader 中的数据相同。

如果请求被接受，PKIProtection 域包含证书持有者的数字签名，利用与新的签名证书对应的私钥对消息头和消息体的 DER 编码序列计算签名。如果请求被拒绝，PKIProtection 域包含 SHA-1 HMAC，利用共享秘密对消息头和消息体的 DER 编码计算。

一旦接收到 PKIConfirm，CA 应该产生一个 PKIConfirm 消息。确认消息的 PKIHeader 中的数据除了 messageTime 之外，应该与证书请求消息的 PKIHeader 中的数据相同。

PKIProtection 字段含有根据消息头和消息体的 DER 编码序列计算的 CA 的签名。

6.6.5 证书更新

拥有当前有效(指在有效期内、未被撤销)证书的 PKI 实体可以直接向该证书的签发 CA 要求签发一份新的证书。PKI 实体生成 PKI kr(Key update Request 密钥更新申请)消息，信息中包括了证书申请和相应的 pop。然后 PKI 实体使用有效证书的对应私钥对 PKI kr 消息进行签名。

如果 CA 的 CPS 支持证书更新，则 CA 返回 kp(Key update response 密钥更新响应)消息。kp 消

息包含了新生成的证书或者是事务失败的代码。

如果新证书成功生成,则可能还有两个可选的消息。分别是:PKI 实体在收到新的证书后,给 CA 发出确认;然后 CA 也可回应一个确认消息。

a) 从证书持有者到 CA 的证书更新申请

证书持有者生成 PKIBody 是 kr 的 PKIMessage,PKIMessage 中的 PKIHeader 包括了如下信息:

- pvno 是 1;
- messageTime 是精度到秒的当前时间;
- sender 是证书持有者的可辨别名;
- recipient 是 CA 的可辨别名;
- protectionAlg 是用于保护消息签名算法 ID。

消息体是 CertReqMessages,是一个或者多个 CertReqMessage 组成的序列。对于证书更新事务,CertReqMessages 只能是包括了一个 CertReqMessage 的序列。在消息 CertReqMessage 中包括了如下信息:

- certReq 包含了申请者要求包括在证书中的各种信息;
- pop 是新证书公钥的对应的 pop 证明。

pop 必须是由 publicKey 域的公钥对应的私钥产生的。

certReq 是 CertRequest,CertRequest 是由一个 certReqID、一个 certTemplate 和 controls 所组成的序列。对于证书更新事务:

- version 必须是 v3(2);
- publicKey 中是新证书的公钥。

CertTemplate 中可能包括了如下信息:

- signingAlg 指明了首选的签名算法;
- subject 则是预期的证书持有者的可辨别名。

如果消息中没有 signingAlg,那么 CA 必须使用终端实体的公钥对应的算法签名。

申请中不应该包括如下信息:

- issuerUID;
- subjectUID。

PKIProtection 域是使用当前有效证书的对应私钥对消息头和消息体的 DER 编码信息的签名结果。

b) 从 CA 到证书持有者的证书更新响应

CA 生成 PKIBody 是 kp 的 PKIMessage,PKIMessage 中的 PKIHeader 包括了如下信息:

- pvno 是 1;
- messageTime 是精度到秒的当前时间;
- sender 是 CA 的可辨别名;
- recipient 是证书持有者的可辨别名,也就是 kr 消息的 sender;
- protectionAlg 是用于保护消息签名算法 ID。

如果在 kr 消息中具有 transtionID,则 CA 回应消息的消息头中包括同样的 transtionID。如果在 senderNonce 消息中具有 senderNonce,则 CA 回应消息的消息头中应该包括同样的 recipNonce。

在 PKIBody 中,是 kp 元素。kp 是 CertRepMessage 格式。如果 CA 签发了新证书,在消息体中应包括如下信息:

- status 是 granted 或者 grantedWithMods;

- certificate 是新生成的 GB/T 16264.8—2005 证书。

新生成的证书应该包括如下扩展：

- subjectKeyIdentifier 域；
- 在 certificatePolicies 字段中至少包括一个证书策略 OID；
- 在 KeyIdentifier 域中有一个机构密钥标识符。

certificatePolicies 扩展应该和当前有效证书一致。如果在 kr 消息中包含了密钥标识符信息，则证书中应该将其包含在 subjectKeyIdentifier；如果没有提供密钥标识符信息，则 CA 应该对证书公钥信息计算低 96 bit 的 SHA-1 摘要值作为 subjectKeyIdentifier 的值。摘要值是对证书中的主体公钥进行计算的，不包括标签和长度。

如果 kr 信息中包括了 subjectKeyIdentifier 之后的扩展，则 CA 可以对其他的扩展信息进行修改或者忽略。

如果发布者的证书和 CRL 不能够从已知的 X.500 目录中得到，则新证书中应该在 issuerAltName 中包括 URLs 信息，在 CRLDistributionPoints 控制中包括 distributionPoint 域。

如果 status 是 granted 或者 grantedWithMods，则 failInfo 域不存在。

如果 CA 拒绝用户的申请，消息体包括如下信息：

- status 是 rejected；
- failInfo 包括了合适的代码，可以是：
  - ◆ badAlg 表示 CA 不支持或者不认识 kr 指定的签名算法，
  - ◆ badPop 表示 popoSigningKey 域中的签名有误，
  - ◆ badMessageCheck 表示 PKIProtection 域中的签名有误，
  - ◆ badRequest 表示回应者不支持或者不允许该事务，
  - ◆ badTime 表示消息头中的 messageTime 的时间和回应者的系统时间相差太大，
  - ◆ badCertId 表示证书序号不能是 serial 域中所填的非零值；

如果 status 是 rejected，certifcate 域不存在。

PKIProtection 域包含了 CA 对于消息头和消息体的 DER 编码的签名。

c) 确认消息

收到 kp 的时候，证书持有者应该产生 PKIConfirm 消息。PKIHeader 中的信息和利用 RA 向 CA 申请证书的情况下的 PKIHeader 一致，除了 messageTime 是当前时间。

如果证书更新申请被接受，则 PKIProtection 是证书持有者使用新证书的对应私钥，对于消息头和消息体的 DER 编码的签名。如果申请被拒绝，则 PKIProtection 是证书持有者使用当前有效证书的对应私钥，对于消息头和消息体的 DER 编码的签名。

收到 PKIConfirm 的时候，CA 应该产生 PKIConfirm 消息。PKIHeader 中的信息和 kp 一致，除了 messageTime 是当前时间。

PKIProtection 是 CA 对于消息头和消息体的 DER 编码的签名。

6.6.6 PKCS＃10 自我注册请求

目前不是证书持有者的实体可以用 RFC 2314 定义的证书请求语句直接向 CA 申请证书。请求实体产生 PKCSReq 类型的 PKIMessage 消息来申请证书，在证书请求中的正文里包括相应私钥的拥有证明，并用 RA 以带外方式提供的密钥来加密该 PKIMessage.

CA 返回一个证书请求响应消息给证书申请者。该消息将包含证书或处理失败原因代码。

证书请求者和 RA 之间需用带外方式完成一个秘密消息的交换。

a) 从证书持有者到 CA 的自我注册请求

请求者产生一个包含 PKIBody 元素 p10cr 的 PKIMessage，PKIHeader 包含以下信息：

- pvno 是 1；

- messageTime 当前精确到秒时间；
- sender 请求者的可辨别名或电子邮件地址；
- recipient CA 的可辨别名；
- protectionAlg 用来保护该消息的签名算法的算法标识符。

PKIBody 是 PKCS10CertReqMessages 类型，此类型是一个 certificationRequestlnfo、signatureAlgorithm 和 signature 的序列。certificationRequestinfo 包含以下信息：

- version 是 V3(2)；
- subject 当且仅当 serial 为零时才出现，指明证书持有者的可辨别名；
- subjectPublicKeyInfo 指明了新证书的公钥和相应的算法标识符。

signatureAlgorithm 字段包含用来生成 signature 字段的私钥的相应算法标识符；签名是对 DER 编码后的 certficationRequestInfo 进行的。

PKIProtection 字段包含一个请求者用从 RA 获得的秘密信息生成的一个值。实体用 RA 提供的密钥产生一个 MAC。protectionAlg 字段应为所用的消息认证算法的 OID，并且 PKIProtection 的值就是消息认证码。PKIProtection 的输入是如下数据结构的 DER 编码：

```
ProtectedPart::=SEQUENCE{
header        PKIHeader,
body          PKIBody}
```

b) 从 CA 到证书申请者的 PKCS 证书请求响应

CA 会返回一个包含 PKIBody 元素 cp 的 PKIMessage 给证书持有者。PKIHeader 包含以下信息：

- pvno 是 1；
- messageTime 当前精确到秒的时间；
- sender CA 的可辨别名；
- recipient 证书请求头消息中的 sender 的值；
- protectionAlg 用来保护该消息的签名算法的算法标识符。

如果 PKCSReq 中有 transactionID，则响应的 PKIHeader 中应包含相同的 transactionID。

PKIBody 的元素是一个 CerRepMessage 类型的 cp。若 CA 发放了证书，PKIBody 将包含以下信息：

- status 为 granted 或 grantedWithmods，
- certificate 包含新的 GB/T 16264.8—2005 证书。

若 p10cr 消息中指定了特定的密钥标识符，证书将在 subjectKeyIdentifier 字段包含该密钥标识符。如果没有指明具体的密钥标识符，CA 将用主体公钥的低 96 位 SHA-1 散列函数作为 subjectKeyIdentifier 字段中的 KeyIdentifier。散列函数是对证书中主体公钥字段的值（不包括标签和长度）计算得到的。

如果 status 为 granted 或 grantedWithmods，failInfo 将不出现；若 CA 拒绝请求，正文将包含以下信息：

- status 为 rejected；
- failInfo 包含相应的错误代码：
  - ◆ badAlg 指明算法的标识符不被识别或不被支持，因此 CA 无法验证签名，
  - ◆ badpop 指明 pk10cr 的 signature 字段的签名被校验，但是不匹配，
  - ◆ badMessageCheck 指明 PKIMessage 的 PKIProtection 字段里的 MAC 被拒绝，
  - ◆ badrequest 指明响应者不允许或不支持请求，
  - ◆ badtime 指明消息头中的 messageTime 字段中的时间与响应者的系统时间差别

太大；

若 status 字段为 rejected,certifitate 字段将不出现。

证书还要包括以下扩展：

- 一个 subjectKeyIdentifier 字段；
- 在 certificatePolicies 字段中至少包括一个证书策略 OID；
- 一个 authority 密钥标识符,包括一个 KeyIdentifier 字段。

若 cr 消息中还包括除 subjectKeyIdentifier 以外的其他扩展,CA 就可以修改或忽略请求扩展。

如果颁发者的证书或是 CRLs 不提供 X.500 目录服务,证书就应含有 issuerAltName 扩展中的 URLs 以及 CRLDistributionPoints 扩展中的 distributionPoint 字段。

PKIProtection 字段包含 CA 的签名,在消息头和消息体的 DER 编码序列上签名。

6.6.7 撤销请求

证书持有者可以请求撤销自己的证书。证书持有者产生一个 RevReq 消息,对该消息进行签名并发送给相应 RA,并在 RA 审查通过用户的身份后向 CA 发出相应撤销信息。该签名必须用未过期、未被撤销的签名证书的相应私钥产生(可以是要撤销的证书)。RevReq 消息要标识出想撤销的证书以及要撤销的原因。CA 回应 RA 一个 RevRep 消息,RA 再回应证书持有者相应的 RevRep 消息。

如果消息 rr (RevReq)中包含 transactionID,则 CA 和 RA 所响应的 rp (RevRep) 消息中也应包含相同的 transactinID,注意其中从证书持有者所发出的 rr 和 RA 所发出的 rr 消息中的 transactinID 可以不同。rp 消息至少要包含 status 字段以反映请求的状态和 revDetails 字段以表示欲撤销的证书。

a) 从证书持有者到 RA 的撤销请求

证书持有者生成一个包含一个 PKIBody 元素 rr 的 PKIMessage。PKIHeader 包含以下信息：

- pvno 是 1；
- transactionID 与终端实体名一起唯一标识一个终端实体与 RA 之间事务的整数；
- messageTime 为当前精确到秒的时间；
- sender 为证书持有者的可辨别名；
- recipient 为 RA 的可辨别名；
- protectionAlg 为保护消息而使用的签名算法标识符。

消息的正文 PKIBody 为 RevReqContent,RevReqContent 是 RevDetails 的序列。RevDetails 是由 CertDetails 和三个可选字段组成的序列:原因标志;怀疑或丢失的日期和时间;以及 crlEntryDetails(一个 CRL Entry 扩展的序列)。CertDetails 被定义为一个 CertTemplate。在本标准中,RevReqContent 是一个 RevDetails 的序列。CertDetails,最少包括以下信息：

- serial 证书序列号；
- issuer 证书发放者的标识名。

或是

- subject 证书持有者的标识名；
- issuer 证书发放者的标识名。

CertDetails 还可在 extensions 字段中包含一个 subjectKeyIdentifier。(如果请求者希望撤销颁发给某个主体的所有证书, CertDetails 就应仅含有 subject 和 issuer。也就是说,仅希望撤销单个证书的请求就只含有相应的序列号或是 subjectKeyIdentifier)。

RevDetails 要包括带有 reasonCode 扩展的 crlEntryDetails, 也可以包括 invalidityDate 扩展来说明何时该证书作废。原因代码也可以不是 removeFromCRL。

PKIProtection 字段含有请求者的签名,即对头和正文的 DER 编码进行签名。终端实体要用相应 CA 所颁发的当前有效签名证书的相应私钥进行签名。

b) 从 RA 到 CA 的撤销请求

RA 或证书持有者生成一个包含一个 PKIBody 元素 rr 的 PKIMessage。PKIHeader 包含以下信息：

- pvno 是 1；
- transactionID 标识 RA 名一起唯一标识一个 RA 与 CA 之间事务的整数；
- messageTime 为当前精确到秒的时间；
- sender 为 RA 的可辨别名；
- recipient 为 CA 的可辨别名；
- protectionAlg 为保护消息而使用的签名算法标识符。

消息体与从证书持有者到 RA 的撤销请求相同。

PKIProtection 字段含有 RA 的签名，即对头和正文的 DER 编码进行签名。RA 要用相应 CA 所颁发的当前有效签名证书的相应私钥进行签名。

c) 从 CA 到 RA 的撤销响应

CA 返回一个含有 PKIBody 元素 rp 的 PKIMessage 给请求者。PKIHeader 包含以下信息：

- pvno 是 1；
- transactionID 和从 RA 到 CA 的撤销请求 rr 消息中的 transactionID 字段一样；
- messageTime 为当前精确到秒的时间；
- sender 为 CA 的可辨别名；
- recipient 为 RA 的可辨别名；
- protectionAlg 为保护消息而使用的签名算法标识符。

如果相应从 RA 到 CA 的撤销请求中有 senderNonce ，则响应的 PKIHeader 中应把它作为 recipNonce 。

PKIBody 是 RpContent，如果 CA 撤销了证书，正文将包含以下信息：

- status 是 granted 或是 grantedWithMods；
- revDetails 将包含已撤销证书的 CertId ；
- 如果 status 是 granted 或 grantedWithMods，failInfo 字段也可以不出现。

如果 CA 拒绝了请求，正文就要包括如下信息：

- status 为 rejected；
- faillnfo 包含相应的失败代码：
  - ◆ badAlg 指明 CA 不能验证签名，因为算法的标识符不被识别或不被支持，
  - ◆ badMessageCheck 指明 PKIProtection 字段里的签名得到验证，但是不匹配，
  - ◆ badRequest 字段指明响应者不允许或不支持请求，
  - ◆ badTime 字段指明消息头中的 messageTime 字段中的时间与响应者的系统时间差别太大，
  - ◆ badCertID 表明 CertDetails 中的信息无法确定一个未过期、未撤销的证书；

对于能够确定有问题的证书，revDetails 将包含这个被拒绝撤销证书的 CertId 。PKIProtection 字段包含 CA 的签名，即对头和正文的 DER 编码进行签名。若 CA 生成 CRLs，并且撤销请求被接受，CRL 将有以下值：

- userCertificate 字段中的被撤销证书的序列号；
- revocationDate 收到撤销请求的日期和时间；
- crlEntryExtensions 要出现并包括：
  - ◆ RevDetails 字段中的 reasonCode ，除非 CA 的策略有专门规定，
  - ◆ （可选的）RevDetails 字段中的 badSinceDate 扩展可以是 invalidaityDate。

d) 从 RA 到证书持有者的撤销响应

RA 在收到 CA 的回应消息后，返回一个含有 PKIBody 元素 rp 的 PKIMessage 给证书持有者。

PKIHeader 包含以下信息：

- pvno 是 1；
- transactionID 和从 RA 到 CA 的撤销请求 rr 消息中的 transactionID 字段一样；
- messageTime 为当前精确到秒的时间；
- sender 为 CA 的可辨别名；
- recipient 为 RA 的可辨别名；
- protectionAlg 为保护消息而使用的签名算法标识符。

如果相应的从证书持有者到 RA 的撤销请求消息中有 senderNonce，则响应的 PKIHeader 中应把它作为 recipNonce。

PKIBody 是 RpContent，内容与从 CA 到 RA 的撤销响应相同，PKIProtection 字段包含 RA 的签名，即对头和正文的 DER 编码进行签名。

6.6.8 集中产生密钥对和密钥管理证书申请

拥有当前有效证书的 PKI 实体可以向该证书的签发 CA 提出申请，申请产生加密密钥对并签发相应的证书。下面以 RSA 为例说明申请过程，在国内应用时，应使用国家密码管理主管部门审核批准的相关算法。发出申请的实体：

- 产生临时的密钥管理密钥；
- 生成 PKI cr(证书申请 certificate request)消息，申请 RSA 密钥管理证书，cr 消息中包括了上一步的临时密钥；
- 利用当前有效证书的对应私钥，对消息进行签名；
- 发送给 CA。

如果 CA 的 CPS 支持集中产生加密密钥对，则 CA 执行如下操作：

- CA 按申请消息的要求产生密钥对，签发密钥管理证书；
- 申请消息使用临时 RSA 密钥；
- CA 产生对称密钥；
- 利用对称密钥加密新产生的私钥；
- 使用临时 RSA 公钥加密对称密钥；
- 产生和返回 cp(certificate response 证书响应)消息给证书持有者。cp 消息中包括了新生成的证书和加密后的私钥，或者是事务失败的代码。

a) 集中产生密钥对申请

证书持有者产生证书申请消息：PKIMessage 消息中的 PKIBody 部分是 cr 元素。PKIHeader 包括了如下信息：

- pvno 是 1；
- messageTime 是当前时间，精确到秒；
- sender 是证书持有者的可辨别名；
- recipient 是 CA 的可辨别名；
- protectionAlg 是用于保护消息签名算法 ID。

消息体是 CertReqMessages，是一个或者多个 CertReqMessage 组成的序列。对于集中产生密钥对申请和密钥管理证书事务，CertReqMessages 只能是包括了一个 CertReqMessage 的序列。在消息 CertReqMessage 中包括了如下信息：

- certReq 包含了申请者要求包括在证书中的各种信息。

certReq 是 CertRequest，CertRequest 是由一个 certReqID、一个 certTemplate 和 controls 所组成的序列。对于集中产生密钥对申请和密钥管理证书事务：

- certReqID 是任意整数；
- certTemplate 是一个 CertTemplate；
- controls 包含了 protocolEncrKey 控制。protocolEncrKey registration control 的值是临时公钥的值和参数（如果需要），以及算法 OID。

CertTemplate 包含了如下信息：

- version 必须是 v3(2)；
- publicKey 指明了算法和可选的参数，说明了所申请的密钥。

CertTemplate 中可能包括了如下信息：

- signingAlg 指明了首选的签名算法。

如果没有 signingAlg，则 CA 应该使用 protectionAlg 中说明的签名算法。

申请消息里面不应该包括如下信息：

- issuerUID；
- subjectUID。

PKIProtection 域是使用当前有效证书的对应私钥对消息头和消息体的 DER 编码信息的签名结果。

b) 集中产生密钥对回应

CA 返回密钥更新（PKIMessage，PKIBody 是 cp 元素）消息给证书持有者。

PKIHeader 包括了如下信息：

- pvno 是 1；
- messageTime 是当前时间，精度到秒；
- sender 是 CA 的可辨别名；
- recipient 是证书持有者的可辨别名，也就是 cr 消息的 sender；
- protectionAlg 是用于保护消息签名算法 ID。

如果在 cr 消息中具有 transtionID，则 CA 回应消息的消息头中包括同样的 transtionID。如果在 senderNonce 消息中具有 senderNonce，则 CA 回应消息的消息头中应该包括同样的 recipNonce。

PKIBody 是 cp 元素。也就是 CertRepMessage 格式。如果 CA 签发了新证书，在消息体中应包括如下信息：

- status 是 granted 或者是 grantedWithMods；
- certificate 包括了新签发的 GB/T 16264.8—2005 证书；
- certifiedKeyPair 必须存在。

certifiedKeyPair 将在 certOrEncCert 域中包括证书，在 privateKey 域中包括加密过的私钥。申请者使用临时 RSA 公钥，privateKey 域应该包括 symmAlg、encSymmKey 和 encValue。

- symmAlg 应该包括 tDEA-ecb 的 OID，keyingOption 应该是 option-2（表示 K1 和 K2 是独立产生的，K3 = K1）；
- encSymmKey 是对 CA 产生的对称密钥的加密计算结果，使用临时 RSA 公钥进行加密；
- 对称密钥 K1 和 K2，应串接为 TwoKeys，见（6.2.2.5）；
- TwoKeys 应该按照 RFC 2313 说明的 RSA 加密方法进行加密；
- 加密结果编码为 encSymmKey。加密结果编码为 BIT STRING，BIT STRING 的最高位就是加密结果的最高位。

新的用户证书应该包括如下扩展：

- subjectKeyIdentifier 域；
- 在 certificatePolicies 字段中至少包含一个证书策略 OID；
- 在 KeyIdentifier 域中有一个机构密钥标识符。

CA 应该对证书公钥信息计算低 96bit 的 SHA-1 摘要值，并将其作为 subjectKeyIdentifier 的值。摘要值是对证书中的主体公钥进行计算得到的，不包括标签和长度。

如果 cr 消息中包含了扩展，CA 有可能修改或者忽略其扩展。

如果 issuer 的证书和 CRL 不能够从已知的 X.500 目录中得到，则新证书中应该在 issuerAltName 中包括 URLs 信息，在 CRLDistributionPoints 控制中包括 distributionPoint 域。

如果 status 是 granted 或者 grantedWithMods，则 failInfo 域不存在。

如果 CA 拒绝用户的申请，消息体包括如下信息：

- status 是 rejected；
- failInfo 包括了合适的代码，可以是：
  - ◆ badAlg 表示 CA 不支持或者不认识 kr 指定的签名算法，
  - ◆ badPop 表示 popoSigningKey 域中的签名有误，
  - ◆ badMessageCheck 表示 PKIProtection 域中的签名有误，
  - ◆ badRequest 表示回应者不支持或者不允许该事务，
  - ◆ badTime 表示消息头中的 messageTime 的时间和回应者的系统时间相差太大，
  - ◆ badCertId 表示证书序号不能是 serial 域中所填的非零值；

如果 status 是 rejected，certifcate 域不存在。

PKIProtection 域包含了 CA 对于消息头和消息体的 DER 编码的签名。

c) 确认消息

收到 cp 的时候，证书持有者应该产生 PKIConfirm 消息。PKIHeader 中的信息和利用 RA 向 CA 申请证书的情况下的 PKIHeader 一致，除了 messageTime 是当前时间。

PKIProtection 是证书持有者使用当前有效证书的对应私钥，对于消息头和消息体的 DER 编码的签名。

6.6.9 组合证书申请

签名密钥证书和密钥管理密钥证书的申请可以由一次事务完成。RA 发起的注册请求和自我注册请求(见 6.6.2、6.6.3、6.6.4)可以和加密证书申请组合在一起(见 6.6.9)。在这样的情况下，CertReqMessages 包括了两个 CertReqMessage 的序列。一个 CertReqMessage 等同于 RA 发起的注册请求和自我注册请求的情况，另一个 CertReqMessage 等同于加密证书申请的情况。消息使用了签名证书申请的方式来加以保护。

如果组合申请中包括的是自我注册请求，则要么签名密钥证书申请成功，要么两个证书的申请都不成功。如果还需要额外的信息来提供 pop，申请者则使用自我注册请求中的私钥来对消息做签名。

签名密钥的 pop 将使用 pop 域来实现(见 6.6.2、6.6.3 和 6.6.6)。集中产生密钥对申请，私钥应该使用 6.6.8 中描述的方式进行加密。CA 的响应按照响应部分的说明。CA 响应可以是组成一个 CertRepMessage，或者是分开。申请者使用 CertReqID 来区分 CA 的响应。

响应消息的 PKIFreeText 域可以用来提供额外的信息。

收到 kp 的时候，证书持有者应该产生 PKIConfirm 消息。PKIHeader 中的信息和利用 RA 向 CA 申请证书的情况下的 PKIHeader 一致，除了 messageTime 是当前时间。

如果签名证书申请成功，PKIProtection 是证书持有者使用新的签名证书的对应私钥，对于消息头和消息体的 DER 编码的签名。如果申请被拒绝，PKIProtection 包含了对于消息头和消息体的 DER 编码的 mac，该 mac 由认证证书请求的共享秘密产生。(如果申请因为 badMessageCheck 被拒绝，则 PKIConfirm 消息不需要再产生了。)

6.6.10 从资料库请求证书

实体可以使用 LDAP V2(见 RFC 2559)向资料库请求证书。当使用 LDAP 时,实体可以通过 LDAP 搜索请求(定义见 RFC 2559)从资料库中请求证书,或是利用给定的 LDAP URL (见 RFC1959)来请求证书(即 authorityInformationAccess 扩展)。

6.6.11 从资料库请求 CRL

实体可以使用 LDAP V2(见 RFC 2559)向资料库请求 CRLs。实体可以使用 LDAP(见 RFC1777)从资料库中请求 CRLs。当使用 LDAP 时,实体可以通过 LDAP 搜索请求(定义见 RFC 2559 和 RFC1777)从资料库中请求 CRLs,或是利用给定的 LDAP URL(见 RFC1959)来请求 CRLs(即,cRLDistributionPoints 扩展中的 distributionPoint 字段)。

附 录 A
（规范性附录）
X.509 v3 证书 ASN.1

```
AuthenticationFramework {joint-iso-ccitt ds(5) modules(1) authenticationFramework(7) 2}
DEFINITIONS ::=
BEGIN
-- EXPORTS All --
-- The types and values defined in this module are exported for use in the other ASN.1
-- modules contained within the Directory Specifications, and for the use of other applications
-- which will use them to access Directory services. Other applications may use them for
-- their own purposes, but this will not constrain extensions and modifications needed to
-- maintain or improve the Directory service.
IMPORTS
id-at, informationFramework, upperBounds selectedAttributeTypes, basicAccessControl
FROM UsefulDefinitions {joint-iso-ccitt ds(5) modules(1) usefulDefinitions(0) 2}
Name, ATTRIBUTE
FROM InformationFramework informationFramework
ub-user-password
FROM UpperBounds upperBounds
AuthenticationLevel
FROM BasicAccessControl basicAccessControl
UniqueIdentifier
FROM SelectedAttributeTypes selectedAttributeTypes ;
-- types --
Certificate ::= SIGNED {SEQUENCE{
version [0] Version DEFAULT v1,
serialNumber CertificateSerialNumber,
signature AlgorithmIdentifier,
issuer Name,
validity Validity,
subject Name,
subjectPublicKeyInfo SubjectPublicKeyInfo}
issuerUniqueIdentifier [1] IMPLICIT UniqueIdentifier OPTIONAL,
---if present, version must be v1 or v2--
subjectUniqueIdentifier [2] IMPLICIT UniqueIdentifier OPTIONAL,
---if present, version must be v1 or v2--
extensions [3] Extensions OPTIONAL
--if present, version must be v3-- }
Version ::= INTEGER {v1(0), v2(1), v3(2) }
CertificateSerialNumber ::= INTEGER
```

```
Algorithmidentifier ::= SEQUENCE{
algorithm ALGORITHM. &id({SupportedAlgorithms}),
parameters ALGORITHM. &Type ({SupportedAlgorithms}{ @algorithm}) OPTIONAL }
-- Definition of the following information object is deferred, perhaps to standardized
-- profiles of to protocol implementation conformance statements. This set is required to
-- specify a table constraint on the Parameters component of Algorithmidentifier.
-- SupportedAlgorithms ALGORITHM ::= { ... |... }
Validity ::= SEQUENCE{
notBefore ChoiceOfTime,
notAfter ChoiceOfTime }
ChoiceOfTime ::= CHOICE {
utcTime UTCTime,
generalTime GeneralizedTime }
SubjectPublicKeyInfo ::= SEQUENCE{
algorithm AlgorithmIdentifier,
subjectPublicKey BIT STRING}
Extensions ::= SEQUENCE OF Extension
Extension ::= SEQUENCE {
extnId EXTENSION. &id ({ExtensionSet}),
critical BOOLEAN DEFAULT FALSE,
extnValue OCTET STRING
-- contains a DER encoding of a value of type &ExtnType for the
-- extension object identified by extnId --
-- Definition of the following information object set is deferred, perhaps to
-- standardized profiles or to protocol implementation conformance statements.
-- The set is required to specify a table constraint on the critical component
-- of Extension.
-- ExtensionSet EXTENSION ::= { ... | ... }
EXTENSION ::= CLASS
{
&id OBJECT IDENTIFIER UNIQUE,
&ExtnType
}
WITH SYNTAX
{
SYNTAX &ExtnType
IDENTIFIED BY &id
}
Certificates ::= SEQUENCE {
certificate Certificate,
certificationPath ForwardCertificationPath OPTIONAL}
ForwardCertificationPath ::= SEQUENCE OF CrossCertificates
CertificationPath ::= SEQUENCE {
```

```
userCertificate Certificate,
theCACertificates SEQUENCE OF CertificatePair OPTIONAL}
CrossCertificates ::= SET OF Certificate
CertificateList ::= SIGNED { SEQUENCE {
version Version OPTIONAL, -- if present, must be v2
signature AlgorithmIdentifier,
issuer Name,
thisUpdate ChoiceOfTime,
nextUpdate ChoiceOfTime OPTIONAL,
revokedCertificates SEQUENCE OF SEQUENCE {
userCertificate CertificateSerialNumber,
revocationDate ChoiceOfTime,
crlEntryExtensions Extensions OPTIONAL } OPTIONAL,
crlExtensions [0] Extensions OPTIONAL }}
CertificatePair ::= SEQUENCE {
forward [0] Certificate OPTIONAL,
reverse [1] Certificate OPTIONAL
-- at least one of the pair shall be present -- }
-- attribute types--
userPassword ATTRIBUTE ::= {
WITH SYNTAX OCTET STRING (SIZE (0..ub-user-password))
EQUALITY MATCHING RULE octetStringMatch
ID id-at-userPassword }
userCertificate ATTRIBUTE ::= {
WITH SYNTAX Certificate
ID id-at-userCertificate }
cACertificate ATTRIBUTE ::= {
WITH SYNTAX Certificate
ID id-at-cACertificate }
authorityRevocationList ATTRIBUTE ::= {
WITH SYNTAX CertificateList
ID id-at-authorityRevocationList }
certificateRevocationList ATTRIBUTE ::= {
WITH SYNTAX CertificateList
ID id-at-certificateRevocationList }
crossCertificatePair ATTRIBUTE ::= {
WITH SYNTAX CertificatePair
ID id-at-crossCertificatePair }
-- information object classes --
ALGORITHM ::= TYPE-IDENTIFIER
-- Parameterized Types --
HASHED {ToBeHashed} ::= OCTET STRING ( CONSTRAINED-BY {
--must be the result of applying a hashing procedure to the --
```

--DER-encoded octets of a value of -- ToBeHashed })
ENCRYPTED { To/BeEnciphered} := BIT STRING (CONSTRAINED BY {
--must be the result of applying an encipherment procedure to the --
--BER-encoded octets of a value of -- ToBeEnciphered })
SIGNED { ToBeSigned } ::= SEQUENCE{
ToBeSigned,
COMPONENTS OF SIGNATURE { ToBeSigned }),
SIGNATURE { OfSignature } ::= SEQUENCE {
AlgorithmIdentifier,
ENCRYPTED { HASHED { OfSignature }}}
object identifier assignments
id-at-userPassword OBJECT IDENTIFIER ::= {id-at 35}
id-at-userCertificate OBJECT IDENTIFIER ::= {id-at 36}
id-at-cAcertificate OBJECT IDENTIFIER ::= {id-at 37}
id-at-authorityRevocationList OBJECT IDENTIFIER ::= {id-at 38}
id-at-certificateRevocationList OBJECT IDENTIFIER ::= {id-at 39}
id-at-crossCertificatePair OBJECT IDENTIFIER ::= {id-at 40}
id-at-supportedAlgorithms OBJECT IDENTIFIER ::= {id-at 52}
id-at-deltaRevocationList OBJECT IDENTIFIER ::= {id-at 53}
END

附 录 B
（规范性附录）
证书和 CRL 扩展 ASN.1

```
CertificateExtensions {joint-iso-ccitt ds(5) module(1) certificateExtensions(26) 0}
DEFINITIONS IMPLICIT TAGS ::=
BEGIN
-- EXPORTS ALL --
IMPORTS
id-at, id-ce, id-mr, informationFramework, authenticationFramework,
selectedAttributeTypes, upperBounds
FROM UsefulDefinitions {joint-iso-ccitt ds(5) module(1)
usefulDefinitions(0) 2}
Name, RelativeDistinguishedName, ATTRIBUTE, Attribute,
MATCHING-RULE FROM InformationFramework informationFramework
CertificateSerialNumber, CertificateList, AlgorithmIdentifier,
EXTENSION
FROM AuthenticationFramework authenticationFramework
DirectoryString
FROM SelectedAttributeTypes selectedAttributeTypes
ub-name
FROM UpperBounds upperBounds
ORAddress
FROM MTSAbstractService {joint-iso-ccitt mhs(6) mts(3)
modules(0) mts-abstract-service(1) version—1994 (0) } ;
-- Unless explicitly noted otherwise, there is no significance to the ordering
-- of components of a SEQUENCE OF construct in this specification.
-- Key and policy information extensions --
authorityKeyIdentifier EXTENSION ::= {
SYNTAX AuthorityKeyIdentifier
IDENTIFIED BY { id-ce 35 } }
AuthorityKeyIdentifier ::= SEQUENCE {
keyIdentifier [0] KeyIdentifier OPTIONAL,
authorityCertIssuer [1] GeneralNames OPTIONAL,
authorityCertSerialNumber [2] CertificateSerialNumber OPTIONAL }
( WITH COMPONENTS {..., authorityCertIssuer PRESENT,
authorityCertSerialNumber PRESENT} |
WITH COMPONENTS {..., authorityCertIssuer ABSENT,
authorityCertSerialNumber ABSENT} )
KeyIdentifier ::= OCTET STRING
subjectKeyIdentifier EXTENSION ::= {
```

```
SYNTAX SubjectKeyIdentifier
IDENTIFIED BY { id-ce 14 } }
SubjectKeyIdentifier ::= KeyIdentifier
keyUsage EXTENSION ::= {
SYNTAX KeyUsage
IDENTIFIED BY { id-ce 15 } }
KeyUsage ::= BIT STRING {
digitalSignature (0),
nonRepudiation (1),
keyEncipherment (2),
dataEncipherment (3),
keyAgreement (4),
keyCertSign (5),
cRLSign (6) }
privateKeyUsagePeriod EXTENSION ::= {
SYNTAX PrivateKeyUsagePeriod
IDENTIFIED BY { id-ce 16 } }
PrivateKeyUsagePeriod ::= SEQUENCE {
notBefore [0] GeneralizedTime OPTIONAL,
notAfter [1] GeneralizedTime OPTIONAL }
( WITH COMPONENTS {..., notBefore PRESENT} |
WITH COMPONENTS {..., notAfter PRESENT} )
certificatePolicies EXTENSION ::= {
SYNTAX CertificatePoliciesSyntax
IDENTIFIED BY { id-ce 32 } }
CertificatePoliciesSyntax ::= SEQUENCE SIZE (1..MAX) OF PolicyInformation
PolicyInformation ::= SEQUENCE {
policyIdentifier CertPolicyId,
policyQualifiers SEQUENCE SIZE (1..MAX) OF
PolicyQualifierInfo OPTIONAL }
CertPolicyId ::= OBJECT IDENTIFIER
PolicyQualifierInfo ::= SEQUENCE {
policyQualifierId CERT-POLICY-QUALIFIER.&id
({SupportedPolicyQualifiers}),
qualifier CERT-POLICY-QUALIFIER.&Qualifier
({SupportedPolicyQualifiers}{@policyQualifierId})
OPTIONAL }
SupportedPolicyQualifiers CERT-POLICY-QUALIFIER ::= { ... }
CERT-POLICY-QUALIFIER ::= CLASS {
&id OBJECT IDENTIFIER UNIQUE,
&Qualifier OPTIONAL }
WITH SYNTAX {
POLICY-QUALIFIER-ID &id
```

```
[QUALIFIER-TYPE &Qualifier] }
policyMappings EXTENSION ::= {
SYNTAX PolicyMappingsSyntax
IDENTIFIED BY { id-ce 33 } }
PolicyMappingsSyntax ::= SEQUENCE SIZE (1..MAX) OF SEQUENCE {
issuerDomainPolicy CertPolicyId,
subjectDomainPolicy CertPolicyId }
supportedAlgorithms ATTRIBUTE ::= {
WITH SYNTAX SupportedAlgorithm
EQUALITY MATCHING RULE algorithmIdentifierMatch
ID { id-at 52 } }
SupportedAlgorithm ::= SEQUENCE {
algorithmIdentifier AlgorithmIdentifier,
intendedUsage [0] KeyUsage OPTIONAL,
intendedCertificatePolicies [1] CertificatePoliciesSyntax OPTIONAL }
-- Certificate subject and certificate issuer attributes extensions --
subjectAltName EXTENSION ::= {
SYNTAX GeneralNames
IDENTIFIED BY { id-ce 17 } }
GeneralNames ::= SEQUENCE SIZE (1..MAX) OF GeneralName
GeneralName ::= CHOICE {
otherName [0] INSTANCE OF OTHER-NAME,
RFC 822Name [1] IA5String,
dNSName [2] IA5String,
x400Address [3] ORAddress,
directoryName [4] Name,
ediPartyName [5] EDIPartyName,
uniformResourceIdentifier [6] IA5String,
iPAddress [7] OCTET STRING,
registeredID [8] OBJECT IDENTIFIER }
OTHER-NAME ::= TYPE-IDENTIFIER
EDIPartyName ::= SEQUENCE {
nameAssigner [0] DirectoryString {ub-name} OPTIONAL,
partyName [1] DirectoryString {ub-name} }
issuerAltName EXTENSION ::= {
SYNTAX GeneralNames
IDENTIFIED BY { id-ce 18 } }
subjectDirectoryAttributes EXTENSION ::= {
SYNTAX AttributesSyntax
IDENTIFIED BY { id-ce 9 } }
AttributesSyntax ::= SEQUENCE SIZE (1..MAX) OF Attribute
-- Certification path constraints extensions --
basicConstraints EXTENSION ::= {
```

```
SYNTAX BasicConstraintsSyntax
IDENTIFIED BY { id-ce 19 } }
BasicConstraintsSyntax ::= SEQUENCE {
cA BOOLEAN DEFAULT FALSE,
pathLenConstraint INTEGER (0..MAX) OPTIONAL }
nameConstraints EXTENSION ::= {
SYNTAX NameConstraintsSyntax
IDENTIFIED BY { id-ce 30 } }
NameConstraintsSyntax ::= SEQUENCE {
permittedSubtrees [0] GeneralSubtrees OPTIONAL,
excludedSubtrees [1] GeneralSubtrees OPTIONAL }
GeneralSubtrees ::= SEQUENCE SIZE (1..MAX) OF GeneralSubtree
GeneralSubtree ::= SEQUENCE {
base GeneralName,
minimum [0] BaseDistance DEFAULT 0,
maximum [1] BaseDistance OPTIONAL }
BaseDistance ::= INTEGER (0..MAX)
policyConstraints EXTENSION ::= {
SYNTAX PolicyConstraintsSyntax
IDENTIFIED BY { id-ce 36 } }
PolicyConstraints Syntax ::= SEQUENCE SIZE (1..MAX) OF SEQUENCE {
requireExplicitPolicy [0] SkipCerts OPTIONAL,
inhibitPolicyMapping [1] SkipCerts OPTIONAL }
SkipCerts ::= INTEGER (0..MAX)
-- Basic CRL extensions --
cRLNumber EXTENSION ::= {
SYNTAX CRLNumber
IDENTIFIED BY { id-ce 20 } }
CRLNumber ::= INTEGER (0..MAX)
reasonCode EXTENSION ::= {
SYNTAX CRLReason
IDENTIFIED BY { id-ce 21 } }
CRLReason ::= ENUMERATED {
unspecified (0),
keyCompromise (1),
cACompromise (2),
affiliationChanged (3),
superseded (4),
cessationOfOperation (5),
certificateHold (6),
removeFromCRL (8) }
instructionCode EXTENSION ::= {
SYNTAX HoldInstruction
```

```
IDENTIFIED BY { id-ce 23 } }
HoldInstruction ::= OBJECT IDENTIFIER
invalidityDate EXTENSION ::= {
SYNTAX GeneralizedTime
IDENTIFIED BY { id-ce 24 } }
-- CRL distribution points and delta-CRL extensions --
cRLDistributionPoints EXTENSION ::= {
SYNTAX CRLDistPointsSyntax
IDENTIFIED BY { id-ce 31 } }
CRLDistPointsSyntax ::= SEQUENCE SIZE (1..MAX) OF DistributionPoint
DistributionPoint ::= SEQUENCE {
distributionPoint [0] DistributionPointName OPTIONAL,
reasons [1] ReasonFlags OPTIONAL,
cRLIssuer [2] GeneralNames OPTIONAL }
DistributionPointName ::= CHOICE {
fullName [0] GeneralNames,
nameRelativeToCRLIssuer [1] RelativeDistinguishedName }
ReasonFlags ::= BIT STRING {
unused (0),
keyCompromise (1),
caCompromise (2),
affiliationChanged (3),
superseded (4),
cessationOfOperation (5),
certificateHold (6) }
issuingDistributionPoint EXTENSION ::= {
SYNTAX IssuingDistPointSyntax
IDENTIFIED BY { id-ce 28 } }
IssuingDistPointSyntax ::= SEQUENCE {
distributionPoint [0] DistributionPointName OPTIONAL,
onlyContainsUserCerts [1] BOOLEAN DEFAULT FALSE,
onlyContainsCACerts [2] BOOLEAN DEFAULT FALSE,
onlySomeReasons [3] ReasonFlags OPTIONAL,
indirectCRL [4] BOOLEAN DEFAULT FALSE }
certificateIssuer EXTENSION ::= {
SYNTAX GeneralNames
IDENTIFIED BY { id-ce 29 } }
deltaCRLIndicator EXTENSION ::= {
SYNTAX BaseCRLNumber
IDENTIFIED BY { id-ce 27 } }
BaseCRLNumber ::= CRLNumber
deltaRevocationList ATTRIBUTE ::= {
WITH SYNTAX CertificateList
```

```
EQUALITY MATCHING RULE certificateListExactMatch
ID {id-at 53 } }
-- Matching rules --
certificateExactMatch MATCHING-RULE ::= {
SYNTAX CertificateExactAssertion
ID id-mr-certificateExactMatch }
CertificateExactAssertion ::= SEQUENCE {
serialNumber CertificateSerialNumber,
issuer Name }
certificateMatch MATCHING-RULE ::= {
SYNTAX CertificateAssertion
ID id-mr-certificateMatch }
CertificateAssertion ::= SEQUENCE {
serialNumber [0] CertificateSerialNumber OPTIONAL,
issuer [1] Name OPTIONAL,
subjectKeyIdentifier [2] SubjectKeyIdentifier OPTIONAL,
authorityKeyIdentifier [3] AuthorityKeyIdentifier OPTIONAL,
certificateValid [4] UTCTime OPTIONAL,
privateKeyValid [5] GeneralizedTime OPTIONAL,
subjectPublicKeyAlgID [6] OBJECT IDENTIFIER OPTIONAL,
keyUsage [7] KeyUsage OPTIONAL,
subjectAltName [8] AltNameType OPTIONAL,
policy [9] CertPolicySet OPTIONAL,
pathToName [10] Name OPTIONAL }
AltNameType ::= CHOICE {
builtinNameForm ENUMERATED {
RFC 822Name (1),
dNSName (2),
x400Address (3),
directoryName (4),
ediPartyName (5),
uniformResourceIdentifier (6),
iPAddress (7),
registeredId (8) },
otherNameForm OBJECT IDENTIFIER }
certificatePairExactMatch MATCHING-RULE ::= {
SYNTAX CertificatePairExactAssertion
ID id-mr-certificatePairExactMatch }
CertificatePairExactAssertion ::= SEQUENCE {
forwardAssertion [0] CertificateExactAssertion OPTIONAL,
reverseAssertion [1] CertificateExactAssertion OPTIONAL }
( WITH COMPONENTS {..., forwardAssertion PRESENT} |
WITH COMPONENTS {..., reverseAssertion PRESENT} )
```

```
certificatePairMatch MATCHING-RULE ::= {
SYNTAX CertificatePairAssertion
ID id-mr-certificatePairMatch }
CertificatePairAssertion ::= SEQUENCE {
forwardAssertion [0] CertificateAssertion OPTIONAL,
reverseAssertion [1] CertificateAssertion OPTIONAL }
( WITH COMPONENTS {..., forwardAssertion PRESENT} |
WITH COMPONENTS {..., reverseAssertion PRESENT} )
certificateListExactMatch MATCHING-RULE ::= {
SYNTAX CertificateListExactAssertion
ID id-mr-certificateListExactMatch }
CertificateListExactAssertion ::= SEQUENCE {
issuer Name,
thisUpdate UTCTime,
distributionPoint DistributionPointName OPTIONAL }
certificateListMatch MATCHING-RULE ::= {
SYNTAX CertificateListAssertion
ID id-mr-certificateListMatch }
CertificateListAssertion ::= SEQUENCE {
issuer Name OPTIONAL,
minCRLNumber [0] CRLNumber OPTIONAL,
maxCRLNumber [1] CRLNumber OPTIONAL,
reasonFlags ReasonFlags OPTIONAL,
dateAndTime UTCTime OPTIONAL,
distributionPoint [2] DistributionPointName OPTIONAL }
algorithmIdentifierMatch MATCHING-RULE ::= {
SYNTAX AlgorithmIdentifier
ID id-mr-algorithmIdentifierMatch }
-- Object identifier assignments --
id-at-supportedAlgorithms OBJECT IDENTIFIER ::= {id-at 52}
id-at-deltaRevocationList OBJECT IDENTIFIER ::= {id-at 53}
id-ce-subjectDirectoryAttributes OBJECT IDENTIFIER ::= {id-ce 9}
id-ce-subjectKeyIdentifier OBJECT IDENTIFIER ::= {id-ce 14}
id-ce-keyUsage OBJECT IDENTIFIER ::= {id-ce 15}
id-ce-privateKeyUsagePeriod OBJECT IDENTIFIER ::= {id-ce 16}
id-ce-subjectAltName OBJECT IDENTIFIER ::= {id-ce 17}
id-ce-issuerAltName OBJECT IDENTIFIER ::= {id-ce 18}
id-ce-basicConstraints OBJECT IDENTIFIER ::= {id-ce 19}
id-ce-cRLNumber OBJECT IDENTIFIER ::= {id-ce 20}
id-ce-reasonCode OBJECT IDENTIFIER ::= {id-ce 21}
id-ce-instructionCode OBJECT IDENTIFIER ::= {id-ce 23}
id-ce-invalidityDate OBJECT IDENTIFIER ::= {id-ce 24}
id-ce-deltaCRLIndicator OBJECT IDENTIFIER ::= {id-ce 27}
```

```
id-ce-issuingDistributionPoint OBJECT IDENTIFIER ::= {id-ce 28}
id-ce-certificateIssuer OBJECT IDENTIFIER ::= {id-ce 29}
id-ce-nameConstraints OBJECT IDENTIFIER ::= {id-ce 30}
id-ce-cRLDistributionPoints OBJECT IDENTIFIER ::= {id-ce 31}
id-ce-certificatePolicies OBJECT IDENTIFIER ::= {id-ce 32}
id-ce-policyMappings OBJECT IDENTIFIER ::= {id-ce 33}
id-ce-policyConstraints OBJECT IDENTIFIER ::= {id-ce 34}
id-ce-authorityKeyIdentifier OBJECT IDENTIFIER ::= {id-ce 35}
id-mr-certificateExactMatch OBJECT IDENTIFIER ::= {id-mr 34}
id-mr-certificateMatch OBJECT IDENTIFIER ::= {id-mr 35}
id-mr-certificatePairExactMatch OBJECT IDENTIFIER ::= {id-mr 36}
id-mr-certificatePairMatch OBJECT IDENTIFIER ::= {id-mr 37}
id-mr-certificateListExactMatch OBJECT IDENTIFIER ::= {id-mr 38}
id-mr-certificateListMatch OBJECT IDENTIFIER ::= {id-mr 39}
id-mr-algorithmIdentifierMatch OBJECT IDENTIFIER ::= {id-mr 40}
-- The following OBJECT IDENTIFIERS are not used by this specification:
-- {id-ce 2}, {id-ce 3}, {id-ce 4}, {id-ce 5}, {id-ce 6}, {id-ce 7},
-- {id-ce 8}, {id-ce 10}, {id-ce 11}, {id-ce 12}, {id-ce 13},
-- {id-ce 22}, {id-ce 25}, {id-ce 26}
END
```

附 录 C
(规范性附录)
ASN. 1 Module for transactions

The following section contains the complete ASN. 1 module from RFC 2510, the Certificate Management Protocol. Only a small subset of the messages defined in RFC2510 are required to implement this specification. The entire module is provided for completeness. Information about messages defined by this ASN. 1 module but not used in the MISPC may be found in RFC2510.

```
PKIX-CMP DEFINITIONS ::=
BEGIN -- EXPLICT TAGS
IMPORTS
CertReqMessages, EncryptedValue, EncryptedKey
FROM CMRF
PKIMessage ::= SEQUENCE {
Header PKIHeader,
Body PKIBody,
Protection [0] PKIProtection OPTIONAL,
ExtraCerts [1] SEQUENCE SIZE (1..MAX) OF Certificate OPTIONAL
}
PKIHeader ::= SEQUENCE {
pvno INTEGER { ietf-version2 (1) },
sender GeneralName,
-- identifies the sender
recipient GeneralName,
-- identifies the intended recipient
messageTime [0] GeneralizedTime OPTIONAL,
-- time of production of this message (used when sender
-- believes that the transport will be "suitable"; i.e.,
-- that the time will still be meaningful upon receipt)
protectionAlg [1] AlgorithmIdentifier OPTIONAL,
-- algorithm used for calculation of protection bits
senderKID [2] KeyIdentifier OPTIONAL,
recipKID [3] KeyIdentifier OPTIONAL,
-- to identify specific keys used for protection
transactionID [4] OCTET STRING OPTIONAL,
-- identifies the transaction; i.e., this will be the same in
-- corresponding request, response and confirmation messages
senderNonce [5] OCTET STRING OPTIONAL,
recipNonce [6] OCTET STRING OPTIONAL,
-- nonces used to provide replay protection, senderNonce
```

```
-- is inserted by the creator of this message; recipNonce
-- is a nonce previously inserted in a related message by
-- the intended recipient of this message
freeText [7] PKIFreeText OPTIONAL,
-- this may be used to indicate context-specific instructions
-- (this field is intended for human consumption)
generalInfo [8] SEQUENCE SIZE (1.. MAX) OF
InfoTypeAndValue OPTIONAL
-- this may be used to convey context-specific information
-- (this field not primarily intended for human consumption)
}
PKIFreeText ::= SEQUENCE SIZE (1.. MAX) OF UTF8String
-- text encoded as UTF-8 String (note: each UTF8String SHOULD
-- include an RFC 1766 language tag to indicate the language
-- of the contained text)
PKIBody ::= CHOICE { -- message-specific body elements
ir [0] CertReqMessages, --Initialization Request
ip [1] CertRepMessage, --Initialization Response
cr [2] CertReqMessages, --Certification Request
cp [3] CertRepMessage, --Certification Response
p10cr [4] CertificationRequest, --imported from [PKCS10]
popdecc [5] POPODecKeyChallContent, --pop Challenge
popdecr [6] POPODecKeyRespContent, --pop Response
kur [7] CertReqMessages, --Key Update Request
kup [8] CertRepMessage, --Key Update Response
krr [9] CertReqMessages, --Key Recovery Request
krp [10] KeyRecRepContent, --Key Recovery Response
rr [11] RevReqContent, --Revocation Request
rp [12] RevRepContent, --Revocation Response
ccr [13] CertReqMessages, --Cross-Cert. Request
ccp [14] CertRepMessage, --Cross-Cert. Response
ckuann [15] CAKeyUpdAnnContent, --CA Key Update Ann.
cann [16] CertAnnContent, --Certificate Ann.
rann [17] RevAnnContent, --Revocation Ann.
crlann [18] CRLAnnContent, --CRL Announcement
conf [19] PKIConfirmContent, --Confirmation
nested [20] NestedMessageContent, --Nested Message
genm [21] GenMsgContent, --General Message
genp [22] GenRepContent, --General Response
error [23] ErrorMsgContent --Error Message
}
PKIProtection ::= BIT STRING
ProtectedPart ::= SEQUENCE {
```

```
header PKIHeader,
body PKIBody
}
PasswordBasedMac ::= OBJECT IDENTIFIER --{1 2 840 113533 7 66 13}
PBMParameter ::= SEQUENCE {
salt OCTET STRING,
owf AlgorithmIdentifier,
-- AlgId for a One-Way Function (SHA-1 recommended)
iterationCount INTEGER,
-- number of times the OWF is applied
mac AlgorithmIdentifier
-- the mac AlgId (e.g., DES-MAC, Triple-DES-MAC [PKCS11],
} -- or HMAC [RFC2104, RFC2202])
DHBasedMac ::= OBJECT IDENTIFIER --{1 2 840 113533 7 66 30}
DHBMParameter ::= SEQUENCE {
owf AlgorithmIdentifier,
-- AlgId for a One-Way Function (SHA-1 recommended)
mac AlgorithmIdentifier
-- the MAC AlgId (e.g., DES-MAC, Triple-DES-MAC [PKCS11],
} -- or HMAC [RFC2104, RFC2202])
NestedMessageContent ::= PKIMessage
PKIStatus ::= INTEGER {
granted (0),
-- you got exactly what you asked for
grantedWithMods (1),
-- you got something like what you asked for; the
-- requester is responsible for ascertaining the differences
rejection (2),
-- you don't get it, more information elsewhere in the message
waiting (3),
-- the request body part has not yet been processed,
-- expect to hear more later
revocationWarning (4),
-- this message contains a warning that a revocation is
-- imminent
revocationNotification (5),
-- notification that a revocation has occurred
keyUpdateWarning (6)
-- update already done for the oldCertId specified in
-- CertReqMsg
}
PKIFailureInfo ::= BIT STRING {
-- since we can fail in more than one way!
```

```
-- More codes may be added in the future if/when required.
badAlg (0),
-- unrecognized or unsupported Algorithm Identifier
badMessageCheck (1),
-- integrity check failed (e. g. , signature did not verify)
badRequest (2),
-- transaction not permitted or supported
badTime (3),
-- messageTime was not sufficiently close to the system time,
-- as defined by local policy
badCertId (4),
-- no certificate could be found matching the provided criteria
badDataFormat (5),
-- the data submitted has the wrong format
wrongAuthority (6),
-- the authority indicated in the request is different from the
-- one creating the response token
incorrectData (7),
-- the requester's data is incorrect (for notary services)
missingTimeStamp (8),
-- when the timestamp is missing but should be there (by policy)
badPoP (9)
-- when proof of possession does not verify
}
PKIStatusInfo ::= SEQUENCE {
status PKIStatus,
statusString PKIFreeText OPTIONAL,
failInfo PKIFailureInfo OPTIONAL
}
OOBCert ::= Certificate
OOBCertHash ::= SEQUENCE {
hashAlg [0] AlgorithmIdentifier OPTIONAL,
certId [1] CertId OPTIONAL,
hashVal BIT STRING
-- hashVal is calculated over DER encoding of the
-- subjectPublicKey field of the corresponding cert.
}
POPODecKeyChallContent ::= SEQUENCE OF Challenge
-- One Challenge per encryption key certification request (in the
-- same order as these requests appear in CertReqMessages).
Challenge ::= SEQUENCE {
owf AlgorithmIdentifier OPTIONAL,
-- MUST be present in the first Challenge; MAY be omitted in any
```

```
-- subsequent Challenge in POPODecKeyChallContent (if omitted,
-- then the owf used in the immediately preceding Challenge is
-- to be used).
witness OCTET STRING,
-- the result of applying the one-way function (owf) to a
-- randomly-generated INTEGER, A. [Note that a different
-- INTEGER MUST be used for each Challenge.]
challenge OCTET STRING
-- the encryption (under the public key for which the cert.
-- request is being made) of Rand, where Rand is specified as
-- Rand ::= SEQUENCE {
-- int INTEGER,
-- - the randomly-generated INTEGER A (above)
-- sender GeneralName
-- - the sender's name (as included in PKIHeader)
-- }
}
POPODecKeyRespContent ::= SEQUENCE OF INTEGER
-- One INTEGER per encryption key certification request (in the
-- same order as these requests appear in CertReqMessages). The
-- retrieved INTEGER A (above) is returned to the sender of the
-- corresponding Challenge.
CertRepMessage ::= SEQUENCE {
caPubs [1] SEQUENCE SIZE (1..MAX) OF Certificate OPTIONAL,
response SEQUENCE OF CertResponse
}
CertResponse ::= SEQUENCE {
certReqId INTEGER,
-- to match this response with corresponding request (a value
-- of -1 is to be used if certReqId is not specified in the
-- corresponding request)
status PKIStatusInfo,
certifiedKeyPair CertifiedKeyPair OPTIONAL,
rspInfo OCTET STRING OPTIONAL
-- analogous to the id-regInfo-asciiPairs OCTET STRING defined
-- for regInfo in CertReqMsg [CRMF]
}
CertifiedKeyPair ::= SEQUENCE {
certOrEncCert CertOrEncCert,
privateKey [0] EncryptedValue OPTIONAL,
publicationInfo [1] PKIPublicationInfo OPTIONAL
}
CertOrEncCert ::= CHOICE {
```

```
certificate [0] Certificate,
encryptedCert [1] EncryptedValue
}
KeyRecRepContent ::= SEQUENCE {
status PKIStatusInfo,
newSigCert [0] Certificate OPTIONAL,
caCerts [1] SEQUENCE SIZE (1..MAX) OF
Certificate OPTIONAL,
keyPairHist [2] SEQUENCE SIZE (1..MAX) OF
CertifiedKeyPair OPTIONAL
}
RevReqContent ::= SEQUENCE OF RevDetails
RevDetails ::= SEQUENCE {
certDetails CertTemplate,
-- allows requester to specify as much as they can about
-- the cert. for which revocation is requested
-- (e.g., for cases in which serialNumber is not available)
revocationReason ReasonFlags OPTIONAL,
-- the reason that revocation is requested
badSinceDate GeneralizedTime OPTIONAL,
-- indicates best knowledge of sender
crlEntryDetails Extensions OPTIONAL
-- requested crlEntryExtensions
}
RevRepContent ::= SEQUENCE {
status SEQUENCE SIZE (1..MAX) OF PKIStatusInfo,
-- in same order as was sent in RevReqContent
revCerts [0] SEQUENCE SIZE (1..MAX) OF CertId OPTIONAL,
-- IDs for which revocation was requested (same order as status)
crls [1] SEQUENCE SIZE (1..MAX) OF CertificateList OPTIONAL
-- the resulting CRLs (there may be more than one)
}
CAKeyUpdAnnContent ::= SEQUENCE {
oldWithNew Certificate, -- old pub signed with new priv
newWithOld Certificate, -- new pub signed with old priv
newWithNew Certificate -- new pub signed with new priv
}
CertAnnContent ::= Certificate
RevAnnContent ::= SEQUENCE {
status PKIStatus,
certId CertId,
willBeRevokedAt GeneralizedTime,
badSinceDate GeneralizedTime,
```

```
crlDetails Extensions OPTIONAL
-- extra CRL details(e. g. , crl number, reason, location, etc. )
}
CRLAnnContent ::= SEQUENCE OF CertificateList
PKIConfirmContent ::= NULL
InfoTypeAndValue ::= SEQUENCE {
infoType OBJECT IDENTIFIER,
infoValue ANY DEFINED BY infoType OPTIONAL
}
-- Example InfoTypeAndValue contents include, but are not limited to:
-- { CAProtEncCert = {id-it 1}, Certificate }
-- { SignKeyPairTypes = {id-it 2}, SEQUENCE OF AlgorithmIdentifier }
-- { EncKeyPairTypes = {id-it 3}, SEQUENCE OF AlgorithmIdentifier }
-- { PreferredSymmAlg = {id-it 4}, AlgorithmIdentifier }
-- { CAKeyUpdateInfo = {id-it 5}, CAKeyUpdAnnContent }
-- { CurrentCRL = {id-it 6}, CertificateList }
-- where {id-it} = {id-pkix 4} = {1 3 6 1 5 5 7 4}
-- This construct MAY also be used to define new PKIX Certificate
-- Management Protocol request and response messages, or general-
-- purpose (e. g. , announcement) messages for future needs or for
-- specific environments.
GenMsgContent ::= SEQUENCE OF InfoTypeAndValue
-- May be sent by EE, RA, or CA (depending on message content).
-- The OPTIONAL infoValue parameter of InfoTypeAndValue will typically
-- be omitted for some of the examples given above. The receiver is
-- free to ignore any contained OBJ. IDs that it does not recognize.
-- If sent from EE to CA, the empty set indicates that the CA may send
-- any/all information that it wishes.
GenRepContent ::= SEQUENCE OF InfoTypeAndValue
-- The receiver is free to ignore any contained OBJ. IDs that it does
-- not recognize.
ErrorMsgContent ::= SEQUENCE {
pKIStatusInfo PKIStatusInfo,
errorCode INTEGER OPTIONAL,
-- implementation-specific error codes
errorDetails PKIFreeText OPTIONAL
-- implementation-specific error details
}
```

附　录　D
（规范性附录）
证书请求消息格式 ASN.1 Module

The following section contains the complete ASN.1 module from RFC 2511, the Certificate Request Message Format. Only a small subset of the structures defined in RFC2511 are required to implement this specification. The entire module is provided for completeness. Information about structures defined by this ASN.1 module but not used in the MISPC may be found in RFC2511.

```
CRMF DEFINITIONS IMPLICIT TAGS ::=
BEGIN
IMPORTS
-- Directory Authentication Framework (X.509)
Version, AlgorithmIdentifier, Name, Time,
SubjectPublicKeyInfo, Extensions, UniqueIdentifier
FROM AuthenticationFramework { joint-iso-itu-t ds(5)
module(1) authenticationFramework(7) 3 }
-- Certificate Extensions (X.509)
GeneralName
FROM CertificateExtensions {joint-iso-ccitt ds(5)
module(1) certificateExtensions(26) 0}
-- Cryptographic Message Syntax
EnvelopedData
FROM CryptographicMessageSyntax { iso(1) member-body(2)
us(840) rsadsi(113549) pkcs(1) pkcs-9(9) smime(16)
modules(0) cms(1) };
CertReqMessages ::= SEQUENCE SIZE (1..MAX) OF CertReqMsg
CertReqMsg ::= SEQUENCE {
CertReq CertRequest,
Pop ProofOfPossession OPTIONAL,
-- content depends upon key type
regInfo SEQUENCE SIZE(1..MAX) OF AttributeTypeAndValue OPTIONAL }
CertRequest ::= SEQUENCE {
CertReqId INTEGER, -- ID for matching request and reply
CertTemplate CertTemplate, -- Selected fields of cert to be issued
Controls Controls OPTIONAL } -- Attributes affecting issuance
CertTemplate ::= SEQUENCE {
Version [0] Version OPTIONAL,
serialNumber [1] INTEGER OPTIONAL,
signingAlg [2] AlgorithmIdentifier OPTIONAL,
issuer [3] Name OPTIONAL,
```

```
validity [4] OptionalValidity OPTIONAL,
subject [5] Name OPTIONAL,
publicKey [6] SubjectPublicKeyInfo OPTIONAL,
issuerUID [7] UniqueIdentifier OPTIONAL,
subjectUID [8] UniqueIdentifier OPTIONAL,
extensions [9] Extensions OPTIONAL }
OptionalValidity ::= SEQUENCE {
notBefore [0] Time OPTIONAL,
notAfter [1] Time OPTIONAL } --at least one MUST be present
Controls ::= SEQUENCE SIZE(1..MAX) OF AttributeTypeAndValue
AttributeTypeAndValue ::= SEQUENCE {
type OBJECT IDENTIFIER,
value ANY DEFINED BY type }
ProofOfPossession ::= CHOICE {
raVerified [0] NULL,
-- used if the RA has already verified that the requester is in
-- possession of the private key
signature [1] POPOSigningKey,
keyEncipherment [2] POPOPrivKey,
keyAgreement [3] POPOPrivKey }
POPOSigningKey ::= SEQUENCE {
poposkInput [0] POPOSKInput OPTIONAL,
algorithmIdentifier AlgorithmIdentifier,
signature BIT STRING }
-- The signature (using "algorithmIdentifier") is on the
-- DER-encoded value of popInput. NOTE: If poposkInput is present
-- in the pop field, popInput is constructed
-- with otherinput. If poposkInput is not present, subject is the name
-- from CertTemplate. Note that the encoding of PopInput is
intentionally ambiguous.
PoposkInput ::= CHOICE {
Subject name,
Sender [0] generalName,
publicKeyMAC [1] PKMACValue
}
-- The pop is calculated upon the structure popInput, which is defined
-- as follows:
PopInput ::= SEQUENCE {
CHOICE {
otherinput popskInput,
subject name },
publicKey subjectpublicKey
}
```

```
-- If poposkInput is present
-- in the pop field, popInput is constructed
-- with otherinput. If poposkInput is not present, subject is the name
-- from CertTemplate. Note that the encoding of PopInput is
-- intentionally ambiguous.
PKMACValue ::= SEQUENCE {
algId AlgorithmIdentifier,
-- algorithm value shall be PasswordBasedMac {1 2 840 113533 7 66 13}
-- parameter value is PBMParameter
value BIT STRING }
PBMParamcter ::= SEQUENCE {
salt OCTET STRING,
owf AlgorithmIdentifier,
-- AlgId for a One-Way Function (SHA-1 recommended)
iterationCount INTEGER,
-- number of times the OWF is applied
mac AlgorithmIdentifier
-- the MAC AlgId (e.g., DES-MAC, Triple-DES-MAC [PKCS11],
} -- or HMAC [RFC2104, RFC2202])
POPOPrivKey ::= CHOICE {
thisMessage [0] BIT STRING,
-- posession is proven in this message (which contains the private
-- key itself (encrypted for the CA))
subsequentMessage [1] SubsequentMessage,
-- possession will be proven in a subsequent message
dhMAC [2] BIT STRING }
-- for keyAgreement (only), possession is proven in this message
-- (which contains a MAC (over the DER-encoded value of the
-- certReq parameter in CertReqMsg, which MUST include both subject
-- and publicKey) based on a key derived from the end entity's
-- private DH key and the CA's public DH key);
-- the dhMAC value MUST be calculated as per the directions given
-- in Appendix A.
SubsequentMessage ::= INTEGER {
encrCert (0),
-- requests that resulting certificate be encrypted for the
-- end entity (following which, POP will be proven in a
-- confirmation message)
challengeResp (1) }
-- requests that CA engage in challenge-response exchange with
-- end entity in order to prove private key possession
-- Object identifier assignments --
id-pkix OBJECT IDENTIFIER ::= { iso(1) identified-organization(3)
```

```
dod(6) internet(1) security(5) mechanisms(5) 7 }
-- arc for Internet X.509 PKI protocols and their components
id-pkip OBJECT IDENTIFIER ::= { id-pkix 5 }
-- Registration Controls in CRMF
id-regCtrl OBJECT IDENTIFIER ::= { id-pkip 1 }
-- The following definition may be uncommented for use with
-- ASN.1 compilers which do not understand UTF8String.
-- UTF8String ::= [UNIVERSAL 12] IMPLICIT OCTET STRING
id-regCtrl-regToken OBJECT IDENTIFIER ::= { id-regCtrl 1 }
--with syntax:
RegToken ::= UTF8String
id-regCtrl-authenticator OBJECT IDENTIFIER ::= { id-regCtrl 2 }
--with syntax:
Authenticator ::= UTF8String
id-regCtrl-pkiPublicationInfo OBJECT IDENTIFIER ::= { id-regCtrl 3 }
--with syntax:
PKIPublicationInfo ::= SEQUENCE {
action INTEGER {
dontPublish (0),
pleasePublish (1) },
pubInfos SEQUENCE SIZE (1..MAX) OF SinglePubInfo OPTIONAL }
-- pubInfos MUST NOT be present if action is "dontPublish"
-- (if action is "pleasePublish" and pubInfos is omitted,
-- "dontCare" is assumed)
SinglePubInfo ::= SEQUENCE {
pubMethod INTEGER {
dontCare (0),
x500 (1),
web (2),
ldap (3) },
pubLocation GeneralName OPTIONAL }
id-regCtrl-pkiArchiveOptions OBJECT IDENTIFIER ::= { id-regCtrl 4 }
--with syntax:
PKIArchiveOptions ::= CHOICE {
encryptedPrivKey [0] EncryptedKey,
-- the actual value of the private key
keyGenParameters [1] KeyGenParameters,
-- parameters which allow the private key to be re-generated
archiveRemGenPrivKey [2] BOOLEAN }
-- set to TRUE if sender wishes receiver to archive the private
-- key of a key pair which the receiver generates in response to
-- this request; set to FALSE if no archival is desired.
EncryptedKey ::= CHOICE {
```

```
encryptedValue EncryptedValue,
envelopedData [0] EnvelopedData }
-- The encrypted private key MUST be placed in the envelopedData
-- encryptedContentInfo encryptedContent OCTET STRING.
EncryptedValue ::= SEQUENCE {
intendedAlg [0] AlgorithmIdentifier OPTIONAL,
-- the intended algorithm for which the value will be used
symmAlg [1] AlgorithmIdentifier OPTIONAL,
-- the symmetric algorithm used to encrypt the value
encSymmKey [2] BIT STRING OPTIONAL,
-- the (encrypted) symmetric key used to encrypt the value
keyAlg [3] AlgorithmIdentifier OPTIONAL,
-- algorithm used to encrypt the symmetric key
valueHint [4] OCTET STRING OPTIONAL,
-- a brief description or identifier of the encValue content
-- (may be meaningful only to the sending entity, and used only
-- if EncryptedValue might be re-examined by the sending entity
-- in the future)
encValue BIT STRING }
-- the encrypted value itself
KeyGenParameters ::= OCTET STRING
id-regCtrl-oldCertId OBJECT IDENTIFIER ::= { id-regCtrl 5 }
--with syntax:
OldCertId ::= CertId
CertId ::= SEQUENCE {
issuer GeneralName,
serialNumber INTEGER }
id-regCtrl-protocolEncrKey OBJECT IDENTIFIER ::= { id-regCtrl 6 }
--with syntax:
ProtocolEncrKey ::= SubjectPublicKeyInfo
-- Registration Info in CRMF
id-regInfo OBJECT IDENTIFIER ::= { id-pkip 2 }
id-regInfo-utf8Pairs OBJECT IDENTIFIER ::= { id-regInfo 1 }
--with syntax
UTF8Pairs ::= UTF8String
id-regInfo-certReq OBJECT IDENTIFIER ::= { id-regInfo 2 }
--with syntax
CertReq ::= CertRequest
END
```

ICS 13.060
P 40

中华人民共和国国家标准

GB/T 19772—2005

城市污水再生利用 地下水回灌水质

The reuse of urban recycling water
Water quality standard for groundwater recharge

2005-05-25 发布 2005-11-01 实施

中华人民共和国国家质量监督检验检疫总局
中国国家标准化管理委员会 发布

前言

为贯彻我国水污染防治和水资源开发方针，做好城镇节约用水工作，合理利用水资源，实现城镇污水资源化，减轻污水对环境的污染，促进城镇建设和经济建设可持续发展，制定《城市污水再生利用》系列标准。

《城市污水再生利用》系列标准拟分为六项：

——《城市污水再生利用　分类》

——《城市污水再生利用　城市杂用水水质》

——《城市污水再生利用　景观环境用水水质》

——《城市污水再生利用　地下水回灌水质》

——《城市污水再生利用　工业用水水质》

——《城市污水再生利用　农业用水水质》

本标准为第四项。

本标准的附录A为规范性附录。

本标准由中华人民共和国建设部提出。

本标准由建设部给水排水产品标准化技术委员会归口。

本标准由北京市环境保护科学研究院、建设部城市水资源中心、中国环境科学研究院、北京城市排水集团负责起草。

本标准主要起草人：何星海、秦永生、宋兰合、陈艳卿、甘一萍、武江津、孙长虹、张桂花、边际、胡俊。

本标准为首次发布。

城市污水再生利用　地下水回灌水质

1　范围

本标准规定了利用城市污水再生水进行地下水回灌时应控制的项目及其限值、取样与监测。

本标准适用于以城市污水再生水为水源，在各级地下水饮用水源保护区外，以非饮用为目的，采用地表回灌和井灌的方式进行地下水回灌。

2　规范性引用文件

下列文件中的条款通过本标准的引用而成为本标准的条款。凡是注日期的引用文件，其随后所有的修改单(不包括勘误的内容)或修订版均不适用本标准，然而，鼓励根据本标准达成协议的各方研究是否使用这些文件的最新版本。凡是不注日期的引用文件，其最新版本适用本标准。

所引用标准见附录 A。

3　术语和定义

本标准采用下列术语和定义。

3.1

城市污水　municipal wastewater

设市城市和建制镇排入城市排水系统的污水的统称。在合流制排水系统中，还包括截流的雨水。

3.2

城市污水再生水　reclaimed water from municipal wastewater

指城市污水经再生工艺处理后具有一定使用功能的水。

3.3

地下水回灌　groundwater recharge

指一种有计划地将地表水、城市污水再生水在内的任何水源，通过井孔、沟、渠、塘等水工构筑物从地面渗入或注入地下补给地下水，增加地下水资源的技术措施。

3.4

地表回灌　surface recharge

指在透水性较好的土层上修建沟、渠、塘等蓄水构筑物，利用这些设施，使水通过包气带渗入含水层，利用水的自重进行回灌，一般包括田间入渗回灌、沟渠河网入渗回灌以及坑塘入渗回灌等。

3.5

井灌　injection recharge

指通过回灌井将水注入地下含水层的回灌方式。

4　技术要求

4.1　利用城市污水再生水进行地下水回灌，应根据回灌区水文地质条件确定回灌方式。回灌时，其回灌区入水口的水质控制项目分为基本控制项目和选择控制项目两类。

4.1.1　基本控制项目应满足表 1 的规定。

4.1.2　选择控制项目应满足表 2 的规定。

4.2　回灌前，应对回灌水源的基本控制项目和选择控制项目进行全面的检测，确定选择控制项目，满足表 1、表 2 的规定后方可进行回灌。回灌水质发生变化，应重新确定选择控制项目。

4.3 回灌水在被抽取利用前，应在地下停留足够的时间，以进一步杀灭病原微生物，保证卫生安全。

4.3.1 采用地表回灌的方式进行回灌，回灌水在被抽取利用前，应在地下停留6个月以上。

4.3.2 采用井灌的方式进行回灌，回灌水在被抽取利用前，应在地下停留12个月以上。

表1 城市污水再生水地下水回灌基本控制项目及限值

序号	基本控制项目	单位	地表回灌[a]	井灌
1	色度	稀释倍数	30	15
2	浊度	NTU	10	5
3	pH	—	6.5～8.5	6.5～8.5
4	总硬度(以 $CaCO_3$ 计)	mg/L	450	450
5	溶解性总固体	mg/L	1 000	1 000
6	硫酸盐	mg/L	250	250
7	氯化物	mg/L	250	250
8	挥发酚类(以苯酚计)	mg/L	0.5	0.002
9	阴离子表面活性剂	mg/L	0.3	0.3
10	化学需氧量(COD)	mg/L	40	15
11	五日生化需氧量(BOD_5)	mg/L	10	4
12	硝酸盐(以N计)	mg/L	15	15
13	亚硝酸盐(以N计)	mg/L	0.02	0.02
14	氨氮(以N计)	mg/L	1.0	0.2
15	总磷(以P计)	mg/L	1.0	1.0
16	动植物油	mg/L	0.5	0.05
17	石油类	mg/L	0.5	0.05
18	氰化物	mg/L	0.05	0.05
19	硫化物	mg/L	0.2	0.2
20	氟化物	mg/L	1.0	1.0
21	粪大肠菌群数	个/L	1 000	3

[a] 表层粘性土厚度不宜小于1 m，若小于1 m按井灌要求执行。

表2 城市污水再生水地下水回灌选择控制项目及限值

序号	选择控制项目	限值	序号	选择控制项目	限值
1	总汞	0.001	9	总银	0.05
2	烷基汞	不得检出	10	总铜	1.0
3	总镉	0.01	11	总锌	1.0
4	六价铬	0.05	12	总锰	0.1
5	总砷	0.05	13	总硒	0.01
6	总铅	0.05	14	总铁	0.3
7	总镍	0.05	15	总钡	1.0
8	总铍	0.000 2	16	苯并(a)芘	0.000 01

表 2(续)

序号	选择控制项目	限值	序号	选择控制项目	限值
17	甲醛	0.9	35	1,2-二氯苯	1.0
18	苯胺	0.1	36	硝基氯苯[b]	0.05
19	硝基苯	0.017	37	2,4-二硝基氯苯	0.5
20	马拉硫磷	0.05	38	2,4-二氯苯酚	0.093
21	乐果	0.08	39	2,4,6-三氯苯酚	0.2
22	对硫磷	0.003	40	邻苯二甲酸二丁酯	0.003
23	甲基对硫磷	0.002	41	邻苯二甲酸二(2-乙基己基)酯	0.008
24	五氯酚	0.009	42	丙烯腈	0.1
25	三氯甲烷	0.06	43	滴滴涕	0.001
26	四氯化碳	0.002	44	六六六	0.005
27	三氯乙烯	0.07	45	六氯苯	0.05
28	四氯乙烯	0.04	46	七氯	0.000 4
29	苯	0.01	47	林丹	0.002
30	甲苯	0.7	48	三氯乙醛	0.01
31	二甲苯[a]	0.5	49	丙烯醛	0.1
32	乙苯	0.3	50	硼	0.5
33	氯苯	0.3	51	总 α 放射性	0.1
34	1,4-二氯苯	0.3	52	总 β 放射性	1

注：除 51、52 项的单位是 Bq/L 外，其他项目的单位均为 mg/L。

[a] 二甲苯：指对-二甲苯、间-二甲苯、邻-二甲苯。

[b] 硝基氯苯：指对-硝基氯苯、间-硝基氯苯、邻-硝基氯苯。

5 取样与监测

5.1 取样要求

水质监测取样点应设在回灌区入水口，入水口应设水量计量装置。在有条件的情况下，应逐步实现再生水比例采样和主要指标在线监测。

5.2 监测频率

城市污水再生水地下水回灌工程，在运行过程中，回灌区入水口的水质监测频率不应低于以下要求：

基本控制项目：色度、浊度、pH、化学需氧量、硝酸盐、亚硝酸盐、氨氮每日监测一次；其他项目每周监测一次。

选择控制项目：半年监测一次。

5.3 监测分析方法

本标准采用的监测分析方法见表 3。

5.4 城市污水再生水地下水回灌工程应布设监测井。回灌前应对地下水本底值进行监测；回灌过程中动态监测回灌水水质水量，发现水质异常，应立即停止回灌。

表3 监测分析方法表

序号	项目	分析方法	方法来源
1	色度	铂钴比色法 铂钴比色法	GB/T 11903 GB/T 5750
2	浊度	比浊法 目视比浊法	GB/T 13200 GB/T 5750
3	pH	玻璃电极法 玻璃电极法	GB/T 6920 GB/T 5750
4	总硬度	乙二胺四乙酸二钠滴定法	GB/T 5750
5	溶解性总固体	重量法	GB/T 5750
6	硫酸盐	重量法 火焰原子吸收分光光度法 离子色谱法	GB/T 11899 GB/T 13196 HJ/T 84
7	氯化物	硝酸银滴定法 硝酸银滴定法,硝酸汞容量法 离子色谱法	GB/T 11896 GB/T 5750 HJ/T 84
8	挥发酚类	蒸馏后4-氨基安替比林分光光度法 4-氨基安替比林萃取光度法	GB/T 7490 GB/T 5750
9	阴离子表面活性剂	亚甲蓝分光光度法	GB/T 7494
10	化学需氧量	重铬酸盐法	GB/T 11914
11	五日生化需氧量	稀释与接种法	GB/T 7488
12	硝酸盐	酚二磺酸分光光度法 酚二磺酸分光光度法 离子色谱法	GB/T 7480 GB/T 5750 HJ/T 84
13	亚硝酸盐	重氮化耦合分光光度法 N-(1-萘基)-乙二胺光度法	GB/T 5750 GB/T 7493
14	氨氮	纳氏试剂分光光度法 纳氏试剂比色法 水杨酸分光光度法	GB/T 5750 GB/T 7479 GB/T 7481
15	总磷	钼酸铵分光光度法	GB/T 11893
16	动植物油	红外光度法	GB/T 16488
17	石油类	红外光度法	GB/T 16488
18	氰化物	异烟酸-吡唑啉酮比色法 吡啶-巴比妥酸比色法	GB/T 7487 GB/T 5750
19	硫化物	亚甲基蓝分光光度法 直接显色分光光度法	GB/T 16489 GB/T 17133
20	氟化物	氟试剂分光光度法 离子选择电极法	GB/T 7483 GB/T 7484
21	粪大肠菌群数	多管发酵法、滤膜法 多管发酵法、滤膜法	GB/T 5750 GB/T 8538

表 3(续)

序号	项　目	分 析 方 法	方法来源
22	总汞	冷原子吸收分光光度法 冷原子荧光法	GB/T 7468 生活饮用水有关质量标准[a]
23	烷基汞	气相色谱法	GB/T 14204
24	总镉	原子吸收分光光度法(螯合萃取法) 双硫腙分光光度法 双硫腙分光光度法	GB/T 7475 GB/T 7471 GB/T 5750
25	六价铬	二苯碳酰二肼分光光度法 二苯碳酰二肼分光光度法	GB/T 7467 GB/T 5750
26	总砷	二乙基二硫代氨基甲酸银分光光度法 二乙基二硫代氨基甲酸银分光光度法 冷原子荧光法	GB/T 7485 GB/T 5750 生活饮用水有关质量标准[a]
27	总铅	原子吸收分光光度法(螯合萃取法) 双硫腙分光光度法 双硫腙分光光度法	GB/T 7475 GB/T 7470 GB/T 5750
28	总镍	火焰原子吸收分光光度法	GB/T 11912
29	总铍	铬菁 R 分光光度法 石墨炉原子吸收分光光度法	HJ/T 58 HJ/T 59
30	总银	镉试剂 2B 分光光度法 原子吸收分光光度法(高温石墨炉)	GB/T 11908 GB/T 5750
31	总铜	原子吸收分光光度法 二乙基二硫代氨基甲酸钠分光光度法 2,9-二甲基-1,10-菲啰啉分光光度法 二乙基二硫代氨基甲酸钠分光光度法	GB/T 7475 GB/T 7474 GB/T 7473 GB/T 5750
32	总锌	原子吸收分光光度法 双硫腙分光光度法 双硫腙分光光度法	GB/T 7475 GB/T 7472 GB/T 5750
33	总锰	火焰原子吸收分光光度法 火焰原子吸收分光光度法 高碘酸钾分光光度法	GB/T 11911 GB/T 5750 GB/T 11906
34	总硒	2,3-二氨基萘荧光法 石墨炉原子吸收分光光度法 二氨基联苯胺比色法,荧光分光光度法	GB/T 11902 GB/T 15505 GB/T 5750
35	总铁	火焰原子吸收分光光度法 火焰原子吸收分光光度法	GB/T 11911 GB/T 5750
36	总钡	无火焰原子吸收分光光度法	生活饮用水有关质量标准[a]
37	苯并(a)芘	高效液相色谱法 乙酰化滤纸层析荧光分光光度法	GB/T 13198 GB/T 11895
38	甲醛	乙酰丙酮分光光度法	GB/T 13197

表 3(续)

序号	项目	分析方法	方法来源
39	苯胺	气相色谱法	生活饮用水有关质量标准[a]
40	硝基苯	气相色谱法	GB/T 13194
41	马拉硫磷	气相色谱法	GB/T 13192
42	乐果	气相色谱法	GB/T 13192
43	对硫磷	气相色谱法	GB/T 13192
44	甲基对硫磷	气相色谱法	GB/T 13192
45	五氯酚	气相色谱法 液相色谱法	GB/T 8972 CJ/T 146
46	三氯甲烷	顶空气相色谱法 吹扫捕集与色谱质谱联用法	GB/T 17130 CJ/T 145
47	四氯化碳	顶空气相色谱法 吹扫捕集与色谱质谱联用法	GB/T 17130 CJ/T 145
48	三氯乙烯	顶空气相色谱法 吹扫捕集与色谱质谱联用法	GB/T 17130 CJ/T 145
49	四氯乙烯	顶空气相色谱法 吹扫捕集与色谱质谱联用法	GB/T 17130 CJ/T 145
50	苯	气相色谱法 气相色谱法	GB/T 11890 GB/T 11937
51	甲苯	气相色谱法 吹扫捕集与色谱质谱联用法	GB/T 11890 CJ/T 145
52	二甲苯	气相色谱法 吹扫捕集与色谱质谱联用法	GB/T 11890 CJ/T 145
53	乙苯	气相色谱法 吹扫捕集与色谱质谱联用法	GB/T 11890 CJ/T 145
54	氯苯	气相色谱法 吹扫捕集与色谱质谱联用法	GB/T 11938 CJ/T 145
55	1,4-二氯苯	气相色谱法 气相色谱法	GB/T 17131 GB/T 11938
56	1,2-二氯苯	气相色谱法 气相色谱法	GB/T 17131 GB/T 11938
57	硝基氯苯	气相色谱法 气相色谱法	GB/T 13194 GB/T 11939
58	2,4-二硝基氯苯	气相色谱法 气相色谱法	GB/T 13194 GB/T 11939
59	2,4-二氯苯酚	高效液相色谱法 液相色谱法	水和废水监测分析方法[b] CJ/T 146
60	2,4,6-三氯苯酚	高效液相色谱法 液相色谱法	水和废水监测分析方法[b] CJ/T 146
61	邻苯二甲酸二丁酯	液相色谱法	HJ/T 72

表 3(续)

序号	项　目	分　析　方　法	方法来源
62	邻苯二甲酸二(2-乙基己基)酯	气相色谱法	生活饮用水有关质量标准[a]
63	丙烯腈	气相色谱法	HJ/T 73
64	滴滴涕	气相色谱法	GB/T 7492
65	六六六	气相色谱法	GB/T 7492
66	六氯苯	气相色谱法	GB/T 11938
67	七氯	液液萃取气相色谱法	生活饮用水有关质量标准[a]
68	林丹	气相色谱法	GB/T 7492
69	三氯乙醛	气相色谱法	生活饮用水有关质量标准[a]
70	丙烯醛	气相色谱法	GB/T 11934
71	硼	姜黄素分光光度法 甲亚胺-H 分光光度法	HJ/T 49 生活饮用水有关质量标准[a]
72	总 α 放射性	物理法 直接测量法	环境监测技术规范(放射部分)[c] GB/T 5750
73	总 β 放射性	物理法 薄样法	环境监测技术规范(放射部分)[c] GB/T 5750

a 暂采用生活饮用水有关质量标准规定的分析方法，也可参考相应国际标准分析方法。待国家方法标准发布后，执行国家标准。

b 暂采用《水和废水监测分析方法》，中国环境科学出版社。待国家方法标准发布后，执行国家标准。

c 暂采用《环境监测技术规范(放射部分)》，中国环境科学出版社。待国家方法标准发布后，执行国家标准。

附 录 A
（规范性附录）
本标准的规范性引用文件

GB/T 5750　生活饮用水标准检验方法
GB/T 6920　水质　pH 值的测定　玻璃电极法
GB/T 7467　水质　六价铬的测定　二苯碳酰二肼分光光度法
GB/T 7468　水质　总汞的测定　冷原子吸收分光光度法(GB/T 7468—1987,EQV ISO 5666/1～3:1983)
GB/T 7470　水质　铅的测定　双硫腙分光光度法
GB/T 7471　水质　镉的测定　双硫腙分光光度法
GB/T 7472　水质　锌的测定　双硫腙分光光度法
GB/T 7473　水质　铜的测定　2,9-二甲基-1,10-菲啰啉分光光度法
GB/T 7474　水质　铜的测定　二乙基二硫代氨基甲酸钠分光光度法
GB/T 7475　水质　铜、锌、铅、镉的测定　原子吸收分光光谱法(GB/T 7475—1987,NEQ ISO/DP 8288)
GB/T 7479　水质　铵的测定　纳氏试剂比色法
GB/T 7480　水质　硝酸盐氮的测定　酚二磺酸分光光度法
GB/T 7481　水质　铵的测定　水杨酸分光光度法(GB/T 7481—1987,EQV ISO 7150/1:1984)
GB/T 7483　水质　氟化物的测定　氟试剂分光光度法
GB/T 7484　水质　氟化物的测定　离子选择电极法
GB/T 7485　水质　总砷的测定　二乙基二硫代氨基甲酸银分光光度法(GB/T 7485—1987,NEQ ISO 6595:1982)
GB/T 7487　水质　氰化物的测定　第二部分　氰化物的测定(GB/T 7487—1987,EQV ISO 6703/1～2:1984)
GB/T 7488　水质　五日生化需氧量(BOD_5)的测定　稀释与接种法(GB/T 7488—1987,NEQ ISO 5815:1983)
GB/T 7490　水质　挥发酚的测定　蒸馏后 4-氨基安替比林分光光度法(GB/T 7490—1987,EQV ISO 6439:1984)
GB/T 7492　水质　六六六、滴滴涕的测定　气相色谱法
GB/T 7493　水质　亚硝酸盐氮的测定　分光光度法(GB/T 7493—1987,EQV ISO 6777:1984)
GB/T 7494　水质　阴离子表面活性剂的测定　亚甲蓝分光光度法(GB/T 7494—1987 NEQ ISO 7875/1:1984)
GB/T 8538　饮用天然矿泉水检验方法
GB/T 8972　水质　五氯酚的测定　气相色谱法
GB/T 11890　水质　苯系物的测定　气相色谱法
GB/T 11893　水质　总磷的测定　钼酸铵分光光度法
GB/T 11895　水质　苯并(a)芘的测定　乙酰化滤纸层析荧光分光光度法
GB/T 11896　水质　氯化物的测定　硝酸银滴定法
GB/T 11899　水质　硫酸盐的测定　重量法(GB/T 11899—1989,NEQ ISO 9280)
GB/T 11902　水质　硒的测定　2,3-二氨基萘荧光法
GB/T 11903　水质　色度的测定(GB/T 11903—1989,NEQ ISO 7887:1985)

GB/T 11906 水质 锰的测定 高碘酸钾分光光度法
GB/T 11908 水质 银的测定 镉试剂2B分光光度法
GB/T 11911 水质 铁、锰的测定 火焰原子吸收分光光度法
GB/T 11912 水质 镍的测定 火焰原子吸收分光光度法
GB/T 11914 水质 化学需氧量的测定 重铬酸盐法(GB/T 11914—1989,EQV ISO 6060:1989)
GB/T 11934 水源水中乙醛、丙烯醛卫生检验标准方法 气相色谱法
GB/T 11937 水源水中苯系物卫生检验标准方法 气相色谱法
GB/T 11938 水源水中氯苯系化合物卫生检验标准方法 气相色谱法
GB/T 11939 水源水中二硝基苯类和硝基氯苯类卫生检验标准方法 气相色谱法
GB/T 13192 水质 有机磷农药的测定 气相色谱法
GB/T 13194 水质 硝基苯、硝基甲苯、硝基氯苯、二硝基甲苯的测定 气相色谱法
GB/T 13196 水质 硫酸盐的测定 火焰原子吸收分光光度法
GB/T 13197 水质 甲醛的测定 乙酰丙酮分光光度法
GB/T 13198 水质 六种特定多环芳烃的测定 高效液相色谱法(GB/T 13198—1991,NEQ ISO/DIS 7981/2)
GB/T 13200 水质 浊度的测定 (GB/T 13200—1991,NEQ ISO 7027:1984)
GB/T 14204 水质 烷基汞的测定 气相色谱法
GB/T 15505 水质 硒的测定 石墨炉原子吸收分光光度法
GB/T 16488 水质 石油类和动植物油的测定 红外光度法
GB/T 16489 水质 硫化物的测定 亚甲基蓝分光光度法(GB/T 16489—1996,NEQ ISO 10530:1993)
GB/T 17130 水质 挥发性卤代烃的测定 顶空气相色谱法
GB/T 17131 水质 1,2-二氯苯、1,4-二氯苯、1,2,4-三氯苯的测定 气相色谱法
GB/T 17133 水质 硫化物的测定 直接显色分光光度法
HJ/T 49 水质 硼的测定 姜黄素分光光度法
HJ/T 58 水质 铍的测定 铬菁R分光光度法
HJ/T 59 水质 铍的测定 石墨炉原子吸收分光光度法
HJ/T 72 水质 邻苯二甲酸二甲(二丁、二辛)酯的测定 液相色谱法
HJ/T 73 水质 丙烯腈的测定 气相色谱法
HJ/T 84 水质 无机阴离子的测定 离子色谱法
CJ/T 145 城市供水 挥发性有机物的测定
CJ/T 146 城市供水 酚类化合物的测定 液相色谱法

ICS 27.180
F 19

中华人民共和国国家标准

GB/T 19773—2005

变压吸附提纯氢系统技术要求

Specification of hydrogen purification system on pressure swing adsorption

2005-05-25 发布　　　　2005-11-01 实施

中华人民共和国国家质量监督检验检疫总局
中国国家标准化管理委员会　发布

前 言

本标准附录 A、附录 B 为规范性附录。

本标准由全国能源基础与管理标准化技术委员会(SAC/TC 20)提出并归口。

本标准由中国标准化研究院、清华大学核能与新能源技术研究院、西南化工研究设计院、中国电子工程设计院负责起草。四川成都华西化工科技股份有限公司、上海亚联瑞兴气体技术有限公司、中船重工集团七一八研究所、天津大陆制氢设备有限公司参加起草。

本标准主要起草人:汤洪、毛宗强、贾铁鹰、陈霖新、袁柏燕、奚树人、孟培勤、侯士杰、郭建富、宋刚祥、吴素娟。

本标准为首次发布。

变压吸附提纯氢系统技术要求

1 范围

本标准规定了以各类含氢气体为原料,采用变压吸附法提纯氢气的制氢系统的术语和定义、分类与命名、技术要求、试验与检测、标志、包装。

本标准适用于工业用、商业用固定式、移动式变压吸附提纯氢系统。

2 规范性引用文件

下列文件中的条款通过本标准的引用而成为本标准的条款。凡是注日期的引用文件,其随后所有的修改单(不包括勘误的内容)或修订版均不适用于本标准,然而,鼓励根据本标准达成协议的各方研究是否可使用这些文件的最新版本。凡是不注日期的引用文件,其最新版本适用于本标准。

GB 150 钢制压力容器

GB/T 191 包装储运图示标志(eqv ISO 780)

GB/T 3634 工业氢

GB/T 4237 不锈钢热轧钢板

GB/T 4830 工业自动化仪表气源压力范围和质量

GB 4962 氢气使用安全技术规程

GB 5099 钢质无缝气瓶(neq ISO 4705)

GB/T 5831 气体中微量氧的测定 比色法

GB/T 5832.1 气体湿度的测定 第1部分:电解法

GB/T 5832.2 气体中微量水分的测定 露点法

GB/T 6285 气体中微量氧的测定 电化学法

GB/T 6286 分子筛堆积密度测定方法

GB 6654 压力容器用钢板

GB/T 7445 纯氢、高纯氢和超纯氢

GB/T 8163 输送流体用无缝钢管(neq ISO 559)

GB/T 8175 设备及管道保温设计导则

GB/T 8984.1 气体中一氧化碳、二氧化碳和碳氢化合物的测定 第1部分:气体中一氧化碳、二氧化碳和甲烷的测定 气相色谱法

GB/T 8984.2 气体中一氧化碳、二氧化碳和碳氢化合物的测定 第2部分:气体中一氧化碳、二氧化碳和碳氢化合物总含量的测定 气相色谱法

GB/T 10505.2 3A分子筛磨耗率测定方法

GB/T 10505.4 3A分子筛包装品含水量测定方法

GB/T 12241 安全阀 一般要求(eqv ISO 4162)

GB 12337 钢制球形储罐

GB/T 13306 标牌

GB 13347 石油气体管道阻火器阻火性能和试验方法

GB/T 13384 机电产品包装通用技术条件

GB/T 13550 5A分子筛及其试验方法

GB/T 14975 结构用不锈钢无缝钢管

GB 50057 建筑物防雷设计规范

GB 50058　爆炸和火灾危险环境电力装置设计规范

GB 50177　氢气站设计规范

GB 50235　工业金属管道施工及验收规范

GB 50236　现场设备、工业管道焊接工程施工及验收规范

GB 50275　压缩机、风机、泵安装工程施工与验收规范

GB 50316　工业金属管道设计规范

JB 2536　压力容器油漆、包装、运输

SH 3036　气体浓度探测器

SH 3501　石油化工有毒可燃介质管道施工与验收规范

《气瓶安全监察规程》

《压力容器安全技术监察规程》

3　术语和定义

下列术语和定义适用于本标准。

3.1

变压吸附法　pressure swing adsorption (PSA) method

利用固体吸附剂对不同气体的吸附选择性以及气体在吸附剂上的吸附量随其压力变化而变化的特性，在一定的压力下吸附，然后通过降低被吸附气体分压使被吸附气体解吸的气体分离方法。

3.2

变压吸附提纯氢系统　hydrogen purification system by PSA

采用变压吸附法，从含氢气体中提纯氢气的制氢系统。

3.3

阻火器　fire arrester

阻火器的作用是防止外部火焰窜入存有易燃易爆气体的设备、管道内或阻止火焰在设备、管道间蔓延。阻火器是应用火焰通过热导体的狭小孔隙时，由于热量损失而熄灭的原理设计、制造。

3.4

氢回收率　hydrogen recover rate

指利用变压吸附法提纯生产氢气时，产品氢气中纯氢的体积(标准状态)与原料气体中所含氢气的体积(标准状态)之比。

3.5

固定式的变压吸附提纯氢系统　stationary hydrogen purification system by PSA

指所有设备、管道全部固定在设备基础、管道支架上的变压吸附提纯氢系统。

3.6

移动式变压吸附提纯氢系统　mobile hydrogen purification system by PSA

指各类设备、管道全部固定在一个或多个可移动或搬运的底座上的变压吸附提纯氢系统。此类设备可以在厂房内或厂房外安装使用，若室外安装使用时应设防日晒、雨淋的防护设施。

4　分类与命名

4.1　分类

变压吸附提纯氢系统产品，按氢气产品纯度分为普通型、纯气型。

普通型变压吸附提纯氢系统：产品氢气纯度≥99.5%

纯气型变压吸附提纯氢系统：产品氢气纯度≥99.99%

对于纯气型变压吸附提纯氢系统制取的纯氢，其杂质含量，如 O_2 或 CH_4、CO、CO_2、H_2O 和 Ar、N_2 等允许浓度可根据用户要求商定。

4.2 产品命名

变压吸附提纯氢系统的产品命名应由大写的汉语拼音字母和阿拉伯数字组成。

BYX Q □ □ ×××/××型

- ××——设计压力(MPa)
- ×××——标准状况的氢气产量(m^3/h)
- □——各厂家自定的代号
- □——气体纯度,普通型可省略
- Q——氢气的汉语拼音第1个字符
- BYX——为"变压吸附提纯"的代号,取变、压、吸的汉语拼音第1个字符

注:本标准中的体积为标准状况下的体积。

5 技术要求

5.1 通用要求

5.1.1 一般要求

5.1.1.1 变压吸附提纯氢系统包括下列单体设备或装置:原料气预处理设备、吸附器组、真空泵组、氢气纯化器、氢气储罐、氢气压缩机、程序控制阀、自动控制系统及相应软件。

5.1.1.2 变压吸附提纯氢系统,根据氢气用户的使用特点、氢气产量等具体情况,可采用固定式或移动式。

5.1.1.3 变压吸附提纯氢系统的解吸气,可根据需要回收利用或直接排入大气。当回收利用时,应根据用户要求分别设置解吸气储罐和压缩机等。当排入大气时,应符合国家及地方对环境保护、工业卫生制定的有关排放标准。

5.1.2 工作条件

5.1.2.1 变压吸附提纯氢系统的工作压力范围为:0.3 MPa~6.0 MPa。

5.1.2.2 环境温度 根据建设地址的气象条件和具体情况确定变压吸附提纯氢系统的工作环境温度。在没有确定的数据时,工作环境温度宜按40℃考虑。

5.1.2.3 变压吸附提纯氢系统所处场所各部分的有爆炸危险区域的范围及等级的划分,应符合GB 50177和GB 50058的规定。

5.1.2.4 变压吸附提纯氢系统的原料气种类有天然气转化气、甲醇转化气、氨裂解气、水煤气或半水煤气、焦炉煤气、炼厂气、合成氨或合成甲醇的施放气等。原料气中的氢气体积含量宜大于25%。

5.1.2.5 变压吸附提纯氢系统应设置吹扫置换接口。采用的置换气氧体积含量应小于0.5%,且不含其他可燃或氧化性气体。

5.1.2.6 冷却水压宜为0.15 MPa~0.35 MPa。水质应符合表1的要求。

表1 冷却水的水质要求

名 称	单 位	指 标
pH值		6.5~8.0
氯离子含量	mg/L	<200
硫酸根含量	mg/L	<200
钙离子含量	mg/L	<200
铁离子含量	mg/L	<1.0
铵离子含量	mg/L	<1.0
溶解硅酸含量	mg/L	<50

5.1.2.7 按要求确定仪表和气动程序控制阀用气体的气源压力，其质量应符合 GB/T 4830 的规定或相关产品的要求。

5.2 单体设备

5.2.1 通用要求

5.2.1.1 单体设备应根据变压吸附提纯氢系统的规模、用氢特性、原料气规格、氢气质量要求，合理配置不同的单体设备。

5.2.1.2 单体设备的技术性能、工作参数应满足变压吸附提纯氢系统的总体要求，单体设备的性能参数、技术要求应严于系统的要求。

5.2.1.3 单体设备的材质

单体设备内、连接部位、气体接触的内表面、密封件所选用的材料应具有下列特性。

5.2.1.3.1 在所有的工作条件下，具有必要的化学稳定性。

5.2.1.3.2 在运行中不会发生各种形式的化学反应，以避免反应生成物对氢气的污染。

5.2.1.3.3 应适应变压吸附过程压力的变化、能承受交变应力的状况，并在工作条件下保持机械性能的稳定性。

5.2.1.3.4 所选用材料在工作条件下应不发生或避免发生氢脆、氢腐蚀、应力腐蚀和其他形式的腐蚀。

5.2.1.4 对移动式变压吸附提纯氢系统的防护罩或外壳，防护罩内外或外壳内外的单体设备或零部件，应符合下列规定。

5.2.1.4.1 若单体设备或零部件若直接接触或间接接触潮湿气体，将影响技术性能或使用功能，则应采取防护措施或选用防潮材质。

5.2.1.4.2 防护罩或外壳应采用不燃材料；最小厚度宜为 0.6 mm，一般可采用镀锌钢板等。对面积较大的防护罩，按强度和刚性要求，采取加强措施或双层结构。

5.2.1.4.3 防护罩或外壳需设保温层时，宜按 GB/T 8175 设计，其保温材料，应采用不燃材料，且应有避免材料飞扬、散落的措施。

5.2.1.4.4 防护罩或外壳的内表面必须平整、无氢气积聚空间，并在顶部最高处设排气口。若顶部有二处或二处以上的最高处时，则应在每个最高处设排气口。

5.2.1.4.5 防护罩或外壳内应设有氢气浓度报警装置，并与排风机或吹扫置换气体切断阀连锁。

5.2.1.4.6 防护罩或外壳内应在便于检查、维修的位置设检查口、维修口，其数量和尺寸应根据检查、维修对象或功能确定。

检查口、维修口应设有视窗或盖板。

5.2.2 吸附器组

5.2.2.1 吸附器组是变压吸附提纯氢系统的主体设备，它的性能参数将决定变压吸附提纯氢系统的技术性能。

吸附器组的规格尺寸、内部构件应以提高氢回收率、减少制造成本为基本要求。

5.2.2.2 吸附器组的吸附器数量，应根据变压吸附提纯氢系统的原料气组成、吸附压力、吸附剂的动态吸附容量、氢气产量、氢气纯度及氢气回收率等因素确定。

5.2.2.3 吸附器的设计、制造、检验和验收应严格遵守《压力容器安全技术监察规程》和参照 GB 150 的规定，且必须考虑交变应力的影响。吸附器上的支承垫板（支承管道、爬梯、平台用）的焊接、检验应在吸附器消除应力整体热处理前完成。

5.2.2.4 变压吸附提纯氢用吸附剂主要有：活性炭、分子筛、活性氧化铝和硅胶。吸附剂的性能参数应满足提纯氢气的要求。分子筛的性能测定按照 GB/T 13550、GB/T 6286、GB/T 10505.2、GB/T 10505.4的方法进行。

5.2.2.5 密封垫片的选择应确保吸附器组在工作状态不渗漏，并能承受开、停车时的工作状态变化。

5.2.3 真空泵机组

5.2.3.1 变压吸附提纯氢气系统的真空泵机组用于解吸时吸附塔抽真空,降低系统压力,使吸附剂得到更充分的解吸再生。设置真空泵机组可提高氢回收率。

5.2.3.2 真空泵机组可选用液环式和活塞式类型的真空泵。

5.2.3.3 真空泵机组的性能、结构和材质均应满足解吸气特性的要求,并应设置密封、防爆措施。

5.2.3.4 真空泵应配置防爆型电动机,电力装置设计应符合 GB 50058 的规定。当真空泵机组布置在厂房内时,防爆等级不低于 GB 50058 规定的 dIICT1。

5.2.3.5 当回收利用真空泵机组排出的解吸气时,应设置氧分析仪,以检测解吸气中的氧含量是否超过安全允许的浓度。

5.2.3.6 真空泵入口切断阀后应设置与大气相通的阀门;真空泵排气切断阀前应设置与大气相连接的排气阀。

5.2.3.7 采用液环式真空泵时,真空机组宜设置与其泵前程序控制阀的停机连锁措施,以确保真空泵故障停车时,程序控制阀同时关闭。

5.2.4 压力容器

5.2.4.1 变压吸附提纯氢系统的压力容器主要用于原料气、产品氢气、解吸气的分离、缓冲与储存。压力容器的设计、制造、检验和验收应严格遵守《压力容器安全技术监察规程》和 GB 150 的规定。

5.2.4.2 压力容器的工作压力是指在变压吸附提纯氢系统正常工作状态下,容器顶部可能达到的最高压力。

5.2.4.3 压力容器的材质应满足氢气在系统工作状态的要求。当采用不锈钢板时应符合 GB/T 4237 的规定,采用碳素钢板时应符合 GB 6654 的规定。

5.2.4.4 压力容器的规格、尺寸、壁厚应按计算确定。

5.2.4.5 压力容器的布置应根据变压吸附提纯氢系统的总体设计,并做到顺流程、连接管路短、美观大方、方便操作和维修。

5.2.5 氢气储罐

5.2.5.1 根据氢气使用特点或用户要求,变压吸附提纯氢系统设有相应的氢气储罐。

5.2.5.2 氢气储罐的储存量应按氢气使用特点、氢气生产能力确定。压力型氢气罐的氢气有效储存能力是根据最大进气压力和最低输出气压力之差以及储罐容积确定。

压力型氢气罐有筒形或球形的金属罐,也可用氢气钢瓶组或长管氢气钢瓶。工作压力根据变压吸附提纯氢系统工艺流程、氢气使用特点确定。氢气储罐的设计、制造检验和验收均应符合《压力容器安全技术监察规程》和 GB 150 的规定。球形罐的制造、检验应符合 GB 12337 的规定;氢气钢瓶应符合 GB 5099 和《气瓶安全监察规程》的规定。

5.2.5.3 氢气储罐上或在氢气储罐进气/切断阀后、出气管切断阀前的管道上必须设安全阀,安全阀应符合 GB/T 12241 的规定。

5.2.5.4 移动式变压吸附提纯氢系统的氢气储罐,若设置在防护罩或外壳内,其氢气体积不得超过 20 m^3。

5.2.6 氢气压缩机

5.2.6.1 氢气压缩机,应根据变压吸附提纯氢系统流程和用户要求设置,其形式有从低压增压至中压或高压、从中压增压至高压甚至超高压等多种型式。

5.2.6.2 根据氢气压缩机进气/排气压力、氢气纯度的要求,选用活塞式、隔膜式或离心式等类型压缩机。

5.2.6.3 氢气压缩机的性能、结构和材质均应满足氢气特性的要求,并应设置防爆、防渗漏措施。

氢气压缩机应配置防爆型电动机,电力装置设计应符合 GB 50058 的规定。当氢气压缩机布置在氢气站厂房内时,防爆等级不低于 GB 50058 规定的 dIICT1;当氢气压缩机布置在室外或敞开式、半敞开式厂房时，防爆等级不低于 GB 50058 规定的 eIICT1。

5.2.6.4 氢气压缩机应分级设置安全泄压装置——安全阀。安全阀应装防护罩，排出的氢气应接至室外。氢气压缩机的进气管应设有低压超限报警装置、低压超限停机连锁。

5.2.6.5 氢气压缩机前应设置氢气缓冲罐。对于氢气输送用氢气压缩机，在进气管与排气管之间设置旁通循环管，循环管上设有可调流量的阀门。

5.2.6.6 移动式变压吸附提纯氢系统中氢气压缩机的电气柜/控制柜，应邻近布置，此类电气柜/控制柜应采用柜内填充带压空气或氮气或按 GB 50058 规定采用防爆等级不低于 dIICT1 等级的防爆电器。

移动式变压吸附提纯氢系统中的氢气压缩机，应固定在底座上，并应设置隔振措施。

5.2.7 氢气纯化器

5.2.7.1 氢气纯化器用于去除氢气中的氧杂质、水分。采用催化法脱除氧杂质，吸附法脱除氢气中的水分。

5.2.7.2 氢气纯化器中的各类容器的设计、制造均应符合《压力容器安全技术监察规程》和 GB 150 的规定。

5.2.7.3 氢气纯化过程的温度控制和阀门转换应采用自动控制装置控制。

5.2.7.4 氢气纯化后的氧、水分和碳氢化物等痕量杂质浓度的检测应按 GB/T 5831、GB/T 5832.1、GB/T 5832.2、GB/T 6285、GB/T 8984.1 和 GB/T 8984.2 的方法进行。根据用户要求，宜设置连续检测仪器。

5.2.8 程序控制阀

5.2.8.1 程序控制阀，用于变压吸附提纯氢系统的吸附器组制氢过程气流倒换、切断。

5.2.8.2 程序控制阀的设计和选择应充分考虑其动作频繁和受高速气流冲刷的特性，应具备长时间频繁开启、关闭动作不出现泄漏的性能。

吸附器组的进气阀、逆放阀的内腔材料应根据原料气组成选择材质。

当氢气系统的阀门采用电动阀时，其防爆等级不应低于 GB 50058 的规定 dIICT1。

5.2.8.3 变压吸附提纯氢系统的程序控制阀，在安装前应逐个进行气密性试验，并应符合 GB 50235 的规定。

5.2.9 阻火器

5.2.9.1 变压吸附提纯氢系统的氢气排空口前、解吸气做燃料气时在接入燃烧器前的管道上应装设阻火器。当解吸气管道设有安全水封时，可不设阻火器。

5.2.9.2 阻火器的阻火层结构有砾石型、金属丝网型或波纹型。氢气阻火器满足 GB 13347 的要求。

5.2.9.3 氢气排空管上的阻火器宜安装在靠近排空口处。阻火器后的氢气管道应采用不锈钢管材。

5.3 管路及附件

5.3.1 材质选择

变压吸附提纯氢系统的管路、附件的材质选择，应符合 GB 50177、GB 50316 和 GB 50235 的规定。

5.3.2 管道连接

直接与吸附器连接的管道，如吸附器与程序控制阀之间的管道，设计时应考虑频繁压力变化引起的交变应力对管道强度的影响。

5.3.3 管路附件的布置

管路附件的布置一般应满足下列要求。

5.3.3.1 符合变压吸附提纯氢系统的工艺管道及仪表的要求。

5.3.3.2 方便运行操作、安装和维修。

5.3.3.3 对于有热胀冷缩的管段，布置时应结合柔性计算和热补偿要求，妥善安排。

5.3.3.4 管道及附件的布置应整齐有序，减少不必要的交叉，适当注意美观。吸附器组的阀门、管道应对称或同形布置。

5.3.4 氢气流速和管径

氢气管道内氢气流速和管径的选择可按照 GB 50177 的要求，并应综合考虑其对投资和能耗的影响。

5.3.5 管道支架

管道支架的设置、计算，应符合 GB 50316 的规定。支架应尽量避免焊接在单体设备上。

5.3.6 冷却水管路

冷却水管路应根据其环境温度确定是否采取保温措施。当需要进行保温时，其保温材料应为不燃材料。

对不得中断冷却水供应的冷却水管路，应设有断水保护装置，并设置报警设施。

5.4 电气设备及配线

5.4.1 氢气生产环境电气设施的设防

氢气生产环境电气设施的设防按 GB 50177 的规定，应为 1 区或 2 区。在有爆炸危险环境中的电气设备及其配线应按 GB 50058 的规定进行选用、配置。

5.4.2 移动式变压吸附提纯氢系统

移动式变压吸附提纯氢系统的电气设施，应符合下列规定。

5.4.2.1 移动式变压吸附提纯氢系统，设置在防护罩内的制氢装置的区域，其爆炸危险等级按 GB 50177的规定应为 1 区，相关的电气设备及配线应按 GB 50058 的规定进行配置。

5.4.2.2 防护罩的强制通风机及其电动机均应为防爆型，并符合 GB 50058 的规定。

5.4.2.3 防护罩内应设有氢气浓度超限报警装置。当氢气浓度超过 0.5%时，应启动强制通风机排气；当氢气浓度超过 1.0%时，应停产检查。

5.4.3 电气接地

变压吸附提纯氢系统的电气接地，应符合下列要求。

5.4.3.1 所有金属外壳、金属管道、金属底座或框架均应接地。接地应符合 GB 50057 和 GB 50177 的规定。

5.4.3.2 氢气设备和管道的法兰、阀门连接处需装静电连接线时，宜采用金属(铜质)连接线跨接。

5.5 自动控制和监测

5.5.1 通用要求

变压吸附提纯氢系统的自动控制系统是确保氢气生产过程顺利进行、生产安全的技术措施。自控系统的软件必须满足工艺要求，宜设置自适应优化操作系统以保证较高的氢气回收率和氢气产品质量，设置故障诊断和程序切换系统以确保不间断输出氢气。自动控制系统应能承受可能事故的发生，当故障发生时，能及时报警、停车，并进行妥善处理。

5.5.2 自控及监测装置

自控及监测装置，应符合下列要求。

5.5.2.1 压力传感器

在吸附器组进出口、氢气压缩机进出口、氢气储罐和仪表空气总管处设置压力传感器。

5.5.2.2 温度传感器

在吸附器和氢气压缩机的冷却水出口设置温度传感器。

5.5.2.3 阀门位置传感器

对各种程序控制阀和调节阀的阀位应设置阀门位置传感器。

5.5.2.4 气体浓度检测探测器

5.5.2.4.1 移动式变压吸附提纯氢系统防护罩内，应设置氢气浓度检测用探测器。

5.5.2.4.2 变压吸附提纯氢系统出口应设置连续检测氢气纯度的分析仪器，并带有报警装置。

5.5.2.4.3 氢浓度探测、报警装置，应符合 SH 3036 的要求。

5.5.2.4.4 气体浓度检测分析仪的最小刻度值应小于0.01%。

5.5.3 自动停车

5.5.3.1 当变压吸附提纯氢系统的监测装置报警后，应及时分析，并对系统进行必要调整，使系统恢复正常工作状态。若报警后，经调整，仍不能纠正，并恢复正常工作时，则应按程序要求停车。

5.5.3.2 为确保系统的正常运行，当出现下列情况之一时，应自动停车检查。

5.5.3.2.1 原料气的压力、组分不符合要求；

5.5.3.2.2 程序控制阀出现动作故障或严重漏气且无法隔离；

5.5.3.2.3 系统严重泄漏；

5.5.3.2.4 监测的空气中氢浓度超过1.0%；

5.5.3.2.5 氢气压缩机进气侧的氢气压力低于允许值；

5.5.3.2.6 电力供应故障；

5.5.3.2.7 氢气压缩机冷却水压力不足或中断。

5.6 安装、组装

5.6.1 通用要求

5.6.1.1 变压吸附提纯氢系统的安装、组装应按设计文件的要求进行。

5.6.1.2 变压吸附提纯氢系统的安装应符合 GB 50235、GB 50236、GB 50275、SH 3501 和 GB 50177 的要求。

5.6.2 吸附器组的安装

5.6.2.1 吸附器组的安装方式有：整体安装和分散安装。

5.6.2.1.1 小型变压吸附提纯氢装置的吸附器组可采用整体安装方式，应在制造工厂进行组装后，运至使用现场整体安装。根据吸附器组的尺寸和重量制定吊装、就位方案，在进行充分准备后就位安装。

5.6.2.1.2 大中型变压吸附提纯氢系统，宜采用分散式安装，将吸附器、程控阀运至使用现场，在现场按设计文件要求进行组装。

5.6.2.1.3 移动式变压吸附提纯氢系统，宜在制造厂进行组装，在用户现场仅需按制造厂图纸和说明书进行就位和各类管线的连接。

5.6.2.1.4 吸附剂的填装，在吸附器就位、管道安装完成，并进行系统试验合格后，在制造厂或技术提供单位的技术人员指导下进行。

5.6.2.2 安装后的检查

5.6.2.2.1 整体安装的吸附器组，安装后进行各种相关尺寸、连接管线准确性的检查。

5.6.2.2.2 分散安装的吸附器组，组装完成后，首先进行各种相关尺寸、连接管线的准确性的检查，然后按设计文件要求进行试验验收。

5.6.3 氢气压缩机和真空泵机组的安装

5.6.3.1 氢气压缩机和真空泵机组安装前应检查制造厂提供的出厂合格证，熟悉技术说明书和相关图纸资料。

5.6.3.2 氢气压缩机和真空泵机组的安装和验收应符合 GB 50275 的规定，并按压缩机、真空泵机组的有关标准和制造厂的技术说明书中的要求进行。

5.6.3.3 氢气压缩机和真空泵机组在接入变压吸附提纯氢系统试运行前，应进行下列工作。

5.6.3.3.1 检查电气接线和接地的准确性与可靠性；

5.6.3.3.2 进行单机空负荷试车，并检查各类零部件的运转、活动情况和各部分气密性；

5.6.3.3.3 以含氧量小于0.5%的氮气进行吹扫置换。

5.6.4 氢气储罐的安装

5.6.4.1 氢气储罐安装前，应按《压力容器安全技术监察规程》和设计图纸要求，核对、检查出厂合格证、压力容器检验文件和各种技术资料的完整性。

5.6.4.2 根据氢气储罐的规格尺寸、重量和现场情况，制定安装就位方案和相关安全措施。按设计图纸、技术说明文件进行罐内外和各相关尺寸检查。在认真进行各项准备工作后，方可进行安装就位。

5.6.4.3 安装就位后，按设计图纸和技术说明文件核对安装位置和各相关尺寸，合格后进行各种管线、附件的安装。

5.6.4.4 各种管线、附件安装完成后，应进行各种相关尺寸、连接管线连接准确性和接地电阻的检查。

5.6.5 氢气管道、阀门及附件的安装

5.6.5.1 氢气管道、阀门附件的安装应符合 GB 50316、GB 50235 和 GB 50236 的要求。

5.6.5.2 氢气管道的管材、阀门附件应符合 GB/T 8163 和 GB/T 14975 的规定，GB/T 8163 和 GB/T 14975 无规定的管材、阀门附件应符合阀门、附件制造厂家企业标准的规定。

5.6.5.3 各类阀门应有可靠的支承，确保阀门的正确动作，并不得引起管路的振动或影响单体设备连接处的强度。

5.6.5.4 氢气管道安装后，应进行强度试验、气密性试验和泄漏性试验，符合 GB 50177 和 GB 50235 的规定。

6 试验与检测

6.1 试验

6.1.1 试验前的准备

6.1.1.1 试验前应检查所有制造厂提供的各种合格证、技术文件，包括全部试验记录和证书、图纸资料、吸附器和氢气储罐等压力容器的检验证书，这些文件资料齐全，并逐一进行核对无误后，才能进行试验。

6.1.1.2 外观检查在整套变压吸附提纯氢系统组装完成后进行，主要是检查外观和各种相关尺寸，检查各类液体、气体管路和电气线路的连接的准确性。

6.1.2 试验方法

6.1.2.1 强度试验，对变压吸附提纯氢系统，应按系统工作压力的 1.15 倍的气压进行试验。试验时，以无油干燥压缩空气或氮气进行试验，试验开始并逐步升高压力，达到试验压力后，至少保持 10 min，若不发生泄漏、变形或其他物理损坏为合格。当设计压力大于 0.6 MPa 时，应得到业主、设计单位的认可，并应采取相应的安全措施。

6.1.2.2 气密性试验，变压吸附提纯氢系统在进行强度试验合格后，以洁净空气或氮气进行气密性试验。气密性试验压力为设计压力，试验开始后逐渐升压，达到规定压力后，至少保持 30 min，检查所有连接处，包括焊缝、法兰和垫片，以无漏气为合格。

6.1.2.3 真空度试验，真空系统(包括设备在内)在强度试验合格后，应进行 24 h 的真空度试验，增压率不应大于 2.5%。

6.1.2.4 泄漏量试验，变压吸附提纯氢系统在气密性试验合格后，为进一步确认系统的密封性，以洁净空气或氮气进行泄漏量试验。试验压力为系统工作压力；试验时间为 24 h。泄漏量试验过程应记录系统内气体的温度、压力。以平均每小时泄漏率不超过 0.5%/h 为合格。平均每小时泄漏率 A 按下式计算：

$$A=\frac{100}{t}\left(1-\frac{p_2 T_1}{p_1 T_2}\right) \quad \cdots\cdots(1)$$

式中：

A——平均每小时泄漏率，用(%/h)表示；

t——试验时间，单位为小时(h)；

p_1, p_2——试验开始、结束时的绝对压力，单位为兆帕(MPa)；

T_1,T_2——试验开始、结束时的气体绝对温度,单位为开尔文(K)。

6.1.2.5 氢气压缩机、泵类等运动类设备,应按相关的标准进行负荷试车。

6.1.2.6 外壳通风试验

6.1.2.6.1 移动式变压吸附提纯氢系统防护罩的通风量测试,在开启排气通风机后应检查确定每小时的换气次数,并由防护罩内的氢气浓度报警器测定外壳内各部分的通风状况。

6.1.2.6.2 当变压吸附提纯氢系统的电气柜未采用防爆型电器、配线时,应对电气柜外壳进行压力试验,应在1.0 kPa气压下进行检查,不泄漏为合格。

6.2 检测

6.2.1 检测前的准备

6.2.1.1 对变压吸附提纯氢系统进行吹扫置换,吹除置换后系统内氮气中含氧量小于0.5%,且无其他氧化性介质。

6.2.1.2 整套系统的原料气、冷却水、电源和自控系统等均应符合设计要求,达到开车所应具备的条件。

6.2.1.3 检测现场的生产环境符合设计要求,各种生产辅助系统均应达到开车所应具备的条件。

6.2.1.4 开车后,逐渐增加负荷,产品氢气纯度、工作压力、工作温度、氢气产量均已达到设计工况,并稳定运行后,开始进行检测、记录。

6.2.1.5 性能参数检测的内容有:产品氢气产量、氢气规格(纯度、杂质含量、压力、温度)、原料气耗量、解吸气流量及其组成。进行上述检测的同时,应认真测试并记录系统工作压力、工作温度和环境温度。

6.2.2 性能参数检测

6.2.2.1 气体流量的检测

6.2.2.1.1 变压吸附提纯氢系统的氢气产量检测方法有气体流量计法和容积法。

6.2.2.1.2 检测用气体流量计,应由计量部门标定,并在有效认证期内使用。

6.2.2.1.3 容积法检测气体流量法,见附录A。

6.2.2.2 氢气纯度的检测

6.2.2.2.1 普通氢气纯度和氢中杂质含量采用连续分析仪器检测,见附录B。纯氢中杂质含量应符合GB/T 3634、GB/T 7445的规定。检测应按GB/T 5831、GB/T 5832.1、GB/T 5832.2、GB/T 6285、GB/T 8984.1和GB/T 8984.2进行。

6.2.2.2.2 普通氢气的纯度检测的取样点,应在变压吸附提纯氢系统中吸附器组之后和氢气储罐之前。

6.2.2.2.3 纯氢气的杂质含量的检测取样点,由用户与制造厂协商确定。

6.2.2.3 原料气和解吸气的检测

6.2.2.3.1 原料气和解吸气的气体流量采用气体流量计测量。检测用气体流量计,应由计量部门标定,并在有效认证期内使用。

6.2.2.3.2 原料气和解吸气组分的检测,一般采用气相色谱法。

6.2.3 检测要求

6.2.3.1 在用户现场进行检测的项目、检测要求和合格指标应明确规定,并作为设备验收的依据。

6.2.3.2 制造厂家应向设备用户提供下列检测记录、资料和报告。

6.2.3.2.1 所订购设备在制造工厂的检测试验资料或报告。

6.2.3.2.2 订货合同规定的所有的检测项目的检测记录、资料和报告。

6.2.3.3 检测用仪器、仪表和所有相关材料,均应符合有关标准或合同的规定。检测用仪器和仪表均应在有效认证期内使用。

7 标志

7.1 通用要求

7.1.1 变压吸附提纯氢系统及其单体设备的标志制作、安装位置，应符合 GB/T 13306 的规定。

7.1.2 标志的内容应简洁、明确，显示主要性能参数、指标和要求。标志应固定在易于观察的明显位置。

7.1.3 移动式变压吸附提纯氢系统应设标志牌，变压吸附提纯氢系统的单体设备应有制造厂家铭牌。

7.2 标志牌的内容

移动式变压吸附提纯氢系统标志牌应包括下列内容。

7.2.1 制造厂家名称和地址。

7.2.2 产品型号和商标。

7.2.3 制造日期和编号。

7.2.4 主要技术参数：

a) 氢气产量(m^3/h 或 kg/h)；

b) 氢气纯度(%)或杂质含量(10^{-6})；

c) 氢气压力(MPa)；

d) 原料气名称；

e) 工作环境温度(℃)；

f) 工作场所，室内或室外；

g) 易燃易爆警示或要求；

h) 设备外形尺寸和重量(kg)。

以上各项内容，若需要取消应经供需双方协商确定。

7.2.5 压力容器标志牌应遵照《压力容器安全技术监察规程》的要求进行。

7.3 包装箱图示

包装箱储运图示标志应符合 GB/T 191 的规定。

8 产品随机文件

8.1 搬运、吊装要求

制造厂家应提供变压吸附提纯氢系统各类单体设备、组件的安全搬运、吊装说明；必要时以图示说明吊装、搬运方法。

8.2 系统、设备图纸

8.2.1 制造厂家应提供变压吸附提纯氢系统在安装、运行维护中所需的各种系统流程、设备构造和电气自控等图纸。

8.2.2 提供的图纸应包括下列内容。

8.2.2.1 工艺流程图，列出控制点和管径。

8.2.2.2 各类电气原理图和变压吸附提纯氢系统或组件的电气接线图和布线图。

8.2.2.3 单体设备总图。单体设备总图应有接管、接线标注。

8.2.2.4 组件内设备及管线图。

8.2.2.5 需土建施工的基础条件图。

8.3 使用手册

8.3.1 制造厂家应提供启动、停机程序的技术要求或实施步骤说明书。

8.3.2 安全使用须知的提示，一般应包括下列内容。

8.3.2.1 氢气生产的环境有关防爆、防泄漏和安全运行的提示。

8.3.2.2 氢气排入不通风或通风不良的房间内，形成富氢环境的危害的提示。

8.3.3 当变压吸附提纯氢系统设有远距离监控系统时，制造厂家应提供相关的程序说明，并详细说明计算机的操作运行要求。

8.4 安装维护手册

8.4.1 制造厂家应提供安装、维护的要求和指导原则。包括变压吸附提纯氢系统的现场布置和设计必须遵循 GB 50177 的规定，氢气的使用必须遵循 GB 4962 的规定。

8.4.2 安装维护手册主要应包括下列内容。

8.4.2.1 安装要求提示，包括设备基础、设备就位、电气接线、自控仪表和控制阀的安装要求。

8.4.2.2 对有爆炸危险的氢气生产场所，提出安装防爆电器及其配线的要求，并提出氢气生产的运行维护要求，包括通风、易燃材料和明火管制的要求。

8.4.2.3 提供吸附剂等的出厂合格证书，推荐使用年限。

8.4.2.4 说明各种需定期更换或清洗的零部件，并提出更换、清洗的要求。

9 包装

9.1 变压吸附提纯氢系统的包装

变压吸附提纯氢系统的包装应符合 GB/T 13384 的规定。并按装箱单的编号、项目名称和件数进行装箱。

9.2 压力容器的包装和运输

压力容器的包装和运输应符合 JB 2536 的规定。

9.3 充氮保护

纯氢型设备产品出厂时，宜进行充氮保护，氮气纯度≥99.9%，充氮压力≥0.2 MPa。此类设备的开口处应进行封堵。

附 录 A
（规范性附录）
容积法测试氢气产量

A.1 容积法测试系统流程如图 A.1 所示。

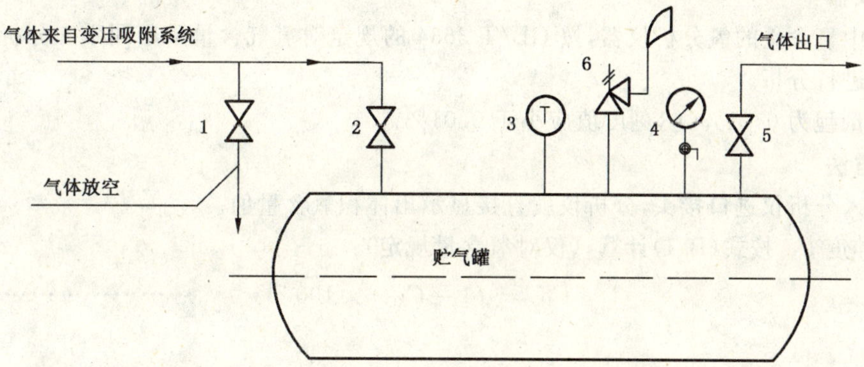

1——阀-1；
2——阀-2；
3——温度计；
4——压力表；
5——阀-3；
6——安全阀。

图 A.1 容积法测试系统示意图

A.2 测试方法

A.2.1 测试前应对贮气罐的结构容积进行核算。

A.2.2 开阀-1，关闭阀-2、阀-3，准确记录贮气罐内气体的起始压力和温度。

A.2.3 开阀-2，关闭阀-1、阀-3，记录起始时间。

A.2.4 经一定时间充灌气体后，关闭阀-2，开阀-1，记录终止时间、贮气罐内压力和温度。

A.2.5 气体产量按式(A.1)计算。

$$Q=\frac{T_0V}{tp_0}\left(\frac{p_2}{T_2}-\frac{p_1}{T_1}\right) \qquad \text{(A.1)}$$

式中：

Q——标准状况下气体产量，单位为立方米每小时(m^3/h)；
p_0——标准状况下气体压力(0.101 325)，单位为兆帕(MPa)；
p_1——起始时贮气罐内气体绝对压力，单位为兆帕(MPa)；
p_2——终止时贮气罐内气体绝对压力，单位为兆帕(MPa)；
T_0——标准状况下气体温度，单位为开尔文(K)；
T_1——起始时贮气罐内气体温度，单位为开尔文(K)；
T_2——终止时贮气罐内气体温度，单位为开尔文(K)；
V——贮气罐结构容积，单位为立方米(m^3)；
t——测试时间，单位为小时(h)。

附 录 B
（规范性附录）
分析仪器测试氢气纯度

B.1 氢气纯度

B.1.1 测试仪器

分析氢气中氧含量的氧分析仪器，按 GB/T 3634 的规定对氧气含量采用同手工分析或气相色谱仪比对过的仪表进行分析。

分析仪的量程为 0～1%O_2，刻度值应小于 0.01%。

B.1.2 测试方法

将氢气送入分析仪进口接头，分析仪就直接显示出体积氧含量值。

B.1.3 氢气纯度 C_{H_2} 按式(B.1)计算，(仅对氧含量规定)：

$$C_{H_2} = (1 - C_{XO}) \times 100 \qquad \text{(B.1)}$$

式中：

C_{H_2}——氢气纯度，用(%)表示；

C_{XO}——仪表显示氧含量值。

ICS 27.180
F 19

中华人民共和国国家标准

GB/T 19774—2005

水电解制氢系统技术要求

Specification of water electrolyte system for producing hydrogen

2005-05-25 发布　　　　2005-11-01 实施

中华人民共和国国家质量监督检验检疫总局
中国国家标准化管理委员会　发布

前言

本标准附录 A、附录 B、附录 C 为规范性附录。

本标准由全国能源基础与管理标准化技术委员会(SAC/TC 20)提出并归口。

本标准由中国标准化研究院、中国电子工程设计院、清华大学核能与新能源技术研究院负责起草。中船重工集团七一八研究所、天津大陆制氢设备有限公司、苏州竞立制氢设备有限公司、哈尔滨环保制氢有限公司参加起草。

本标准主要起草人:陈霖新、贾铁鹰、毛宗强、章光护、谢晓峰、许俊明、周振芳、张祥春、赵喜祥。

本标准为首次发布。

水电解制氢系统技术要求

1 范围

本标准规定了以水电解法制取氢气、氧气的制氢系统的术语和定义、分类与命名、技术要求、试验与检测、标志、包装。

本标准适用于工业用、商业用固定式、移动式水电解制氢系统。

本标准适用于压滤式水电解制氢装置,包括碱性水电解、固体聚合物电解质水电解。

2 规范性引用文件

下列文件中的条款通过本标准的引用而成为本标准的条款。凡是注日期的引用文件,其随后所有的修改单(不包括勘误的内容)或修订版均不适用于本标准,然而,鼓励根据本标准达成协议的各方研究是否可使用这些文件的最新版本。凡是不注日期的引用文件,其最新版本适用于本标准。

GB 150 钢制压力容器

GB 151 管壳式换热器

GB/T 191 包装储运图示标志(eqv ISO 780)

GB/T 629 化学试剂 氢氧化钠(eqv ISO 6353-2)

GB/T 1972 蝶形弹簧

GB/T 2306 化学试剂 氢氧化钾(neq ISO 6353-2)

GB/T 2829 周期检验计数抽样程序及表(适用于对过程稳定性的检验)

GB/T 3634 工业氢

GB/T 3863 工业用氧

GB/T 3985 石棉橡胶板

GB/T 4237 不锈钢热轧钢板

GB/T 4830 工业自动化仪表气源压力范围和质量

GB 4962 氢气使用安全技术规程

GB 5099 钢质无缝气瓶(neq ISO 4705)

GB/T 5831 气体中微量氧的测定 比色法

GB/T 5832.1 气体湿度的测定 第1部分:电解法

GB/T 5832.2 气体中微量水分的测定 露点法

GB/T 6285 气体中微量氧的测定 电化学法

GB 6654 压力容器用钢板

GB/T 7445 纯氢、高纯氢和超纯氢

GB/T 8163 输送流体用无缝钢管(neq ISO 559)

GB/T 8175 设备及管道保温设计导则

GB/T 8984.1 气体中一氧化碳、二氧化碳和碳氢化合物的测定 第1部分:气体中一氧化碳、二氧化碳和甲烷的测定 气相色谱法

GB/T 8984.2 气体中一氧化碳、二氧化碳和碳氢化合物的测定 第2部分:气体中一氧化碳、二氧化碳和碳氢化合物总含量的测定 气相色谱法

GB/T 11352 一般工程用铸造碳钢件(neq ISO 3755)

GB/T 12241 安全阀 一般要求(eqv ISO 4126)

GB 12337　钢制球形储罐

GB 12358　作业环境气体检测报警仪通用技术要求

GB/T 13306　标牌

GB 13347　石油气体管道阻火器阻火性能和试验方法

GB/T 13384　机电产品包装通用技术条件

GB 14194　永久气体气瓶充装规定

GB/T 14599　高纯氧

GB/T 14975　结构用不锈钢无缝钢管

GB 16808　可燃气体报警控制器技术要求及试验方法(neq ISO/TC 21/SC 3)

GB 50030　氧气站设计规范

GB 50057　建筑物防雷设计规范

GB 50058　爆炸和火灾危险环境电力装置设计规范

GB 50177　氢气站设计规范

GB 50235　工业金属管道施工及验收规范

GB 50236　现场设备、工业管道焊接工程施工及验收规范

GB 50275　压缩机、风机、泵安装工程施工与验收规范

GB 50316　工业金属管道设计规范

JB 2111　金属覆盖层的结合强度,试验方法

JB 2112　金属覆盖层孔隙率试验方法湿润纹纸贴置法

JB 2115　金属覆盖层检验方法　计时流液法

JB 2536　压力容器油漆、包装、运输

JB 3836　爆炸性气体环境用电气设备

HGJ 202　脱脂工程施工及验收规范

TC 211　隔膜石棉布

《气瓶安全监察规程》

《压力容器安全技术监察规程》

3　术语和定义

下列术语和定义适用于本标准。

3.1

标准状况　normal conditioncal

气体在温度为0℃、压力为101.3 kPa条件下的气体状况。

3.2

隔膜　diaphragm

将水电解槽电解小室分隔为阴极区、阳极区,并使产生的氢气、氧气分隔,防止氢气、氧气互相穿透,但离子可迁移。

3.3

爆炸下限　lower explosive limit

易燃易爆气体、蒸汽或粉尘在空气/氧气中形成爆炸气体混合物的最低浓度。

3.4

爆炸上限　upper explosive limit

易燃易爆气体、蒸汽或粉尘在空气/氧气中形成爆炸气体混合物的最高浓度。

3.5

阻火器 fire arrester

阻火器的作用是防止外部火焰窜入存有易燃易爆气体的设备、管道内或阻止火焰在设备、管道间蔓延。阻火器是应用火焰通过热导体的狭小孔隙时，由于热量损失而熄灭的原理设计、制造。

3.6

电解小室 electrolytic cell

压滤式水电解槽由若干个电解池组成，单个电解池又被称电解小室。电解小室由正极、负极和隔膜组成。

3.7

固定式的水电解制氢系统 stationary water electrolyte system for producing hydrogen

指水电解制氢系统的各类设备、管道全部固定在设备基础、管道支架上的制氢系统。

3.8

移动式水电解制氢系统 mobile water electrolyte system for producing hydrogen

指水电解制氢系统的各类设备、管道全部布置在一个或多个可移动或搬运的底盘(座)上；此类设备可以在厂房内或厂房外安装使用，若室外安装使用时应设防日晒、雨淋的防护设施。

4 分类与命名

4.1 分类

水电解制氢系统产品，按纯度分为普通型、纯气型，它们的纯度范围规定为：

普通型水电解制氢系统：产品氢气纯度≥99.7%；

产品氧气纯度≥99.2%。

纯气型水电解制氢系统：产品氢气纯度≥99.99%；

产品氧气纯度≥99.99%。

对于纯气型水电解制氢系统制取的纯氢或纯氧中的杂质含量：O_2 或 H_2、CO、CO_2、H_2O 等允许浓度可根据用户要求商定。

4.2 产品命名

水电解制氢系统的产品命名应由大写的汉语拼音字母和阿拉伯数字组成。编制方法应符合下列规定：

SDJ□ ×××—□ ×××/ ×× 型

- ×× ——设计压力，单位为 MPa，常压型可省
- ×××（—□ 后）——标准状况的氢气产量，单位为 m^3/h
- □（—后）——气体纯度，普通型可省略
- ×××（SDJ□ 后）——设计电流密度，单位为 A/m^2
- □（SDJ 后）——各厂家可自定的代号
- SDJ——为水电解制氢系统的代号，取水、电、解的汉语拼音字母字头

注：本标准中的体积为标准状况下的体积。

5 技术要求

5.1 水电解制氢系统

5.1.1 通用要求

5.1.1.1 水电解制氢系统包括下列单体设备或装置：水电解槽及其辅助设备——分离器、冷却器、压力

调节阀、碱液过滤器、碱液循环泵;原料水制备装置;碱液制备及贮存装置;氢气纯化装置;氢气储罐;氢气压缩机;气体检测装置;直流电源、自控装置等。

5.1.1.2　水电解制氢系统可采用固定式或移动式。

5.1.1.3　水电解制氢系统的副产品——氧气,可根据需要回收利用或直接排入大气。当回收利用时,应根据用户要求分别设有氧气储罐、氧气压缩机、氧气灌装设施和相应的安全技术措施。水电解氧气回收利用系统、设备、管道及其附件应遵照下列标准、规范进行设计、制造、安装验收:GB 50177、GB 50030、GB 14194、GB 50316、GB 50235、GB 50236、HGJ 202、《气瓶安全监察规程》。

5.1.2　电能消耗

5.1.2.1　水电解制氢系统的电能消耗主要是水电解槽的直流电能消耗。本标准以单位氢气产量的直流电能消耗评定设备品质。

5.1.2.2　水电解制氢系统设备品质等级应符合表1规定。

表1　设备品质等级与单位氢气直流电能消耗

等　级	单位氢气电能消耗/(kW·h/m³)
优良	≤4.4
一级	≤4.6
二级(A)	≤4.8
二级(B)	≤5.0

5.1.3　工作条件

5.1.3.1　水电解制氢系统的工作压力(p)分为:常压、低压和中压三类,它们的压力范围规定为:

常压水电解制氢系统,$p<0.1$ MPa;

低压水电解制氢系统,0.1 MPa$\leqslant p<1.6$ MPa;

中压水电解制氢系统,1.6 MPa$\leqslant p<10$ MPa。

5.1.3.2　环境温度　根据用户要求确定水电解制氢系统的工作环境温度。在没有确定的数据时,宜按工作环境温度小于45℃为依据。

5.1.3.3　水电解制氢系统所处场所有爆炸危险的区域及等级的划分,应符合GB 50177的规定。

5.1.3.4　水电解制氢系统的外供电系统的输入电压值由用户确定,电压等级宜为10 kV、380 V。

水电解制氢系统每台水电解槽均应独立配置直流电源。

5.1.3.5　水电解用原料水的水质应符合表2规定。

表2　原料水水质

名　称	单　位	指　标
电阻率	Ω·cm	$\geqslant 1.0\times10^5$
铁离子含量	mg/L	<1.0
氯离子含量	mg/L	<2.0
悬浮物	mg/L	<1.0
注:水电解槽采用固体聚合物电解质水电解制氢时,原料水水质另定。		

5.1.3.6　水电解制氢系统采用苛性碱性水溶液时,所使用的氢氧化钾或氢氧化钠应符合GB/T 2306、GB/T 629的规定。

在苛性碱性水溶液电解制氢系统运行中,苛性碱性水溶液(电解液)的质量要求应符合表3的规定。

表 3 电解液的质量要求

名 称	单 位	指 标
浓度	%	27～32[a]
CO_3^{2-} 含量	mg/L	<100
Fe^{2+},Fe^{3+} 含量	mg/L	<3
Cl^- 含量	mg/L	<800
[a] 此浓度为采用 KOH 水溶液时。		

5.1.3.7 水电解制氢系统应设置吹扫置换接口。吹扫置换气采用含氧量小于 0.5%的氮气。

5.1.3.8 冷却水的水压宜为 0.15 MPa～0.35 MPa。循环冷却水的水质应符合表 4 的要求。

表 4 循环冷却水的水质要求

名 称	单 位	指 标
pH 值		6.5～8.0
氯离子含量	mg/L	<200
硫酸根含量	mg/L	<200
钙离子含量	mg/L	<200
铁离子含量	mg/L	<1.0
铵离子含量	mg/L	<1.0
溶解硅酸含量	mg/L	<50

5.1.3.9 仪表或气动用压缩空气的气源压力应按仪表或气动要求确定，其质量宜符合 GB/T 4830 的规定或相关产品的要求。

5.2 单体设备

5.2.1 通用要求

5.2.1.1 水电解制氢系统的单体设备，应根据水电解制氢系统的规模、用氢特性、氢气品质的不同要求，合理配置不同的单体设备。

5.2.1.2 单体设备的技术性能、工作参数应满足或高于水电解制氢系统的总体要求。

5.2.1.3 单体设备的材质

单体设备内或连接部位与电化学反应过程或氢气/氧气直接接触或间接接触的内表面、零部件或密封件所选用的材料应具有下列特性：

5.2.1.3.1 在所有的工作条件下，具有必要的化学稳定性。

5.2.1.3.2 在运行中不会发生各种形式的催化反应、电化学反应或其他形式的化学反应引起的寄生性副反应，以避免这些反应形成对氢气/氧气的污染。

5.2.1.3.3 应符合各项机械性能要求，并在工作条件下保持稳定的力学性能。

5.2.1.3.4 所选用材料的化学组成、结构形态，不应发生或避免发生氢脆或氢腐蚀。

5.2.1.3.5 所选用的材料的化学组成、结构形态，在运行中不发生应力腐蚀、裂纹或氧腐蚀。

5.2.1.4 对移动式水电解制氢系统的防护罩或外壳的设置，应符合下列规定：

5.2.1.4.1 当直接接触或间接接触潮湿气体后，可能影响单体设备或零部件技术性能或使用功能时，应采取防护措施或选用防潮材质。

5.2.1.4.2 防护罩或外壳应采用不燃材料；最小厚度宜为 0.6 mm，一般可采用镀锌钢板等。对面积较大的防护罩，按强度或刚性要求，采取加强措施或双层结构。

5.2.1.4.3 防护罩或外壳需设保温层时，应按 GB/T 8175 设计，其保温材料，应采用不燃材料，并设置避免材料飞扬、散落的措施。

5.2.1.4.4 防护罩或外壳的内表面必须平整、无氢气积聚空间，并在顶部最高处设排气口。若有二处或二处以上顶部有最高处时，则应在每个最高处均设排气口。

5.2.1.4.5 防护罩或外壳内应设有氢气浓度报警装置，并与排风机或吹扫置换气体关断阀连锁。

5.2.1.4.6 防护罩或外壳内应在方便检查、维修的位置设检查口、维修口，其数量和尺寸应按检查、维修对象或功能确定。检查口、维修口应设有视窗或盖板。

5.2.2 水电解槽

5.2.2.1 水电解槽是水电解制氢系统的主体设备，它的性能参数将决定水电解制氢的技术性能。

水电解槽的性能参数、结构应以降低单位氢气电能消耗、减少制造成本、延长使用寿命为基本要求。应合理选择水电解槽的结构型式、电解小室及其电极、隔膜的构造、涂层和材质。

5.2.2.2 水电解槽的氢气生产能力、纯度和杂质含量应按制造厂家的企业标准和用户的要求协商确定。

5.2.2.3 电解小室的电极材质、涂层等应根据槽体设计、水电解制氢系统的总体要求确定。

5.2.2.4 隔膜材质，隔膜石棉布应符合 TC 211 的规定。应按槽体设计的技术要求和供货条件确定。

5.2.2.5 密封垫片的选择应确保水电解槽在工作状态不渗漏，并能承受槽体开、停车时的工作状态变化，其质量应符合 GB/T 3985 或具体水电解槽槽体设计所选材质的相关标准。

5.2.2.6 蝶形弹簧的制造要求应符合 GB/T 1972 的规定。

5.2.2.7 铸件内外表面应光滑，不得有气泡、裂纹及厚度显著不均的缺陷，铸钢件应符合 GB/T 11352 的规定。

5.2.2.8 主要焊接结构的焊缝不得有气孔、夹渣和裂纹等缺陷。

5.2.2.9 水电解槽的电镀零部件的质量、检查应符合下列要求。

5.2.2.9.1 镀件的镀层表面不得鼓泡、起皮、局部无镀层和划伤等严重缺陷。镀层表面质量应进行100%检验。

5.2.2.9.2 镀件的镀层厚度、结合强度及孔隙率的质量和检查应分别符合 JB 2111、JB 2112 和JB 2115 的规定。

5.2.2.9.3 镀件的镀层厚度、结合强度及孔隙率的检验抽样和抽样方法按 GB/T 2829 的规定。镀件可以采用相同工艺同时电镀的试件进行试验。

5.2.3 压力容器

5.2.3.1 水电解制氢系统的压力容器主要用于气液分离、冷却和储存。压力容器的设计、制造、检验和验收应符合《压力容器安全技术监察规程》、GB 150、GB 151 的规定。

5.2.3.2 容器的工作压力是指在水电解制氢系统正常工作状态下，容器顶部可能达到的最高压力。

5.2.3.3 容器的材质应满足氢气/氧气和电解液在系统工作状态的要求。当采用不锈钢板时应符合 GB/T 4237 的规定；采用碳素钢板时应符合 GB 6654 的规定。

5.2.3.4 容器的规格、尺寸、壁厚应按计算确定，并留有必要的裕量。

5.2.3.5 容器的布置应根据水电解制氢系统的总体设计，并尽力做到顺应制氢流程、连接管路短、方便操作和维修。

5.2.4 氢气储罐

5.2.4.1 水电解制氢系统根据氢气使用特点或用户要求，设置相应的氢气储罐。

5.2.4.2 氢气储罐的储存能力应按氢气使用特点、氢气生产能力和电力供应状况确定。

压力型氢气罐的氢气储存容量应根据最大进气压力和允许出气压力确定。

5.2.4.3 氢气储罐有常压型和压力型两类。

常压型氢气罐宜采用湿式贮气柜，工作压力为 4.0 kPa。

压力型氢气罐有筒形或球形压力容器，也可用氢气钢瓶组或长管氢气钢瓶等。工作压力应按水电解制氢系统工艺流程、氢气使用特点确定。氢气球形罐的制造、检验应符合 GB 12337 的规定;氢气钢瓶应符合 GB 5099 和《气瓶安全监察规程》的规定。

5.2.4.4 压力型氢气罐上或其进气/出气管第 1 个切断阀前必须设泄压用安全阀,安全阀应符合 GB/T 12241的规定。常压型氢气罐,应设自动放空管。

5.2.4.5 移动式水电解制氢系统的氢气罐,若设置在防护罩或外壳内,其氢气容量不得超过 20 m^3。当氧气回收并设有氧气罐时,氢气罐与氧气罐应分别设在不同的底座和防护罩内。氧气罐应按 HGJ 202 的规定进行脱脂处理。

5.2.5 氢气压缩机

5.2.5.1 用于氢气增压的氢气压缩机,应根据水电解制氢系统流程和用户要求设置,其形式有从常压增压至低压或中压或高压;从低压增压至中压或高压;从中压增压至高压甚至超高压等多种型式。

5.2.5.2 根据氢气压缩机进气/排气压力、氢气纯度的要求,选用活塞式、膜式等类型压缩机。

5.2.5.3 氢气压缩机的性能、结构和材质均应满足氢气特性的要求,设置可靠的防爆、防渗漏措施。

氢气压缩机应配置防爆型电动机,其防爆等级为 dIICT1,应符合 GB 50058 的规定。

5.2.5.4 氢气压缩机应分级设置安全泄压装置——安全阀。安全阀应装防护罩,排出的氢气应接至室外。氢气压缩机的进气管应设有低压超限报警装置、停机连锁。

5.2.5.5 氢气压缩机前应设置有氢气缓冲罐。对于氢气输送用氢气压缩机,应在进气管与排气管之间设置旁通循环管。

5.2.5.6 移动式水电解制氢系统中的氢气压缩机的电气柜/控制柜,应采用邻近布置,此类电气柜/控制柜应采用柜内填充带压空气或氮气或按 GB 50058 规定采用 dIICT1 等级的防爆电器。

移动式水电解制氢系统中的氢气压缩机,应固定在底座上,并应设置隔振措施;压缩机的安装、验收应符合 GB 50275 的规定。

5.2.6 氢气纯化器

5.2.6.1 氢气纯化器用于去除氢气中的氧杂质、水分等。采用催化法去除氧杂质,采用降温法和吸附法去除氢气中的水分。

5.2.6.2 氢气纯化器中的各类容器的设计、制造、检验、验收均应符合《压力容器安全技术监察规程》和 GB 150、GB 151 的规定。

5.2.6.3 氢气纯化过程的温度控制等,宜采用自动控制装置控制。

5.2.6.4 氢气纯化后的氧、水分的痕量杂质浓度的检测可采用 GB/T 5831、GB/T 6285、GB/T 5832.1、GB/T 5832.2、GB/T 8984.1、GB/T 8984.2 的方法。根据用户要求,宜设置连续检测仪器。

5.2.7 压力调节器/阀

5.2.7.1 压力调节器/阀用于水电解槽出口氢气侧、氧气侧的压力平衡或水电解制氢系统外供氢气/氧气的压力调节。

5.2.7.2 压力调节器/阀应符合气动调节阀、自力式调节阀的相关标准或企业标准。

5.2.8 氢气关闭阀/切断阀

5.2.8.1 根据水电解制氢系统的生产过程的气流切断、分析、测试、吹除置换的要求应在相关位置设置关闭阀/切断阀。

5.2.8.2 关闭阀/切断阀的工作压力、温度参数,应按其在系统中的所在位置确定,此类阀门的选择应充分考虑氢气的特性,而纯氢系统的阀门的选择还应考虑纯氢不会被污染。

当氢气系统采用电动阀时,应按 GB 50058 的规定选用相应防爆等级的阀门。

5.2.8.3 水电解制氢系统的阀门,在安装前应逐个进行气密性泄漏量检测,应符合 GB 50177、GB 50235的规定。

5.2.9 阻火器

5.2.9.1 水电解制氢系统的氢气排空口前，应装设阻火器，防止雷击等外部火源返回引起氢气着火。

5.2.9.2 阻火器的阻火层结构有砾石型、金属丝网型和波纹型。氢气阻火器可采用 GB 13347 规定的要求与方法。

5.2.9.3 氢气阻火器宜安装在靠近氢气排空口处。阻火器后的氢气管道应采用不锈钢管材。

5.3 管路及附件

5.3.1 材质选择

水电解制氢系统的管路、附件的材质选择，应符合 GB 50177、GB 50316、GB 50235 的规定。

5.3.2 管路、附件的布置

5.3.2.1 符合水电解制氢系统带控制点的工艺流程图的要求。

5.3.2.2 应方便运行操作、安装和维修。

5.3.2.3 对于有热胀冷缩的管段，布置时应结合柔性计算和热补偿要求，妥善安排。

5.3.2.4 管道及附件的布置应整齐有序，减少不必要的交叉，适当注意美观。

5.3.3 氢气流速

氢气管道内氢气流速和管径、附件形式的选择，应符合 GB 50177、GB 50316 的规定。

5.3.4 管道支架

管道支架的设置、计算，应符合 GB 50316 的规定。支架应避免焊接在单体设备上。

5.3.5 冷却水管路

应根据其工作温度确定是否采取保温措施。当需要进行保温时，其保温材料应为不燃材料。

对不得中断冷却水供应的冷却水管路，应设有断水保护装置，并设置报警和停机连锁。

5.4 电气设备及配线

5.4.1 直流电源的配置

5.4.1.1 每台水电解槽的直流电源一般单独地采用晶闸管整流器或硅整流器。整流器应设有调压功能，并具备自动稳流功能。

5.4.1.2 水电解槽用整流器的选择，应符合下列要求：

——额定直流电压应大于水电解槽工作电压，调压范围宜为 0.6～1.05 倍水电解槽额定电压；

——额定直流电流不应小于水电解槽工作电流，并宜为水电解槽额定电流的 1.1 倍。

5.4.1.3 氢气生产环境的电气设施的设防，按 GB 50177 的规定，应为 1 区或 2 区。在有爆炸危险环境中的电气设备及配线应按 GB 50058、JB 3836 的规定进行选用、配置。

5.4.2 移动式水电解制氢系统的电气设施

5.4.2.1 移动式水电解制氢系统，设置在防护罩内的制氢装置的区域，其爆炸危险等级应为 1 区，相关的电气设备及配线应按 GB 50058、JB 3836 的规定进行配置。

移动式水电解制氢系统的防雷设施的设置与安装地区或场所有关，应同订货方协商确定，并应符合 GB 50177、GB 50057 的规定。

5.4.2.2 防护罩的强制通风机及其电动机均应为防爆型，并符合 GB 50058、JB 3836 的规定。

5.4.2.3 防护罩内应设有氢气浓度超限报警装置。当氢气浓度超过 0.5%时，应启动强制通风机排气；当氢气浓度超过 1.0%时，应停产检查。

5.4.3 电气接地

5.4.3.1 水电解槽应按结构特点进行接地电阻检查。对两端分别接入直流电源正负极的水电解槽，其对地电阻不小于 1.0 MΩ。

5.4.3.2 氢气设备、管道的法兰、阀门连接处应采用金属(铜质)连接线跨接。

5.4.3.3 防爆电器、配线接地电阻检查。

5.4.3.4 氢气压缩机应采取导除静电的接地措施，接地电阻不大于 30 Ω。

5.5 自动控制和监测

5.5.1 通用要求

水电解制氢系统的自动控制、监测装置的硬件、软件应能承受可能事故的发生,并能承担当故障发生时,即时报警、停机,并进行必要的妥善处理。

5.5.2 自控及监测装置

5.5.2.1 压力传感器

设置压力传感器的有:水电解槽出口氢侧/氧侧压力和压力差,氢气压缩机入口压力,氢气罐压力,5.2.5.6 中正压空气的压力等。

5.5.2.2 温度传感器

设置温度传感器的有:水电解槽出口气体或电解液温度、氢气压缩机等的冷却水出口温度等。

5.5.2.3 液位传感器

设置液位传感器的有:分离器的液位等。

5.5.2.4 气体浓度检测探测器

5.5.2.4.1 水电解槽出口氢气中含氧量和氧气中含氢量;氢纯化设备出口氢气中含氧量、露点;回收利用氧气时,氧中氢浓度,必须设置气体浓度连续测定,并带报警装置。

5.5.2.4.2 氢浓度探测、报警装置,应符合 GB 16808、GB 12358 的要求。

5.5.2.4.3 气体浓度检测分析仪的最小分度值应不大于0.01%(体积比)。

5.5.3 自动停车

5.5.3.1 当水电解制氢系统的自控、监测装置报警后,应即时分析,并对系统进行必要调整,系统恢复正常工作状态。若报警后,经调整,仍不能纠正,并恢复正常工作时,则应按程序要求停机。

5.5.3.2 当出现下列情况之一时,应停机检查:

——氢气或氧气的纯度下降至允许值下限时;

——当回收利用氧气时,氧气中氢浓度超过规定值时;

——水电解槽的电解小室电压,经多次测定均不正常时;

——水电解槽出口氢侧/氧侧气体压力不平衡,其压力差超过允许值时;

——氢气压缩机进气侧的氢气压力低于允许值时;

——电力供应故障;

——监测的空气中氢浓度超过1.0%时。

5.6 安装、组装

5.6.1 通用要求

5.6.1.1 水电解制氢系统的安装、组装应按设备制造厂的设计图纸、技术要求或工程设计图纸进行。

5.6.1.2 水电解制氢系统的安装、组装及试验,应符合 GB 50177 的要求。

5.6.2 水电解槽的安装

5.6.2.1 水电解槽的安装方式有:整体安装和分散安装。

5.6.2.1.1 压力型水电解槽,一般采用整体安装方式,即在制造工厂进行槽体组装后,运至使用现场整体安装。根据水电解槽的规格、尺寸和重量制定吊装、就位方案,在进行充分准备后就位安装。然后按设计图纸和技术要求进行气密检查。

5.6.2.1.2 常压型水电解槽,一般采用分散式安装,即将电解槽的极框、主副极板、隔膜和气道、液道等零部件运至使用现场,在现场按制造厂的设计图纸、技术要求进行组装。组装工作由制造厂家和用户共同进行或在制造厂的技术人员的指导下进行,并按合同各自完成自己的职责。

5.6.2.1.3 移动式水电解制氢系统的水电解槽,宜在制造厂进行组装,在用户现场仅需按制造厂图纸和说明书进行就位和各类管线的连接。

5.6.2.2 安装后的检查

5.6.2.2.1　整体安装的水电解槽，安装后进行各种相关尺寸、连接管线准确性的检查；电气接地电阻的检查，水电解槽正负极连接的检查等。

5.6.2.2.2　分散安装的水电解槽，组装完成后，首先检查各种相关尺寸、连接管线的准确性；接通蒸汽进行蒸煮、夹紧和槽体的气密性试验；检查电气接地的正确性和接地电阻；水电解槽正负极连接的检查等。新水电解槽的组装、检查工作，制造厂家应派技术人员驻现场，并负责解决有关设备质量及其相关问题。

5.6.2.2.3　移动式电解制氢系统的水电解槽在用户现场安装后，应进行相关尺寸、连接管线准确性的检查；电气接地电阻检查等。

5.6.3　氢气压缩机的安装

5.6.3.1　氢气压缩机安装前应检查制造厂提供的出厂合格证，熟悉技术说明书和相关图纸资料。

5.6.3.2　氢气压缩机的安装和验收应符合 GB 50275 的规定，并按压缩机的有关标准和制造厂的技术说明书中的要求进行。

5.6.3.3　氢气压缩机在接入水电解制氢系统试运行前，应进行下列工作。

5.6.3.3.1　检查电气接线和接地的准确性；

5.6.3.3.2　进行单机空负荷试车，并对各类零部件的运转、活动情况和各部分气密性及安全装置进行检查；

5.6.3.3.3　采用含氧量小于 0.5%的氮气进行吹扫置换。

5.6.4　氢气罐的安装

5.6.4.1　氢气罐的安装前，应按《压力容器安全技术监察规程》和设计图纸要求，核对、检查出厂合格证、压力容器检验文件和各种技术资料的完整性。

5.6.4.2　根据氢气罐的规格尺寸、重量和现场情况，制定安装就位方案和相关安全措施。按设计图纸、技术说明文件进行罐内外和各相关尺寸检查。在认真进行各项准备工作后，方可进行安装就位。

5.6.4.3　安装就位后，按设计图纸和技术说明文件核对安装位置和各相关尺寸，合格后进行各种管线、附件的安装。

5.6.4.4　安装完成后，应进行各种相关尺寸、连接管线连接准确性的检查；接地电阻的检查等。

5.6.5　氢气/氧气管道、阀门及附件的安装

5.6.5.1　氢气/氧气管道、阀门附件的安装应符合 GB 50316、GB 50235 的要求。

5.6.5.2　氢气/氧气管道的管材、阀门附件，应符合 GB/T 8163 和 GB/T 14975 的规定，GB/T 8163 和 GB/T 14975 无规定的管材、阀门附件应符合阀门、附件制造厂家企业标准的规定。

5.6.5.3　各类阀门应有可靠的支承，确保阀门的正确动作，并不得引起管路的振动或影响单体设备连接处的强度等。

5.6.5.4　氢气/氧气管道安装后，应进行强度试验、气密性试验和泄漏量试验，此类试验应按GB 50177、GB 50030、GB 50235 的规定进行。氧气管道及其阀门、附件的脱脂应符合 GB 50030、HGJ 202 的规定。

6　试验检测

6.1　试验

6.1.1　试验前的准备

6.1.1.1　试验前，应检查所有制造厂提供的各种合格证、技术文件、包括全部例行试验记录和证书、图纸资料、压力容器产品安全质量监督检验证书等，这些文件、资料齐全，并逐一进行核对无误后，才能进行试验。

6.1.1.2　外观检查，整套水电解制氢系统组装完成后进行，主要是检查外观和各种相关尺寸；检查各类液体、气体管路和电气线路的连接的准确性等。

6.1.2 试验方法

6.1.2.1 气密性试验，对压力型水电解制氢系统以洁净空气或氮气进行气密性试验。气密性试验压力为设计压力，试验开始后逐渐升压，达到规定压力后，保持 30 min，检查所有连接处，焊缝、法兰、垫片等处，以无漏气为合格。

对常压型水电解制氢系统的气密性试验压力为 0.05 MPa 或注满水静置试验。

6.1.2.2 泄漏量试验。水电解制氢系统在气密性试验合格后，以洁净空气或氮气进行泄漏量试验。试验压力为系统设计压力；试验时间为 24 h。泄漏量试验过程应认真记录系统内气体的温度、压力。以平均每小时泄漏率不超过 0.5%/h 为合格。平均每小时泄漏率 A 按式(1)计算：

$$A=\frac{100}{t}\left(1-\frac{p_2T_1}{p_1T_2}\right) \quad\cdots\cdots(1)$$

式中：

A——平均每小时泄漏率，用(%/h)表示；

t——试验时间，单位为小时(h)；

p_1、p_2——试验开始、结束时的绝对压力，单位为兆帕(MPa)；

T_1、T_2——试验开始、结束时的气体绝对温度，单位为开尔文(K)。

6.1.2.3 氢气压缩机、泵类等运动类设备，应按相关的标准进行负荷试车。

6.1.2.4 压力型氢气罐等压力容器，应按《压力容器安全技术监察规程》和设计图纸进行焊接质量检查和强度试验等，并由有资格的检测部门出具证书。

6.1.2.5 外壳通风试验

6.1.2.5.1 移动式水电解制氢系统的防护罩的通风量测试，应在开启排气通风机后，检查每小时的换气次数；并由防护罩内的氢气报警装置测定外壳内各部分的通风状况。

6.1.2.5.2 当水电解制氢系统的电气柜未采用防爆型电器，配线时，应对电气柜外壳进行压力试验，宜在 1.0 kPa 气压下进行检查，不泄漏为合格。

6.2 检测

6.2.1 检测前的准备

6.2.1.1 对水电解制氢系统的氢气管路进行吹扫置换，吹除置换后系统内含氧量<0.5%。

6.2.1.2 整套系统的原料水、电解液、电源和自控系统均应符合设计要求，达到开车所应具备的条件。

6.2.1.3 检测现场的生产环境符合设计要求，各种生产辅助系统均应达到开车所应具备的条件。

6.2.1.4 开车后，逐渐增加负荷直至氢气/氧气纯度、工作压力、工作温度、氢气产量达到设计工况，并稳定运行后，开始进行检测、记录。

6.2.1.5 性能参数检测内容有：氢气产量、氢气/氧气纯度、直流电压和电流、单位制氢电耗等。进行上述检测的同时，并记录系统工作压力、工作温度、环境温度、原料水耗量和水质、电解液浓度等。

6.2.2 性能参数检测

6.2.2.1 氢气产量的检测

6.2.2.1.1 水电解制氢系统的氢气产量检测方法有容积法和直流电流测试值计算法。本标准推荐采用直流电流测试值计算法。

6.2.2.1.2 直流电流测试值计算见附录 A；容积法见附录 B。

6.2.2.2 氢气/氧气纯度的检测

6.2.2.2.1 普通氢气纯度和氢中杂质含量采用连续分析仪器检测，见附录 C。纯氢中杂质含量应符合 GB/T 3634、GB/T 7445 的要求；采用 GB/T 5831、GB/T 5832.1、GB/T 5832.2、GB/T 6285、GB/T 8984.1、GB/T 8984.2 的方法进行检测。

6.2.2.2.2 普通氧气纯度和氧中杂质含量采用连续分析仪器检测，见附录 C。纯氧中杂质含量应符合 GB/T 3863、GB/T 14599 的要求；采用 GB/T 5832.1、GB/T 5832.2 的方法进行检测。

6.2.2.2.3　普通氢气/氧气的纯度检测的取样点，应在水电解制氢系统中气体冷却器之后，氢气储罐之前。

6.2.2.3　**直流电压、电流的检测**

6.2.2.3.1　水电解槽的总直流电流（槽电流）用直流电流表检测。电流表的精度等级不低于0.5级。

6.2.2.3.2　水电解槽的总直流电压（槽电压）用直流电压表检测。检测位置在水电解槽的阳极、阴极端板处。电压表的精度等级不低于0.5级。

6.2.2.3.3　每个电解小室电压用万用表或专用电压表检测。仪器精度等级不低于0.5级。水电解槽的各个电解小室电压应分布均匀。

6.2.2.4　**单位制氢的电耗**

6.2.2.4.1　水电解制氢系统单位制氢的直流电耗（W_{H_2}）按式(2)计算：

$$W_{H_2} = \frac{IUT}{Q_{H_2} \times 10^3} \quad \cdots\cdots(2)$$

式中：

W_{H_2}——单位制氢直流电耗，单位为千瓦时每立方米（kW·h/m³）；

I——水电解槽的总直流电流，单位为安培(A)；

U——水电解槽的总直流电压，单位为伏特(V)；

Q_{H_2}——检测期间氢气产量，单位为立方米每小时（m³/h）；

T——检测时间，单位为小时(h)。

6.2.2.4.2　直流电流、直流电压按6.2.2.3的检测方法进行，应取检测期间的平均值计算。

6.2.3　**检测要求**

6.2.3.1　在用户现场进行检测的项目、检测要求和合格标准应在供货合同中明确规定，并作为设备验收的依据。

6.2.3.2　制造厂家应向设备用户提供下列检测记录、资料和报告。

6.2.3.2.1　所订购设备在制造工厂的检测试验资料或报告。

6.2.3.2.2　订货合同规定的所有检测项目的检测记录、资料和报告。

6.2.3.3　检测用仪器、仪表和所有相关材料，均应符合有关标准或合同的规定。检测用仪器、仪表均应在有效认证时限内。

7　标志

7.1　通用要求

7.1.1　水电解制氢系统及其单体设备的标志制作、安装位置，应符合GB/T 13306的规定。

7.1.2　标志的内容应简洁、明确，显示主要性能参数、指标和要求。标志应固定在易于观察的明显位置。

7.1.3　每套水电解制氢系统应设标志牌；主要单体设备，根据需要分别设标志牌。

7.2　标志牌内容

7.2.1　移动式水电解制氢系统标志牌应包括下列内容。

7.2.1.1　制造厂家名称、地址。

7.2.1.2　产品型号和商标。

7.2.1.3　制造日期、编号。

7.2.1.4　主要技术参数：

a)　氢气产量（m³/h或kg/h）；
　　氧气产量（m³/h或kg/h）；

b)　氢气纯度（%）或杂质含量（10^{-6}）；

氧气纯度(%)或杂质含量(10^{-6});

c) 氢气压力(MPa);

氧气压力(MPa);

d) 电气输入:电压(V),电流(A),频率(Hz/相);

e) 环境工作温度(℃);

f) 工作场所,室内或室外;

g) 易燃易爆警示或要求(移动式);

h) 设备外形尺寸(mm)、质量(kg)等。

7.2.2 水电解槽标志牌应包括下列内容。

7.2.2.1 制造厂家名称、地址。

7.2.2.2 产品型号和商标。

7.2.2.3 制造日期、编号。

7.2.2.4 主要技术参数:

a) 氢气产量(m^3/h 或 kg/h);

氧气产量(m^3/h 或 kg/h);

b) 氢气纯度(%)或杂质含量(10^{-6});

氧气纯度(%)或杂质含量(10^{-6});

c) 氢气压力(MPa);

氧气压力(MPa);

d) 直流电输入:电压(V),电流(A);

e) 环境工作温度(℃);

f) 工作场所,室内或室外;

g) 设备外形尺寸(mm)、质量(kg)等。

7.2.3 压力容器标志牌应遵照《压力容器安全技术监察规程》的要求进行。

7.3 包装箱图示

包装箱储运图示标志应符合 GB/T 191 的规定。

8 产品随机文件

8.1 搬运、吊装要求

制造厂家应提供水电解制氢系统各类单体设备、组件的安全搬运、吊装说明;必要时以图示说明吊装、搬运方法。

8.2 系统、设备图纸

8.2.1 制造厂家应提供水电解制氢系统在安装、运行维护中所需的各种系统流程,设备构造和电气自控等图纸。

8.2.2 需提供的图纸应包括下列内容。

a) 工艺流程图,带控制点、管径等;

b) 各类电气原理图和水电解制氢系统或组件的电气接线图、布线图;

c) 单体设备总图(应有接管、接线标注);

d) 组件内设备及管线图;

e) 需土建施工的基础条件图。

8.3 使用手册

8.3.1 制造厂家应提供启动、停机程序的指导性要求或说明。

8.3.2 安全使用须知的提示,一般应包括下列内容。

8.3.2.1 氢气生产的环境有关防爆、防泄漏和安全运行的提示。

8.3.2.2 电解液的制备、防泄漏及其安全保护措施。

8.3.2.3 氢气排入不通风或通风不良的房间内，形成富氢环境的危害的提示。

8.3.3 当水电解制氢系统设有远距离监控系统时，制造厂家应提供相关的程序说明，并详细说明计算机的操作运行要求。

8.4 安装维护手册

8.4.1 制造厂家应提供安装、维护的要求和指导原则。包括：水电解制氢系统的现场布置和设计必须遵循 GB 50177 的规定，氢气的使用必须遵循 GB 4962 的规定。

8.4.2 安装维护手册主要应包括下列内容。

8.4.2.1 安装要求提示，包括设备基础、设备就位、电气接线、自控仪表和控制阀等的安装要求。

8.4.2.2 有爆炸危险的氢气生产场所，对防爆电器及其配线安装的要求。有爆炸危险的氢气生产场所的运行维护管理要求，包括通风、易燃材料和明火管制的要求等。

8.4.2.3 各种需定期更换或清洗的零部件的说明，并提出更换、清洗的要求。

9 包装

9.1 水电解制氢系统的包装应符合 GB/T 13384 的规定。并按装箱单的编号、项目名称和件数进行装箱。

9.2 压力容器的包装、运输应符合 JB 2536 的规定。

9.3 产品出厂时，应进行充氮保护，充氮压力≥0.05 MPa。此类设备的开口处应进行封堵。

附 录 A
（规范性附录）
电流测试值计算气体产量

A.1 原理摘要

依据电解定律——任何物质在电解过程中，数量上的变化服从法拉第定律。

A.2 水电解制氢时的法拉第定律

在标准状况下，用 2×96 500 C 电量，可电解 1 mol 水制取 1 mol 氢和 1/2 mol 氧。
1 mol 氢气在标准状况下的体积为 22.43×10^{-3} m^3；
故在标准状况下，制取 1 m^3 氢所需理论电量为式(A.1)：

$$\frac{2\times96\ 500\times1\ 000}{3\ 600\times22.43}=2\ 390\ \mathrm{A\cdot h/m^3} \qquad \text{(A.1)}$$

A.3 电流测试值计算气体产量

电流测试值计算气体产量按式(A.2)进行。

$$Q=\frac{In\eta}{2\ 390} \qquad \text{(A.2)}$$

式中：

Q——氢气产量，单位为立方米每小时(m^3/h)；
I——通过电解小室的直流工作电流，单位为安培(A)；
n——电解小室数；
η——电流效率(设计选定)，单位用(%)表示。

附 录 B
（规范性附录）
容积法测试气体产量

B.1 容积法测试系统流程如图 B.1 所示。

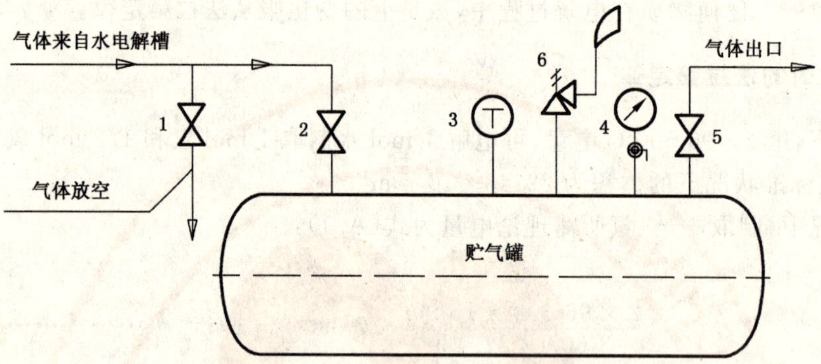

1——阀-1；
2——阀-2；
3——温度计；
4——压力表；
5——阀-3；
6——安全阀。

图 B.1 容积法测试系统示意图

B.2 测试方法

B.2.1 测试前应对贮气罐的结构容积进行实测。
B.2.2 开阀-1，关闭阀-2、阀-3，准确记录贮气罐内气体的起始压力和温度。
B.2.3 开阀-2，关闭阀-1、阀-3，记录起始时间。
B.2.4 经一定时间充灌气体后，关闭阀-2，开阀-1，记录终止时间、贮气罐内压力和温度。
B.2.5 气体产量 $Q(m^3/h)$ 按式(B.1)计算。

$$Q=\frac{T_0V}{tp_0}\left(\frac{p_2}{T_2}-\frac{p_1}{T_1}\right) \quad \cdots\cdots\cdots\cdots (B.1)$$

式中：
Q——标准状况下气体产量，单位为立方米每小时(m^3/h)；
p_0——标准状况下气体压力(0.101 325)，单位为兆帕(MPa)；
p_1——起始时贮气罐内气体绝对压力，单位为兆帕(MPa)；
p_2——终止时贮气罐内气体绝对压力，单位为兆帕(MPa)；
T_0——标准状况下气体温度，单位为开尔文(K)；
T_1——起始时贮气罐内气体温度，单位为开尔文(K)；
T_2——终止时贮气罐内气体温度，单位为开尔文(K)；
V——贮气罐结构容积，单位为立方米(m^3)；
t——测试时间，单位为小时(h)。

附　录　C
（规范性附录）
分析仪器测试气体纯度

C.1　氢气纯度

C.1.1　测试仪器

分析氢气中氧含量的氧分析仪，按 GB/T 3634 中对氧气含量采用同手工分析或气相色谱仪比对过的仪表进行分析。

分析仪的量程 0～1%O_2，刻度值小于 0.01%。

C.1.2　测试方法

将氢气送入分析仪进口接头，分析仪就直接显示出体积氧含量值。

C.1.3　氢气纯度按式(C.1)计算(仅对氧含量规定)：

$$C_{H_2} = (1 - C_{XO}) \times 100 \quad \cdots\cdots (C.1)$$

式中：

C_{H_2}——氢气纯度，用(%)表示；

C_{XO}——仪表显示氧含量值。

C.2　氧气纯度

C.2.1　测试仪器

分析氧气中氢含量的氢分析仪，按 GB/T 3863 中对氢气含量采用同铜氨溶液吸收法或气相色谱仪比对过的仪表进行分析。

分析仪的量程在 0～2%H_2，刻度值小于 0.01%。

C.2.2　测试方法

将氧气送入分析仪进口接头，分析仪就直接显示出体积氢含量值。

C.2.3　氧气纯度按式(C.2)计算：

$$C_{O_2} = (1 - C_{XH}) \times 100 \quad \cdots\cdots (C.2)$$

式中：

C_{O_2}——氧气纯度，用(%)表示；

C_{XH}——仪表显示氢含量值。

ICS 27.160
F 12

中华人民共和国国家标准

GB/T 19775—2005

玻璃-金属封接式热管真空太阳集热管

Glass-metal sealed heat-pipe evacuated solar collector tubes

2005-05-25 发布　　2005-11-01 实施

中华人民共和国国家质量监督检验检疫总局
中国国家标准化管理委员会　发布

前　言

本标准由全国能源基础与管理标准化技术委员会和中国农村能源行业协会提出。

本标准由全国能源基础与管理标准化技术委员会新能源和可再生能源分技术委员会归口。

本标准主要起草单位：北京市太阳能研究所、中国农村能源行业协会太阳能热利用专用委员会、中国标准化研究院、北京桑达太阳能技术有限公司、山东力诺新材料有限公司、无锡光芒集团、天津奇信太阳能公司。

本标准主要起草人：周平、霍志臣、赵跃进、田巍然、刘希杰、谢光明、齐心、陈道宏。

本标准首次制定。

玻璃-金属封接式热管真空太阳集热管

1 范围

本标准规定了玻璃-金属封接式热管真空太阳集热管的术语和定义、分类与命名、技术要求、检测方法、检验规则及标志、包装、运输、贮存。

本标准仅适用于玻璃-金属封接式热管真空太阳集热管。

2 规范性引用文件

下列文件中的条款通过本标准的引用而成为本标准的条款。凡是注日期的引用文件，其随后所有的修改单(不包括勘误的内容)或修订版均不适用于本标准，然而，鼓励根据本标准达成协议的各方研究是否可使用这些文件的最新版本。凡是不注日期的引用文件，其最新版本适用于本标准。

GB/T 191 包装储运图示标志(GB/T 191—2000,eqv ISO 780:1997)

GB/T 1527 铜及铜合金拉制管

GB/T 2680 建筑玻璃 可见光透射比、太阳光直接透射比、太阳能总透射比、紫外线透射比及有关窗玻璃参数的测定(GB/T 2680—1994,neq ISO 9050:1990)

GB/T 3190 变形铝及铝合金化学成分(GB/T 3190—1996,neq ISO 209-1)

GB/T 5231 加工铜及铜合金化学成分和产品形状

GB/T 5248 铜及铜合金无缝管涡流探伤方法

GB/T 12936 太阳能热利用术语

GB/T 14811 热管术语

GB/T 17683.1 太阳能 在地面不同接收条件下的太阳光谱辐照度标准 第1部分:大气质量1.5的法向直接日射辐照度和半球向日射辐照度(GB/T 17683.1—1999,eqv ISO 9845-1:1992)

GB/T 18033 无缝铜水管和铜气管

ISO 3585 3.3硼硅酸盐玻璃 特性

3 术语和定义

GB/T 12936 和 GB/T 14811 确定的以及下列术语和定义适用于本标准。

3.1

玻璃-金属封接式热管真空太阳集热管 Glass-metal sealed heat-pipe evacuated solar collector tubes

利用玻璃-金属封接在真空状态下的热管，并通过热管传递热量的管状太阳能集热器件。

3.2

热管 heat-pipe

利用气化潜热高效传递热量的强化传热元件。

3.3

热管冷凝段 heat-pipe condenser

通过冷凝放热的方式将热量传递给受热介质的导热部分。

3.4

太阳选择性吸收涂层 solar selective absorbing coating

具有高的太阳吸收比和低的红外发射率的涂层。

3.5

太阳吸热板　solar absorbing strip

外表面具有太阳选择性吸收涂层，吸收太阳能并转化为热能的金属薄板。

3.6

蒸散型吸气剂　flash getter

需采用蒸散工艺，靠吸气材料在蒸散过程中和沉积成膜后才能具有吸气作用的吸气剂。

3.7

玻璃-金属封接式热管真空太阳集热管空晒温度　stagnation temperature of a heat-pipe evacuated solar collector tube

玻璃-金属封接式热管真空太阳集热管在规定的太阳辐照度、环境温度和风速条件下晒至规定时间时保温状态下热管冷凝段的温度。

4　结构与命名

4.1　产品结构

玻璃-金属封接式热管真空太阳集热管由热管、涂有太阳选择性吸收涂层(以下简称涂层)的吸热板(以下简称吸热板)、蒸散型吸气剂和玻璃管等构成。热管与吸热板紧密连接，并通过金属连接部件与玻璃管封接。支架保持着吸热板在玻璃管中的相对位置。其结构及组成部件见图1。

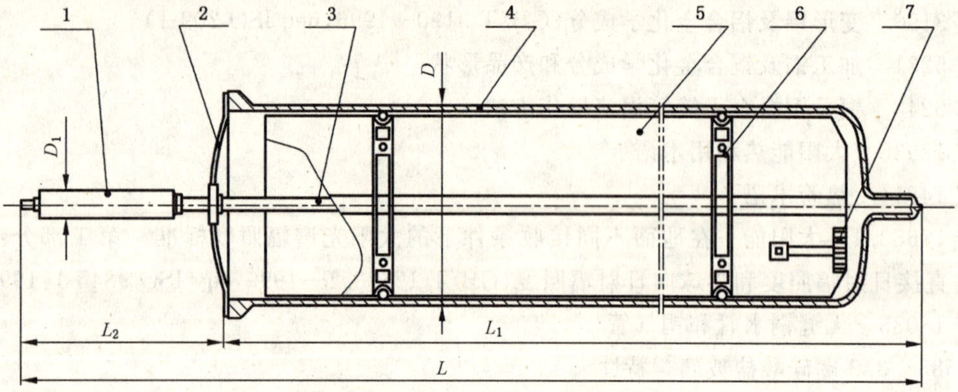

1——热管冷凝段；

2——金属连接部件；

3——热管蒸发段；

4——玻璃管；

5——吸热板；

6——支架；

7——蒸散型吸气剂；

D_1——热管冷凝段外径；

D——玻璃管外径；

L——玻璃-金属封接式热管真空太阳集热管长度；

L_1——玻璃管长度；

L_2——热管冷凝段探出长度。

图1　玻璃-金属封接式热管真空太阳集热管结构及组成部件

4.2　结构尺寸

玻璃-金属封接式热管真空太阳集热管的结构尺寸按表1选取。

表 1 玻璃-金属封接式热管真空太阳集热管的结构尺寸 单位为毫米

玻璃管外径 D	玻璃管长度 L_1	热管冷凝段外径 D_1
102	2 000,1 700	14,24
70	1 750,1 600	14,24

4.3 产品命名

4.3.1 命名内容

玻璃-金属封接式热管真空太阳集热管产品命名由四部分组成：

第一部分—第二部分 第三部分—第四部分—第五部分

- 第五部分——改进型号
- 第四部分——热管冷凝段外径×热管冷凝段探出长度
- 第三部分——玻璃管外径×玻璃管长度
- 第二部分——吸热板形状和涂层面数
- 第一部分——玻璃-金属封接式热管真空太阳集热管

4.3.2 命名标记

第一部分用汉语拼音字母 RG 表示玻璃-金属封接式热管真空太阳集热管。

第二部分用汉语拼音 H 和 P 分别表示玻璃-金属封接式热管真空太阳集热管的吸热板形状为弧形和平形，用汉语拼音 D 和 S 分别表示玻璃-金属封接式热管真空太阳集热管的吸热板涂层面数为单面和双面。

第三部分用阿拉伯数字表示玻璃管的外径和长度，以毫米(mm)为单位。

第四部分用阿拉伯数字表示热管冷凝段的外径和探出长度，以毫米(mm)为单位。

第五部分用阿拉伯数字表示产品的改进型号。

4.3.3 命名示例

RG—PS102×2000—14×120—1：表示吸热板为平形、吸热板涂层面数为双面、玻璃管外径为 102 mm、玻璃管长度为 2 000 mm、热管冷凝段外径为 14 mm、热管冷凝段探出长度为 120 mm、普通型的玻璃-金属封接式热管真空太阳集热管。

5 材料要求

5.1 玻璃管材料采用硼硅玻璃 3.3，其性能符合 ISO 3585 要求，玻璃管太阳透射比(τ)应不小于 0.89。(大气质量 1.5，即 AM1.5，按 GB/T 2680 和 GB/T 17683.1 计算)。

5.2 热管材料化学成分符合 GB/T 5231 要求；其性能符合 GB/T 1527 和 GB/T 18033 要求；涡流探伤符合 GB/T 5248 要求。

5.3 吸热板条带材料符合 GB/T 3190 和(或)GB/T 5231 要求。

6 技术要求

6.1 玻璃管

6.1.1 太阳透射比(τ)应不小于 0.89。

6.1.2 应力：双折射光程差(δ)应不大于 120 nm/cm。

6.1.3 玻璃管上 1 mm 以上的结石不允许存在，不大于 1 mm 的结石不得密集，即 10 mm×10 mm 范围内不得多于 1 个；整根玻璃管上，结石不得多于 5 个。

6.1.4 玻璃管上节瘤大于 2.5 mm 不允许存在，1 mm 以下的节瘤不得密集，即 10 mm×10 mm 范围内不得多于2个；整根玻璃管上，1 mm～2.5 mm节瘤不得多于7个。

6.1.5 玻璃管上气线长度大于100 mm的不允许存在；小气线不得密集，即10 mm×10 mm范围内不得多于2条；整根玻璃管上宽度不大于0.5 mm、长度在20 mm～100 mm范围内的气线不允许超过2条。

6.2 热管

6.2.1 热管启动温度

热管启动温度应不大于30℃。在热源温度为30℃±0.5℃的状况下，热管冷凝段温度(T_q)应不小于23℃。

6.2.2 热管抗冻温度

热管在温度为−25℃的环境中无冻损现象。

6.3 吸热板

6.3.1 涂层的太阳吸收比(α)应不小于0.86(AM1.5)。

6.3.2 涂层的红外发射率(ε)应不大于0.10。

6.4 金属与玻璃管封接漏率

金属与玻璃管封接漏率(Q)应小于1.0×10^{-10} Pa·m³/s。

6.5 玻璃-金属封接式热管真空太阳集热管内的气体压强

玻璃-金属封接式热管真空太阳集热管玻璃管内的气体压强(P)应不大于5×10^{-2} Pa。

6.6 空晒性能参数

太阳辐照度(G)≥800 W/m²，环境温度(T_a)在0℃～30℃范围内，风速不大于4 m/s。空晒性能参数(Y)应满足式(1)的要求。

$$Y=(T_s-T_a)/G\geqslant 0.195\ \mathrm{m^2\,℃/W} \qquad (1)$$

式中：

T_s——玻璃-金属封接式热管真空太阳集热管空晒温度，单位为摄氏度(℃)；

T_a——环境温度，单位为摄氏度(℃)；

G——太阳辐照度，单位为瓦每平方米(W/m²)。

6.7 抗机械冲击

玻璃-金属封接式热管真空太阳集热管应能承受直径为30 mm实心钢球从不低于0.5 m高度的冲击。

6.8 外观与尺寸

6.8.1 吸热板无明显变形。

6.8.2 吸热板涂层颜色均匀，无明显划伤。

6.8.3 吸热板涂层无明显起皮或脱落。

6.8.4 吸热板支撑可靠，不松动。

6.8.5 玻璃管的直线度应不大于玻璃管长度的0.3%。

6.8.6 玻璃管外径公差带不大于其公称尺寸的5%。

6.8.7 玻璃管长度公差带不大于其公称尺寸的0.6%。

6.8.8 玻璃-金属封接式热管真空太阳集热管长度公差带不大于其公称尺寸的0.8%。

6.8.9 热管冷凝段外径公差带不大于其公称尺寸的1%。

6.8.10 热管冷凝段探出长度公差带不大于其公称尺寸的7%。

7 检测方法

7.1 玻璃管检测

7.1.1 **太阳透射比检测**

按分光光度计所要求的样品尺寸取玻璃样品。采用波长范围不小于 250 nm～2 500 nm 配有积分球装置的分光光度计，测量玻璃透射比。

7.1.2 **应力检测**

采用偏光仪测量检偏镜旋转角度差，按式(2)计算玻璃管的光程差(δ)。

$$\delta = \frac{3 \times \phi}{d} \qquad \cdots\cdots(2)$$

式中：

δ——玻璃管的光程差，单位为纳米每厘米(nm/cm)；

ϕ——检偏镜旋转角度差，单位为度(°)；

d——光线通过处的玻璃厚度，单位为厘米(cm)。

7.1.3 玻璃管上的结石按本标准 6.1.3 要求，目测检查。

7.1.4 玻璃管上的节瘤按本标准 6.1.4 要求，目测检查。

7.1.5 玻璃管上的气线按本标准 6.1.5 要求，目测检查。

7.2 **热管检测**

7.2.1 **热管启动温度检测**

7.2.1.1 检测条件：在室内进行测量，室内环境温度控制在 20℃±1℃。

7.2.1.2 检测装置：热管垂直放入恒温水浴中，热管入水深度为热管长度的六分之一，恒温水浴温度为 30℃±0.5℃。

7.2.1.3 测试步骤：热管放入恒温水浴 20 min 后，开始测量热管冷凝段的温度 T_q。

7.2.1.4 测试仪表：

——水银温度计，误差应不大于±0.5℃；

——铂电阻温度指示控制仪，误差应不大于±0.5℃。

——数字式表面温度计，误差应不大于±(1%+1)℃。

——数字式时钟，误差应不大于±1 min/d。

7.2.2 **热管抗冻温度试验**

将热管以倾角大于 30°放入不高于－25℃的冰柜内冷冻 1 h，而后将其取出并放置在温度不低于 60℃、深度不小于 200 mm 的水中，待热管启动工作 5 min 后，再将其放入不高于－25℃冰柜中，如此反复 10 次，热管应无损坏。

7.3 **吸热板检测**

7.3.1 **涂层的太阳吸收比检测**

在吸热板中部和距吸热板上、下端 250 mm 处各取样品一片，样品符合分光光度计所需要求。采用波长范围不小于 250 nm～2 500 nm 配有积分球装置的分光光度计，分别测量三个样品涂层的光谱反射比，再以 AM1.5 计算确定它们的太阳吸收比，取三个样品的平均值表示玻璃-金属封接式热管真空太阳集热管吸热板涂层的太阳吸收比。

7.3.2 **涂层的红外发射率检测**

在吸热板中部和距吸热板上、下端 250 mm 处各取样品一片，样品符合发射率测定仪红外探头所需要求。用发射率测定仪分别测量三个样品的发射率，取三个样品的平均值表示玻璃-金属封接式热管真空太阳集热管吸热板涂层的红外发射率。

7.4 **金属与玻璃管封接处漏率检测**

将氦质谱检漏仪的检测接口与玻璃-金属封接式热管真空太阳集热管的玻璃管排气嘴对接，氦质谱检漏仪对玻璃-金属封接式热管真空太阳集热管玻璃管内腔进行抽气工作，当仪器显示玻璃管内的可检漏率小于 1.0×10^{-10} Pa·m³/s 时，用充满氦气的气包将封接处全部包住，并持续 30 s。仪器显示的漏率应无提高。

7.5　**真空体内的气体压强检测**

用火花检漏仪在暗环境下检测玻璃-金属封接式热管真空太阳集热管真空体内的气体压强。火花检漏仪的火花棒与玻璃管接触，根据放电颜色对真空状况作定性判断。在玻璃壁上呈现微弱荧光为合格品；出现辉光放电或火花穿过玻璃壁打向玻璃管内的金属件均为不合格品。

7.6　**空晒性能参数检测**

7.6.1　**检测条件**

在室外进行检测，太阳辐照度(G)不小于 800 W/m^2，环境温度在 0℃～30℃范围内，风速不大于4 m/s。

7.6.2　**检测装置**

3 根玻璃-金属封接式热管真空太阳集热管南北向放置在倾角范围为 30°～60°的支架上，中间为被测玻璃-金属封接式热管真空太阳集热管，两旁为测试陪管，其中心间距为玻璃管外径的 2 倍，其中心与漫反射平板的距离为玻璃管外径的 1 倍。漫反射平板为漫反射比不小于 0.60 的扎花铝平板。太阳辐射表的采光面与吸热板涂层面(正面)平行。测温元件放置在热管冷凝段的中部且与其接触良好，玻璃管以外(包括热管冷凝段、金属连接部件和铜管)作良好保温，保温材料为聚氨酯，保温层厚度不小于 50 mm。检测装置见图 2。

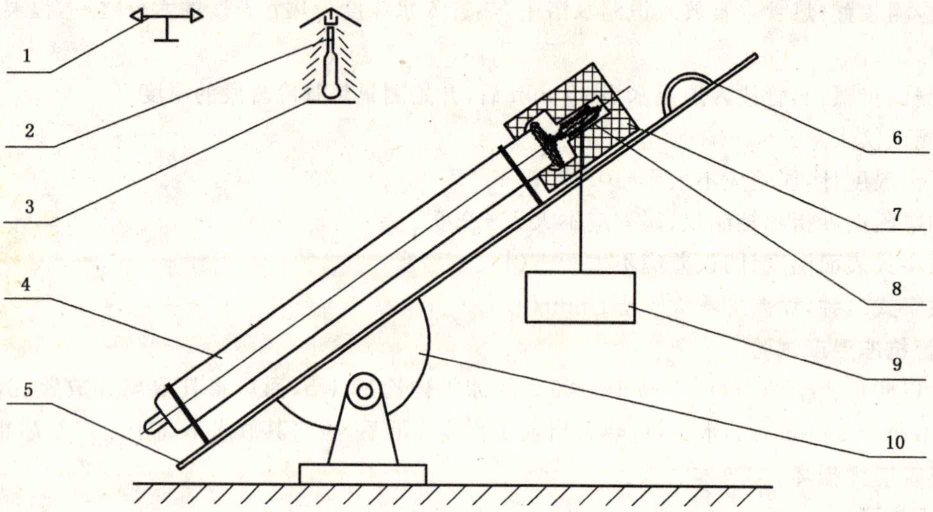

1——风速仪；

2——水银温度计；

3——百叶窗；

4——玻璃-金属封接式热管真空太阳集热管；

5——漫反射平板；

6——太阳辐射表；

7——保温帽；

8——热电偶；

9——温度测量仪；

10——检测支承架。

图 2　空晒性能参数检测装置

7.6.3　**检测步骤**

在太阳辐照度(G)不小于 800 W/m^2，且趋于稳定，15 min 内太阳辐照度变化不大于±30 W/m^2 的条件下。每隔 5 min 同时记录一次热管冷凝段上的空晒温度、太阳辐照度和环境温度，共记录四次。四次空晒温度的平均值为玻璃-金属封接式热管真空太阳集热管的空晒温度(T_s)。四次太阳辐照度的平均值为检测时的太阳辐照度(G)。四次环境温度的平均值为检测时的环境温度(T_a)。

7.6.4 **检测仪表**

检测仪表应符合以下要求:

——太阳辐射表,工作级;

——铂电阻温度计或热电偶,误差应不大于±0.5℃;

——水银温度计,误差应不大于±0.5℃;

——风速仪,误差应不大于±0.5 m/s。

7.6.5 **空晒性能参数的计算**

按照式(3)计算玻璃-金属封接式热管真空太阳集热管的空晒性能参数。

$$Y = \frac{T_s - T_a}{G} \qquad \cdots\cdots(3)$$

7.7 **抗机械冲击试验**

将玻璃-金属封接式热管真空太阳集热管水平固定放置在带有软垫的两个V形试验支架上,两支点间距为500 mm,直径为30 mm实心钢球在两支架中部上方0.5 m高处对准玻璃管的中心自由落下,垂直撞击在玻璃-金属封接式热管真空太阳集热管的玻璃管上,玻璃-金属封接式热管真空太阳集热管不应破损。

7.8 **外观与尺寸检测**

7.8.1 按本标准6.8.1要求,以目测方法检查吸热板的变形状况。

7.8.2 按本标准6.8.2要求,以目测方法检查吸热板涂层颜色。

7.8.3 按本标准6.8.3要求,以目测方法检查吸热板涂层外观。

7.8.4 按本标准6.8.4要求,以目测方法检查吸热板支架。

7.8.5 按本标准6.8.5要求,用偏摆仪测量或用平板和塞尺测量玻璃管的直线度。偏摆仪测量方法是:将玻璃-金属封接式热管真空太阳集热管的玻璃管两端放置在两个V形架上,在被测管回转一周过程中,用精度为0.01 mm的百分表测量玻璃管中部的径向跳动,径向跳动除以2所得的数值为直线度偏差值。平板和塞尺测量方法是:将玻璃-金属封接式热管真空太阳集热管的玻璃管放置在平板上,在被测管回转一周过程中,用塞尺沿平板塞入玻璃管中部,其最大塞尺塞入值为直线度偏差值。

7.8.6 按本标准6.8.6要求,用精度为0.02 mm的游标卡尺测量玻璃管外径。

7.8.7 按本标准6.8.7要求,用精度为1 mm的盒尺或直尺测量玻璃管长度。

7.8.8 按本标准6.8.8要求,用精度为1 mm的盒尺或直尺测量玻璃-金属封接式热管真空太阳集热管长度。

7.8.9 按本标准6.8.9要求,用精度为0.01 mm的外径千分尺测量热管冷凝段外径。

7.8.10 按本标准6.8.10要求,用精度为0.02 mm的游标卡尺或精度为0.5 mm的直尺测量热管冷凝段探出长度。

8 检验规则

8.1 玻璃-金属封接式热管真空太阳集热管检验分出厂检验和型式检验。

8.2 出厂检验

8.2.1 玻璃-金属封接式热管真空太阳集热管出厂前必须逐根进行出厂检验。

8.2.2 出厂检验包括以下内容:

a) 按本标准6.1.3检验;

b) 按本标准6.1.4检验;

c) 按本标准6.1.5检验;

d) 按本标准 6.8.1 检验；

e) 按本标准 6.8.2 检验；

f) 按本标准 6.8.3 检验；

g) 按本标准 6.8.4 检验；

h) 按本标准 6.8.5 检验；

i) 按本标准 6.8.6 检验；

j) 按本标准 6.8.7 检验；

k) 按本标准 6.8.8 检验；

l) 按本标准 6.8.9 检验；

m) 按本标准 6.8.10 检验；

n) 玻璃-金属封接式热管真空太阳集热管存放 72 h 后，按本标准 6.5 检验。

8.2.3 出厂检验判定规则

出厂检验是逐根进行检验，凡各项检验全部合格者，判为合格产品。凡玻璃管内的气体压强、热管冷凝段外径和吸热板涂层明显起皮或脱落中有一项不合格者，判为不合格产品。其他指标有两项不合格者，判为不合格产品。

8.3 型式检验

8.3.1 在正常情况下，每年应至少进行一次型式检验。

8.3.2 产品有下列情况之一时，应随时进行型式检验：

a) 新产品试制定型时；

b) 改变产品结构、材料、工艺而影响产品性能时；

c) 停产超过半年，恢复生产时；

d) 国家质量监督机构或国家认证机构提出进行型式检验要求时。

8.3.3 型式检验样品是从出厂检验合格的产品中随机抽取，抽取的样品数量不少于三根。

8.3.4 型式检验按本标准第 6 章各项检验。

8.3.5 型式检验判定规则

凡各项检验全部合格者，判为合格产品。凡空晒性能参数、热管启动温度、玻璃管内的气体压强、热管冷凝段外径和吸热板涂层明显起皮或脱落中有一项不合格者，判为不合格产品。其他指标一项不合格者，判为合格品。其他指标有两项不合格者，判为不合格产品。

9 标志、包装、运输、贮存

9.1 产品标志

产品上应有标志。

9.2 包装

9.2.1 包装方法应采用箱装，包装箱的标志图样应符合 GB/T 191 的规定。

9.2.2 包装箱上还应包括以下内容：

a) 制造厂名；

b) 产品名称；

c) 商标；

d) 产品型号；

e) 产品数量；

f) 允许垂直堆码层数；

g) 外形尺寸(长×宽×高)；

h) 整箱的重量；

i) 制造日期或生产批号。

9.2.3 包装箱内应附有检验合格证。

9.3 运输

产品在装卸和运输过程中，不得遭受强烈颠簸、震动，不得受潮、雨淋。

9.4 贮存

9.4.1 产品应放在干燥的仓库内。

9.4.2 产品不得和易燃物品及化学腐蚀品混放。

ICS 11.120.10
B 38

中华人民共和国国家标准

GB 19776—2005

原产地域产品　昭通天麻

Product of designations of origin or geographical indication—Zhaotong tianma

2005-06-07 发布　　　　2005-11-01 实施

中华人民共和国国家质量监督检验检疫总局
中国国家标准化管理委员会　发布

前言

本标准为全文强制性标准。

本标准根据《原产地域产品保护规定》和 GB 17924—1999《原产地域产品通用要求》制定。

本标准的附录 A 为规范性附录。

本标准由全国原产地域产品标准化工作组提出并归口。

本标准起草单位：云南省昭通市质量技术监督局、云南省昭通市药品监督管理局、云南省昭通市药品检验所、云南省昭通市天麻质量检测中心、云南省昭通市产品质量检测中心。

本标准主要起草人：杨廉玺、张光明、冯勇、邓传友。

原产地域产品 昭通天麻

1 范围

本标准规定了昭通天麻的原产地域保护范围、术语和定义、要求、试验方法及标志、包装、运输、储存。

本标准适用于国家质量监督检验检疫行政主管部门根据《原产地域产品保护规定》批准保护的昭通天麻。

2 规范性引用文件

下列文件中的条款通过本标准的引用而成为本标准的条款。凡注日期的引用文件，其随后所有的修改单(不包括勘误的内容)或修订版均不适用于本标准，然而，鼓励根据本标准达成协议的各方研究是否可使用这些文件的最新版本。凡是不注明日期的引用文件，其最新版本适用于本标准。

GB 3095 环境空气质量标准

GB/T 5009.3 食品中水分的测定

GB/T 5009.11 食品中总砷及无机砷的测定

GB/T 5009.12 食品中铅的测定

GB/T 5009.15 食品中镉的测定

GB/T 5009.17 食品中总汞及有机汞的测定

GB/T 5009.19 食品中六六六、滴滴涕残留的测定

GB/T 5009.33 食品中亚硝酸盐与硝酸盐的测定

GB/T 5009.34 食品中亚硫酸盐的测定

GB 5084 农田灌溉水质标准

GB 15618 土壤环境质量标准

中华人民共和国药典

3 原产地域保护范围

昭通天麻原产地域保护范围限于国家质量监督检验检疫行政主管部门根据《原产地域产品保护规定》批准的范围，即云南省昭通市现辖行政区域范围内，昭阳区、鲁甸县、巧家县、盐津县、大关县、永善县、绥江县、水富县、镇雄县、彝良县、威信县。见附录A。

4 术语和定义

本标准采用下列术语和定义。

4.1

昭通天麻 Zhaotong tianma

在原产地域保护范围内生长的兰科天麻属植物乌天麻(*Gastrodia elata Bl. f. glauca S. Chow*)，黄天麻(*Gastrodia elata Bl. f. flavida S. Chow*)的干燥块茎。

4.2

乌天麻 (*Gastrodia elata Bl. f. glauca S. Chow*)

为兰科天麻属植物，其花葶、鳞片、花均呈灰乌色；块茎多呈宽卵形、卵形、椭圆形；含水量60%～70%。

4.3

黄天麻 （*Gastrodia elata Bl. f. flavida S. Chow*）

为兰科天麻属植物，其花葶、鳞片、花均呈淡黄色；块茎多呈卵形、椭圆形；含水量80%左右。

5 要求

5.1 生长环境

5.1.1 大气

应选择大气无污染的地区，空气环境质量符合GB 3095的二级标准。

5.1.2 水质

水源为雨水，地下水和自然流水，水质应符合GB 5084的二级标准。

5.1.3 土壤

土壤条件符合GB 15618的二级标准。土壤pH值应在4.0～6.5之间。

5.1.4 气候

气候温和，年平均气温11.6℃；夏季凉爽，平均气温22℃左右；冬季1月～2月份有40 d～45 d、3℃～5℃的适宜低温期。年日照时数1 400 h～2 000 h，年均降雨量960 mm～1 300 mm。空气相对湿度76%～85%。

5.1.5 地理位置

在原产地域保护范围内，海拔1 400 m～2 800 m之间的适宜种植区域。

5.2 栽培技术

昭通天麻种植采用林下规范化种植。

5.2.1 种源

应选择昭通地产乌天麻、黄天麻两个优良品种作为生产用种。

5.2.2 蜜环菌菌种

采用昭通本地产的优质蜜环菌 *Armillariella mellea*（Vahl. ex Fr.）Karst，ZT—1。

5.2.3 菌材

蜜环菌所需菌材以壳斗科、桦木科、蔷薇科的树木枝丫为主。

5.2.4 有性繁殖

5.2.4.1 天麻制种：选用顶芽新鲜饱满、无黑斑、健壮、无创伤、无虫害、单个质量在200 g左右的箭麻为种麻，搭建荫棚，按畦宽60 cm，株距不小于4 cm，行距不小于15 cm栽植，开花后进行人工授粉，果实成熟及时采摘，低温储藏备用。

5.2.4.2 播种：按40 cm×60 cm的播种穴，将已制备好菌床的土扒开，把壳斗科植物树叶浸湿，铺撒薄薄的一层，按16颗～20颗蒴果与500 mL萌发菌拌匀，撒在4个～5个穴中，覆盖土10 cm。搞好田间管理，一年后天麻种籽发育成白头麻和米麻，可刨出作无性繁殖的种麻。

5.2.5 无性繁殖

5.2.5.1 用有性繁殖的白头麻、米麻，以及无性繁殖的第1代～2代白头麻和米麻作为种麻，在当年11月～12月或次年3月～4月栽培。

5.2.5.2 将白头麻或米麻栽培于事先制备好的50 cm×80 cm的固定菌床上，按每穴种量500 g左右进行播种。

5.2.6 田间管理

防涝、防旱、防高温、防冷冻、防人畜践踏。

5.2.7 病虫害防治

以预防为主，选用农业防治、生物防治、物理防治。

5.2.8　箭麻采收

每年11月至次年3月采收有性繁殖种植后两年(含两年)以上或无性繁殖种植后一年的成熟箭麻(冬天麻)。

5.3　加工

天麻采挖后,分级洗净,蒸至透心,在60℃～80℃温度下干燥。

5.4　分级

分级应符合表1的规定。

表1　分级指标

级别	形状	数量/(个/500 g)	单个重量/(g/个)
特级品	宽卵形、卵形,略扁 长8 cm～12 cm 宽4.5 cm～6 cm 厚2 cm～4 cm	≤8	≥63
一级品	宽卵形、卵形、椭圆形,略扁,稍弯曲 长7 cm～9 cm 宽3 cm～4.5 cm 厚1.5 cm～2.5 cm	≤13	≥39
二级品	卵形、椭圆形,略扁,稍弯曲 长6 cm～8 cm 宽2 cm～4 cm 厚1 cm～1.5 cm	≤23	≥22
三级品	卵形、椭圆形、长椭圆形,略扁,稍弯曲 长5 cm～8 cm 宽1.5 cm～3 cm 厚0.8 cm～1.2 cm	≤45	≥12

5.5　感官指标

昭通天麻呈宽卵形、卵形、椭圆形,略扁,稍弯曲。表面淡黄棕色,有纵皱纹及由潜伏芽排列而成的多轮点状横环纹,有时可见棕褐色菌索。顶端有红棕色、棕褐色、黄棕色鹦嘴状的芽或残留茎基;另一端有圆脐形疤痕。质坚实,难折断,断面平坦,黄白色至淡黄棕色,角质样。气特异,较浓,味微甘。

商品应无杂质、无虫蛀、无空泡、无霉变。

5.6　理化指标

理化指标应符合表2的规定。

表2　理化指标

项目		指标
天麻素含量(干重)/(%)	≥	0.4
水分/(%)	≤	13.0
总灰分/(%)	≤	5.0
酸不溶性灰分/(%)	≤	2.0
注:表内数字除水分外均以干燥品计。		

5.7 卫生指标

卫生指标应符合表3的规定。

表3 卫生指标

项目			指标
农药残留	六六六/(mg/kg)	≤	0.01
	滴滴涕/(mg/kg)	≤	0.01
重金属含量	铅(以Pb计)/(mg/kg)	≤	0.80
	砷(以As计)/(mg/kg)	≤	0.30
	汞(以Hg计)/(mg/kg)	≤	0.02
	镉(以Cd计)/(mg/kg)	≤	0.20
二氧化硫/(g/kg)		≤	0.05
亚硝酸盐(以 $NaNO_2$ 计)/(mg/kg)		≤	0.80

6 试验方法

6.1 分级

用普通天平称取单个天麻的重量,与表1对照,进入相应级别。

6.2 感官指标

用卡尺测量天麻的长、宽、厚尺寸;观测天麻的外观特征。

6.3 理化指标

6.3.1 天麻素含量

按中华人民共和国药典高效液相色谱法测定。

6.3.2 水分

按GB/T 5009.3的规定,采用减压干燥法测定。

6.3.3 总灰分、酸不溶性灰分

按中华人民共和国药典灰分测定法测定。

6.4 卫生指标

6.4.1 农药残留测定方法

按GB/T 5009.19的规定,采用气相色谱法测定。

6.4.2 重金属含量测定方法

6.4.2.1 铅

按GB/T 5009.12的规定,采用石墨炉原子吸收光谱法测定。

6.4.2.2 镉

按GB/T 5009.15的规定,采用石墨炉原子吸收光谱法测定。

6.4.2.3 砷

按GB/T 5009.11的规定,采用氢化物原子荧光光度法测定。

6.4.2.4 汞

按GB/T 5009.17的规定,采用原子荧光光谱分析法测定。

6.4.3 亚硝酸盐

按GB/T 5009.33的规定,采用盐酸萘乙二胺法测定。

6.4.4 二氧化硫

按GB/T 5009.34的规定,采用蒸馏法测定。

7 标志、包装、储存和运输

7.1 标志

产品包装物上应有原产地域产品标志，产品名称、规格、产地、等级、净重、天麻素含量、生产者、生产日期或批号、保质期、产品标准号等内容。

7.2 包装

包装物应洁净、干燥、无污染，符合国家有关卫生标准。

7.3 储存

仓库应配备防虫、防鼠设备，保持阴凉干燥、无污染；货架与墙壁的距离不得少于 0.5 m，离地面距离不得少于 20 cm。禁止与有毒、有害物质混放。

7.4 运输

天麻运输时，不得与有毒有害物质混装。运载容器应防雨、防潮、防污染。

附 录 A
（规范性附录）
昭通天麻原产地域保护范围图

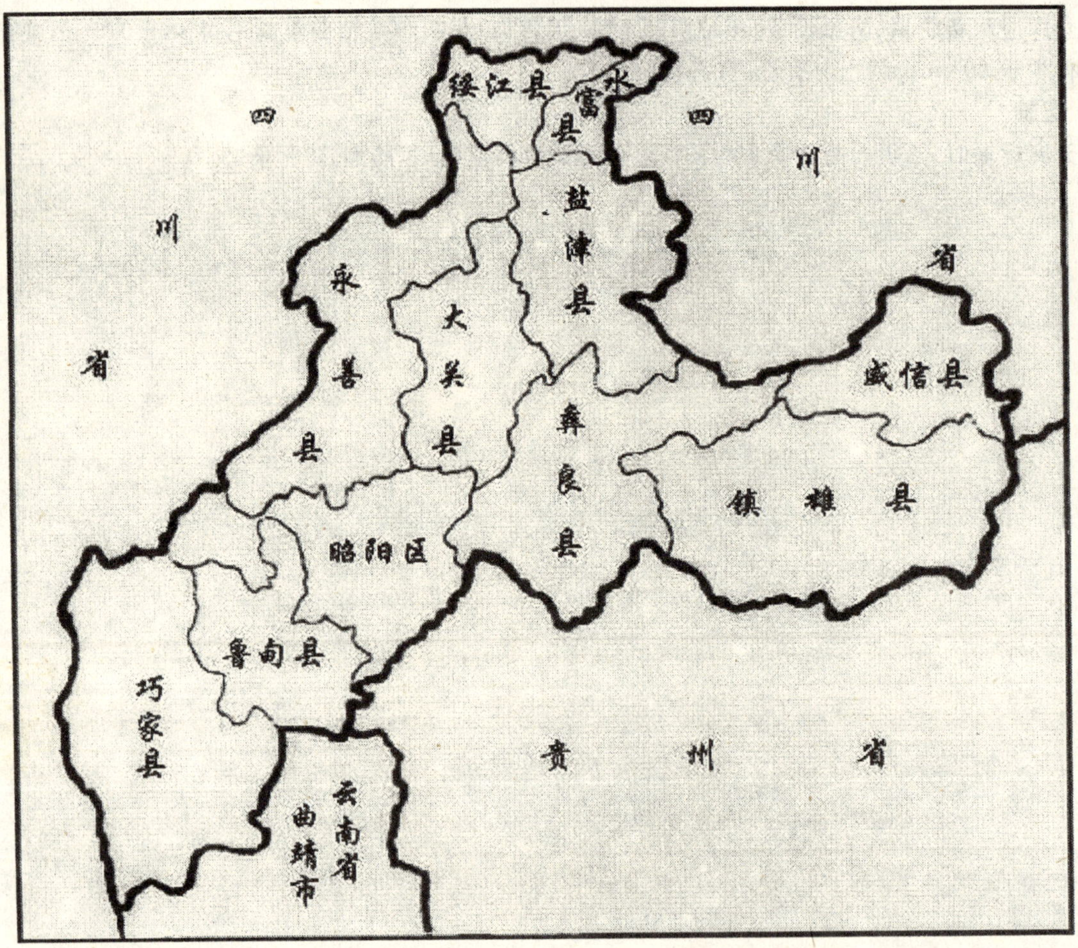

注：昭通天麻原产地域保护范围限于昭通市现辖行政区域内。即昭阳区、鲁甸县、巧家县、盐津县、大关县、永善县、绥江县、水富县、镇雄县、彝良县、威信县等十县一区。

图 A.1 昭通天麻原产地域保护范围图

ICS 67.220.10
X 66

中华人民共和国国家标准

GB 19777—2005

原产地域产品 山西老陈醋

Product of designations of origin or geographical indication—Shanxi extra aged vinegar

2005-06-07 发布 2005-11-01 实施

中华人民共和国国家质量监督检验检疫总局
中国国家标准化管理委员会 发布

前言

本标准正文为全文强制性标准。

本标准根据《原产地域产品保护规定》与 GB 17924—1999《原产地域产品通用要求》制定。

本标准的附录 A 为规范性附录，附录 B 和附录 C 为资料性附录。

本标准由全国原产地域产品标准化工作组提出并归口。

本标准起草单位：山西水塔老陈醋股份有限公司、山西老陈醋集团有限公司、山西省清徐金元老陈醋有限公司、山西清徐来福老陈醋有限公司、山西四眼井酿造实业有限公司、山西太谷通宝醋业有限公司、太原市古灯调味食品有限公司、榆次开发区四明楼陈醋厂、山西三关泉醋业有限公司、太原市宁化府益源庆醋业有限公司。

本标准主要起草人：梁宝爱、王正刚、岳子泉、冉春生、刘晓刚、刘树和、赵静、王建军、李卫平。

原产地域产品　山西老陈醋

1　范围

本标准规定了山西老陈醋的原产地域保护范围、术语和定义、要求、试验方法、检验规则和标签、包装、运输、贮存。

本标准适用于国家质量监督检验检疫行政主管部门根据《原产地域产品保护规定》批准保护的山西老陈醋。

2　规范性引用文件

下列文件中的条款，通过在本标准中引用而构成为本标准的条款，凡是注日期的引用文件，其随后所有的修改单(不包括勘误的内容)或修订的版本均不适用于本标准，然而，鼓励根据本标准达成协议的各方研究是否可适用这些文件的最新版本。凡是不注日期的引用文件，其最新版本适用于本标准。

GB/T 191　包装储运图示标志

GB/T 601　标准滴定溶液的制备

GB 2715　粮食卫生标准

GB 2719　食醋卫生标准

GB 2760　食品添加剂使用卫生标准

GB/T 4789.22　食品卫生微生物学检验　调味品检验

GB/T 5009.41—2003　食醋卫生标准的分析方法

GB 5461　食用盐

GB 5749　生活饮用水卫生标准

GB/T 6682　分析实验室用水规格和试验方法

GB 7718　预包装食品标签通则

GB/T 8231　高粱

GB/T 17924　原产地域产品通用要求

GB 18187—2000　酿造食醋

JJF 1070　定量包装商品净含量计量检验规则

国家技术监督局令　第43号《定量包装商品计量监督规定》

3　原产地域保护范围

限于国家质量监督检验检疫行政主管部门根据《原产地域产品保护规定》批准的原产地域范围位于山西省的中部，处于北纬37°16″～38°02″，东经112°18″～113°10″的区域内，即山西省太原盆地的太原市清徐县杏花岭区、万柏林区、小店区、迎泽区、晋源区、尖草坪区；晋中市榆次区、太谷县、祁县。原产地域保护范围图见附录A。

4　术语和定义

下列术语和定义适用于本标准。

4.1

山西老陈醋　Shanxi extra aged vinegar

在本标准第3章规定的范围内，以高粱麸皮为主要原料，以稻壳和谷壳为辅料，以大麦、豌豆为原料制作的大曲作为糖化发酵剂，经酒精发酵后采用固态醋酸发酵，再经熏醅、陈酿等工艺酿造而成的食醋统称为山西老陈醋。

5 要求

5.1 原辅料

5.1.1 所用高粱应符合 GB/T 8231 的规定，麸皮、大麦、豌豆应符合 GB 2715 规定，主要采自山西省忻定盆地和太原盆地，不得使用玉米等其他粮食或代用粮食，所用谷壳、稻壳应清洁，不得有霉变、结块等现象，并经除杂和清蒸处理。

5.1.2 酿造生产工艺用水应符合 GB 5749 的要求。

5.1.3 酿造生产工艺用食盐应符合 GB 5461 的规定。

5.1.4 酿造生产工艺用防腐剂应符合 GB 2760 的规定。

5.1.5 山西老陈醋生产所用大曲是以大麦、豌豆为原料，按传统工艺制成，共有 10 道工序，周期为 21 天，含有霉菌、酵母菌、醋酸菌等多种微生物。

5.1.6 山西老陈醋除添加花椒、大料等天然香辛料和食盐、防腐剂外，不得添加着色剂、增稠剂、酸味剂以及其他食品添加剂。

5.2 酿造环境

为第 3 章规定地域环境内，其气候特征为：气候四季分明，冬季寒冷干燥，春季多风干燥，夏季炎热多雨，秋季短暂凉爽，炎热气短，空气流动性大，湿度偏低，光照充足，降水集中。

5.3 传统工艺

山西老陈醋以高粱为原料主体，以大曲为糖化发酵剂，经酒精发酵、醋酸发酵；熏醅、淋醋，然后入缸或池伏晒、捞冰陈酿；陈酿期一年以上。

5.3.1 主要工艺流程

高粱→粉碎→蒸料→大曲糖化发酵→低温酒精发酵→固态醋酸发酵→熏醅→淋醋→陈酿

5.4 感官指标

感官指标应符合表 1 的规定。

表 1 感官指标

项　目	要　　求
色泽	棕红色或红褐色，有光泽
香气	特有醋香、熏香、酯香、陈香
滋味	入口绵酸，滋味柔和，酸甜适口，回味绵长
体态	澄清

5.5 理化指标

根据总酸的不同，山西老陈醋分为四类，其理化指标应符合表 2 的规定。

表 2 理化指标

项　目		规　　格(按总酸分类)			
		6.0 g/100 mL	5.5 g/100 mL	5.0 g/100 mL	4.5 g/100 mL
总酸(以乙酸计)/(g/100 mL)	≥	6.00	5.50	5.00	4.50
不挥发酸(以乳酸计)/(g/100 mL)	≥	1.50	1.30	1.00	0.70
还原糖(以葡萄糖计)/(g/100 mL)	≥	1.40	1.20	1.00	0.80
可溶性无盐固形物/(g/100 mL)	≥	9.00	8.00	7.00	6.00
总酯(以乙酸乙酯计)/(g/100 mL)	≥	2.40	2.20	2.00	1.80

5.6 卫生指标

应符合 GB 2719 的规定。

5.7 净含量

应符合《定量包装商品计量监督规定》的规定。

6 试验方法

所用试剂均为分析纯，实验用水应符合 GB/T 6682 中三级水的规定。

6.1 感官指标

按 GB/T 5009.41—2003 第 3 章规定执行。

6.2 总酸

按 GB/T 5009.41—2003 第 4 章规定执行。

6.3 不挥发酸

按 GB 18187—2000 第 6.3 条规定执行。

6.4 可溶性无盐固形物

按 GB 18187—2000 第 6.4 条规定执行。

6.5 还原糖

还原糖的测定见附录 B。

6.6 总酯

总酯的测定见附录 C。

6.7 卫生指标

按 GB/T 4789.22 和 GB/T 5009.41 规定执行。

6.8 净含量

按 JJF 1070 规定执行。

7 检验规则

7.1 组批：同一天生产灌装的同一品种、同一规格的产品为一批。

7.2 抽样：从每批产品的不同部位随机抽取 6 瓶（袋），分别做感官特性、理化、卫生检验和留样。

7.3 出厂检验

7.3.1 本产品出厂时应经生产企业质量检验部门检验合格并签署合格证后方可出厂。

7.3.2 出厂检验项目包括感官指标、总酸、不挥发酸、可溶性无盐固形物、总酯、还原糖、菌落总数、大肠菌群、净含量和标签。

7.4 型式检验

7.4.1 有下列情况之一时，应进行型式检验：

a) 正常生产每半年进行一次检验；

b) 产品投产时；

c) 原料、配方、生产工艺有重大变动时；

d) 停止生产半年以上重新恢复生产时；

e) 国家质量监督行政主管部门提出要求时。

7.4.2 型式检验项目为本标准规定的全部项目。

7.5 判断与复检规则

7.5.1 出厂检验项目或型式检验项目全部符合本标准规定时，该批产品判为合格品。

7.5.2 出厂检验项目或型式检验项目中，如感官、理化、净含量和标签出现一项不合格，可在同批产品中加倍抽样，对不合格项目进行复检，若该项目仍不合格，则判该批产品为不合格。卫生指标不合格，判为不合格品，且不允许复检。

8 标签、包装、运输、贮存

8.1 标签

按 GB 7718、GB/T 17924 和 GB 18187 的规定执行，并标出“总酸”含量及加贴 QS(质量安全)、市场准入标志和原产地域产品专用标志，不符合本标准的产品，其产品名称不得使用含有山西老陈醋(包括连续或断开)的名称。

8.2 包装

包装材料和容器应符合相应的国家食品卫生标准。外包装标志应符合 GB/T 191 的规定。

8.3 运输

产品在运输过程中应轻拿轻放，防止日晒雨淋，不得与有毒、有污染的物品混运。

8.4 贮存

产品应贮存在阴凉、干燥、通风、无污染的专用仓库内，瓶装产品的保质期应不低于 12 个月；袋装产品的保质期应不低于 6 个月。

附录 A
（规范性附录）
山西老陈醋原产地域保护范围图

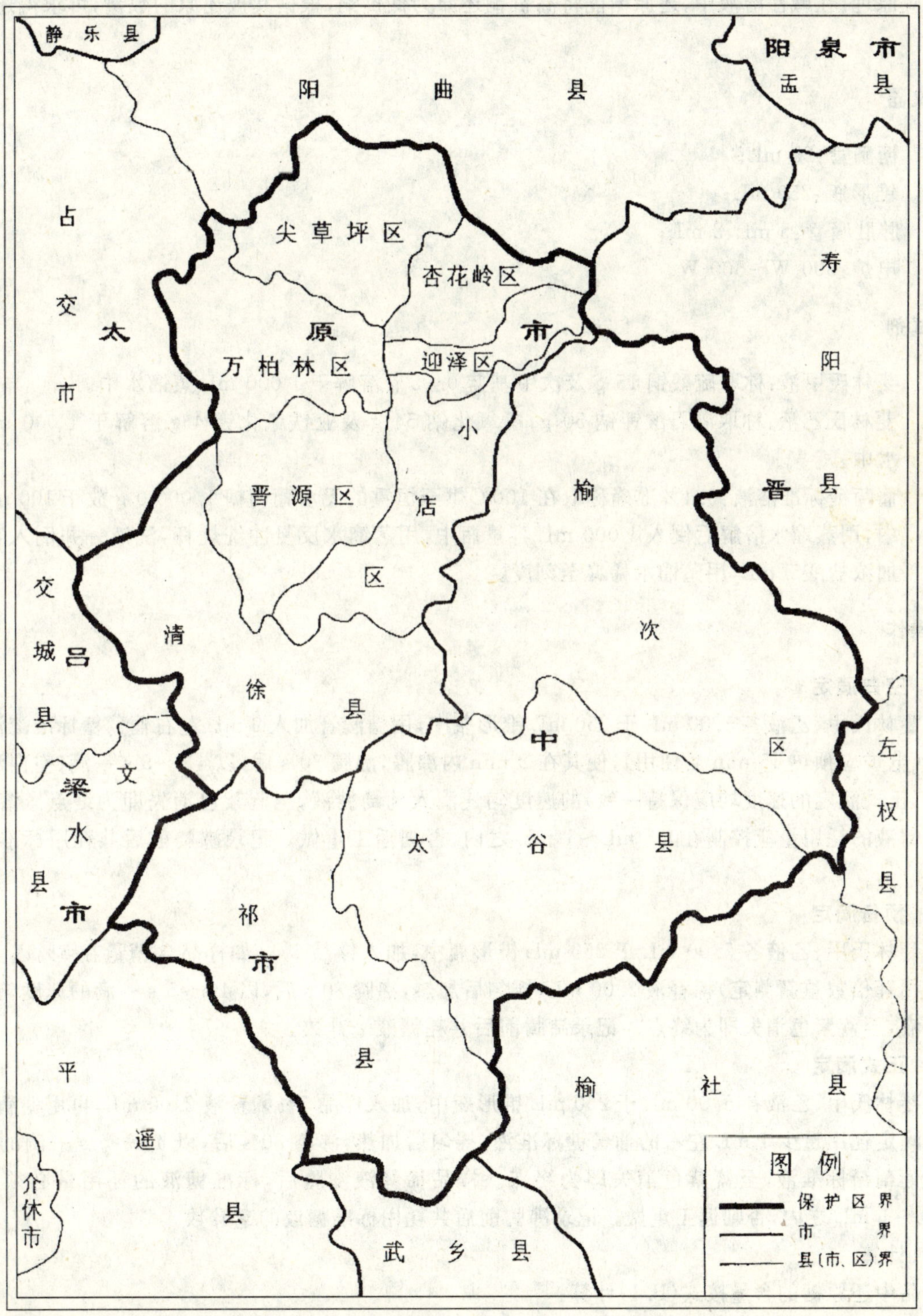

图 A.1　山西老陈醋原产地域保护范围图

附 录 B
(资料性附录)
还原糖的测定方法

反应原理:在碱性溶液中,还原糖能将高价铜还原为低价铜,根据其被还原的数量,可求得还原糖的含量。

B.1 仪器

a) 糖滴管:25 mL;
b) 锥形瓶:250 mL;
c) 胖肚吸管:5 mL、2 mL;
d) 电炉:300 W～500 W。

B.2 试剂

a) 斐林氏甲液:称取硫酸铜 15 g 及次甲基蓝 0.05 g 溶解于 1 000 mL 蒸馏水中。
b) 斐林氏乙液:称取酒石酸钾钠 50 g,氢氧化钠 54 g 及亚铁氰化钾 4 g 溶解于 1 000 mL 蒸馏水中。
c) 葡萄糖标准溶液:0.1%准确称取在 100℃烘至恒重的无水葡萄糖 1.000 0 g 放于 100 mL 烧杯中,用蒸馏水溶解后倒入 1 000 mL 容量瓶中,用蒸馏水反复冲洗烧杯,洗液一并倒入容量瓶,加浓盐酸 5 mL,用蒸馏水稀释至刻度。

B.3 操作

B.3.1 空白滴定

取斐林氏甲、乙液各 5.00 mL 于 250 mL 锥形瓶中,用糖滴管加入 9 mL 左右葡萄糖标准溶液,摇匀后加热(电炉应预热 15 min 后使用),使其在 2 min 内沸腾,沸腾 30 s 后,以 4 s～5 s 一滴(空白滴定、预备滴定、正式滴定的速度均应保持一致)的速度匀速滴入葡萄糖液,至蓝紫色消失即为终点。溶液沸腾后标准糖液的耗用量应控制在0.5 mL～1 mL 之内,否则返工重做。记录沸腾前后共耗用标准糖液的毫升数。

B.3.2 预备滴定

取斐林氏甲、乙液各 5.00 mL 于 250 mL 锥形瓶中,加入样品 5%(如样品含糖量在 6%以上,可适当扩大稀释倍数重新测定)稀释液 2.00 mL,摇匀后加热,沸腾 30 s 后,以 4 s～5 s 一滴的速度匀速滴入葡萄糖液,至蓝紫色消失即为终点。记录沸腾前后共耗糖液毫升数。

B.3.3 正式滴定

取斐林氏甲、乙液各 5.00 mL 于 250 mL 锥形瓶中,加入样品 5%稀释液 2.00 mL,再用糖滴管加入比预备滴定耗用量少 1 mL 左右的葡萄糖标准液,摇匀后加热,沸腾 30 s 后,以 4 s～5 s 一滴的速度匀速滴入葡萄糖标准液,至蓝紫色消失即为终点。样品稀释液沸腾后,标准糖液的耗用量必须控制在0.5 mL～1 mL 之内,否则返工重做。记录沸腾前后共耗用标准糖液的毫升数。

B.3.4 计算

样品中还原糖的含量按式(B.1)计算:

$$X_1 = \frac{(A - B) \times 0.1\%}{\frac{5}{100} \times 2} \times 100 \qquad \cdots\cdots\cdots\cdots(\text{B.1})$$

式中：

X_1——样品中还原糖的含量(以葡萄糖计)，单位为克每100毫升(g/100 mL)；

A——空白滴定耗用葡萄糖标准溶液的体积，单位为毫升(mL)；

B——正式滴定耗用葡萄糖标准溶液的体积，单位为毫升(mL)；

0.1%——葡萄糖标准溶液的浓度。

B.3.5 结果允许误差

同一样品两次测定值之差不得超过0.05 g/100 mL。

附 录 C
（资料性附录）
总酯的测定方法

反应原理：先用碱中和山西老陈醋中的酸，再加入一定量的碱使酯皂化，过量的碱再用酸进行反滴定。

C.1 仪器

a) 酸度计或pH计(附磁力搅拌器)：精度±0.1 pH。

b) 全玻璃回流装置，250 mL。

c) 水浴锅。

d) 酸式滴定管。

C.2 试剂

a) 0.05 mol/L氢氧化钠标准溶液，按GB/T 601规定的方法配制和标定。

b) 0.05 mol/L硫酸标准溶液，按GB/T 601规定的方法配制和标定。

C.3 分析步骤

C.3.1 试样制备

按6.2测定总酸含量的样品处理规定，吸取20.0 mL样品稀释液，置于250 mL具塞锥形瓶中，准确加入测定总酸含量时消耗氢氧化钠标准溶液的毫升数(切勿过量)；然后再准确加入0.05 mol/L氢氧化钠标准溶液15.0 mL进行皂化(如样品总酸含量大于5.0 g/100 mL时，可加入0.05 mol/L氢氧化钠标准溶液20.0 mL)，摇匀，装上冷凝管，于沸水浴回流半小时，取下，冷却至室温，将试样移入250 mL烧杯中，用20 mL蒸馏水冲洗锥形瓶，洗液并入烧杯中。

C.3.2 仪器的准备

安装好酸度计或pH计，接通电源，待稳定后，用pH 9.18的缓冲溶液校正仪器。

C.3.3 滴定

向试样杯中放一枚转子，将其置于磁力搅拌器上，插入电极，开启搅拌，按下pH读数开关，用0.05 mol/L硫酸标准溶液滴定至pH达到8.7即为终点，记录消耗硫酸标准溶液毫升数V_2。

C.4 计算

样品中总酯的含量按式(C.1)计算：

$$X_2=\frac{(c_1\times V_1-c_2\times V_2)\times 0.088}{\frac{10}{100}\times 20.0}\times 1\,000 \qquad \cdots\cdots\cdots\cdots(\text{C.1})$$

式中：

X_2——样品中总酯的含量(以乙酸乙酯计)，单位为克每升(g/L)；

c_1——氢氧化钠标准溶液的摩尔浓度，单位为摩尔每升(mol/L)；

V_1——皂化时，加入 0.05 mol/L 氢氧化钠标准溶液的体积，15.0 mL 或 20.0 mL；

c_2——硫酸标准溶液的摩尔浓度，单位为摩尔每升(mol/L)；

V_2——滴定时，消耗硫酸标准溶液的体积，单位为毫升(mL)；

0.088——与 1 mL 氢氧化钠标准溶液[$c(NaOH)=1.000$ mol/L]相当的以克表示的乙酸乙酯的质量。

C.5 结果允许误差

同一样品两次测定值之差不得超过 0.006 g/L。

ICS 55.100
A 82

中华人民共和国国家标准

GB 19778—2005

包装玻璃容器　铅、镉、砷、锑溶出允许限量

Packaging glass containers—Release of lead cadmium arsenic and antimony—Permissible limits

(ISO 7086-2 Glass hollowware in contact with food—Release of lead and cadmium—Permissible limits, MOD)

2005-05-23 发布　　　　2005-12-01 实施

中华人民共和国国家质量监督检验检疫总局
中国国家标准化管理委员会　发布

前言

本标准的第 4 章是强制性的，其余是推荐性的。

本标准修改采用 ISO 7086-2:2000《接触食品的空心玻璃制品——铅、镉溶出量——允许极限量》，铅、镉允许限量范围相同。

在多数玻璃容器中尚含有砷、锑，为了保障人身健康，故参考有关先进国家标准，制定了砷、锑的允许极限。

本标准由中国包装总公司提出。

本标准由全国包装标准化技术委员会玻璃容器分技术委员会归口。

本标准由北京玻璃陶瓷质量监督检测中心负责起草，山东药用玻璃股份有限公司参加起草。

本标准主要起草人：蒋中鳌、李美英、李道国、杜玉海、袁春梅。

包装玻璃容器 铅、镉、砷、锑溶出允许限量

1 范围

本标准规定了各种不同容积玻璃容器铅、镉、砷、锑溶出量的允许限量。

本标准适用于盛装食品、药品、酒、饮料、饮用水等直接进入人体的物料的各种包装玻璃容器。

2 规范性引用文件

下列标准中的条款通过本标准引用而成为本标准的条款。凡是注日期的引用文件，其随后所有的修改单(不包括勘误的内容)或修订版均不适用于本标准，然而，鼓励根据本标准达成协议的各方研究是否可使用这些文件的最新版本。凡是不注日期的引用文件，其最新版本适用于本标准。

GB/T 4548—1995 玻璃容器内表面耐水侵蚀性能测试方法及分级(eqv ISO 4802-1:1988)

GB/T 5009.11—1996 食品中总砷及无机砷的测定方法

GB/T 5009.63—1996 搪瓷食具容器卫生标准的分析方法

GB/T 13485—1992 接触食物的搪瓷制品铅、镉析出量测试方法

3 定义

3.1 包装玻璃容器：用于盛装食品、药品、酒类、饮料、饮用水等直接进入人体的物料的玻璃容器和微晶玻璃容器。

3.2 扁平容器：从容器内部最低平面至口缘水平面的深度小于 25 mm 的玻璃容器。

3.3 小容器：容积小于 600 mL 的容器。

3.4 大容器：容积介于 600 mL 和 3 L 之间的容器。

3.5 贮存罐：容积大于 3 L 的容器。

3.6 耐热玻璃容器：盛装食品后再进行加热的容器，如微波炉烤盘、咖啡壶、火锅等玻璃容器。

4 允许限量

包装玻璃容器类型	单位	允许限量			
		铅	镉	砷	锑
扁平容器	mg/dm^2	0.8	0.07	0.07	0.7
小容器	mg/L	1.5	0.5	0.2	1.2
大容器	mg/L	0.75	0.25	0.2	0.7
贮存罐	mg/L	0.5	0.25	0.15	0.5

5 浸泡条件

样品按 GB/T 4548 要求清洗，内装 4%(体积分数)乙酸，其中耐热玻璃容器在 98℃±1℃加热 120 min±2 min；一般玻璃容器在 22℃±2℃浸泡 24 h。

6 检验方法

浸出液按下列方法进行检验：

铅和镉按 GB/T 13485—1992 第一篇进行测试；

砷按 GB/T 5009.11—1996 第一篇进行测试；

锑按 GB/T 5009.63—1996 测试。

ICS 75.080
E 30

中华人民共和国国家标准

GB/T 19779—2005

石油和液体石油产品油量计算 静态计量

Petroleum and liquid petroleum products—Calculation of oil quantities—Static measurement

2005-05-25 发布　　2005-11-01 实施

中华人民共和国国家质量监督检验检疫总局
中国国家标准化管理委员会　发布

前言

本标准根据美国石油学会(API)的石油计量标准手册(MPMS)第12章 第1节 《静态油量计算 第1部分:立式圆筒形油罐和油船》的技术内容,结合国际石油静态计量标准的技术资料和我国油量计算的实际情况重新起草,其一致性程度为修改采用,在附录A中列出了本标准章条编号与MPMS第12.1章第1部分章条编号的对照一览表,主要差异如下:

——增加了铁路罐车、卧式油罐及其他储油容器内油量的计算方法;

——考虑到我国按油品表观质量进行贸易结算的传统习惯,增加了基于油品表观质量的计算方法、流程和实例;

——用我国的法定计量单位重新编写了计算实例;

——增加了附录B"本标准术语符号的国内外对照"、附录C"立式油罐量油高度的修正"、附录D"船舱底油(OBQ)或残油(ROB)的计算方法"及附录E"油船纵倾和横倾的修正";

——删除了参照标准中的附录B"立式圆筒形钢罐随温度膨胀收缩的罐壁温度修正系数的实例"和附录C"浮顶调整计算实例:方法1和2";

——结合我国国情和实际使用,调整了标准的部分章条结构。

本标准的附录A、附录B、附录C、附录D、附录E和附录F为资料性附录;

本标准由原国家石油和化学工业局提出。

本标准由中国石油化工股份有限公司石油化工科学研究院归口。

本标准负责起草单位:中国石油化工股份有限公司石油化工科学研究院。

本标准参加起草单位:中国石油天然气集团公司石油工业计量测试研究所、中国石油股份有限公司兰州石化公司计量中心、中国石化上海石油化工股份有限公司、中国石油化工股份有限公司山西石油分公司、中国石油化工股份有限公司销售公司计量管理站、中华人民共和国大窑湾出入境检验检疫局。

本标准主要起草人:魏进祥、鲍跃春、吉亚伟、周懋民、乔双喜、刘振东、吴云常。

本标准为首次制定。

石油和液体石油产品油量计算
静态计量

1 范围

本标准规定了储油容器内原油、石油产品及石化产品(以下简称油品)静态液体量的计算方法,定义了静态油量计算中使用的术语,给出了计算某些修正系数值的公式。其原则是无论基础数据是手工采集或自动采集,不同用户采用相同的基础数据(油罐容积表、液位、密度和温度等)能够计算出一致的结果。

本标准适用于常压下的立式圆筒形油罐、油船、铁路罐车、卧式圆筒形油罐、汽车罐车及其他储油容器内油品的油量计算。

本标准不包括挂壁油、非液体物质、微量残油和油气空间的油量计算。

本标准计算静态油量的参比条件是:标准温度为20℃,大气压力为101.325 kPa。

2 规范性引用文件

下列文件中的条款通过本标准的引用而成为本标准的条款。凡是注日期的引用文件,其随后所有的修改单(不包括勘误的内容)或修订版均不适用于本标准,然而,鼓励根据本标准达成协议的各方研究是否可使用这些文件的最新版本。凡是不注日期的引用文件,其最新版本适用于本标准。

GB/T 260 石油产品水分测定法

GB/T 1884 原油和液体石油产品密度实验室测定法(密度计法)(GB/T 1884—2000,eqv ISO 3675:1998)

GB/T 1885 石油计量表(GB/T 1885—1998,eqv ISO 91-2)

GB/T 4756 石油液体手工取样法(GB/T 4756—1998,eqv ISO 3170:1988)

GB/T 6531 原油和燃料油中沉淀物测定法(抽提法)(GB/T 6531—1986,eqv ISO 3735:1975)

GB/T 6533 原油中水和沉淀物测定法(离心法)(eqv ASTM D4007:1981)

GB/T 8170 数值修约规则

GB/T 8927 石油和液体石油产品温度测定法

GB/T 8929 原油水含量测定法(蒸馏法)(eqv ASTM D4006:1981)

GB/T 13235.1 石油和液体石油产品 立式圆筒形金属油罐容积标定法(围尺法)(GB/T 13235.1—1991,neq ISO/DIS 7507-1)

GB/T 13235.2 石油和液体石油产品 立式圆筒形金属油罐容积标定法(光学参比线法)(neq ASTM D4738:1990)

GB/T 13235.3 石油和液体石油产品 立式圆筒形金属油罐容积标定法(光电内测距法)(GB/T 13235.3—1995,neq ISO/DIS 7507-4)

GB/T 13377 原油和液体或固体石油产品密度或相对密度测定法(毛细管塞比重瓶和带刻度双毛细管比重瓶法)(GB/T 13377—1992,neq ISO 3838:1983)

GB/T 13894 石油和液体石油产品液位测量法(手工法)(neq API 2545-65:1987)

GB/T 17605 石油和液体石油产品 卧式圆筒形金属油罐容积标定法(手工法)(neq API 2551:1997)

GB/T 18273　石油和液体石油产品　立式罐内油量的直接静态测量法(HTG 质量测量法)(GB/T 18273—2000,eqv ISO 11223-1:1995)

JJG 133　汽车油罐车容量试行检定规程

JJG 140　铁路罐车容积检定规程

JJG 168　立式金属罐容量试行检定规程

JJG 266　卧式金属罐容积检定规程

JJG 702　船舶液货计量舱容量试行检定规程

SH/T 0604　原油和石油产品密度测定法(U 形振动管法)(SH/T 0604—2000,eqv ISO 12185:1996)

ISO/TR 8338　原油交接责任　余留在船上原油量的估算方法

ISO 3171　石油液体　自动管线取样法

API MPMS Chapter 2　油罐标定

API MPMS Chapter 17　油船计量

3　术语和定义

下列术语和定义适用于本标准,术语符号的国内外对照表参见附录 B。

3.1

游离水(FW)　free water

在油品中独立分层并主要存在于油品下面的水。V_{FW}表示游离水的扣除量,其中包括底部沉淀物。

3.2

沉淀物和水(SW)　sediment and water

油品中的悬浮沉淀物、溶解水和悬浮水总称为沉淀物和水。其质量分数或体积分数、体积和质量分别用 SW%、V_{sw}和 m_{sw}表示。

3.3

沉淀物和水的修正系数　(*CSW*) correction for SW

为扣除油品中的沉淀物和水(SW),将毛标准体积修正到净标准体积或将毛质量修正到净质量的修正系数。

3.4

体积修正系数(*VCF*)　volume correction factor

将油品从计量温度下的体积修正到标准体积的修正系数。用标准温度下的体积与其在非标准温度下的体积之比表示。等同于液体温度修正系数(*CTL*)。

3.5

罐壁温度修正系数(*CTSh*)　correction for temperature of the shell

将油罐从标准温度下的标定容积(即油罐容积表示值)修正到使用温度下实际容积的修正系数。

3.6

总计量体积(V_{to})　total observed volume

在计量温度下,所有油品、沉淀物和水以及游离水的总测量体积。

3.7

毛计量体积(V_{go})　gross observed volume

在计量温度下,已扣除游离水的所有油品以及沉淀物和水的总测量体积。

3.8

毛标准体积(V_{gs})　gross standard volume

在标准温度下,已扣除游离水的所有油品及沉淀物和水的总体积。通过计量温度和标准密度所对应的体积修正系数修正毛计量体积可得到毛标准体积。

3.9

净标准体积(V_{ns})　net standard volume

在标准温度下,已扣除游离水及沉淀物和水的所有油品的总体积。从毛标准体积中扣除沉淀物和水可得到净标准体积。

3.10

表观质量(m)　weight ,apparent mass in air

有别于未进行空气浮力影响修正的真空中的质量,表观质量是油品在空气中称重所获得的数值,也习惯称为商业质量或重量。通过空气浮力影响的修正也可以由油品体积计算出油品在空气中的表观质量。

3.11

表观质量换算系数(*WCF*)　weight converting factor

将油品从标准体积换算为空气中的表观质量的系数。该系数等于标准密度减去空气浮力修正值。本标准取空气浮力修正值为 1.1 kg/m³ 或 0.001 1 g/cm³。

3.12

毛表观质量(m_g)　gross weight

与毛标准体积(V_{gs})对应的表观质量。

3.13

净表观质量(m_n)　net weight

与净标准体积(V_{ns})对应的表观质量。

3.14

总计算体积(V_{tc})　Total calculated volume

标准温度下的所有油品及沉淀物和水与计量温度下的游离水的总体积。即毛标准体积与游离水体积之和。

3.15

底油(OBQ)　on-board quantity

油船装油前就存在的除游离水外的所有油、水和油泥渣等物质。

3.16

残油(ROB)　remaining on board

油船卸油后残留的除游离水外的所有油、水、油泥渣等物质。

4　数值修约

数值修约方法应符合 GB/T 8170。在多数情况下,所使用的小数位数受数据来源的影响。例如,如果油罐容积表被标定到整数升,则随之导出的体积值也应作相应记录。然而,在没有其他限制因素的情况下,使用者应依照表 1 规定的小数位数进行修约。表 1 中的数据不可认为是测量仪器的精度要求。在检验计算方法与本标准的一致性时,显示和打印硬件应具有至少 32 位二进制字长或能显示 10 位数。

表 1 有效数位

量的名称		单位名称及符号	小数位数
国内常用	密度	千克每立方米(kg/m³)	××××.×
	密度	克每立方厘米(g/cm³)	×.××××
	VCF		×.××××[a]
	SW%		××.×××
	油品温度	摄氏度(℃)	×.×5
	罐壁温度	摄氏度(℃)	×××.0
	CTSh		×.×××××
	CSW		×.×××××
	体积	立方米(m³)	...,×××.×××
	体积	升(L)	...,×××.0
	质量	千克(kg)	...,×××.0
	质量	吨(t)	...,×××.×××
国外及其他	*API* 度,60℉		×××.×
	相对密度		×.××××
	CTL		×.××××
	油品温度	华氏度(℉)	×.×
	体积	加仑(gallons)	...,×××.××
	体积	桶(barrels)	...,×××.××
	质量	磅(pounds)	...,×××.0
	质量	短吨(short tons)	...,×××.×××
	质量	长吨(long tons)	...,×××.×××

a 石油计量表的使用把 *VCF* 限制到 4 位小数,查表时的密度分度和温度分度限制到 2.0 kg/m³ 和 0.25℃,发生争议时,应首选计算执行程序计算的 *VCF*。

5 基础数据的准备

为获得油罐或油船内油品库存及输转量的准确结果,应首先保证计算油量的基础数据(如液位、油温、密度和水分等)是按规定标准方法同时获得并记录在同一张计量票或计量报告上。

5.1 容积表

储油容器已按相应标准标定,并具备符合标准要求的容积表。其中立式油罐、卧式油罐、铁路罐车、汽车罐车和油船的标定标准依次应为 GB/T 13235.1～GB/T 13235.3(或 JJG 168)、GB/T 17605(或 JJG 266)、JJG 140、JJG 133 和 MPMS Chapter2(Section8A)(或 JJG 702)。

5.2 油品高度

按 GB/T 13894 或其他满足精度要求的自动测量方法准确测量和记录油品的实高或空高,同时也应根据实际需要对使用状态下的检尺口总高和容积表上注明的检尺口总高进行测量和记录。如果容器底部存在游离水和沉淀物,则应测量和记录游离水和底部沉淀物的高度。

5.3 计量温度

油品计量温度按 GB/T 8927 或其他满足精度要求的自动测量方法测量和记录,并最终取得罐内或舱内油品的平均计量温度。

5.4 取样

为确定罐内、舱内或输转油品的密度以及沉淀物和水的质量分数或体积分数，应根据实际计量需要，按 GB/T 4756 或 ISO 3171 的要求取样，以进行实验分析。

5.5 标准密度

按 GB/T 1884、GB/T 13377 或 SH/T 0604 测定第 5.4 条采集样品的标准密度，以最终获得能代表罐内油品的标准密度。

5.6 沉淀物和水的质量分数或体积分数（*SW*%）

根据油品类别和贸易协议，按 GB/T 260 或 GB/T 8929 测定水的质量分数或体积分数，按 GB/T 6531 测定沉淀物的质量分数或体积分数，将二者相加作为沉淀物和水的质量分数和体积分数；此外按照 GB/T 6533 也可一次测出原油中水和沉淀物的质量分数或体积分数。

5.7 环境空气温度

对于非保温罐，罐壁温度受外界环境的影响很大，当计算温度对罐壁影响的修正系数时，除了液体温度以外，还必须考虑环境气体温度。油罐周围的环境气体温度总是一个随机且广泛变动的量，尤其应注意选择最佳的测量位置。建议采用如下方法测量环境气体温度：

a） 用移动式测温装置在油罐区的背光位置测量一次或多次温度，取平均值作为环境气体温度；

b） 永久安装在油罐区背光位置的表面温度计；

c） 采用本地气象站提供的数据。

5.8 油船的附加数据

a） 前部吃水深度读数；

b） 后部吃水深度读数；

c） 横倾。

6 计算毛计量体积（V_{go}）

6.1 立式圆筒形油罐

6.1.1 概述

根据式（1），从总计量体积（V_{to}）中减去所有游离水（V_{fw}），再将结果乘以罐壁温度修正系数（$CTSh$），得到毛计量体积（V_{go}）。对于浮顶罐，应从中扣除浮顶的排液体积（V_{frd}）。

注：我国通常以质量作为散装油品的结算依据，因此也按质量扣除浮顶排液量，即省略式（1）中的最后减项，但此时的 V_{go} 中包含浮顶的排液体积，不具有油品体积的实际意义，仅作为油量计算的中间变量。

$$V_{go}=\{(V_{to}-V_{fw})\times CTSh\}-V_{frd} \qquad (1)$$

6.1.2 总计量体积

用 5.2 测量的油品高度查油罐容积表得到对应高度下的标定容积，即油品的总计量体积。当油罐容积表按空罐容积和液体静压膨胀容积分别编制时，总计量体积（V_{to}）应按式（2）计算：

$$V_{to}=V_c+\Delta V_c\times\rho_w/\rho_c \qquad (2)$$

式中：

V_c——由油品高度查油罐容积表得到的对应高度下的空罐容积；

ΔV_c——由油品高度查液体静压力容积修正表得到的油罐在标定液静压力作用下的容积膨胀值；

ρ_c——编制油罐静压力容积修正表时采用的标定液密度，通常为水的密度；

ρ_w——油罐运行时工作液体的计量密度，可用标准密度（ρ_{20}）乘以计量温度下的体积修正系数（VCF）求得。

注：用量油尺或自动液位计直接或间接测量的液体实高，应考虑油品温度对量油尺读数以及检尺口总高的影响。用液体高度查油罐容积表之前，应参照附录 C 推荐的方法进行修正。

6.1.3 **扣除游离水(FW)和罐底沉淀物**

在油品转移前后,应测定游离水和罐底沉淀物的数量,以对毛计量体积作出适当修正。用游离水和沉淀物的深度查油罐容积表可确定它们应扣除的体积。

6.1.4 **罐壁温度对标定容积的影响(*CTSh*)**

油罐在温度发生变化时,其体积也要发生相应的变化。油罐容积表给出的通常是在标准温度下的容积,实际计量时的罐壁温度通常不同于标准温度,对此应对标定容积作出相应修正。对于立式圆筒油罐,罐壁温度对体积影响的修正系数可以用对横截面积影响的修正系数表示,因此罐壁温度修正系数($CTSh$)可以按式(3)计算,温度对液位测量影响的修正系数可参见附录C单独考虑。

$$CTSh = 1 + 2\alpha(T_s - 20) \qquad (3)$$

式中:

α——罐壁材质的线膨胀系数(低碳钢取 $\alpha=0.000\,012$),℃$^{-1}$;

T_s——油罐计量时的罐壁温度,℃;

罐壁温度通常受罐内油品温度和罐外环境温度的影响,因此在计算罐壁温度对标定容积的影响时,均应给予考虑。对于保温罐,可以将罐内油品的平均温度近似作为罐壁温度,即 $T_s=T_L$。对于非保温罐,罐壁温度按式(4)计算:

$$T_s = [(7 \times T_l) + T_a]/8 \qquad (4)$$

式中:

T_l——罐内油品的平均温度,℃;

T_a——油罐周围的环境空气温度,℃。

注:用罐壁温度修正系数修正油罐的标定容积,与计算产品自身体积膨胀或收缩的修正无关。根据特殊需要,罐壁温度修正系数也可以按特定的工作温度编入油罐容积表中。

6.1.5 **浮顶修正**

6.1.5.1 **概述**

由于罐内油品密度会经常发生变化,与油品密度有关的浮顶的排液体积也随之变化,因此通常不把浮顶修正直接编入油罐容积表中,而是在油量计算中再扣除。

6.1.5.2 **按体积扣除**

在油量计算时,如果浮顶排液量在计算毛计量体积时扣除,则浮顶的排液体积(V_{frd})按式(5)计算:

$$V_{frd} = m_{fr}/[WCF \times VCF] \qquad (5)$$

式中:

m_{fr}——浮顶的表观质量。

注:*WCF* 的单位应与浮顶表观质量的单位相互对应。

6.1.5.3 **按质量扣除**

由于我国散装油品主要按油品的质量结算,因此在计算带有浮顶的立式圆筒形油罐内的毛计量体积时,可以不扣除浮顶排液体积,而是在计算油品毛表观质量时再扣除浮顶的表观质量。

注:如果液位降落在浮顶最低点至起浮点区间时,浮顶修正不准确,对应数据不适合作计量交接使用。此外,上述浮顶修正不适用于浮顶最低点以下的油量计算。

6.2 **油船**

6.2.1 **概述**

根据式(6),从油船舱容表获得的总计量体积(V_{to})中扣除游离水的体积(V_{fw})可计算出毛计量体积(V_{go})。

$$V_{go} = V_{to} - V_{fw} \qquad (6)$$

如果修正油船纵倾或横倾的是体积修正值,则可按式(7)计算:

$$V_{go} = (V_{to} \pm \text{纵倾或横倾修正}) - V_{fw} \qquad (7)$$

6.2.2 **总计量体积(V_{to})**

根据油船舱容表的不同配置，油舱内油品的总计量体积(V_{to})可以通过如下三种方式查表得到：

——如果纵倾和/或横倾修正是体积调整量，则首先用测量空高或实高查表得到V_{to}，将纵倾和/或横倾修正值加到V_{to}中可得到经过纵倾和/或横倾修正的V_{to}。

——由经过纵倾和/或横倾修正的空高或实高查表得到V_{to}。

——有些容积表已经给出了相同检尺高度上随不同纵倾变化的V_{to}值，可用测量空高或实高及油船纵倾查表得到V_{to}。

6.2.3 **纵倾修正**

纵倾修正用于补偿由于船舱纵向横截面不水平所引起的液位变化。用船尾吃水读数减去船头吃水读数的结果表示纵倾。如果纵倾为正值(即船尾吃水读数较大)，就称油船为“艉倾”；如果纵倾为负值(即船头吃水读数较大)，就称油船为“艏倾”。对此，应注意如下几点：

——在油舱容积表中可以查到纵倾修正，通常是对测量实高或空高的修正。然而，它也可能是对总计量体积的体积调整量；

——纵倾修正值可正可负。纵倾修正表规定了修正值的具体用法；

——如果在舱容表中没有给出纵倾修正值，可以参照式(8)和图1计算。

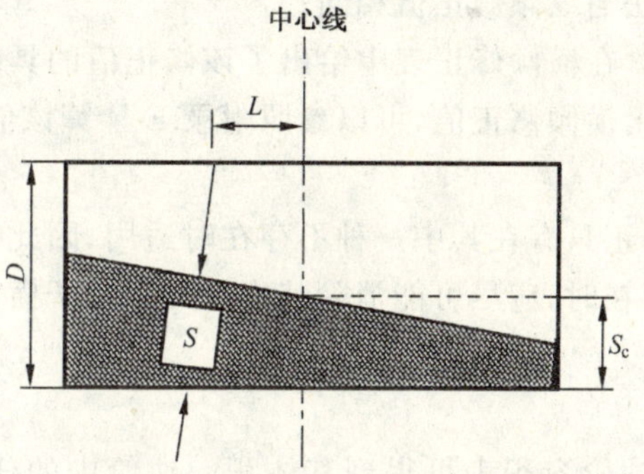

图1 纵倾修正计算示意图

在油船舱容表中通常提供了纵倾修正值，因此往往不在现场进行如下计算。然而，在需要的场合，也可以采用式(8)计算出对实高的纵倾修正值。

$$S_c = S \times \sqrt{T^2 + LBP^2}/LBP - D \times (T/LBP)^2 \pm L \times (T/LBP) \quad \cdots\cdots\cdots\cdots(8)$$

式中：

D——自参照点算起的舱高；

S——检尺高度；

L——检尺口到油舱中心线的距离；

S_c——经纵倾修正的检尺高度；

LBP——垂直线间的船长；

T——油船纵倾。

需要注意的是，当油船处于艉倾情况时，当检尺位置在偏离中心线的船头方向时，应加上最后一项；当检尺位置在偏离中心线的船尾方向时，应减去最后一项。当油船处于艏倾情况时，则正好相反。

当罐内液位达不到前端时，则形成楔形，采用纵倾修正将不再给出真实的检尺高度，可以参照附录D计算楔形油品的体积。

6.2.4 **横倾修正**

横倾修正用于补偿因油船纵向竖直面不垂直于水平面所引起的液位变化。通常用倾斜仪读出油船横倾值。如果没有倾斜仪或怀疑其准确性，则可由船身中部左舷和右弦的吃水读数计算横倾。计算方法可参见如下示例。

示例：如图 2 所示，已知左舷吃水(PA)=10.0 m，右舷吃水(SB)=12.0 m，船身宽度(XY)=30.0 m。根据横倾的计算原理，横倾角(∠LCV 或∠SCX)=θ，$\tan\theta$=(右舷吃水－左舷吃水)/船体宽度，则 $\tan\theta$=(12.0－10.0)/30=0.066 7，θ=4°(修约到 0.5°)，即油船向右横倾 4°。

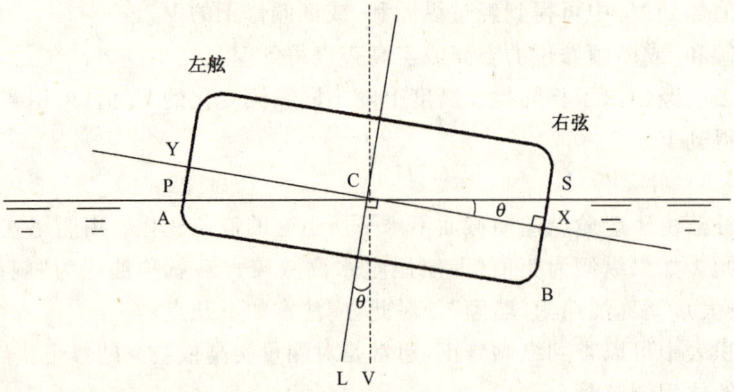

图 2 用船体中部吃水读数计算油船横倾的方法

横倾修正的使用方法应注意如下几点：

——横倾修正值的使用方法与纵倾修正值相同；

——横倾修正值可正可负。在横倾修正表中给出了该修正值的具体用法；

——如果舱容表中没有给出横倾修正值，可以参照附录 E 计算该值。

6.2.5 横倾和纵倾的组合修正

在多数情况下，由于两种修正只有在其中一种不存在时适用，因此横倾修正和纵倾修正最好不放在一起组合使用，当两种情况都存在时，应尽可能消除其中之一。对于横倾和纵倾组合修正的计算方法可以参见附录 E。

6.2.6 游离水的体积

用游离水的实高或空高查油舱容积表可得到其体积。油舱内的任何液体都将受到纵倾和横倾影响，如果游离水接触到全部舱壁，前面引用的纵倾和横倾修正对其同样适用。如果游离水不接触到全部舱壁时，船舱中的液体以楔形体积存在，上述纵倾修正不再适用。计算楔形体积是否存在的规则、楔形表/公式的应用及楔形体积的计算可参见附录 D 或美国石油计量标准手册的第 17.4 章。

6.3 卧式金属罐、铁路罐车和汽车罐车

6.3.1 概述

根据式(9)，从总计量体积(V_{to})中减去游离水，再将结果乘以罐壁温度修正系数($CTSh$)，就得到毛计量体积(V_{go})。

$$V_{go}=\{(V_{to}-V_{fw})\times CTSh\} \quad \cdots\cdots(9)$$

6.3.2 总计量体积

用油品高度查油罐容积表可以得到标准温度下的油罐在对应高度下的标定容积(V_c)。如果油品高度介于编表高度之间，则可以采用内插法进行计算。对于此类小型油罐，可以不考虑液体静压力的膨胀影响，总计量体积近似等于标定容积($V_{to}=V_c$)。

6.3.3 扣除游离水和罐底沉淀物

按与 6.1.3 相同的方法，扣除游离水和底部沉淀物的体积。

6.3.4 罐壁温度对标定容积的影响($CTSh$)

对于卧式油罐、铁路罐车和汽车罐车，其罐壁温度对标定容积影响的修正系数和罐壁温度按与立式圆筒形油罐相同的方法确定，量油尺的测量液位参照 C.2 进行修正。

6.4 其他容器

其他容器在可获得内部液体毛计量体积(V_{go})的基础上，自第 7 章继续计算。

7 计算毛标准体积

7.1 体积修正系数

根据 GB/T 1885，由 5.3 确定的油品的计量温度和 5.5 确定的标准密度查对应油品的体积修正系数表得到将毛计量体积修正到毛标准体积的体积修正系数(VCF)。

7.2 毛标准体积

将第 7 章确定的毛计量体积(V_{go})乘以体积修正系数(VCF)，就得到毛标准体积(V_{gs})。

$$V_{gs} = V_{go} \times VCF \qquad \cdots\cdots (10)$$

8 沉淀物和水

原油和某些石油产品中含有沉淀物和水(SW)，其修正值(CSW)应采用 5.6 中的测试结果按下式计算：

$$CSW = 1 - SW\% \qquad \cdots\cdots (11)$$

除非是贸易需要或有其他特殊要求，石油产品通常不进行沉淀物和水的修正，此时的净标准体积等于毛标准体积。

注：沉淀物和水(SW)的含量($SW\%$)有体积分数和质量分数两种确定方式，应根据油量计算是基于体积还是基于质量来选择使用。

9 计算净标准体积

用毛标准体积(V_{gs})乘以沉淀物和水的修正值(CSW)，即得到净标准体积(V_{ns})。

$$V_{ns} = V_{gs} \times CSW \qquad \cdots\cdots (12)$$

$$V_{sw} = V_{gs} - V_{ns} \qquad \cdots\cdots (13)$$

注：如果最终需要的只是油品的表观质量，则也可以按第 10 节由毛标准体积(V_{go})直接计算毛表观质量(m_g)，从毛表观质量中按质量分数扣除沉淀物和水得到净表观质量(m_n)，本步计算可以省去。

10 计算表观质量

10.1 概述

用 V_{gs} 或 V_{ns} 乘以表观质量换算系数(WCF)可以计算出油品的毛表观质量(m_g)或净表观质量(m_n)。

10.2 浮顶排液量及沉淀物和水(SW)已按体积扣除

$$m_n = V_{ns} \times WCF \qquad \cdots\cdots (14)$$

10.3 按质量修正浮顶排液量及沉淀物和水

将毛标准体积(V_{gs})乘以表观质量换算系数(WCF)，减去浮顶的表观质量(m_{fr})(对于浮顶罐)得到油品的毛表观质量(m_g)，将其乘以沉淀物和水的修正系数(CSW)计算出油品的净表观质量(m_n)：

$$m_g = V_{gs} \times WCF - m_{fr} \qquad \cdots\cdots (15)$$

$$m_n = m_g \times CSW \qquad \cdots\cdots (16)$$

$$m_{sw} = m_g - m_n \qquad \cdots\cdots (17)$$

11 计算质量(真空中的质量)

对于原油及其产品，通常优先用 V_{gs} 和 V_{ns} 乘以标准密度(ρ_{20})计算质量。然而，也可以用相同计量温度下的密度和体积相乘来计算质量，此时的体积应是毛计量体积(V_{go})，密度一般用由计量温度和标准密度查 GB/T 1885 中的体积修正系数表得到的 VCF 和标准密度来计算。石油化工产品通常用后一种方法计算数量。

注：对于石油化工产品，一般应先已知或实测其密度温度系数，由密度温度系数和已知密度计算出计量温度下的密度，再计算质量。

12 直接质量计量

某些计量方法通过测量液体静压而不是液位来测定质量，例如静压式油罐测量系统。它们使用的计算方法可能包括了温度对液体的影响、液体密度对浮顶的影响或者温度对罐壁的影响的修正。在这种情况下，不应重复这些修正。其计算方法可参见 GB/T 18273。

13 计算顺序

13.1 概述

如果已拥有计算净油量所需的全部基础数据，则可以根据交接协议选定如下计算步骤中的一种进行计算。至于获得基础数据的方法则不属于本标准的范围。在计算过程中，对特殊场合不适用的扣除作为零扣除，不适用的任何修正固定为 1.000 0。油品库存和输转量的计算流程见附录 F。

13.2 基于体积的计算步骤

a) 由油水总高查油罐容积表，得到总计量体积（V_{to}）。

b) 扣除用游离水高度查油罐容积表得到的游离水体积（V_{fw}）。

c) 应用罐壁温度影响的修正系数 $CTSh$，得到毛计量体积（V_{go}）。

d) 对于浮顶罐，还应从中扣除浮顶排液体积（V_{frd}）。

e) 将毛计量体积（V_{go}）修正到标准温度，得到毛标准体积（V_{gs}）。

f) 用沉淀物和水（SW）的修正值（CSW）修正毛标准体积（V_{gs}），可以得到净标准体积（V_{ns}）。

g) 如果需要油品的净表观质量（m_n），可通过净标准体积（V_{ns}）与表观质量换算系数（WCF）相乘得到。

13.3 基于质量的计算步骤

a) 由油水总高查油罐容积表，得到总计量体积（V_{to}）。

b) 扣除用游离水高度查油罐容积表得到的游离水体积（V_{fw}）。

c) 应用罐壁温度影响的修正系数 $CTSh$，得到毛计量体积（V_{go}）。

d) 将毛计量体积（V_{go}）修正到标准温度，得到毛标准体积（V_{gs}）。

e) 用毛标准体积（V_{gs}）乘以表观质量换算系数（WCF），再减去浮顶的表观质量（m_{fr}）得到油品的毛表观质量（m_g）。

f) 用沉淀物和水（SW）的修正值（CSW）修正油品的毛表观质量（m_g），可得到油品的净表观质量（m_n）。

注：在基于表观质量的计算步骤中，由于浮顶的排液量在计算油品毛表观质量时扣除，c）和 d）涉及的毛计量体积和毛标准体积包含了浮顶的排液体积。将净表观质量（W_n）除以表观质量换算系数（WCF）可间接计算出净标准体积（V_{ns}）。

13.4 油量计算公式汇总

13.4.1 基于体积

$$V_{gs} = \{[(V_{to} - V_{fw}) \times CTSh] - V_{frd}\} \times VCF \qquad \cdots\cdots(18)$$

$$V_{ns} = V_{gs} \times CSW$$

$$m_n = V_{ns} \times WCF$$

13.4.2 基于质量

$$m_g = \{[(V_{to} - V_{fw}) \times CTSh] \times VCF \times WCF\} - m_{fr} \qquad \cdots\cdots(19)$$

$$m_n = m_g \times CSW$$

$$V_{ns} = m_n / WCF \qquad \cdots\cdots(20)$$

13.5 修约方法

在上述计算油品数量的步骤中，只修约油品数量的最终结果。如果必须报告中间结果，则应按第5章的要求进行数据修约，但修约结果不得插入计算过程中使用。岸罐和油船的油量计算实例见附录F。

14 计量票（或报告）

计量票是表明储油容器的库存、收发油量及油品损益的书面文件。如果储油容器在收发作业期间，油品的所有权或保管权发生了变化，则计量票可以作为记载油品收发数量的文件或凭证，为相关单位查验油品数量提供服务。其技术内容应主要包括：

——计量器具的名称及编号；

——作业日期和时间；

——作业前后的油品密度；

——作业前后的沉淀物和水；

——作业前后的液位高度；

——作业前后的游离水高度；

——作业前后的油品温度及环境温度；

——作业前后罐内的游离水体积；

——作业前后罐内库存油品的净标准体积；

——作业前后罐内库存油品的净表观质量；

——收发油的净标准体积和/或表观质量。

在填写计量票时，应确保所有副本清晰可见。除非买卖双方同意，否则禁止涂改。如果出现错误需要改正，计量票应注名“无效”，然后再编制一张新票，并将无效票附到新票上。另一种经常采用的替代方法是编写修正差量的调整票。

附 录 A
（资料性附录）
本标准章条编号与 MPMS 第 12.1 章第 1 部分的章条编号对照

表 A.1 给出了本标准章条编号与 MPMS 第 12.1 章第 1 部分章条编号对照一览表。

表 A.1 本标准章条编号与 MPMS 第 12.1 章第 1 部分的章条编号对照

本标准章条编号	对应的 MPMS 第 12.1 章第 1 部分章条编号
1	0
—	1
3.1	3.2.5
3.3	3.2.1
3.4	3.2.14
3.5	3.2.3
3.6	3.2.12
3.7	3.2.16
3.8	3.2.7
3.9	3.2.9
3.11	3.2.15
3.12	3.2.8
3.13	3.2.10
3.14	3.2.11
4	6.1、6.2
5	7
6	9
7	10
8	11
9	12
10	13
11	14
12	15
13	16
14	4

附 录 B
（资料性附录）
本标准术语符号的国内外对照

表 B.1 给出了本标准常用的国内外术语符号的对照一览表。

表 B.1 本标准常用的国内外术语符号对照

术语名称	国内符号	国外符号
游离水体积	V_{fw}	FW
沉淀物和水的质量分数或体积分数	$SW\%$	S&W%
总计量体积	V_{to}	TOV
毛计量体积	V_{go}	GOV
毛标准体积	V_{gs}	GSV
净标准体积	V_{ns}	NSV
毛表观质量	m_g	GSW
净表观质量	m_n	NSW
总计算体积	V_{tc}	TCV

附 录 C
（资料性附录）
立式油罐量油高度的修正

C.1 引言

用量油尺测量液位高度时，如果测量时量油尺的温度不同于其检定温度（我国通常为标准温度20℃），量油尺发生膨胀或收缩，则应将量油尺的观察读数修正到其检定温度，以计算出实际液位高度。其修正系数 F 按式（C.1）计算：

$$F = 1 + \alpha \times (t_d - 20) \qquad \text{(C.1)}$$

式中：

α——量油尺材质的线膨胀系数（低碳钢取 $\alpha=0.000\,012$），$℃^{-1}$；

t_d——测量时量油尺的温度，℃。

油罐的检尺口总高随罐壁温度变化发生膨胀或收缩，而油罐容积表上给出的通常是标定温度下的固定高度，因此在由空高和检尺口总高计算油品实高时，应对检尺口总高的膨胀或收缩进行修正。

本附录仅给出了修正检测液位的简单算法，适用于罐壁与量油尺膨胀系数相同或非常接近的多数情况。对于确定检尺温度修正对油罐体积的影响，本方法完全满足需要。

C.2 用量油尺直接测量油品实高

假定量油尺的温度等于油品温度，将量油尺测量的油品实高的观察读数乘以按式（C.1）计算的修正系数 F，计算出实际的油品实高。

C.3 用量油尺测量油品空高

C.3.1 对于非保温罐

假定检尺口总高的变化仅由罐壁浸液部分的膨胀收缩引起，而且浸液罐壁温度等于液体温度，浸液罐壁只发生竖直方向的膨胀或收缩。用检尺口总高减去观测空高，再乘以按式（C.1）计算的修正系数 F，计算出实际的油品实高。

C.3.2 对于保温罐

假定油气空间和液体空间与罐内液体具有相同的温度，而且油罐检尺口总高整体膨胀或收缩，在油气空间的测空量油尺也膨胀或收缩。用检尺口总高减去观测空高，再乘以按式（C.1）计算的修正系数F1，计算出实际的油品实高。对于外浮顶保温罐，液位高度的修正方法同非保温罐。

C.4 带有非接触式 ATG 的油罐

对于带有非接触式 ATG 的油罐，油汽空间不会对雷达液位计的测量空高造成影响。

C.4.1 对于非保温罐，液位高度的修正方法与 C.3.1 相同。

C.4.2 对于保温罐，首先将油罐检尺口总高乘以按式（C.1）计算的修正系数 F，再减去雷达液位计的测量空高，即可计算出罐内实际的液体实高。

附 录 D
（资料性附录）
船舱底油（OBQ）或残油（ROB）的计算方法

D.1 对于装卸原油或其他特殊油品的油船，在卸油结束或装油开始时，油舱底部有时会存在部分油品。本附录参照 ISO/TR 8338 给出了舱底残油的估算方法。

D.2 当残油为非流动状态时，进一步检测确定其平均实高，直接由实高查舱容表得到残油数量。

D.3 如图 D.1 所示，当残油为流动状态时，舱内液位因纵倾达不到前端或后端，因此形成楔形油品体积，采用纵倾系数计算油量。纵倾系数是楔形体容积与楔形体同高度下船舱矩形体容积的比值（V_w/V_d），楔形体同高度下船舱容量表的正浮标定容积（V_s）与纵倾系数的乘积为残油量。其计算步骤如下：

a） 计算楔形油液高度（D_t），当油船艉倾时

$$D_t = S + Y \times T/LBP \qquad \text{(D.1)}$$

当油船艏倾时

$$D_t = S + (L_t - Y) \times T/LBP \qquad \text{(D.2)}$$

式中：

S——残油检尺高度；

Y——检尺口到后舱壁的距离；

T——艏艉吃水差；

LBP——艏尾垂线间的长度；

L_t——油舱长度。

b） 计算纵倾系数（V_w/V_d）

$$V_w/V_d = D_t \times LBP/(2 \times T \times L_t) \qquad \text{(D.3)}$$

检查 V_w/V_d 的值，如果大于 0.5，使用纵倾修正计算油量；如果不大于 0.5，按如下步骤计算油量。

c） 根据楔形油液的高度（D_t）在舱容表中查出相应的正浮标定容积（V_s）。

d） 计算纵倾系数与平船标定容积的乘积，得到残油量。

$$ROB(OBQ) = V_s \times V_w/V_d \qquad \text{(D.4)}$$

注：油舱中成楔形状态的底部游离水应单独应用纵倾系数计算。

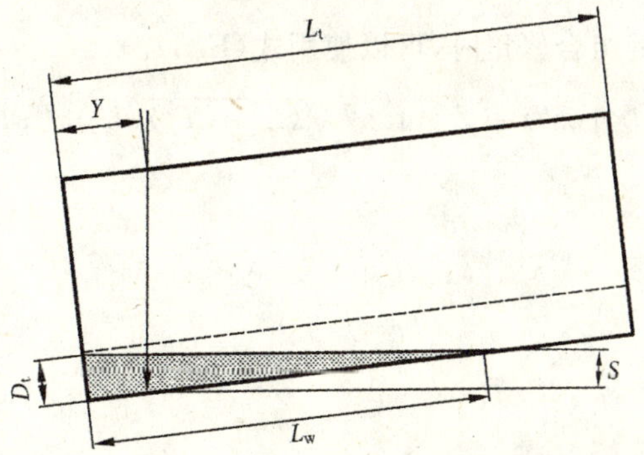

图 D.1 用纵倾系数计算舱底残油的示意图

附　录　E
（资料性附录）
油船的纵倾和横倾修正

当油舱船脊在纵向和横向倾斜，且液体接触四周全部罐壁但不接触甲板内面时，容积表必须包括对所得计量高度的修正表。

对于油舱纵倾超出修正表范围的情况，计量空高应按图 E.1 所示由式(E.1)进行纵倾修正。当检尺点位于油舱长度中点后部时，公式中表达式第二部分的符号为正值，反之为负值。

$$U_T = U_M \times [\sqrt{(L^2 + T^2)}/L] \pm (T/L)(L_T/2 - K) \quad \cdots\cdots\cdots(E.1)$$

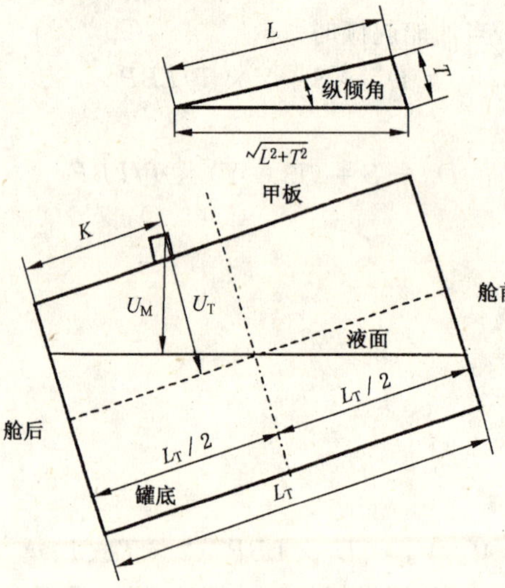

图 E.1　纵倾修正

同样，计量空高 U_M 也应按图 E.2 所示，由式(E.2)进行横倾修正。当横倾朝向检尺点一面时，公式中表达式第二部分的符号为正值，反之为负值。

$$U_T = (U_m/\cos\theta) \pm Z \times \tan\theta \quad \cdots\cdots\cdots\cdots\cdots\cdots\cdots\cdots(E.2)$$

当需要进行纵倾和横倾的组合修正时，可以使用式(E.3)。

$$U_T = U_M \times \sqrt{(L^2 + T^2)}/(L \times \cos\theta) + Z \times \tan\theta \sqrt{(L^2 + T^2)}/L \pm (T/L) \times (L_T/2 - K) \quad \cdots(E.3)$$

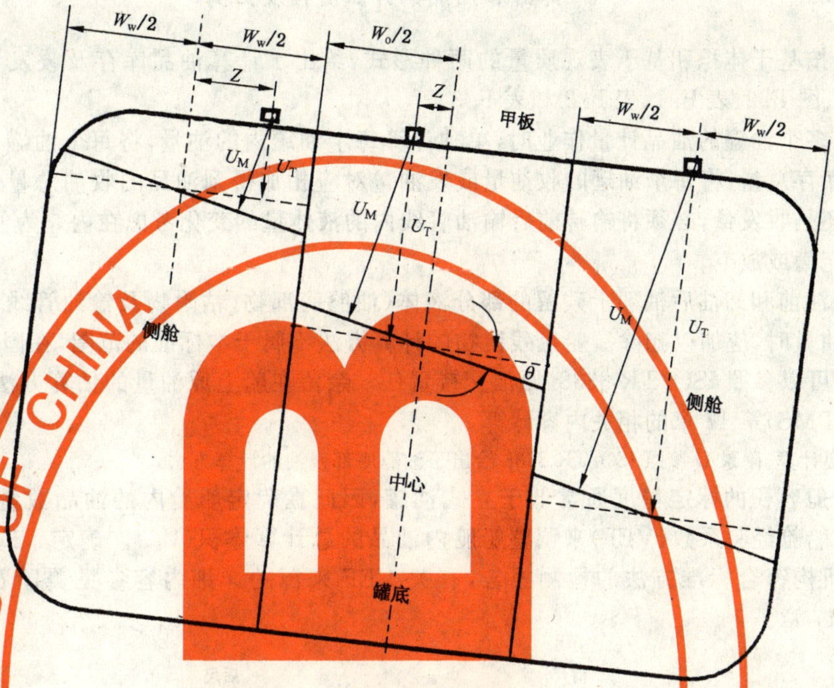

图 E.2 横倾修正

附　录　F
（资料性附录）
岸罐和油船的计算流程及实例

F.1　本附录按基于体积和基于表观质量的两种形式，给出了计算油品库存及收发量的计算流程和实例，见图F.1、图F.2、表F.1、表F.2和表F.3。

F.2　在涉及多个油罐的油品计量作业时，单独计算每个油罐内的油量，将每个油罐内的油量相加得到计算油品的库存总量，将每个油罐的收油量或发油量对应相加得到油品的收油总量或发油总量。但无论是库存量还是收发量，必须将输转前后输油管线内的液体量的变化考虑在内。为便于计量，管线内液体最好完全充满或放空。

F.3　针对装油前和卸油后油船上残留的部分液体（油舱底部物、粘附物及输油管线中的液体），在计量装油量或卸油量时，应加以扣除。船上残留物的计算方法不属于本标准的范围，在国内相关标准尚未建立的情况下，可以参照ISO/TR 8338《原油交接责任　余留在船上原油量的估算方法》及美国石油计量标准手册（MPMS）第17章的相关内容计算。

注：为方便计算，附录D参照ISO/TR 8338给出了油舱底部残油的计算方法。

F.4　由于船舱容积的标定精度通常低于立式油罐，因此在确定船舱内的油品数量时，经贸易双方同意，可以利用船舱经验系数（VEF）来调整船舱内油品的总计算体积（V_{tc}）。确定VEF的数据资料应源于权威检测机构符合标准方法的检测报告，有关VEF来源的详细内容参见美国石油计量标准手册（MPMS）第17章。

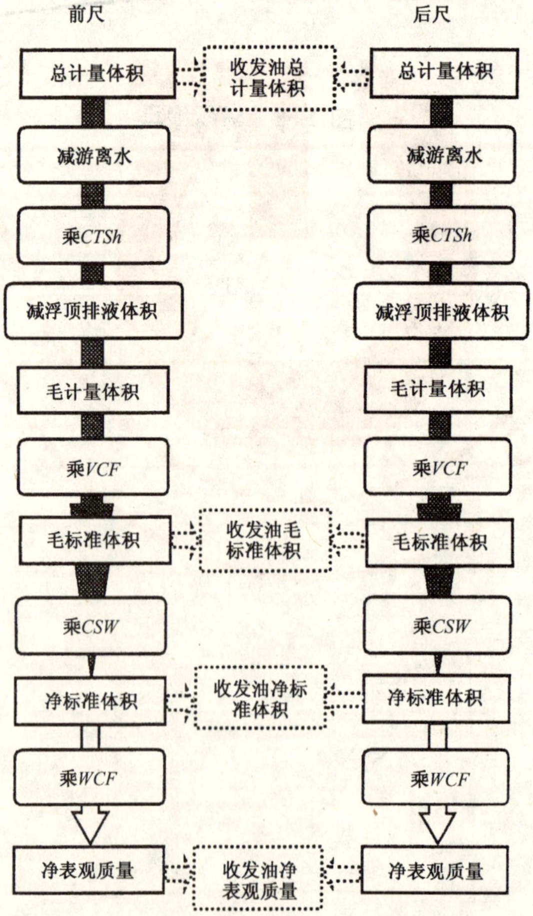

图 F.1　基于体积的计算流程

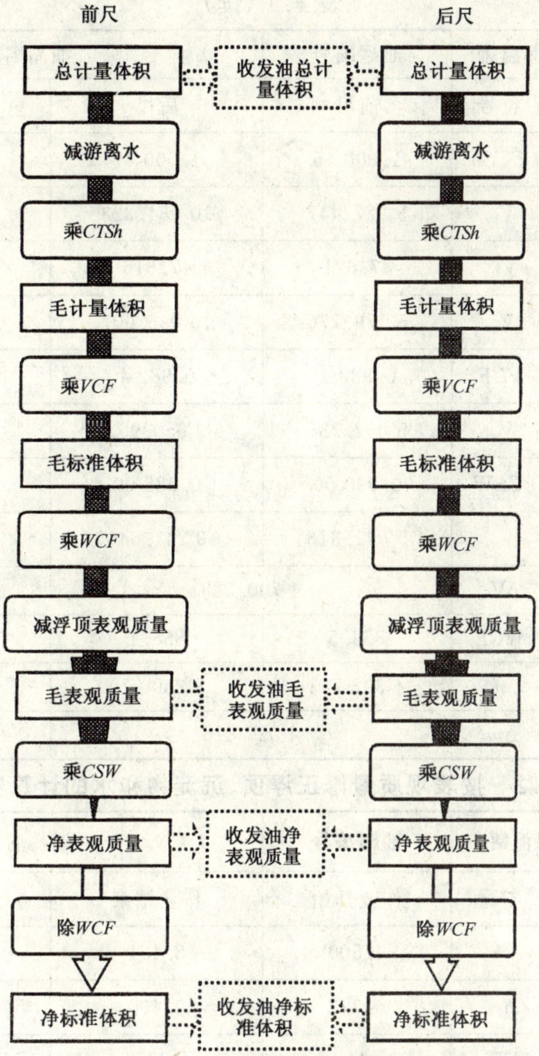

图 F.2 基于表观质量的计算流程

表 F.1 按体积修正浮顶、沉淀物和水的计算实例

油罐类型	立式圆筒形浮顶保温罐		油罐编号	1#	油品名称	大庆原油
数据名称	单位	符号	前尺	后尺	备注	
油水总高	m	h	4.500	8.421		
游离水高	m	h_{FW}	0.342	0.400		
平均油温	℃	T_1	40	41		
环境温度	℃	T_a				
罐壁温度	℃	T_s	40	41	$T_s=T_1$	
标准密度	kg/m³	ρ_{20}	854.6	856.2		
计量密度	kg/m³	ρ_t	840.2	841.1		
沉淀物和水		$SW\%$	1.000%	1.200%	体积分数	
总计量体积	m³	V_{to}	5 654.866	10 582.141	查罐容表	
游离水	m³	V_{fw}	429.770	502.655	查罐容表	
毛计量体积	m³	V_{go}	5 225.096	10 079.486		

表 F.1（续）

油罐类型	立式圆筒形浮顶保温罐		油罐编号	1#	油品名称	大庆原油
数据名称	单位	符号	前尺	后尺	备注	
罐壁温度修正值		$CTSh$	1.000 45	1.000 47		
毛计量体积	m^3	V_{go}	5 227.447	10 084.223		
浮顶排液体积	m^3	V_{frd}	47.671	47.616	浮顶质量为 40 000 kg	
毛计量体积	m^3	V_{go}	5 179.776	10 036.607		
体积修正系数		VCF	0.983 1	0.982 4	查石油计量表	
毛标准体积	m^3	V_{gs}	5 092.238	9 859.963		
沉淀物和水修正值		CSW	0.990 00	0.988 00		
净标准体积	m^3	V_{ns}	5 041.316	9 741.644		
接收油的净标准体积	m^3	ΔV_{ns}	4 700.328			
表观质量换算系数	kg/m^3	WCF	853.5	855.1		
净表观质量	kg	m_n	4 302 763	8 330 079		
接收油的净表观质量	kg	Δm_n	4 027 316			

表 F.2 按表观质量修正浮顶、沉淀物和水的计算实例

油罐类型	立式圆筒浮顶保温罐		油罐编号	1#	油品名称	大庆原油
数据名称	单位	符号	作业开始	作业结束	备　　注	
油水总高	m	h	4.500	8.421		
游离水高	m	h_{FW}	0.342	0.400		
平均油温	℃	T_1	40	41		
环境温度	℃	T_a				
罐壁温度	℃	T_s	40	41		
标准密度	kg/m^3	ρ_{20}	854.6	856.2		
沉淀物和水		$SW\%$	1.025%	1.200%	质量分数	
总计量体积	m^3	V_{to}	5 654.866	10 582.141	查罐容表	
游离水	m^3	V_{fw}	429.770	502.655	查罐容表	
毛计量体积	m^3	V_{go}	5 225.096	10 079.486	仅作为计算过程变量	
罐壁温度修正值		$CTSh$	1.000 45	1.000 47		
毛计量体积	m^3	V_{go}	5 227.447	10 084.223	仅作为计算过程变量	
体积修正系数		VCF	0.983 1	0.982 4	查石油计量表	
毛标准体积	m^3	V_{gs}	5 139.103	9 906.741	仅作为计算过程变量	
表观质量换算系数	kg/m^3	WCF	853.5	855.1		

表 F.2（续）

油罐类型	立式圆筒浮顶保温罐	油罐编号	1#	油品名称	大庆原油
数据名称	单位	符号	作业开始	作业结束	备　注
毛表观质量	kg	m_g	4 386 225	8 471 254	仅作为计算过程变量
减浮顶表观质量	kg	m_{fr}	40 000	40 000	
毛表观质量	kg	m_g	4 346 225	8 431 254	
沉淀物和水修正值		CSW	0.989 75	0.988 00	
净表观质量	kg	m_n	4 301 676	8 330 079	
接收油的净表观质量	kg	Δm_n	+4 028 403		
净标准体积	m^3	V_{ns}	5 040.042	9 741.643	
接收油的净标准体积	m^3	ΔV_{ns}	+4 701.601		

表 F.3　油船计算实例

油船名称	前进号油船			油品名称	大庆原油
数据名称	单位	符号	作业开始	作业结束	备　注
油水总高	m	h	8.456	3.234	
游离水高	m	h_{FW}	0.500	0.500	
平均油温	℃	T_0	40	40	
标准密度	kg/m^3	ρ_{20}	855.3	855.3	
沉淀物和水		$SW\%$	2.000%	2.000%	体积分数
前部吃水	m		4.500	3.400	
后部吃水	m		5.200	3.780	
纵倾			0.700	0.380	
横倾			无	无	
总计量体积	m^3	V_{to}	15 450	2 300	舱容表已含纵倾修正
纵倾修正（容积式）		$Trim$			
横倾修正		$List$			
总计量体积	m^3	V_{to}	15 450	2 300	
游离水	m^3	V_{fw}	321	302	查舱容表
毛计量体积	m^3	V_{go}	15 129	1998	
体积修正系数		VCF	0.983 2	0.983 2	查石油计量表
毛标准体积	m^3	V_{gs}	14 874.833	1 964.434	
沉淀物和水修正值		CSW	0.980 00	0.980 00	
净标准体积	m^3	V_{ns}	14 577.336	1 925.145	
发出油的净标准体积	m^3	ΔV_{ns}	12 652.191		
重量换算系数	kg/m^3	WCF	854.2	854.2	
净质量	kg	m_n	12 451 961	1 644 459	
发出油的净质量	kg	Δm_n	10 807 502		发油

ICS 75.080
E 30

中华人民共和国国家标准

GB/T 19780—2005

球形金属罐的容积标定
全站仪外测法

Capacity calibration of spherical metal tank—Total station external measuring method

2005-05-25 发布　　2005-11-01 实施

中华人民共和国国家质量监督检验检疫总局
中国国家标准化管理委员会　发布

前　言

本标准的附录A和附录B为资料性附录。

本标准由中国石油化工集团公司提出。

本标准由中国石油化工股份有限公司石油化工科学研究院归口。

本标准负责起草单位：中国石油化工股份有限公司石油化工科学研究院和中国石油化工股份有限公司北京燕山分公司炼油厂。

本标准参加起草单位：国家大容量第一计量站。

本标准主要起草人：魏进祥、关鸿权、李风岐、佟明星。

本标准为首次制定。

球形金属罐的容积标定 全站仪外测法

1 范围

本标准规定了用全站仪外部标定球形金属罐容积的测量方法和计算步骤。

本标准适用于半径为 1 m 以上的球形金属罐的标定。

2 规范性引用文件

下列文件中的条款通过本标准的引用而成为本标准的条款。凡是注日期的引用文件,其随后所有修改单(不包括勘误的内容)或修订版均不适用于本标准,然而,鼓励本标准达成协议的各方研究是否可使用这些文件的最新版本。凡是不注日期的引用文件,其最新版本适用于本标准。

GB 12337 钢制球形储罐

GB/T 13236 石油用量油尺和钢围尺的技术条件

GB/T 15181 球形金属罐容积标定法(围尺法)

3 术语和定义

GB/T 15181 确立的以及下列术语和定义适用于本标准。

3.1

全站仪 total station

由电子测角、电子测距和数据自动记录等系统组成,测量结果能自动显示、计算和存储,并能与外围设备交换信息的多功能测量仪器。

3.2

水平测站 horizontal station

在距球罐一定距离的周围地面上,为安置全站仪及其附属设施,以测量球罐半径所确定的点。

3.3

切点半径 tangent radius

在水平测站上测量的正对球面圆周上球面切点至球心的距离。

3.4

测站半径 station radius

在水平测站上测得的各切点半径的算术平均值

3.5

测距目标点 ranging target

全站仪仪器中心到球心的连线与罐壁的交点。

4 方法概要

在距球罐适当距离的周围地面上,建立至少 3 个均匀分布的水平测站。在每个测站上,用全站仪测量球心方向的水平角和垂直角以及沿球心方向到罐壁的距离,再瞄准正对球罐圆周上均匀分布的 8 个球罐切点,测量相应的水平角和垂直角,计算出各切点半径,将 8 个切点半径的算术平均值作为测站半径。根据各测站半径计算出球罐的平均半径,进而编制球罐容积表。

5 标定要求

5.1 被标定的球形罐应符合 GB 12337 的要求。

5.2 标定应在压力检验合格之后及罐体保温之前进行，保温罐应采用其他方法内测标定。

5.3 标定中，全站仪和球罐测量点之间不得有影响光线通过的障碍，确保标定在无外界干扰的条件下进行。

5.4 标定中，罐内不得有收发作业。

5.5 测量环境中不宜存在易燃易爆气体。

5.6 GB/T 15181 中规定的安全措施也应遵守。

6 测量设备

6.1 全站仪

6.1.1 测角单元：最小分度值不超过 1″；重复性不超过 1″；不确定度不超过 3″。

6.1.2 测距单元：最小分度值不超过 1 mm；重复性不超过 2 mm；不确定度不超过 3 mm。

6.2 数据终端：通过它可以编程实现数据的自动测量、采集、存储和计算。全站仪通常已具有数据终端的功能，因此不必另配；如果全站仪没有此项功能，则必须单独购置可现场使用的数据终端，如笔记本电脑。

6.3 量油尺：符合 GB/T 13236 的要求。

6.4 超声波测厚仪：最小分度值为 0.1 mm。

6.5 水准仪：自动安平，准确度等级不低于 S3 级。

6.6 垂直标尺

7 仪器检验

测量前，应重新校准全站仪的视准差、指标差及补偿器的零点差。测角单元与测距单元非同轴配置的全站仪必须在现场进行平行性检验。

8 半径测量

8.1 建立测站

如图 1 所示，在绕球罐圆周方向的地面上，建立均匀分布至少 3 个水平测站，各水平测站到测距目标点的垂直距离大于 5 m 或 2 倍球罐半径的较大值，但应控制在 40 m 以内，确保通过 3 个水平测站观测到的球罐区域能相互重叠，并覆盖整个球罐。由于现场环境问题，当观测范围不能完全覆盖球罐或 3 个测站不能均匀分布时，应适当增加水平测站的数目。如果在相邻两测站测量的球罐半径的相对偏差超过 0.3%时，可在两测站之间增加一个测站。

测距目标点的所在球面应光滑可见，其偏离焊缝或其他障碍物的距离至少 300 mm，否则应通过移动水平测站来改变测距目标点的位置。

8.2 测量测站半径

8.2.1 安置仪器

在第一个测站上，架设三脚架，并用适当方法固定，确保测量期间牢固稳定。将全站仪安装在三脚架上调平。启动仪器，并预热稳定。

8.2.2 球心定位

8.2.2.1 确定球心方向的水平角

如图 2 所示，调整全站仪的垂直角，在正对球面圆周上选择一条尽可能长的水平弦 AB，确保用全站仪能看到水平弦的两个端点。调节水平角，用望远镜十字中心对准左端点，记录水平角 H_L；在保持垂直角不变的情况下,旋转全站仪对准右端点,记录水平角 H_R。由式(1)计算球心方向的水平角 H_M。在测量中,应预先设置好水平角的零位方向,保证 $H_R > H_L$。

$$H_M = (H_L + H_R)/2 \quad \cdots\cdots(1)$$

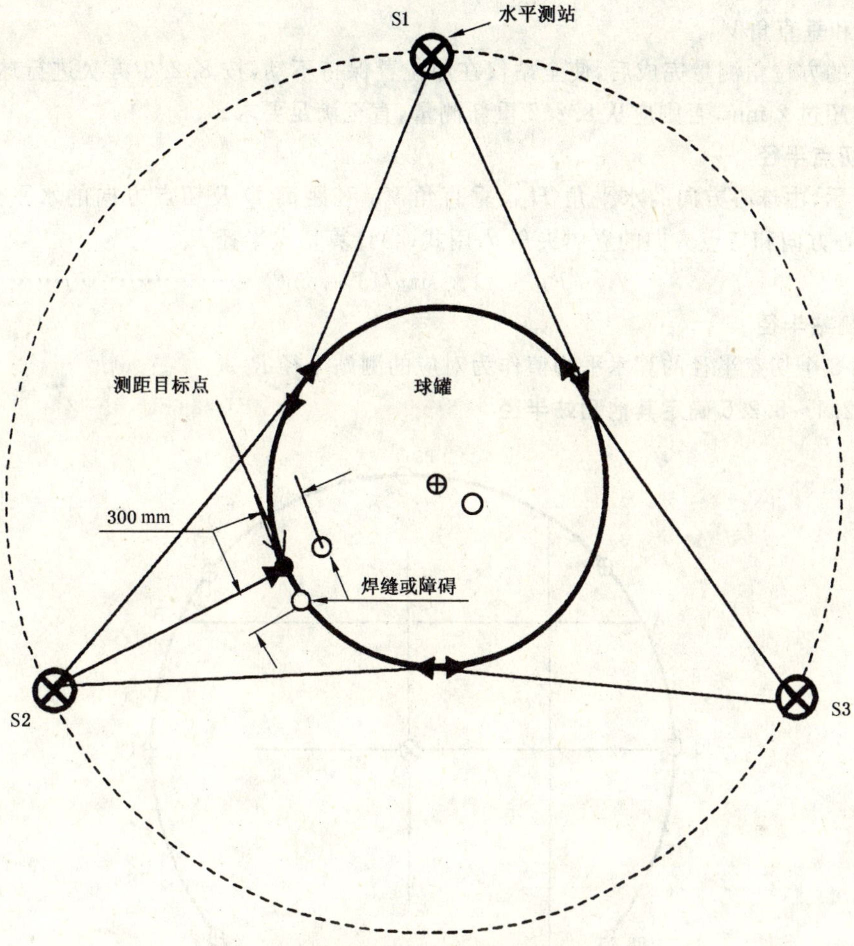

图 1 球罐周围水平测站分布示意图

8.2.2.2 确定球心方向的垂直角

如图 2 所示,调整全站仪的水平角,在正对球面圆周上选择一条尽可能长的垂直弦 CD,确保用全站仪能看到垂直弦的两个端点。调节垂直角,用望远镜十字中心对准上端点,记录垂直角 V_U;在保持水平角不变的情况下,旋转全站仪对准下端点,记录垂直角 V_D。由式(2)计算球心方向的垂直角 V_M。

$$V_M = (V_U + V_D)/2 \quad \cdots\cdots(2)$$

注:为确保球心方向水平角和垂直角的测定精度,可以选择不止一条水平弦或垂直弦来确定球心方向的角度。

8.2.3 球心测距

根据 8.2.2 确定的球心方向的水平角 H_M 和垂直角 V_M,将全站仪对准球心方向,测量并记录全站仪到球罐壁的垂直距离 D'。

当全站仪的测距单元和测角单元非同轴配置时,测距方向偏离通过球心的测角方向,应采用式(3)将所测距离 D' 修正到球心方向的距离 D。反之,则不用修正,$D=D'$。

$$D = D' - (R_N - \sqrt{R_N^2 - C^2}) \quad \cdots\cdots(3)$$

式中:

R_N——球罐的设计半径,mm;

C——全站仪的测距单元与测角单元的平行配置距离,mm。

8.2.4 **切向测角**

如图2,在全站仪正对的球面圆周上,用粗瞄器选择均匀分布的8个球面切点。起始点的定位应确保能用全站仪观察到全部8个切点,个别切点因表面障碍确实需要调整时,其调整量应尽量小,最大不得超过300 mm,而且其相对圆心的对称点也应作相应调整。用全站仪依次瞄准各切点,测量记录相应的水平角 H_P 和垂直角 V_P。

在各切点的方位角测量完成后,使全站仪在原位置保持不动,按8.2.3再次进行球心测距,两次测量的距离不应超过2 mm,否则应从8.2.2重新测量,直至满足要求。

8.2.5 **计算切点半径**

如图3所示,由球心方向的水平角 H_M、垂直角 V_M 和距离 D 及切点方向的水平角 H_P 和垂直角 V_P,换算出球心方向和切点方向的立体夹角 θ,用式(4)计算切点半径 R_P。

$$R_P = D \times \sin\theta/(1-\sin\theta) \qquad (4)$$

8.2.6 **计算测站半径**

取本测站8个切点半径的算术平均值作为对应的测站半径 R_S。

8.2.7 **按8.2.1~8.2.6确定其他测站半径**

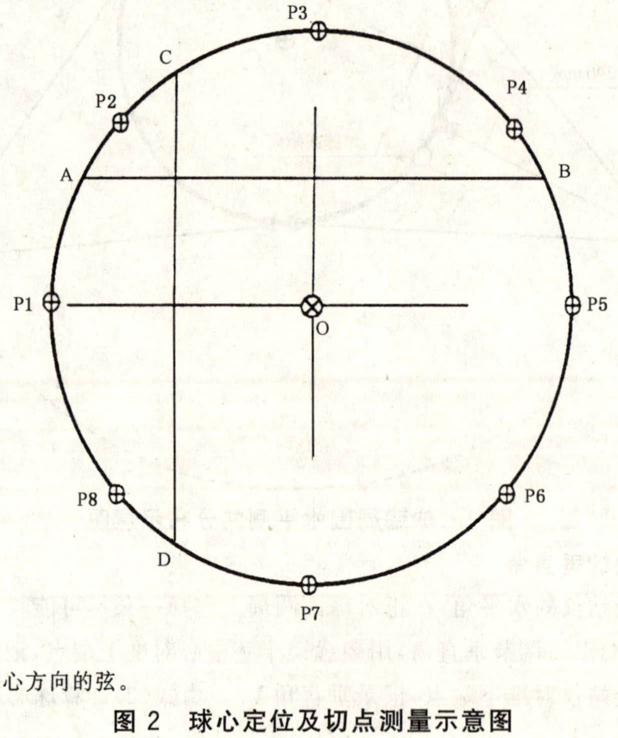

P1~P8——球面切点;

AB、CD——用于确定球心方向的弦。

图2 球心定位及切点测量示意图

8.3 **计算球罐半径**

取全部测站半径的算术平均值作为球罐半径 R_W。

9 其他测量

按照GB/T 15181测量记录如下数据:

——罐内总高;

注:对于使用中的球罐,如果不能直接测量罐内总高,可以参照附录B,采用全站仪间接测量。

——罐壁厚度;

——大气温度、罐内温度或罐体温度;

——液面计标尺零位至罐底零点高度修正值;

——球罐的工作压力 p(MPa)。

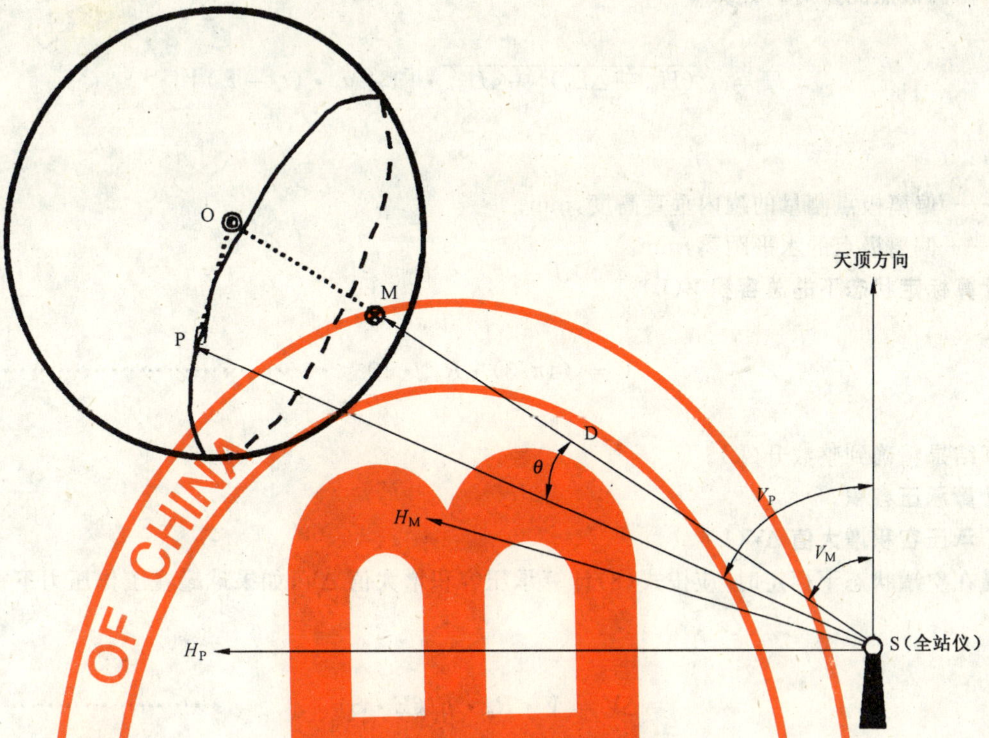

图 3 球罐切点半径测量示意图

10 计算编表

10.1 计算内半径

$$R_n' = R_W - S \quad \cdots\cdots (5)$$

式中：

R_W——球罐的平均外半径，mm；

R_n'——球罐内半径，mm；

S——罐壁厚度，mm。

10.2 半径的温度修正

当罐体温度偏离标准温度时，应采用式(6)将罐体温度下的 R_n' 修正到标准温度。

$$R_n = R_n' \cdot [1 - \alpha_S \cdot (t_S - 20)] \quad \cdots\cdots (6)$$

式中：

R_n——球罐在标准温度下的内半径，mm；

α_S——罐壁材质的线膨胀系数(低碳钢取 $\alpha_S = 11.5 \times 10^{-6}$ ℃$^{-1}$)，℃$^{-1}$；

t_S——罐体温度，℃。

10.3 罐内总高(H)的计算

10.3.1 由极点处测量时的计算

$$H = H'[1 + \alpha_d \cdot (t_d - t_s)] + \Delta L_d$$

式中：

H'——由球罐上极点处测量的罐内垂直高度，mm；

α_d——量油尺的线膨胀系数(低碳钢量油尺取 $\alpha_d = 11.5 \times 10^{-6}$ ℃$^{-1}$)，℃$^{-1}$；

t_d——量油尺的温度(取罐内空间温度)，℃；

t_S——罐体温度(取大气温度与罐内空间温度的算术平均值)，℃；

ΔL_d——量油尺的修正值，mm。

10.3.2 偏离极点测量时的计算

$$H = \sqrt{(H_m + \Delta L_d)^2 + 4L_m^2} \cdot [1 + \alpha_d \cdot (t_d - t_s)]$$

式中：

H_m——偏离极点测量的罐内垂直高度，mm；

L_m——偏离极点的水平距离，mm。

10.4 计算标定状态下的总容积 **V(L)**

$$V = (4\pi/3) \cdot R_n^3 \cdot 10^{-6} \quad \cdots\cdots(7)$$

计算结果精确到整数升(L)。

10.5 计算承压容积

10.5.1 承压容积增大值 **ΔV(L)**

球罐在空罐状态下标定时，应按式(8)计算承压容积增大值 ΔV，如果球罐在工作压力下标定，则取 $\Delta V = 0$。

$$\Delta V = V \cdot R_n \cdot p/(E \cdot S) \quad \cdots\cdots(8)$$

式中：

p——被标球罐的工作压力，MPa；

E——罐壁材质的扬氏弹性模量(碳钢为 206×10^3)，MPa。

计算结果精确到整数升(L)。

10.5.2 承压总容积 $\mathbf{V_p}$**(L)**

$$V_p = V + \Delta V$$

10.5.3 承压部分容积 $\mathbf{V_n}$**(L)**

$$V_n = V_p \cdot (H_n/H)^2 \cdot (3 - 2H_n/H) \quad \cdots\cdots(9)$$

式中：

H——罐内总高，cm；

H_n——计算部分容积的高度，cm。

计算结果精确到整数升(L)。

10.6 编表

根据式(9)及 GB/T 15181 的要求编制厘米间隔的球罐容积表，编写标定报告。

11 容积标定的总不确定度

本标准标定球形金属罐容积的不确定度不大于 0.2%(95%的置信水平)。

附　录　A
（资料性附录）
全站仪外测法测量数据记录表

球罐编号：　　#　　　设计半径：　　mm　　　角度单位：　　　长度单位：mm　　　　第　　页

<table>
<tr><td rowspan="5">水平测站 S1</td><td rowspan="5">球心水平角H_L：
H_R：
H_M：
球心垂直角V_U：
V_D：
V_M：
球心距离　D'：
D：</td><td rowspan="2">测量参数</td><td colspan="8">切点号</td><td rowspan="2">测站半径
(R_S)</td></tr>
<tr><td>1</td><td>2</td><td>3</td><td>4</td><td>5</td><td>6</td><td>7</td><td>8</td></tr>
<tr><td>水平角(H_P)</td><td></td><td></td><td></td><td></td><td></td><td></td><td></td><td></td><td>—</td></tr>
<tr><td>垂直角(V_P)</td><td></td><td></td><td></td><td></td><td></td><td></td><td></td><td></td><td>—</td></tr>
<tr><td>切点半径(R_P)</td><td></td><td></td><td></td><td></td><td></td><td></td><td></td><td></td><td></td></tr>
<tr><td rowspan="5">水平测站 S2</td><td rowspan="5">球心水平角H_L：
H_R：
H_M：
球心垂直角V_U：
V_D：
V_M：
球心距离　D'：
D：</td><td rowspan="2">测量参数</td><td colspan="8">切点号</td><td rowspan="2">测站半径
(R_S)</td></tr>
<tr><td>1</td><td>2</td><td>3</td><td>4</td><td>5</td><td>6</td><td>7</td><td>8</td></tr>
<tr><td>水平角(H_P)</td><td></td><td></td><td></td><td></td><td></td><td></td><td></td><td></td><td>—</td></tr>
<tr><td>垂直角(V_P)</td><td></td><td></td><td></td><td></td><td></td><td></td><td></td><td></td><td>—</td></tr>
<tr><td>切点半径(R_P)</td><td></td><td></td><td></td><td></td><td></td><td></td><td></td><td></td><td></td></tr>
<tr><td rowspan="5">水平测站 S3</td><td rowspan="5">球心水平角H_L：
H_R：
H_M：
球心垂直角V_U：
V_D：
V_M：
球心距离　D'：
D：</td><td rowspan="2">测量参数</td><td colspan="8">切点号</td><td rowspan="2">测站半径
(R_S)</td></tr>
<tr><td>1</td><td>2</td><td>3</td><td>4</td><td>5</td><td>6</td><td>7</td><td>8</td></tr>
<tr><td>水平角(H_P)</td><td></td><td></td><td></td><td></td><td></td><td></td><td></td><td></td><td>—</td></tr>
<tr><td>垂直角(V_P)</td><td></td><td></td><td></td><td></td><td></td><td></td><td></td><td></td><td>—</td></tr>
<tr><td>切点半径(R_P)</td><td></td><td></td><td></td><td></td><td></td><td></td><td></td><td></td><td></td></tr>
<tr><td colspan="3">水平测站数</td><td colspan="3"></td><td colspan="3">球罐平均半径</td><td colspan="3"></td></tr>
<tr><td colspan="2">大气温度,℃</td><td colspan="2"></td><td colspan="2">罐内温度,℃</td><td colspan="2"></td><td colspan="2">罐壁温度,℃</td><td colspan="2"></td></tr>
<tr><td colspan="6">球罐半径,20℃</td><td colspan="6"></td></tr>
</table>

测量员：　　　　　　　　　　　　记录员：　　　　　　　　　　测量日期：

附 录 B
（资料性附录）
采用全站仪间接测量罐内总高

B.1 概述

在罐内总高不能采用量油尺直接测量时，可以采用全站仪和带棱镜的标尺按下述方法间接测量出罐内总高（H）。

B.2 测量

B.2.1 如图 B.1 所示，在球罐上极点垂直架设一已知高度（h_T）的带棱镜的标尺，在测量球罐半径的某个测站上，用全站仪测量棱镜中心的垂直角（V）和斜距（D）。此后，用测厚仪和/或钢直尺测量出上极点到球罐内壁的距离（S_T）。

B.2.2 将标尺零点沿铅垂方向对准球罐下极点，同时将全站仪的垂直角调整至 90°（即水平方向），读出标尺的读数（h_B）。此后，用测厚仪和/或钢直尺测量出下极点到球罐内壁的距离（S_B）。

B.3 计算

B.3.1 罐体温度下的罐内总高 H' 可按式（B.1）计算：

$$H = D \cdot \cos(V) - (h_T + h_B) - (S_T + S_B) \qquad \text{(B.1)}$$

式中：

D——由全站仪测量的棱镜中心的斜距，mm；

V——由全站仪测量的棱镜中心的垂直角；

h_T——棱镜标尺的高度，mm；

h_B——标尺读数，即球罐下极点到全站仪确定的水平面的距离，mm；

S_T——球罐上极点到对应内壁的距离，mm；

S_B——球罐下极点到对应内壁的距离，mm。

B.3.2 标准温度下的罐内总高 H 按式（B.2）计算：

$$H = H' \cdot [1 - \alpha_S \cdot (t_S - 20)] \qquad \text{(B.2)}$$

式中：

α_S——罐壁材质的线膨胀系数（低碳钢取 $\alpha_S = 11.5 \times 10^{-6}$ ℃$^{-1}$），℃$^{-1}$；

t_S——罐体温度，℃。

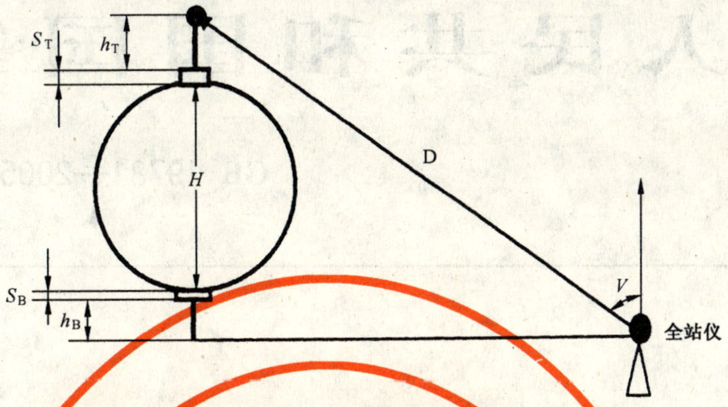

图 B.1 采用全站仪测量罐内总高

ICS 11.100
C 44

中华人民共和国国家标准

GB 19781—2005/ISO 15190:2003

医学实验室　安全要求

Medical laboratories—Requirements for safety

（ISO 15190:2003,IDT）

2005-06-06 发布　　2005-12-01 实施

中华人民共和国国家质量监督检验检疫总局
中国国家标准化管理委员会　发布

前　言

本标准的全部技术内容为强制性。

本标准等同采用 ISO 15190:2003《医学实验室——安全要求》(英文版)。

本标准作了下列编辑性修改：

——删除了国际标准的前言；

——“国际标准”改为“国家标准”。

本标准的附录 A、附录 B、附录 C 为资料性附录。

本标准由国家认证认可监督管理委员会提出。

本标准由全国认证认可标准化技术委员会、全国医用临床检验实验室和体外诊断系统标准化技术委员会共同技术归口。

本标准主要起草单位：中国实验室国家认可委员会、中国疾病预防控制中心、卫生部临床检验中心、中国药品生物制品检定所、北京军区总医院、中华人民共和国青岛出入境检验检疫局。

本标准主要起草人：吕京、卢金星、彭明婷、李冠民、何铁春、刘学惠、翟培军。

引　　言

本标准规定了在医学实验室建立并维持安全工作环境的要求。与所有此类安全指南一样，要求确保有专人负最终责任，并且所有员工均承担以下个人责任：

——他们工作中的自身安全；

——可能受工作影响的他人安全。

每项任务都需要进行风险评估，目的在于尽可能消除危险。如果无法消除危险，则应按下列的优先顺序使各种危险的风险减至尽可能低的水平：

——使用替代方法；

——使用防护方法；

——使用个人防护措施和设备。

首先考虑的是安全，费用是次要的。

本标准旨在目前已知的医学实验室服务领域中使用，但也可能适用于其他服务和领域。然而，为确保安全，操作需要3级和4级防护水平的人类病原体的医学实验室应符合其他要求。

尽管本标准不意在提供认可指南，但它可被政府、专业或其他权威机构用于该目的。

国际、区域性或国家法规或指南对本标准涵盖的某些特定专题可以适用。

医学实验室　安全要求

1　范围

本标准规定了医学实验室中安全行为的要求。

2　规范性引用文件

下列引用文件对应用本标准是必需的。对于标明日期的引用文件，只使用所引用版本。对于未标明日期的引用文件，使用最新版本(包括所有修订)。

ISO 15189:2003　医学实验室——质量和能力的专用要求

3　术语及定义

ISO 15189 确立的以及下列术语和定义适用于本标准。

3.1

气溶胶　aerosols

粒子分散于气体、烟或雾中形成的体系。

3.2

防腐　antisepsis

使用化学制剂如防腐剂以防止伤口或临床处置中受感染的方法。

[BS 6324-1]

3.3

防腐剂　antiseptic

用于皮肤或组织杀菌的化学制剂。

3.4

生物因子　biological agents

可能引起感染、过敏或中毒的所有微小生物体，包括基因修饰的、细胞培养的和寄生于人体的。

注：生物因子风险分级见第 4 章。

3.5

清洁(净化)　cleaning

去除可见或不可见的各类污染的过程。

3.6

传染控制计划　control of infection plan

医院或实验室内用于限制传染扩散的整套程序。

3.7

去污染　decontamination

将微小生物体或毒物去除或减少至感染性或其他有害性达到一定安全水平的过程。

3.8

消毒剂　disinfectant

具有消毒作用的制剂。

[BS 6324-1]

3.9

消毒　disinfection

减少微生物(通常不包括细菌芽胞)数量的过程,无须杀灭或清除全部的微生物。

3.10

工效学　ergonomics

研究人在工作环境中效率的学科。

注:该术语包括生物力学、劳动生理学、模拟人体学和人-机界面。

3.11

排风罩(烟罩)　extraction hood(fume hood)

柜或置于实验室设备上方的罩,用以排出空气或烟雾避免其在室内循环。

3.12

危险　hazard

危害的潜在来源。

[IEC 61010-1:2001]

3.13

危险废物　hazardous waste

有潜在可燃性、易燃性、易爆性、腐蚀性、毒性、反应性,对人或对环境有害的废物。

3.14

材料安全数据单　material safety data sheet(MSDS)

提供详细的危险和警示信息的技术通报。

3.15

微生物安全柜　microbiological safety cabinet(MSC)

生物安全柜　biological safety cabinet

排风柜。通过对排到大气中的气体过滤,防止操作者和环境接触到处理有潜在危险性和危险微生物时产生的气溶胶。

注:根据 EN 12469:2000 改写。

3.16

微生物　microorganism

可复制或转移遗传物质的细胞或非细胞的微小生物体。

3.17

噪声　noise

以声能的形式可能对健康产生不利影响的有害声音。

3.18

个人防护装备　personal protective equipment

防止人员受到化学或生物污染的用具(包括服装)。

3.19

放射性核素　radionuclide

天然或合成的可发出电离辐射的不稳定原子核。

3.20

风险　risk

危害发生的概率及其严重性的综合。

3.21

安全罩　safety hood

置于医学实验室工作场所或设备上方的罩，以降低实验室工作人员的风险。

3.22

溅漏处理工具包　spill kit

用于去除实验室表面或设备上的化学物质或微生物的套装用具。

3.23

挡溅板　splash guard

用于防止人员受液体污染的装置。

3.24

灭菌　sterilization

使物品不存在微生物的有效过程。

3.25

技术区　technical area

医学实验室中划作样本准备或检验的区域。

3.26

组织　tissue

动物或植物的专化细胞粘着在一起所构成的细胞集合。

4　风险分级

生物因子分4个风险等级：

Ⅰ级风险(个体低风险，群体低风险)

不会使健康工作者或动物致病的微生物(如细菌、真菌、病毒)和寄生虫(如非致病性生物因子)等。

Ⅱ级风险(个体中风险，群体有限风险)

能引起人类或动物发病，但一般情况下对健康工作者、群体、家畜或环境不构成严重危险的病原体(如 *Staphlococcus aureus*，*Listeria monocytogenes*)。实验室暴露很少引起致严重性疾病的感染；具备有效治疗和预防措施，并且传播风险有限。

Ⅲ级风险(个体高风险，群体低风险)

能引起人类或动物严重性疾病，或造成严重经济损失，但通常不能因偶然接触而在个体间传播，或能使用抗生素、抗寄生虫药治疗的病原体(如 *Salmonella typhi*，prion)。

Ⅳ级风险(个体高风险，群体高风险)

能引起人类或动物非常严重的疾病，一般不能治愈，容易直接或间接或因偶然接触在人与人、动物与人、人与动物、动物与动物间传播的病原体(如 smallpox virus)。

处理Ⅲ和Ⅳ级风险传染因子的医学实验室应符合其他要求以确保安全。

注：Ⅰ、Ⅱ、Ⅲ和Ⅳ级风险在欧洲称为危险等级1、2、3和4(Hazard Groups 1,2,3 和 4)。Ⅱ、Ⅲ和Ⅳ级风险的生物因子亦可称为“病原体”(pathogens)或“感染因子”(infectious agents)。

5　管理要求

5.1　管理责任

实验室管理层应对所有员工和实验室来访者的安全负责。最终责任应由实验室负责人或指定的与其职位相当者承担。

5.2　员工健康管理

所有人员应有证明文件，表明其接受过使用医学(临床)实验室设施的潜在风险的相关培训。

建议所有人员告知其医生其在医学实验室工作。应强烈建议所有人员根据可能接触的生物接受免疫接种以预防感染。比如，应向所有因工作接触或处理人血、血清、体液或人体组织的人员提供乙型肝炎疫苗。免疫记录的保存应符合 ISO 15189。

6 安全设计

6.1 预先考虑

在考虑新建实验室或计划对已建的实验室进行结构改造时，应遵守相应的国家、地方建筑法规，包括对实验室的专用建筑安全标准。未得到实验室负责人或其指定代表的许可禁止进行建筑或工程作业。

注：可从国际和国家标准化机构得到帮助信息。

6.2 通用设计要求

实验室的设计应保证对技术工作区域中微生物、化学、放射和物理危害的防护水平控制与经过评估的风险程度相适应，并为关联的办公区域和临近的公共空间提供安全的工作环境，以降低周围社区的风险。通向出口的走廊和通道应无障碍。

实验室的设计应保证将采血区（当采血区位于实验室区域内时）、样本接收区、管理区和分析区明确分开。每个区域都应有适于在区内开展工作的受控环境以及设施、家具、工作面和地面。应有足够的无障碍空间以安全工作，包括大型设备周围应有空间以便于维护人员工作。应在实验室工作区邻近（但应安全隔开）设计适宜且足够的空间，以安全、保险地存放样本、化学品、记录以及用于垃圾和特定的实验室废物在处置前的存放。

应在所有处理生物源性材料的区域内安装专用洗手池。只要可能，应将手动水龙头替换为自动的，或用肘部、膝部或足部操作。处理生物源性材料的区域内安装的洗手池下水系统应无阻碍地排水（即池内不设存水塞）。所供应热水的温度应使手放在水流中时感到舒适。水温以 45℃为宜。

注：如果使用手动龙头，开关时垫上纸巾或类似材料以防手被污染是良好行为。

医学实验室通风系统的设计应考虑污染区彼此之间的有效隔离。每个区域应有各自独立的通风系统。

6.3 物理环境

6.3.1 照明

实验室的采光或人工照明应适合安全地工作，要尽可能减少强光和反射光。

6.3.2 温度

应将产生过多热量或冷气的设备与普通工作区隔离。应提供个人防护装备，包括隔温手套和服装，保证人员的安全与舒适。

实验室的室温应尽可能控制在使实验室工作人员舒适的程度。

6.3.3 通风

应将可能产生过多烟雾、热量、蒸汽、气味或有害物质的所有设备与普通工作区隔离并安装适当的排风罩。如果做不到，则应为工作人员提供特别的安排，保证其工作舒适。

对可能产生不良气味的操作过程可采用局部的自然或人工通风。

实验室的室内湿度和换气应使实验室工作人员舒适和安全。

应对空气的流动速度进行定期监测以保证足够的通风，并在工程上防止潜在的感染因子和有害气体扩散。

通风管道应与普通工作区隔离，以防止空气传播的感染因子或气味向其他工作区扩散。

6.3.4 噪声

应防止实验室工作区噪声水平过高。在选择和安置设备时应考虑其本身的噪声水平和其对工作区总噪声的贡献。应采取措施将噪声降至最低或减少噪声的产生。

6.3.5 工效学因素

实验室活动、工作空间和设备（如座椅、实验室工作台、计算机键盘和显示器），以及发生振动和超声波的设备等,应在设计或就位时减少因工效学缺陷或事故导致的风险。

6.3.6 从事活病原体工作的设计

所有从事活病原体工作的实验室应有专门的设计适用于防护对个体有中度到高度风险的微生物。拟从事III级或更高风险等级的微生物工作的实验室应有更高防护水平的专门设计。

6.3.7 门标

实验室的每个出口和入口应可分辨,紧急出口应有标记以和普通出口区别。标记应包括国际或国家通用的危险标志(如:生物危险标志、火灾标志和放射性标志)以及其他有关的规定标记。

6.3.8 实验室安防

实验室入口应有可锁闭的门,门锁应不妨碍紧急疏散。进入实验室应仅限于获得授权的人员。房间内的门按需要安装门锁;正在检验高风险样本时应有进入限制。存放高风险样本、培养物、化学试剂或供应品还需采取其他的安全措施,如可锁闭的门、可锁闭的冷冻箱、特殊人员的进入限制等。应评估生物材料、样本、药品、化学品和机密资料被偷盗和被不正当使用的危险,并采取相应措施防范其发生。

7 员工、程序、文件、检查和记录

7.1 实验室安全负责人

应任命一名有适当资格和经验的实验室安全负责人协助管理层负责安全事务。安全负责人应制定有效的实验室安全计划,并维护和监督。有效的实验室安全计划应包括教育,指导和培训,审核和评价以及促进实验室安全行为的程序。

实验室安全负责人应有权制止不安全的活动。如设有安全委员会,实验室安全负责人若不是该委员会的主任,至少应是该委员会现职(ex officio)成员。

7.2 程序

实验室的标准操作程序应包括对涉及的任何危险以及如何在风险最小的情况下开展工作的详细指导书。负责工作区活动的管理责任人每年应对这些程序至少评审和更新一次。应制定包括危险信息系统在内的书面计划,并应包括以下内容:

a) 对来访者/合同方的安排;
b) 对员工的健康监护;
c) 对实施风险评估、记录结果及采取措施的安排;
d) 用于监控化学品和其他危险物品的识别(包括适当的标识要求)、安全存放与处置的详细目录的程序;
e) 处理危险材料时安全行为的程序;
f) 防止高风险/污染材料失窃的程序;
g) 确认培训需求和教材的方法;
h) 获得、维持和分发实验室所有使用材料的MSDS(材料安全数据单)的程序(保证员工24 h可得到该信息);
i) 实验室设备安全去污染和维护的程序;
j) 紧急程序,包括漏出处理方案(见附录A和附录C);
k) 事件记录/报告及调查;
l) 临床废物处置。

7.3 安全计划的审核及检查

7.3.1 安全计划的审核

每年应(由受过适当培训的人员)对安全计划至少审核及评审一次,包括但不限于下列要素:

a) 安全和健康政策;
b) 书面的工作程序,包括安全工作行为;

c) 实验室相关员工的教育及培训；
d) 对工作人员的监督；
e) 定期检查；
f) 危险材料和物质；
g) 健康监测；
h) 急救服务及设备；
i) 事故及疾病调查；
j) 健康和安全委员会评审；
k) 记录及统计；
l) 对有跟踪要求的安全计划进行评审，以确保完成审核中提出的需要采取的全部措施。

注：为每个领域特制的核查表可有效地协助审核工作(见附录B)。

7.3.2 安全检查

实验室管理层负责确保执行安全检查。每年应对工作场所至少调查/检查一次，以保证：

a) 火灾应急装备、警报系统和撤离程序的功能及状态正常；
b) 用于危险物质漏出防护程序和物品(包括紧急喷淋)的状态正常；
c) 对可燃、易燃、有感染性、有放射性和有毒物质的存放进行适当的防护和控制；
d) 去污染和废物处理程序的状态正常。

安全委员会参与安全调查是良好行为。定期的安全检查有助于提醒所有人员注意潜在的危险，确保服从有关规定，并强化监督员的责任心。

7.4 安全手册

要求所有员工阅读的安全手册应在工作区便于得到。手册应针对实验室的需要，主要包括(但不限于)以下几方面：

a) 消防；
b) 电气安全；
c) 化学品安全；
d) 辐射；
e) 微生物危险；
f) 危险废物处置。

安全手册应包括从工作区撤离和事件处理方案的详细说明(关于行动计划的更多信息见附录A)。实验室管理层每年至少应对安全手册评审和更新一次。

实验室中其他可用的信息来源还包括(但不限于)实验室涉及的所有化学品和制剂的材料安全数据单(MSDS)，其他的参考资料包括教科书和权威性杂志文献。

7.5 记录

7.5.1 总则

记录的保管应符合ISO 15189。应注意，国际、国家或地方的法规或指南可以适用。

7.5.2 职业性疾病、伤害和不利事件记录

应有机制记录并报告职业性疾病、伤害、不利事件或事故以及采取的相应措施，同时应尊重个人隐私。

应保持人员培训记录，包括对每一员工的安全指导和安全预备状态的年度更新资料。

7.5.3 风险评估记录

应有正式的风险评估体系。除所要求的对工作场所的正式风险评估之外，应用安全核查表也是记录和将评审计划文件化的适宜方法(见7.3)。

注：安全审核和事件趋势分析记录机制有助于确保补救措施的实施。

7.5.4 危险废物记录

危险废物处置记录应是安全计划的组成部分。危险废物处置、风险评估、安全调查记录和所采取行动的记录应可查阅，并按国家或地方法规要求的期限保存。

8 危险标识

应系统而清晰地标识出危险区，且适用于相应的危险。在某些情况下，宜同时使用标记和物理屏障标识出危险区。

应清楚地标识在实验室或实验室设备上使用的具体危险材料。

工作区的所有进出口都应标明其中存在的危险。尤其应注意火险以及易燃、有毒、放射、有害和生物危险材料。实验室管理者应负责定期评审和更新危险标识系统，以确保其适用现有已知的危险。该活动每年应至少进行一次。

应使非实验室员工的维护人员、合同方、分包方知道其可能遇到的任何危险。

员工应接受培训，熟悉并拥有关于紧急程序的专用书面指导书。

应识别和评审对孕妇健康的潜在危险。应进行风险评估并记录。

9 事件、伤害、事故和职业性疾病的报告

实验室应有报告实验室事件、伤害、事故、职业性疾病以及潜在危险的程序。

所有事件(包括伤害)报告应形成档案文件，报告应包括事件的详细描述、原因评估、预防类似事件发生的建议以及所采取的措施。

事件报告(包括补救措施)应经高层管理者、安全委员会或实验室安全负责人评审。

10 培训

实验室负责人应保证实验室所有相关人员(包括运输和清洁人员)安全培训计划的实施。

应当强调对安全工作行为的培训。

全面的培训计划始于书面的规划，应包括对新员工的指导以及对有经验员工的周期性再培训。应要求所有员工在某一领域工作前阅读适用的安全手册。应书面确认员工已接受适当的培训和阅读、理解了安全手册，包括上述活动的执行日期。

安全培训计划至少应有消防及其预备状态、化学和放射安全、生物危险和感染预防。课程应按照岗位制定，应适当考虑怀孕、免疫缺陷和身体残障情况。应有一套系统以评价每个员工对提供给其信息的理解情况。

11 个人责任

11.1 食品、饮料及类似物品

食品、饮料及类似物品只应在指定的区域中准备和食用。

食品和饮料只应存放于非实验室区内指定的专用冰箱，不应放置在试剂、血或其他可感染性材料存放之处。

冰箱应适当标记以指明其规定用途。

技术工作区内禁止吸烟。

11.2 化妆品、头发、胡须和饰品

禁止在技术工作区内使用化妆品和处理隐形眼镜。

长发应束裹在后面。重要的是使头发远离运转的设备。蓄须男性应遵守与对头发等同的预防措施。

如果存在被设备卷入或被可感染性物质或化学品污染的任何危险，在实验室技术区内不应配戴戒

指、耳环、腕表、手镯、项链和其他饰品。

注1：可使用护手霜。

注2：可使用一次性的发罩和胡须罩。

11.3 免疫状态

应积极鼓励所有实验室工作人员接受免疫接种，以预防其可能被所接触的生物体感染。

应对所有工作中接触或处理人血、血清、体液或人体组织的人员提供乙型肝炎疫苗。应按国家或地方的要求保存免疫记录。

应根据文件化的实验室感染风险评估和地方公共卫生部门的建议制定特定实验室的免疫计划。国际、国家或地方法规或指南可适用。

注：许多实验室获得性传染病可通过主动免疫计划得到有效的预防。应基于机构或环境的潜在危险选择相应的疫苗。

11.4 个人物品

个人物品、服装和化妆品不应放在可能发生污染的指定区域。

应提供安全的存放处，如带锁的存物柜。

11.5 喜庆装饰

具有潜在污染和(或)火险的喜庆或其他装饰不应在技术工作区内使用。

任何时候不得将装饰物附着在光源、照明装置或技术设备上。

12 服装和个人防护装备(PPE)

12.1 实验室防护服

实验室应确保具备足够的与风险水平相应的洁净的防护服(如外衣和长罩服)，可供实验室工作人员或来访者使用。

洁净的防护服不用时应挂在专用的衣钩上。衣钩要远离散热器、蒸汽管道、加热设备和明火。污染的防护服应在适当标记的防漏袋中放置并运送。应对其适当洗涤以确保去除化学及生物污染。

每隔适当的时间应更换防护服以确保清洁，发现防护服已被危险材料污染应立即更换。

离开实验室区域之前应脱去防护服。

注：当具潜在危险的物质极有可能溅到工作者或来访者时，需要使用塑料围裙或防液体的长罩服。在这种工作环境中，可能还要求穿戴其他的个人防护装备，如手套、防护镜、面具、头面部保护罩。

12.2 实验室外的防护服

当采血者和其他工作人员需要在实验室外接触患者时，应穿清洁的外衣和长罩衣。

12.3 面部及身体保护

如样本和试剂可能发生漏出，应有可供使用的挡溅板或类似装置。

在处理含有潜在微生物的样本的过程中如可能产生气溶胶，应在生物安全柜中操作。

在处理危险材料时应有经过核准的安全眼镜、面部防护罩或其他的眼部面部防护装置可供使用。

隐形眼镜不能防飞溅物。戴隐形眼镜时还应使用眼部防护装置。

12.4 手套

在实验室工作时应有可供使用的手套，以防化学品、生物危险物、辐射污染、冷和热、产品污染、刺伤和擦伤。

手套应按所从事操作的种类符合舒服、合适、灵活、握牢、耐磨、耐扎和耐撕的要求，并应对所涉及的危险提供足够的防护。实验室应提供未扑粉的手套和(或)可替代材料，供对天然橡胶、滑石、淀粉或乙烯基过敏和有其他反应的工作人员使用。

应对实验室工作人员进行手套选择、使用前后的配戴和摘除的培训。

手套应：

a） 在配戴前检查漏损；

b） 在戴好后完全遮住手及腕部，如适用，可覆盖实验室长罩服或外衣的袖子；

c） 在撕破、损坏或怀疑内部受污染时更换；

d） 为工作专用，即仅在接触有潜在感染性材料时使用。在工作完成或中止后应摘掉并按地方安全规范处置。

在接触参考资料、电话和键盘等之前应摘掉污染的手套。

12.5 鞋

鞋应舒适，鞋底防滑。露趾便鞋不适合作为实验室用鞋。推荐使用皮质或合成材料的不渗液体的鞋类。在从事可能出现漏出的工作时可穿一次性防水鞋套。

对实验室常规工作推荐使用符合人类工效学的舒适平底鞋。

注1：在实验室的特殊区域，包括高感染防护等级的区域，可能要求使用专用鞋（例如一次性或橡胶靴子）。

注2：在接触大量化学品、从事危险活动、日常使用刀或其他利器的组织病理区可能要求使用经过核准的安全鞋。

12.6 呼吸防护

当技术活动要求使用呼吸防护装备（如面具、个人呼吸器）时，其使用和维护的作业指导书应包括在相应活动的安全操作程序手册中。呼吸器只应按照作业指导书及培训的要求使用。

应安排工作场所监控、医学评价和对呼吸器使用者的监督以确保始终正确使用装备。可要求对呼吸器作个体适合性测试。呼吸器不能充分保护蓄须者。

12.7 洗手

实验室工作人员在实际或可能接触了血液、体液或其他污染材料后，即使戴有手套也应立即洗手。

摘除手套后、使用卫生间前后、离开实验室前、进食或吸烟前、接触每一患者前后应例行洗手。

所有在实验室工作的人员或来访者，无论何时，只要手被污染和离开技术区之前均应洗手。

实验室应为对某些消毒防腐剂中的特殊化合物过敏或有其他反应的工作人员提供洗手用的替代品。洗手处应提供弱致敏性护肤乳液。

洗手池不得用于处置血液和体液。

注：在限制使用洗手池的地点，使用以乙醇为基质的“无水”手部清洁产品是可接受的替代传统洗手的方法。

12.8 培训

实验室应保证全体人员受过急救培训。应提供物品和程序以减少对涉及化学品、毒性或潜在感染性材料的实验室内人员的不利作用和事件发生。应有救治指南，需要时，应有与实验室内可能发生的危险相应的紧急医学处理措施。所有员工应熟悉被针刺伤后所执行的程序。

注：通用及特殊的急救管理指南见附录B。

12.9 设备

实验室负责人应确保在实验室内至少有下列用于急救和紧急程序的设备可供使用：

a） 一个急救箱；

b） 急救设备；

c） 眼部冲洗设备；

d） 实验室所用有毒化学品的解毒药及其使用说明；

e） 实施急救的人员使用的防护服及安全设备；

f） 医疗救助呼叫及需要时立即送医院的设备。

12.10 洗眼台

洗眼台应位于使用酸、苛性碱、腐蚀剂和其他危险化学品、危险生物材料或放射性材料附近的地方。洗眼台应是经核准的固定设施或是经核准的以软管连接于水源或等渗盐水源的简易喷淋型装置。存在喷溅风险而无水管可用的地方，连接于供应充足且开启方便的无菌水容器的简易喷淋型装置也是可接受的替代装置。

应每周测试与水供应连接的装置以确保其功能正常并冲掉积水。

12.11 紧急喷淋装置

应有可供使用的紧急喷淋装置并安装在使用苛性碱和腐蚀性化学品附近的地方。

应定期测试喷淋装置以保证其功能正常，其数量依实验室的复杂程度和规模而定。应尽可能提供舒适的水温。地面排水通常应设在紧急喷淋装置附近。

注：在某些特殊实验室区域，包括高等级防护区域，地面排水会危及安全防护，安装此类排水可能不适合。

13 良好内务行为

应指定一人监督良好内务行为。实验室应将技术区定为清洁区或污染区。

工作区应时刻保持整洁有序。

禁止在工作场所存放可能导致障碍和绊倒危险的大量随弃性材料。

所有用于处理污染性材料的设备和工作表面在每班工作结束、有任何漏出或发生了其他污染时应使用适当的试剂清洁(净化)和消毒。

对漏出的样本、化学品、放射性核素或培养物应在风险评估后清除并对所涉及区域去污染(见附录C)。清除时应使用经核准的安全预防措施、安全方法和个人防护装备。

内务行为和材料改变时应通知实验室负责人，以确保避免发生无意识的风险或危险。

实验室行为、工作习惯或材料的改变可能对内务和(或)维护人员有潜在危险时，应通知实验室负责人并书面告知内务和维护人员的管理者。

有些漏出事件可能要求所有人员迅速从该区域撤离，漏出的后果可受溅出量和其性质影响。应采用安全手册中的方案处理此类事件(见附录A)。

应制定在发生事故或漏出导致生物、化学或放射性污染时，设备保养或修理之前对每件设备去污染、清洁和消毒的专用方案(见附录C)。

注：在清洁过程中可能要求适当的个人防护装置。

14 安全工作行为

14.1 接触所有生物源性材料的安全工作行为

在所有医学实验室，处理、检验和处置生物源性材料的规定和程序应利用良好微生物操作标准。

工作行为应可降低污染的风险。污染区内的工作行为应可预防个人暴露。

所有具潜在感染性或毒性的质量控制物质和参考物质在存放、处理和使用时，应按适用于未知风险样本的操作等同对待。

注：许多此类产品是由来源复杂的混合材料制成。

如果样本在收到时有损坏或泄漏，应由受过培训的人员穿着适当的个人防护装备开启样本以防漏出或气溶胶，应在生物安全柜内开启此类容器。如果污染过量或认为样本有不可接受的损坏，则应将样本安全地废弃而勿开启。应立即告知发送方。

禁止口吸移液。

应培训实验室工作人员安全操作尖利器具及装置。

各种利器包括用过的针头不允许手工剪、弯、折断、重新戴帽或戴套，或以手工方式从注射器上移去。工作行为评审的目标应包括尽可能减少使用利器。

包括针头、玻璃、一次性手术刀在内的利器应在使用后立即放在耐扎容器中。国家或地方法规可适用。

尖利物容器应在内容物达到其容量的三分之二前更换。对这些容器及其内容物的处置应符合地方的指南。国家或地方法规可适用。

注：特殊条件下可适用于某些采血系统。

14.2 微生物实验室工作的特殊要求

只要可行,这些要求通常适用于其他的医学实验室学科。

所有样本、培养物和废物应假定含有与可感染性疾病传播相关的活性生物因子,并以安全方式处理。

所有具潜在感染性或毒性的质量控制物质和参考物质在存放、处理和使用时应按适用于未知风险样本的操作等同对待。

操作样本、血清或培养物的全过程可穿长罩服。长罩服的前面及颈部密闭,长袖袖口收紧。

长罩服最好由抗湿材料制成。

应戴手套作为保护屏障以防操作样本和培养物时污染手部。无论如何,工作完成后应摘除手套以避免污染工作场所。不应认为戴手套可替代彻底洗手(见 12.7)。

摘除手套后一定要彻底洗手。

最好采用电子灼烧灭菌装置对微生物接种环灭菌。

15 气溶胶

实验室工作行为的设计和执行应能减少人员接触化学或生物源性有害气溶胶。

样本离心只应在盖好的安全罩内进行。

所有进行涡流搅拌的样本应置于有盖容器内。

特别建议在能产生气溶胶的大型分析设备上使用局部通风防护装置,在操作小型仪器时使用定制的排气罩。在可能出现有害化学气体的地方,局部排风是必备的。

16 生物安全柜、化学安全罩及柜

如果实验室员工接触Ⅰ、Ⅱ级风险的样本,则生物安全柜内的空气只有在排放前通过高效离子过滤器(HEPA 过滤器)才可以再循环;如果实验室工作涉及Ⅲ级或以上风险等级的微生物培养物,则禁止将空气再循环。

在某些领域内,要求双重 HEPA 过滤器。

生物安全柜和化学安全罩应由有资格的人员安装并每年验证。

应经常监测生物安全柜以确保其设计性能。应保存检查记录和任何功能性测试结果。在安全柜上应有作为检查证明的验证标签。

所用生物安全柜的放置、设计和类型应符合安全工作所要求的风险防护等级。

所有生物安全柜的使用方式应避免降低其功能。

生物安全柜、化学安全罩和柜的通风应符合微生物和(或)化学的风险等级和安全要求。

17 化学品安全

17.1 避免化学污染的措施

在所有医学实验室中,对化学品的存放、处理、使用及处置的规定和程序均应符合良好化学实验室行为标准。

应按照国际标准在每个贮存容器上标明每个产品的性质及其风险性,还应在使用中产品的容器上清晰而明确地标识。

对化学、物理及火灾危险应有足够的控制措施。应定期对这些措施进行监督以确保其有效。应保存监督结果记录。

应将诸如酸和碱类的危险液体存放在低于眼睛的位置。大的容器应安全存放在靠近地面的位置,且高度应保证取用安全及符合人类工效学。

应按国家或地方的要求配备适当的装置以安全处理、存放和使用压缩气体和低温材料。

应安装保险装置(如护链和护架)以防止气瓶、试剂或玻璃制品的意外移动。

应要求所有人员按安全操作方案工作,包括使用被认为适用于所从事工作的安全设备或装置。

在实验区,所有人员应时刻穿着适当的防护服。如所从事活动需要时,还应增加适当的个人防护装备(见第12章)。

17.2 发生化学污染时采取的紧急措施

在因化学污染可能造成眼睛损伤的所有实验区内,应提供洗眼装置。

存在大面积身体污染风险性质的化学危险的场所,应提供喷淋装置(见12.11)。

应有适当的化学品漏出控制措施,包括适用于工作场所使用的化学品的中和剂、漏出的屏蔽及吸收剂。

17.3 化学品的废弃

对实验室内所用的每种化学制品的废弃和安全处置应有明确的书面程序,包括对当地法定程序充分详细的说明,以保证完全符合其机制,使这些物质安全、合法地脱离实验室控制。

18 放射安全

18.1 放射性核素

在批准使用放射性核素之前,实验室负责人应对拟使用的理由、限度和地点进行评估。

实验室应保存放射性核素的获取、使用和处置的足够记录。所有放射性化学品的存放应安全及保险。

所有操作或接触放射性核素的实验室人员应接受放射性基础及相关技术和放射性防护的指导及培训,并应遵守放射性安全规定和程序。

实验室应有适当的、满足工作需要的书面标准操作程序和地方法规。

程序应包括清晰的作业指导书,详细说明在出现辐射事故和漏出时应采取的措施;应在使用放射性核素的工作场所醒目地显示这些作业指导书的概要。

程序应详细说明不用的放射性材料、与放射性材料相混合的或被污染的材料的安全处置方法。

应显示适当的经批准的警告和禁止标志。

除国家和地方法规外,还应参照文献[11]。

18.2 放射防护顾问、安全员和监督员

从事放射性工作的实验室应向地方授权的放射防护顾问(Radiation Protection Advisor,简称RPA)征询有关放射性防护行为和法律要求的建议,包括所有要求的实验室设计和设备标准,制定适当的措施以保证遵照执行。

实验室应任命一名放射防护安全员(Radiation Protection Officer,简称 RPO),其应向 RPA 报告。RPO 负有设计、执行及维护可操作性放射防护计划的专门责任。

RPO 应就管理事宜向实验室负责人报告,就专业事宜向 RPA 报告。

实验室应任命若干放射防护监督员(Radiation Protection Supervisor,简称 RPS)监督与电离辐射相关的日常工作,以保证采取良好的辐射行为。RPS 应向实验室 RPO 报告。

RPA、RPO 和 RPS 的设置、作用和责任应由地方法规规定。

在没有法律规定的地方,强烈建议成立放射安全委员会。

注1:RPA 应为有资格的适当人员,通常与实验室负责人有相当的地位。以专家咨询为基础提供信息及建议。

注2:RPA 的其他权限可依据其另外的职衔而定。

18.3 工作场所的监督

应制定系统性监督计划以保证对工作场所进行全面及经常性监督。应保存监督记录。

应制定并实施常规清洁和去污染方案。

应定期评审放射性核素的使用情况,经常监督工作行为并按 RPA 和 RPO 的要求进行改进。应记

录补救措施或程序性变化并按法规或地方规定所要求的期限保存。

放射性废物应有标识并存放于专用的安全且防辐射的储存库。在每个需弃置的包装上应清楚地标明风险的性质和程度。贮存及处置应遵守法规和地方规定。

18.4 紫外线和激光光源(包括高强度光源的光线)

在使用紫外线和激光光源的场所,应提供适当且充分的个人防护装备,应显示适当的经批准的标志,并为安全使用设备提供培训。这些光源只能用于其设计目的。

这类光源的外罩只能由有资格的该类设备的维护人员开启。

18.5 微波设备

应对微波设备定期检查、监测和保养以确保维持其性能及安全标准。

应特别保护高功率微波和电磁波装置,应配备额外的保护罩和防护盖。在安置这类装置时,要考虑到和其他设备之间可能产生的性能相互干扰。应贴有标志警示其可对配戴起搏器者造成影响。禁止配戴起搏器者接近有高功率微波及电磁波装置的场所。

可燃物不应放在微波设备中。

19 防火

19.1 建筑

建筑规格应根据实验室所含危险的类型而定。应指定主要出口路线。

医学实验室若位于有住院病人的建筑内,应当有防火结构与医疗区域隔离。在存放可燃气体的地方,应当安装防爆灯和防爆开关。用于此类区域的电气设备应当专门设计。

19.2 辅助出口

应备有辅助出口确保人员可从实验室安全撤离。

指定的消防出口应通向防火区。

19.3 报警系统

在使用或存放可燃气体或液体的所有实验室区内,应备有烟雾和热量自动探测及报警系统。

应定期测试报警系统以确保其功能正常并使所有人员熟知其运行。

19.4 减少火险的策略

在实验室的技术区内只存放最少量的可燃气体和液体。

注:在某些领域内,"最少量"解释为一个工作日的消耗量。

只应在通风良好的区域使用可燃气体和液体。

应在实验室排烟罩或柜中进行释放可燃蒸气的工作。

可燃液体和气体应远离热源和打火源,包括电机和阳光直射。

供气管道中紧急关闭阀和管道的安装应符合国家或地方法规。

漏出处理工具包应随时可供控制漏出的少量可燃物。

如发生漏出,应立即寻求消防部门援助。国家、地方法规适用。

19.5 可燃物品的存放

存放可燃液体或气体的容器应尽可能小,并符合实验室的需要。

存放可燃液体的容器不使用时均应盖好。

可燃气体或液体只应存放在经批准的贮藏柜或库中。贮存应符合现行的国家标准。

冷藏的可燃液体只应存放在无火花"防爆"冰箱中。

注:家用冰箱不适用于此用途。

存放大量可燃液体的金属容器应固定并连接到公共接地点以避免静电。

应使用便携安全容器存放、转运和分配可燃液体。

应在专用的贮存室或化学排烟罩内将易燃液体从贮存罐中轻轻倒入或转移至小容器中。金属容器应接地良好。

19.6 消防安全培训计划

应对实验室工作人员及建筑物内所有人员进行消防指导和培训。内容包括：

a) 火险的识别及评价；

b) 制定减少火险的计划；

c) 失火时应采取的全部行动。

19.7 消防设备

现场应配备适当的设备用于扑灭可控制的火灾及帮助人员从主火场撤离。

实验室人员的责任是确保人员安全有序地撤离而不是试图去灭火。

应依据实验室可能失火的类型选择、放置和维护适当的灭火器材和消防毯，并符合地方消防主管部门的要求。

20 紧急撤离

应制定紧急撤离的行动计划(见附录A)。同样，该计划应考虑到化学、失火和微生物紧急情况。应包括使留下的空建筑物处于尽可能安全状态的措施。

包括来访者在内的所有人员都应了解行动计划、撤离路线和紧急撤离的集合地点。

所有人员每年应至少参加一次消防演习。

21 电气设备

电气设备的设计及制造应符合适当的安全要求。公认的标准包括GB 4793系列—测量、控制和实验室用电气设备的安全要求(见参考文献[14])。为确保安全，某些设备必须连接备用电源。

新的、改装过的或修理过的电气设备在未经有资格的人员(如有资格的电工或生物医学工程师)完成电气安全测试并确认符合安全使用要求之前，不得使用。

电气设备使用人员应接受正确操作的培训，操作方式应不降低电气安全性。

注：有些工作要求使用防火花或无火花(固有安全)的设备。

电气设备使用人员应定期检查可能引起电气故障的设备破损。

如果导电液体意外地洒到设备上，应将设备与电源断开并小心使设备干燥。在未经有资格的人员同意前，不得重新启用。应采取措施对设备去污染以减少维护人员受化学或生物污染的风险(见第13章、附录A和附录C)。

只允许有资格的人员从事电气设备和电路工作。禁止未经授权的工作。

22 样本的运送

实验室负责人或指定人员(如实验室安全员)应负责向为实验室提交样本的所有部门提供适当的指南和说明。

所有样本应以防止污染工作人员、患者或环境的方式运送到实验室。

样本应置于被批准的、本质安全、防漏的容器中运输。

样本在机构所属建筑物内运送应遵守该机构的安全运输规定。样本运送到机构外部应遵守现行的有关运输感染性和其他生物源性材料的法规。

样本、培养物和其他生物材料在实验室间或其他机构间的运送方式应符合机构的安全规定。只要适合，国际和国家关于道路、铁路和水路运输危险材料的法规适用。

按国家或国际标准认为是危险货物的材料拟通过国内或国际空运时，应按现行国家或国际法规或要求的规定包装、标记并提供文件资料。

23 废物处置

实验室废物处置的管理应符合国家或地方法规要求。

实验室废物管理的目的如下：

a) 将操作、收集、运输、处理及处置废物的危险减至最小；

b) 将其对环境的有害作用减至最小。

所有不再需要的样本、培养物和其他生物材料应弃置于专门设计的、专用的和有标记的用于处置危险废物的容器内。生物废物容器的装量不能超过其设计容量。

利器(包括针头、小刀、金属和玻璃)应直接弃置于耐扎的容器内。

实验室管理层应确保由经过适当培训的人员采用适当的个人防护装备处理危险废物。

不允许积存垃圾和实验室废物。已装满的容器应定期从工作区运走。在去污染或最终处置之前，应存放在指定的安全地方，通常在实验室区内。未被试剂或体液污染的实验室垃圾和日常纸类废物可按非危险废物操作和处理。每天至少适当且安全地处置一次。

所有弃置的实验室微生物样本、培养物和被污染的废物在从实验室区取走之前，应使其本质上达到生物学安全。

生物学安全可通过高压消毒处理或其他被批准的技术或包装在适当的容器内实现。

只要包装和运输方式符合将危险废物运至某机构进行安全且适当处置的法规要求，可允许运送未处理的废物。

对已知未受污染的实验室废物可按非危险废物操作并处理。

附 录 A
（资料性附录）
实施本标准的行动计划纲要

A.1 引言

本标准旨在用于所有类型的医学实验室，从资源有限的野外现场实验室到大型研究和教育机构。本附录旨在为执行本标准提供指南，尤其是为那些资源有限的实验室。通常，很多为提高安全所需采取的措施成本很低，涉及工作行为的改变很小，几乎不要求过高成本的解决方案，基于专家的合理决策可建立并维持安全的工作体系。

A.2 建立安全体系

A.2.1 第一步：安全领导

确定一位有足够经验的实验室安全负责人领导安全事宜。应给其充足的时间从事此工作。在小型实验室，需要的时间可能很少，但也可能会因实验室的复杂性而增加。

A.2.2 第二步：危险识别

安全负责人应与实验室资深人员一起列出实验室存在的或在实验室内可能产生的或可因工作而致的危险。列出那些不是直接由实验室引起的（如与建筑结构或外部环境有关的）危险亦很重要。

A.2.3 第三步：风险评估

安全负责人应与实验室资深人员密切配合，评估每一危险的风险等级，包括危险本身固有的及作为一组相关危险组成部分的风险。风险评估要求评价工作特有的和环境的危险。应记录认识到的风险等级、受影响的对象、后果以及严重程度。

A.2.4 第四步：风险排序

作为第三步的一部分，应确定降低风险水平的可能方法。安全负责人应与实验室资深人员合作，按照要求当前、短期或长期降低风险的策略对风险进行排序。排序应基于潜在的伤害，而非经济因素，虽然经济因素不容忽视。在有些情况下，当风险超过任何潜在收益时，将不得不做出停止某专项活动的决定。

A.2.5 第五步：风险降低

医学实验室不可能完全没有风险。目的是考虑涉及的所有因素，尽可能降低风险。应制定并执行行动计划以将风险程度降低到有关各方（包括实验室内部以及受实验室工作影响的其他方）协议目标可接受的水平。实验室资深人员应在安全负责人的建议和协助下，负责行动的计划与实施。应仔细记录所做的决定及计划的行动，以及为何采取该行动的支持性资料。

A.2.6 第六步：风险策略评审

认真监督执行行动计划是降低风险策略的一部分。计划应在降低风险的过程中不断改进。尽管计划的实施取决于实验室资深人员的正确领导和安全负责人的称职指挥，但全体实验室人员均应参与。

A.3 实验室建立的安全体系的保持

建议定期对实验室人员进行安全意识培训，应保存培训的出勤和内容记录。

建议定期对工作场所（包括实验区和非实验区）进行程序性的安全审核和（或）检查，至少每年一次，对风险增加的区域，应提高检查频率。应保持详细记录。本标准附录中的项目核查表有助于该过程。

指导手册、方法及操作指南文件中应包括相应的实用且完全可操作的安全信息。该信息应保持现行有效。

所有新的设备和过程在运行前后均应进行风险评估，并实施适当的降低风险的策略。

应对不利事件和事故彻底调查、形成文件并采取后续措施以减少再次发生的可能性。

应鼓励所有人员识别潜在的危险并且工作方式不应使自己或他人置于风险中。

附 录 B
（资料性附录）
实验室安全审核

B.1 总则

下表为逐项列出的核查项，旨在帮助审核活动的开展。

表 B.1 至 B.4 帮助审核遵守标准的情况，重点关注的是实验室管理人员。

表 B.5 至 B.10 帮助审核操作人员安全知识范围和安全工作行为。

B.2 说明

a） 下述说明适用于每页：

——在第二、第三或第四列注明 Y(是)，N(否)或 NA(不适用)；

——回答所有问题；

——在最后一栏列出解释或说明。

b） 如果表格空间不足以填写要求的全部信息：

——信息填写在另页上；

——将其附在该表后；

——在该表上注明有附加信息。

c） 下述情况需更新政策和程序：

——增加的新任务和程序影响职业性暴露时；

——改变或修改的任务和程序影响职业性暴露时。

保证在本次审核中与所检查或追查的每一项要求符合。

表 B.1 工作行为/工程控制

该部门中下述工作行为/工程的控制点	是	否	不适用	说明/解释
1. 在可能接触血液或体液的工作场所有洗手池可供员工使用。 ——洗手池用于处置血液或体液。如果是，请解释。				
2. 在确实不能提供洗手设施的情况下，手部消毒清洁剂和清洁毛巾或纸巾可供使用。说明使用的方法。				
3. 下述情况下要求洗手： ——手被血液或体液污染时； ——摘除手套后； ——接触不同患者前。 是按照这个规定做的吗？如果不是，请解释。				
4. 该部门是否在任何情况下都禁止重新给利器戴套、弯折或折断针头？如果不是，见 4a)。 4a) 应按指定程序给针头重新戴套。 4b) 重新戴套的方法是： ——用单手柄工具(被动戴套)； ——用戴套设备； ——其他(描述所用方法)。				

表 B.1（续）

该部门中下述工作行为/工程的控制点	是	否	不适用	说明/解释
5. 有用于处置使用过利器的贴有标签或彩码的防漏、耐扎的利器容器。如果没有，请解释。				
6. 实验室是否用可重复使用的利器？请列出来： 6a) 处理和存放被血液或其他可感染性材料污染的可重复使用利器的容器，应使员工确实不能接触到利器。				
7. 利器的处理：所有利器(针头、小刀、毛细吸液管、载玻片、盖玻板、一次性吸液管以及其他利器)在使用后放入适当的耐扎容器中用于再处理或处置。员工经过相关程序的培训，并被要求不能将这些容器装得过满。				
8. 在有任何职业性暴露风险的工作场所禁止吃喝、使用化妆品、吸烟和处理隐形眼镜。员工被告知该规定并遵守。				
9. 实验室禁止使用口吸移液。 9a) 实验室内有可供使用的机械移液设备。				
10. 在保存血液或其他可感染性材料之处禁止存放食品和饮料，并适用于冰箱、冷冻箱、台架、柜、工作台面和椅座面。员工被告知该规定并遵守。				
11. 样本处理：防漏一级容器用于所有样本。 11a) 运送时所有样本(血液或其他可感染性材料)放入防漏二级容器中。说明附在二级容器外部。 11b) 在将含有血液或其他潜在感染性材料的包装从实验室向其他地址寄送时，应适当包装并将生物危险标志贴在包装外。 11c) 气动管道传输系统：指导员工正确包装运载容器使传输时不漏样本。				
12. 设备被血液或其他潜在感染性材料污染后立即或尽可能快地去污染。 12a) 在修理或装运设备之前要对设备进行检查，如果可能，要去污染。如果不能在修理和装运设备之前对设备去污染，指导员工附上生物危险标志，明确标明污染部位。				
13. 受控废物：贴有适当彩码或标记的可密封防漏容器可供使用。 13a) 大量体液(尿、呕吐物、排泄物等)经适当的卫生污物管道系统处置。 13b) 将装有体液的容器(痰液袋、血液袋、吸液导管等)放入生物危险废物容器中，焚毁或作其他处置。 13c) 将要处置的实验室样本装入生物危险袋(若适用，用可高压消毒的)中再放入带有密封盖的防漏容器中。 13d) 若适用，实验室样本在处置前应高压消毒。 13e) 如果用高压消毒锅处理废物，采用生物学指标定期监测。请详细说明时间间隔。 13f) 组织、器官和身体其他部分装入生物危险废物容器中，焚毁或用其他经批准的方式处置。				

表 B.1（续）

该部门中下述工作行为/工程的控制点	是	否	不适用	说明/解释
14. 其他固体废物（手套、服装等）装入牢固的塑料袋中扎紧后运送。				
15. 可能造成血液或体液溅洒、喷洒或泼洒的操作程序在生物安全柜中或在适当的保护屏障后作业。请列出这些操作程序。 15a）每年检查生物安全柜。				
16. 实验室生物性/感染性安全控制计划的文本随时可供员工使用。 16a）实验室或医院暴露传染控制计划随时可供员工使用。 16b）适用的国家或国际关于预防实验室工作人员职业获得性感染的出版物随时可供员工使用。				

表 B.2 个人防护装备（PPE）

下述防液体的个人防护装备可供实验室员工免费使用	是	否	不适用	说明/解释
1. 尺寸合适的一次性手套可供有暴露危险的所有人员自由使用或有要求时使用。 a）戴手套： ——在接触患者的血液或体液、粘膜或损伤皮肤时？ ——在处理被血液或体液弄脏的物品或表面时？ ——在进行血管穿刺时（静脉取血）？				
2. 弱致敏性手套或衬套可供对橡胶手套过敏的工作人员使用。				
3. 当需要时，多用途通用手套可供使用，用前检查，需要时更换。				
4. 需要面部防护吗？ 4a）如果需要/要求面部防护，可供使用的面部防护装备有下述类型（指出应用的所有装备）： ——带两侧护板有眼镜的面罩； ——面罩和防护镜； ——带防溅护屏的面罩； ——长至下颌的面部护屏。 列出可供使用的其他面部防护装备（上述未列的）。				
5. 要求身体防护服吗？ 5a）可供使用的身体防护服的类型（指出应用的所有服装）： ——医用上衣； ——长罩衣； ——实验室外衣； ——围裙。 列出可供使用的所有其他身体防护服。				
6. 要求鞋和帽吗？ 6a）可供使用的鞋和帽有如下类型： ——手术帽/罩； ——鞋套； ——短靴； ——高及膝的靴。 列出可供使用的其他鞋和帽。				

表 B.2（续）

下述防液体的个人防护装备可供实验室员工免费使用	是	否	不适用	说明/解释
7. 重复使用性防护服装按下述哪种方式处理？ ——医院洗衣服务； ——外部洗衣服务。 如果采用外部洗衣服务，应提供下述信息：服务商名称、地址、服务项目、服务是否符合适当的标准。				
8. 要求人工呼吸器吗？ 8a) 可供使用的人工呼吸器类型： ——口罩式； ——人工呼吸袋。 列出其他可供使用的装备。				
9. 上述个人防护装备在需要的所有工作区可供使用并定期维护。				

表 B.3　内务管理

条　　目	是	否	不适用	说明/解释
1. 当员工完成操作、每班结束时立即使用适当的消毒剂对工作表面去污染，当被血液或体液污染后尽快去污染。				
2. 血液或体液漏出。 a) 碎玻璃：员工已被要求绝不可用手捡可能被污染的破碎玻璃器具。 b) 有用于拾起破碎玻璃器具的毛刷、簸箕、镊子和(或)夹子。 c) 是否常规使用下述程序清洁(净化)漏出物？ ——用吸附材料(纸巾)吸收漏出物； ——用适当的消毒剂对该区域去污染； ——适当处置被污染材料。				
3. 备有消毒剂且随时可供使用。请列出实验室用于血液及体液去污染的消毒剂。				
4. 洗衣：员工已被要求将所有用过的床单等视为具有潜在感染性，在处理用过的待洗衣物时，应穿戴适当的个人防护装备。 a) 已要求员工尽可能减少被污染的待洗衣物的处理环节。 b) 已要求员工直接将待洗衣物放入标准洗衣袋中。 c) 已要求员工需要时用双层袋子以防渗漏。				
5. 用生物危险警告标志标明下列被污染材料： ——用于存放或运送污染材料的容器，包括气动管道传输系统中使用的容器； ——用于存放或运送受管制的医疗废物的容器； ——装有潜在可感染材料的冰箱或冷冻箱。 5a) 生物危险警告标志贴于实验室入口处。 5b) 生物危险标志贴于需戴手套使用的通用设备(电话、计算机终端等)上。未戴手套，禁止使用这些设备。				

表 B.4 暴露

条　　目	是	否	不适用	说明/解释
1. 员工知道在发生破损皮肤的暴露或粘膜暴露时如何做吗？ 1a) 是否有暴露处理的书面程序？(如暴露控制计划或实验室/医院感染控制手册的部分内容)。				

表 B.5 确定暴露、培训及疫苗接种

条　　目	是	否	不适用	说明/解释
1. 你收到并反复阅读过由职业或环境安全部门分发的用于确定暴露、培训及疫苗接种的血源性病原程序执行概要吗？ 1a) 如果回答"是",你是否采取了措施确保所有员工都执行？				

表 B.6 资料及培训

条　　目	是	否	说明/解释
1. 你熟知下列资料的位置和内容吗？ ——化学安全计划； ——化学安全宣传品； ——材料安全数据单； ——应急指南。			
2. 实验室提供过安全/健康培训吗？			

表 B.7 标准操作程序

采　　购	是	否	说明/解释
1. 在采购化学品时,你考虑了： ——这些化学品的潜在危险吗？ ——为操作程序选择危险最低的化学品吗？ ——保证对所有化学品容器做适当标记吗？			
分　　发	**是**	**否**	**说明/解释**
2. 为减少运送中的事故,你是否： ——采用运送容器或二级容器？ ——走最短的运送路线？ ——当需要时穿戴了正确的个人防护装备？			
存　　放	**是**	**否**	**说明/解释**
3. 你是否： ——理解并遵守了容器标记上彩码建议的化学品存放要求？ ——按危险级别存放化学品？ ——避免将化学品放在开放区域、走廊、通道或楼梯上？			
4. 你知道为什么需要按照危险级别存放化学品吗？			
5. 你知道为什么将化学品存放在化学通风橱中不正确吗？			
处　　置	**是**	**否**	**说明/解释**
6. 你遵守医院/实验室废物处置的规定吗？			

表 B.7（续）

处　置	是	否	说明/解释
7. 如果不是，你是如何处置本实验室的危险废物的？			
潜在高风险程序	是	否	说明/解释
8. 在实验室中，你进行下列操作程序吗？ ——称量/制备储备液； ——处理浓酸/浓碱； ——加压操作； ——用溶剂清洗； ——加热/冷却化学品； ——使用活泼化学品； ——处理特殊危险物品。			
9. 如果是，列出你所采取的安全程序。			
特殊危险物品	是	否	说明/解释
10. 你的特殊危险物品详细目录保持最新吗？			
11. 你能保证在操作特殊危险物品时下列安全控制措施到位吗？ ——已建立指定的工作区； ——防护设施就绪并已使用； ——适当且安全的废物清除程序可用； ——已通报适当的管理部门； ——已显示适当且明确的标志； ——有适当的措施禁止非授权人员进入这些危险物品临近区域。			
高风险协定	是	否	说明/解释
12. 你知道从事这些工作需要事先批准吗？ ——在防护设施内或外操作剧毒/极毒吸入性危险物； ——操作高活泼性/不稳定性化合物。			

表 B.8　暴露控制

潜在危险	是	否	说明/解释
1. 你在工作中接触高挥发性化学品和(或)极细的粉末吗？			
2. 如果是，你知道其潜在危险吗？			
控制措施	是	否	说明/解释
3. 你使用下列哪种工程控制方法？ ——化学通风柜； ——其他局部通风方法。			
4. 你的化学通风柜是否配备性能指示器？			
5. 如果有，你知道如何使用和解读化学通风柜性能指示器吗？			
6. 当通风罩工作参数不在正常范围内，你知道如何通知维护部门吗？			

表 B.8（续）

控制措施	是	否	说明/解释
7. 你将备用品和设备放在距离通风柜前缘至少 10 cm 以上的位置吗？			
8. 你是否将风挡窗的高度保持得尽可能低？			
呼吸防护	是	否	说明/解释
9. 实验室有无要求使用呼吸防护的操作程序？			
10. 你目前参加医院/实验室防护计划了吗？			
个人防护装备：手套	是	否	说明/解释
11. 你应用手套渗水性能表选择针对特殊工作配戴的最适当手套材料吗？			
12. 在下列情况下，你摘掉手套吗？ ——接电话； ——开实验室门； ——离开实验室环境。			
个人防护装备：实验室外衣和长罩衣	是	否	说明/解释
13. 当离开实验室环境时你脱掉实验室外衣或长罩衣吗？			
个人防护装备：眼部/面部防护	是	否	说明/解释
14. 在每个使用危险化学品区域 30 m 以内的地方是否提供了紧急洗眼设施？			
15. 针对特定操作程序，你知道采用哪种正确的眼部和面部防护吗？			

表 B.9 确定暴露

条 目	是	否	说明/解释
1. 在出现下述症状时，你如何做？ ——皮肤/眼睛刺激反应； ——因工作接触化学品致呼吸窘迫或其他不适感觉； ——皮疹。			
2. 你用嗅觉估计化学品浓度吗？			
3. 你知道阈限值和容许接触限值吗？			
4. 你知道职业环境安全机构可提供对工作行为评价和对危险化学品进行空气监测吗？			
5. 你知道只要担心有危险化学品暴露，在任何时候你都有权提出对实验室环境进行评价吗？			
化学品漏出的应对	是	否	说明/解释
6. 当在工作区发生化学品漏出时，你知道按照什么程序做吗？			

表 B.10 医学咨询

条 目	是	否	说明/解释
1. 你知道在下列情况下，你有权提出进行医学检查吗？ ——如果你出现了化学品暴露的迹象或症状； ——如果你在场时发生化学品漏出、渗漏、爆炸或意外泄漏； ——如果你的化学品暴露量高于其规定水平。			

附　录　C
（资料性附录）
发生漏出后的去污染、清洁(净化)和消毒

C.1　总则

本附录旨在帮助建立用于医学实验室设备和家具因事故或漏出导致生物、化学或放射污染时去污染、清洁(净化)和消毒的专用方案。本附录还有助于建立适当的方案，以确保设备在准备和实施保养或维修之前达到生物安全要求。推荐下列程序用于医学实验室中发生的血液、体液或其他可感染性材料(包括培养物)漏出的去污染。用于其他场所发生的漏出可能需要修改程序。

C.2　漏出物的去污染

影响去污染程序的因素包括：

a)　漏出量；

b)　漏出的是何种体液；

c)　蛋白质含量；

d)　存在的传染性因子；

e)　传染性因子的浓度；

f)　表面特性(渗水性与抗水性)。

C.3　个人防护装备

戴手套、穿长罩服和进行面部防护。若不可避免地存在气溶胶，或在清除漏出物过程中产生气溶胶，强烈建议进行呼吸防护。建议使用加厚耐扎的多用途手套，如清洁房间或洗碗时用的手套。

如果漏出物中含碎玻璃或其他物体，不得直接用手取走或弃置。可用硬纸板或带推板的一次性塑料铲作为“推送工具”和“收集工具”处理该类物体；也可用钳子或镊子。这些用具应与所处理物一并弃置于适当的耐扎生物危险物容器中。

如果漏出量大和(或)存在污染工作人员鞋的可能性，应穿防水鞋套。

如果培养基和材料漏出，应用吸收材料将该地点完全覆盖(见第C.4章。10 min之后，应开始下列的清洁(净化)程序。如果可能有滴液形成(如在离心机内破损)，在开始去污染之前，设备应至少保持关闭状态30 min以使血/体液的液滴沉降。

C.4　吸附漏出物的措施

由于大部分消毒剂在有高浓度蛋白质(如血液或血清中的)存在时活性较低甚至无效，因而应在去污染之前将大部分漏出的液体吸尽。

应用一次性吸附材料(如纸巾、纱布垫或卫生纸巾)吸附漏出物。如果漏出量大，可用粒状吸附材料(如用于吸附腐蚀性漏出物的)吸附漏出液。将颗粒很细的硅胶撒在漏出物上，可立即将液体凝结，然后将凝块刮走而非吸干。含遇湿时可释放氯的化学制剂的粒状吸附材料和硅胶可供使用。这些材料的去污染效果尚不清楚，因而不应依靠其对漏出物进行去污染。在吸附完液体后，所有被污染的材料应弃置于生物危险废物容器中。

C.5　漏出地点的去污染

使用适当的医院用消毒剂(如1∶10的普通漂白剂水溶液)对漏出地点去污染。浸没污染地点，或用浸有消毒剂的一次性毛巾擦拭污染地点使之湿透,然后使其干燥。

不应使用低效消毒剂,如季铵盐类化合物。不建议将酚类消毒剂用于与无防护的患者或实验室工作人员接触的被污染医疗设备,但可用于实验室设备、地面及台面。

用一次性材料吸附消毒剂,或者使其干燥。

C.6 漏出地点的清洁(净化)

当漏出区域已干燥、完全被吸附和已去污染后,清洁(净化)该区域以使其安全。

用清洁剂和水冲洗漏出地点以除去有害化学品或气味。

使漏出地点干燥以防滑。

所有用于去污染的一次性材料应置于生物危险容器内,按处理其他传染性废物的方式处理。任何可重复使用的材料存放前应去污染。

在所有可能出现漏出的区域,应备有含需要的所有材料及防护设备的"生物危险漏出处理工具包"供随时使用。应有便携式"生物危险漏出物推车",在向远离实验室之处运送时使用(如在患者的床边作静脉穿刺时以防漏出)。

参 考 文 献

[1] BS 8800:1996, *Guide to occupational health and safety management systems*. British Standards Institution, London

[2] BS 7179-1:1990, *Ergonomics of design and use of visual display terminals (VDTs) in offices*. British Standards Institution, London

[3] BS 6324-1:1983, *Terms relating to surgical implants—Part 1: Glossary of general medical terms*. British Standards Institution, London

[4] Canadian Society of Laboratory Technologists, *CSLT Guidelines, Laboratory Safety*, 4th edn., 1996

[5] EN 12469:2000, *Biotechnology—Performance criteria for microbiological safety cabinets*

[6] EN 13641:2002, *Elimination or reduction of risk of infection related to* in vitro *diagnostic reagents*

[7] Centers for Disease Control and Prevention, *Biosafety in microbiological and biomedical laboratories*, 3rd edn., 1993

[8] Centers for Disease Control and Prevention, *Guidelines for preventing the transmission of mycobacterium tuberculosis in healthcare facilities*, 1994

[9] Centers for Disease Control and Prevention, *Primary containment for biohazard: selection, installation and use of biological safety cabinets*, 1995

[10] Health Canada, *Laboratory biosafety guidelines*, 2nd Edition. Health Canada, Ottawa, 1996

[11] IAEA, *International basic safety standards for protection against ionizing radiation and for the safety of radiation sources*, Safety Series no. 115, IAEA, Vienna, 1996

[12] IEC 61010-1:2001, *Safety requirements for electrical equipment for measurement, control, and laboratory use—Part 1: General requirements*

[13] IEC 61010-2-010, *Safety requirements for electrical equipment for measurement, control, and laboratory use—Part 2-010: Particular requirements for laboratory equipment for the heating of material*

[14] IEC 61010-2-020, *Safety requirements for electrical equipment for measurement, control, and laboratory use—Part 2-020: Particular requirements for laboratory centrifuges*

[15] IEC 61010-031, *Safety requirements for electrical equipment for measurement, control, and laboratory use—Part 031: Safety requirements for hand-held probe assemblies for electrical measurement and test*

[16] IEC 61010-2-032, *Safety requirements for electrical equipment for measurement, control, and laboratory use—Part 2-032: Particular requirements for hand-held and hand-manipulated current sensors for electrical test and measurement*

[17] IEC 61010-2-041, *Safety requirements for electrical equipment for measurement, control, and laboratory use—Part 2-041: Particular requirements for autoclaves using steam for the treatment of medical materials and for laboratory processes*

[18] IEC 61010-2-042, *Safety requirements for electrical equipment for measurement, control and laboratory use—Part 2-042: Particular requirements for autoclaves and sterilizers using toxic gas for the treatment of medical materials, and for laboratory process*

[19] IEC 61010-2-043, *Safety requirements for electrical equipment for measurement, control,*

and laboratory use—Part 2-043: Particular requirements for dry heat sterilizers using either hot air or hot inert gas for the treatment of medical materials, and for laboratory processes

[20] IEC 61010-2-045, *Safety requirements for electrical equipment for measurement, control, and laboratory use—Part 2-045: Particular requirements for washer disinfectors used in medical, pharmaceutical, veterinary and laboratory fields*

[21] IEC 61010-2-051, *Safety requirements for electrical equipment for measurement, control, and laboratory use—Part 2-051: Particular requirements for laboratory equipment for mixing and stirring*

[22] IEC 61010-2-061, *Safety requirements for electrical equipment formeasurement, control, and laboratory use—Part 2-061: Particular requirements for laboratory atomic spectrometers with thermal atomization and ionization*

[23] IEC 61010-2-101, *Safety requirements for electrical equipment for measurement, control and laboratory use—Part 2-101: Particular requirements for* in vitro *diagnostic (IVD) medical equipment*

[24] IEC/TR3 61010-3, *Safety requirements for electrical equipment for measurement, control, and laboratory use—Part 3: Protocol for the preparation of conformity verification reports for the IEC 61010 series*

[25] IEC/TR3 61010-3-1, *Safety requirements for electrical equipment for measurement, control, and laboratory use—Part 3-1: Conformity verification report for IEC 61010-1*

[26] IEC/TR 61010-3-010, *Safety requirements for electrical equipment for measurement, control, and laboratory use—Part 3-010: Conformity verification report for IEC 61010-2-010, Particular requirements for laboratory equipment for the heating of materials*

[27] IEC/TR 61010-3-020, *Safety requirements for electrical equipment for measurement, control, and laboratory use—Part 3-020: Conformity verification report for IEC 61010-2-020, Particular requirements for laboratory centrifuges*

[28] IEC/TR 61010-3-051, *Safety requirements for electrical equipment for measurement, control, and laboratory use—Part 3-051: Conformity verification report for IEC 61010-2-051, Particular requirements for laboratory equipment for mixing and stirring*

[29] IEC/TR 61010-3-061, *Safety requirements for electrical equipment for measurement, control, and laboratory use—Part 3-061: Conformity verification report for IEC 61010-2-061, Particular requirements for laboratory atomic spectrometers with thermal atomization and ionization*

[30] *IUPAC-IPCS Chemical Safety Matters*, International Union of Pure and Applied Chemistry, 1992

[31] ISO/IEC Guide 63, *Guide to the development and inclusion of safety aspects in International Standards for medical devices*

[32] ISO/IEC Guide 51, *Safety aspects—Guidelines for their inclusion in standards*

[33] NCCLS GP5-A, *Clinical laboratory waste management; Approved guideline*. NCCLS, Wayne, PA 1993

[34] NCCLS GP17-A, *Clinical laboratory safety; Approved guideline*. NCCLS, Wayne, PA 1996

[35] NCCLS M29-A2, *Protection of laboratory workers from occupationally acquired infec-*

tions; Approved guideline. 2nd edn. , NCCLS, Wayne, PA 2002

[36] *PRUSS* A. , *GIROULT* E. and *RUSHBROOK* P. , *Safe management of wastes from healthcare activities*, World Health Organization, Geneva, 1999

[37] *Categorisation of Pathogens According to Hazard and Categories of Containment* (ACDP). United Kingdom Dept. of Health, London

[38] *Control of Substances Hazardous to Health and Control of Carcinogenic Substances and Control of Biological Agents. Control of Substances Hazardous to Health Regulations*, Approved Code of Practice (ACOP). United Kingdom Health and Safety Executive, L 5, HSE Books, London, 1994

[39] *Management and control of viral haemorrhagic fevers* (ACDP). HSE Books, United Kingdom Dept. of Health, London, 1998

[40] *Management of health and safety at work regulations*. (ACOP), Manual Handling Operations Regulations, Guidance on Regulations. United Kingdom Health and Safety Executive, L 21, HSE Books, London, 1992

[41] *Noise at Work, Noise Guide No. 1: Legal duties of employers to prevent damage to hearing*. United Kingdom Health and Safety Executive, HSE Books, London

[42] *Noise at Work, Noise Guide No. 2: Legal Duties of Designers, Manufacturers, Importers and Suppliers to Prevent Damage to Hearing*. United Kingdom Health and Safety Executive, HSE Books, London

[43] *Personal Protective Equipment at Work*. Guidance on Regulations (ACOP). United Kingdom Health and Safety Executive, L25, HSE Books, London, 1992

[44] *Protection of Persons Against Ionizing Radiation Arising From Any Work Activity: The Ionizing Radiations Regulations*. Approved Code of Practice. United Kingdom Health and Safety Executive, COP 16, HSE Books, London, 1985

[45] *Respiratory Protective Equipment: A Practical Guide for Users*. United Kingdom Health and Safety Executive, HS(G)53, HSE Books, London, 1990

[46] *Work Equipment: Provision and Use of Work Equipment Regulations*. United Kingdom Health and Safety Executive, HSE Books, London, 1992

[47] *Ergonomics at Work Regulations*. United Kingdom Health and Safety Executive, IND(G) 90 L, HSE Books, London, 1990

[48] *Seating at Work*. United Kingdom Health and Safety Executive, HS(G)57, HSE Books, London, 1991

[49] *Workplace Regulations*. Approved Code of Practice, United Kingdom Health and Safety Executive, HSE Books, London, 1992

[50] *Management of Safety at Work Regulations*. Approved Code of Practice. United Kingdom Health and Safety Executive, HSE Books, London

[51] *Display Screen Equipment Work, Display Screen Equipment Regulations*. Guidance on Regulations. United Kingdom Health and Safety Executive, L26, HSE Books, London, 1992

[52] *Safe Working and the Prevention of Infection in Clinical Laboratories*. United Kingdom Health and Safety Executive, C60, HSE Books, London, 1991

[53] *Safe Working and the Prevention of Infection in Clinical Laboratories—Model Rules for Staffand Visitors*. United Kingdom Health and Safety Executive, C41, HSE Books, Lon-

don,1991

[54] *WHO Guidelines on the Safe Transport of Infectious Substances and Diagnostic Specimens*. World Health Organization,Geneva

[55] *Laboratory Biosafety Manual* ,2nd edn. ,World Health Organization,Geneva,1993

[56] *Safety in health-care laboratories*. World Health Organization,WHO/LAB/97. 1,Geneva

[57] *Safe management of wastes from health-care activities*. World Health Organization,Geneva 1999

ICS 65.150
B 51

中华人民共和国国家标准

GB/T 19782—2005

中国对虾

Chinese prawn

2005-06-02 发布　　2005-10-01 实施

中华人民共和国国家质量监督检验检疫总局
中国国家标准化管理委员会　发布

前言

本标准的附录B和附录C为规范性附录，附录A为资料性附录。

本标准由中华人民共和国农业部提出。

本标准由全国水产标准化技术委员会海水养殖分技术委员会归口。

本标准起草单位：中国水产科学研究院黄海水产研究所。

本标准主要起草人：刘　萍、李　健、于东祥、孔　杰、王伟继、王清印、邓景耀。

中 国 对 虾

1 范围

本标准规定了中国对虾的主要形态结构特征、生长与繁殖、遗传学特性以及检测方法。

本标准适用于中国对虾的种质检测和鉴定。

2 名称与分类

2.1 学名

中国对虾〔*Fenneropenaeus chinensis*（Osbeck，1765)〕。

2.2 分类位置

节肢动物门（Arthropoda），甲壳纲（Crustacea），十足目（Decapoda），对虾科（Penaeidae），明对虾属（*Fenneropenaeus*）。

3 主要形态结构特征

3.1 外形

中国对虾身体侧扁，分为头胸部和腹部两部分。额角上缘基部具7齿～9齿，末端尖细无齿；下缘具3齿～5齿，下缘齿较小。

雄虾第1腹肢的内肢变形特化成交接器，略呈钟形。雌虾第4对和第5对步足之间基部的腹甲上，有一圆盘状交接器，为纳精囊。

中国对虾的外部形态见图1。

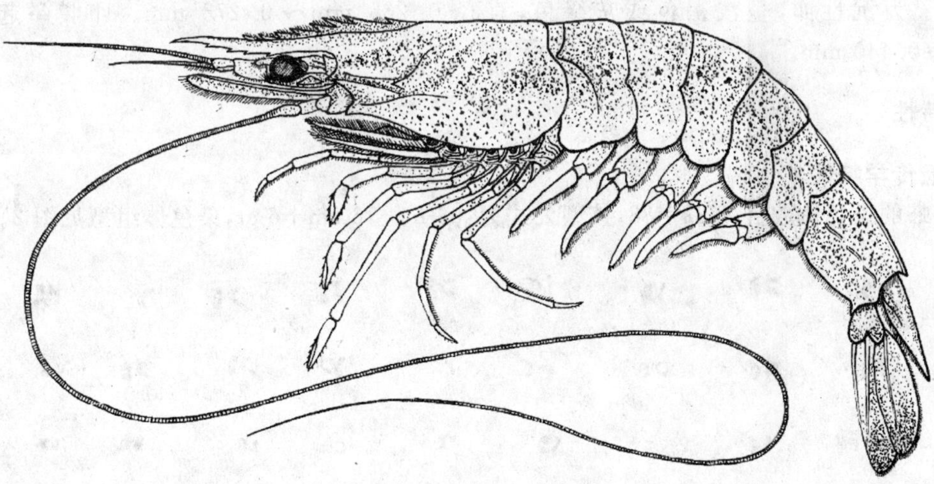

图1 中国对虾外部形态

3.2 可量性状

3.2.1 第一触角上触鞭长度约为头胸甲的1.33倍，下触鞭长度约为头胸甲的0.67倍，与额角相等。

3.2.2 第二触角鳞片末缘超出第一触角柄但不及额角的末端，其触鞭很长，约为体长的2.5倍。

3.2.3 腹部第4节至第6节背部中央具有纵脊，第6节长约为高的1.5倍。

3.2.4 尾节长度微短于第6节，其末端甚尖，两侧无活动刺。

3.2.5 眼胃脊明显，占自眼眶边缘至肝刺间距离的3/5。

3.3 可数性状

鳃的可数性状见表1。

表1 中国对虾鳃的数目

名称	胸节							
	1	2	3	4	5	6	7	8
侧鳃	—	—	1	1	1	1	1	1
关节鳃	1	2	2	2	2	2	1	—
足鳃	—	1	—	—	—	—	—	—
肢鳃	1	1	1	1	1	1	—	—

4 生长与繁殖

4.1 生长

中国对虾是在断续地蜕皮中生长，由于雌雄对虾性成熟时间不同，因而雌雄对虾的生长类型显著不同。其体长体重及生长关系式参见附录A。

4.2 繁殖

4.2.1 亲虾

成熟的雌虾体长18 cm～23 cm，体重60 g～80 g，呈青绿色；成熟的雄虾体长13 cm～17 cm，体重30 g～40 g，呈黄褐色。

4.2.2 交配

在10月上旬至11月初雌虾最后一次蜕皮后进行交配，翌年春季5月至6月产卵时，精子与卵子同时排出。

4.2.3 产卵

水温升至13℃时开始产卵，为多次产卵。雌虾怀卵量(50.7～108.9)×10^4 粒(体长18 cm～20 cm)。卵子为沉性卵，呈浅褐色或灰绿色，直径0.235 mm～0.275 mm。卵膜举起后卵膜径0.330 mm～0.440 mm。

5 遗传学特性

5.1 细胞遗传学特性

中国对虾的染色体数目为 $2n=88$，核型公式为：66 m+16 sm+6 st，染色体组型见图2。

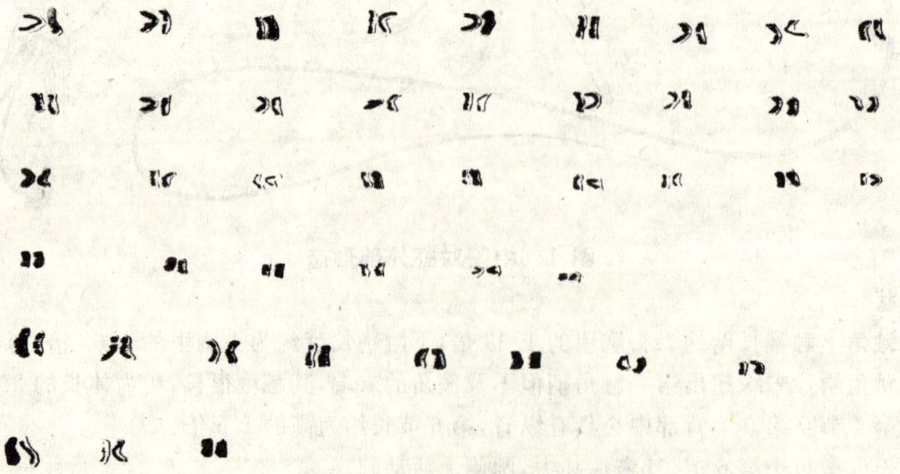

图2 中国对虾染色体组型

5.2 生化遗传学特性

5.2.1 同工酶图谱

中国对虾成体肌肉中乳酸脱氢酶(LDH)的电泳图谱见图3,表现为一条酶带。

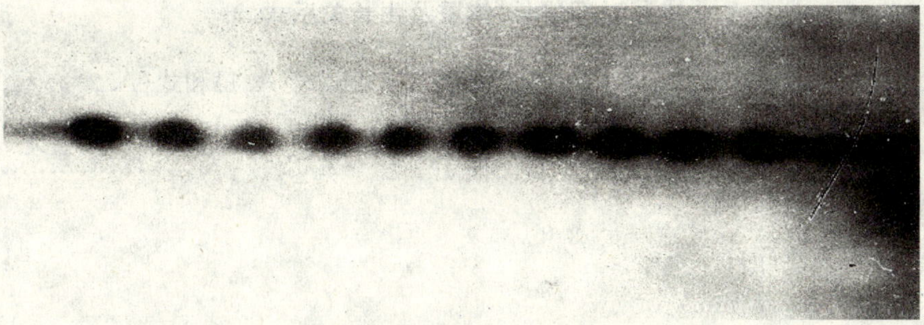

图3 中国对虾成体肌肉中LDH电泳图谱

5.2.2 群体遗传变异范围

中国对虾平均多态座位点比例为15%~20%,平均杂合度的观测值为0.016 3~0.027 5。

6 检测方法

6.1 染色体的检测

6.1.1 染色体的制备

6.1.1.1 将中国对虾胚胎或幼体用0.02%秋水仙素溶液浸泡60 min。

6.1.1.2 将胚胎或幼体移入0.7%氯化钾溶液中低渗30 min。

6.1.1.3 去低渗液,缓慢加入新配制的卡诺氏(Carnoy's)固定液(3份甲醇加1份冰醋酸)固定15 min~20 min,反复两次。

6.1.1.4 将胚胎或幼体滴到冰冻的载玻片上,室温下干燥。

6.1.1.5 用磷酸缓冲液(0.1 mol/L,pH7.2)将吉姆萨原液稀释为4%的溶液染色15 min。吉姆萨染色液的配制见附录B。

6.1.2 染色体的组型分析

选择染色体形态好的分裂相100个计数,确定染色体数目。同时进行显微摄影并放大,用游标卡尺测量染色体,进行染色体组型分析。通过计算和数理统计,根据相对长度、臂比,按以下要求分类,即臂比1.0~1.7为中部着丝粒染色体(m组),1.71~3.0为亚中部着丝粒染色体(sm组),3.1~7.0为亚端部着丝粒染色体(st组),7.1以上的为端部着丝粒染色体(t组)。然后得出中国对虾的染色体核型公式。

6.2 同工酶分析

6.2.1 样品的采集与保存

将中国对虾成体(活体)运到实验室,保存于-70℃超低温冰箱中。

6.2.2 电泳分离

采用水平平板电泳仪及12%~14%淀粉凝胶进行电泳分离。加样后,先用正式电泳时电压的二分之一电泳15 min,使滤纸片吸附的样品进入凝胶中,去掉滤纸片防止出现拖带现象。正式电泳:TC8.0系统,80 V,20 mA,电泳8 h。整个电泳过程均在4℃冰箱中进行。电泳结束后,凝胶切片,放入预先配好的并在37℃恒温箱中保温的同工酶染色液中染色。同工酶染色液的配制见附录C。

附　录　A
（资料性附录）
中国对虾体长、体重及生长关系式

A.1　雌性、雄性中国对虾在自然海区体长与体重关系式分别以式(A.1)和式(A.2)表示。

$$W = 11.0 \times 10^{-6} L^{3.0044} \qquad \text{(A.1)}$$

$$W = 11.3 \times 10^{-6} L^{2.9987} \qquad \text{(A.2)}$$

式中：

W——体重，单位为克(g)；

L——体长，单位为毫米(mm)。

A.2　中国对虾在自然海区的体长生长关系式以式(A.3)表示。

$$L_t = L_\infty \left[1 - e^{-k(t-t_0)}\right] \qquad \text{(A.3)}$$

式中：

L_t——t 日龄时的体长，单位为毫米(mm)；

L_∞——极限体长，单位为毫米(mm)；

t——日龄，单位为天(d)；

t_0——开始生长时间，单位为天(d)；

k——生长系数。

注：雌性：$L_\infty = 201.3$ mm，$k = 0.018$，$t_0 = 25$ d；

雄性：$L_\infty = 163.5$ mm，$k = 0.0168$，$t_0 = 9$ d。

A.3　中国对虾在自然海区的体重生长关系式以式(A.4)表示。

$$W_t = W_\infty \left[1 - e^{-k(t-t_0)}\right]^3 \qquad \text{(A.4)}$$

式中：

W_t——t 日龄时的体重，单位为克(g)；

W_∞——极限体重，单位为克(g)；

t——日龄，单位为天(d)；

t_0——开始生长时间，单位为天(d)；

k——生长系数。

注：雌性：$W_\infty = 91.8$ g，$k = 0.018$，$t_0 = 25$ d；

雄性：$W_\infty = 49.1$ g，$k = 0.0168$，$t_0 = 9$ d。

附 录 B
（规范性附录）
吉姆萨(Giemsa)染色液的配制

B.1 吉姆萨染色液母液

称取 0.5 g 吉姆萨粉，量取甘油 33 mL，在研钵中先用少量甘油与吉姆萨粉混合，研磨至无颗粒时再将剩余甘油加入，在 56℃条件下温浴 2 h 后，再加入 33 mL 甲醇，并混匀。保存于棕色瓶中备用。

B.2 磷酸缓冲液(0.2 mol/L, pH7.2)

磷酸缓冲液由 A 液和 B 液按比例混合而成。

B.2.1 A 液(0.2 mol/L，Na_2HPO_4)：取 36.1 g 含 1 个结晶水的磷酸氢二钠($Na_2HPO_4 \cdot H_2O$)定容于 1 000 mL 的蒸馏水中；或取 71.63 g 含 2 个结晶水的磷酸氢二钠($Na_2HPO_4 \cdot 2H_2O$)定容于 1 000 mL的蒸馏水中，即可。

B.2.2 B 液(0.2 mol/L，NaH_2PO_4)：取 27.6 g 含 1 个结晶水的磷酸二氢钠($NaH_2PO_4 \cdot H_2O$)定容于 1 000 mL 的蒸馏水中；或取 31.21 g 含 2 个结晶水的磷酸二氢钠($NaH_2PO_4 \cdot 2H_2O$)定容于 1 000 mL 的蒸馏水中，即可。

B.2.3 取 A 液 720 mL、B 液 28 mL，两者混合即为 pH7.2 的磷酸缓冲液。

B.3 吉姆萨工作液

取 100 mL 的磷酸缓冲液，加入 3 mL 吉姆萨染色母液即可。

附 录 C
（规范性附录）
同工酶染色液及其所需溶液的配制

C.1 1 mol/L 三羟甲基氨基甲烷-盐酸（Tris-HCl）缓冲液的配制

800 mL 水中加入 121.1 g Tris 碱，加入浓 HCl 调节 pH 值至 8.0，加水定容至 1 000 mL，分装后高压灭菌。

C.2 同工酶染色液的配制

见表 C.1。

表 C.1 同工酶染色液的配制

药 品	浓 度	剂量/mL
Tris-HCl	0.2 mol/L(pH8.0)	50
乳酸锂	1.0 mol/L(pH8.0)	8
辅酶Ⅰ(NAD)	10 mg/mL	1
硝基四唑篮(NBT)	5 mg/mL	1
甲基吩嗪甲基硫酸盐(PMS)	5 mg/mL	1

ICS 67.120.30
B 52

中华人民共和国国家标准

GB/T 19783—2005

中华绒螯蟹

Chinese mitten-handed crab

2005-06-02 发布　　2005-10-01 实施

中华人民共和国国家质量监督检验检疫总局
中国国家标准化管理委员会　发布

前言

本标准的附录A、附录B为资料性附录。

本标准由中华人民共和国农业部提出。

本标准由全国水产标准化技术委员会淡水养殖分技术委员会归口。

本标准起草单位:上海水产大学。

本标准主要起草人:李思发、赵金良、邹曙明、蔡完其、王成辉。

中 华 绒 螯 蟹

1 范围

本标准规定了中华绒螯蟹的主要外部形态特征、生长与繁殖、遗传学特性以及检测方法。

本标准适用于中华绒螯蟹的种质检测与鉴定。

2 规范性引用文件

下列文件中的条款通过本标准的引用而成为本标准的条款。凡是注日期的引用文件，其随后所有的修改单(不包括勘误的内容)或修订版均不适用于本标准，然而，鼓励根据本标准达成协议的各方研究是否可使用这些文件的最新版本。凡是不注日期的引用文件，其最新版本适用于本标准。

GB 17716—1999 青鱼

GB/T 18654.12 养殖鱼类种质检验 第12部分:染色体组型分析

3 术语和定义

下列术语和定义适用于本标准。

3.1

头胸甲长 carapace length

头胸甲背面前缘内额齿间的凹窝至头胸甲后缘端部的长度。

3.2

额宽 frontal width

头胸甲前缘左、右外额齿间的宽度。

3.3

体高 body height

头胸甲背面至腹部腹面的垂直距离。

3.4

第一侧齿宽 first obital margin width

头胸甲前侧缘左、右第一侧齿间的宽度。

3.5

背甲后半长 postcarapace length

头胸甲背面颈沟至头胸甲后缘端部的长度。

3.6

第3步足长节长 meropodit length of the third peraeopod

第3步足长节的长度。

3.7

第3步足前节长 propodit length of the third peraeopod

第3步足前节的长度。

3.8

第4步足指节长 dactylopodit length of the fourth peraeopod

第4步足指节的长度。

4 名称和分类

4.1 学名

中华绒螯蟹(*Eriocheir sinensis* H. Milne-Edwards)。

4.2 分类位置

甲壳纲(Crustacea),十足目(Decapoda),爬行亚目(Raptantia),方蟹科(Grapsidae),绒螯蟹属(*Eriocheir*)。

5 主要外部形态特征

5.1 外形特征

头胸甲明显隆起。额缘有4个尖齿,齿间缺刻较深,居中一个特别深,呈"V"或"U"形。第四侧齿明显。螯足钳掌与钳趾基部内外均有绒毛。第4对步足前节狭长,趾节呈尖爪状。雌蟹腹脐圆形,雄蟹腹脐为三角形。

背面黄褐色或青褐色,腹部灰白或银白色。螯足绒毛棕褐色,步足刚毛呈金黄色。

中华绒螯蟹的外部形态见图1和图2。

a) 雌性

b) 雄性

图1 中华绒螯蟹外形(背面)

a) 雌性

b) 雄性

图2 中华绒螯蟹外形(腹面)

5.2 可量性状

中华绒螯蟹成蟹的主要形态性状比值见表1。

表1 中华绒螯蟹主要形态性状比值

项　目	平均值±标准差
额宽/头胸甲长	0.239±0.010
第一侧齿宽/头胸甲长	0.624±0.017
背甲后半长/头胸甲长	0.531±0.011
体高/头胸甲长	0.522±0.012
第3步足长节长/头胸甲长	0.761±0.045
第3步足前节长/头胸甲长	0.509±0.028
第4步足指节长/头胸甲长	0.437±0.025

6 生长与繁殖

6.1 生长

中华绒螯蟹体长与体重关系式参见附录A。

6.2 繁殖

6.2.1 中华绒螯蟹生殖洄游一般在9月份～10月份。

6.2.2 性成熟雌蟹可进行一次交配，多次产卵。

6.2.3 不同体重中华绒螯蟹的抱卵量见表2。

表2 中华绒螯蟹抱卵量

体重/g	抱卵量/粒
＜100	＜350 000
100～150	300 000～550 000
150～200	500 000～750 000
＞200	＞700 000

7 遗传学特性

7.1 细胞遗传学特性

体细胞染色体数 $2n = 146$。

7.2 生化遗传学特性

7.2.1 中华绒螯蟹肌肉中乳酸脱氢酶(LDH)的电泳图谱见图3，表现为1条谱带。

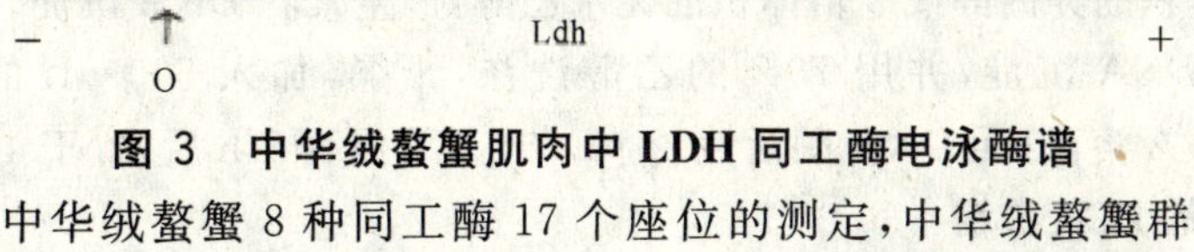

图3 中华绒螯蟹肌肉中LDH同工酶电泳酶谱

7.2.2 根据对各水系中华绒螯蟹8种同工酶17个座位的测定，中华绒螯蟹群体的多态座位比例为31.25%，平均杂合度为0.099 9～0.104 1。

7.3 分子遗传学特性

中华绒螯蟹随机引物Opp17(TGACCCGCCT)的扩增产物电泳图谱见图4。扩增的947bp片段为中华绒螯蟹所特有，但在其不同地理群体中表现有不同的出现频率参见附录B。

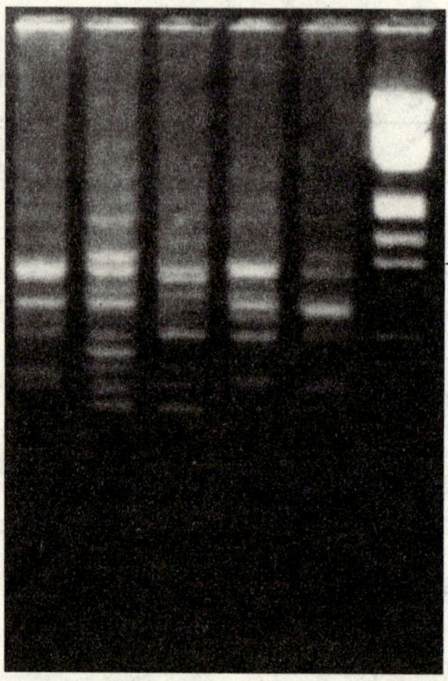

M——分子量标记(λ/*EcoR* Ⅰ + *Hind* Ⅲ)。

图 4 中华绒螯蟹随机引物 Opp17 的扩增产物电泳图谱

8 检测方法

8.1 繁殖力测定

在繁殖季节,将附着在抱卵雌蟹腹部刚毛上的受精卵全部刮下,称量。用电子天平称 1.0 g 卵,3 个样品,在解剖镜下分别计数,计算平均每克卵的平均卵粒数和抱卵量。

8.2 染色体测定

按 GB/T 18654.12 的规定执行。

8.3 同工酶测定

按 GB 17716—1999 中第 6 章的规定执行。

8.4 随机扩增多态 DNA(RAPD) 测定

8.4.1 样品的采集与保存

取 0.1 g～0.3 g 肌肉、肝脏、血液或尾鳍的新鲜样品,于液氮、干冰及－30℃以下低温保存,或于 95%乙醇保存。

8.4.2 基因组 DNA 的提取

取 0.1 g～0.3 g 样品,剪碎,放入 1.5 mL 离心管内,加入 400 μL STE 缓冲液[配制方法为:30 mmol/L Tris-HCl(pH8.0),200 mmol/L EDTA,50mmol/L NaCl]。再加入终浓度分别为 1%的 SDS 和 100 μg/mL～300 μg/mL 的蛋白酶 K,混匀后于 56℃作用过夜(约 12 h)。

混合液中加入等体积饱和酚,使样品与酚充分混匀,10 000 r/min 离心 8 min,吸取上清液;加入等体积的酚-氯仿-异戊醇混合液,混合比例为 24∶24∶1,混匀后吸取上清液;加入等体积的氯仿,混匀后吸取上清液;加入等体积的异丙醇或 2 倍体积的无水乙醇,产生絮状 DNA 沉淀。静置 5 min,小心倒出异丙醇或乙醇,获得 DNA 沉淀,并用 70%的乙醇洗涤,干燥,加入 500 μL 的无菌重蒸水,再加入 25 mg/mL的 RNA 酶 A 溶液(无 DNA 酶活性)2 μL,于 37℃温育 1 h 后,置于 4℃冰箱保存备用。

8.4.3 基因组 DNA 的 PCR 扩增

在 0.5 mL 薄壁管中加入总体积为 25 μL PCR 反应混合液:2.0 μL～3.0 μL PCR 扩增缓冲液[配制方法为:100 mmol/L Tris-HCl(pH9.0),500 mmol/L KCl,30.0 mmol/L $MgCl_2$,0.001%明胶],1 μL 2.5 mmol/L dNTP 混合液,1 μL～2 μL 5 μmol/L 引物,约 25 ng～150 ng 基因组 DNA,0.6 U～2 U*Taq* 酶。于 PCR 扩增仪上反应,循环程序为:第一个程序为 93℃～94℃变性 5 min;第二个程序为

93℃～94℃ 45 s,36℃ 45 s,72℃ 90 s;第二个程序进行 40 个～45 个循环后,72℃延伸 5 min～10 min。

扩增反应结束后,直接电泳或 4℃暂时保存至电泳分析。

8.4.4 PCR 扩增产物的电泳分离与观察

于 1.5%琼脂糖凝胶上进行电泳,取 10 μL PCR 扩增产物,用移液器将样品加入样品孔中。DNA 分子量标记同时点在旁边的孔中。在 1 V/cm～10 V/cm 凝胶的电压下进行电泳。当溴酚蓝指示剂迁移至足够分离 DNA 片段的距离时,停止电泳。用 0.5 μg/mL 的溴化乙锭染色 10 min～30 min 后在紫外透射系统上观察、照相(已加入终浓度为 0.5 μg/mL 溴化乙锭染色液的凝胶可以直接在紫外透射仪上观察、照相)。

附 录 A
（资料性附录）
中华绒螯蟹体长与体重关系式

雌性、雄性中华绒螯蟹的体长与体重关系式分别以式(A.1)和式(A.2)表示。

$$W = 6.0078 \times 10^{-4} L^{2.9724} \quad \cdots\cdots (A.1)$$

$$W = 1.3990 \times 10^{-3} L^{2.7530} \quad \cdots\cdots (A.2)$$

式中：

W——体重，单位为克(g)；

L——头胸甲长，单位为厘米(cm)。

附 录 B
（资料性附录）
特异性分子标记在中华绒螯蟹不同地理群体中的出现频率

随机引物 Opp17 扩增的 947bp 片段在中华绒螯蟹不同地理群体中的出现频率分别为：长江水系群体为 87.50%、瓯江水系群体为 78.26%、黄河水系群体为 41.66%、辽河水系群体为 10.83%（见图 B.1）。

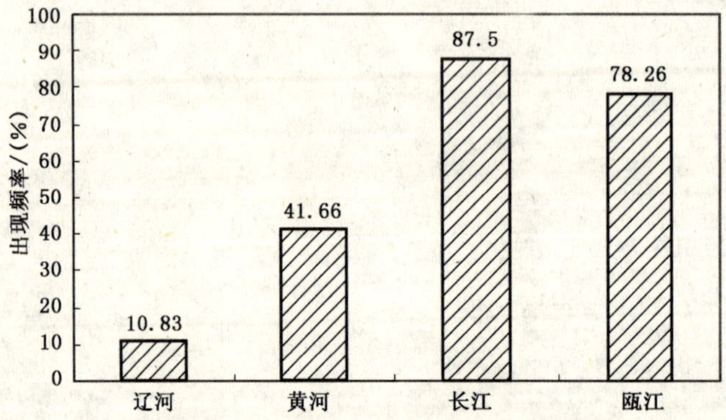

图 B.1 随机引物 Opp17 扩增的 947bp 片段在中华绒螯蟹不同地理群体中的出现频率

ICS 55.020
A 83

中华人民共和国国家标准

GB/T 19784—2005

收缩包装

Shrink packaging

2005-05-25 发布　　2005-11-01 实施

中华人民共和国国家质量监督检验检疫总局
中国国家标准化管理委员会　发布

前　言

收缩包装是利用可收缩的薄膜将各种单件或多件货物裹包后，加热收缩，使其紧贴被包装物的一种包装方法。

本标准附录A为资料性附录。

本标准由中国包装总公司提出。

本标准由全国包装标准化技术委员会归口。

本标准由机械科学研究院负责起草，大连三兹和包装机械有限公司、中包认证中心有限公司、江南大学、磐石工业（苏州）有限公司参加起草。

本标准主要起草人：孙奎连、王利、李雪龙、李维荣、陆佳平、顾健。

收 缩 包 装

1 范围

本标准规定了收缩薄膜包装(简称收缩包装)的分类与形式、要求、包装方法和标志。

本标准适用于采用收缩包装的各类产品的销售包装和运输包装。

2 规范性引用文件

下列文件中的条款通过本标准的引用而成为本标准的条款。凡是注日期的引用文件,其随后所有的修改单(不包括勘误的内容)或修订版均不适用于本标准,然而,鼓励根据本标准达成协议的各方研究是否可使用这些文件的最新版本。凡是不注日期的引用文件,其最新版本适用于本标准。

GB/T 191 包装储运图示标志

GB/T 4122.1 包装术语 基础

GB/T 4768 防霉包装

GB/T 4857.22 包装 运输包装件 单元货物稳定性试验方法

GB/T 4879 防锈包装

GB/T 5048 防潮包装

GB/T 7350 防水包装

GB/T 13519 聚乙烯热收缩薄膜

GB/T 16716 包装废弃物的处理与利用 通则

GJB 145A 防护包装规范

3 术语和定义

GB/T 4122.1 确立的以及下列术语和定义适用于本标准。

3.1

收缩率

在控制温度下,将薄膜收缩后尺寸变化的百分比(%)。

3.2

收缩比

在控制温度下,将薄膜收缩后,纵横向最大收缩率之比。

3.3

收缩张力

收缩张力是指薄膜收缩后施加给被包装物的张力。

3.4

收缩温度

收缩薄膜加热到一定温度开始收缩,温度升到一定高度又停止收缩,在此范围内的温度称为收缩温度。

4 收缩包装形式

4.1 产品需要进行收缩包装时,应在产品技术文件中规定产品收缩包装的形式。

4.2 收缩包装的形式应根据产品的性质、质量、体积、形状、流通环境等综合因素来确定。

4.3 收缩包装形式分为:L 型、套筒式、枕式、四方式、托盘式和套标式(见表 1)。

表 1 收缩包装形式

<table>
<tr><th>包装形式</th><th>适用包装材料</th><th>收缩膜取向</th><th>封切方法</th><th>收缩方式</th></tr>
<tr><td>L 型</td><td>PVC、PP、PE</td><td>双向收缩</td><td>脉冲线、直热刀</td><td rowspan="6">辐射加热
热风加热
热水加热
蒸汽加热</td></tr>
<tr><td rowspan="2">套筒式</td><td>PVC、PE</td><td rowspan="2">单向(纵)收缩</td><td>脉冲线、直热刀</td></tr>
<tr><td>PE</td><td>冷切搭接热粘合</td></tr>
<tr><td rowspan="2">枕式</td><td>PP</td><td rowspan="2">双向收缩</td><td rowspan="2">直热刀、脉冲线、热滚刀、静电、超声波搭接热粘合</td></tr>
<tr><td>PE</td></tr>
<tr><td>四方式</td><td>PVC、PP、PE</td><td>双向收缩</td><td>直热刀、脉冲线、热滚刀、静电、超声波</td></tr>
<tr><td>托盘式</td><td>PE</td><td>双向收缩</td><td>套罩</td><td>热风加热
火焰加热</td></tr>
<tr><td>套标式</td><td>PVC</td><td>单向(横)收缩</td><td>套标</td><td>热风加热
蒸汽加热
热水加热</td></tr>
</table>

4.4 收缩包装形式选择原则

销售包装,可选用 L 型收缩包装。

包装异形物,选用 L 型收缩包装和套罩式包装。

集合包装,可选用 L 型或套筒式收缩包装。

由消费者开封的包装,可选用 L 型、枕式或套筒式收缩包装。

要求经过充分固定内装物,在运输中有缓冲性能、抗震动、抗冲击的运输包装,可选用枕式、四方式收缩包装。

用于保存生鲜食品,要求低温储藏的商品(食品、药品等),可选用 L 型或枕式收缩包装。

为固定托盘重物货品,保证运输中不散落损坏,防雨,可选用托盘式收缩包装。

为容器贴标,可选用套标式收缩包装机。

5 要求

5.1 一般要求

5.1.1 确定收缩包装形式,并按形式要求合理包装且达预定效果。

5.1.2 有防水要求的收缩包装,应符合 GB/T 7350 的有关规定。

5.1.3 收缩包装应用在外包装,应用时根据产品的储运要求选择防潮包装、防锈包装、防霉包装和缓冲包装,并符合 GB/T 5048、GB/T 4879、GB/T 4768 的有关规定。

5.1.4 收缩包装应保证经包装后在运输过程中不产生破裂造成散失或损坏。

5.1.5 收缩包装后应保持原产品包装有关标志清晰无损。

5.2 材料要求

5.2.1 收缩包装材料应具有良好的热收缩和封切强度性能。

5.2.2 收缩薄膜的厚度应均匀,尺寸、规格及收缩温度应于被包装物相适应。

5.2.3 收缩薄膜纵横向收缩率一般要求相等,约为 50%;单项收缩膜的收缩率为 25%~50%。收缩率、收缩比等指标应符合 GB/T 13519 的有关规定。

5.2.4 收缩温度与收缩率的关系可参照附录A选择包装材料。

5.2.5 根据所包装产品的要求选择材料时应确定材料的收缩强度、断裂伸长率、润湿张力、摩擦系数以及光泽度、透过率和雾度等，其物理机械性能应符合GB/T 13519的有关规定。

5.2.6 用于直接对食品，药品进行收缩包装的材料应符合相关的卫生

5.2.7 收缩包装材料在使用后属于包装废弃物，在材料的处理方面应符合GB/T 16716的有关规定。

5.3 环境要求

5.3.1 操作环境

包装操作环境应清洁、通风、无污染。

5.3.2 卫生环境

收缩包装卫生安全应符合相关规定。

6 收缩包装方法

6.1 收缩包装准备

6.1.1 产品

确定所包装产品在被包装时对温度的敏感性以及对包装材料的相容性。

6.1.2 材料

对选用的材料进行收缩包装试验，并考查收缩力、温度以及包装材料对产品的影响。

6.1.3 设备

选择适宜产品进行收缩包装的封切包装机和热收缩包装机。

6.1.4 收缩热源

根据产品的适应性和材料选择好收缩热源，可选热源有：电热、气热、水热和火焰，并根据热源性质调整温度、时间和传输速度。

6.2 L型收缩包装

采用对折的PVC、PE、PP双向收缩薄膜，一次完成横封和纵封后，通过热收缩包装机完成收缩包装。包装后薄膜收缩均匀、平整、无皱、无破损、裹紧物品。

6.3 套筒式收缩包装

采用上、下两卷PVC、PE单幅薄膜，物品通过后，形成筒状，然后横向封切或搭接，通过热收缩包装机完成收缩包装。包装后薄膜收缩均匀、平整、无皱、无破损、两端收紧、封切线或搭接部分牢固。

6.4 枕式收缩包装

较小的物品采用一卷单幅PP薄膜通过成形器后进行纵封和横封，将物品裹入其中，通过热收缩包装机完成收缩包装，包装后薄膜收缩均匀、无破损、平整、无皱、封切部分牢固。

较大的物品采用一卷折幅PE薄膜通过成形器将物品裹入其中后进行横封，通过热收缩包装机完成收缩包装、包装后薄膜收缩均匀、无破损、平整、封切或搭接部分牢固。

6.5 四方式收缩包装

用上、下两张薄膜裹包，四周进行封切，形成封闭包装，通过热收缩包装机完成收缩包装。包装后薄膜收缩均匀、平整、无破损、封切部分牢固。

6.6 托盘收缩包装

将托盘货物放置传送器上，套上PE薄膜罩，通过热收缩包装机完成收缩包装。包装后薄膜收缩均匀、平整、无破损、底端裹紧托盘。

6.7 套标收缩包装

采用人工或机械将事先印制好的筒状标签套在瓶类物体上，通过热收缩包装机完成收缩包装。包装后薄膜收缩均匀、平整、无皱、标位准确并紧贴物体表面。

7 试验方法

7.1 收缩包装动态性能试验

7.1.1 振动和摇摆试验

根据产品的运输环境选择包装件试验。试验后,收缩包装及被包装物应完整无损。

7.1.2 冲击力试验

根据产品的运输环境选择包装件试验。试验后,收缩包装及被包装物应完整无损。

7.1.3 托盘包装稳定性试验

托盘包装应按 GB/T 4857.22 有关规定试验,并符合相关要求。

7.2 收缩薄膜的静态性能试验

7.2.1 封口封合强度试验

按 GJB 145A 中的热焊封试验进行,并符合有关规定。

8 标志

在收缩包装外部的标志应符合 GB/T 191 的有关规定。

附 录 A
（资料性附录）
塑料薄膜的性能

A.1 收缩包装各种薄膜性能可参照表 A.1。

表 A.1 各种薄膜性能

性 质	单 位	聚氯乙烯 PVC	聚丙烯 PP	聚乙烯 PE
标准厚度	mm	0.019	0.013	0.025～0.254
拉伸强度	MPa	42～130	110～190	56～130
收缩率	%	50～70	70～80	70～80
收缩应力	MPa	1.1～2.1	2.1～4.2	0.4～3.5
薄膜收缩温度范围	℃	65～150	105～175	90～150
烘道空气温度	℃	105～155	110～235	105～315
热封温度	℃	135～175	175～205	120～260

A.2 收缩包装选用包装材料收缩温度与收缩率的关系可参照图的关系可参照图 A.1 选择。

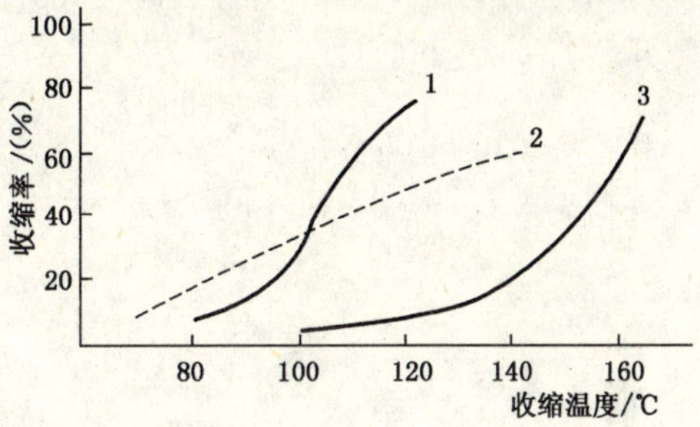

1——聚乙烯；

2——聚氯乙烯；

3——聚丙烯。

图 A.1 常用收缩薄膜的收缩温度-收缩率的关系曲线

ICS 55.020
A 83

中华人民共和国国家标准

GB/T 19785—2005

拉伸缠绕包装

Stretch packaging

2005-05-25 发布　　　　2005-11-01 实施

中华人民共和国国家质量监督检验检疫总局
中国国家标准化管理委员会　发布

前言

拉伸缠绕包装是一种用途广泛的防护包装，它是利用拉伸薄膜拉伸后的回缩力将一个或多个货物牢固地捆束成易于搬运的单元整体，使其具有较强的耐冲击力和振动力，被广泛应用于各种产品的集装运输。

本标准由中国包装总公司提出。

本标准由全国包装标准化技术委员会归口。

本标准由机械科学研究院负责起草，大连三兹和包装机械有限公司、中包认证中心有限公司、机械科学研究院、中国包装科研测试中心、南亚塑胶工业（重庆）有限公司参加起草。

本标准主要起草人：孙奎连、王利、李雪龙、李维荣、李华、宋大春。

拉 伸 缠 绕 包 装

1 范围

本标准规定了拉伸缠绕包装(简称拉伸包装)的分类、要求、包装方法和标志。

本标准适用于采用拉伸缠绕的方式将单件、散件或组合好的产品缠绕裹包或固定在托盘上形成搬运单元整体的货物包装。

2 规范性引用文件

下列文件中的条款通过本标准的引用而成为本标准的条款。凡是注日期的引用文件,其随后所有的修改单(不包括勘误的内容)或修订版均不适用于本标准,然而,鼓励根据本标准达成协议的各方研究是否可使用这些文件的最新版本。凡是不注日期的引用文件,其最新版本适用于本标准。

GB/T 191 包装储运图示标志

GB/T 4122.1 包装术语 基础

GB/T 4768 防霉包装

GB/T 4857.22 包装 运输包装件 单元货物稳定性试验方法

GB/T 4879 防锈包装

GB/T 5048 防潮包装

GB/T 7350 防水包装

GB/T 16470 托盘包装

GB/T 16716 包装废弃物的处理与利用 通则

GB/T 18928 托盘缠绕裹包机

BB/T 0023 运输包装用拉伸缠绕膜

3 术语和定义

GB/T 4122.1 确立的以及下列术语和定义适用于本标准。

3.1

拉伸缠绕膜

以线性低密度聚乙烯为主要原料,在一定温度及拉伸比的条件下经过纵、横两个方向拉伸取向、定型、冷却等处理所制得的薄膜,它具有优良的拉伸强度,伸长率、撕裂强度和抗刺穿强度是用于拉伸缠绕包装的理想薄膜。

3.2

阻尼拉伸 tension control

被包装物与薄膜之间利用阻尼方式产生的薄膜拉伸。拉伸数值一般增加 60%左右为标准拉伸,调节范围为 40%～80%。

3.3

预拉伸 pre-stretch

薄膜受到一个恒定的拉伸力后,再裹包货物的方式为预拉伸。拉伸数值一般增加 200%左右为标准拉伸,调节范围为 100%～300%。

4 拉伸包装分类

4.1 产品需要进行拉伸包装时,应在产品技术文件中规定产品包装的拉伸包装类别要求。

4.2 拉伸包装的分类应根据被包装物的性质、质量、体积、形状、流通环境等综合因素来确定。

4.3 拉伸包装分为:手动式拉伸包装、阻尼拉伸包装、预拉伸包装。

表1 拉伸包装分类

<table>
<tr><th>分 类</th><th>薄膜规格</th><th>拉伸率</th><th>调节范围</th><th>要 求</th></tr>
<tr><td>手动式</td><td>厚度 17 μm～20 μm
宽度 450 mm～500 mm</td><td>60%</td><td>40%～80%</td><td>选用手工膜,用来裹包批量不大、较零碎的一般货物,可用人工或仅托盘转的机械慢速裹包。</td></tr>
<tr><td>阻拉伸</td><td rowspan="2">厚度 15 μm～25 μm
宽度 500 mm</td><td>100%</td><td>90%～120%</td><td>选用机用膜,但不允许高度拉伸,以免导致被包装物勒坏、或产生位移。</td></tr>
<tr><td>预拉伸</td><td>200%</td><td>180%～300%</td><td>选用高性能机用拉伸薄膜,用以裹包形状异形、质量较重、或易产生位移的货物,通常用有预拉伸机构的拉伸机裹包。</td></tr>
</table>

5 要求

5.1 一般要求

5.1.1 按拉伸包装分类要求选购薄膜和设备进行包装,以达到拉伸包装的预定效果。

5.1.2 拉伸包装应用在外包装上,应用时根据产品的储运要求选择防水包装、防潮包装、防锈包装、防霉包装和缓冲包装,并符合 GB/T 7350、GB/T 5048、GB/T 4879、GB/T 4768 的有关规定。

5.1.3 拉伸包装应保证被包装物在运输过程中不产生破裂散失或损坏。

5.2 材料要求

5.2.1 根据所包装产品的要求确定拉伸缠绕膜的拉断力、裂断伸长率、粘性、永久变形、弹性恢复、拉力保持、F力值、抗刺穿、单位面积质量偏差、透光率、雾度、水蒸气透过量等,其物理机械性能应符合 BB/T 0023的有关规定。

5.2.2 用于直接接触食品的拉伸缠绕膜应符合相关的卫生标准。

5.2.3 使用具有合格证书的拉伸缠绕膜包装,尺寸、规格、偏差、外观应符合 BB/T 0023 的有关规定。

5.2.4 拉伸包装材料使用包后属于包装废弃物,在材料的处理方面应符合 GB/T 16716 的有关规定。

5.3 环境要求

5.3.1 温度

拉伸包装的环境温度应控制在－20℃到 40℃之间。

5.3.2 湿度

拉伸包装的环境湿度应控制在小于 80%。

5.3.3 清洁

拉伸包装场所的环境应无污物及有害物质。

5.4 设备

托盘缠绕裹包机,应符合 GB/T 18928 的有关规定。

6 拉伸包装方法

6.1 拉伸包装准备

6.1.1 被裹包产品对化学品、光、热、湿气、污物的敏感性对拉伸缠绕膜应相容。保证包装后产品及产品包装品质及标志和外观不受损。

6.1.2 根据货物的形状、稳定性、易碎性、耐挤压性以及质量选择薄膜拉伸力和用量。

6.1.3 进行试验性拉伸包装以对所选薄膜进行全面的性能综合试验,以确定批量包装时所用的包装材料。

6.1.4 对产品进行两个以上(含两个)的拉伸包装,并进行包装和运输的试验,以确定最终的包装方式。

6.2 托盘缠绕包装

选用可拉伸的薄膜及能达到要求的设备,将散件货物包装成整体并固定在标准的托盘上。托盘缠绕包装分螺旋裹包(即用窄幅薄膜裹包产品)和整幅裹包(即用宽幅薄膜裹包产品),包装后的性能应符合 GB/T 16470 的有关规定。

6.3 水平缠绕包装

选用可拉伸的薄膜及能达到要求的设备,将任意长度的货物在直线传输的过程中,将拉伸薄膜缠绕在货物上。

6.4 卷筒缠绕包装

选用可拉伸的薄膜及能达到要求的设备,将圆柱状货物置于两个旋转滚筒上,将拉伸薄膜进行纵向或横向缠绕在货物上。

6.5 环形缠绕包装

选用可拉伸的薄膜及能达到要求的设备,将环状货物置于旋转滚筒上,将薄膜穿过环状货物旋转缠绕在货物上。

7 试验方法

根据产品的运输环境案 GB/T 4857 有关规定选择运输包装件试验。

8 标志

在拉伸包装外部的包装储运标志应符合 GB/T 191 的有关规定。

ICS 55.160
A 82

中华人民共和国国家标准

GB/T 19786—2005

木质包装容器检测规程

Inspection code for wooden containers

2005-05-25 发布 2005-11-01 实施

中华人民共和国国家质量监督检验检疫总局
中国国家标准化管理委员会 发布

前言

本标准附录A为规范性附录,附录B为资料性附录。

本标准由中国包装总公司提出。

本标准由全国包装标准化技术委员会归口。

本标准起草单位:中国出口商品包装研究所、机械科学研究院。

本标准参加起草单位:铁道科学研究院、全军包装办公室、交通部科学研究院。

本标准主要起草人:王远德、黄雪、李建华、张锦、郭宝华、熊才启。

木质包装容器检测规程

1 范围

本标准规定了木质包装容器的检验分类，以及检验项目、检验方法和检验内容，给出了抽样及合格判定的一般规定。

本标准适用于木质包装容器的质量检验。

2 规范性引用文件

下列文件中的条款通过本标准的引用而成为本标准的条款。凡是注日期的引用文件，其随后所有的修改单（不包括勘误的内容）或修订版均不适用于本标准。然而，鼓励根据本标准达成协议的各方研究是否可使用这些文件的最新版本。凡是不注日期的引用文件，其最新版本适用于本标准。

GB/T 191 包装储运图示标志

GB/T 1931 木材含水率测定方法

GB/T 2828.1 计数抽样检验程序 第1部分：按接收质量限（AQL）检索的逐批检验抽样计划

GB/T 4857.1 包装 运输包装件 试验时各部位的标示方法

GB/T 4857.2 包装 运输包装件 温湿度调节处理

GB/T 4857.3 包装 运输包装件 静载荷堆码试验方法

GB/T 4857.4 包装 运输包装件 压力试验方法

GB/T 4857.5 包装 运输包装件 跌落试验方法

GB/T 4857.6 包装 运输包装件 滚动试验方法

GB/T 4857.7 包装 运输包装件 正弦定频振动试验方法

GB/T 4857.9 包装 运输包装件 喷淋试验方法

GB/T 4857.10 包装 运输包装件 正弦变频振动试验方法

GB/T 4857.11 包装 运输包装件 水平冲击试验方法

GB/T 4857.12 包装 运输包装件 浸水试验方法

GB/T 4857.14 包装 运输包装件 倾翻试验方法

GB/T 4857.15 包装 运输包装件 可控水平冲击试验方法

GB/T 4857.16 包装 运输包装件 采用压力试验机的堆码试验方法

GB/T 4857.17 包装 运输包装件 编制性能大纲的一般原理

GB/T 4857.18 包装 运输包装件 编制性能大纲的定量数据

GB/T 4857.20 包装 运输包装件 碰撞试验方法

GB/T 4857.23 包装 运输包装件 随机垂直振动试验方法

GB/T 5398 大型运输包装件试验方法

GB/T 6388 运输包装收发货标志

GB/T 7284 框架木箱

GB/T 9846.4 胶合板 普通胶合板通用技术条件

GB/T 10819 木制底盘

GB/T 12464 普通木箱

GB/T 12626.2 硬质纤维板 技术要求

GB/T 13123 竹编胶合板

GB/T 13144 包装容器 竹胶合板箱

GB/T 18924　钢丝捆扎箱
GB/T 18925　滑木箱
GB/T 18927　包装容器　金属辅件

3　检验分类

木质包装容器的检验分为一般性检验和性能检验。

一般性检验主要是对木质包装容器的材料、结构和尺寸、加工工艺按标准或设计图的规定进行检验。

性能检验主要是对木质包装容器构成的包装件在流通过程中可能受到损坏和危害进行模拟并按标准或合同的规定进行检验。

4　一般性检验

木质包装容器的一般性检验项目包括：材料、结构和尺寸及加工工艺。

除非另有规定，一般性检验的抽样按附录 A 的规定。

4.1　材料

4.1.1　木材含水率

木材含水率的测定方法按 GB/T 1931 的规定，或使用木材水分测定仪对容器各构件的含水率进行测定。

滑木和枕木的含水率不大于 25%，其他构件不大于 20%。

4.1.2　材质

木质包装容器材质的检验项目、检验内容和检验方法见表 1 和表 2。

表 1　木质包装容器用木材的检验项目、检验内容和检验方法

检验项目	检验内容	检验方法
树皮	全部木构件不应带有树皮。	目测
虫眼	允许直径小于 3 mm 的虫眼，（受力构件允许每 1 m 长中不多于 4 个，一般构件不多于 10 个）。必要时，按定货方的要求进行除虫害处理，参见附录 B。	测量
腐朽[a)]	受力构件不允许任何腐朽，一般构件允许轻微的腐朽（仅有污斑和变色，硬度无明显下降）。	目测
裂纹	允许不贯通的纵向裂纹（受力构件不大于 10%，一般构件不大于 15%）。	测量
节	受力构件的危险截面不允许任何节，其他部位允许每 1 m 长中不多于 5 个直径不大于材料宽度 20% 的节，死节应修补。直径小于 5 mm的节不计。 一般构件允许直径不大于材料宽度 40% 的活节和直径不大于材料宽度 25% 的死节。直径小于 5 mm 的节不计。	测量
斜纹	允许沿长度方向的斜纹（受力构件在宽度上不大于 20%，一般构件不大于 30%）。	测量
钝棱	受力构件允许缺角宽度不大于材料宽度的 30%，厚度的 33%，一般构件允许材料宽度的 40%，厚度的 50%。	测量
变形	允许纵向和横向的弯曲变形（受力构件不大于 1%，一般构件不大于 2%）。	测量

a)　用刀或凿子插入有污斑和变色的可疑部位，比较材料良好的部位，若明显硬度下降，可判定为腐朽。

表 2　木质包装容器用人造加工板材的检验项目和检验方法

检验项目	检验方法
胶合板	按 GB/T 9846.4 的规定
硬质纤维板	按 GB/T 12626.2 的规定
竹编胶合板	按 GB/T 13123 的规定

4.2　结构和尺寸

木质包装容器结构和尺寸的检验项目、检验内容和检验方法见表 3。

表 3　木质包装容器结构和尺寸的检验项目、检验内容和检验方法

<table>
<tr><th>检验项目</th><th colspan="2">检验内容</th><th>检验方法</th></tr>
<tr><td>普通木箱</td><td colspan="2">按 GB/T 12464 的规定</td><td rowspan="11">目测和测量</td></tr>
<tr><td>框架木箱</td><td colspan="2">按 GB/T 7284 的规定</td></tr>
<tr><td>滑木箱</td><td colspan="2">按 GB/T 18925 的规定</td></tr>
<tr><td>钢丝捆扎箱</td><td colspan="2">按 GB/T 18924 的规定</td></tr>
<tr><td>竹胶合板箱</td><td colspan="2">按 GB/T 13144 的规定</td></tr>
<tr><td>木质底盘</td><td colspan="2">按 GB/T 10819 的规定</td></tr>
<tr><td>非标准木箱</td><td colspan="2">按设计图的规定</td></tr>
<tr><td rowspan="4">结构件尺寸</td><td>尺寸范围/mm</td><td>允许偏差/mm</td></tr>
<tr><td><20</td><td>−1～+2</td></tr>
<tr><td>20～100</td><td>±2</td></tr>
<tr><td>>100</td><td>±3</td></tr>
</table>

4.3　加工工艺

木质包装容器加工工艺的检验项目、检验内容和检验方法见表 4。

表 4　木质包装容器的检验项目、检验内容和检验方法

<table>
<tr><th>检验项目</th><th colspan="2">检验内容</th><th>检验方法</th></tr>
<tr><td>箱板拼接</td><td colspan="2">缝隙不大于 3 mm，拼接的形式按设计图的规定。</td><td>测量</td></tr>
<tr><td>构件对接</td><td colspan="2">对接的形式和对接位置错开按标准或设计图的规定。</td><td>目测</td></tr>
<tr><td>装配</td><td colspan="2">钉合缝隙不大于 3 mm。对角尺寸和方正度按设计图的规定，箱表面不露钉头、钉尖，钢钉不应钉在箱板接缝处。</td><td>测量</td></tr>
<tr><td>布钉</td><td colspan="2">按标准或设计图的规定。</td><td>目测</td></tr>
<tr><td>金属辅件</td><td colspan="2">按 GB/T 18927 或设计图的规定。</td><td>测量</td></tr>
<tr><td>通风、防水</td><td colspan="2">按 GB/T 7284 的规定。</td><td>目测</td></tr>
<tr><td>表面加工</td><td colspan="2">表面应经过适当的加工处理，无污物和油渍等缺陷。</td><td>目测</td></tr>
<tr><td rowspan="4">印刷标记</td><td rowspan="4">准确
清晰
无污染</td><td>储运图示标志按 GB/T 191 的规定。</td><td rowspan="4">目测</td></tr>
<tr><td>收发货标志按 GB/T 6388 的规定。</td></tr>
<tr><td>产品标签按设计图或合同的规定。</td></tr>
<tr><td>技术文件方位标志按设计图的规定。</td></tr>
</table>

5 性能检验

木质包装容器性能检验项目包括必检项目和选择项目。必检项目和选择项目主要依据木质包装容器及包装件的特性和流通环境条件而确定。

木质包装容器性能检验项目和检验方法见表 5。

表 5 木质包装容器性能检验项目和检验方法

检验项目	检验方法	滑木箱、竹胶合板箱 非标准木箱 (内装物质量/kg)			框架木箱	普通木箱、钢丝捆扎箱 (内装物质量/kg)		木制底盘
		<100	100～500	>500		<100	>100	
堆码试验	GB/T 4857.3	√	√			√	√	
	GB/T 4857.16							
	GB/T 5398			√	√			
压力试验	GB/T 4857.4	+	+			+	+	
跌落试验	GB/T 4857.5	√	√			√	√	
	GB/T 5398			√	√			√
水平冲击试验	GB/T 4857.11	+	+			+	+	
	GB/T 4857.15							
碰撞试验	GB/T 4857.20	+	+	+	+	+	+	
起吊试验	GB/T 5398		√	√	√		√	√
喷淋试验	GB/T 4857.9	+	+	+	+	+	+	+
浸水试验	GB/T 4857.12	+	+			+	+	
振动试验	GB/T 4857.7							
	GB/T 4857.10	+	+			+	+	
	GB/T 4857.23							
滚动试验	GB/T 4857.6	+	+			+	+	
倾翻试验	GB/T 4857.14	+	+	+	+	+	+	

注 1：√为必检项目，+为按需要选择的项目。

注 2：木质包装容器性能检验前的准备：

a) 按 GB/T 4857.18 编制的试验大纲或按合同的规定准备试验样品；

b) 按 GB/T 4857.1 的规定，对试验样品各部位进行编号；

c) 根据包装容器的特性和流通过程的环境条件，按 GB/T 4857.2 选定适当的温湿度条件进行预处理。大型运输包装件的起吊和搬运试验条件按合同的规定。

注 3：堆码试验为必检项目，如不采用 GB/T 4857.3，则可选择 GB/T 4857.16 替代。

注 4：当容器底面尺寸相对高度较小，最长边与最短边之比不小于 3∶1 时，倾翻试验为必检项目。

6 抽样与合格判定

按检验依据的标准或合同的规定，如标准或合同未作规定时，按附录 A 的规定。

附 录 A
（规范性附录）
抽样与合格判定

A.1 导言

检测依据的标准或合同中未规定抽样数量和方法时，按以下的规定。

A.2 抽样

外观检验的抽样方法按 GB/T 2828.1 中不固定抽样方案的一般检验水平的规定。抽样数量见表 A.1。

性能检验抽样数量一般不少于 3 件。

表 A.1 木质包装容器外观检验抽样数量

批 量	样 本 量		
	Ⅰ	Ⅱ	Ⅲ
2～8	2	2	3
9～15	2	2	5
16～25	3	5	8
26～50	5	8	13
51～90	5	13	20
91～150	8	20	32
151～280	13	32	50
281～500	20	50	80
501～1 200	32	80	125
注：样本量Ⅰ，适用于内装物不易破损，或价值较低的产品；样本量Ⅱ，适用于一般情况；样本量Ⅲ，适用于内装物破损后污染环境，或价值较高的产品。			

A.3 外观检验不可接收的判定

A.3.1 不符合标准或设计图的规定，不能满足使用要求和质量一致性要求。

A.3.2 主要受力构件的危险截面（部位）存在不允许的缺陷，且直接影响木质包装容器的基本功能。

A.3.3 不符合合同的规定。

A.4 性能检验可接收的判定

A.4.1 按表 A.1 第Ⅰ组抽样的试验样品，内装物无破损、无泄漏，包装容器允许损伤。

A.4.2 按表 A.1 第Ⅱ组抽样的试验样品，内装物无损伤、无泄漏，包装容器允许轻微损伤。

A.4.3 按表 A.1 第Ⅲ组抽样的试验样品，内装物完好、无泄漏，包装容器不允许损伤。

附 录 B
（资料性附录）
木质包装容器预处理方法和要求

B.1 导言

本附录给出了木质包装容器预处理的方法和要求。

胶合板、刨花板、碎料板等材料作为木质包装容器用材料，无需进行处理，但应使用近期生产的，一般规定为3个月之内。

作为包装材料的木材首先应经过去皮，然后进行杀虫、灭菌处理或永久性处理。

B.2 临时性处理

包括热处理和熏蒸处理。木材作临时性处理应在离岸前21天之内，因为临时性处理虽然可以杀灭木材内已有的害虫，但不能防止木材的二次污染。

B.2.1 熏蒸处理

应使用对环境无害的熏蒸剂。如使用溴甲烷处理木材，应符合表B.1规定。

表 B.1 溴甲烷熏蒸处理木材的要求

熏蒸温度/℃	熏蒸剂量/(g/m³)	熏蒸时间/h
21	48	24
16～20	56	24
11～15	64	24
6～10	72	24

注1：熏蒸温度5℃以下时，则不予认可。

注2：熏蒸时间24 h为一般规定，特殊情况应按定货方的要求。

B.2.2 热消毒处理

木材应首先进行干燥（加速干燥，即：气干或窑干），使木材的含水率降至12%以下，然后进行木材的高温处理，见表B.2。热消毒处理必须在密闭容器中进行，温度不低于74℃，温差不超过2℃。

表 B.2 热处理的要求

木材厚度/mm	处理时间/h
25	4
50	6
75	8
100	10
150	14
200	18
250	22
300	26

B.2.3 永久性处理

永久性处理可在集装箱或木制品（包括木包装）的使用寿命内防止害虫对木材的浸染。这种处理可长期防止害虫对木材的侵害。适用于可重复使用或需要长期贮存的包装。

永久性处理所使用的防腐剂必须是经过认证的，必须是那些能在木材中固定，且化学成分不发生变化的防腐剂，既是抗流失的。

符合要求的防腐剂可划分为两类：水溶性防腐剂和非水溶性防腐剂。水溶性防腐剂主要包括铜铬砷(CCA)防腐剂、氨溶液铵盐(ACQ)防腐剂、铜唑(CuAz)防腐剂。

B.3 应注意的事项

木材处理涉及到SPS协议，世界各国对此高度重视，但具体方法和要求存在差异，在具体的贸易实践中应根据定货方的要求，并取得检疫部门的认证。

ICS 55.040
A 82

中华人民共和国国家标准

GB/T 19787—2005

包装材料　聚烯烃热收缩薄膜

Heat-shrinkable polyolefine films for packaging materials

2005-05-25 发布　　2005-11-01 实施

中华人民共和国国家质量监督检验检疫总局
中国国家标准化管理委员会　发布

前言

本标准由中国包装总公司提出。

本标准由全国包装标准化技术委员会归口。

本标准由国家包装产品质量监督检验中心(济南)、山东艺昌包装材料有限公司共同起草。

本标准的主要起草人:王兴东、周加彦、王微山、王保东。

包装材料　聚烯烃热收缩薄膜

1　范围

本标准规定了聚烯烃热收缩薄膜(以下简称薄膜)的产品规格、技术要求、试验方法、检验规则和标志、包装、运输、储存。

本标准适用于以共聚聚丙烯(PP)和线性低密度聚乙烯(LLDPE)树脂为主要原料,经三层共挤制得的具有PP/LLDPE/PP结构的薄膜。

2　规范性引用文件

下列文件中的条款通过本标准的引用而成为本标准的条款。凡是注日期的引用文件,其随后所有的修改单(不包括勘误的内容)或修订版均不适用于本标准,然而,鼓励根据本标准达成协议的各方研究是否可使用这些文件的最新版本。凡是不注日期的引用文件,其最新版本适用于本标准。

GB/T 2410—1980　透明塑料透光率和雾度试验方法(eqv ASTM D 1003:1997)

GB/T 2828.1—2003/ISO 2859-1:1999　计数抽样检验程序　第1部分:按接收质量限(AQL)检索的逐批检验抽样计划

GB/T 2918—1998　塑料试样状态调节和试验的标准环境(idt ISO 291:1977)

GB/T 5009.60—1996　食品包装用聚乙烯、聚苯乙烯、聚丙烯成型品卫生标准的分析方法

GB/T 6672—2001　塑料薄膜和薄片厚度的测定　机械测量法(idt ISO 4593:1993)

GB/T 6673—2001　塑料薄膜和薄片长度和宽度的测定(idt ISO 4592:1992)

GB 9688　食品包装用聚丙烯成型品卫生标准

GB/T 10006—1988　塑料薄膜和薄片摩擦系数测定方法(idt ISO 8295:1986)

GB/T 13022—1991　塑料　薄膜拉伸性能试验方法(neq ISO 1184:1983)

QB/T 1130—1991　塑料直角撕裂性能试验方法(neq JIS K 6732:1987,7.6)

QB/T 2358—1998　塑料薄膜包装袋热合强度试验方法(neq JIS Z 0238:1995)

3　产品规格

3.1　规格范围

宽度:50 mm～2 400 mm,厚度:12 μm～30 μm。特殊规格,由供需双方商定。

3.2　薄膜接头

薄膜允许有接头,接头数量不得超过2个,接头应牢固。每段薄膜连续长度不得小于200 m。

4　要求

4.1　宽度偏差

产品宽度偏差:±5 mm。

4.2　厚度偏差

厚度极限偏差见表1,平均厚度偏差见表2。

表 1 厚度极限偏差

单位为微米

公称厚度	极限偏差		
	优等品	一等品	合格品
12～15	±1.0	±2.0	±3.0
16～24	±2.0	±3.0	±4.0
25～30	±3.0	±4.0	±5.0

表 2 平均厚度偏差

单位为微米

公称厚度	平均厚度偏差		
	优等品	一等品	合格品
12～30	±1.0	±2.0	±3.0

4.3 外观

产品外观要求见表 3。

表 3 外观质量要求

项　目	要求		
	优等品	一等品	合格品
皱纹	允许有轻微的纵向皱纹		允许少量皱纹
端面不整齐度	≤2.0 mm		≤5.0 mm
折皱、颗粒、暴筋、气泡	不允许		
端面划痕	不允许		
杂质污染	不允许		
膜卷纸芯	不允许有凹凸和影响使用的崩口		

4.4 物理机械性能

产品物理机械性能见表 4。

表 4 物理机械性能要求

项　目		指标要求			
		12 μm～15 μm	16 μm～19 μm	20 μm～24 μm	25 μm～30 μm
拉伸强度/MPa ≥	纵向	120	110	100	95
	横向	110	100	95	90
断裂伸长率（纵、横向）/(%) ≥		95	95	95	95
直角撕裂负荷（纵、横向）/N ≥		0.6	0.8	1.0	1.2
热收缩率（纵、横向，120℃）/(%) ≥		55.0	50.0	48.0	45.0
雾度/(%) ≤		3.0	3.5	4.0	4.2
动摩擦系数 ≤		0.50		0.45	
热合强度/(N/15 mm) ≥		9.0			

4.5 卫生性能

直接用于食品、药品等包装的薄膜，其卫生性能指标应符合 GB 9688 的要求。

5 试验方法

5.1 取样方法

去掉缩膜表面 5 层，沿薄膜横向割开，取 15 层作外观、规格尺寸、物理机械性能及卫生性能试验。

5.2 试样状态调节和试验的标准环境

在 GB/T 2918 规定的 23℃±2℃，相对湿度 50%±10%的标准环境中进行样品状态调节，时间不少于 4 h，并在此环境条件下进行试验。

5.3 厚度

按 GB/T 6672 的规定进行。测量仪器的最小分度值应不大于 0.2 μm。用最大值、最小值计算厚度极限偏差。平均厚度偏差为平均厚度和公称厚度之差。

5.4 宽度

按 GB/T 6673 的规定进行。

5.5 外观

在 40 W 的日光灯下或自然光线下，目测检验。

5.6 拉伸强度及断裂伸长率

按 GB/T 13022 规定进行。采用长条型试样，试样长 150 mm，宽 15 mm±0.1mm，夹具间距为 100 mm，拉伸速度为 250 mm/min±50 mm/min。结果取平均值，保留整数。

5.7 直角撕裂负荷

按 QB/T 1130 的规定进行。结果取平均值，保留一位小数。

5.8 热收缩率

5.8.1 试验装置

试验装置包括恒温浴槽、液体传热介质、试样框架等部分。恒温浴槽用于盛装液体传热介质，其容积应足以容纳试样框架。液体传热介质的选择，以对试样无影响为原则，一般选用甘油。试样框架是嵌有金属网的框架，其尺寸略大于试样，两金属网间距离为 1 mm～3 mm，应不影响试样的自由收缩。

5.8.2 试验样品

裁取 100 mm×100 mm(±0.1 mm)的试样 3 块，在试样纵、横向上各画一条标线，并标明纵、横向。

5.8.3 试验步骤

将试样平放入金属框架上，迅速浸入 120℃±2℃的恒温介质中，10 s 后取出，浸入备用的常温水浴中，待试样冷却后取出，水平静置。然后测量纵、横向标线尺寸，精确到 0.5 mm。

5.8.4 计算

按式(1)计算：

$$T = 100\,(L_0 - L)/L_0 \qquad \cdots\cdots(1)$$

式中：

T——热收缩率，%；

L_0——加热前试样标线的长度，单位为毫米(mm)；

L——加热后试样标线的长度，单位为毫米(mm)。

试验结果，以 3 块试样试验结果的算术平均值表示，保留一位小数。

5.9 热合强度

将纵、横向一致的样品进行热合。热合条件：温度为 140℃±5℃，压力为 0.18 MPa，时间为 1 s。按照 QB/T 2358 标准进行热合强度试验，采用长条型试样，试样宽 15 mm±0.1 mm，拉伸速度为 250 mm/min±50 mm/min。结果取平均值，保留一位小数。

5.10 动摩擦系数

按照 GB/T 10006 进行。

5.11 雾度

按照 GB/T 2410 进行。

5.12 卫生性能

按照 GB/T 5009.60 进行。

6 检验规则

6.1 组批与抽样

6.1.1 组批

薄膜验收以批为单位。同一批号的原料、同一配方、同一工艺条件连续生产的同一规格的产品不大于 5 t 为一批。

6.1.2 抽样

规格和外观按 GB/T 2828.1 规定的正常检验二次抽样方案，检验水平为Ⅱ，接收质量限(AQL)为 6.5，按照表 5 规定抽样进行检验。

物理机械性能及卫生性能项目，从每批产品中任取一卷薄膜进行检验。

表 5 规格及外观检验抽样及判定方案

样本量字码	批量 N	样本	样本量 n	累计样本量	接收质量限(AQL) 6.5	
					接收数 Ac	拒收数 Re
D	26～50	第一	5	5	0	2
		第二	5	10	1	2
E	51～90	第一	8	8	0	3
		第二	8	16	3	4
F	91～150	第一	13	13	1	3
		第二	13	26	4	5
G	151～280	第一	20	20	2	5
		第二	20	40	6	7
H	281～500	第一	32	32	3	6
		第二	32	64	9	10
J	501～1 200	第一	50	50	5	9
		第二	50	100	12	13
K	1 201～3 200	第一	80	80	7	11
		第二	80	160	18	19
L	3 201～10 000	第一	125	125	11	16
		第二	125	250	26	27

6.2 出厂检验

出厂检验项目包括 4.1、4.2 及表 4 中的拉伸强度、断裂伸长率、直角撕裂负荷、热收缩率。

6.3 型式检验

型式检验包括本标准的全部技术要求。

型式检验每年至少进行一次，但有下列情况之一时亦应进行型式检验：

a) 当生产工艺、原材料改变，可能影响到产品质量时；

b) 停产半年，恢复生产时；

c) 出厂检验结果与上次型式检验结果有较大差别时；

d) 当国家质量监督检验机构提出进行型式检验要求时。

6.4 判定规则

6.4.1 薄膜外观及规格尺寸检验结果有一项不符合本标准规定，则判该卷产品不合格。合格批的判定按表5进行。

6.4.2 物理机械性能检验结果，若有不合格项，应在原批产品中抽取双倍样对不合格项目进行复验，若复验仍不合格，则判批产品不合格。

6.4.3 卫生性能指标有一项不合格时，则该批产品不合格。

6.4.4 当产品按6.4.1、6.4.2、6.4.3判定均合格时，则判该批产品合格。

7 标志、包装、运输、储存

7.1 标志

薄膜的外包装上应有合格证，注明产品名称、标准编号、规格、净重、生产日期、批号、等级、检验章、生产单位及地址，以及“怕湿、怕热、防冲击”等标志。

7.2 包装

每卷薄膜用塑料薄膜包装好，两端用夹板支撑保护，用塑料塞头塞紧，纸箱包装。特殊包装由供需双方商定。

7.3 运输

运输时应小心轻放，防止机械碰撞和日晒雨淋。

7.4 储存

薄膜应保存在整洁、干燥、通风的库房内，妥善堆放，距离热源2 m以上，不能受强光直射。储存环境温度不得高于30℃。储存期限从生产之日起，不应超过半年。超过储存期时，可按本标准进行检验，如果质量符合要求，产品仍可使用。

ICS 55.160
A 82

中华人民共和国国家标准

GB/T 19788—2005

蜂窝纸板箱检测规程

Inspection code for honeycomb fibreboard boxes

2005-05-25 发布

2005-11-01 实施

中华人民共和国国家质量监督检验检疫总局
中国国家标准化管理委员会 发布

前　言

本标准的附录 A 为资料性附录。

本标准由中国包装总公司提出。

本标准由全国包装标准化技术委员会归口。

本标准由中国出口商品包装研究所、全军包装工作办公室起草，中机生产力促进中心参加起草。

本标准主要起草人：羡永立、郭宝华、王远德、李建华、黄雪。

蜂窝纸板箱检测规程

1 范围

本标准规定了运输包装用蜂窝纸板箱的检验项目、检验内容和检验方法。

本标准适用于运输包装用蜂窝纸板箱的质量检验。

2 规范性引用文件

下列文件中的条款通过本标准的引用而成为本标准的条款。凡是注日期的引用文件，其随后所有的修改单(不包括勘误的内容)或修订版均不适用于本标准。然而，鼓励根据本标准达成协议的各方面研究是否可使用这些文件的最新版本。凡是不注日期的引用文件，其最新版本适用于本标准。

GB/T 191 包装储运图示标志

GB/T 462 纸和纸板 水分的测定

GB/T 1453 非金属夹层结构或芯子平压性能试验方法

GB/T 2828.1 计数抽样检验程序 第1部分：按接收质量限(AQL)检索的逐批检验抽样计划

GB/T 4857.3 包装 运输包装件 静载荷堆码试验方法

GB/T 4857.4 包装 运输包装件 压力试验方法

GB/T 4857.5 包装 运输包装件 跌落试验方法

GB/T 4857.6 包装 运输包装件 滚动试验方法

GB/T 4857.7 包装 运输包装件 正弦定频振动试验方法

GB/T 4857.9 包装 运输包装件 喷淋试验方法

GB/T 4857.10 包装 运输包装件 正弦变频振动试验方法

GB/T 4857.14 包装 运输包装件 倾翻试验方法

GB/T 5048 防潮包装

GB/T 5398 大型运输包装件试验方法

GB/T 6543 瓦楞纸箱

GB/T 6547 瓦楞纸板厚度的测定方法

GB/T 13023 瓦楞原纸

GB/T 13024 箱板纸

BB/T 0016—1999 包装材料 蜂窝纸板

ISO 5628 纸和纸板——静态弯曲挺度测定一般原理

3 检验分类

蜂窝纸板箱的检验分为：材料检验、外观检验和性能检验。

3.1 材料检验是对蜂窝纸板箱的用纸和纸板性能的检验。

3.2 外观检验是对蜂窝纸板箱外观、规格尺寸及制作工艺的检验。

3.3 性能检验是对蜂窝纸板箱满足流通环境的要求的质量控制。

4 材料检验

蜂窝纸板箱材质的检验项目、检验内容和检验方法见表1。

表 1　蜂窝纸板箱用材料的检验项目、检验内容和检验方法

检验项目	检验内容		检验方法
芯　纸	按 GB/T 13023 的规定		
面　纸	按 GB/T 13024 的规定		
粘合剂	按 BB/T 0016 的规定		
防潮性	按合同的规定		
密　度	蜂窝纸板的密度应均匀，密度偏差±10%		按 BB/T 0016 的规定
静态弯曲强度	不低于 BB/T 0016—1999 表 4 的规定		按 ISO 5628 的规定
平压强度	不低于 BB/T 0016—1999 表 3 的规定		按 GB/T 1453 的规定
含水率	蜂窝纸板含水率为 14%±4%		按 GB/T 462 的规定
厚　度/mm	规　格	公　差	厚度是指蜂窝纸板上下面间的距离，按 GB/T 6547 的规定。
	<10	±0.5	
	10～20	±1	
	21～50	±2	
	>50	±3	

5　外观检验

蜂窝纸板箱的外观检验项目、检验内容和检验方法见表 2。

表 2　蜂窝纸板箱的外观检验项目、检验内容和检验方法

检验项目		检验内容	检验方法
标　志		按 GB/T 191 规定	目测
箱　体		箱体方正，外表平整；外表面清洁，不得有明显脏污。	目测
裱　合		箱面板不允许有缺材、破洞、折皱、透胶；每平方米脱胶部分之和不大于 20 cm^2。	目测
箱体压痕、包角压痕		压痕深浅一致，折线居中，无破裂。	目测
箱体折角联接		折角处裁切刀口应光洁，裁切角度应准确，包角应粘合牢固，不开裂。	目测
钉合		蜂窝纸板箱采用钉合方式联接时，纸箱接缝应钉牢、钉透，不得有叠钉、缺钉、翘钉、断钉等缺陷，箱钉应排列整齐、均匀。	目测
摇盖耐折		蜂窝纸板箱摇盖经 180°的往复开合五次后纸箱的面纸、里纸不应出现裂缝。	手动开合
内尺寸	箱型	长、宽、高极限尺寸偏差/mm	用专用内径尺或普通钢卷尺测量。
	小型	$^{+4}_{-3}$	
	中型	$^{+5}_{-4}$	
	大型	$^{+6}_{-4}$	
注：小型箱：纸箱内综合尺寸长、宽、高之和小于 1 000 mm； 中型箱：纸箱内综合尺寸长、宽、高之和 1 000 mm～2 000 mm； 大型箱：纸箱内综合尺寸长、宽、高之和大于 2 000 mm。			

6 性能检验

蜂窝纸板箱的性能检验项目和检验方法见表 3。

表 3 蜂窝纸板箱的性能检验项目和检验方法

检验项目	检验方法	内装物质量/kg		
		<100	100～500	>500
堆码试验	按 GB/T 4857.3	√	√	
	按 GB 5398			√
压力试验(空箱)	按 GB/T 4857.4	√	+	
跌落试验	按 GB/T 4857.5	√		
	按 GB/T 5398		√	√
滚动试验	按 GB/T 4857.6	+	+	
起吊试验	按 GB/T 5398		+	+
振动试验	按 GB/T 4857.7 按 GB/T 4857.10	+	+	
倾翻试验	按 GB/T 4857.14		+	+
喷淋试验	按 GB/T 4857.9	+	+	+
高温、高湿试验	按 GB/T 5048	+	+	+
注：“√”为必检项目，“+”为按需要选择项目。				

附　录　A
抽样与合格判定
（规范性附录）

A.1　导言

检测依据的标准或合同中未规定抽样数量和方法时，参照以下的规定。

A.2　抽样

材料检验和外观检验的抽样方法按 GB/T 2828.1 中不固定抽样方案的一般检验水平Ⅰ的规定，抽样数量见表 A.1。

A.3　外观检验抽样数

外观检验抽样数量见表 A.1。

表 A.1　蜂窝纸板箱外观检验抽样数量

批　　量	抽样数量
＜90	5
91～150	8
151～280	13
281～500	20
501～1 200	32
1 201～10 000	50

A.4　材料检验和性能检验的抽样数

材料检验和性能检验的抽样数量见表 A.2。

表 A.2　蜂窝纸板箱材料检验和性能检验的抽样数量

检验项目	抽样数量
密度、厚度、静态弯曲强度、平压强度	合计不少于 3 件
性能试验(表 3)中的各项试验	每项试验 3 件
注：性能试验中的各项试验，在不影响结果的前提下，试验样品可重复使用。	

A.5　合格判定准则

A.5.1　材料检验合格准则

材料检验(表 1)中，静态弯曲强度、平压强度有一项不合格时，应加倍取样复验，复验结果仍不合格，则判定材料检验项不合格。

其余各项有两项不合格，则判定材料检验项不合格。

A.5.2　外观检验合格准则

外观检验各项指标应符合表 2 的规定，若其中两项以上不合格，则判定该样箱不合格。若不合格样箱数等于或大于表 A.3 的规定，则判定外观检验项不合格。

表 A.3　外观检验允许不合格样箱数

抽样数量	不合格样箱数
5	2
8	2
13	3
20	4
32	6
50	8

A.5.3　性能检验合格准则

性能检验中的各项试验,若有一项不合格,则判定性能检验项不合格。

A.6　判定总则

材料检验、外观检验和性能检验三项均合格,则判定该批检验合格。只要一项不合格,则判定该批检验不合格。

ICS 55.040
A 83

中华人民共和国国家标准

GB/T 19789—2005

包装材料　塑料薄膜和薄片氧气透过性试验　库仑计检测法

Packaging material—Test method for oxygen gas permeability characteristics of plastic film and sheeting—Coulometric sensor

2005-05-25 发布　　2005-11-01 实施

中华人民共和国国家质量监督检验检疫总局
中国国家标准化管理委员会
发布

前　言

本标准修改采用 ASTM D 3985—1995《塑料薄膜和薄片氧气透过性试验方法——库仑计检测法》标准。

本标准的主要内容与 ASTM D 3985—1995 相同，删略了有关仪器及部件的说明，文字叙述和章节编排与 ASTM D 3985—1995 标准不同。

ASTM D 3985 标准中未规定具体的试验环境条件，本标准采用 GB/T 2918 标准规定的标准环境条件。

本标准中的“稳态”定义是引用 ASTM D 1434—1982（1998 重新确认）《塑料薄膜和薄片气体透过性试验方法》标准中的稳态定义。

本标准由中国包装总公司提出。

本标准由全国包装标准化技术委员会归口。

本标准由国家包装产品质量监督检验中心（济南）起草。

本标准的主要起草人：王兴东、周加彦、王微山。

包装材料　塑料薄膜和薄片氧气透过性试验　库仑计检测法

1　范围

本标准规定了在稳态下包装材料氧气透过性试验方法——库仑计检测法。

本标准适用于塑料薄膜、薄片、复合材料、塑料复合纸、塑料涂覆织物等包装材料的氧气透过性的测试，可以测定包装材料的氧气透过率、氧气透过量、氧气透过常数等。

2　规范性引用文件

下列文件中的条款通过本标准的引用而成为本标准的条款。凡是注日期的引用文件，其随后所有的修改单(不包括勘误的内容)或修订版均不适用于本标准，然而，鼓励根据本标准达成协议的各方研究是否可使用这些文件的最新版本。凡是不注日期的引用文件，其最新版本适用于本标准。

GB/T 2918　塑料试样状态调节和试验的标准环境

GB/T 6672　塑料薄膜和薄片厚度的测定　机械测量法

3　术语和定义

下列术语和定义适用于本标准。

3.1

稳态　steady-state

当试样吸收的气体数量与透过试样的气体数量达到平衡时的状态。

3.2

氧气透过率　oxygen transmission rate，O_2GTR

在试验条件下，在单位时间内透过单位面积试样的氧气数量。国际单位是 mol/(m^2·s)。

在 1 个标准大气压下(1 atm)，常使用的氧气透过率单位是 cm^3/(m^2·24 h)。

在标准温度和压力下(Standard Temperature and Pressure，STP)1 atm＝0.1 013 MPa，1 cm^3(STR)＝44.62 μmol，24 h＝86.4×10^3 s，则 1 cm^3(STP)/(m^2·24 h)＝5.160×10^{-10} mol/(m^2·s)。

3.3

氧气透过量　oxygen permeance，PO_2

氧气透过率与试样两侧氧气分压之差的比值。国际单位是 mol/(m^2·s·Pa)。

常用的氧气透过量单位是 cm^3/(m^2·24 h·0.1 MPa)。

3.4

氧气透过常数　oxygen permeability coefficient，$\overline{P}O_2$

氧气透过量与试样厚度之积，国际单位为 mol/(m·s·Pa)。

常用的氧气透过常数单位是 cm^3/(m·24 h·0.1 MPa)。

氧气透过常数是材料的一种特性，仅对均质材料才有意义。

4　试验原理

试样将透气室分成两部分。试样的一侧通氧气，另一侧通氮气载气。透过试样的氧气随氮气载气一起进入库仑计中进行化学反应并产生电压，该电压与单位时间内通过库仑计的氧气数量成正比。

5 试样

5.1 试样应具有代表性，应厚度均匀，无皱折、折缝、针孔及其他缺陷。试样应裁成与试验仪器相匹配的尺寸。

5.2 用符合 GB/T 6672 标准要求的测厚仪，在整个试样上至少测 5 点，记录最大值、最小值，并计算平均值。

5.3 如果试样是不对称结构的，应当标记试样的两个表面，注明面向试验气体的表面。

6 样品状态调节和试验环境

6.1 将样品放到装有无水氯化钙或其它干燥剂的干燥器中进行试样状态调节，时间不少于 48 h。

6.2 实验室环境条件为 23℃±2℃，相对湿度为 50%±10%。

7 仪器

7.1 仪器构成简图

氧气透过性测试仪构成简图见图 1。

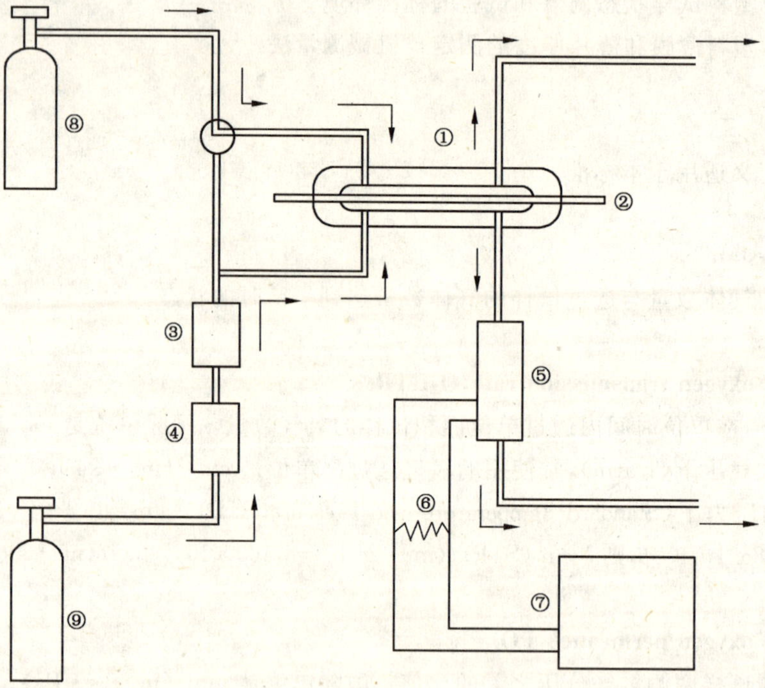

1——透气室；

2——试样；

3——催化装置；

4——流量计；

5——库仑计；

6——负载电阻器；

7——记录仪；

8——氧气钢瓶；

9——氮气钢瓶。

图 1 氧气透过性测试仪简图

7.2 仪器各部件

7.2.1 透气室

透气室由上下两部分构成，透气室上应配有测温装置。

a) 透气室的氧气侧(试验气体侧)和氮气侧(载气侧)的加工表面应平滑、无任何划痕，并能用氯丁橡胶“O”形圈密封试样。

b) 透气室的两个部分应配有合适的密封件，当气体进入或排出时，无泄漏。

c) 透气室上应配有温度控制装置。

d) 试验仪器上可装配多个透气室，这样每次可以测试多个试样。

7.2.2 催化装置

催化装置由一个金属管构成，并配有适当接口。金属管中装有 3 g～5 g 含 0.5%铂或钯的氧化铝固载催化剂，用以产生纯正的无氧的氮气载气。

7.2.3 流量计

量程为 5 mL/min～100 mL/min，用来测量氮气载气的流速。

7.2.4 流速调节阀门

用来调节氧气和氮气的流速。

7.2.5 库仑计

库仑计对氧气敏感，其运行特性恒定，用来检测透过的氧气量。

7.2.6 负载电阻器

由库仑计检测器产生的电流通过一个负载电阻器，并由负载电阻器测量输出的电压。

7.2.7 电压记录仪

用一台多量程记录仪来记录负载电阻器上产生的电压，该记录仪应能够记录满量程电压为50 mV，最低至 0.100 mV，具有至小为 10 μV 的分度值。其阻抗至小应为 5 000 Ω。

7.3 试剂和材料

7.3.1 氮气载气

由氮气和氢气混合物组成，其中氢气的体积百分比含量为 0.5%～3.0%。载气应干燥，氧气的体积百分比含量不得高于 0.01%。

7.3.2 氧气试验气体

应干燥，含量不低于 99.5%。

7.3.3 密封脂

活塞用高粘度的有机硅油脂或高级的真空油脂，用来密封透气室内的试样。

8 试验步骤

8.1 打开透气室，沿透气室下半部分的凸边上涂一薄层密封油脂。从干燥器中取出样品，裁成合适尺寸的试样。将试样小心地放到油脂上，避免使试样皱折，盖上透气室盖，紧固密封好。

8.2 打开透气室的氮气载气开关，打开氮气载气阀门，以 50 mL/min～60 mL/min 的流速将透气室的上下两部分中的空气吹净，3 min～4 min 后，将流速降低至 5 mL/min～15 mL/min，维持此流速 30 min。

8.3 向系统通了 30 min 的氮气后，将阀门打到库仑计位置上，通过透气室两侧的氮气进入库仑计中。当记录仪上得到一个稳定的低数值电压时，此时的电压值即为零电压 E_0。

8.4 E_0 确定后，关掉开关，使氮气不能进入透气室的试验气体一侧(氧气侧)，将试验气体(氧气)导入透气室的氧气侧。

8.5 库仑计上输出的电压值应逐渐增加，最终达到一个恒定值，此值即为测试电压值，以 E_e 表示。

8.6 记录透气室两侧的温度。

8.7 每个样品至少测试 3 个试样。

9 结果计算

9.1 氧气透过率

$$R_{O_2} = (E_e - E_0)Q/(A \cdot R)$$

式中：

R_{O_2}——氧气透过率，$cm^3/(m^2 \cdot 24\ h)$；

E_e——稳态时测试电压，mV；

E_0——试验前零电压，mV；

A——试样面积，m^2；

Q——仪器测试常数，$cm^3 \cdot \Omega/(mV \cdot 24\ h)$；

R——负载电阻值，Ω。

9.2 氧气透过量

$$P_{O_2} = R_{O_2}/P$$

式中：

P_{O_2}——氧气透过量，$cm^3/(m^2 \cdot 24\ h \cdot 0.1\ MPa)$；

R_{O_2}——氧气透过率，$cm^3/(m^2 \cdot 24\ h)$；

P——透气室中试验气体侧的氧气分压，单位为 MPa；即氧气的摩尔份数乘以总压力（通常为 1 个大气压）。载气侧的氧气分压视为零。

9.3 氧气透过常数

$$\overline{P}_{O_2} = P_{O_2} \cdot t$$

式中：

$\overline{P}_{O_2}$——氧气透过常数，$cm^3/(m \cdot 24\ h \cdot 0.1\ MPa)$；

P_{O_2}——氧气透过量，$cm^3/(m^2 \cdot 24\ h \cdot 0.1\ MPa)$；

t——试样的平均厚度，m。

9.4 试验结果

试验结果取平均值，保留三位有效数字。

10 试验报告

试验报告应包括如下内容：

a) 所用的试验方法；

b) 所用的试验气体；

c) 试样厚度的最大值、最小值和平均值；

d) 试验结果；

e) 试验条件；

f) 试验人员及试验日期；

g) 其他有必要说明的事项等。

ICS 97.020
Y 87

中华人民共和国国家标准

GB 19790.1—2005

一次性筷子　第1部分：木筷

Disposable chopsticks—Part 1: Wooden chopsticks

2005-06-28 发布　　2005-06-28 实施

中华人民共和国国家质量监督检验检疫总局
中国国家标准化管理委员会　发布

前　言

GB 19790《一次性筷子》分为两部分：

——第 1 部分：木筷；

——第 2 部分：竹筷。

本部分为 GB 19790 的第 1 部分。

本部分的第 5.5、5.6.2 为强制性条款，其余为推荐性条款。

本部分由国家林业局提出。

本部分由中国木材标准化技术委员会归口。

本部分由中国木材标准化技术委员会锯材分委会负责起草。

本部分参加起草单位：全国原木锯材质量监督检验站。

本部分主要起草人：宋润惠、李晓琴、张妍、赵丹、王宏棣。

本部分首次发布。

一次性筷子 第1部分:木筷

1 范围

GB 19790 的本部分规定了一次性木筷的产品类型、技术要求、检验规则、包装、标志、贮存和运输。

本部分适用于以木材为材料,经过加工而成的一次性木筷。

本部分适用树种为桦木、杨木、椴木、马尾松、云杉、冷杉等。

2 规范性引用文件

下列文件中的条款通过 GB 19790 的本部分的引用而成为本部分的条款。凡是注日期的引用文件,其随后所有的修改单(不包括勘误的内容)或修订版均不适用于本部分,然而,鼓励根据本部分达成协议的各方研究是否可使用这些文件的最新版本。凡是不注日期的引用文件,其最新版本适用于本部分。

GB/T 1931—1991 木材含水率测定方法

GB/T 2828.1—2003 计数抽样检验程序 第1部分:按接收质量限(AQL)检索的逐批检验抽样计划(idt ISO 2859-1:1999)

GB/T 4789.3—2003 食品卫生微生物学检验 大肠菌群测定

GB/T 4789.4—2003 食品卫生微生物学检验 沙门氏菌检验

GB/T 4789.5—2003 食品卫生微生物学检验 志贺氏菌检验

GB/T 4789.10—2003 食品卫生微生物学检验 金黄色葡萄球菌检验

GB/T 4789.11—2003 食品卫生微生物学检验 溶血性链球菌检验

GB/T 4789.15—2003 食品卫生微生物学检验 霉菌和酵母计数

GB/T 5009.34—2003 食品中亚硫酸盐的测定

GB/T 6491—1999 锯材干燥质量

GB 14934—1994 食(饮)具消毒卫生标准

3 术语和定义

下列术语和定义适用于 GB 19790 的本部分。

3.1

连体 joint part

木筷未经切开的部分。

3.2

分体 separate part

木筷由中缝分开的部分。

3.3

中缝 middle fissure

木筷两分体中间的切割缝。

3.4

大头端面 head end

连体面最宽处的横断面。

3.5

小头端面 tail end

分体面最窄处的横断面。

3.6

侧面 side

沿木筷长度方向与正面垂直的面。

3.7

端面损伤 end damage

端面木材纤维开裂、缺损。

3.8

中缝偏移度 middle fissure inclination

小头端面被中缝分割的宽度差。

3.9

中缝张口 middle fissure stretch

小头端面在宽度方向的缝隙。

3.10

小端错位 small end dislocation

小头端面在厚度方向的错位。

3.11

端头青色 end blue stain

木材蒸煮过程中在端头造成的黑色。

3.12

变色 discoloration

木材天然颜色发生改变。

3.13

夹皮 barkpocket

树木受伤后继续生长，将受伤树皮全部或局部包入树干中所形成的树皮。

3.14

树脂条 resin streak

在木质部中间充满树脂的条状槽沟。

4 产品类型

4.1 一次性木筷按其形状可分为 A 型、B 型、C 型等主要类型。

4.2 A 型一次性木筷见图 1，主要尺寸及其公差见表 1。

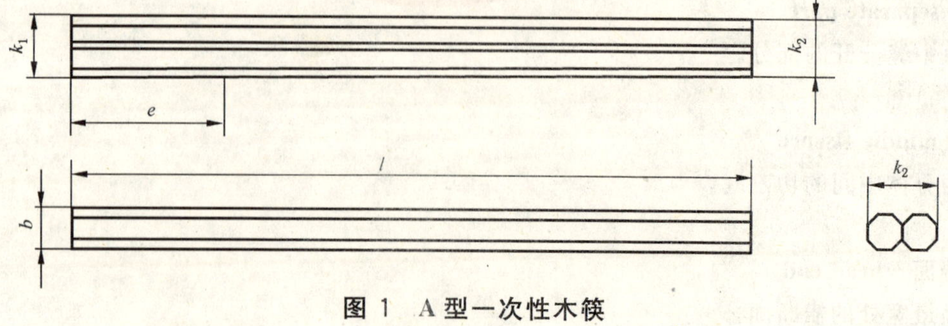

图 1 A 型一次性木筷

表 1　A 型一次性木筷尺寸及其公差　　单位为毫米

项　目	代 号	尺　寸	公差
长度	l	165、180、203、205、210、240	±1.0
大头端面宽度	k_1	12.5、13.5	±0.5
小头端面宽度	k_2	7.5	±0.5
厚度	b	4.0、4.5、4.8	±0.2
连体长度	e	30	±3.0
倒角高度	r	0.8	+0.3 −0.1
中缝宽度	w	0.8	±0.2

4.3　B 型一次性木筷见图 2，主要尺寸及其公差见表 2。

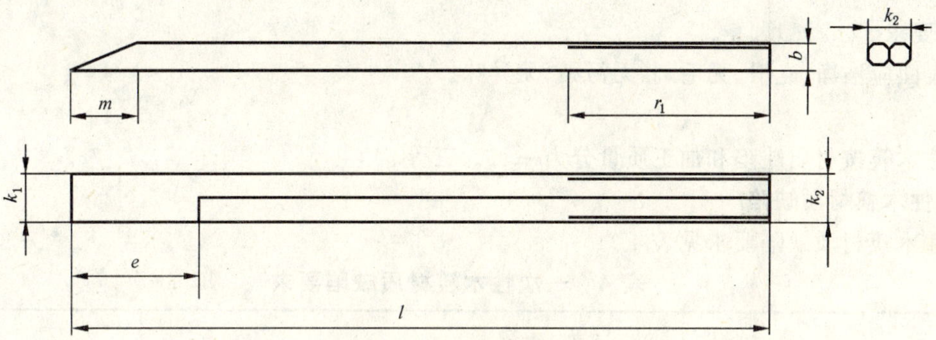

图 2　B 型一次性木筷

表 2　B 型一次性木筷尺寸及其公差　　单位为毫米

项　目	代 号	尺　寸	公　差
长度	l	165、180、203、210、240	±1.0
大头端面宽度	k_1	13.5、14.5	+0.3 −0.1
小头端面宽度	k_2	8.0	±0.5
厚度	b	4.5、5.0、5.5	+0.3 −0.1
连体长度	e	30	±3.0
斜面长度	m	15	±0.5
倒角高度	r	0.5～0.8	±0.1
倒角长度	r_1	60	±1.0

4.4　C 型一次性木筷见图 3，主要尺寸及其公差见表 3。

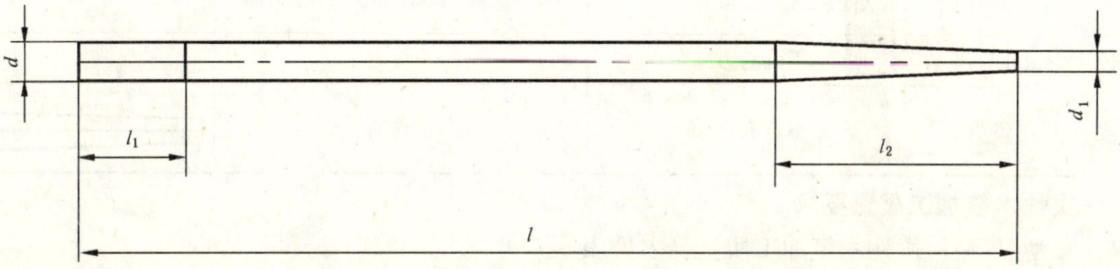

图 3　C 型一次性木筷

表 3　C 型一次性木筷尺寸及其公差

单位为毫米

项　目	代　号	尺　　寸	公　差
长度	l	200、210、230、240	±1.0
小端长度	l_1	30、35	±2.0
大端长度	l_2	10、12、15	±2.0
小端直径	d_1	3.0、3.5	±0.2
大端直径	d	5.5、6.0	±0.2

5　技术要求

5.1　感官要求

木筷表面应洁净、光滑、无毛刺，无污染、无异味。

5.2　分等

一次性木筷按材质缺陷和加工质量分为一、二、三等。

5.3　一次性木筷材质缺陷

一次性木筷材质缺陷要求见表 4。

表 4　一次性木筷材质缺陷要求

材质缺陷名称	等　级			图示说明
	一	二	三	
节子	不许有	A 型：距小头端面 60 mm 内不允许有，其余部分允许直径 $\phi \leqslant 2$ mm的节子 1 个～2 个 B 型、C 型不许有	距小头端面 60 mm 内不许有，其余部分允许直径 $\phi \leqslant 2$ mm 的节子 1 个～2 个	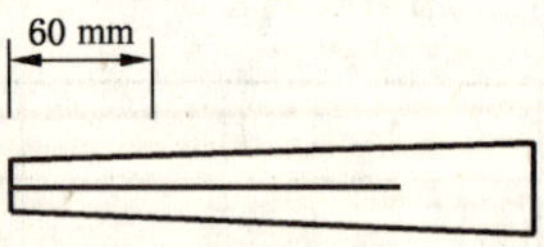
夹皮	不许有	不许有	分体面内不许有，连体面内允许面积 $S_1 < 60$ mm²	
树脂条	不许有	距小头端面 60 mm 内不允许有，其余允许有宽度小于 1.0 mm，长度小于 20 mm 的 1 条	距小头端面 60 mm 内不允许有，其余允许有宽度小于 1.5 mm，长度小于 30 mm 的 1 条	
水线	不许有	允许有宽度小于 1.5 mm 的 2 条，总长度小于 100 mm	不限	
虫害	不许有	不许有	不许有	
变色	不许有	总面积 $S_2 < 200$ mm²	总面积 $S_2 < 300$ mm²	
腐蚀	不许有	不许有	不许有	
表皮	不许有	不许有	不许有	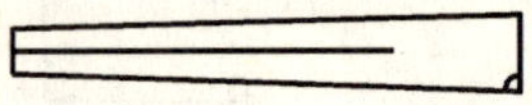

5.4　一次性木筷加工质量要求

5.4.1　A 型、B 型一次性木筷加工质量要求见表 5。

表 5 A 型、B 型一次性木筷加工质量要求

单位为毫米

加工缺陷名称		等级			图示说明
		一	二	三	
侧面弯曲 (h_1)		≤0.3	≤0.5	≤1.0	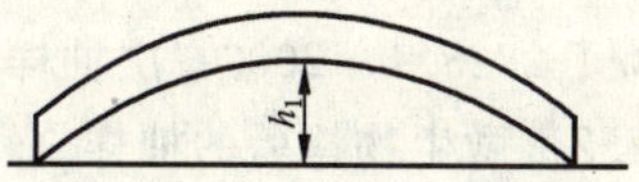
正面弯曲 (h_2)		≤0.2	≤0.5	≤1.0	
中缝张口 (w)		≤0.5	≤1.0	≤1.5	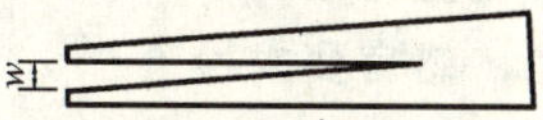
中缝偏移度 (Δd)		≤0.2	≤0.3	≤0.5	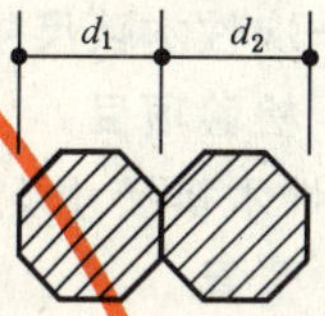 $\Delta d=\|d_1-d_2\|$
毛疵		不许有	不许有	不许有	
端面	露黑	不许有	不许有	不许有	
端面	损伤	不许有	不许有	大头允许有，面积小于 10 mm²	

5.4.2 C 型一次性木筷加工质量要求

C 型一次性木筷加工中产生的弯曲度、刀痕、毛疵、污染、端面损伤缺陷，在产品一等、二等、三等中均不许有。

5.5 微生物指标

微生物指标见表 6。

表 6 微生物指标

项　　目	指　　标
大肠菌群/(MPN/50 cm²)	不得检出
致病菌	不得检出
霉菌/(cfu/g)	≤50

5.6 理化指标

5.6.1 含水率

7%≤含水率≤我国各地平衡含水率，我国各地平衡含水率见 GB/T 6491—1999。

5.6.2 二氧化硫浸出量

二氧化硫浸出量小于等于 600 mg/kg(以 SO_2 计)。

5.7 其他

一次性木筷加工生产过程中使用的辅料应为国家标准允许使用的食品添加剂。

6 检验规则

6.1 组批原则

树种、生产工艺、规格、类型相同的产品为一检验批。

6.2 抽样

对一次性木筷的质量检验应在同一批产品中按规定抽取试样。

6.2.1 一次性木筷尺寸及其公差、感官要求、材质缺陷、加工质量、理化指标检验的抽样

一次性木筷尺寸及其公差、感官要求、材质缺陷、加工质量、理化指标检验的抽样按 GB/T 2828.1—2003一次抽样方案，检查水平为Ⅰ，接收质量限为4.0进行。

6.2.2 微生物检验的抽样

微生物检验抽样必须抽取带完整包装的样品，在送实验室检验过程中须确保包装完整。

抽样数量：从提交检验的产品中，随机抽取5份带完整最小包装样品，每份样品最低不少于10双。

6.3 检验方法

6.3.1 感官要求检验

采用目测、鼻嗅，对产品按5.1的项目进行逐双检验。

6.3.2 一次性木筷尺寸及其公差的检验

6.3.2.1 检验项目

一次性木筷尺寸及其公差的检验按表1、表2、表3的项目进行。

6.3.2.2 量具

a) 钢板尺：长度300 mm，精度为0.5 mm；

b) 游标卡尺：长度150 mm，精度为0.02 mm。

6.3.2.3 检验方法

6.3.2.3.1 长度沿中缝检量。

6.3.2.3.2 厚度在大端头、小端头沿长度方向垂直检量取平均数。

6.3.2.3.3 大头端面和小头端面宽度在两端面最宽和最窄处检量。

6.3.2.3.4 中缝连体长度自大端始沿中缝检量。

6.3.3 一次性木筷材质缺陷和加工质量检验

6.3.3.1 检验项目

按表4、表5的规定执行。

6.3.3.2 量具

a) 钢板尺：长度300 mm，精度为0.5 mm；

b) 游标卡尺：长度150 mm，精度为0.02 mm；

c) 塞尺。

6.3.3.3 检验方法

6.3.3.3.1 弯曲度以卫生筷子凹面朝下靠在钢板尺直边上，在最大弯曲处测定其高度。

6.3.3.3.2 中缝偏移度在小头端面平行测量。

6.3.3.3.3 小端错位在小端面垂直测量。

6.3.3.3.4 中缝张口在小头端面平行测量。

6.3.4 微生物指标检验

6.3.4.1 制样

按GB 14934—1994中6.2规定的方法进行。

6.3.4.2 大肠菌群测定

按GB/T 4789.3—2003进行。

6.3.4.3 致病菌检验

按GB/T 4789.4—2003、GB/T 4789.5—2003、GB/T 4789.10—2003和GB/T 4789.11—2003进行。

6.3.4.4 霉菌检验

按 GB/T 4789.15—2003 进行。

6.3.5 理化指标检验

6.3.5.1 含水率检验

6.3.5.1.1 测试仪器与工具

a) 天平：精度 0.001 g；

b) 空气对流恒温干燥箱；

c) 干燥器：装有干燥剂，干燥器内空气尽可能接近绝干状态。

6.3.5.1.2 取样

取样数量：随机抽取，每份样品 3 双。附在试样上的木屑、碎片等必须清除干净，将每份样品立即用塑料袋密封待测。

6.3.5.1.3 检验方法

按 GB/T 1931—1991 进行检验。

6.3.5.2 二氧化硫浸出量检验

6.3.5.2.1 取样

从抽取的实验室样品中随机抽取样品 5 双，把附在试样上的木屑、碎片等清除干净。将每双一次性木筷切成长约 2 cm 的木棍，装入清洁密封的样品袋中密封，作为检测试样。

6.3.5.2.2 检验方法

直接称取制备的样品 5 g～10 g(准确至 0.01 g)于蒸馏瓶中，按 GB/T 5009.34—2003 第二法(蒸馏法)9.2 进行测定，控制蒸馏时间为 15 min。

6.4 检验结果判定

经感官要求、尺寸及其公差、材质缺陷、加工质量、微生物指标、理化指标六项指标检验全部合格时判定该批产品合格；微生物指标、二氧化硫浸出量有一项不合格判该批产品不合格；感官要求、尺寸及其公差、材质缺陷、加工质量、含水率五项指标中有一项不合格允许复检，应在该同批产品中加倍抽样，对不合格产品进行检验，检验后仍不合格，则判定该批产品不合格。

7 包装、标志、贮存和运输

7.1 包装

应以同品种、同规格、同等级作定量包装，直接与产品接触的包装材料要符合食品卫生标准要求，产品的内、外包装应具有防潮和足够的牢固性，以保证产品在正常运输与贮存时不受污染。

7.2 标志

在每箱制品上应有制造厂厂名、厂址、产品名称、规格、型号、树种、等级、数量、重量、出厂日期、保质期和执行标准号等标志。

7.3 贮存

贮存环境应清洁卫生、通风干燥，防火、防潮、防污染。

7.4 运输

运输工具应清洁卫生，运输过程中应防雨、防潮，装卸中应防止破损、污染，禁止与有毒、有害、有异味货物同车厢或集装箱运输。

ICS 97.020
Y 87

中华人民共和国国家标准

GB 19790.2—2005

一次性筷子　第2部分:竹筷

Disposable chopsticks—Part 2:Bamboo chopsticks

2005-06-28 发布　　　　2005-06-28 实施

中华人民共和国国家质量监督检验检疫总局
中国国家标准化管理委员会　发布

前　言

GB 19790《一次性筷子》分为两个部分：

——第1部分：木筷；

——第2部分：竹筷。

本部分为GB 19790的第2部分。

本部分“5.2 微生物指标”、“5.3 理化指标”为强制性条款，其余为推荐性条款。

本部分的附录A和附录B为规范性附录。

本部分由中国食品土畜进出口商会、国家质量监督检验检疫总局动植物检疫监管司提出。

本部分由中华人民共和国商务部归口。

本部分起草单位：中国食品土畜进出口商会卫生筷分会、国家质量监督检验检疫总局动植物检疫监管司、中华人民共和国湖南出入境检验检疫局。

本部分主要起草人：曹建全、戴华、李漪、徐强。

本部分首次发布。

一次性筷子　第2部分:竹筷

1　范围

GB 19790 的本部分规定了一次性竹筷的产品类型、一般要求、检验规则、包装、标志、贮存和运输。

本部分适用于以原竹为材料,经过加工而成的一次性竹筷。

2　规范性引用文件

下列文件中的条款通过 GB 19790 的本部分的引用而成为本部分的条款。凡是注日期的引用文件,其随后所有的修改单(不包括勘误的内容)或修订版均不适用于本部分,然而,鼓励根据本部分达成协议的各方研究是否可使用这些文件的最新版本。凡是不注日期的引用文件,其最新版本适用于本部分。

GB/T 4789.3—2003　食品卫生微生物学检验　大肠菌群测定

GB/T 4789.4—2003　食品卫生微生物学检验　沙门氏菌检验

GB/T 4789.5—2003　食品卫生微生物学检验　志贺氏菌检验

GB/T 4789.10—2003　食品卫生微生物学检验　金黄色葡萄球菌检验

GB/T 4789.11—2003　食品卫生微生物学检验　溶血性链球菌检验

GB/T 4789.15—2003　食品卫生微生物学检验　霉菌和酵母计数

GB/T 5009.34—2003　食品中亚硫酸盐的测定

GB 14934—1994　食(饮)具消毒卫生标准

3　术语和定义

下列术语和定义适用于 GB 19790 的本部分。

3.1

连体　joint part

竹筷未经切开的部分。

3.2

分体　separate part

竹筷由中缝分开的部分。

3.3

中缝　middle fissure

竹筷两分体中间的切割缝。

3.4

大头端面　head end

连体面最宽处的横断面。

3.5

小头端面　tail end

分体面最窄处的横断面。

3.6

正面　obverse side

竹筷上竹青的一面。

3.7

侧面　side

沿竹筷长度方向与正面垂直的面。

3.8

背面　reverse side

竹筷上竹黄的一面。

3.9

端面损伤　end damage

端面竹材纤维开裂、缺损。

3.10

中缝偏移度　middle fissure inclination

小头端面被中缝分割的宽度差。

3.11

中缝张口　middle fissure stretch

小头端面在宽度方向的缝隙。

3.12

小端错位　small end dislocation

小头端面在厚度方向的错位。

3.13

青色　hypodermal color

竹材皮下层的颜色。

3.14

变色　discoloration

竹筷成品上的色斑、污迹、枯焦等非正常色泽。

3.15

毛刺　prickle

一次性竹筷成品上可能造成刺、划伤的竹纤维束。

4　产品类型

4.1　一次性竹筷按其形状可分为 A 型、B 型、C 型、D 型、E 型等主要类型。

4.2　A 型一次性竹筷(元禄筷)见图 1,主要尺寸及其公差见表 1。

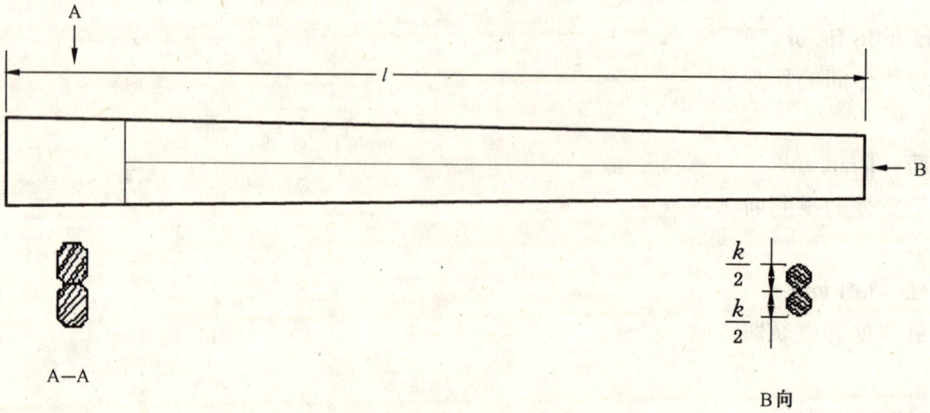

图 1　A 型一次性竹筷

表 1　A型一次性竹筷主要尺寸及其公差　　单位为毫米

项　目	代　号	尺　寸	公　差
长度	l	160～240	±5
小头端面宽度	k	≥5.0	±1.0

4.3　B型一次性竹筷(天削筷)见图 2,主要尺寸及其公差见表 2。

图 2　B型一次性竹筷

表 2　B型一次性竹筷主要尺寸及其公差　　单位为毫米

项　目	代　号	尺　寸	公　差
长度	l	160～240	±5
小头端面宽度	k	≥5.0	±1.0

4.4　C型一次性竹筷(单支筷)见图 3,主要尺寸及其公差见表 3。

图 3　C型一次性竹筷形状

表 3　C型一次性竹筷主要尺寸及其公差　　单位为毫米

项　目	代　号	尺　寸	公　差
长度	l	190～240	±5
小头端面直径	d	≥3.0	±0.5

4.5　D型一次性竹筷(双生筷)见图 4,主要尺寸及其公差见表 4。

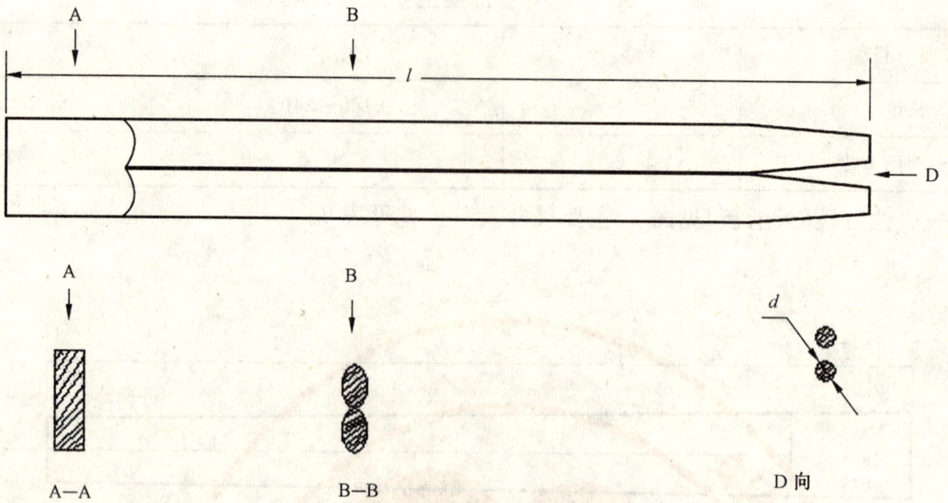

图4 D型一次性竹筷形状

表4 D型一次性竹筷主要尺寸及其公差

单位为毫米

项目	代号	尺寸	公差范围
长度	l	160～270	±5
小头端面直径	d	≥2.0	±0.5

4.6 E型一次性竹筷(利久筷)见图5,主要尺寸及其公差见表5。

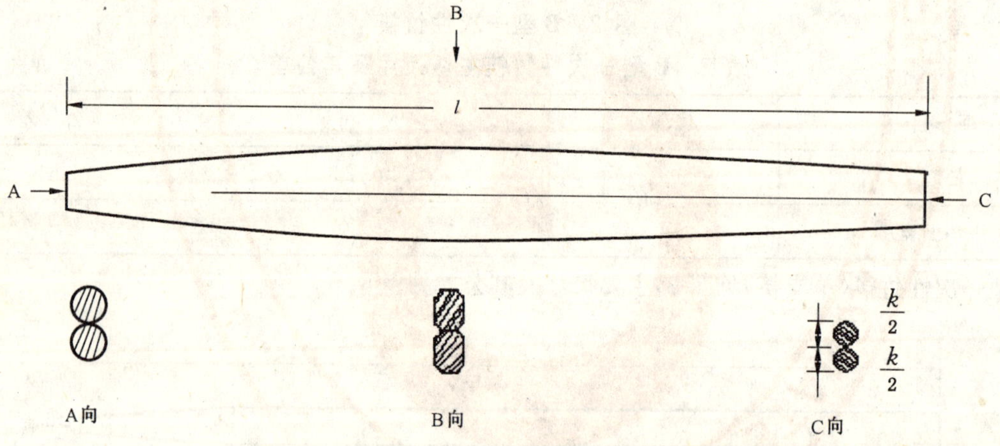

图5 E型一次性竹筷

表5 E型一次性竹筷主要尺寸及其公差

单位为毫米

项目	代号	尺寸	公差
长度	l	205～240	±5
小头端面宽度	k	≥7.0	±1.0

5 一般要求

5.1 感官要求

一次性竹筷应洁净、光滑,与食物接触端6 cm范围内不允许有毛刺。无污染、无异味、无虫蛀、无霉变、无腐朽、无破裂。

5.2 微生物指标

微生物指标见表6。

表6 微生物指标

项目	指标
大肠菌群/(MPN/50 cm^2)	不得检出
致病菌	不得检出
霉菌/(cfu/g)	≤50

5.3 理化指标

理化指标见表7。

表7 理化指标

项目	指标
含水率/(%)	≤10
噻苯咪唑/(mg/kg)	≤10
邻苯基苯酚/(mg/kg)	≤10
联苯/(mg/kg)	≤10
抑霉唑/(mg/kg)	≤10
二氧化硫浸出量(以 SO_2 计)/(mg/kg)	≤600

5.4 其他

一次性竹筷加工生产过程中使用的辅料应为国家标准允许使用的食品添加剂。

6 检验规则

6.1 检验

产品检验分为交收检验和型式检验。交收检验应在型式检验合格的前提下进行。

6.1.1 交收检验

每批产品应进行交收检验。符合要求的方可出厂、交货。

6.1.2 型式检验

正常生产时每年至少进行一次型式检验。有下列情形之一者也应进行型式检验：

a) 新产品或老产品转厂生产的试制定型鉴定；

b) 产品长期停产，当恢复生产时；

c) 有关行业主管部门提出要求时；

d) 正式生产后，当工艺有重大改变可能影响产品性能时，应进行型式检验。型式检验可以只检验变化可能造成影响的项目；

e) 交收检验与上次型式检验有较大差异时。

6.2 组批原则

原料品种、生产条件、规格、类型相同的产品为一检验批。

6.3 抽样

对一次性竹筷的检验应在同一检验批中按规定要求抽取样品。

6.3.1 感官检验和理化检验的抽样

感官检验和理化检验的抽样按表8规定。

表 8　抽样数量　　单位为双

批　　量	最低取样量
≤9 000	50
9 001～36 000	125
36 001～150 000	200
150 001～600 000	300
≥600 001	500

6.3.2　微生物检验的抽样

微生物检验抽样必须抽取带完整包装的样品，在送实验室检验过程中必须确保包装完整。

抽样数量：从提交检验的产品中，随机抽取五份带完整最小包装样品，每份样品最低不少于10双。

6.4　检验方法

6.4.1　感官检验

用目测检验一次性竹筷的光滑度，毛刺，用鼻嗅检测异味、霉变等。

6.4.2　外观尺寸检验

从表8规定抽取的样本中，按表9的要求随机抽取外观尺寸的检验样本数。对抽取的样本逐一用钢板尺(精度为0.5 mm)进行测量。

表 9　外观尺寸检验样本数和评定数　　单位为双

批　　量	样本数	接收数(Ac)	拒收数(Re)
≤36 000	20	5	6
36 001～600 000	32	7	8
≥600 001	50	10	11

6.4.3　微生物指标检验

6.4.3.1　制样

按GB 14934—1994中6.2规定的方法进行。

6.4.3.2　大肠菌群测定

按GB/T 4789.3—2003进行。

6.4.3.3　致病菌检验

按GB/T 4789.4—2003、GB/T 4789.5—2003、GB/T 4789.10—2003和GB/T 4789.11—2003进行。

6.4.3.4　霉菌检验

按GB/T 4789.15—2003进行。

6.4.4　理化指标检验

6.4.4.1　制样

按表8规定的取样数量，随机从货物的不同部位抽取实验室样品。将所取全部样品充分混合，装入清洁、干燥的样品袋内密封，并标明品名、生产日期(或批号)、厂名、抽样基数、抽样日期、抽样人等内容，及时送实验室。

从抽取的实验室样品中随机抽取样品五双，把附在试样上的竹屑、碎片等清除干净。将每双一次性竹筷切成长约2 cm的竹棍，装入清洁密封的样品袋中密封，作为检测试样。检测试样于室温保存。

抽样和制样的操作过程中，应防止样品受到污染或发生残留物含量的变化。

6.4.4.2　含水率

按附录A进行。

6.4.4.3 噻苯咪唑、邻苯基苯酚、联苯、抑霉唑

按附录B进行。

6.4.4.4 二氧化硫浸出量

直接称取按6.4.4.1制备的试样5 g～10 g(准确至0.01 g)于蒸馏瓶中，按GB/T 5009.34—2003第二法(蒸馏法)9.2进行测定，控制蒸馏时间为15 min。

6.5 检验结果判定

检验结果中，感官要求、微生物指标、理化指标及外观尺寸四项全部合格，判该批产品为合格；只要其中有一项不合格，判该批产品为不合格。

7 包装、标志、贮存和运输

7.1 包装

直接与产品接触的包装材料应符合食品卫生标准要求，外包装应具有足够的牢固性，以保证产品在正常运输与贮存条件下不受污染的目的。

7.2 标志

在每箱制品上应有制造厂厂名、厂址、产品名称、规格、型号、数量、出厂日期、保质期和执行标准号等标志。

7.3 贮存

贮存环境应清洁卫生、通风干燥，防火、防潮、防污染。

7.4 运输

运输工具应清洁卫生，运输、装卸中应防雨、防潮，防止破损、污染，不允许与有毒、有害、有异味货物同车厢或同集装箱运输。

附 录 A
（规范性附录）
一次性竹筷含水率的测定方法

A.1 范围

本附录适用于一次性竹筷含水率的测定。

A.2 原理

一次性竹筷中含水率是指在103℃左右直接干燥的条件下，所失去物质的总量。

A.3 制样

将本部分6.4.4.1制备的试样再劈成厚约1 mm的竹条。

A.4 测定方法

A.4.1 仪器与设备

a） 天平：精确0.000 2g；

b） 电热恒温干燥箱；

c） 干燥器：装有干燥剂；

d） 称量皿：内径60 mm～70 mm，高35 mm以下。

A.4.2 测定

取洁净称量皿于(103±2)℃干燥箱中，皿盖斜支于称量皿边，加热0.5 h～1.0 h，盖好取出，置干燥器内冷却0.5 h，称量，并重复干燥至质量恒定。准确称取1 g～2 g(精确至0.000 2 g)试样，放入此称量皿中，加盖，精密称量后，置(103±2)℃干燥箱中，皿盖斜支于皿边，加热2 h～4 h后，盖好取出，置干燥器内冷却0.5 h，称量。然后放入(103±2)℃干燥箱中干燥1 h左右，取出，放干燥器内冷却0.5 h后再称量。至前后两次质量差不超过2 mg，即为质量恒定。

A.4.3 计算

试样的含水率按式(A.1)计算：

$$\omega_1 = \frac{m_1 - m_2}{m_1 - m_3} \qquad \text{(A.1)}$$

式中：

ω_1——试样含水率，%；

m_1——铝制称量皿和未经处理原样品的质量，单位为克(g)；

m_2——铝制称量皿和样品干燥到质量恒定时的质量，单位为克(g)；

m_3——铝制称量皿的质量，单位为克(g)。

在重复性条件下获得三次独立测定含水率的算术平均值，即为所测试样的含水率，计算结果精确至0.1%。

附 录 B
（规范性附录）
一次性竹筷中噻苯咪唑、邻苯基苯酚、联苯、抑霉唑残留量的测定

B.1 范围

本附录适用于一次性竹筷中噻苯咪唑、邻苯基苯酚、联苯、抑霉唑残留量的检验。

B.2 测定方法

B.2.1 方法提要

试样中噻苯咪唑、邻苯基苯酚、联苯和抑霉唑用甲醇超声提取，提取液经过滤后，用配有二极管阵列检测器或紫外检测器的液相色谱仪进行测定，外标法定量。

B.2.2 试剂和材料

所有试剂除特殊注明外，均为分析纯，水为重蒸馏水。

B.2.2.1 乙腈，液相色谱级。

B.2.2.2 甲醇，液相色谱级。

B.2.2.3 磷酸，85%。

B.2.2.4 十二烷基磺酸钠，分析纯。

B.2.2.5 噻苯咪唑标准品：纯度≥98.3%。

B.2.2.6 邻苯基苯酚标准品：纯度≥95.5%。

B.2.2.7 联苯标准品：纯度≥99.5%。

B.2.2.8 抑霉唑标准品：纯度≥99.0%。

B.2.2.9 标准溶液：分别准确称取适量噻苯咪唑、邻苯基苯酚、联苯或抑霉唑，用甲醇溶解并定容至 100 mL，配制成为噻苯咪唑 100 μg/mL、邻苯基苯酚 100 μg/mL、联苯 100 μg/mL 或抑霉唑 1 000 μg/mL浓度的标准储备液。根据需要再用甲醇将标准储备液稀释成适当浓度的混合标准工作液。

B.2.3 仪器和设备

B.2.3.1 高效液相色谱仪配二极管阵列检测器或紫外检测器。

B.2.3.2 旋涡混匀器。

B.2.3.3 超声波清洗器。

B.2.3.4 离心机：4 000 r/min。

B.2.4 测定步骤

B.2.4.1 提取

将 6.4.4.1 制备的试样再劈成厚约 1 mm、长小于 1 cm 的竹条，准确称取 1 g（准确至 0.001 g）试样于 30 mL 具塞离心管中，准确加入 5.0 mL 甲醇，具塞混匀，置超声波清洗器中超声 30 min，然后在旋涡混匀器上混匀 3 min，于 2 000 r/min 离心 5min，上清液过 0.45 μm 微孔滤膜后，上 HPLC 测定，外标法定量。

B.2.4.2 测定

B.2.4.2.1 色谱条件

a) 色谱柱：ODS 柱（25 cm×4.6 mm ID，5 μm）或类似柱；

b) 流动相：称取十二烷基磺酸钠 0.681 g，加入 350 mL 甲醇、50 mL 乙腈、100 mL 水和 1 mL 磷酸溶解，过 0.45 μm 微孔滤膜；

c) 流速：0.5 mL/min；

d) 检测波长：噻苯咪唑、邻苯基苯酚、联苯检测波长为 247 nm，抑霉唑的检测波长为 226 nm；

e) 进样量：10 μL；

f) 柱温：40℃。

B.2.4.2.2 色谱测定

根据样液中噻苯咪唑、邻苯基苯酚、联苯和抑霉唑的含量情况，选定峰面积相近的标准工作溶液。标准工作溶液和样液中噻苯咪唑、邻苯基苯酚、联苯和抑霉唑的响应值均应在仪器的检测线性范围内。对标准工作溶液和样液等体积参插进样测定。在上述色谱条件下，噻苯咪唑、邻苯基苯酚、联苯、抑霉唑的保留时间约为 8.1 min、8.6 min、14.0 min 和 11.1 min。标准品色谱图见图 B.1 和图 B.2。

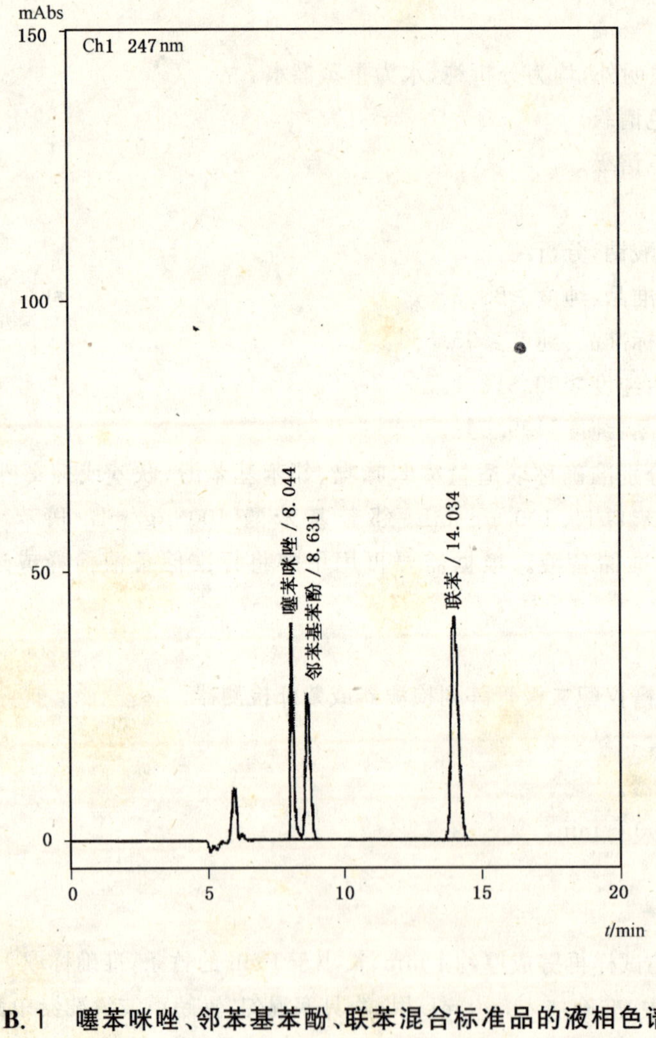

图 B.1 噻苯咪唑、邻苯基苯酚、联苯混合标准品的液相色谱图

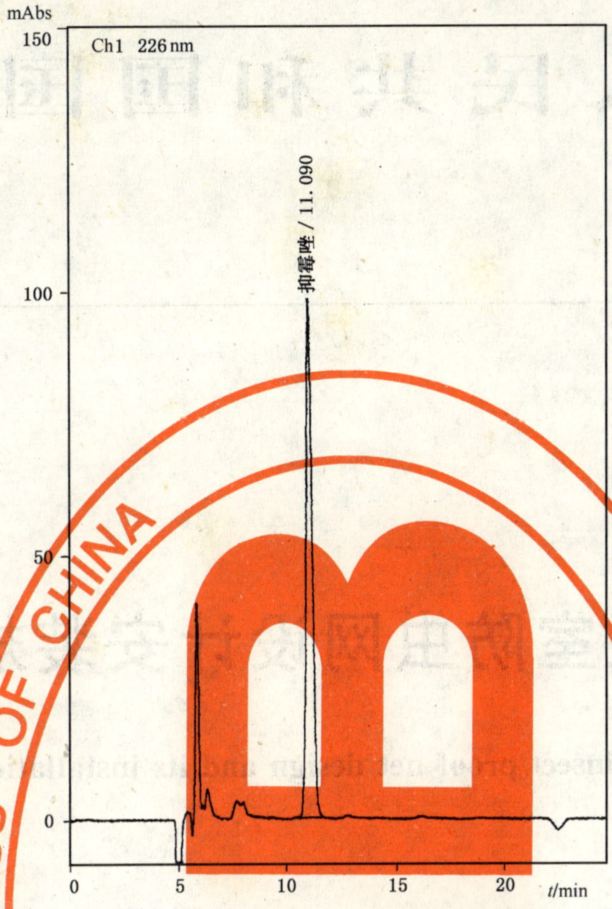

图 B.2 抑霉唑标准品的液相色谱图

B.2.4.3 空白实验

除不加试样外，按上述测定步骤进行。

B.2.5 结果计算和表述

用色谱数据处理机或按式(B.1)计算试样中噻苯咪唑、邻苯基苯酚、联苯、抑霉唑的残留量，计算结果需扣除空白值。

$$\omega_2 = \frac{A \cdot c_s \cdot V}{A_s \cdot m} \quad \cdots\cdots\cdots\cdots (B.1)$$

式中：

ω_2——试样中噻苯咪唑、邻苯基苯酚、联苯或抑霉唑的残留量，单位为毫克每千克(mg/kg)；

A——样液中噻苯咪唑、邻苯基苯酚、联苯或抑霉唑的峰面积，单位为平方毫米(mm^2)；

c_s——标准工作液中噻苯咪唑、邻苯基苯酚、联苯或抑霉唑的浓度，单位为微克每毫升(μg/mL)；

A_s——标准工作液中噻苯咪唑、邻苯基苯酚、联苯或抑霉唑的峰面积，单位为平方毫米(mm^2)；

V——样液最终定容体积，单位为毫升(mL)；

m——最终样液所代表的试样质量，单位为克(g)。

B.3 测定低限

本方法噻苯咪唑、邻苯基苯酚和联苯的测定低限为 1.0 mg/kg，抑霉唑的测定低限为 5.0 mg/kg。

ICS 65.040.30
P 35

中华人民共和国国家标准

GB/T 19791—2005

温室防虫网设计安装规范

The criterion insect proof net design and its installation for greenhouse

2005-06-08 发布　　2005-12-01 实施

中华人民共和国国家质量监督检验检疫总局
中国国家标准化管理委员会　发布

前　言

本标准由中国机械工业联合会提出。

本标准由全国农业机械标准化技术委员会归口。

本标准起草单位：中国农机学会、北京市农业机械研究所、江苏大学机械工程学院、深圳绿鹏农业设施工程技术有限公司。

本标准主要起草人：刘清英、杨仁全、陈志民、胡建平。

引　言

温室中植物病虫害防治有多种方法，包括施用杀虫剂、生物防治、实施消毒（蒸汽和微波）和安装防虫网等。

施用杀虫剂（化学农药）是传统的植物病虫害防治方法，这种方法虽然有效，但由于化学农药常常有很强的毒性，对环境造成污染和对施药人员会造成伤害；同时，有毒农药在植物体内的残留，对农产品也会带来严重的污染，特别是农药在蔬菜、瓜果产品中的有害残留，对消费者的健康威胁很大，越来越受到人们的广泛关注。近年来，食用"绿色蔬菜"已经成为广大居民的消费追求。减少化学农药的使用量，或代之以低毒高效农药，是传统植保的发展方向。与此同时，人们也越采越重视使用其他植物保护方法，安装防虫网是温室防治病虫害的最简单、最经济有效的方法之一。

在温室通风口，安装适度孔眼密度的网状物，可阻挡害虫进入温室内。防虫网能有效地抑制害虫进入温室，大幅度降低农药使用量。其不足之处是需要安装和维护，会降低通风量。

本标准的制定旨在为温室制造者、防虫网供应者和温室使用者提供设计和安装技术依据。

温室防虫网设计安装规范

1 范围

本标准规定了温室防虫网的选择、设计安装和使用维护方法,为温室设计者、制造者、防虫网供应者和温室使用者提供技术依据。

本标准适用于温室防虫用编织网。

2 规范性引用文件

下列文件中的条款通过本标准的引用而成为本标准的条款。凡是注日期的引用文件,其随后所有的修改单(不包括勘误的内容)或修订版均不适用于本标准,然而,鼓励根据本标准达成协议的各方研究是否可使用这些文件的最新版本。凡是不注日期的引用文件,其最新版本适用于本标准。

GB/T 18621 温室通风降温设计规范

3 常用防虫网的类型

3.1 不锈钢网和黄铜网

这类金属编制网耐腐蚀、不生锈、强度高和使用寿命长。

3.2 聚乙烯单线网

这种网由单股线编织而成。单线网的经纬线之间不打结,容易滑动,孔眼尺寸和形状较易改变,使用时需采用正确的设计方案、适当的施工工艺和维护。

3.3 聚丙烯多股网

这种网由多股线编织而成,经纬线之间打结不易滑动,能较好保持孔眼形状和孔眼尺寸。

3.4 尼龙网

采用尼龙纤维编制而成,“形似窗纱”。尼龙网具有制造成本低、使用寿命长等优点。

4 防虫网的选择和设计要求

4.1 按虫害特征选择

根据作物受虫害时间的长短、虫害的种类等选择防虫网的种类。作物如果只是短时间受虫害,可选择轻质、便宜的防虫网;作物如果在不同时期遭受不同虫害,应按体形最小的害虫特征选用相应目数的防虫网。

4.2 密度

防虫网的密度通常以目数表示,即每平方英寸的孔眼数。目数越大,孔眼数越多,孔眼也越小,阻挡害虫进入温室的能力越强,但对气流的阻力也越大。根据温室作物主要害虫的种类和大小,温室防虫网适宜的目数为20目~50目,具体目数应根据主要防治病虫害的种类和大小来选择和设计。

不同害虫的成虫有不同的尺寸,所选防虫网应能阻止害虫通过孔眼。常见温室作物的害虫尺寸及适宜的网丝密度见表1。

表 1　害虫尺寸及适宜的网丝密度表

害虫名	宽度/mm	适宜目数/目
烟粉虱	0.75	30～50
美洲斑潜蝇	0.45	50
南美洲斑潜蝇	0.65	50
温室白粉虱	0.708	40～50
瓜蚜	2.394	20～30
桃蚜	2.295	20～30
注：表中害虫尺寸为参考值，具体情况应根据当地的害虫成虫生长情况确定。适宜目数应根据防虫网的材质、网丝直径综合考虑。		

4.3　规格

产品的宽度系列为 800 mm、1 000 mm、1 100 mm、1 600 mm、1 900 mm、2 500 mm 等，产品的宽度和长度的具体规格也可由供应商和使用者双方商定。

4.4　强度

防虫网的强度与所用材料、编制方法和孔眼大小有关，金属网的强度要高于其他材料制成的防虫网，防虫网应具有一定的抗风能力。

4.5　颜色

防虫网的颜色应以白色和无色透明为主，也可以是黑色或银灰色的。白色和无色防虫网的透光性好，黑色防虫网的遮光效果好，银灰色防虫网则避蚜效果好。

4.6　使用寿命

由聚乙烯、聚丙烯和尼龙等材料制成的防虫网，应具有一定的抗老化能力，在按产品说明书使用的条件下，其使用寿命应不低于 3 年。

4.7　材料

制作防虫网所用材料应具有防潮、耐腐蚀、抗紫外线和耐老化的能力，并应符合国家材料标准的有关规定。

4.8　防虫网的选择及其面积设计计算

4.8.1　对于自然通风温室，防虫网的面积按满足温室自然通风需要来设计。设温室迎风面通过防虫网气流速度为 V 时，温室通风量为 Q 时，则进风口所需防虫网面积 S 为：

$$S=\frac{Q}{V} \quad \cdots\cdots(1)$$

式中：

S——进风口防虫网面积，单位为平方米（m^2）。

Q——温室通风量，单位为立方米每小时（m^3/h）。

V——进风口通过防虫网的气流速度，单位为米每小时（m/h）。

防虫网进风口的过网气流速度可根据防虫网的压力速度曲线来确定，防虫网生产厂家应为防虫网使用者提供不同材质、不同网丝直径和单位面积网孔不同数量防虫网的压力速度曲线。典型的防虫网压力速度曲线见图 1。曲线横坐标为通过网孔的气流速度 m/s；纵坐标为风机静压 Pa。利用压力速度曲线查出过网气流速度 V。由于自然通风温室天窗、侧窗均需安装防虫网，因此出风口防虫网面积可按进风口同样面积来设计。

4.8.2 对于采用强制通风的温室，应对风机通风口周围密闭处理，以防止风机在排出室内空气的同时又从缝隙中吸回室内，从而在风机通风口周围形成局部循环气流，影响风机通风换气效果，因此这类温室防虫网面积的设计应根据风机的布置不同分别计算。如果在安装防虫网前，风机已经选定，安装防虫网后，由于防虫网本身以及防虫网上昆虫和附着物会给通风造成一定的阻力，实际通风流量必将低于设计通风流量，将会导致室内温度升高，电力消耗增加和缩短风机寿命，增加运行成本。为了克服防虫网上昆虫和附着物的通风阻力，建议为风机提供 12.5 Pa 的安全运行静压，也可根据不同风机的特性为风机提供相应的安全运行静压。例如，如果风机的最大运行静压范围为 75.7 Pa，其设计用计算静压不得超过 63.2 Pa。

4.8.2.1 温室进风口、出风口均安装风机，有时需要强制通风，有时需要自然通风，温室天窗和侧窗均须安装防虫网，为了防止在风机通风口处形成局部循环气流，则在强制通风换气时，应将进、出风口收拢的卷帘展开，卷帘高度以卷帘下沿不遮挡风机通风口为宜，此时防虫网不起作用，只有在风机停止工作，采取自然通风时防虫网才起作用，因此对于进、出风口均安装风机的温室，其防虫网的面积可按自然通风温室防虫网面积的设计计算方法来设计。

4.8.2.2 温室进风口不安装风机，只在出风口安装风机的强制通风温室，风机工作时，除通风天窗和侧窗应当关闭外，出风口的卷帘也应展开，卷帘高度以卷帘下沿不遮挡风机通风口为宜，以防在风机周围形成局部循环气流，降低通风降温的效果，进风口防虫网的面积应足够，防止因通风面积不够在防虫网上产生过大的压力损失，造成风机过载、能耗过大，甚至损坏风机。温室设计者应从风机厂家索要风机的最大运行静压等技术数据，温室通风流量的计算和风机的选择应符合 GB/T 18621 的有关规定。从防虫网的压力速度曲线可查出所选型号的防虫网静压值与气流速度关系，并计算出强制通风所需进、出风口防虫网的面积。

示例：

现有 1 座温室，进风口不安装风机，出风口安装 1 台风机，温室进风口安装防虫网，通风时，收拢进风口卷帘，温室设计通风量为 40 000 m^3/h，计算所需防虫网的面积。选择 1 台流量为 40 000 m^3/h 的风机，安装在出风口，风机最大运行静压为 75.7 Pa，需为风机预留安全静压 12.5 Pa，风机的设计运行静压范围为 63.2 Pa，风机标准运行静压为 25 Pa，可用于防虫网的静压为 25 Pa，拟安装防虫网的数目为 1，参见图 1 所示的压力速度曲线，若选用"A"型防虫网，可用于防虫网的静压为 25 Pa 时，过网气流速度约为 1.5 m/s (5 400 m/h)，以温室通风量除以过网气流速度，可求得进风口所需防虫网的面积为 7.41 m^2(见式 2)。若选用"B"型防虫网，过网气流速度约为 2.4 m/s (8 640 m/h)，以温室通风量除以气流速度，可求得进风口所需防虫网面积为 4.63 m^2(见式 3)。

$$S_1 = \frac{40\,000}{5\,400} = 7.41 \qquad \cdots\cdots(2)$$

式中：

S_1——"A"型防虫网面积，单位为平方米(m^2)。

$$S_2 = \frac{40\,000}{8\,640} = 4.63 \qquad \cdots\cdots(3)$$

式中：

S_2——"B"型防虫网面积，单位为平方米(m^2)。

在相同可用静压和相同通风流量条件下，采用"A"型防虫网所需面积是采用"B"型防虫网面积的 1.6 倍。

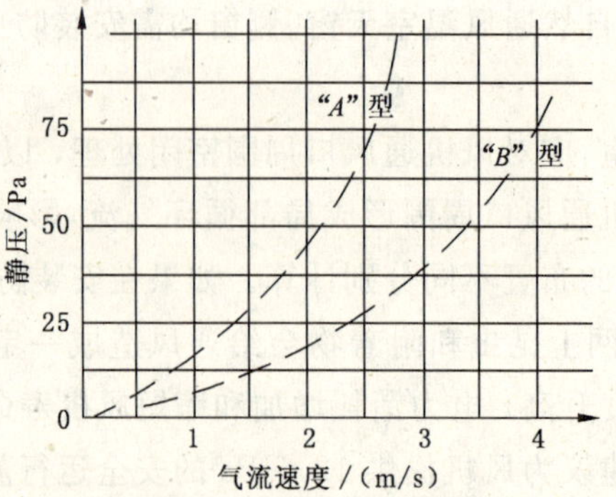

图1 典型防虫网压力速度曲线

5 防虫网的安装

5.1 防虫网的安装位置

对于普通生产型温室，防虫网的设置应能使进入温室的害虫减少70%以上。防虫网通常安装在进风口和排风口，在风向比较固定的地方，迎风侧窗上的防虫网比背风侧窗上的防虫效果好。对于开有侧窗和天窗的自然通风温室，可在侧窗和天窗上同时安装防虫网，效果更好。对于育种和科研用温室，对防虫的要求很高，除在进、出风口安装防虫网外，风机口上也应安装防虫网，风机口防虫网宜安装在风机内侧，并保持干燥。对温室的所有缝隙均应进行适当的密闭处理。

5.2 防虫网安装要求

防虫网的安装必须与周边覆盖物叠压、卡紧或并拢，安装后应平整无皱折，相互间不得有缝隙。

5.3 防虫网的安装方法

防虫网的安装方式有多种，根据温室结构的不同其安装的方式多种多样，防虫网设计者和使用者选择安装方式应以简单有效为原则。这里仅介绍两种安装方式。

5.3.1 固定安装

对于塑料薄膜温室或大棚，可利用窗四周的卡膜槽和卡簧将防虫网整平，固定在卡槽上。这种方法比较适用于配有强制通风系统的温室。对于玻璃温室和PC板温室，防虫网可参照普通建筑物的纱窗，采用框架式结构。对不宜采用框架结构纱窗的电动开窗方式，应考虑采用更复杂一些的安装方式，使密封效果良好。

5.3.2 半固定安装

将防虫网的上边缘用卡膜槽和卡簧固定，下端装一卷轴和卷膜机构。卷轴垂下时，防虫网展开。这种机构在无虫害时期，为了改善通风条件，可将防虫网卷起，减小气流阻力。这种安装方法比较适合于自然通风温室。

6 防虫网的测试

防虫网制造商应对各种不同材料、不同网丝直径、不同孔眼密度的防虫网进行测试，并提供所供防虫网各方面的性能数据，以供防虫网使用者参考选用：

——防虫网所用材料和执行的标准；

——清洁的防虫网在不同风速下对气流的影响；

——防虫网随昆虫等附着物的增加对气流的影响；

——防虫网对温室常见害虫的阻隔能力；

——不同材质、不同网丝直径、单位面积不同网孔数量的防虫网压力速度曲线；

——防虫网的单丝断裂强度或每平方厘米的抗风能力；

——适宜的清洗方法。

7 防虫网的使用维护

防虫网使用一段时间后，容易被昆虫、飞絮、灰尘等污物堵塞孔眼，增加气流阻力，影响通风。清洗维护时应：

——根据不同材料和不同编织方法采用不同的清洗方法，以不损坏防虫网为原则；

——通风作业时不要进行防虫网的清洁工作；

——不要使用高压水泵和较硬的刷洗工具；

——清洗时用低压水泵或喷头由温室内部向外清洗；

——按制造厂清洗说明清洗。

ICS 65.060.35
B 91

中华人民共和国国家标准

GB/T 19792—2005

农业灌溉设备　水动化肥-农药注入泵

Agricultural irrigation equipment—Water-driven chemical injector pumps

(ISO 13457:2000,MOD)

2005-06-08 发布　　2005-12-01 实施

中华人民共和国国家质量监督检验检疫总局
中国国家标准化管理委员会　发布

前　言

本标准修改采用 ISO 13457:2000《农业灌溉设备 水动化肥-农药注入泵》(英文版)。

本标准根据 ISO 13457:2000 重新起草。

考虑到我国国情,本标准在采用 ISO 13457:2000 时,进行了如下修改:

——引用了采用国际标准的我国标准,而非国际标准,但所引用的部分我国标准并非等同采用国际标准。

该技术性差异用垂直单线在它们所涉及的条款的页边空白处标识。

为便于使用,本标准还对 ISO 13457:2000 做了下列编辑性修改:

——“本国际标准”一词改为“本标准”;

——用小数点“.”代替作为小数点的逗号“,”;

——删除 ISO 13457:2000 的前言;

——删除 ISO 13457:2000 的目次。

本标准由中国机械工业联合会提出。

本标准由全国农业机械标准化技术委员会归口。

本标准负责起草单位:中国农业机械化科学研究院。

本标准参加起草单位:北京市农业机械研究所。

本标准主要起草人:兰才有、张咸胜、周增产、仪修堂、薛桂宁。

农业灌溉设备　水动化肥-农药注入泵

1　范围

本标准规定了水动化肥-农药注入泵(以下简称水动注入泵)的结构、技术要求和试验方法。该水动注入泵用于向灌溉系统中注入化肥和农药。化肥和农药包括液体肥料、肥料溶液以及酸类物、杀虫剂、除草剂等可溶性农药。

本标准适用于在温度不超过50℃,并可含有灌溉系统常用类型及浓度的化肥和农药的水中运行的水动注入泵。本标准不适用于回流防止装置(该装置不是水动注入泵的组成部件),也不适用于向灌溉系统注入化肥和农药的文丘里式水动装置。

2　规范性引用文件

下列文件中的条款通过本标准的引用而成为本标准的条款。凡是注日期的引用文件,其随后所有的修改单(不包括勘误的内容)或修订版均不适用于本标准,然而,鼓励根据本标准达成协议的各方研究是否可使用这些文件的最新版本。凡是不注日期的引用文件,其最新版本适用于本标准。

GB/T 2828.1　计数抽样检验程序　第1部分:按接收质量限(AQL)检索的逐批检验抽样计划(GB/T 2828.1—2003,ISO 2859-1:1999,IDT)

GB/T 7306.1　55°密封管螺纹　第1部分:圆柱内螺纹与圆锥外螺纹(GB/T 7306.1—2000,eqv ISO 7-1:1994)

GB/T 9113～GB/T 9124　钢制管法兰

GB/T 17241.1～17241.7　铸铁管法兰

3　术语和定义

下列术语和定义适用于本标准。

3.1

水动注入泵　water-driven injector pump

水动化肥-农药注入泵　water-driven chemical injector pump

仅依靠灌溉水的能量驱动活塞、涡轮等液动装置,向灌溉系统注入化肥和农药的液动泵。

3.2

公称尺寸　nominal size

用来表示将水动注入泵与灌溉系统连接的螺纹、法兰或其他装置的公称尺寸的数字标记。

注:该标记用于标定串接式水动注入泵的尺寸。

3.3

最小工作压力　minimum working pressure

P_{min}

制造厂声明的水动注入泵可发挥正常功能时的水动注入泵进口最低压力。

3.4

最大工作压力　maximum working pressure

P_{max}

制造厂声明的水动注入泵可发挥正常功能时的水动注入泵进口最高压力。

3.5

工作压力范围　range of working pressure

最小工作压力 P_{min} 和最大工作压力 P_{max} 之间的压力范围。

3.6

驱动水　drive water

用于使并接式水动注入泵运行的灌溉水。

注：驱动水可能从水动注入泵排出，也可能返回灌溉系统。

3.7

驱动水比率　drive water flow ratio

注入单位体积化肥和农药与注入该单位体积化肥和农药溶液所需的驱动水体积的比值。

例如：1∶2 或 1∶3。

3.8

灌溉水流量　irrigation water flow rate

水动注入泵向其注入化肥和农药的管路中的灌溉水的流量。

3.9

注入流量　injection rate

泵入流量　pumping rate

水动注入泵运行时向灌溉系统中注入的化肥和农药溶液流量。

3.10

化肥和农药　chemical

加入或注入灌溉系统的液体肥料、肥料溶液及其他农用可溶性化学物（农用液态、溶液或水溶性酸类物质以及杀虫剂和除草剂等）。

3.11

化肥和农药溶液　chemical solution

溶解或稀释有一种或若干种化肥和农药的水。

3.12

灌溉系统流量　irrigation system water flow rate

灌溉水流量和注入流量之和。

3.13

混合比　mixing ratio

注入流量与灌溉系统流量之比。

例如：注入流量为 1 L/h，灌溉水流量为 199 L/h，可得出灌溉系统流量为 200 L/h，则混合比为1∶200。

3.14

脉冲体积　pulse volume

冲程体积　stroke volume

水动注入泵一个动作循环注入灌溉系统中的化肥和农药溶液体积。

例如：水动注入泵的活塞或膜片动作一次为一个冲程。

3.15

比例式水动注入泵　proportional water-driven injector pump

比例式水动化肥-农药注入泵　proportional water-driven chemical injector pump

在制造厂声明的灌溉水流量条件下，混合比在整个运行期间保持相对稳定的水动注入泵。

3.16

串接式水动注入泵　in-line water-driven injector pump

串接式水动化肥-农药注入泵　in-line water-driven chemical injector pump

安装在灌溉系统主管路或旁路上，并具有下述3个进出口的水动注入泵(见图1)：

——一个化肥和农药进口；

—— 一个灌溉水进口；

—— 一个已注入化肥和农药的灌溉水出口。

注：化肥和农药的注入发生在水动注入泵的内部。

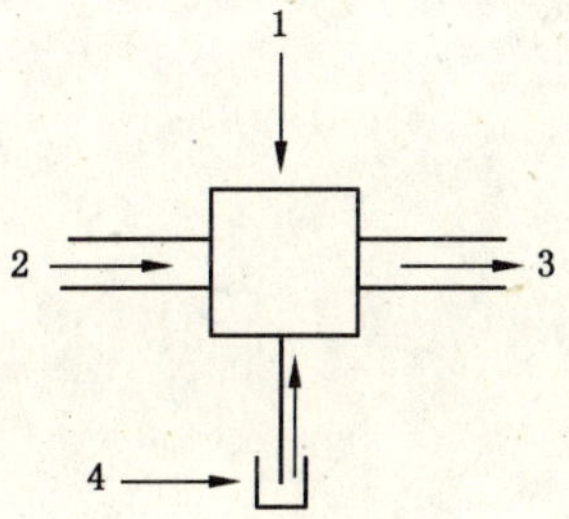

a)　全流串接式

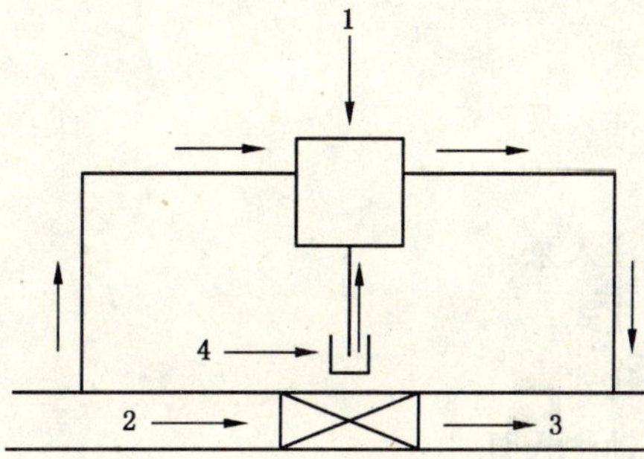

b)　旁路串接式

1——水动注入泵；

2——灌溉水流；

3——已注入化肥和农药的灌溉水；

4——化肥和农药。

图1　串接式水动注入泵

3.17

并接式水动注入泵　on-line water-driven injector pump

并接式水动化肥-农药注入泵　on-line water-driven chemical injector pump

不安装在灌溉系统主管路上，并具有下述4个进出口的水动注入泵(见图2)：

—— 一个化肥和农药进口；

—— 一个化肥和农药出口；

—— 一个驱动水进口；

—— 一个驱动水出口。

注：将化肥和农药注入灌溉水的过程发生在水动注入泵的外部。化肥和农药出口与灌溉系统主管路相连。从驱动水出口排出的驱动水不能返回灌溉系统主管路。

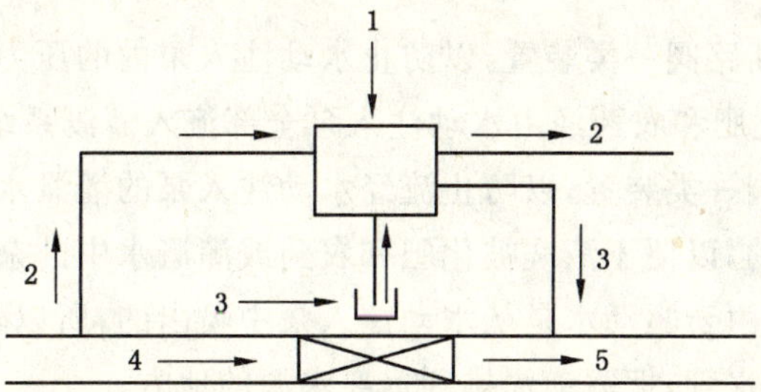

1——水动注入泵；

2——驱动水；

3——化肥和农药；

4——灌溉水流；

5——已注入化肥和农药的灌溉水。

图2　并接式水动注入泵

3.18

化肥-农药储存罐 chemical storage tank

用于储存化肥和农药，并把它们提供给水动注入泵的容器。

4 分类

4.1 按安装方式分

4.1.1 串接式水动注入泵：

4.1.1.1 全流安装式；

4.1.1.2 旁路安装式。

4.1.2 并接式水动注入泵。

4.2 按混合比分

4.2.1 比例式水动注入泵：

4.2.1.1 固定混合比式；

4.2.1.2 可调混合比式。

4.2.2 非比例式水动注入泵。

5 标志

水动注入泵应具有包含下列内容的清晰耐久标志：

a) 制造厂名称或其注册商标；

b) 公称尺寸；

c) 最大和最小工作压力；

d) 最大和最小灌溉水流量；

e) 注入流量；

f) 最大注入流量；

g) 与制造厂产品样本一致的型号识别标记；

h) 生产日期或批号；

i) 指示水流方向以及化肥和农药进入和流出水动注入泵方向的箭头。

6 技术要求

6.1 一般要求

水动注入泵应配有真空断路阀一类装置，以防止水动注入泵内的压力低于化肥-农药储存罐内的压力时，化肥-农药储存罐内的化肥和农药经由水动注入泵全部流入灌溉系统。

水动注入泵应配有止回阀一类装置，以防止流经水动注入泵的灌溉水流入化肥-农药储存罐。

水动注入泵应是可拆装的，以便于清洗被化肥和农药或灌溉水中的杂质堵塞的水动注入泵零部件。

对4.1.2类水动注入泵，由于驱动水是从水动注入泵中喷出的，所以驱动水出口应制成螺纹或配备其他接头，以便于连接一根排水管，把驱动水排到远离水源的地方。

6.2 材料

田间正常工作条件下暴露于紫外线中的水动注入泵塑料件，其材料中应加入改善防紫外线性能的添加剂。形成流道的塑料件应不透光，或加一层不透光的壳罩，以防止光线射入洁净水流道。

输送化肥和农药的塑料管可以是半透明的或透明的。

水动注入泵的所有零部件应能耐受或防止制造厂认可或推荐的一定浓度的化肥和农药的腐蚀。制造厂另有说明的除外。

6.3 水动注入泵与灌溉系统的连接

水动注入泵应采用下列方式中的一种方式与灌溉系统连接：

a) 符合 GB/T 7306.1 的螺纹；如果提供适当的中间接头，则可采用其他形式螺纹。

b) 如果法兰材料为铸铁，法兰应符合 GB/T 17241.1～17241.7 的规定；如果法兰材料为钢，法兰应符合 GB/T 9113～GB/T 9124 的规定；如果法兰采用其他材料，法兰的装配尺寸（螺栓孔中心圆直径、螺栓孔数）应符合 GB/T 17241.1～17241.7 的规定。

c) 压紧式、企口式或其他特殊接头。

7 机械性能和功能特性试验

7.1 一般要求

除特殊规定外，所有试验均用水代替化肥和农药溶液作为注入液体。确保灌溉水和注入水的温度为 5℃～50℃，并用装有 120 μm 滤网或其他具有同等过滤效果的过滤器进行过滤，或者过滤器的过滤效果符合制造厂产品资料中对最大颗粒的限制。

确保试验用测量仪器的测量值相对于真值的偏差为±2%。

确保给试验用化肥-农药储存罐配备测量容积变化的装置，或安装一根观察管（压力计），或储存罐是半透明的，以便能显示水面的高度。可以在储存罐侧壁上制出刻度。

7.2 抽样和验收规则

7.2.1 型式检验

各检验项目所需的样本都应由检测部门从批量不少于 50 个的水动注入泵中随机抽取。各检验项目的样本大小应符合表 1 的规定。

表 1 样本大小和合格判定数

章条号	检验项目	样本大小	合格判定数
7.3	耐压	5	0
7.4	止回阀密封性	5	0
7.5	工作压力范围	5	0
7.6	防泄漏	5	0
7.7	注入流量	5	0
7.8	驱动水比率	5	0
7.9	比例式水动注入泵的注入流量	5	0
7.10	串接式水动注入泵的水头损失	2	0
8	耐久性	2	0

如果样本中的不合格数等于表 1 规定的合格判定数，则判定该批样本符合本标准的规定。

如果样本中的不合格数大于表 1 规定的合格判定数，则判定该批样本不符合本标准的规定。

7.2.2 验收检验

对生产批或装运批进行验收时，确保抽样按 GB/T 2828.1 的规定进行，采用合格质量水平（AQL）2.5 和特殊检验水平 S-4。

对7.3规定的检验项目，样本应按GB/T 2828.1的规定随机抽取。

如果检验中发现的不合格数不大于GB/T 2828.1规定的合格判定数，则判定该生产批或装运批符合本标准的规定。

对除7.3以外的其他检验项目，样本大小应按表1的规定随机抽取。按7.3～7.10和第8章的规定对样本进行试验。

如果检验中发现的不合格数不大于表1规定的合格判定数，则判定该生产批或装运批符合本标准的规定。

如果同一型号的水动注入泵已经通过了型式检验(7.2.1)，并且型式检验后制造厂没有改变水动注入泵的结构，则可不必进行第8章规定的试验。

7.3 耐压试验

将水动注入泵置于不工作状态，给正常工作条件下承受压力的水动注入泵所有零部件施加等于1.6倍最大工作压力(1.6P_{max})的压力。保持该压力5 min。

水动注入泵及其所有零部件应能承受该试验压力而不出现损坏、泄漏和永久变形。

7.4 止回阀密封性试验

7.4.1 将水动注入泵的进水口堵住，化肥和农药进口与大气相通。在水动注入泵的出口分别施加等于最大工作压力(P_{max})25%、50%、75%和100%的压力。每个压力点大约保压20 s。

水动注入泵的化肥和农药旁路应不出现回泄现象。

7.4.2 对装有用于防止反向水流成为正向水流的整体式止回阀的水动注入泵，将水动注入泵的进水口与大气相通，重复7.4.1规定的试验。

水动注入泵的进水口应不出现回泄现象。

7.5 工作压力范围试验

7.5.1 按制造厂说明，将水动注入泵安装在试验装置上，使化肥-农药储存罐的最高水面比水动注入泵的出口中心线低0.5 m。

在水动注入泵进口施加等于最小工作压力P_{min}的压力1 min。确保灌溉水流量大约等于制造厂声明的灌溉水流量范围的中间值；对并接式水动注入泵，还应确保驱动水流量大约等于制造厂声明的驱动水流量的中间值。

水动注入泵应正常注入化肥和农药。

7.5.2 在串接式水动注入泵的进口或并接式水动注入泵的出口施加等于最大工作压力P_{max}的压力，重复7.5.1规定的试验一次；在串接式水动注入泵的进口或并接式水动注入泵的出口施加大约等于工作压力范围中间值的压力，重复7.5.1规定的试验一次。

水动注入泵应正常注入化肥和农药。

7.6 防泄漏试验

7.6.1 按制造厂说明，将水动注入泵安装在试验装置上，使化肥-农药储存罐内的水面比水动注入泵的出口中心线低0.5 m。

为使该试验顺利进行，应确保化肥-农药储存罐安放的位置在整个试验中能方便地观察和/或测量罐内的水面。

使水动注入泵在其进口压力大约等于工作压力范围中间值的状态下运行2 min。

确保灌溉水流量大约等于制造厂声明的灌溉水流量范围的中间值；对并接式水动注入泵，还应确保驱动水流量大约等于制造厂声明的驱动水流量的中间值。

使水动注入泵停止运行，立即在其出口施加一个比大气压低5 kPa～10 kPa的压力(负压)。

保持该压力(负压)1 min，并在保压期间观察化肥-农药储存罐内的水面。

从水动注入泵停止运行到试验结束这一段时间内，化肥-农药储存罐内的水面高度应无变化。

7.6.2 对正常运行时化肥-农药储存罐内的化肥和农药溶液液面高于水动注入泵出口中心线的水动注入泵，按制造厂说明安装水动注入泵，使化肥-农药储存罐的水面位于制造厂声明的水动注入泵中心线以上的最大高度，重复该试验。

从水动注入泵停止运行到试验结束这一段时间内，化肥-农药储存罐内的水面高度应无变化。

7.7 注入流量试验

按 7.5.1 规定安装水动注入泵。对 4.2.1.2 类可调混合比的比例式水动注入泵，把混合比大约调节到制造厂声明的调节范围的中间值。

将驱动水流量设置在大约等于制造厂声明的流量范围的中间值，并在整个试验过程中保持该流量。

在水动注入泵进口分别施加工作压力范围内包括最小工作压力 P_{min} 和最大工作压力 P_{max} 在内的 5 个等级差的压力。

使水动注入泵在每个压力点各运行至少 2 min，测量水动注入泵注入的体积流量。

水动注入泵在任何一个压力点的注入流量相对于制造厂声明值的偏差均不应大于±10%。

7.8 驱动水比率试验

对 4.1.2 类驱动水被排出的水动注入泵，在 7.7 规定的试验中，测量驱动水的体积。

计算驱动水比率。

驱动水比率相对于制造厂声明值的偏差应不大于±10%。

7.9 比例式水动注入泵的注入流量试验

7.9.1 按 7.5.1 规定和图 1 安装比例式水动注入泵。

7.9.2 对 4.2.1.1 类比例式水动注入泵，以其固定混合比进行 7.9.4 规定的试验。将注入流量和驱动水流量之间的关系绘制成表格或图形。

在任何情况下测得的混合比相对于制造厂声明的固定混合比的偏差均不应大于±10%。

7.9.3 对 4.2.1.2 类比例式水动注入泵，以下列 3 种不同混合比进行 7.9.4 规定的试验：

a) 制造厂声明的最小混合比；

b) 制造厂声明的最大混合比；

c) 制造厂声明的最小混合比和最大混合比之间的某一适当混合比。

7.9.4 使串接式水动注入泵分别在制造厂规定的灌溉水流量范围的上下限之间的 4 个或 4 个以上灌溉水流量下运行。选择工作压力范围中间值附近的一个适当压力作为试验压力。测量每个灌溉水流量下的注入流量，并计算水动注入泵的实际混合比。

使并接式水动注入泵分别在制造厂规定的驱动水流量范围上下限之间的 4 个或 4 个以上驱动水流量下运行，并确保灌溉水流量大约等于制造厂声明的灌溉水流量的中间值。选择工作压力范围中间值附近的一个适当压力作为试验压力。测量每个驱动水流量下的注入流量，并计算水动注入泵的实际混合比。

7.10 串接式水动注入泵的水头损失试验

按 7.5.1 规定将水动注入泵安装在试验装置上，测量水动注入泵在工作压力范围中间值压力下的水头损失。测量制造厂声明的灌溉水流量范围内 5 个不同灌溉水流量下的水头损失。

任何一个灌溉水流量下的水头损失均不应大于制造厂声明值的 1.1 倍。

8 耐久性

8.1 按制造厂说明，将水动注入泵与试验装置相连，使化肥-农药储存罐内的水面比水动注入泵的出口中心线大约低 0.5 m。所有试验均用水代替化肥和农药溶液作为注入的液体。

确保灌溉水和注入水的温度为5℃～50℃，并用装有120 μm滤网的过滤器或其他同等过滤效果的过滤器进行过滤，或过滤器的过滤效果符合制造厂产品样本中对最大颗粒的限制。

确保灌溉水流量大约等于制造厂声明的灌溉水流量范围的中间值；对并接式水动注入泵，还应确保驱动水流量大约等于制造厂声明的驱动水流量的中间值。

使水动注入泵运行4个时间段，每个时间段大约运行250 h，中间间歇约50 h。4个时间段的累计运行时间应不少于1 000 h。

确保满足下列运行条件：

—— 运行压力：为制造厂声明的工作压力范围的中间值；

—— 驱动水流量：对串接式水动注入泵，灌溉水流量为制造厂声明的灌溉水流量范围的中间值，对并接式水动注入泵，驱动水流量为制造厂声明的驱动水流量范围的中间值；

—— 注入流量：对注入流量可调水动注入泵，注入流量为制造厂声明的注入流量范围的中间值。

8.2 水动注入泵运行1000h后，重复下述试验：

—— 耐压（见7.3）；

—— 止回阀密封性（见7.4）；

—— 进口压力大约等于工作压力范围中间值的工作压力范围（见7.5）；

—— 水动注入泵注入流量与进口压力的关系（见7.7），注入流量相对于制造厂声明值的偏差应不大于±15%；

—— 驱动水比率（见7.8），驱动水比率相对于制造厂声明值的偏差应不大于±20%；

—— 比例式水动注入泵的注入流量（见7.9）。

试验中，应将混合比大约设置在制造厂声明的混合比范围的中间值，并将驱动水流量大约设置在制造厂声明的驱动水流量范围的中间值。测出的混合比相对于制造厂声明值的偏差应不大于±15%。

9 制造厂应提供的资料

制造厂产品样本或技术文件中应提供下列资料，并注明公布日期。

a） 一般资料

——水动注入泵在产品样本中的编号；

——水动注入泵与灌溉系统的连接形式和规格；

——水动注入泵的外形尺寸和质量；

——水动注入泵的工作原理；

——备件清单以及供更换零部件用的水动注入泵剖面图或分解图；

——流量调节器的类型和规格（当流量调节器是水动注入泵的必备部件时）；

——水头损失；

——排出的驱动水流量（对并接式水动注入泵）。

b） 运行说明

——安装说明；

——校准说明；

——维护及贮存说明；

——水动注入泵注入流量与进口压力之间关系的精度；

——化肥和农药以及灌溉水的过滤说明；

——4.2.1.2类活塞式水动注入泵的冲程体积；

——驱动水比率；

——最大吸头；
——混合比范围以及设置混合比的方式(手动、液动或电动)；
——电功率、电流、计时等与运行相关的技术参数图表；
——驱动水排出管水头损失对水动注入泵运行的影响(必要时)；
——灌溉水流量范围；
——注入流量。

ICS 65.060.35
B 91

中华人民共和国国家标准

GB/T 19793—2005

农业灌溉设备　水动灌溉阀

Agricultural irrigation equipment—Hydraulically operated irrigation valves

(ISO 9635:1990, Irrigation equipment—
Hydraulically operated irrigation valves, MOD)

2005-06-08 发布　　2005-12-01 实施

中华人民共和国国家质量监督检验检疫总局
中国国家标准化管理委员会　发布

前言

本标准修改采用 ISO 9635:1990《灌溉设备　水动灌溉阀》(英文版)。

本标准根据 ISO 9635:1990 重新起草。

考虑到我国国情,本标准采用 ISO 9635:1990 时,进行了如下修改:

——引用了采用国际标准的我国标准,但所引用的部分我国标准并非等同采用国际标准。

——删除了 6.3 中"如果制造厂与买方同意可使用 ANSI/ASME B1.20.1 规定的螺纹"。

这些技术性差异已用垂直单线标识在它们所涉及的条款的页边空白处。

为便于使用,本标准还对 ISO 9635:1990 做了下列编辑性修改:

——"本国际标准"一词改为"本标准";

——用小数点"."代替作为小数点的逗号",";

——删除 ISO 9635:1990 的前言。

本标准由中国机械工业联合会提出。

本标准由全国农业机械标准化技术委员会归口。

本标准起草单位:中国农业机械化科学研究院。

本标准主要起草人:兰才有、张咸胜、仪修堂、薛桂宁。

农业灌溉设备　水动灌溉阀

1　范围

本标准规定了水动灌溉阀(以下简称水动阀)的结构、技术要求和试验方法。该水动阀用于水温不超过50℃、水中可含有农业常用类型和浓度的肥料和化学物的灌溉系统。

本标准适用于公称尺寸大于等于15 mm的水动阀。该水动阀的设计工作状态为全开和全闭,但也可以在任意中间状态工作。

2　规范性引用文件

下列文件中的条款通过本标准的引用而成为本标准的条款。凡是注日期的引用文件,其随后所有的修改单(不包括勘误的内容)或修订版均不适用于本标准,然而,鼓励根据本标准达成协议的各方研究是否可使用这些文件的最新版本。凡是不注日期的引用文件,其最新版本适用于本标准。

GB/T 2828.1　计数抽样检验程序　第1部分:按接收质量限(AQL)检索的逐批检验抽样计划(GB/T 2828.1—2003,ISO 2859-1:1999,IDT)

GB/T 7306.1　55°密封管螺纹　第1部分:圆柱内螺纹与圆锥外螺纹(GB/T 7306.1—2000,eqv ISO 7-1:1994)

GB/T 17241.1～17241.7　铸铁管法兰

GB/T 18688　农业灌溉设备　灌溉阀的压力损失　试验方法(GB/T 18688—2002,idt ISO 9644:1993)

GB/T 18689—2002　农业灌溉设备　小型手动塑料阀(eqv ISO 9911:1993)

3　术语和定义

下列术语和定义适用于本标准。

3.1

水动灌溉阀　hydraulically operated irrigation valve

借助水压运行的灌溉用阀。

3.2

驱动机构　operating mechanism

利用水力开启和关闭水动阀流道的运动部件。

3.3

可调限位器　adjustable stop

用于限制水动阀达到全开或全闭状态时驱动机构运动范围的装置。

3.4

控制阀　control valve

用于启动水动阀的机动、电动、液动、气动或其他适当工作方式的辅助阀。

3.5

启动室　activating chamber

驱动机构内的活塞或膜片一侧或两侧的空间。水压作用于该空间,以开启或关闭水动阀。

3.6

完全打开　full opening

水动阀完全打开或驱动机构顶住可调限位器时,驱动机构所处的状态。

3.7

单侧水动　one-side hydraulic activation

驱动机构仅利用水压作用在水动阀一个方向的力，即能使其开启或关闭。

3.8

双侧水动　two-side hydraulic activation

驱动机构利用水压作用在水动阀两个方向的力，才能使其开启或关闭。

3.9

常开（N. O.）水动阀　normally open（N. O.）valve

不给驱动机构施加最小启动压力时，保持打开状态的水动阀。

3.10

常闭（N. C.）水动阀　normally closed（N. C.）valve

不给驱动机构施加最小启动压力时，保持关闭状态的水动阀。

3.11

公称尺寸　nominal size

表示水动阀尺寸的数字标记。其数值等于不需要中间接头水动阀即能与之连接的管道的公称直径。

3.12

公称压力　nominal pressure

最大工作压力　maximum working pressure

P_n

水动阀运行所需的紧靠其上游的最大静水压力。

3.13

最小启动压力　minimum activating pressure

启动驱动机构所需的启动室内的最小静水压力。如果启动室利用水动阀的进口压力启动，则最小启动压力等于最小工作压力。

3.14

最大启动压力　maximum activating pressure

启动驱动机构所需的启动室内的最大静水压力。如果启动室利用水动阀的进口压力启动，则最大启动压力等于最大工作压力。

3.15

最小工作压力　minimum working pressure

水动阀运行所需的紧靠其上游的最小静水压力。

3.16

名义开启或关闭时间　nominal duration of opening or closing time

从控制阀启动到水动阀完全打开或关闭所经历的时间。

3.17

平均流速　mean velocity of flow

流经水动阀的流量除以与水动阀公称尺寸相同的管道的内流道横截面面积。

4　分类

水动阀按驱动机构的类型分类。

a）　带膜片式驱动机构的水动阀：

——膜片仅起启动水动阀驱动机构作用的水动阀；

——膜片不仅启动水动阀的驱动机构，还起密封作用的水动阀。

b) 带活塞式驱动机构的水动阀。

5 标志

5.1 水动阀标志

每个水动阀都应具有包含下列内容的清晰耐久标志：

a) 制造厂名称和/或其注册商标；

b) 公称尺寸；

c) 公称压力；

d) 指示水流方向的箭头(当水流方向影响水动阀运行时)。

5.2 膜片标志

对膜片式水动阀，应根据其工作状态在膜片上制作适当标志。标志的含义应在制造厂产品样本中予以说明。

6 技术要求

6.1 一般要求

与水接触的水动阀零部件应采用无毒材料，并应在正常工作条件下耐腐蚀。

同一制造厂生产的相同类型、型号和尺寸的水动阀所有零部件应能互换。

田间正常工作条件下暴露于紫外线中的水动阀塑料件，应含有改善抗紫外线性能的添加剂。形成流道的水动阀塑料件应不透光，或采用密封罩防止光线进入流道。

6.2 阀体长度

阀体长度的尺寸偏差应符合表1的规定。

表1 阀体长度尺寸偏差

阀体长度/mm	允许偏差/mm
≤600	±3
>600	±4

6.3 接口

制造厂可采用下列接口方式中的一种接口：

a) 直接与供水管路连接的螺纹接口，其螺纹应符合GB/T 7306.1的规定；

b) 对法兰接口，其法兰应符合GB/T 17241.1～17241.7的规定；

c) 其他类型接口。

6.4 可调限位器

对带有螺纹式可调限位器的水动阀，在全开或全闭状态至少应有3整圈螺纹啮合。对带有其他类型可调限位器的水动阀，其接合应牢固可靠。可调限位器的调节应简单、可靠，并不会因振动而松动。

如果可调限位器的手柄安装在阀轴(阀杆)上，手柄应采用机械方式固紧在阀轴(阀杆)上。

可调限位器及其相关零部件应能有效承受数值等于以毫米(mm)计的阀的公称尺寸、单位为牛顿米(N·m)的开启或关闭力矩。

7 机械性能和功能特性试验

7.1 一般要求

除非另有规定，所有试验都应采用温度为20℃～30℃的清洁淡水。机械性能和功能特性试验所用的水应首先采用装有120 μm过滤元件的网式过滤器进行过滤。用于测量各种参数的测量仪器的测量值相对于真值的偏差应不大于±2%。

7.2 抽样和验收规则

7.2.1 型式检验

如果水动阀是常规生产的系列产品，样本应由检测部门从批量不少于20个的水动阀中随机抽取。各检验项目所需的样本大小应符合表2的规定。

如果水动阀不是常规生产的系列产品，且产量小于20个，则抽样方法可不按上述规定。

如果样本中的不合格数等于或小于表2中的合格判定数，则判定该批合格；如果样本中的不合格数大于合格判定数，则判定该批不合格。

表2 样本大小和合格判定数

章条号	检验项目	样本大小	合格判定数
7.3	阀体耐压性能	5	1[a]
7.4	启动室耐压性能	3	0
7.5	阀座密封性	5	1
7.6	水动阀的关闭	2	0
7.7	水动阀的开启	2	0
7.8	压力损失	2	0
8	耐久性	2	0

a 仅允许泄漏，阀体损坏应判为不合格。

7.2.2 验收检验

对生产批或装运批进行验收时，抽样应按GB/T 2828.1的规定进行，采用合格质量水平(AQL)2.5和特殊检验水平S-4。

对7.3规定的检验项目，样本应按GB/T 2828.1的规定随机抽取。

如果检验中发现的不合格数不大于GB/T 2828.1中规定的合格判定数，则判定该装运批或生产批符合本标准的规定。

对除7.3以外的其他检验项目，样本应按表2的规定随机抽取。如果检验中发现的不合格数不大于表2中规定的合格判定数，则判定该装运批或生产批符合本标准的规定。

7.3 阀体耐压性能

7.3.1 一般要求

试验中，水动阀应处于打开状态，水应能进入正常工作水压条件下所能到达的水动阀所有零部件。

水动阀内部流道的打开方式如下：

a) 对单侧水动常开(N.O.)水动阀，在驱动机构保持不动和出口关闭的情况下，向进口施加压力使水动阀内的流道打开。

b) 对单侧水动常闭(N.C.)水动阀，在驱动机构保持不动和进口关闭的情况下，向出口施加压力使水动阀内的流道打开。

c) 对双侧水动逆流打开的水动阀，在保持进口关闭的情况下，向出口和开启室内施加压力使水动阀内的流道打开。

d) 对双侧水动顺流打开的水动阀，在保持出口关闭的情况下，向进口和开启室内施加压力使水动阀内的流道打开。

7.3.2 金属阀体

将水动阀按7.3.1的规定打开，将压力逐渐加大到制造厂声明的公称压力的1.6倍。保持该压力5 min。

水动阀应不出现泄漏现象。

7.3.3 注塑阀体

用塑料制造的阀体的耐压性能试验应按 7.4 和 GB/T 18689—2002 附录 A 中的 A.1.1 和 A.1.2 进行。

7.4 启动室耐压性能

在保持进口和出口都打开的情况下，向水动阀启动室内施加压力。将压力逐渐加大到最大启动压力的 1.6 倍，并保持该压力 1 min。对双侧水动水动阀，分别在开启室和关闭室各施加压力一次。

启动室应无泄漏和损坏现象，驱动机构应无损坏或变形。

7.5 阀座密封性

7.5.1 高压密封性

各种类型的水动阀都应在出口打开与大气相通的状态下，按 7.5.1.1～7.5.1.3 的规定进行密封性试验，并应符合 7.5.1.4 规定的技术要求。

7.5.1.1 单侧水动常开(N.O.)水动阀和双侧水动逆流关闭水动阀

向水动阀进口和关闭室施加相等的水压。将压力逐渐从最小工作压力加大到公称压力的 1.6 倍。对金属驱动机构，保持该压力 5 min；对塑料驱动机构，保持该压力 1 h。

7.5.1.2 单侧水动常闭(N.C.)水动阀

向水动阀进口施加水压，并按 7.5.1.1 规定逐渐加大压力。

7.5.1.3 双侧水动逆流开启水动阀

向关闭室持续施加等于公称压力 0.5 倍的压力(但不低于最小工作压力)，使水动阀关闭。向水动阀进口施加压力，分 5 个相等的级差逐渐将压力从零加大到公称压力的 1.6 倍。对金属驱动机构，每个压力点保压 1 min；对塑料驱动机构，每个压力点保压 10 min。

7.5.1.4 技术要求

水动阀关闭后，出口的泄漏量每 25 mm 水动阀公称直径应不大于 500 mL/h。

7.5.2 低于最小工作压力时的密封性

完成 7.5.1 规定的试验后，将水动阀进口和启动室内的压力降低到最小工作压力的 0.7 倍。对金属驱动机构，保持该压力 1 min；对塑料驱动机构，保持该压力 10 min。

水动阀关闭后，出口应不出现泄漏现象。

7.6 水动阀的关闭

利用控制阀将水动阀关闭。在水动阀进口压力等于公称压力和 0.3 倍公称压力(但不小于最小工作压力)的条件下各关闭一次。测量从驱动机构关闭流道到完全密封所需的关闭时间。

在任何情况下的关闭时间 t，单位为分钟(min)，均不应大于按下式计算出的数值：

$$t = 0.2\sqrt{d} - 0.5$$

式中：

d——水动阀的公称尺寸，单位为毫米(mm)。

7.7 水动阀的开启

7.7.1 单侧或双侧水动逆流关闭常开(N.O.)水动阀

向水动阀进口施加等于最小启动压力 0.5 倍的压力。将压力加大到能使水动阀完全打开的最小压力。该压力相对于制造厂声明的最小启动压力的偏差应不大于±15%。

7.7.2 单侧水动常闭(N.C.)水动阀和双侧水动逆流开启水动阀

向水动阀进口和开启室施加 0.1 倍公称压力(但不少于最小工作压力)的压力。

水动阀应能完全打开。

使水以 0.5 m/s～3 m/s(按 3.17 定义计算)的试验流速流经水动阀。

试验中，水动阀应始终保持打开状态。

7.8 压力损失

该试验按 GB/T 18688 进行。

测出的各个流量下的压力损失应不大于制造厂声明的相同流量下的压力损失。

8 耐久性

按制造厂说明将水动阀与适宜的水源相连，使水动阀运行 10 000 个循环，每个循环应包含下列步骤：

a) 按水动阀的类型和结构将其关闭。

b) 使水动阀保持关闭状态一段时间。该段时间的单位为秒(s)，数值等于以毫米(mm)计的阀的公称尺寸的 1/5。然后，在水动阀进口施加公称压力。

在已关闭的水动阀进口施加压力时，按水动阀的类型，其关闭室内应存在下述压力：

——单侧水动常开(N.O.)水动阀：公称压力；

——单侧水动常闭(N.C.)水动阀：大气压；

——双侧水动水动阀：关闭室内为大气压，开启室内为公称压力。

c) 将水动阀完全打开，并使水流通过一段时间。该段时间的单位为秒(s)，数值等于以毫米(mm)计的阀的公称尺寸的 1/5。

水动阀处于打开状态时，按水动阀的类型，其关闭室内应存在下述压力：

——单侧水动常开(N.O.)水动阀：公称压力；

——单侧水动常闭(N.C.)水动阀：大气压；

——双侧水动水动阀：关闭室为大气压；开启室为公称压力。

该试验先使水动阀在常温下运行 9 500 个循环，然后再采用 50℃±3℃ 的水运行 500 个循环。

耐久性试验结束后，重复 7.5 规定的试验。

水动阀应符合 7.5 规定的所有技术要求。

9 制造厂应提供的资料

制造厂应提供 9.1 规定的一般资料和 9.2 规定的运行资料。

9.1 一般资料

a) 制造厂名称和地址；

b) 按第 4 章对水动阀的分类；

c) 安装使用说明书；

d) 水动阀对农用肥料和化学物的耐腐蚀性资料。

9.2 运行资料

a) 公称压力，单位为千帕(kPa)；

b) 最小工作压力，单位为千帕(kPa)；

c) 最小和最大启动压力(当启动室由外部压力水源启动时)；

d) 压力损失(见 7.8)；

e) 使用限制条件(如水质等)；

f) 推荐的流量范围；

g) 技术参数，建议制造厂按表 3 和表 4 的形式提供技术参数。

表 3　压力损失

流量/(m^3/s)	压力损失/kPa

表 4　开启与关闭时间

压力/kPa	开启时间/min	关闭时间/min

ICS 65.060.35
B 91

中华人民共和国国家标准

GB/T 19794—2005

农业灌溉设备 定量阀 技术要求和试验方法

Agricultural irrigation equipment—Volumetric valves—General requirements and test methods

(ISO 7714:1995,MOD)

2005-06-08 发布 2005-12-01 实施

中华人民共和国国家质量监督检验检疫总局
中国国家标准化管理委员会 发布

前　言

本标准修改采用ISO 7714:1995《农业灌溉设备　定量阀　技术要求和试验方法》(英文版)。

本标准根据ISO 7714:1995重新起草。

考虑到我国国情,本标准采用ISO 7714:1995时,进行了如下修改:

——引用了采用国际标准的我国标准,但所引用的部分我国标准并非等同采用国际标准。

该技术性差异已用垂直单线标识在它们所涉及的条款的页边空白处。

为便于使用,本标准还对ISO 7714:1995做了下列编辑性修改:

——"本国际标准"一词改为"本标准";

——用小数点"."代替作为小数点的逗号",";

——删除ISO 7714:1995的前言。

本标准由中国机械工业联合会提出。

本标准由全国农业机械标准化技术委员会归口。

本标准起草单位:中国农业机械化科学研究院。

本标准主要起草人:兰才有、仪修堂、薛桂宁。

农业灌溉设备　定量阀
技术要求和试验方法

1　范围

本标准规定了定量阀的技术要求和试验方法。该定量阀可在各种流量下，计量流经它的温度不超过50℃水的水量，并在达到预置的灌溉水量后自动关闭。

本标准适用于仅由管路内的有压水流驱动，无需任何其他外部能源的定量阀。

2　规范性引用文件

下列文件中的条款通过本标准的引用而成为本标准的条款。凡是注日期的引用文件，其随后所有的修改单(不包括勘误的内容)或修订版均不适用于本标准，然而，鼓励根据本标准达成协议的各方研究是否可使用这些文件的最新版本。凡是不注日期的引用文件，其最新版本适用于本标准。

GB/T 778.1—1996　冷水水表　第1部分：规范 (eqv ISO 4064-1:1993)

GB/T 778.3—1996　冷水水表　第3部分：试验方法和试验设备(idt ISO 4064-3:1983)

GB/T 2828.1　计数抽样检验程序　第1部分：按接收质量限(AQL)检索的逐批检验抽样计划(GB/T 2828.1—2003,ISO 2859-1:1999,IDT)

GB/T 7306.1　55°密封管螺纹　第1部分：圆柱内螺纹与圆锥外螺纹(GB/T 7306.1—2000, eqv ISO 7-1:1994)

GB/T 9113～GB/T 9124　钢制管法兰

GB/T 17241.1～17241.7　铸铁管法兰

GB/T 18688　农业灌溉设备　灌溉阀的压力损失　试验方法(GB/T 18688—2002,idt ISO 9644:1993)

3　术语和定义

下列术语和定义适用于本标准。

3.1

定量阀　volumetric valve

在各种流量下，计量流经的水量并在达到预置水量后自动关闭的农用灌溉阀。

3.2

顺次定量阀　serial volumetric valve

定量阀灌溉系统中能顺次运行的定量阀。

3.2.1

二通顺次定量阀　two-way serial volumetric valve

并联在定量阀灌溉系统中，有一个进口和一个出口的定量阀。该阀在预置的开启位置时借助水力信号开启，达到预置的水量后关闭，并能把水力信号传递给系统中的下一个定量阀，使其运行。

3.2.2

三通顺次定量阀　three-way serial volumetric valve

有一个进口和两个常开出口(进口压力为大气压时)的定量阀。第一个出口流过预置的水量后自动关闭，继而第二个出口自动开启，剩余水量流经第二个出口后，将水力信号传递给灌溉系统中的下一个定量阀。

注：系统中第一个定量阀进口的开启和关闭可以是手动，也可以是自动。

3.3

非顺次定量阀 non-serial volumetric valve

独立而不能顺次运行的定量阀。

3.4

最大流量 maximum flowrate

q_{max}

定量阀不出现性能下降的最大容许流量。

3.5

公称流量 nominal flowrtate

q_{nom}

制造厂声明的可保证定量阀在正常工作条件下运行约 2 000 h 的流量范围内的适宜流量。

注：该流量表示定量阀的过流能力，并用作定量阀的标记。

3.6

最小流量 minimum flowrate

q_{min}

正常工作条件下能保证定量阀在最大误差范围内运行的最小流量。

3.7

流量范围 range of flowrates

最小流量 q_{min} 和最大流量 q_{max} 之间的流量范围。

3.8

公称压力 nominal pressure

制造厂推荐的在正常工作条件下运行时紧靠定量阀上游的最大压力。

3.9

最小工作压力 minimum working pressure

定量阀运行所需的紧靠其上游的最低压力。

3.10

工作压力范围 range of working pressures

最小工作压力和公称压力之间的压力范围。

4 分类

定量阀按 4.1 和 4.2 两种方法分类。

4.1 按累加计数器的精度分

第 1 类：定量阀有带累加计数器的控制机构，其精度符合 GB/T 778.1—1996 中对水表的精度要求；

第 2 类：定量阀有带累加计数器的控制机构，但其精度低于 GB/T 778.1—1996 中对水表的精度要求；

第 3 类：定量阀有控制机构，但不带累加计数器。

4.2 按定量阀系统的运行方式分

4.1 类：非顺次定量阀；

4.2 类：顺次定量阀；

4.2.1 类：二通顺次定量阀；

4.2.2 类：三通顺次定量阀。

5 标志

每个定量阀都应具有包含下列内容的清晰耐久标志：

a) 制造厂名称或其注册商标；

b) 公称流量 q_{nom}；

c) 编号；

d) 指示水流方向的箭头；

e) 指示控制装置调节方向的箭头(必要时)；

f) 公称压力；

g) 对 4.2 类定量阀，应有标明顺次运行连接点的标志，在制造厂产品样本中还应说明标志的含义。

6 技术要求

6.1 一般要求

6.1.1 同一制造厂生产的相同规格型号的定量阀零部件应能互换，以便于拆卸、维护和维修。

如果用户提出要求，制造厂应提供定量阀对农用化学物适用性和定量阀在不符合 7.1 规定的水中运行的适应性资料。

正常工作条件下暴露于紫外线中的定量阀塑料件应含有改善抗紫外线性能的添加剂。形成流道的定量阀塑料件应不透光，或采用其他方式(例如加密封罩)以阻挡光线进入流道。

定量阀的水量控制机构应允许手动操作，以便在任何时刻都可采取某些措施(例如将装置设在零位)切断水流。

6.1.2 特殊型号的定量阀停止生产后，制造厂应保证在 5 年内提供配件。

6.2 流量和接口尺寸

定量阀的公称流量和接口尺寸应符合表 1 的规定。

表 1 流量和接口尺寸

公称流量/(m^3/h)	螺纹规格[a]	法兰公称直径[b]/mm
1.5	3/4″	—
3	3/4″	—
5	1″	—
12	1½″	—
25	2″	50
40	3″	80
60	4″	100
150	—	150
250	—	200
400	—	250
600	—	300

a 符合 GB/T 7306.1 的规定。

b 符合 GB/T 9113～GB/T 9124 和 GB/T 17241.1～17241.7 的规定。

6.3 接口螺纹和法兰

直接与管路连接的带螺纹接口的定量阀，其螺纹应符合 GB/T 7306.1。如果采用中间接头与管路连接，则定量阀接口可采用其他螺纹，但该中间接头与管路连接的螺纹应符合 GB/T 7306.1。

带螺纹接口的定量阀阀体上应具有扳手平面或其他结构，以防止安装或拆卸时定量阀转动。如有必要，制造厂应提供专用工具。

直接与管路连接的带法兰接口的定量阀，其法兰应符合 GB/T 9113～GB/T 9124 和 GB/T 17241.1～17241.7。

7 机械性能、功能特性和精度试验

7.1 一般要求

试验用水不应含有不能通过 200 目滤网的固体颗粒，且非溶性固体颗粒的含量不应超过 2 g/L。

试验用水的温度应为 25℃±5℃，另有规定的试验项目除外；水压应在定量阀的最小工作压力和公称压力之间。

7.2 测量装置的精度

除特殊要求外，各种测量仪器的测量值相对于真值的偏差应符合下述规定：

流量：±2%；

压力差和压力：±2%；

温度：±2%；

体积：±2%。

7.3 抽样和验收规则

7.3.1 型式检验

样本应由检测部门从批量不少于 20 个的定量阀中随机抽取。各检验项目所需的样本大小应符合表 2 的规定。

如果样本中的不合格数等于或小于表 2 中规定的合格判定数，则判定该批样本符合本标准的规定；如果样本中的不合格数大于合格判定数，则判定该批样本不符合本标准的规定。

表 2 样本大小和合格判定数

条款号	检验项目	样本大小	合格判定数
7.4	定量阀耐压	5	1[a]
7.5	手动开启和关闭	5	1
7.6	精度	3	0
7.7	压力损失	2	0
7.8	耐久性	2	0

a 仅允许泄漏。阀体损坏或定量阀不能正常工作应判为不合格。

7.3.2 验收检验

对生产批或装运批进行验收时，抽样应按 GB/T 2828.1 的规定进行，采用合格质量水平(AQL)2.5 和特殊检验水平 S-4。

对 7.4 规定的检验项目，样本应按 GB/T 2828.1 的规定随机抽取。如果检验中发现的不合格数不大于 GB/T 2828.1 规定的合格判定数，则判定该生产批或装运批符合本标准的规定。

对于其他检验项目，样本应按表 2 的规定随机抽取。如果检验中发现的不合格数不大于表 2 规定的合格判定数，则判断该生产批或装运批符合本标准的规定。

如果同一型号的定量阀已经进行了 7.3.1 规定的型式检验，并且型式检验后制造厂没有改变定量阀的结构，在验收检验中可以不进行7.8规定的耐久性试验。

7.4 定量阀耐压试验

7.4.1 一般要求

7.4.2和7.4.3规定的试验，应在定量阀进口开启、出口关闭和进口关闭、出口开启的状态下各进行一次。

7.4.2 金属定量阀

7.4.2.1 向定量阀进口施加水压，并将压力逐渐加大到制造厂声明的公称压力的1.6倍。保持该压力1 min。

7.4.2.2 阀体、接头及出口应无泄漏迹象。

允许控制信号进口有轻微泄漏，但泄漏量应不大于每5 s一滴。

定量阀应能承受该压力而不损坏或变形。

7.4.3 塑料定量阀

塑料定量阀应按7.4.2的规定进行试验。

注：塑料定量阀耐压试验方法和技术要求正在研究，以后将增加这部分内容。

7.5 手动开启和关闭试验

7.5.1 预先处理

使温度为50℃～55℃的水以公称流量一半的流量流经定量阀24 h，然后进行7.5.2、7.5.3或7.5.4规定的试验。

7.5.2 非顺次定量阀(4.1类)试验

7.5.2.1 在定量阀进口压力为最小工作压力下，利用设定装置开启定量阀，等待定量阀完全开启，然后将设定装置返回到关闭位置，并确认定量阀已经关闭。

在定量阀进口压力为公称压力下，重复上述试验过程。

该系列试验共进行3次。

7.5.2.2 3次试验中，定量阀都应正常开启和关闭。

7.5.3 二通顺次定量阀(4.2.1类)试验

7.5.3.1 基本试验

7.5.3.1.1 将设定装置调整到开启位置，在定量阀进口施加等于最小工作压力的压力。在开启信号接收口也施加等于最小工作压力的压力。

等待定量阀完全打开后，将设定装置返回到关闭位置，并确认定量阀已经关闭。

在定量阀进口压力为公称压力下，重复上述试验过程。

该系列试验共进行3次。

7.5.3.1.2 3次试验中，定量阀都应正常开启和关闭。

7.5.3.2 顺次运行

对利用控制管传递水力信号而顺次运行的定量阀，除了应符合7.5.3.1规定外，还应符合下述规定：当定量阀出口打开时，向顺次连接的下一个定量阀传递水力信号的通道应关闭。当定量阀出口关闭时，传递水力信号的通道应开启，使水流通过。

7.5.4 三通顺次定量阀(4.2.2类)试验

7.5.4.1 将设定装置调整到开启位置。在定量阀进口施加等于最小工作压力的压力。

水应流经第一个出口，而第二个出口应保持关闭状态。

7.5.4.2 将设定装置调整到关闭位置。

定量阀的第一个出口应关闭并封严，而第二个出口应打开与大气相通。

7.5.4.3 将定量阀进口压力降至大气压。

定量阀的第二个出口应关闭，而第一个出口应打开与大气相通。

7.5.4.4 在压力为定量阀的公称压力下，重复上述试验过程。该系列试验共进行3次。

3次试验中，定量阀均应正常开启和关闭。

7.6 精度试验

7.6.1 一般要求

该试验根据定量阀的类型进行。带累加计数器的定量阀（第1类和第2类）进行下列两种精度试验：

a) 计数精度；

b) 计量精度。

不带累加计数器的定量阀（第3类）只进行计量精度试验。

用按7.5规定进行过试验并符合要求的定量阀进行精度试验。

7.6.2 第1类和第2类定量阀试验

7.6.2.1 计数精度

7.6.2.1.1 第1类定量阀

按GB/T 778.3—1996中第5章规定的方法测定计数精度。

计数误差应不大于GB/T 778.1—1996中5.1的规定。

7.6.2.1.2 第2类定量阀

按GB/T 778.3—1996中第5章规定的方法测定计数误差。

计数误差应不大于±4%。

7.6.2.2 计量精度

7.6.2.2.1 将定量阀的水量计量值调整到最大刻度值的50%，使流经定量阀的流量为公称流量 q_{nom}。然后将定量阀的水量计量值调整到最大刻度值的20%，使流经定量阀的流量为最小流量 q_{min}。将控制机构设置的水量与定量阀自动关闭时累加计数器显示的水量进行对比，并计算误差。

7.6.2.2.2 最大误差应不大于定量阀最大刻度值的2%。

7.6.3 第3类定量阀试验

7.6.3.1 使定量阀分别流经公称流量和最小流量。用测量准确度为±2%的适当装置测量定量阀自动关闭时流经它的水量。将测得的水量与控制机构设定的水量进行对比，并计算误差。

7.6.3.2 计算出的误差应不大于定量阀最大刻度值的2%与设定水量的4%之和。

7.7 压力损失试验

7.7.1 按GB/T 18688规定的方法测量定量阀的压力损失。试验至少在最小流量、公称流量和最大流量3种流量下进行。

对三通顺次定量阀（4.2.2类），应分别测量进口与两个出口之间的压力损失。

7.7.2 测得的压力损失应不大于制造厂的明示值。

7.8 耐久性试验

7.8.1 计量机构耐久性

7.8.1.1 使定量阀在流量为公称流量且进口压力为300 kPa的状态下运行2 000 h。定期把水量设定到最大刻度值。

做该试验时，允许拆掉关闭机构的控制机构。拆掉关闭机构的控制机构的工作由制造厂完成，或按制造厂说明书的规定进行。

上述试验完成后，对第1类和第2类定量阀，重复7.6.2规定的试验；对第3类定量阀，重复7.6.3规定的试验。

7.8.1.2 对同一个定量阀，耐久性试验后的误差应不大于耐久性试验前的误差的1.5倍。

7.8.2 运行机构耐久性

7.8.2.1 使运行机构进行10 000个动作循环。

每个循环应包括下述步骤：

a) 将运行机构设定到开启位置。对4.2.1类定量阀，在接受开启信号的进口施加和定量阀进口压力相等的压力；

b) 等待定量阀完全打开，水流稳定地通过；

c) 保持运行机构处于开启位置5 s；

d) 将运行机构返回到关闭位置；

e) 等待定量阀完全关闭；

f) 施加等于公称压力的压力，同时保持运行机构处于关闭位置5 s。

上述试验结束后，在关闭位置对定量阀进行耐压试验（见7.4）以及手动开启和关闭试验（见7.5）。

7.8.2.2 定量阀应能顺利通过这两项试验。

7.9 水锤试验

注：水锤试验的试验方法和技术要求正在研究中，以后将补充这部分内容。

8 制造厂应提供的资料

每个定量阀制造厂至少应提供8.1～8.3中规定的资料。

8.1 一般资料

a) 制造厂名称和地址；

b) 安装说明书；

c) 顺次定量阀（4.2类）的连接和操作说明书。

8.2 运行资料

a) 公称压力，单位为千帕(kPa)；

b) 最小工作压力，单位为千帕(kPa)；

c) 最大流量，单位为升每分钟或立方米每小时(L/min或m^3/h)；

d) 公称流量，单位为升每分钟或立方米每小时(L/min或m^3/h)；

e) 最小流量，单位为升每分钟或立方米每小时(L/min或m^3/h)；

f) 压力损失曲线，对4.2.2类定量阀，应给出进口与每个出口之间的压力损失曲线；

g) 精度(根据定量阀的类型)；

h) 定量阀按第4章的分类。

8.3 维护和备件

a) 各项维护周期的建议；

b) 各种备件更换周期的建议。

另按6.1.2规定。

ICS 65.060.35
B 91

中华人民共和国国家标准

GB/T 19795.1—2005

农业灌溉设备　旋转式喷头
第1部分：结构和运行要求

Agricultural irrigation equipment—Rotating sprinklers—
Part 1: Design and operational requirements

(ISO 7749-1:1995, MOD)

2005-06-08 发布　　2005-12-01 实施

中华人民共和国国家质量监督检验检疫总局
中国国家标准化管理委员会　发布

前　言

GB/T 19795《农业灌溉设备　旋转式喷头》分为以下两个部分：

——第1部分：结构和运行要求；

——第2部分：水量分布均匀性和试验方法。

本部分是GB/T 19795《农业灌溉设备　旋转式喷头》的第1部分。本部分修改采用ISO 7749-1：1995《农业灌溉设备　旋转式喷头　第1部分：结构和运行要求》(英文版)。

本部分根据ISO 7749-1：1995重新起草。

考虑到我国国情，本部分在采用ISO 7749-1：1995时，进行了如下修改：

——引用了采用国际标准的我国标准，但所引用的部分我国标准并非等同采用国际标准；

——将ISO 7749-1：1995的6.5.1.2中规定的密封性要求，按更合理的公称流量等级进行了细分。

这些技术性差异已用垂直单线标识在它们所涉及的条款的页边空白处。

为便于使用，本部分还对ISO 7749-1：1995做了下列编辑性修改：

——"ISO 7749的本部分"一词改为"本部分"；

——用小数点"."代替作为小数点的逗号"，"；

——删除ISO 7749-1：1995的前言。

本部分的附录A为规范性附录。

本部分由中国机械工业联合会提出。

本部分由全国农业机械标准化技术委员会归口。

本部分起草单位：中国农业机械化科学研究院。

本部分主要起草人：兰才有、张咸胜、仪修堂、薛桂宁。

农业灌溉设备　旋转式喷头
第1部分:结构和运行要求

1　范围

本部分规定了农业灌溉用旋转式喷头(以下简称喷头)及其喷嘴的结构、运行要求和试验方法。

本部分适用于各种类型的灌溉用旋转式喷头。

2　规范性引用文件

下列文件中的条款通过GB/T 19795的本部分的引用而成为本部分的条款。凡是注日期的引用文件,其随后所有的修改单(不包括勘误的内容)或修订版均不适用于本部分,然而,鼓励根据本部分达成协议的各方研究是否可使用这些文件的最新版本。凡是不注日期的引用文件,其最新版本适用于本部分。

GB/T 2828.1　计数抽样检验程序　第1部分:按接收质量限(AQL)检索的逐批检验抽样计划(GB/T 2828.1—2003,ISO 2859-1:1999,IDT)

GB/T 7306.1　55°密封管螺纹　第1部分:圆柱内螺纹与圆锥外螺纹(GB/T 7306.1—2000,eqv ISO 7-1:1994)

GB/T 19795.2—2005　农业灌溉设备　旋转式喷头　第2部分:水量分布均匀性和试验方法(ISO 7749-2:1990,MOD)

ISO 3951:1989　不合格品率计量抽样程序及图表

3　术语和定义

下列术语和定义适用于本部分。

3.1

旋转式喷头　rotating sprinkler

绕其铅垂轴旋转并将水洒布在圆形或扇形面积上的装置。

3.2

喷嘴　nozzle

喷头流道末端,转换能量喷出水流的零件。

注:一个喷头可以配一个或若干个圆柱形或其他形状的喷嘴。这意味着喷头可能是单喷嘴,也可能是多喷嘴组合。

3.3

喷嘴当量直径　equivalent nozzle diameter

根据喷嘴压力和流量计算出的喷嘴理论出口直径。

注:喷嘴当量直径按附录A的规定计算。

3.4

最小工作压力　minimum working pressure

P_{min}

制造厂明示的最低工作压力。测压点位于喷头接口下部,比主喷嘴至少低200 mm,但压力表应和主喷嘴在同一高程(见图1)。

3.5

最大工作压力　maximum working pressure

P_{max}

制造厂明示的最高工作压力。测压点位于喷头接口下部，比主喷嘴至少低 200 mm，但压力表应和主喷嘴在同一高程（见图 1）。

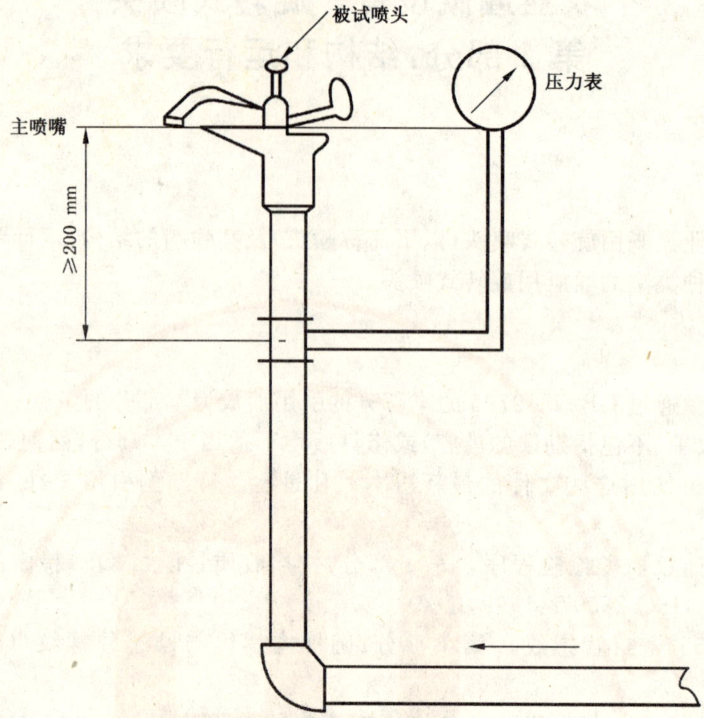

图 1　测量喷头压力时的压力表位置

3.6

工作压力范围　range of working pressure

制造厂明示的最小工作压力 P_{min} 和最大工作压力 P_{max} 之间的压力范围。喷头可在该压力范围内正常运行（见图 2）。

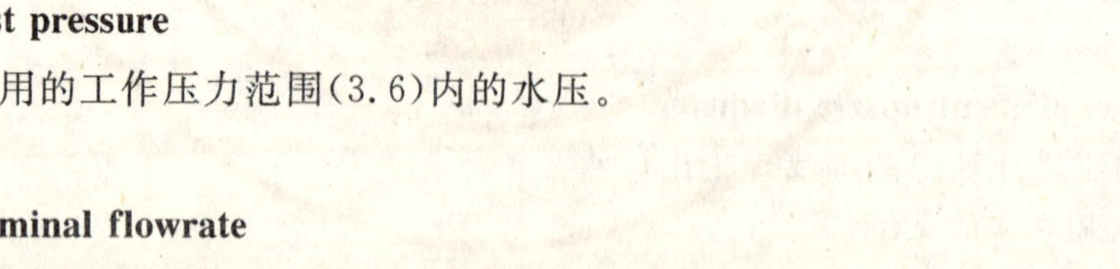

图 2　工作压力范围

3.7

试验压力　test pressure

喷头试验时采用的工作压力范围（3.6）内的水压。

3.8

公称流量　nominal flowrate

在常温和制造厂技术性能表中明示的试验压力下，喷头配特定喷嘴，单位时间内喷洒出的水量。

3.9

射程　radius of throw

正常旋转情况下，喷头中心线距测出的灌水强度为某一数值的那个点的距离。对流量大于 0.075 m^3/h 的喷头，该点的灌水强度为 0.25 mm/h；对流量等于或小于 0.075 m^3/h 的喷头，该点的灌水强度为 0.13 mm/h。对换向喷头，应在除最大极限角度以外的其他任何角度上测量。

注：各个数值都应是在喷头连续运行的条件下测出的。

3.10

有效喷洒直径　effective diameter of coverage

射程(3.9)的2倍。

3.11

喷射高度　trajectory height

喷头在试验压力下运行时，喷出的水束相对于喷嘴的最大高度。

3.12

喷射仰角　trajectory angle

喷头在试验压力下运行时，喷嘴出口水束与水平面之间的夹角。

3.13

常用喷射仰角　normal trajectory angle

大于等于20°的喷射仰角。

3.14

低喷射仰角　low trajectory angle

小于20°的喷射仰角。

3.15

喷头间距　sprinkler spacings

灌溉支管上各喷头之间的距离以及各灌溉支管之间的距离。

3.16

水量分布均匀系数　coefficient of distribution uniformity

CDU

给定压力和间距条件下灌水强度、灌水深度或灌水量的均匀度，用百分数表示。

注：*CDU* 按 GB/T 19795.2—2005《农业灌溉设备　旋转式喷头　第2部分：水量分布均匀性和试验方法》中规定的克里斯琴森法确定。

3.17

风速　wind speed

喷头有效喷洒直径和水量分布均匀性试验期间，试验场内的平均风速。

注：计算方法按 GB/T 19795.2—2005《农业灌溉设备　旋转式喷头　第2部分：水量分布均匀性和试验方法》中的规定。

3.18

灌溉支管(灌溉毛管)　irrigation lateral

在其上直接或借助接头、立管或管子安装灌水器(喷头、微喷头、滴头等)的供水管道。

3.19

水量分布曲线　water distribution curve

沿喷洒半径布置的雨量筒内测出的灌水强度曲线，它是喷头与雨量筒之间距离的函数。

3.20

换向喷头　part-circle sprinkler

用于灌溉扇形面积的旋转式喷头。该喷头带或不带调节后用于灌溉全圆面积的辅助机构。

3.21

埋藏式喷头　pop-up sprinkler

喷头不运行时喷嘴位于地平面以下的灌溉喷头。

注：该喷头承压时，装有喷嘴的部件上升，喷嘴升至地平面以上进行灌水；失压时，装有喷嘴的部件返回到原始位置。

3.22

雨量筒　collector

射程试验中，用于收集喷头喷出的水的容器。

3.23

常温　ambient temperature

15℃～30℃范围内的环境温度。

4　一般要求

4.1　材料

喷头应采用金属或塑料制造。金属喷头的材料应是铜合金或其他金属，当用于灌溉水时，后者的机械性能和耐腐蚀性能应不低于铜合金。

与水接触或暴露于阳光中的喷头塑料件应不透光。暴露于紫外线中的喷头塑料件应含有改善抗紫外线性能的添加剂。

如用户提出要求，制造厂应提供喷头对农用化学物适应性方面的资料。

4.2　结构和工艺

4.2.1　同一制造厂生产的相同型号的喷头零部件(包括喷嘴)应能互换。

如果喷头的某些零部件是可更换的，其结构应保证使用标准工具即可更换；如果需要专用工具，制造厂应能提供。

4.2.2　喷头应采用螺纹或能够确保连接强度的其他方式与立管连接。

采用螺纹(见 4.3)与管道或立管连接的喷头应具有扳手平面或其他可用标准开口或活动扳手拧紧的结构。与立管的连接件为塑料的喷头，可以采用其他结构(凸台、凹槽等)，以便于用手拆装。

4.2.3　可更换型喷嘴与喷头之间的连接，应采用螺纹、插入式或在现场能快捷有效更换的其他方式。

4.3　接口螺纹

对采用螺纹直接与管道或立管连接的喷头，其接口螺纹应符合 GB/T 7306.1。如果采用中间接头与管道连接，则喷头接口可以采用其他螺纹，但该中间接头与管道连接的螺纹应符合 GB/T 7306.1。

4.4　性能要求

下列性能要求适用于配带一个或多个喷嘴的喷头。

4.4.1　工作压力

喷头应能在最小工作压力 P_{min} 和最大工作压力 P_{max} 之间的工作压力范围内，沿设计方向连续稳定旋转。

4.4.2　驱动机构

喷头驱动机构在立管相对于铅垂轴倾斜不大于10°情况下的运行状况应符合 7.6 的规定。

5　通用试验条件

5.1　抽样和验收检验

5.1.1　型式检验

样本应由检测部门从批量不少于 20 个的喷头中随机抽取。各检验项目所需的样本大小应符合表 1 的规定。

如果样本中的不合格数不大于表 1 中的合格判定数，则判定该批样本符合本部分的规定；如果样本中的不合格数大于合格判定数，则判定该批样本不符合本部分的规定。

5.1.2　验收检验

对生产批或装运批进行验收时，抽样应按 GB/T 2828.1 的规定进行，采用合格质量水平(AQL)2.5

和特殊检验水平 S-4。

对 6.3 规定的检验项目，样本应按 GB/T 2828.1 随机抽取。

如果检验中发现的不合格数不大于 GB/T 2828.1 中规定的合格判定数，则判定该生产批或装运批符合本部分的规定。

表 1　样本大小和合格判定数

章条号	检验项目	样本大小	合格判定数
4	一般要求		
4.1	材料	3	0
4.2	结构和工艺	3	0
4.3	接口螺纹	3	0
4.4	性能要求	3	0
6	强度试验		
6.1	结构和零部件	3	0
6.2	接口螺纹承载性能	3	0
6.3	常温耐压	3	0
6.4	高温耐压	3	0
6.5	密封性	3	0
7	运行试验		
7.1	旋转速度均匀性	3	0
7.2	流量一致性	a	a
7.3	水量分布特性	2	0
7.4	有效喷洒直径	2	0
7.5	喷射高度	2	0
7.6	工作压力范围	2	0
8	耐久性试验	2	0

a　样本大小和合格判定条件应符合 ISO 3951:1989 的规定。

对其他检验项目，样本应按表 1 的规定随机抽取。如果检验中发现的不合格数不大于表 1 中的合格判定数，则判定该生产批或装运批符合本部分的规定。

如果同一型号的喷头已经进行了型式检验，并且型式检验后制造厂没有改变喷头结构，则可不必进行 7.3 和第 8 章规定的试验。

制造厂应出示制造过程中没有改变喷头结构的证明，以避免进行型式检验。

5.2　测量仪器的精度

测量仪器的测量值相对于真值的允许偏差如下：

压力：±2%；

流量：±1%；

测量旋转速度的秒表的刻度为 0.1 s。

5.3 试验压力

确定制造厂明示的常用运行压力为喷头的试验压力。如果运行压力是一个范围,或缺少制造厂的明示,试验压力应按表2确定。

表2 试验压力

喷嘴当量直径[a]/mm	试验压力/kPa
$d<2$	200
$2\leqslant d\leqslant 7$	300
$7<d\leqslant 20$	400
$d>20$	500

a 喷嘴当量直径根据附录A计算。

5.4 试验液体

试验用水应采用制造厂推荐的田间正常条件下所需目数滤网的网式过滤器进行过滤;如果制造厂没有推荐,应采用网孔尺寸为0.4 mm的网式过滤器进行过滤。

除有特殊要求外,试验用水的温度应为常温。

6 强度试验

6.1 结构和零部件

将喷头解体,凭视觉观察其零部件。喷头的零部件应无气孔、裂纹、凸起等制造缺陷。

6.2 接口螺纹承载性能

6.2.1 与立管连接的接口螺纹

对金属喷头,符合GB/T 7306.1规定的不大于25 mm的接口螺纹,应能承受50 N·m的扭矩而不出现损坏迹象;大于25 mm的接口螺纹,应能承受100 N·m的扭矩而不出现损坏迹象。

6.2.2 喷嘴接口螺纹

喷嘴接口螺纹应能承受5 N·m的扭矩而不出现任何损坏迹象。

6.3 常温耐压

6.3.1 按制造厂推荐的田间安装方式,将喷头与试验装置相连,并将喷嘴堵上,确保试验中各连接部位不出现泄漏。

确认系统中没有空气。从试验压力的1/4开始,以100 kPa的级差逐渐加大水压,每个压力点保压5 s。

对金属喷头,将水压加大到最大工作压力P_{max}的2倍,并在常温下保持该压力10 min。

对塑料喷头,将水压加大到最大工作压力P_{max}的2倍,并在常温下保持该压力1 h。

6.3.2 试验中,喷体不应出现损伤,喷体及其密封部位应无泄漏。

注:不包括6.5规定的旋转轴承处的泄漏。

6.4 高温耐压

6.4.1 按制造厂推荐的田间安装方式,将喷头与试验装置相连,并将喷嘴堵上。对所有连接部位进行密封,确保试验中不出现泄漏。

将喷头浸入60℃的水中,使喷头内充满水,并确认系统中没有空气。

将试验装置与压力水源相连,并在大约15 s内将水压从零加大到最大工作压力P_{max}。

保持最大工作压力的时间为:

——金属喷头1 h;

——塑料喷头24 h。

将喷头从热水容器中取出,并在其进口施加等于试验压力的压力。在技术可行的情况下,用手在

1 min内将喷头旋转两整圈，检查喷体及其连接部位的泄漏情况。

6.4.2 喷头及其零部件应能承受试验压力而不损坏，喷体及其连接部位不应出现泄漏，并且喷头不应与连接件脱开。

6.5 密封性

6.5.1 喷头密封性

6.5.1.1 该试验所用喷头应配装制造厂提供的喷嘴范围中的中号喷嘴。

按制造厂推荐的田间安装方式，将装有喷嘴的喷头与试验装置相连。

喷头先在试验压力(允许偏差为±10%)下运行 24 h，然后进行该密封性试验。

以 100 kPa 的级差，将喷头进口水压从 P_{min} 增加到 P_{max}。每个压力点保压 1 min。

试验过程中，采用适当方式收集从喷头旋转轴承处泄漏的水。

6.5.1.2 喷头的密封性应符合下述要求：

a) 对公称流量≤0.25 m^3/h 的喷头，旋转轴承处的泄漏量应不大于 0.005 m^3/h；

b) 对公称流量>0.25 m^3/h～5.0 m^3/h 的喷头，旋转轴承处的泄漏量应不大于试验压力下喷头流量的 2%；

c) 对公称流量>5.0 m^3/h～30 m^3/h 的喷头，旋转轴承处的泄漏量应不大于试验压力下喷头流量的 1%；

d) 对公称流量>30 m^3/h 的喷头，旋转轴承处的泄漏量应不大于试验压力下喷头流量的 0.5%。

与供水管道的螺纹连接处应无泄漏。

6.5.2 喷嘴接口密封性

6.5.2.1 堵住喷头的喷嘴，将喷头安装在试验装置上。用单位为牛顿米(N·m)，数值等于以毫米(mm)计的喷嘴当量直径的扭矩拧紧喷嘴接口螺纹；或按制造厂说明中的其他方式将喷嘴与喷头连接。除制造厂规定的正常安装时的密封方式外，不得再增加其他密封材料。

首先确认系统中没有空气，然后将水压从最小工作压力 P_{min} 逐步加大到最大工作压力 P_{max}。在常温下保持该压力 10 min。

6.5.2.2 喷嘴与喷头连接处的泄漏量应不大于喷头公称流量的 0.25%。

7 运行试验

应分别对每一种喷嘴或喷嘴组合单独进行试验。

运行试验中的压力变化应不大于±4%。

7.1 旋转速度均匀性

7.1.1 该试验适用于每旋转一圈所需时间大于 20 s 的喷头。

7.1.2 将喷头安装在铅直立管上，使其在试验压力下运行，分别测量每旋转 1/4 圈所需的时间。重复测量 5 圈。

计算每旋转 1/4 圈所需的平均时间以及相对于平均值的最大偏差率。

7.1.3 相对于平均值的极限偏差率应不大于±12%。

7.2 流量一致性

7.2.1 将一组样本中的喷头安装在立管或制造厂推荐的其他连接装置上，在试验压力下进行流量一致性试验。每个喷头分别与试验装置连接，测量在 5.3 规定的试验压力下的流量。

7.2.2 该组样本大小应符合 ISO 3951:1989 的规定，采用合格质量水平(AQL)2.5%，上下限规定如下：

a) 公称流量不大于 0.25 m^3/h 的喷头为 7%；

b） 公称流量大于 0.25 m^3/h 的喷头为 5%。

7.3 **水量分布特性**

水量分布特性试验按 GB/T 19795.2—2005《农业灌溉设备 旋转式喷头 第 2 部分：水量分布均匀性和试验方法》的规定进行。

保持喷头进口压力为试验压力，使喷头至少运行 1 h。

测量各个雨量筒内收集的水量。

按下式计算灌水强度：

$$h=\frac{V\times 10}{A}\times\frac{1}{t}$$

式中：

h——灌水强度，单位为毫米每小时(mm/h)；

V——各个雨量筒收集水的体积，单位为立方厘米(cm^3)；

A——雨量筒开口面积，单位为平方厘米(cm^2)；

t——试验时间，单位为小时(h)。

绘制测出的所有雨量筒的灌水强度与各雨量筒距喷头之间距离的关系曲线。

7.3.1 **所有喷头**

7.3.1.1 在无风条件下沿一条放射线进行试验(见 GB/T 19795.2—2005《农业灌溉设备 旋转式喷头 第 2 部分：水量分布均匀性和试验方法》)。绘制 3 个喷头的水量分布曲线，并计算平均水量分布曲线(见图 3)。

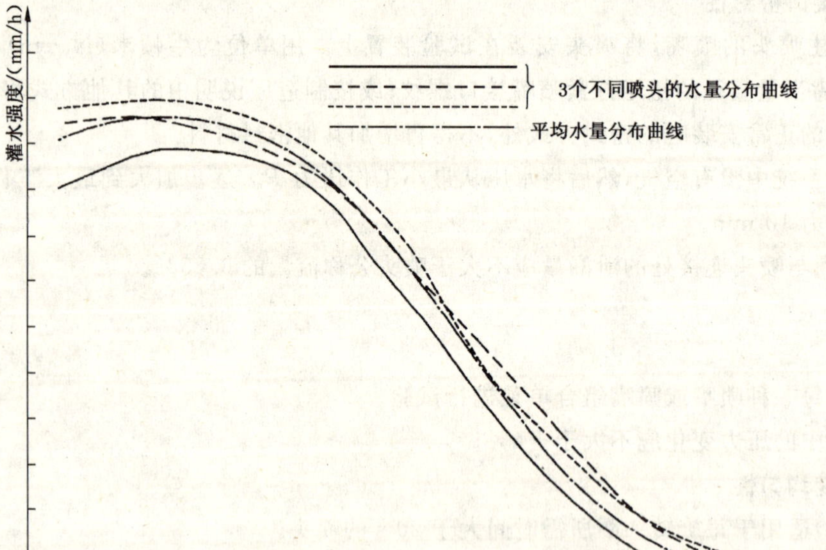

图 3 水量分布曲线

7.3.1.2 喷头应符合下述要求：

a） 被试喷头水量分布曲线上所有点的数值相对于平均水量分布曲线上对应点数值的偏差应不大于±0.25 mm/h 或±10%。

b） 平均水量分布曲线上所有点的数值相对于制造厂提供的水量分布曲线上对应点数值的偏差应不大于±0.25 mm/h 或±10%。

7.3.2 **流量大于 0.25 m^3/h 的喷头**

采用雨量筒方格网布置法或雨量筒放射线布置法(见 GB/T 19795.2—2005《农业灌溉设备 旋转

式喷头　第2部分:水量分布均匀性和试验方法》)对喷头进行水量分布均匀性试验。

按表3规定的试验条件进行水量分布均匀性试验。

表3　水量分布均匀性试验条件

风　速	压　力	喷头间距
最大0.9 m/s[a]	制造厂明示的工作压力范围内的起始、中间和末端3个为50 kPa整倍数的压力	制造厂推荐的3个相邻喷头间距
a　正常喷射仰角喷头可在最大2 m/s风速下,采用雨量筒方格网布置法进行试验,但制造厂应在其产品样本中注明试验时的风速。		

采用克里斯琴森(Christiansen)法(见GB/T 19795.2—2005《农业灌溉设备　旋转式喷头　第2部分:水量分布均匀性和试验方法》中的附录A)计算喷头的水量分布均匀系数(*CDU*)。

7.4　有效喷洒直径

7.4.1　在制造厂明示的试验压力下测量有效喷洒直径。按7.3的规定,采用雨量筒方格网布置法或雨量筒放射线布置法进行该试验。试验时的风速条件也应符合7.3的规定。

采用雨量筒方格网布置法进行试验时,雨量筒沿互成90°的4个方向布置(每个方向布置两排),计算4个方向的平均值作为有效喷洒直径。

采用雨量筒放射线布置法进行试验时,喷头沿其轴心线每旋转1/4圈(90°)测量一次,或把雨量筒放置在互成90°的4条半径上。如果试验在室内无风条件下进行,可采用一条半径,但应测量4次。计算4次测量结果的平均值作为有效喷洒直径。

测量有效喷洒直径(见3.9和3.10)。

7.4.2　有效喷洒直径相对于制造厂明示值的偏差应不大于±5%。

7.5　喷射高度(适用于低喷射仰角喷头)

7.5.1　分别测量喷头在试验压力、最小工作压力和最大工作压力下运行时的喷射高度。

7.5.2　喷射高度应不大于制造厂的明示值。

7.6　工作压力范围

7.6.1　试验前,先将喷头浸入60℃的水中1 h,然后在试验压力下运行10 min。按制造厂推荐的田间使用情况,将喷头安装在立管上。将水压从零加大到喷头开始沿一个方向稳定旋转的压力,并使喷头在该压力下运行2 min。逐渐将水压加大到最大工作压力P_{max},并使喷头在该压力下运行1 min。

使喷头相对于铅垂轴倾斜10°,重复上述试验。

7.6.2　喷头应能在最小和最大工作压力之间的整个压力范围内,沿设计方向连续稳定旋转。

8　耐久性试验

使喷头在最大工作压力P_{max}下,连续运行4 d~5 d,停止1 d~2 d,如此交替,直到累计运行2 000 h。

运行2 000 h后,按8.1~8.6的规定对喷头进行检查和试验。

8.1　6.1规定的结构和零部件检查。

8.2　6.3规定的耐压试验。

8.3　6.5.1规定的密封性试验,但允许泄漏量(6.5.1.2)加倍。

8.4　喷头在试验压力下的流量试验。喷头流量相对于耐久性试验前公称流量的偏差应不大于±8%。

8.5　7.1规定的旋转速度均匀性试验,但相对于平均值(7.1.3)的极限偏差应不大于±20%。

8.6　采用和耐久性试验前相同的试验条件,进行7.3规定的水量分布特性试验。允许偏差如下:

a)　对所有喷头,相对于制造厂提供的水量分布曲线的允许偏差为±20%。

b)　对公称流量大于0.25 m^3/h的喷头,水量分布均匀系数(*CDU*)相对于7.3.2规定的方法之一

计算出的 *CDU* 值的偏差应不超过－10%。

9 标志

9.1 喷头

每个喷头都应具有包含下列内容的清晰耐久标志：

a) 制造厂名称或其注册商标；

b) 样本识别代号；

c) 低喷射仰角喷头的喷射仰角；

d) 喷嘴位置(当其位置影响喷头运行时)。

9.2 喷嘴

每个喷嘴都应具有包含下列内容的清晰耐久标志：

a) 喷嘴当量直径，按附录 A 计算，精确到 0.1 mm ；

b) 喷嘴的正确位置(当其位置影响喷头运行时)；

制造厂应在产品样本中对喷嘴标志的含义做出解释。

注：可以用颜色作为喷嘴的识别标志，但制造厂应在产品样本中说明标志的含义。

10 制造厂应提供的资料

制造厂应以产品样本、说明书和技术参数表的形式，向购货方提供旋转式喷头的各种有用资料和各种标记的含义以及这些资料的公布日期。

10.1 一般资料和说明

制造厂应提供下述资料和说明：

a) 喷头在产品样本中的编号；

b) 喷头的接口螺纹尺寸及所连接管道的规格；

c) 喷头使用中的限制条件，如肥料、化学物、水质等；

d) 防止砂或其他固体颗粒磨损的辅件(如果有的话)；

e) 喷嘴正确安装位置的说明(当其影响喷头运行时)；

f) 备件清单及所用材料；

g) 如果用代码作标记，制造厂应在产品样本或性能表中解释所用代码的含义；

h) 能使购货方确定各种喷头和喷嘴组合的喷射仰角和喷射高度资料。

10.2 运行资料

制造厂应提供各种喷嘴或喷嘴组合的下列运行资料。这些资料应是按本部分的规定进行试验得出的结果。

a) 对公称流量大于 0.25 m^3/h 的喷头，根据用户要求，提供各种风速条件下的推荐喷头间距、喷嘴和工作压力组合的 *CDU* 值；

b) 所有喷头的水量分布曲线；

c) 试验压力；

d) 最小和最大工作压力；

e) 各种工作压力下的流量；

f) 各种工作压力下的有效喷洒直径；

g) 喷射仰角；

h) 低喷射仰角喷头在试验压力、P_{max} 和 P_{min} 下的喷射高度；

i) 安装、使用、维修及保管说明。

附 录 A
（规范性附录）
流量及其对应的喷嘴当量直径

喷嘴当量直径根据在表2规定的试验压力下测出的流量计算。

喷嘴当量直径根据测出的5个喷嘴的平均流量确定。

表A.1给出了一些流量及其对应的喷嘴当量直径。

当喷嘴当量直径 d(mm)大于10 mm时，其值按下式计算：

$$d = 2\sqrt{\frac{q}{\pi c\sqrt{0.2\,gp}}} \times \frac{1\,000}{60}$$

式中：

q——带有喷嘴的喷头流量，单位为立方米每小时(m^3/h)；

c——喷嘴流量系数(计算喷嘴当量直径时取 $c=0.9$)；

g——重力加速度($9.81\ m/s^2$)；

p——试验压力，单位为千帕(kPa)。

表A.1 流量及其对应的喷嘴当量直径

试验压力							
200k Pa		300 kPa				400 kPa	
流量/(m^3/h)	喷嘴当量直径/mm	流量/(m^3/h)	喷嘴当量直径/mm	流量/(m^3/h)	喷嘴当量直径/mm	流量/(m^3/h)	喷嘴当量直径/mm
0.05	1	0.25	2	1.31	4.6	4.01	7.5
0.061	1.1	0.3	2.2	1.42	4.8	4.56	8
0.073	1.2	0.36	2.4	1.54	5	5.15	8.5
0.085	1.3	0.39	2.5	1.67	5.2	5.77	9
0.1	1.4	0.42	2.6	1.8	5.4	6.43	9.5
0.113	1.5	0.48	2.8	1.94	5.6	7.13	10
0.129	1.6	0.56	3	2.08	5.8		
0.146	1.7	0.63	3.2	2.22	6		
0.163	1.8	0.71	3.4	2.37	6.2		
0.182	1.9	0.8	3.6	2.53	6.4		
		0.89	3.8	2.69	6.6		
		0.99	4	2.85	6.8		
		1.09	4.2	3.02	7		
		1.2	4.4				

ICS 65.060.35
B 91

中华人民共和国国家标准

GB/T 19795.2—2005

农业灌溉设备 旋转式喷头
第2部分：水量分布均匀性和试验方法

Agricultural irrigation equipment—Rotating sprinklers—Part 2: Uniformity of distribution and test methods

(ISO 7749-2:1990, MOD)

2005-06-08 发布 2005-12-01 实施

中华人民共和国国家质量监督检验检疫总局
中国国家标准化管理委员会 发布

前言

GB/T 19795《农业灌溉设备 旋转式喷头》分为以下两个部分：

——第1部分：结构和运行要求；

——第2部分：水量分布均匀性和试验方法。

本部分是GB/T 19795《农业灌溉设备 旋转式喷头》的第2部分。本部分修改采用ISO 7749-2：1990《灌溉设备 旋转式喷头 第2部分：水量分布均匀性和试验方法》(英文版)。

本部分根据ISO 7749-2：1990重新起草。

考虑到我国国情，本部分采用ISO 7749-2：1990时，进行了如下修改：

——引用了采用国际标准的我国标准，但所引用的我国标准并非等同采用国际标准；

——4.1.6中补充规定了换向喷头最短试验时间计算公式。

这些技术性差异已用垂直单线标识在它们所涉及的条款的页边空白处。

为便于使用，本部分还对ISO 7749-2：1990做了下列编辑性修改：

a) “ISO 7749的本部分”一词改为“本部分”；

b) 用小数点“.”代替作为小数点的逗号“,”；

c) 删除ISO 7749-2：1990的前言。

本部分的附录A为规范性附录。

本部分由中国机械工业联合会提出。

本部分由全国农业机械标准化技术委员会归口。

本部分起草单位：中国农业机械化科学研究院。

本部分主要起草人：兰才有、仪修堂、薛桂宁。

农业灌溉设备　旋转式喷头
第2部分:水量分布均匀性和试验方法

1　范围

本部分规定了旋转式喷头(以下简称喷头)的水量分布均匀性试验条件和试验方法。水量分布均匀性可用水量分布均匀系数(*CDU*)表示。

本部分仅适用于在制造厂推荐的压力下稳定旋转的灌溉用旋转式喷头。

2　规范性引用文件

下列文件中的条款通过GB/T 19795的本部分的引用而成为本部分的条款。凡是注日期的引用文件,其随后所有的修改单(不包括勘误的内容)或修订版均不适用于本部分,然而,鼓励根据本部分达成协议的各方研究是否可使用这些文件的最新版本。凡是不注日期的引用文件,其最新版本适用于本部分。

GB/T 19795.1—2005　农业灌溉设备　旋转式喷头　第1部分:结构和运行要求(ISO 7749-1:1995,MOD)

3　术语和定义

GB/T 19795.1—2005《农业灌溉设备　旋转式喷头　第1部分:结构和运行要求》中确立的以及下列术语和定义适用于本部分。

3.1

灌水强度　water application rate

单位时间内某一灌溉面积上的平均灌水深度(mm/h)。

3.2

雨量筒　collector

水量分布均匀性试验中,用于收集喷头喷出水的容器。

4　水量分布均匀性试验

4.1　通用试验条件

4.1.1　试验场的布局

放置雨量筒的试验场应平整(最大允许坡度为1%)。试验场内不应有阻碍喷洒的水自由分布的障碍物。

试验场附近应无树木或其他障碍物,以免引起试验场上空的气流扰动。试验场可以设在带顶棚且密闭的室内,也可以设在室外开阔地里。

4.1.2　雨量筒的结构

用于收集喷头喷洒水的雨量筒的上部应是圆柱形,其形状和尺寸应匀称一致,开口边缘应为尖劈形并无缺陷,圆柱部分的高度至少应是雨量筒高度的1/3。雨量筒的结构应保证收集到的水不会溅出。雨量筒的高度至少应为试验期间收集到的平均水深的2倍,且不小于150 mm。雨量筒的开口直径应是其高度的0.5~1倍,且不小于85 mm。

用于将收集到的水传送给测量装置的雨量筒开口应为直径不小于85 mm的尖劈圆形。雨量筒应为圆柱形或侧壁与水平面夹角不小于45°的圆锥形(大端向上)。

可以采用其他型式的雨量筒,但其测量精度不应低于上述雨量筒的测量精度。

所有雨量筒的开口都应在与地面平行的一个平面上,允许偏差为±5°;任意两个相邻雨量筒开口之间的高度差应不大于20 mm。

4.1.3 被试喷头的安装

试验前,新喷头应在试验压力下连续运行1 h。

将喷头安装在直径与喷头接口螺纹一致的立管上。确保立管铅直,并在试验期间不会弯曲和偏斜。试验期间,立管相对于铅垂线的允许偏斜角应不大于1°。

喷头主喷嘴距雨量筒开口的高度,应至少是喷头接口公称直径的10倍,且不小于500 mm。

对制造厂推荐的安装高度各不相同的喷头,例如埋藏式喷头,试验时喷头主喷嘴距雨量筒开口的高度应根据制造厂推荐的正常运行情况下的高度确定。

供水管道中测压孔的上游应安装一个网式过滤器。网式过滤器网孔能通过的固体颗粒尺寸应不大于喷头最小流道尺寸的30%。

4.1.4 环境条件的测定

在室外进行水量分布特性试验时,应在试验前和试验期间,每隔不超过15 min,测量一次风速和风向。试验期间的风速应符合GB/T 19795.1—2005《农业灌溉设备 旋转式喷头 第1部分:结构和运行要求》中表3的规定。当风速大于0.4 m/s时,风向的变化应小于20°。

在距试验场边缘不超过50 m处测量风速和风向,测点高度应为喷头最大喷射高度的90%,且不低于2 m。风速应在试验报告中予以说明。

试验过程中,应测定相对湿度和环境温度。

4.1.5 测量装置和试验条件

试验压力应在与被试喷头主喷嘴相同的高度处测量(见图1)。测压孔应位于喷头上游至少200 mm处,以避免局部变化对压力的影响。

测压孔和喷头之间不应安装可能产生压降的接头或其他装置。

试验期间压力的变化应不大于±4%。测量仪器的测量值相对于真值的偏差应符合表1的规定。

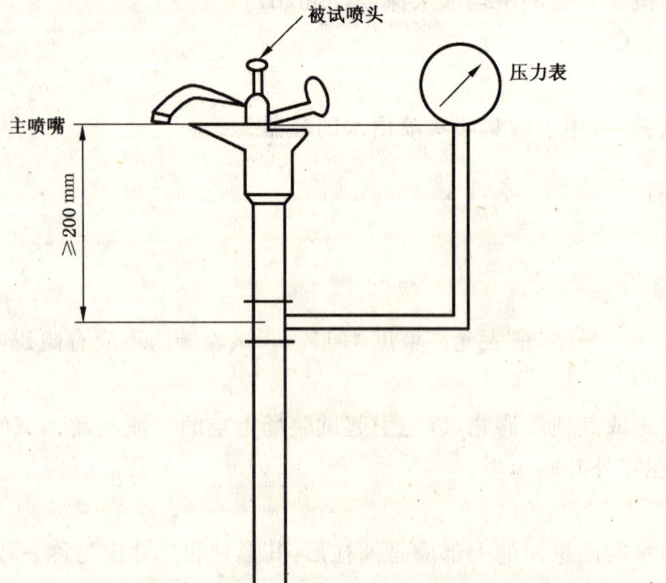

图1 喷头压力的测量

表 1 测量精度

测量参数	允许偏差
流量	±2%
压力	±2%

应采用带有风向翼或其他风向敏感装置的旋杯式风速风向仪测量风速和风向。

应采用气象部门测量相对湿度和环境温度用的标准仪器测量相对湿度和环境温度。

4.1.6 试验时间

对全圆喷头，试验时间应不小于 60 min。

对换向喷头，最短试验时间应按下式计算：

$$T_{\min}=\frac{\varphi}{360}\times 60$$

式中：

$T_{\min}$——换向喷头最短试验时间，单位为分钟(min)；

φ——试验时，换向喷头的实际喷洒扇形角，单位为度(°)。

4.1.7 灌水强度的计算

灌水强度按下式计算：

$$p_{\mathrm{r}}=\frac{q\times 1\,000}{S_{\mathrm{l}}\times S_{\mathrm{m}}}$$

式中：

p_{r}——灌水强度，单位为毫米每小时(mm/h)；

q——喷头流量，单位为立方米每小时($\mathrm{m^3/h}$)；

S_{l}——支管间距，单位为米(m)；

S_{m}——支管上的喷头间距，单位为米(m)。

4.2 雨量筒方格网布置法

4.2.1 将装有喷头的立管设置在试验场的中心，即从试验场顶角引出的两条对角线的交点上(见图 2)。

4.2.2 雨量筒的间距应符合图 2 的规定。雨量筒间距在任何方向的允许偏差均不应大于 50mm。布置雨量筒的场地面积，应确保完全覆盖喷头的喷洒面积，并留有适当的安全余量。

m=2 m，适用于有效喷洒直径大于 10 m 的喷头

m=1 m，适用于有效喷洒直径小于等于 10 m 的喷头

n=0.5 m

Y——喷头　　O——测量水量分布特性用雨量筒

×——测定有效喷洒直径(见 GB/T 19795.1—2005《农业灌溉设备　旋转式喷头　第 1 部分:结构和运行要求》)用雨量筒

注：有效喷洒直径试验方法按 GB/T 19795.1—2005《农业灌溉设备　旋转式喷头　第 1 部分:结构和运行要求》的规定。

图 2 雨量筒方格网布置法示意图

4.2.3 水量分布均匀系数(*CDU*)的计算方法按附录 A 中的规定。

4.3 雨量筒放射线布置法

该布置法只能在无风的情况下采用。

将雨量筒布置在以位于试验场中心的被试喷头为端点引出的射线上。雨量筒在射线上的最大间距应符合表 2 的规定。

表 2 雨量筒间距

雨量筒最大间距/m	喷头有效喷洒直径/m
1	≤20
2	>20

布置在射线上的雨量筒数量应足以覆盖喷头的射程,并留有适当的安全余量。

试验期间,以等间隔时间,人工将安装喷头的立管绕其轴线转动 3 次,每次转动 1/4 圈(90°)。应在喷头喷洒的水流不在雨量筒上方时转动立管。

水量分布均匀系数(*CDU*)的计算方法按附录 A 中的规定。

附 录 A
（规范性附录）
灌水均匀性

A.1 喷灌的目标是在给定的整个面积上均匀灌水。每种喷头都具有与水压和喷嘴尺寸相关的水量分布特性。不同的喷头具有不同的水量分布特性。喷头的水量分布特性及其布置方式影响水量分布均匀性。因此，需要对各种喷头在运行条件变化情况下的水量分布均匀性进行对比。

A.2 J.E.克里斯琴森(J.E. Christiansen)提出用下式计算水量分布均匀系数(CDU)：

$$CDU = 100 \times \left(1 - \frac{\sum | h_m - h_i |}{n \times h_m}\right)$$

式中：

CDU——水量分布均匀系数；

n——读数的个数；

h_m——读数的算术平均值；

h_i——各个量雨筒的读数；

$\sum | h_m - h_i |$——各个读数与平均值之差的绝对值之和。

A.3 水量分布均匀系数根据喷头在田间的水量分布试验结果计算。相同尺寸和形状的雨量筒按相等的固定间距布置在试验田里。各个雨量筒里的水量作为计算水量分布均匀系数的依据。

对将单个喷头的水量分布图叠加以模拟田间条件的情况，应根据单个喷头采用雨量筒方格网布置法(见图2)得出的水量分布图，按下述步骤得出不同间距的CDU：

a) 按图2布置雨量筒。
b) 在本部分规定的条件下，使喷头运行，并测量雨量筒内的水量。
c) 记录收集的水量。
d) 假若4个喷头之间的雨量筒间距和需计算组合CDU的被试喷头的雨量筒间距完全相同，则累积水量应是它们在各雨量筒内的水量的叠加值。CDU根据克里斯琴森(Christiansen)公式计算。

A.4 水量分布均匀系数为100%意味着整个面积上的水量分布完全均匀。CDU百分数数值越小，表示水量分布均匀性越差。

A.5 喷头试验采用雨量筒放射线布置法时，CDU的计算方法如下：

a) 雨量筒等间距布置在以被试喷头为端点引出的射线上。
b) 使喷头在本部分规定的条件下运行，并测量雨量筒内的水量。
c) 如果雨量筒在射线上的安放位置(即它们距被试喷头的距离)和雨量筒方格网布置法相同，可计算出假想雨量筒内的水量(见图A.1)。

   如果雨量筒按方格网布置法布置，则上述水量代表各个对应雨量筒收集的水量，并显示被试喷头的水量分布图。
d) 假想按计算CDU所需的喷头间距布置喷头，如果4个喷头之间的雨量筒间距和需计算组合CDU的被试喷头的雨量筒间距完全相同，则累积水量应是它们在各雨量筒内的水量叠加值。CDU根据克里斯琴森(Christiansen)公式计算。

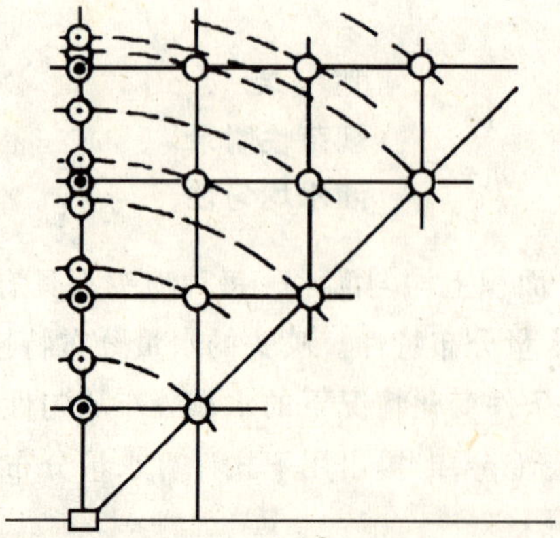

◉——试验时，雨量筒在放射线上的位置

⊙——模拟雨量筒方格网布置法将雨量筒位移后的假想位置。假想雨量筒内的水量根据它们距被试喷头的距离，用插值法计算

○——按雨量筒方格网布置法计算组合均匀系数时的雨量筒位置

□——喷头位置

注：图中仅示出了 1/8 圆。

图 A.1　测量喷头喷洒直径和计算组合均匀系数时的雨量筒布置图

ICS 65.060.35
B 91

中华人民共和国国家标准

GB/T 19796—2005

农业灌溉设备　聚乙烯承压管用塑料鞍座

Agricultural irrigation equipment—
Plastics saddles for polyethylene pressure pipes

(ISO 13460:1998,MOD)

2005-06-08 发布　　2005-12-01 实施

中华人民共和国国家质量监督检验检疫总局
中国国家标准化管理委员会　发布

前言

本标准修改采用 ISO 13460:1998《农业灌溉设备　聚乙烯承压管用塑料鞍座》(英文版)。

本标准根据 ISO 13460:1998 重新起草。

考虑到我国国情，本标准采用 ISO 13460:1998 时，进行了如下修改：

——引用了采用国际标准的我国标准，而非国际标准，但所引用的部分我国标准并非等同采用国际标准。

该技术性差异用垂直单线标识在它们所涉及的条款的页边空白处。

为便于使用，本标准还对 ISO 13460:1998 做了下列编辑性修改：

——“本国际标准”一词改为“本标准”；

——用小数点“.”代替作为小数点的逗号“,”；

——删除 ISO 13460:1998 的前言。

本标准由中国机械工业联合会提出。

本标准由全国农业机械标准化技术委员会归口。

本标准起草单位：中国农业机械化科学研究院。

本标准主要起草人：兰才有、张咸胜、仪修堂、薛桂宁。

农业灌溉设备　聚乙烯承压管用塑料鞍座

1　范围

本标准规定了聚乙烯(PE)承压管用塑料鞍座的技术要求和试验方法。

本标准适用于组装在用于地上和地下灌溉系统、输送温度不超过45℃水的聚乙烯(PE)管上的塑料鞍座。

2　规范性引用文件

下列文件中的条款通过本标准的引用而成为本标准的条款。凡是注日期的引用文件,其随后所有的修改单(不包括勘误的内容)或修订版均不适用于本标准,然而,鼓励根据本标准达成协议的各方研究是否可使用这些文件的最新版本。凡是不注日期的引用文件,其最新版本适用于本标准。

GB/T 2828.1　计数抽样检验程序　第1部分:按接收质量限(AQL)检索的逐批检验抽样计划(GB/T 2828.1—2003,ISO 2859-1:1999,IDT)

GB/T 7306.1　55°密封管螺纹　第1部分:圆柱内螺纹与圆锥外螺纹(GB/T 7306.1—2000,eqv ISO 7-1:1994)

ISO 1167　输送流体用热塑性塑料管　耐压性能　试验方法

ISO 3459　聚乙烯(PE)承压管　机械式接头接口　耐压试验方法和技术要求

ISO 4059　聚乙烯(PE)承压管　机械式管接头系统中的压力损失　试验方法和技术要求

ISO 4427　聚乙烯(PE)给水管　规格

ISO 8779　灌溉支管用聚乙烯(PE)管　规格

ISO 9625　灌溉用聚乙烯承压管用机械式接头

ISO 12162　承压管和接头用热塑性塑料　分类和标记　综合利用(设计)系数

3　术语和定义

下列术语和定义适用于本标准。

3.1

鞍座　saddle

通过管壁上的孔在管道上组装的支管出水口的接头(见图1)。

3.2

支管出水口　branch outlet

鞍座与管道组装后,中心线与管道轴线垂直相交的鞍座出水口(见图1)。

图1　典型的塑料鞍座

3.3

公称尺寸　nominal size

用于表示鞍座尺寸的数字标记。其数值等于与鞍座配合的管道的公称直径。

3.4

公称压力　nominal pressure

PN

用于将鞍座进行分类的压力。该压力等于与鞍座配合的管道的公称压力。

4　材料

鞍座中的金属件应采用耐腐蚀材料制造。

与水接触的鞍座零部件应能耐受农业灌溉常用化学物的腐蚀。这些化学物包括肥料溶液、植保材料以及用于消除滴头和滴灌管路系统中堵塞物的液体。

正常工作条件下暴露于紫外线中的鞍座塑料件,其材料中应加入改善抗紫外线性能的添加剂。

形成流道的塑料件应不透明或用不透明罩覆盖。

5　工艺和外观

鞍座应无毛刺以及安装时可能损坏管道或造成人身伤害的其他表面缺陷。鞍座的出水孔应无阻挡水流的不规整缺陷。

鞍座的结构应保证与管道组装后对管内水流的干扰最小。

鞍座的内外表面应光滑,并无沟槽、针眼、气孔及其他可能对灌溉系统的性能和维护产生负面影响的缺陷。

鞍座直径及其制造公差应保证能与符合 ISO 8779 和 ISO 4427 规定的聚乙烯管配套使用。

鞍座支管出水口应制成螺纹接口或能与符合 ISO 9625 规定的聚乙烯承压管接头连接的其他接口。

6　螺纹

鞍座支管出水口螺纹应符合 GB/T 7306.1 的规定。如果支管出水口采用其他螺纹,应提供一个螺纹符合 GB/T 7306.1 规定的中间接头。

7　抽样和验收检验

7.1　型式检验

样本应由检测部门从批量不少于 50 个的鞍座中随机抽取。各检验项目所需的样本大小应符合表 1 的规定。

如果样本中的不合格数等于或小于表 1 规定的合格判定数,则判定该批鞍座合格;如果样本中的不合格数大于合格判定数,则判定该批鞍座不合格。

7.2　验收检验

对生产批或装运批鞍座进行验收时,抽样应按 GB/T 2828.1 的规定进行,采用合格质量水平 AQL 2.5和特殊检验水平 S-4。对本标准第 5 章、第 6 章和 9.2 规定的检验项目,样本应按 GB/T 2828.1 的规定随机抽取,并首先进行检验。

如果这些检验中发现的不合格数不大于 GB/T 2828.1 规定的合格判定数,则后续检验项目的样本按表 1 随机抽取。如果后续检验中的不合格数仍然不大于表 1 中的合格判定数,则判定该生产批或装运批符合本标准的规定。

表 1 样本大小和合格判定数

章条号	检验项目	样本大小	合格判定数
5	工艺和外观	3	0
6	螺纹	3	0
9.2	耐压性能	3	0
9.3	长期耐压性能	3	0
9.4	耐压强度	2	0
9.5	在支管出水口施加弯矩时的耐压性能	2	0
9.6.1	耐旋转滑动性能	3	1
9.6.2	耐轴向滑动性能	3	1
10	压力损失	3	0

8 材料试验

对尺寸如图 2 所示，材料与鞍座体相同的注塑管试件进行下述耐压试验。

单位为毫米

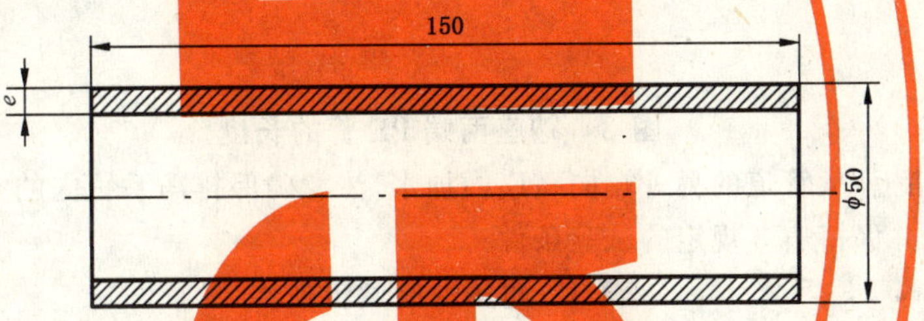

图 2 试件

按 ISO 1167 对试件进行试验，检验其是否符合表 2 规定的强度要求。

图 2 所示的试件壁厚 e 应不小于 2.9 mm，且不大于 4.6 mm。

试验中，试件应不出现破裂或其他损坏。

注：如果鞍座制造厂提供了符合要求的强度试验报告，并得到了第二方或第三方认证，则本试验可以省去。

表 2 试验材料和试验条件

材料[a]	温度/℃	引起的应力/MPa	最短持续时间/h
PVC-HU	60	10	1 000
PE63	80	3.5	165
PE80	80	4.6	165
PE100	80	5.5	165
PP，Ⅰ型（匀聚物）	95	3.5	1 000
PP，Ⅱ型（共聚物）	95	2.5	1 000
POM	60	10	1 000
ABS	70	4	1 000

[a] 材料是按 ISO 12162 进行分类的。

9 机械性能和水力性能

9.1 一般要求

将每个鞍座与 PE63 和/或 PE40 和/或 PE32 标号的聚乙烯管连接，然后进行 9.2～9.6 规定的试验。试验用管道的公称压力应等于或大于鞍座的公称压力。

如果鞍座支管出水口与聚乙烯管之间采用符合 ISO 9625 的接头连接，则进行 9.2～9.6 规定的耐压试验时，管道应具有合适的截面，且从支管出水口接出的管道长度应不小于 3D(D 为管道公称直径)。

9.2 耐压性能

按制造厂说明，将鞍座与公称直径等于鞍座公称尺寸的聚乙烯管组装成一体。鞍座两端伸出的聚乙烯管长度应不小于管道公称直径的 3 倍(见图 3)。

采用和支管出水口连接件形状相适应的堵头将鞍座支管出水口堵上。

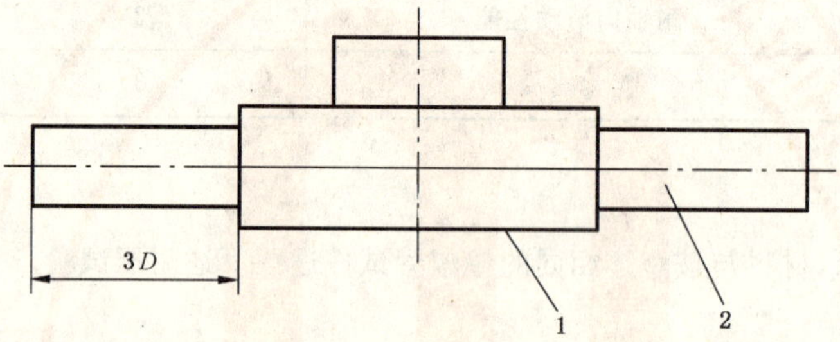

1——鞍座；

2——管道。

图 3 鞍座两端 PE 管的长度

将管道的一端堵上，从管道的另一端向鞍座内加水，注意确保排净系统内的空气。

逐渐加大压力，并保持表 3 规定的试验条件。

表 3 耐压性能试验条件

温度/℃	压力/kPa	试验持续时间/h
20±2	2×*PN*	1

鞍座以及鞍座与管道配合处应无泄漏、断裂、裂纹或其他损坏现象。

9.3 长期耐压性能

试验按 9.2 进行，但试验条件应符合表 4 的规定。

表 4 长期耐压性能试验条件

鞍座材料	温度/℃	压力/kPa	试验持续时间/h
PP	80±2	0.5×*PN*	170
PVC	80±2	0.4×*PN*	170

鞍座以及鞍座与管道配合处应无泄漏、断裂、裂纹或其他损坏现象。

9.4 耐压强度

试验按 ISO 3459 的规定进行，并且鞍座应符合 ISO 3459 的要求。

9.5 在支管出水口施加弯矩时的耐压性能

按制造厂说明，将鞍座与公称直径等于鞍座公称尺寸的聚乙烯管组装成一体。在支管出水口上连接一根适当长度的管道。

将组件牢固地固定在图 4 所示的刚性面上，鞍座每侧距固定位置的距离应不小于管道公称直径的 10 倍。

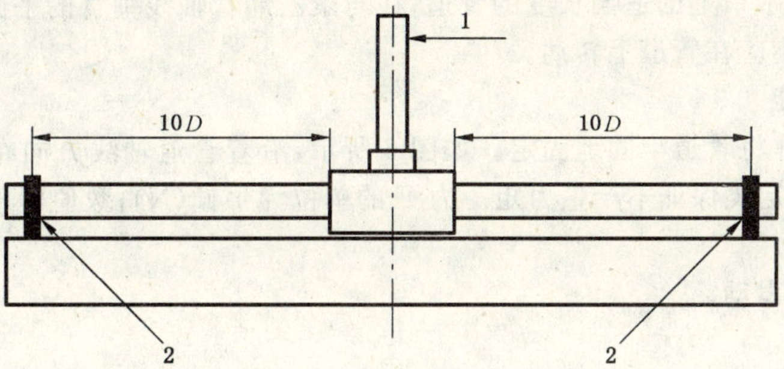

1——弯矩施加处；

2——管道固定位置。

图 4 弯矩试验装置示意图

按表 5 规定给系统施加静水压，同时在支管出水口施加一个按下式计算出的弯矩。

$$M = 0.4D$$

式中：

M——弯矩，单位为牛顿米(N·m)；

D——鞍座的公称尺寸，单位为毫米(mm)。

表 5 在支管出水口施加弯矩时的耐压性能试验条件

温度/℃	压力/kPa	试验持续时间/h
20±3	1.5×PN	1

施加的弯矩应与管道轴线平行。

鞍座以及鞍座与管道配合处应无渗漏、断裂、裂纹或其他损坏现象。

9.6 鞍座在管道上的耐滑动性能

按制造厂说明，将鞍座与公称直径等于鞍座公称尺寸的聚乙烯管组装成一体。将管道牢固地固定在图 4 所示的刚性面上。

9.6.1 耐旋转滑动性能

按图 4 组装鞍座，并将管道牢固地固定。在鞍座上施加旋转力矩 T，持续 1 min(见图 5)。T 的数值按下式计算：

$$T = 0.01D^2$$

式中：

T——旋转力矩，单位为牛顿米(N·m)；

D——鞍座的公称尺寸，单位为毫米(mm)。

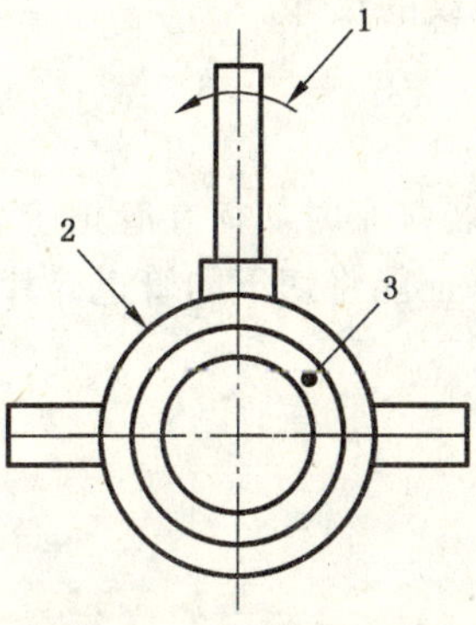

1——旋转力矩；

2——鞍座；

3——管道。

图 5 鞍座耐旋转滑动试验中施加力矩示意图

通过连接在支管出水口上的适当长度的管道，在与聚乙烯管轴线垂直的平面上施加力矩。

施加力矩后，鞍座不应在管道上转动。

9.6.2 耐轴向滑动性能

按图 4 组装鞍座，并将管道牢固地固定。如图 6 所示，沿着管道轴线方向在鞍座上施加力 F，持续 1 min。施加力的方式一定要保证不产生力矩。力 F 的单位为牛顿(N)，数值等于以毫米(mm)计的鞍座公称尺寸。

鞍座不应在管道上滑动。

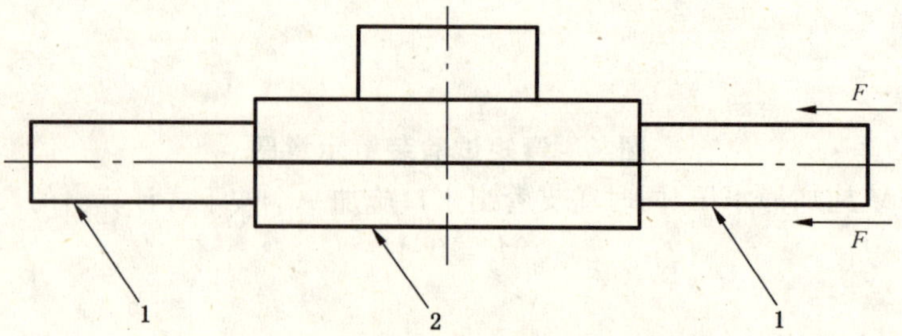

1——管道；

2——鞍座。

图 6 在鞍座上施加水平力

10 压力损失

按制造厂说明，将鞍座与公称直径等于鞍座公称尺寸的聚乙烯管组装成一体。

按 ISO 4059 规定的方法，分别测量鞍座组件在管道轴线方向的压力损失以及鞍座进口和出口之间的支管出水口方向的压力损失。

压力损失应不大于制造厂的声明值。

11 标志

鞍座应具有至少包括下列内容的标志：

a) 制造厂名称或其注册商标；

b) 鞍座体材料；

c) 公称尺寸；

d) 公称压力；

e) 支管出水口公称尺寸；

f) 当支管出水口接口为螺纹时，螺纹的尺寸。

12 制造厂应提供的资料

制造厂应与技术参数表一起提供安装鞍座时如何在管道上正确开孔的全部资料。如有必要，制造厂应推荐在管道上开孔所需的工具，以保证能将切下的管道碎片取出，并无残渣落入管道内。如用户提出要求，制造厂应能提供所需的工具。

参 考 文 献

[1] ISO 161-1:1996 *Thermoplastics pipes for the conveyance of fluids—Nominal outside diameters and nominal pressures—Part 1:Metric series*

[2] ISO 3458:1976 *Assembled joints between fittings and polyethlene (PE) pressure pipes—Test of leakproofness under internal pressure*

[3] ISO 3501:1976 *Assembled joints between fittings and polyethlene (PE) pressure pipes—Test of resistance to pull out*

[4] ISO 3503:1976 *Assembled joints between fittings and polyethlene (PE) pressure pipes—Test of leakproofness under internal pressure when subjected to bending*

ICS 65.060.35
B 91

中华人民共和国国家标准

GB/T 19797—2005/ISO 11545:2001

农业灌溉设备 中心支轴式和平移式喷灌机 水量分布均匀度的测定

Agricultural irrigation equipment—Centre-pivot and moving lateral irrigation machines—Determination of uniformity of water distribution

(ISO 11545:2001, Agricultural irrigation equipment—Centre-pivot and moving lateral irrigation machines with sprayer or sprinkler nozzles—Determination of uniformity of water distribution, IDT)

2005-06-08 发布　　2005-12-01 实施

中华人民共和国国家质量监督检验检疫总局
中国国家标准化管理委员会　发布

前　言

本标准等同采用ISO 11545:2001《农业灌溉设备　配置旋转式或非旋转式喷头的中心支轴式和平移式喷灌机　水量分布均匀度的测定》(英文版)。

本标准等同翻译ISO 11545:2001。

为便于使用，本标准对ISO 11545:2001做了下列编辑性修改：

——“本国际标准”一词改为“本标准”；

——用小数点“.”代替作为小数点的逗号“,”；

——删除ISO 11545:2001的前言。

本标准的附录A为规范性附录。

本标准由中国机械工业联合会提出。

本标准由全国农业机械标准化技术委员会归口。

本标准起草单位：中国农业机械化科学研究院。

本标准主要起草人：金宏智、兰才有。

农业灌溉设备
中心支轴式和平移式喷灌机
水量分布均匀度的测定

1 范围

本标准规定了配置旋转式或非旋转式喷头的中心支轴式(圆形)和平移式喷灌机的田间水量分布均匀度测定方法和水量分布均匀系数的计算方法。

本标准适用于灌水装置连续喷洒、产生重叠水量分布的中心支轴式和平移式喷灌机。

本标准不适用于装有地角臂的中心支轴式喷灌机。

2 术语和定义

下列术语和定义适用于本标准。

2.1

中心支轴式喷灌机 centre-pivot irrigation machine

圆形喷灌机

由多个自走式塔架车支承着管道,绕中心支轴旋转的自动化喷灌机。水经中心支轴进入喷灌机,沿径向流动,由安装在管道上的旋转式或非旋转式喷头喷洒到田间。

2.2

平移式喷灌机 moving lateral irrigation machine

由多个自走式塔架车支承着管道,管道基本上成一条直线,在田间的行走轨迹也是直线,灌溉矩形面积的自动化喷灌机。水可经管道上的任一点进入喷灌机,由安装在管道上的旋转式或非旋转式喷头喷洒到田间。

2.3

喷头组件 sprinkler package

安装在中心支轴式或平移式喷灌机管道出水口上的一组装置。该装置可由旋转式或非旋转式喷头组成,也可包括为满足某种特殊喷灌机需要或达到一组特殊运行参数所需的管子、管件和压力(或流量)调节装置。

2.4

末端喷枪 endgun

安装在中心支轴式或平移式喷灌机末端,用以增加灌溉面积的一个或多个旋转式或非旋转式喷头。末端喷枪通常只在一个时段内运行,以使喷灌机产生某种喷洒边界。

2.5

试验压力 test pressure

在中心支轴式或平移式喷灌机进水口机架顶部的第一个弯头或三通下游测出的压力。

2.6

有效半径 effective radius

中心支轴式喷灌机所灌溉的圆形面积的半径。常规计算方法是用中心支轴距末端旋转式或非旋转式喷头的距离,加上末端喷头射程的75%。

2.7

有效长度 effective length

平移式喷灌机所灌溉的面积上，与管道平行方向的尺寸。常规计算方法是用管道上两个相距最远的旋转式或非旋转式喷头之间的距离，加上这两个喷头射程之和的75%。如果管道下面的一部分面积被供水系统占用，并且该面积不种植作物，则有效长度不包括这段距离。

2.8

射程 wetted radius

在无风条件下，通过试验得出的从旋转式或非旋转式喷头中心线到最远处灌水强度为1mm/h那一点的距离。

2.9

灌水深度 applied depth

d_i

一排雨量筒中，每个雨量筒内集存的水量与雨量筒内被蒸发掉的平均水量之和，除以雨量筒的开口面积。

2.10

雨量筒 collector

在单个灌水装置射程试验或多个灌水装置水量分布均匀性试验中，用于接收灌水装置喷出的水的容器。

2.11

委托方 client

受其委托进行试验的个人或组织。

2.12

试验方 tester

实施试验的个人或组织。

3 试验条件和试验设备

3.1 雨量筒

3.1.1 确保试验用的所有雨量筒相同，并且其形状能防止外面的水溅到筒内或筒内的水溅到外面。确保雨量筒的开口边缘均匀无缺陷。确保雨量筒的高度至少为120 mm。确保雨量筒的开口直径为其高度的0.5倍～1倍，且不小于60 mm。为了把测量误差限制到最小，鼓励试验方在切实可行的情况下，采用尽可能大的雨量筒。

3.1.2 将雨量筒均匀地布置在与喷灌机行走方向垂直的两条或多条直线上。对非旋转式喷头，确保各条直线上的雨量筒间距不大于3 m；对旋转式喷头，确保间距不大于5 m。为了将系统误差降低到最小，相邻雨量筒排上的雨量筒位置应互相错开。错开的距离应是雨量筒间距的$1/n$，n是雨量筒的排数（雨量筒的布置方式详见图1和图2）。确保雨量筒间距不是旋转式或非旋转式喷头间距的整倍数。雨量筒不应放置在喷灌机的轮辙上。记录雨量筒的安放位置。

3.1.3 放置雨量筒，使雨量筒排之间的距离符合下述要求。

对中心支轴式喷灌机，将雨量筒布置在以中心支轴为圆心的两条或多条半径上。确保两条相邻半径上末端雨量筒之间的距离不大于50 m。绘出布置图（图1）。

对平移式喷灌机，将雨量筒布置在与管道平行的两条或多条直线上。确保雨量筒排的长度大于喷灌机的有效长度，雨量筒排的间距不大于50 m。绘出布置图（图2）。

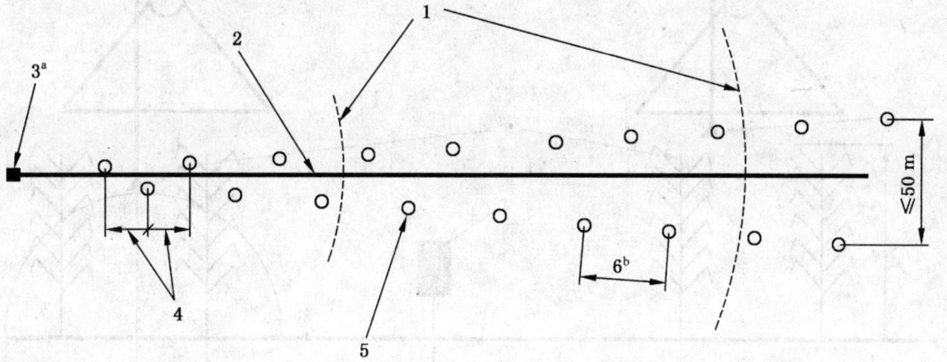

1——轮辙；

2——中心支轴式喷灌机管道；

3——中心支轴；

4——错开的距离；

5——第 j 排的第 i 个雨量筒(与另一排错开)；

6——雨量筒间距。

注：错开的距离等于雨量筒间距的 $1/n$，n 是雨量筒的排数。

a S_i 的基准点。

b 非旋转式喷头最大间距：3 m；旋转式喷头最大间距：5 m。

图 1 测定中心支轴式喷灌机水量分布特性的雨量筒布置方式

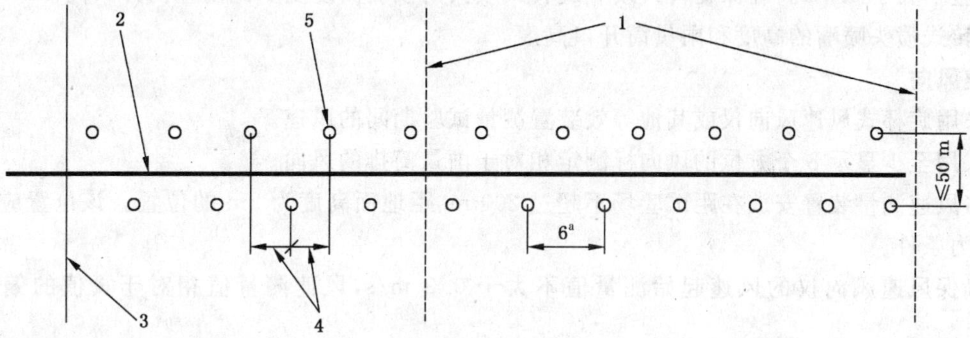

1——轮辙；

2——平移式喷灌机管道；

3——随意确定的距离基准点；

4——错开的距离；

5——第 j 排的第 i 个雨量筒(与另一排错开)；

6——雨量筒间距。

注：错开的距离等于雨量筒间距的 $1/n$，n 是雨量筒的排数。

a 非旋转式喷头最大间距：3 m；旋转式喷头最大间距：5 m。

图 2 测定平移式喷灌机水量分布特性的雨量筒布置方式

3.1.4 雨量筒的安放位置应避免作物冠等障碍物对测量水量分布产生影响。当障碍物高于雨量筒开口，但低于喷头喷嘴时，保持雨量筒排两侧无障碍物的水平距离至少是障碍物高度的 2 倍〔图 3 中的 a)〕。对喷灌机运行时喷头喷嘴低于作物冠的情况，保持雨量筒两侧的无障碍物水平距离至少是喷头射程的 1.25 倍〔图 3 中的 b)〕。

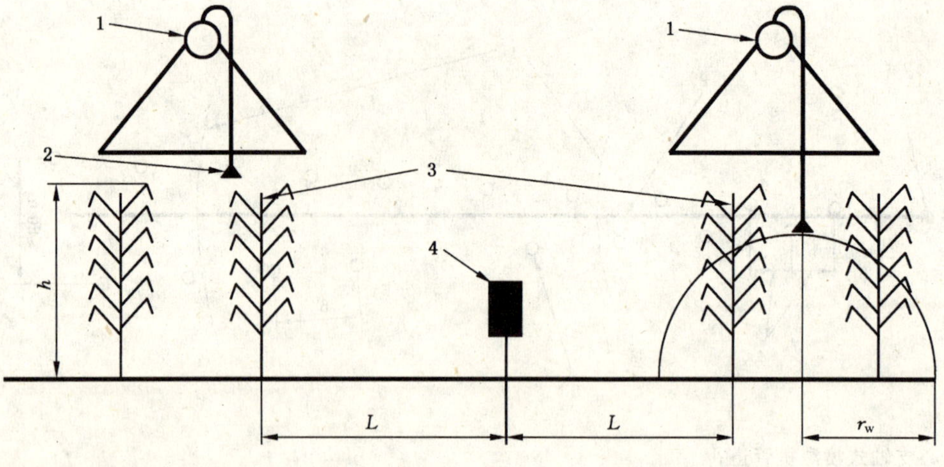

a) 喷嘴高于作物冠层（$L\geqslant 2h$）　　b) 喷嘴低于作物冠层（$L\geqslant 1.25\ r_w$）

1——管道；

2——喷嘴；

3——障碍物（作物）；

4——雨量筒；

r_w——喷头射程；

h——障碍物高度。

图3　试验场地有障碍物（例如作物）的雨量筒安放指南

3.1.5　确保雨量筒开口保持水平。当预计试验中的风速大于2m/s时，雨量筒开口相对于地面或作物冠的高度应不大于0.3m。确保旋转式或非旋转式喷头的喷嘴高度至少比雨量筒开口高1m。记录旋转式或非旋转式喷头喷嘴的高度和雨量筒开口高度。

3.2　风速风向

3.2.1　采用旋杯式风速风向仪或其他等效装置测量试验期间的风速。

3.2.2　采用至少显示8个方位的风向标测定相对于雨量筒排的风向。

3.2.3　将风速测量装置安放在距试验场不超过200 m、距地面高度为2m的位置。该位置应能代表试验场的风力条件。

3.2.4　确保风速风向仪的风速起始测量值不大于0.3 m/s，风速测量值相对于真值的偏差不大于±10%。

3.2.5　当风速大于1 m/s时，试验的准确度开始降低。如果风速大于3 m/s，喷头组件的均匀性或性能试验不应视为有效。为了在风速大于3 m/s的条件下进行试验，委托方和试验方必须了解试验结果的局限性。试验期间，取不大于15 min的时间间隔测量并记录风速和主风向。

3.3　蒸发

3.3.1　试验应在傍晚或早晨蒸发量最小的时段进行。于试验开始和结束时，在喷灌机上风向测量并记录干球温度以及相对湿度或露点温度。记录测量的时间。

3.3.2　试验中，为了将雨量筒里蒸发的影响降低到最小，一旦雨量筒不在喷洒范围内时，立即测量并记录每个雨量筒里的水量。如果要用蒸发损失对每个雨量筒收集的水量进行校正，应对每个雨量筒的存水时间，即从该雨量筒开始进入喷洒范围内，一直到测量该雨量筒内的水量所经历的时间进行估算。

3.3.3　如果要对雨量筒收集的水量数据用蒸发量进行校正，事先在试验场至少安放3个对照雨量筒，对其进行监测，以确定蒸发量。将对照雨量筒安放在小气候基本不受喷灌机运行影响的位置。该位置通常位于试验场的上风向。记录对照雨量筒的测量时间。

3.3.4　采取适当措施将蒸发量降低到最小。这些措施包括采用蒸发抑制器或设计特殊的雨量筒。如果对蒸发进行了抑制，应记录所采取的措施，例如蒸发抑制器的类型等。

3.4 高程

试验场地的高程差应在喷头组件的设计规范之内。采用测量精度为±0.2 m/50 m 的仪器测量高程差。如果地面不是水平的,应随试验结果一起附上每排雨量筒沿线地面的纵剖面图。

4 试验规程

4.1 对喷灌机进行试验前,试验方须核实已按设计规范安装好了喷头组件,除非委托方另有规定。

4.2 试验中,将提供给喷灌机的水压调整到并一直保持在委托方和试验方商定的试验压力±5%的误差范围内。确保压力测量仪器的测量值相对于试验压力的偏差不大于±2%。记录试验压力。

4.3 使喷灌机达到平均灌水深度不小于 15 mm 的行走速度,除非委托方另有规定。

4.4 测量雨量筒内收集水的体积、质量或水深,记录灌水深度数据。确保测量装置的测量值相对于所收集水量的平均值的偏差不大于±3%。

4.5 进行水量分布特性分析时,删除因雨量筒泄漏、倾翻或其他原因引起的明显错误数据。确保删除的数据数量不超过灌水深度测量总数的 3%。记录所有检测结果。记录删除的数据编号及其删除的原因。

4.6 对试验结果进行分析时,删除超出喷灌机有效半径或有效长度的数据。

4.7 如果喷头组件被设计成了带有末端喷枪,则试验在末端喷枪运行的情况下进行。试验中,旋转式或非旋转式喷头的数量应保持不变。如果想评价喷灌机不带末端喷枪条件下的水量分布特性,试验也可在末端喷枪不运行的情况下进行。

4.8 如果试验方和委托方达成一致,中心支轴式喷灌机有效半径上靠近中心支轴的 20% 雨量筒的数据可以在进行水量分布特性分析时删除。如果中心支轴式喷灌机水量分布特性试验的目的不包括靠近中心支轴的那一段,则该段不需要安放雨量筒。

5 计算

5.1 对中心支轴式喷灌机,采用修正后的赫尔曼—海因(Heermann and Hein)公式计算水量分布均匀系数。增加的性能参数可用于描述水量分布均匀性,但要确保试验方正确鉴别增加的性能参数和计算公式。

修正后的赫尔曼—海因公式如下:

$$C_{\mathrm{UH}} = 100 \times \left[1 - \frac{\sum_{i=1}^{n} \left| V_i - \overline{V_{\mathrm{w}}} \right| S_i}{\sum_{i=1}^{n} V_i S_i}\right]$$

式中:

C_{UH}——赫尔曼—海因水量分布均匀系数;

n——用于数据分析的雨量筒个数;

i——雨量筒标识变量,通常从距中心支轴最近的那个雨量筒($i=1$)开始,到距中心支轴最远的那个雨量筒($i=n$)结束;

V_i——第 i 个雨量筒内收集的水的体积(也可用质量或水深);

S_i——第 i 个雨量筒距中心支轴的距离;

$\overline{V_{\mathrm{w}}}$——所收集水的体积(质量或水深)的加权平均值。按下式计算:

$$\overline{V_{\mathrm{w}}} = \frac{\sum_{i=1}^{n} V_i S_i}{\sum_{i=1}^{n} S_i}$$

5.2 对平移式喷灌机，采用克里斯琴森(Christiansen)公式计算水量分布均匀系数，增加的性能参数可用于描述水量分布均匀性，但要确保试验方正确鉴别增加的性能参数和计算公式。

克里斯琴森公式如下：

$$C_{UC} = 100 \times \left[1 - \frac{\sum_{i=1}^{n} | V_i - \overline{V} |}{\sum_{i=1}^{n} V_i} \right]$$

式中：

C_{UC}——克里斯琴森水量分布均匀系数；

n——用于数据分析的雨量筒个数；

i——雨量筒标识变量；

V_i——第 i 个雨量筒内收集水的体积(也可用质量或水深)；

$\overline{V}$——用于数据分析的所有雨量筒收集水的体积(质量或水深)的算术平均值。按下式计算：

$$\overline{V} = \frac{\sum_{i=1}^{n} V_i}{n}$$

5.3 各排雨量筒都适用于计算 C_{UH} 或 C_{UC}。采用所有雨量筒排的数据计算水量分布组合均匀系数 C_{UH} 或 C_{UC}。

5.4 对带有末端喷枪的喷灌机，当装着末端喷枪测定水量分布均匀系数时，采用 4.7 规定的规程；当卸掉末端喷枪进行测定时，4.7 是任选项。为了描述末端喷枪的运行情况，需在报告(见 A.1)中说明是末端喷枪运行时的灌溉面积，还是卸掉末端喷枪时的灌溉面积。

5.5 绘制一个示意图，显示每个雨量筒收集水的体积(质量或水深)与雨量筒距中心支轴的距离，或相对于各塔架车和喷头位置的关系曲线。单独绘制每排雨量筒的数据图。

6 评价

6.1 计算出的水量分布均匀系数应被看作是基于试验中的田间条件、周围环境、工作压力及其他变量条件下喷头组件性能的显示。一组新喷头组件的水量分布均匀系数可用于与其他各种不同类型喷头组件进行对比，也可作为使用一段时期的类似喷灌机的参考。

6.2 如果一台已安装使用过的喷灌机的水量分布均匀系数与原始设计规定值明显偏离，应另行调查查找原因。水量分布均匀系数小于设计值可能意味着灌水装置磨损、破裂或存在故障。

6.3 沿管道方向的灌水深度示意图可帮助查找喷灌机运行中出现的问题。如果管道上某位置的灌水深度比平均水深增大或者减小 10%以上，应查找引起变化的原因。

7 试验报告

本试验测得的数据应采用与标准数据文本类似的 A.1 和 A.2 形式进行记录，并编写 A.3 所示的摘要。以文件形式记载并说明委托方和试验方达成的特殊协议。在数据表中指出数据不一致的原因。本标准未提出要求的数据，如果有助于描述水量分布均匀性也应写进试验报告里。

附 录 A
（规范性附录）
数据表和试验报告格式

A.1 田间条件和喷灌机数据表

试验代号：……………………

试验地点：……………………

喷灌机描述

制造厂/型号：……………………

塔架车数：……………………

中心支轴和末端塔架车之间的距离：…………… m

管道长度：……………………

第1段：………… m； 第2段：………… m； 第3段：………… m

管道直径

第1段：………… mm； 第2段：………… mm； 第3段：………… mm

喷头组件型号……………………

末端喷枪

——末端喷枪不工作时的灌溉面积：…………… hm^2

——末端喷枪工作时的灌溉面积：…………… hm^2

喷头喷嘴距地面的公称高度：…………… m

雨量筒开口距地面的高度：…………… m

运行条件

试验压力：…………… kPa

喷灌机行走速度

——中心支轴式喷灌机末端塔架车：…………… m/h

——平移式喷灌机管道：…………… m/h

——百分率计时器的设定值：…………… %

——百分率计时器的循环周期：…………… s

气候条件（试验开始时和结束时）

	干球温度	相对湿度或露点温度
开始时：	………… ℃	………… %或℃
结束时：	………… ℃	………… %或℃
平均值：	………… ℃	………… %或℃

对照雨量筒的蒸发情况

雨量筒编号：	1	2	3	**平均值**
初始体积：	………… mL	………… mL	………… mL	………… mL
测量日期：				
最终体积：	………… mL	………… mL	………… mL	………… mL
蒸发的体积：	………… mL	………… mL	………… mL	………… mL
历时：	………… h	………… h	………… h	………… h
蒸发速率 E_1：	………… mL/h	………… mL/h	………… mL/h	………… mL/h

田间平面图

标出试验中管道的位置

中心支轴式喷灌机　　　　平移式喷灌机

风速风向资料

画出每次测出的风速矢量。

注：每个同心圆代表 1 m/s，最外层的圆为 10 m/s。

约定的最大试验风速：………………………… m/s

试验中的平均风速：………………………… m/s

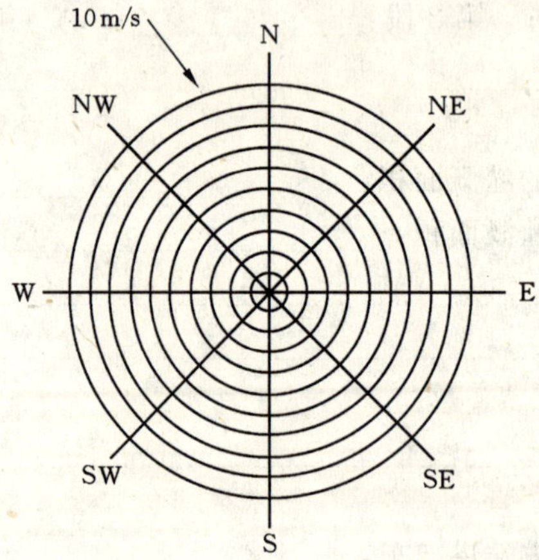

管道高程

在图中画出试验中管道的相对高程。

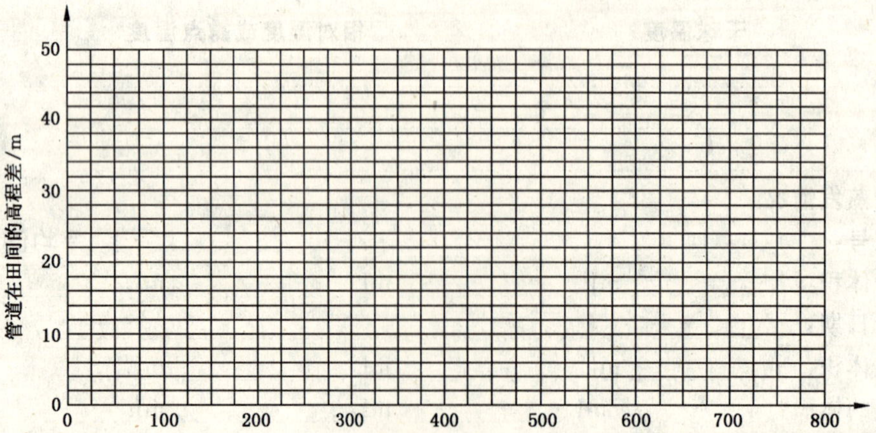

A.2 记录试验结果的典型数据表

试验代号：……………………………………

雨量筒排数：……………………………………

雨量筒开口直径(D_c)：…………………………………… mm

雨量筒开口面积[$A_c=0.785(D_c)^2$]：…………………………………… mm²

雨量筒公称间距：…………………………………… m

雨量筒排之间的公称间距：…………………………………… m

错开的距离：…………………………………… m

对照雨量筒的平均蒸发速率(E_1)：…………………………………… mL/h

雨量筒编号	指出删除的数据[a]	雨量筒距中心支轴的距离[b]	收集的水体积/mL	修正后的水体积[c]/mL	灌水深度[d]/mm	距离与水体积的乘积[e]	备注
i		S_i	V_{ci}	V_i	d_i	S_iV_i	
		ΣS_i		ΣV_i		ΣS_iV_i	

a 标注删除的数据(见 4.5)。

b 该项与平移式喷灌机无关。

c 修正后的水体积等于每个雨量筒内收集的水体积加上对照雨量筒平均蒸发速率与水在该雨量筒里停留时间(t_i)的乘积，即：

$$V_i=V_{ci}+E_1t_i$$

d 见 2.9：$d_i=1\,000V_i/A_c$

e 距离与水体积的乘积仅用于计算中心支轴式喷灌机的水量分布均匀系数。

A.3 试验摘要

试验代号：……………………………………

最远端旋转式或非旋转式喷头的射程(2.8)：…………………… m

中心支轴式喷灌机

从中心支轴到最远端旋转式或非旋转式喷头的距离：…………………… m

有效半径(2.6)：…………………… m

平移式喷灌机

两个最远端旋转式或非旋转式喷头之间的距离：…………………… m

管道下面的供水系统长度：…………………… m

有效长度(2.7)：…………………… m

安放的雨量筒数量：……………………

用于数据分析的雨量筒数量(n)：……………………

数据分析时删除的雨量筒占总数的百分比：…………………… %

删除的原因：……………………

……………………………………

……………………………………

加权平均值

		雨量筒排号 1	2	3	4	总值或综合值
a) 中心支轴式喷灌机						
水体积(质量或水深)与距离乘积的总和	$\sum_{i=1}^{n} V_i S_i =$	____	____	____	____	____
距离之和	$\sum_{i=1}^{n} S_i =$	____	____	____	____	____
水体积(质量或水深)的加权平均值	$\overline{V}_{\mathrm{w}} = \dfrac{\sum_{i=1}^{n} V_i S_i}{\sum_{i=1}^{n} S_i} =$	____	____	____	____	____
水量分布均匀系数	$C_{\mathrm{UH}} = 100 \times \left[1 - \dfrac{\sum_{i=1}^{n} \mid V_i - \overline{V}_{\mathrm{w}} \mid S_i}{\sum_{i=1}^{n} V_i S_i} \right] =$	____	____	____	____	____
b) 平移式喷灌机						
水体积(质量或水深)平均值	$\overline{V} = \dfrac{\sum_{i=1}^{n} V_i}{n} =$	____	____	____	____	____
水量分布均匀系数	$C_{\mathrm{UC}} = 100 \times \left[1 - \dfrac{\sum_{i=1}^{n} \mid V_i - \overline{V} \mid}{\sum_{i=1}^{n} V_i} \right] =$	____	____	____	____	____

参 考 文 献

[1] HEERMANN, D. F. and HEIN, P. R. *Performance characteristics of self-propelled center pivot sprinkler irrigation systems*. Transactions of the ASAE, 1986, 11, No. 1, pp. 11～15

[2] CHRISTIANSEN, J. E. *Irrigation by Sprinkling*. Bulletin 670, 1942. University of California, College of Agriculture, Agricultural Experiment Station, Berkeley, California.

[3] American Society of Agricultural Engineers Standard ASAE S436 *Test Procedure for Determining the Uniformity of Water Distribution of Center Pivot, Corner Pivot, and Moving Lateral Irrigation Machines Equipped with Spray or Sprinkler Nozzles*

ICS 65.060.35
B 91

中华人民共和国国家标准化指导性技术文件

GB/Z 19798—2005

农业灌溉设备 自动灌溉系统 水力控制

Agricultural irrigation equipment—Automatic irrigation systems—Hydraulic control

(ISO/TR 8059:1986, Irrigation equipment—Automatic irrigation systems—Hydraulic control, MOD)

2005-06-08 发布　　2005-12-01 实施

中华人民共和国国家质量监督检验检疫总局
中国国家标准化管理委员会　发布

前言

本指导性技术文件修改采用 ISO/TR 8059:1986《灌溉设备　自动灌溉系统　水力控制》(英文版)。

本指导性技术文件根据 ISO/TR 8059:1986 重新起草。

考虑到我国国情,本指导性技术文件在采用 ISO/TR 8059:1986 时,进行了如下修改:

——引用了采用国际标准的我国标准,但所引用的我国标准并非等同采用国际标准。

这些技术性差异用垂直单线标识在它们所涉及的条款的页边空白处。

为便于使用,本指导性技术文件还对 ISO/TR 8059:1986 做了下列编辑性修改:

——“本技术报告”一词改为“本指导性技术文件”;

——用小数点“.”代替作为小数点的逗号“,”;

——删除 ISO/TR 8059:1986 的前言。

本指导性技术文件由中国机械工业联合会提出。

本指导性技术文件由全国农业机械标准化技术委员会归口。

本指导性技术文件起草单位:中国农业机械化科学研究院、北京市农业机械研究所。

本指导性技术文件主要起草人:兰才有、张晓文、仪修堂、薛桂宁。

引　言

自动灌溉系统是从20世纪后半叶才开始出现的一个比较新的概念。因此，有必要对其发展背景作一简要回顾。

世界上农业生产的食物主要依赖于水的有效利用率。食物消耗量随着世界人口的增长而增长，而农业上的可利用水源是有限的。因此，这一制约因素要求人们开发新水源，并对现有水源的利用进行严格控制。对作物生长期需水量的深入研究一再表明：没有必要通过增加用水量来提高作物品质和产量。实际上，采用科学的控制方法在许多情况下可以减少用水量。

要想在灌溉过程中实现上述目标，就直接涉及到人参与的程度和性质。因为灌溉方法本身需要更复杂的操作技术，所以对人的要求就更高。监管灌溉系统需要做大量工作。这样一来，操作者的责任相应增加，使人力难以胜任。

上述问题的解决办法可以用两个词概括：控制和自动。

因为灌溉作业是在给定的时间内完成的，所以利用时间来控制灌溉系统的假设可能是有道理的。这一概念在自动控制装置发展的早期得到短时间的应用，但后来就被废弃了。试图利用时间来实现定量控制是一种间接方式，它基于以下两个假设：

a）流量为已知；

b）流量为常数。

假设a)以灌溉系统组成部件(例如喷头、滴头、管道、阀门等)制造厂提供的数据为依据。这些数据绝大部分是把流量表示为水压和压力损失的函数，并以此作为水力设计的依据。

假设b)实际上是两个各自独立的假设的组合，即：

——供水压力为常数；

——系统特性不随时间变化而变化。

这些假设在现代灌溉系统中是不存在的。

在任何情况下，灌溉系统中的水量大小都取决于供水压力和系统阻力。这些因素的变化会对流量产生严重影响。因此，如果将供水时间作为控制的依据，供水量的偏差可达到很高的百分比。几种流量变化的例子可作为例证：

——过滤器的逐渐堵塞引起流量逐渐减小；

——小流量灌水器(例如滴头)的逐渐堵塞引起流量减小；

——喷头喷嘴的磨损引起流量增加；

——水管内壁形成的沉积物引起流量减小；

——管道或其他部件用不同水阻的部件替换后，系统的过流能力随之改变。

所有这些情况都表明，无法通过测量时间来控制灌溉水量，也不可能提供适当的指标。因此，必然得出结论：在任何情况下，能够提供真实灌溉数据，并利用这些资料控制有效灌溉的唯一方法是直接测量供水量。

对精确水量测量控制的需求和减少对人为因素依赖之间的互相联系，加之对现代灌溉方式的快速推进，最终导致了自动控制装置的发展。

首先，研制出了能实现单点自动定量控制的基本装置。这种装置由水表、水动阀和可调节置位装置组成。转动旋扭，选择所需的水量，打开阀门，并连续测量流经阀的水量。当预置水量全部输送完后，利用管道中的水压将阀关闭，无需其他能源。

接着，研制出了能够将任意数量的定量阀相互连接的专用附件，构成了一个自动顺次灌溉系统。该系统中每一个阀的运行都通过前一级阀来启动。这种方法通过对配水系统最大限度的利用,提高了整个灌溉系统的效率。

自动顺次灌溉系统为农业用水的有效控制开辟了一个重要的新局面,并且减少了对人为因素的依赖。设备的不断改进,为进一步发展创造了机会,导致了新局面的出现,而新局面又更进一步提出了新的要求和新的挑战。

控制架构里包括更多的变量:按灌溉制度进行灌溉设计、定时脉冲灌溉、施肥量、流动控制、田间故障查找等等。这些系统以电子控制设备为基础,将在另一个标准中介绍。

农业灌溉设备 自动灌溉系统 水力控制

1 范围

本指导性技术文件规定了以水动装置为基本部件的自动灌溉系统的主要定义和分类。该水动装置所需的能量只能从灌溉系统的水中获得。

本指导性技术文件适用于借助测量水量实现用水量控制的自动控制系统。半自动控制系统用于有压灌溉系统，并能够控制每个灌溉循环内预置水量的输出。每个顺次灌溉循环的需水量需要人工预先设置。

2 规范性引用文件

下列文件中的条款通过本指导性技术文件的引用而成为本指导性技术文件的条款。凡是注日期的引用文件，其随后所有的修改单(不包括勘误的内容)或修订版均不适用于本指导性技术文件，然而，鼓励根据本指导性技术文件达成协议的各方研究是否可使用这些文件的最新版本。凡是不注日期的引用文件，其最新版本适用于本指导性技术文件。

GB/T 19794 农业灌溉设备 定量阀 技术要求和试验方法(GB/T 19794—2005,ISO 7714:1995,MOD)

3 术语和定义

下列术语和定义适用于本指导性技术文件。

3.1

定量阀 volumetric valve

当流经阀的水量达到预先设定值后，将灌溉系统水流关断的阀门。该阀可借助机械阀或水动阀关闭。

3.2

水动阀 hydraulic valve

通过向灌溉系统施加或解除水压来开启或关闭灌溉系统的阀门。

3.3

半自动灌溉系统 semi-automatic irrigation system

带有控制系统的灌溉系统，当预置的水量流经阀后，该控制系统能将灌溉系统中的水流自动关断。对任何一个新的灌溉循环，必需人工给控制系统重新设置需要输出的水量。

3.4

顺次启动 sequential activation

若干个阀一个接一个的依次起动，即每一个阀都是在顺次连接的前一个阀的预置灌水量全部输出后才开始运行。

3.5

控制管 control tubing

借助管路水压在水动阀压力室之间来回传递水力信号的小直径管。

3.6

水量 water dose

一个灌溉循环内，一定作物面积上需要补充的实测水量。

3.7

灌溉周期　irrigation interval

在同一块面积上，一次灌溉开始到下一次灌溉开始之间的间隔时间。

4　图形符号

今后将制定一个标准对图形符号作出规定，在该图形符号标准没有发布前，本指导性技术文件的图形中暂定采用下列符号。

名　　称	符　　号	备　　注
机械式定量阀	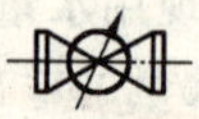	
水动式定量阀		
水动阀		
控制管	—	

5　分类

水力自动控制灌溉系统按 5.1 和 5.2 分类。

注：定量阀的分类、技术要求和试验方法见 GB/T 19794《农业灌溉设备　定量阀　技术要求和试验方法》。

5.1　单个定量阀灌溉系统

5.1.1　内装机械式关断机构的定量阀

该类阀尺寸小，机械式关断机构的动作不会引起水力脉冲。

5.1.2　带有水力关断机构的定量阀

带有水力关断机构的定量阀的尺寸大于等于 38.0 mm。其结构分以下两种：

a)　水动阀是定量阀整体的一部分；

b)　水动阀独成一体，接收从水表传来的信号。

5.2　定量阀顺次灌溉系统

5.2.1　概况

一个顺次灌溉系统由下列部件组成：

a)　定量阀；

b)　水动阀；

c)　控制管。

5.2.2　机械式定量阀顺次灌溉系统

5.2.2.1　A 类：水动阀安装在主管路上(见图 1)

灌溉循环开始前，所有或部分定量阀用人工预先设置各自所需输出的水量。主管路上的水动阀全部开启，但总阀关闭。

当打开供水总阀时，灌溉循环开始，主管内的水流流经第一条支管进口处的定量阀进入第一条支管。与此同时，定量阀压力室上部产生压力，供水主管上的水动阀关闭。

当预定向第一条支管提供的水量全部输出后，该支管上的定量阀自动关闭。该支管内的压力几乎降为零。水动阀缸筒内的压力释放，供水主管内的水压将水动阀打开。这时，水进入第二条支管和该支管上的水动阀压力室。如上所述，产生的压力将供水主管上的水动阀关闭，并重复上述运行过程，直到输出预置的水量。

按同样的方式，水连续顺次地从一条支管流向下一条支管，直到所有预置的定量阀全部启动。

该类系统适用于各条灌溉支管之间的距离很远，不宜采用控制管的情况。

5.2.2.2 **B类：水动阀安装在支管上（见图2）**

该类系统的工作原理与5.2.2.1描述的A类相同，只是水动阀安装在灌溉支管上，并且各轮灌区之间用控制管相连。

5.2.3 **水动式定量阀顺次灌溉系统**

5.2.3.1 **C类：水动式定量阀安装在灌溉支管上（见图3）**

灌溉循环开始前，供水总阀打开，所有定量阀用人工预先设置所需输出的水量。除第一个定量阀在预置时开启外，其他所有定量阀均保持关闭状态。

该系统能保证第一个定量阀通过控制管将水压传递给第二个定量阀，使其处于关闭状态。第二个定量阀使第三个定量阀处于关闭状态。按此相同的关闭功能，直到系统中的最后一个定量阀处于关闭状态。

当第一条支管的预置水量输送完后，第一个定量阀自动关闭。压力被释放并且供水主管内的水压将下一条支管的阀打开。水流入第二条支管，并继续流动直到输出全部预置水量。

按相同的方式，一个定量阀的压力被释放，供水主管内的水压将下一个阀打开。这样，水自动连续顺次地从一条支管流到下一条支管，直到整个灌溉循环结束。

5.2.3.2 **D类：采用共用水动式定量阀的顺次灌溉系统（见图4）**

该类系统设计成若干个灌溉单元，每个单元中的多条灌溉支管同时运行。

在某些情况下，必须将顺次灌溉系统用于若干条支管合而为一，并同时运行的情况。在供水主管上安装单个顺次灌溉系统造价很高。另外，每条支管上单独安装的水动式定量阀不能保证该组支管同步运行，并把信号传递给下一个轮灌区。在这种情况下，通常在该组支管的第一条支管上安装一个顺次定量阀，而其他支管上只安装水动阀。用控制管将一组支管上的所有水动阀互相连接，并与定量阀相连。该组支管上的定量阀与相邻各组支管上的定量阀顺次相连。每个定量阀仅预置本组支管所需的灌水量。当定量阀关闭时，它所在组的所有水动阀同时关闭。下一个定量阀按5.2.2.2描述的B类系统那样打开，它所在组的所有水动阀也随之打开。

由于安装在供水主管首部的总定量阀输出的水量是整个灌溉系统单元所需的水量，所以该类系统的计量精度与该定量阀的计量精度相同（见图4，虚线表示总阀）。计量精度取决于灌溉单元中的喷头和滴头的流量，单位为立方米每小时（m^3/h）。

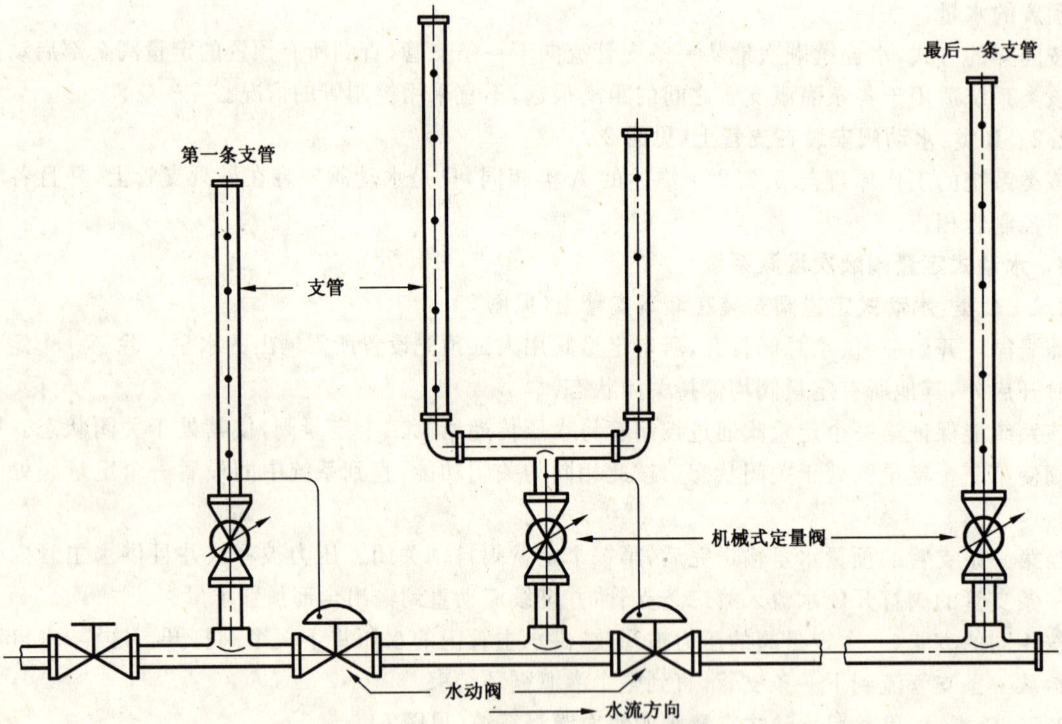

图 1　水动阀安装在供水主管上、机械式定量阀安装在支管上的顺次灌溉系统

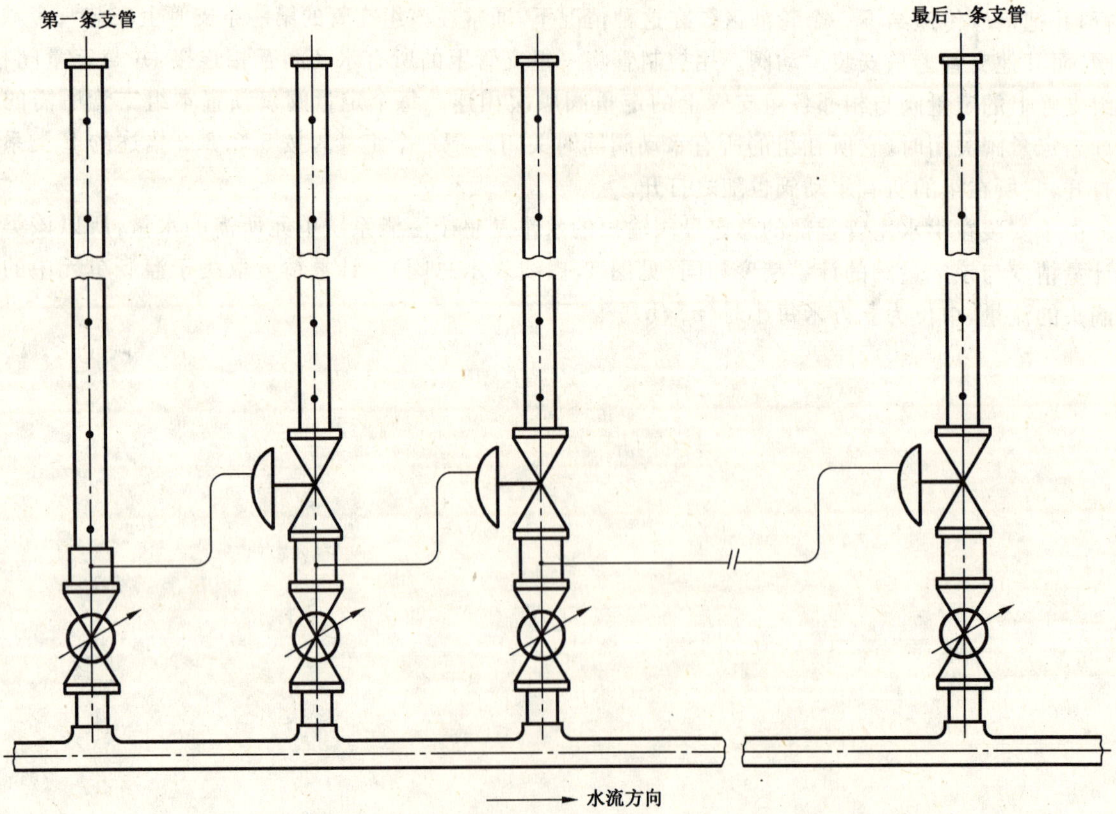

图 2　水动阀和机械式定量阀都安装在支管上的顺次灌溉系统

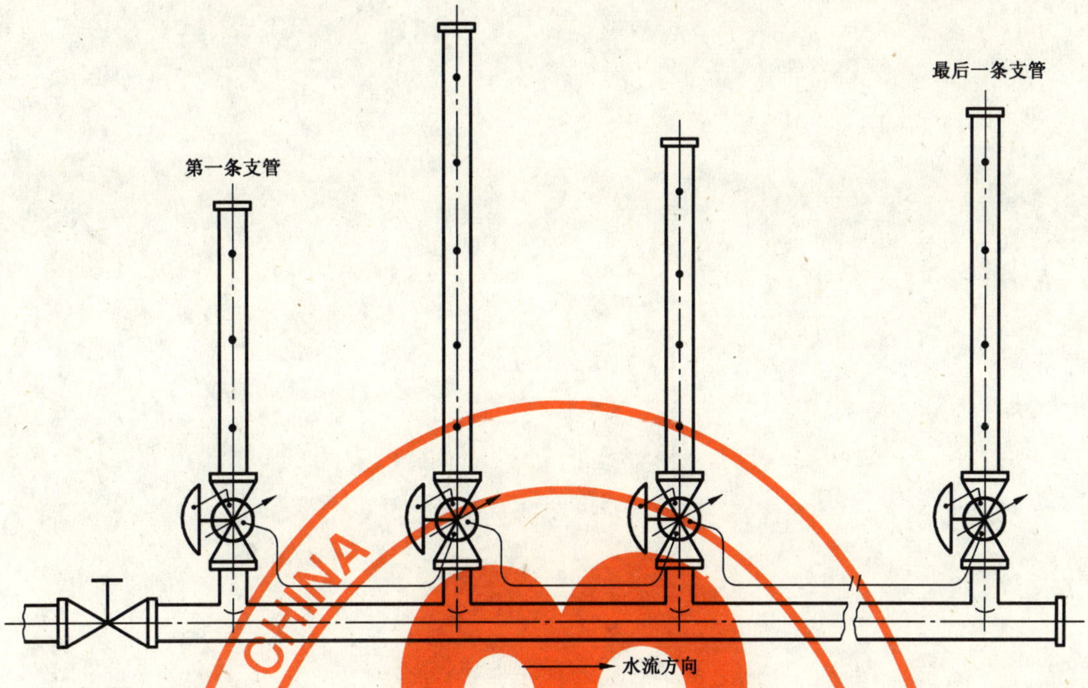

图 3　水动式定量阀安装在支管上的顺次灌溉系统

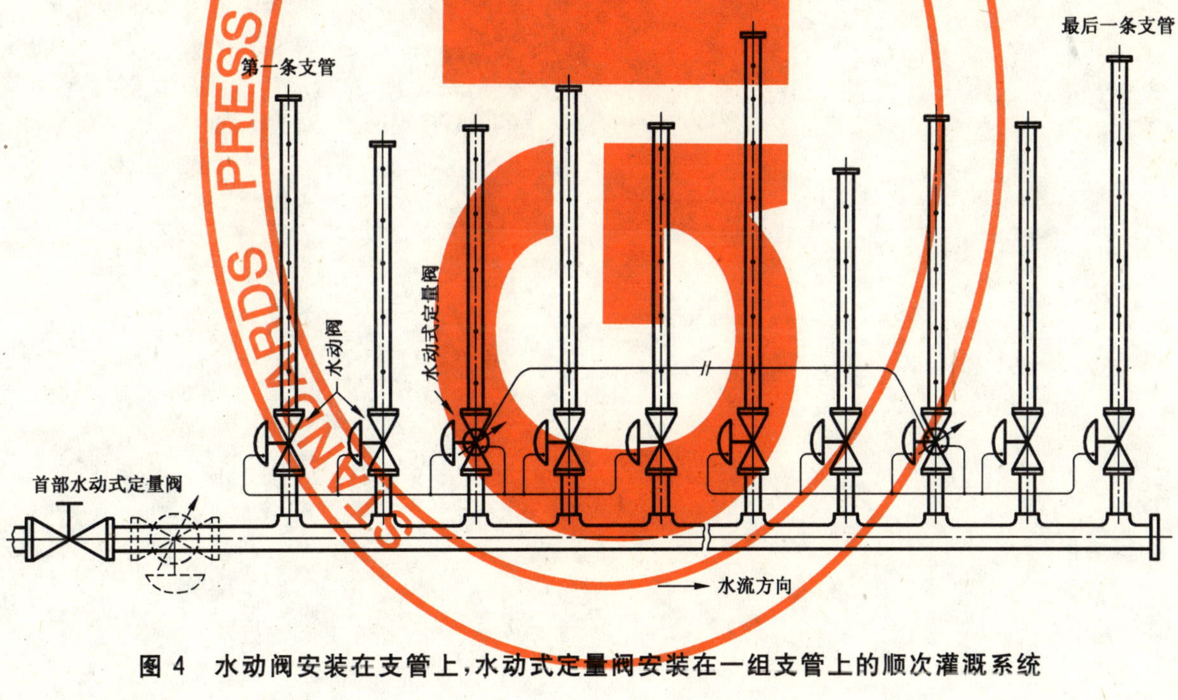

图 4　水动阀安装在支管上，水动式定量阀安装在一组支管上的顺次灌溉系统

ICS 19.100;25.160.40
J 04

中华人民共和国国家标准

GB/T 19799.1—2005/ISO 2400:1972

无损检测 超声检测 1号校准试块

Non-destructive testing—Ultrasonic testing—Calibration block No.1

(ISO 2400:1972,Welds in steel—Reference block for the calibration of equipment for ultrasonic examination,IDT)

2005-06-08 发布 2005-12-01 实施

中华人民共和国国家质量监督检验检疫总局
中国国家标准化管理委员会 发布

前　言

本标准等同采用 ISO 2400:1972《钢焊缝　超声检测设备校准用试块》(英文版)。

本标准等同翻译 ISO 2400:1972。

为便于使用,本标准做了下列编辑性修改:

a)　"本国际标准"一词改为"本标准";

b)　图中尺寸和表面粗糙度的标注方式改为我国现行的标注方式。

本标准由中国机械工业联合会提出。

本标准由全国无损检测标准化技术委员会(SAC/TC 56)归口。

本标准起草单位:上海锅炉厂有限公司、山东济宁模具厂(济宁东岳模具有限公司)、上海材料研究所。

本标准主要起草人:张伟、魏忠瑞、金宇飞、宓中玉。

无损检测　超声检测　1号校准试块

1　范围

本标准规定了钢焊缝超声检测设备校准用试块的特性。

2　特性

2.1　材料

制作试块的钢材应具有下列特性：

——用平炉或电炉生产的低碳镇静钢；

——正火状态；

——晶粒度与5级相当或更细。

2.2　尺寸

试块尺寸如图1所示，所有尺寸公差均为±0.1 mm。

单位为毫米

图1　尺寸

ICS 19.100;25.160.40
J 04

中华人民共和国国家标准

GB/T 19799.2—2005/ISO 7963:1985

无损检测　超声检测　2号校准试块

Non-destructive testing——Ultrasonic testing——Calibration block No. 2

(ISO 7963:1985, Welds in steel——Calibration block No. 2 for ultrasonic examination of welds, IDT)

2005-06-08 发布　　2005-12-01 实施

中华人民共和国国家质量监督检验检疫总局
中国国家标准化管理委员会　发布

前　言

本标准等同采用 ISO 7963:1985《钢焊缝　焊缝超声检测用 2 号校准试块》(英文版)。

本标准等同翻译 ISO 7963:1985。

为便于使用,本标准做了下列编辑性修改:

a) “本国际标准”一词改为“本标准”;

b) 用小数点“.”代替作为小数点的逗号“,”;

c) 在第 2 章中插入 GB/T 1.1—2000 规定的引导语;

d) 按 GB/T 1.1—2000 规定加了附录 A 的标题。

本标准的附录 A 为规范性附录。

本标准由中国机械工业联合会提出。

本标准由全国无损检测标准化技术委员会(SAC/TC 56)归口。

本标准起草单位:上海锅炉厂有限公司、山东济宁模具厂(济宁东岳模具有限公司)、上海材料研究所。

本标准主要起草人:张伟、魏忠瑞、金宇飞、宓中玉。

引　言

本校准试块的尺寸、形状与 ISO 2400 所描述的试块不同。

它的尺寸更小、重量更轻、几何形状更简单。

它提供的校准范围比大试块小,特别是不能对超声检测仪进行全面的校验。

本试块容易操作,因此在实际超声检测中,可随时对超声检测设备的时基线和灵敏度设置进行简单的校验。此外本试块也适用于校验小型横波探头的斜射角和探头入射点。

无损检测 超声检测 2号校准试块

1 范围

本标准规定了用于校准钢焊缝超声检测设备的2号试块的尺寸、钢种以及使用方法。

2 规范性引用文件

下列文件中的条款通过本标准的引用而成为本标准的条款。凡是注明日期的引用文件，其随后所有的修改单(不包括勘误的内容)或修订版均不适用于本标准，然而，鼓励根据本标准达成协议的各方研究是否可使用这些文件的最新版本。凡是不注明日期的引用文件，其最新版本适用于本标准。

GB/T 19799.1 无损检测 超声检测 1号校准试块(GB/T 19799.2—2005，ISO 2400:1972，IDT)

ISO 468 表面粗糙度 参数数值和特定要求的通用规则(Surface roughness——Parameters，their values and general rules for specifying requirements)[1)]

ISO 2604/4 承压钢产品 质量要求 第4部分：板材(Steel products for pressure purposes——Quqlity requirements——Part 4:Plates)[2)]

3 尺寸

试块尺寸见图1，单位为毫米。除刻度槽的长度公差为±0.5 mm外，其余尺寸公差均为±0.1 mm。

注1：试块可以更厚(见附录A)。

注2：图1中，Ra 表示平均粗糙度。Ra 与 Rz 的差别不是很大；两者在ISO 468中有定义。

4 材料

制造校准试块的钢，其成分相当于ISO 2604/4的P 18[3)]。

5 准备

校准试块的材质应均匀，且经超声检测无缺陷(见附录A)。

为获得细晶粒结构和好的均匀性，在最终机加工前，试块应按以下方式进行热处理：

a) 在920℃加热30 min，用水淬火处理；

b) 在650℃温度再加热2 h后空冷。

热处理后，试块的所有表面应采用机加工方法至少去除2 mm。

热处理后，在机加工没有结束之前，应使用直探头从两个互相垂直方向和轧制方向对试块做更进一步的超声检测。

---

1) 与ISO 468对应的我国标准为GB/T 1031—1995《表面粗糙度 参数及其数值》(neq ISO 468:1982)。

2) ISO 2604/4即ISO 2604-4:1975，现已被ISO 9328-1:1991、ISO 9328-2:1991、ISO 9328-3:1991、ISO 9328-4:1991、ISO 9328-5:1991标准代替。

3) P 18相当于我国的压力容器用钢16MnR(参见GB 6654—1996)。

除回波反射面打磨以外，其余所有表面应沿纵向进行机加工。

为防止刻度槽带来的附加效应，刻度槽的深度应为(0.1±0.05)mm，长度为 6 mm，位置偏差为±0.2 mm。机加工完成后，应进行最终的超声检测。

6 使用方法

6.1 时基线的设置

调节时基线时，相继的回波前沿(左边)应与设备显示屏上相应的刻度标记重合。

脉冲传播时间取决于超声波在被检材料中的速度。

对第 4 章给出的钢成分而言，其纵波和横波速度分别为(5 920±30) m/s 和(3 255±15) m/s。

6.1.1 纵波探头，距离不大于 250 mm 时的时基线校准

探头在校准试块上的位置见图 2 a)。图 2 b)为校准距离 50 mm 时呈现在荧光显示屏上的示意图。

注：当校准距离大于试块厚度 10 倍时会出现困难，这取决于所用的探头和频率。

6.1.2 小型横波探头，校准距离 100 mm 或 125 mm。

小型横波探头在校准试块上的位置见图 3a)(校准距离 125 mm)和图 3b)(校准距离 100 mm)，图 3 a)和图 3 b)也给出了这两种校准距离时呈现在荧光显示屏上的示意图。

注：距离为 125 mm 的校准更可取，因为它的时基线性较好。

6.2 检测中校验

大量因素会影响灵敏度设置(见附录 A)。

6.2.1 纵波探头灵敏度设置

探头可放在图 4 中位置“a”处。

表示相继回波的示波图可以作为设置灵敏度的参考基准。也可使用直径 5 mm 孔的反射波，将探头放置在图 4“b”处，使相应的回波幅度达到最大。

6.2.2 小型横波探头

6.2.2.1 灵敏度设置

直径 5 mm 孔的最大回波可以作为参考基准进行灵敏度设置(见图 5，位置“a”)。同样，半径为 50 mm和 25 mm 的圆柱面反射回波也可分别作为参考基准进行灵敏度设置。

在此情况下有两种可能性：

——第一种，使用已校准的增益控制，首先将圆柱面反射回波幅度调节到满屏的 80%高，然后再调节到须设置的水平(见图 5，位置“b”)；

——第二种，不使用已校准的增益控制，从圆柱面反射的相继回波可用来调节灵敏度(见图 6)。

校验探头时，声耦合是一个非常重要的因素。当比较探头时，应使用相同的耦合剂。

6.2.2.2 探头入射点位置的测定

小型横波探头〔见图 3a)和 3b)〕在校准试块的主平面上平行移动，直到圆柱面回波幅度达到最大。

探头入射点的位置，此时在毫米刻度的中心标记处。

6.2.2.3 斜射角的测定

利用来自直径 5 mm 孔的回波。

与上述一样，小型横波探头在校准试块的主平面上平行移动，直到来自直径 5mm 孔的反射回波幅度达到最大。

斜射角的值可直接通过刻在校准试块上的刻度读出(如图 7 所示)，如果发观位置与某一刻度线不重合可通过插值法进行计算。

图 7 所示为校验 45°、60°和 70°探头的斜射角时的可能位置。

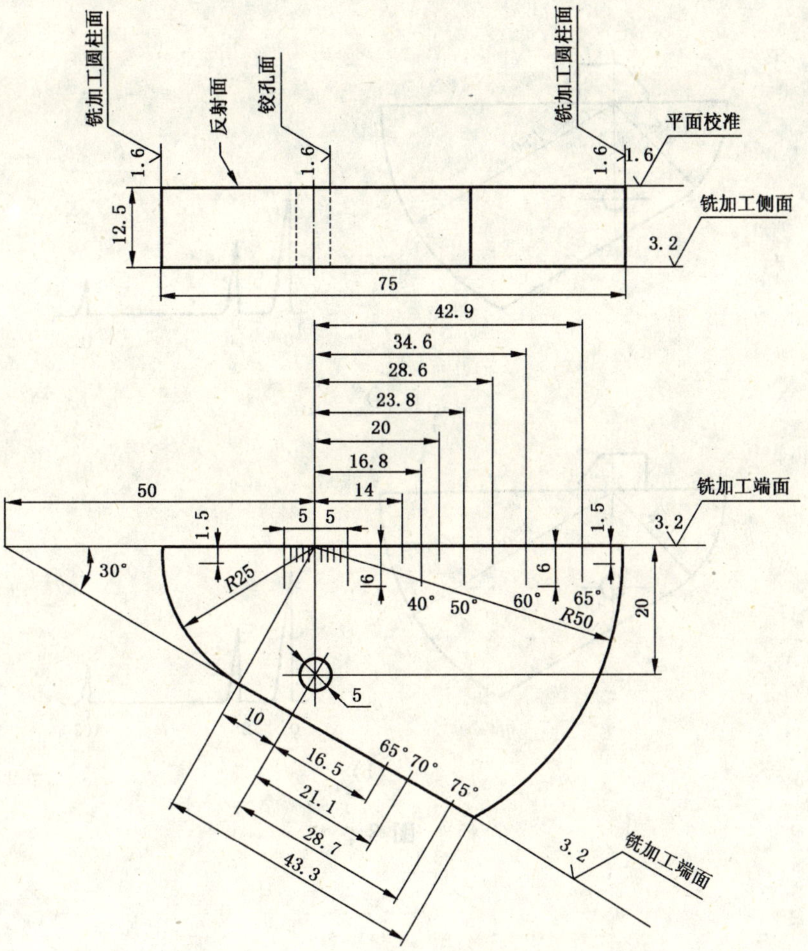
铣加工圆柱面
反射面
铰孔面
铣加工圆柱面
平面校准
铣加工侧面
铣加工端面
铣加工端面
1.6
12.5
75
3.2
42.9
34.6
28.6
23.8
20
16.8
14
50
5
1.5
R25
30°
40°
50°
60°
65°
R50
20
10
16.5
65°
70°
75°
21.1
28.7
43.3

图 1

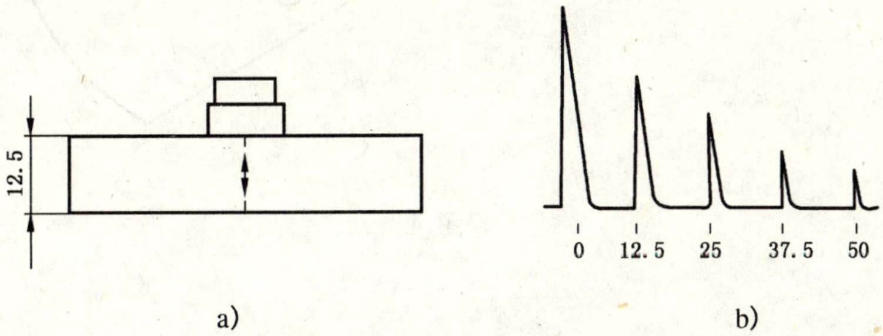
12.5
0
12.5
25
37.5
50
a)
b)

图 2

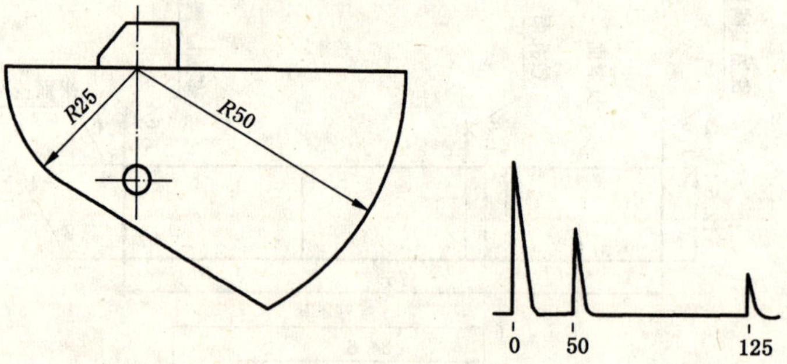

a)[4]

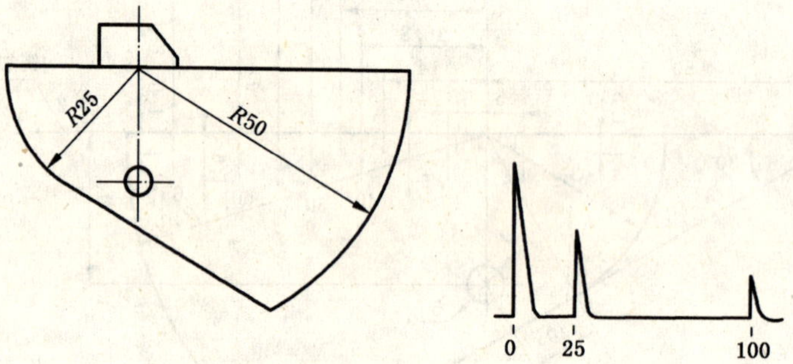

b)

图 3

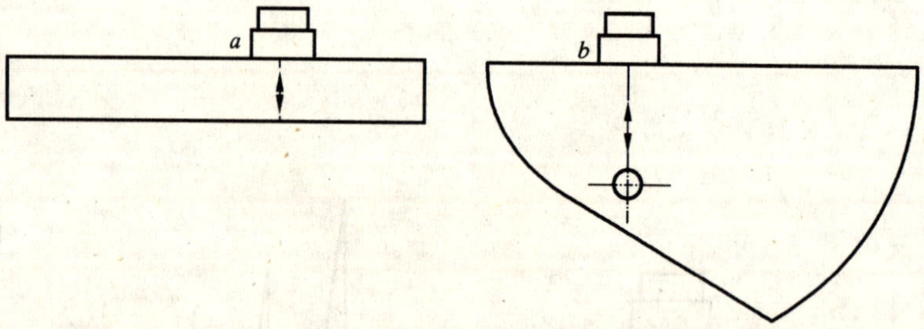

图 4

4）此图引自 ISO 7963:1985 中相应的图，其中波形图的比例略显失调，仅作示意。

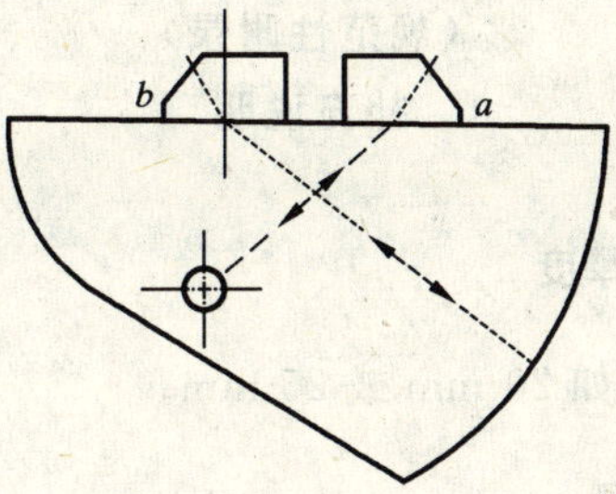

图 5

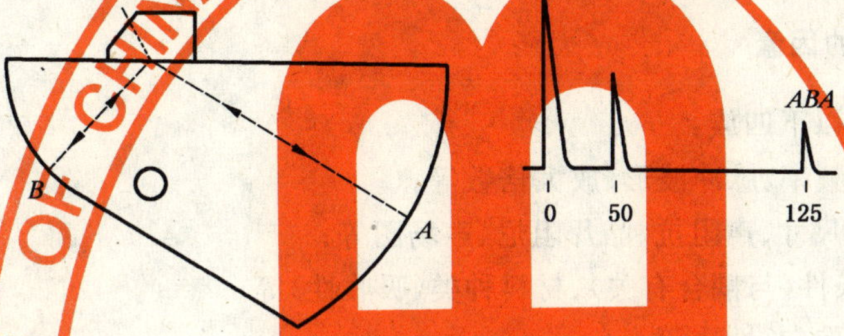

图 6[4)]

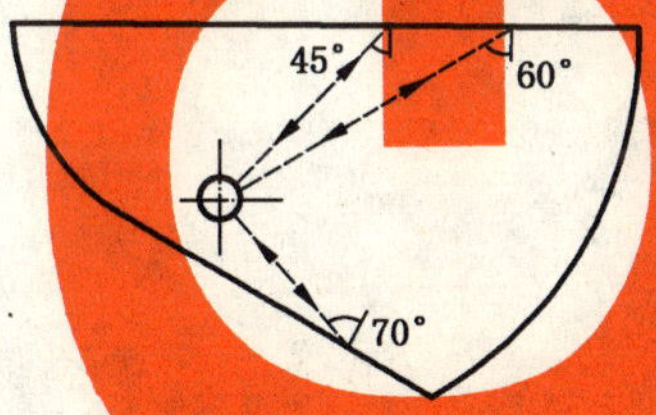

图 7

附 录 A
（规范性附录）
补充说明

A.1 用于“非小型”探头的校准试块厚度

如有必要，可以使用较厚的试块，如 20 mm 或 25 mm。

A.2 最终机加工前后材料的超声检测

推荐两种使用纵波探头（晶片直径 10 mm；频率 6 MHz）的检测方法。

a) 如图 2 a）所示放置探头，声程至少为 50 mm 的底面回波幅度应比由晶粒结构产生的草状回波高出 50 dB；

b) 在材料的均匀性方面，任何缺陷产生的回波幅度应不大于草状回波的幅度。

A.3 设置灵敏度需考虑的因素

这些因素可能被分为以下四族：

a) 设备：脉冲能量、频率、脉冲波形、放大倍数等；

b) 所用探头：种类、尺寸、声阻抗、晶片阻尼、声场图等；

c) 被检材料：表面条件（与耦合有关）、材料种类（吸收性）等；

d) 缺陷分析：形状、取向、性质等。

ICS 19.100
J 04

中华人民共和国国家标准

GB/T 19800—2005/ISO 12713:1998

无损检测　声发射检测
换能器的一级校准

**Non-destructive testing—Acoustic emission inspection—
Primary calibration of transducers**

(ISO 12713:1998,IDT)

2005-06-08 发布　　2005-12-01 实施

中华人民共和国国家质量监督检验检疫总局
中国国家标准化管理委员会　发布

前　言

本标准等同采用 ISO 12713:1998《无损检测　声发射检测　换能器的一级校准》(英文版)。

本标准等同翻译 ISO 12713:1998。

为便于使用,本标准做了下列编辑性修改:

a) “本国际标准”一词改为“本标准”;

b) 用小数点“.”代替作为小数点的逗号“,”;

c) 删除国际标准的前言和引言;

d) 用 GB/T 1.1 规定的引导语代替国际标准中的引导语。

本标准由中国机械工业联合会提出。

本标准由全国无损检测标准化技术委员会(SAC/TC 56)归口。

本标准起草单位:国家质量监督检验检疫总局锅炉压力容器检测研究中心、清华大学、广州声华科技有限公司、北京科海恒生科技有限公司。

本标准主要起草人:沈功田、刘时风、段庆儒、李光海。

无损检测 声发射检测
换能器的一级校准

1 范围

本标准规定了声发射换能器绝对校准的方法。其目的是为声发射检测建立统一的标准，为实现数据相关建立基础，并且对不同(在不同时间不同地点所获得)的检测结果提供解释。

描述声发射换能器的性能必须规定一种可接受的方法。

本标准为耦合在固体介质表面接受弹性波的声发射换能器建立一套一级校准方法。校准是换能器对在声发射检测中经常接收的声波频率的响应。换能器的电压响应在大约10 kHz至1 MHz的分立频率间隔中来确定。输入是在耦合表面上已知的动态位移。校准单位是输出电压每机械输入(位移、速度、加速度)。本标准适用于二级标准换能器和用于检测的换能器的校准。

2 规范性引用文件

下列文件中的条款通过本标准的引用而成为本标准的条款。凡是注日期的引用文件，其随后所有的修改单(不包括勘误的内容)或修订版均不适用于本标准，然而，鼓励根据本标准达成协议的各方研究是否可使用这些文件的最新版本。凡是不注日期的引用文件，其最新版本适用于本标准。

GB/T 12604.4 无损检测 术语 声发射检测(GB/T 12604.4—2005,ISO 12716:2001,IDT)[1)]

ASTM E 114-95 接触式超声脉冲回波直射检测(Ultrasonic Pulse-Echo Stright-Beam Examination by the Contact Method)[2)]

ASTM E 494-95 材料超声速度测量(Meeasuing Ultrasonic Velocity in Materials)[3)]

ASTM E 650-85(1992) 压电式声发射传感器的安装(Mounting Piezoelectric Acoustic Emission Sensors)

BRECKENRIDGE,F.R,GREENSPAN,M.表面波位移：电容换能器测量.美国声学学会杂志，69：1177—1185(BRECKENRIDGE, F. R and GREENSPAN, M. Surface-Wave Displacement: Absolute Measurements Using a Capacitive Transducer, Journal Acoustic Socirty of America, Vol. 69, pp. 1177-1185)

3 术语和定义

GB/T 12604.4 确立的术语和定义适用于本标准。

---

1) ISO 12716:2001 是以 ASTM E 610 为标准草案而制定的，故 ISO 12716:2001 与 ASTM E 610 是等效的，两者的术语和定义基本一致。

2) 与 ASTM E 114 对应的我国标准为 JB/T 4009—1999(neq ASTM E 114-96)。

3) 与 ASTM E 494 对应的我国标准为 JB/T 7522—1994(neq ASTM E 494-85)。

4 符号和缩略语

4.1 符号

符号	术语	单位
a	传感器表面有效半径	m
A	标准换能器的绝对灵敏度	$V \cdot m^{-1}$
c	瑞利波速度	$m \cdot s^{-1}$
$D(f_m)$	被测换能器复值频谱响应	1
f	频率	MHz
f_m	第 m 个频率	MHz
j	下标 $0,1,2,\cdots,n-1$	1
J_1	一阶贝塞尔函数	1
k	循环波个数	m^{-1}
n	单个通道的采样总数	1
r_m	第 m 个 $D(f_m)$ 的幅度值	1
s_j	标准通道中第 j 个采样值	V
$S(f_m)$	标准信号的复值频谱	1
T	总记录时间(等于 n 倍的 Δt)	μs
u_j	未知通道的第 j 个采样值	V
$U(f_m)$	未知信号的复值频谱	1
Δt	采样时间间隔	μs
Θm	第 m 个 $D(f_m)$ 的相位值	1

4.2 缩略语

AE 声发射

5 一般要求

5.1 位移换能器

本校准方法适用于法向位移换能器的绝对校准，而这些换能器作为二级标准可用于无损评价的声发射传感器的校准。因此，传递标准宜是高保真和非常稳定的。这样才能保证直到 1 MHz 频率范围内的校准准确度。

注：校准准确度仅在下面的情况中得到保证，即标准换能器在接收到瞬时输入后，而尚未接收到从校准块边界反射的回波前(100 μs)的全部响应。对低频段的校准结果尚有疑问。

5.2 声发射传感器

本标准也适用于无损评价中声发射传感器的校准，其中部分声发射传感器不如标准传递装置稳定。对于校准装置所说的校准准确度是指频率在 100 kHz 到 1 MHz 之间，而在 100 kHz 以下校准准确度不高。

注：对机械/电子换能装置进行校准的主要困难在于如何确定换能器件的机械运动输入。使用该校准方法，输入的运动参数可以由两种方法确定——理论计算和使用绝对位移换能器进行实际测量。

5.3 理论计算

弹性理论已经被用于计算由法向点力源阶跃函数引起的半无限大介质表面的动态位移。这种方法确定了表面上任一点的位移-时间的函数关系,产生了位移波形,我们称之为振动表面脉冲。

该校准方法使用了近似理论解的实验方法。参见参考文献[1]和[2]。半无限大介质用一个大的圆柱形金属块近似,点力源阶跃函数由金属块平面上一个毛细玻璃管的破裂来近似。位移时间函数可由检测状态下传感器的安装位置(传感器与瞬时信号的输入在金属块的同一平面)计算得出,位移的计算可以通过阶跃力的测量以及由金属块中的声速确定的弹性模量来实现。

5.4 绝对位移的测量

本校准方法要求对试块表面法线方向的动态位移进行绝对测量。用于动态位移测量的换能器对于待检换能器来说是标准换能器。该标准换能器应符合或者超过 Breckenridge 和 Greenspan(见第 2 章)所描述的电容换能器的性能。标准换能器的重要性能包括:高保真、高灵敏度和经得起理论计算的检验。对于被测表面无可察觉到的微小动态载荷。

校准时,标准换能器和待检换能器放置在试块的同一个表面上,距离瞬时冲击输入点相同的距离,但位于相反的方向上。换能器这样放置可以保证它们经历了同样的位移-时间过程。比较待检传感器和标准换能器的输出,可以对待检传感器进行校准。

这种方法同样也适用于对无损评价中声发射传感器的校准,部分声发射传感器不稳定而不适宜用作参考标准传感器。这种校准装置在 100 kHz 到 1 MHz 可以保证校准准确度,但是在 100 kHz 以下的校准准确度就要差一些。

对于这种力源输入和换能器其他相关的布置方式也是可能的,但是通常只能对这种"同表面"布置方式进行补充。在校准中换能器接收到的 AE 波主要是表面波,因此校准宜建立在换能器对表面波的响应基础上。

5.5 校准单位

声发射传感器对它前表面的运动做出响应。传感器前表面的应力和应变是由传感器和试块的机械阻抗相互作用决定,在该处的应力和应变都不能直接进行测量。然而在没有传感器的情况下,试块表面上的位移可以根据弹性理论计算或在表面的其他地方测量得到。因为声发射传感器是用于监测结构自由表面的运动,而忽略传感器和结构间的相互作用,所以通常将结构表面的自由运动作为传感器的输入变量。因此,校准的单位是电压每自由运动单位,例如:V/m。

5.6 试块材料

由于校准过程由试块的声阻抗和声发射传感器的声阻抗相互作用决定,所以校准方法中必须指定试块的材料。在不同材料的试块上进行校准所得的换能器灵敏度-频率曲线在形状和平均幅度上是不同的。结果可能相差悬殊。比如,在一块钢质试块上进行校准过的换能器,如果在玻璃试块或者是铝质试块上进行校准,其平均灵敏度只有钢质试块的 50%至 100%;如果在有机玻璃试块上进行校准,得到的值将只有钢质试块上的 3%。通常来说,如果试块的刚性和密度越小,那么校准的灵敏度也越低。

对于表面波校准,试块中的瑞利波速会影响校准结果。对于表面灵敏度一致的圆形传感器,在 $J_1(ka)$的零点处不存在孔径效应($k=2\pi f/c$)。

因此,在零点处的频率由瑞利波速决定。

6 装置

6.1 概述

典型的校准装置如图 1 所示。一个直径约 0.2 mm 的玻璃毛细管 B,被压在加载螺杆 C 的尖端和钢质试块 A 上表面之间。当毛细管破裂的时候,突然释放的冲击力是一个阶跃函数,上升的时间大约是 0.1 μs。冲击力的大小可由装配在加载螺杆上的 PZT 晶片 D 和连接到存储示波器 F 上的电荷放大器 E 测量得出。标准的电容换能器 G 和待检换能器 H 放置在与力源同样距离但方向相反的位置(通常是 0.1 m)。从对称的角度看,很显然如果忽略换能器的加载效应,那么在两个换能器所处位置表面的位移要相同。标准电容换能器的加载效应可以忽略,而待检换能器的加载效应是校准的一部分。

两个换能器输出的电压瞬态变化被数字记录仪 I 同时记录,需要处理的信息由计算机 J 存储。

使用这个装置,就可以比较待检传感器与标准换能器或与弹性理论计算的位移波形。两种比较方法的结果宜相似。

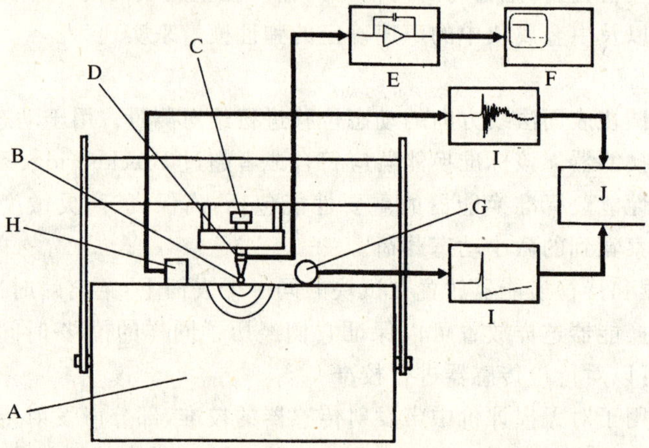

A——钢质转换试块;

B——玻璃毛细管;

C——加载螺杆;

D——PZT 晶片;

E——电荷放大器;

F——存储示波器;

G——标准换能器;

H——待检换能器;

I——瞬态记录器;

J——计算机。

图 1 装置结构图

6.2 试块

试块应由专门选定的材料制作,应尽量无缺陷,且按 ASTM E 114 或相当标准中要求,用 2.25 MHz 的纵波进行检测。试块缺陷产生的回波不大于第一次底面波的 10%。试块材料还要求很高的均匀性,这可通过对规则分布在试块表面上至少 15 个点进行脉冲回波时间的测量而确定(见 ASTM E 494)。纵波和横波的波速与各自的平均波速相差应大于±1‰和±3‰。试块和校准仪器如图 2 所示。

6.3 阶跃函数源

阶跃函数力源的产生应通过断裂玻璃毛细管实现(见图 3)。玻璃毛细管是普通的由硼硅酸盐制成的实验玻璃管。毛细管外径为 0.1 mm 到 0.3 mm,典型的毛细管外径为 0.2 mm。当毛细管内径尺寸等于管的厚度时实验效果最好。毛细管断裂产生的力通常在 10 N 到 30 N 之间,通常为 20 N。

毛细管应水平放置在一片显微镜防护用玻璃片(0.08 mm×1.5 mm×1.5 mm)上,玻璃片用水杨酸苯酯或者氰基丙烯酸盐粘合剂粘合在试块表面上。作用力通过一个实芯的玻璃棒(直径 12 mm)加载在毛细管上,玻璃棒与毛细管相互垂直放置。玻璃棒通过加载螺杆向下施加作用力,直到毛细管断裂。加载螺杆上安装有一个已在静载荷下校准过的陶瓷换能器。所以,尽管毛细管破裂产生的冲击力事先不能估计出来,但可以测量得出,并将其用于表面位移的弹性理论计算。

理想状态下,毛细管宜直接放置在试块上而无需中间加防护玻璃片。但是使用防护玻璃罩可以避免对试块表面的损坏。玻璃片对弹性波的影响很微弱;弹性波在其边界的反射会产生轻微的声信号。此声信号只包含 2 MHz 以上的频率成分。因此,它对标准换能器和待检传感器的影响相同,对校准结果没有影响。

图 2　校准装置的照片

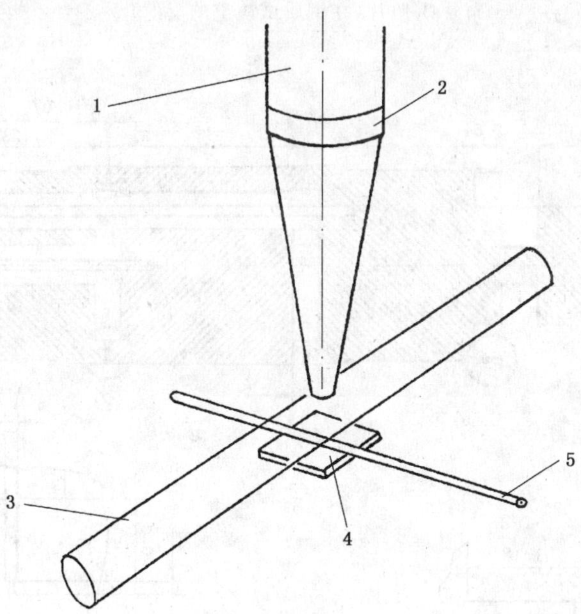

1——加载螺杆；

2——PZT 盘；

3——玻璃棒；

4——玻璃片；

5——毛细管。

图 3　玻璃毛细管源

6.4 标准换能器

在校准中用来测量绝对位移的标准换能器至少应具有 Breckenridge 和 Greenspan 所描述的电容换能器相同的性能。该装置如图 4a)和图 4b)所示，关键部件是一个装配柔性支撑上的惯性块(约 40 g)，它和试块表面具有大约 4 μm 的间隙。这个间隙是通过使用 Breckenridge 和 Greenspan 所描述的电桥来测量换能器和试块之间的电容而确定。惯性块是一个水平放置的黄铜柱。当试块表面振动频率大于处在柔性支撑上惯性块的固有频率时(约为 1 kHz)，黄铜柱基本保持稳定。用 100 V 直流电源通过一个大电阻对黄铜柱进行极化，因此换能器和试块之间的电容的变化会引起黄铜柱上电压的变化。

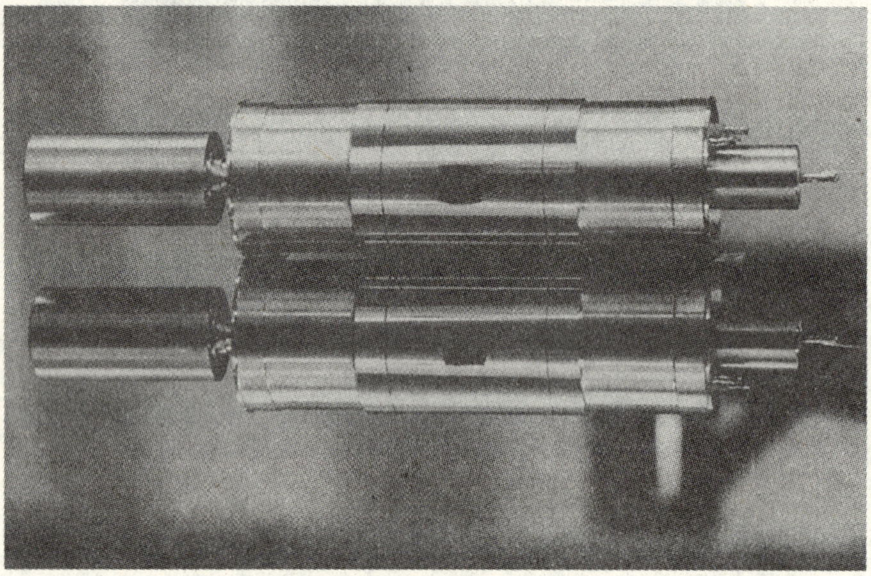

a) 照片(在钢质试块重的反射)

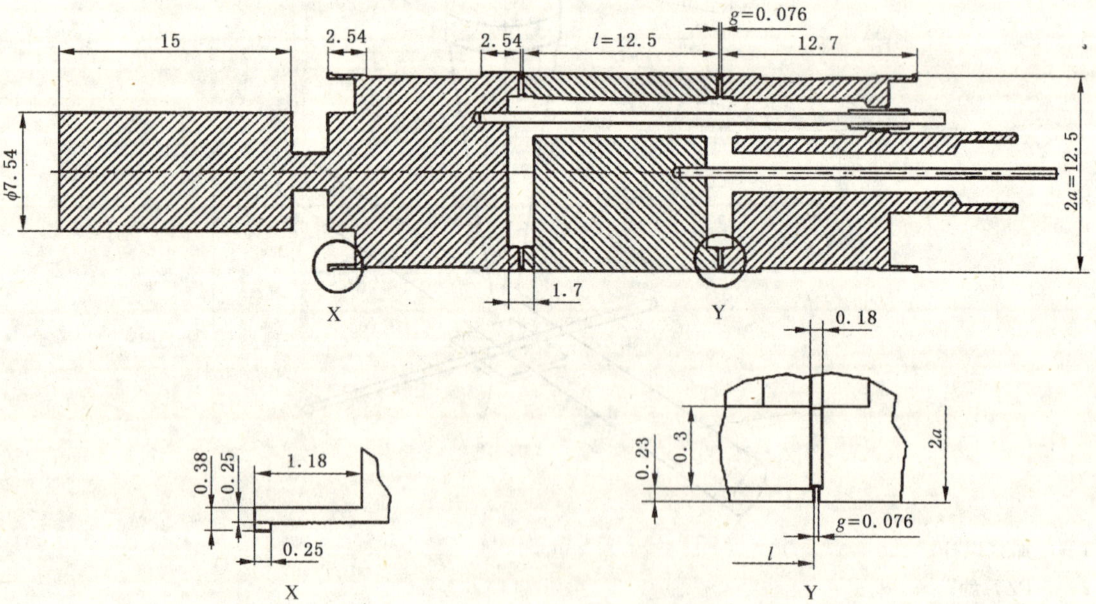

l——振动电极的长度；

2a——振动电极的直径；

g——保护间隙的宽度。

b) 纵截面

图 4 电容换能器

作为一级校准,待检换能器灵敏度是能计算得出的。为了使计算简便,黄铜柱被认为是无限长圆柱的一部分,其两端附有电保护部分以消除边界效应的严重影响。

标准换能器的敏感区为12.4 mm长,有效宽度小于1 mm。这个区域的长轴与毛细管破裂产生的弹性波的波阵面相切。

换能器的灵敏度大约为12×10^{6} V/m,可检测到的最小位移为4×10^{-12} m。针对换能器有效孔径尺寸计算出的频率响应和它相对于波前曲率的偏移如图5所示。在1 MHz处振幅下降了不到10%,相位延迟大约为8°。公式(4)和公式(5)可以用于计算在特定频率上的响应。对于位移测量的总体估计误差约为±5%。使用标准换能器得到的位移测量值与通过弹性理论计算得出的位移值误差在5%之内。

标准换能器和待检换能器放置在距离冲击力作用点0.1 m±1 mm的位置(见ASTM E 650),否则在每次校准结果报告中要进行说明。

6.5 数据记录和处理设备

校准中,用于计算的标准换能器和待检换能器的输出信号需要双通道同步的瞬态记录仪来记录。至少要有8位的精度和20 MHz的采样率或者至少10位的精度和10 MHz的采样率,并且至少可以连续采样102.4 μs。记录的数据再传输到微机上进行数据处理,也可以上永久保存在软盘等的储存介质上。

7 校准数据处理

7.1 符号

在得到校准结果的数据处理中用到下列符号(见4.1):

n　　单通道采样总数;

Δt　　采样时间间隔(μs);

T　　总记录时间(μs,等于n倍的Δt);

s_j　　标准通道的第j个采样值;

u_j　　待测通道的第j个采样值;

j　　$=0,1,2,\cdots,n-1$。

s_j和u_j的单位是伏特乘以一个常数,该常数由所用的电子设备确定。

7.2 复值频谱

数据宜按照以下方法处理:用快速傅立叶变换,分别计算标准换能器输出信号和待检换能器输出信号的(复值)频谱$S(f_m)$和$U(f_m)$。

$$S(f_m)=\Delta t\sum_{j=0}^{n-1}s_j\exp(i2\pi mj/n) \quad\cdots\cdots(1)$$

$$U(f_m)=\Delta t\sum_{j=0}^{n-1}u_j\exp(i2\pi mj/n) \quad\cdots\cdots(2)$$

式中:

$f_m=m/T,m=0,1,2,\cdots,(n/2)-1$,是第$m$个频率。

待检换能器的响应$D(f_m)$与标准换能器的响应相互关系为

$$D(f_m)=\frac{U(f_m)}{S(f_m)} \quad\cdots\cdots(3)$$

7.3 幅度和相位

幅度和相位是由$U(f_m)$、$S(f_m)$和$D(f_m)$计算得出:

$$r_m=D(f_m)\text{的幅值}=|D(f_m)| \quad\cdots\cdots(4)$$

$$\Theta_m=D(f_m)\text{的幅角}=\arctan\frac{\mathrm{Im}[D(f_m)]}{\mathrm{Re}[D(f_m)]} \quad\cdots\cdots(5)$$

式中：

$\mathrm{Im}[D(f_m)]$——表示 $D(f_m)$ 的虚部；

$\mathrm{Re}[D(f_m)]$——表示 $D(f_m)$ 的实部。

7.4 图形表示

在第 9 章中给出了典型校准中如前述步骤的图解。以绝对单位表示的待检换能器的灵敏度为 Ar_m，这里 A 是标准换能器的绝对灵敏度。

7.5 特殊事项

计算中有几个方面需要特别注意。从标准换能器获得的频谱宜根据前面所述的孔径效应和波前曲率的影响进行修正(见图 5)。

如果函数的初始值和终值不同，在对有限长数据进行离散傅立叶变换时就会出现一些问题。傅立叶变换认为该函数是周期性的，并且周期等于数据的长度。如果初始值和终值不同，那么就需要在各个周期的接点时间要进行人为处理。得到的结果中产生了在变换中不存在的频率。一种简单的解决方法是给数据加入一个线性函数，如下所示：

$$s'_j = s_j + (j/n)(s_0 - s_{n-1}) \quad \cdots\cdots(6)$$

$$u'_j = u_j + (j/n)(u_0 - u_{n-1}) \quad \cdots\cdots(7)$$

修正函数 s'_j 和 u'_j 中没有引入人为因素。通过分析可看出这种方法和其他两个常用的处理阶跃函数的方法在除零值点外是相同的。

计算相位时，使用四象限坐标系就会发现 $-\arg[D(f_m)]$ 的值在 $-\pi$ 到 π 之间。计算 $S(f_m)$ 和 $U(f_m)$ 的相位时，时间原点的选择最为重要。公式(1)和公式(2)隐含着时间原点在 $k\Delta t=0$ 的假设。这是记录的开始时间，它和试块表面振动的物理现象没有任何实际的联系。如果起始时间是标准换能器中瑞利波峰值到达的时间，那么数据处理会更加简单。可以对 $S(f_m)$ 和 $U(f_m)$ 进行三角变换以移动起始时间。很明显地，$D(f_m)$ 的相位并不受这种变换的影响，因为 $S(f_m)$ 和 $U(f_m)$ 的相位变化量相等。

由于相位是由复数的幅角表示，那么它在 2π 的整数倍内有唯一的对应值。相位就是 $-\arg[D(f_m)]$ 的值，在 $-\pi$ 到 π 之间。这就意味着随着频率增大，若 $D(f_m)$ 经过了负实轴，则相位跳变 2π。为了消除这种跳变，规定以频率增加的顺序计算相位，这样每个相位值就最接近前一个值。对于具有稳定的相位特性的换能器来说，这种规定很适合。然而有时候，换能器具有比较宽的振荡相位特性或者在某些频率时相位非常接近于零值，那么相位就会存在 $2n\pi$ 的误差。

对于校准的数据有两种表述方式。在上面提到的形式中，幅度的单位是输出电压(V)每表面位移(m)，因为标准换能器是位移传感器。另一种表达方法是把它转换成为电压(V)每速度(m/s)。可以通过把从标准换能器中得出的 $S(f_m)$ 乘以 $2\pi f_m$ 实现，这相当于初始时间函数的微分。

把待检换能器的频率响应转换成时域内的波形或者是脉冲响应，可以通过离散傅立叶逆变换实现。待检换能器的脉冲响应也可以直接由待检换能器和标准换能器的时域波形反卷积得出。除了得到频率响应信息外，还得到脉冲响应信息。

8 误差分析

8.1 误差来源

存在着一些误差影响这种校准方法的准确度和重复性，比如采集处理过程和待检传感器安装情况的变化。

8.2 换能器的灵敏度

在 6.4 中描述的电容换能器的绝对灵敏度在±5%之间，因此校准的误差也是±5%，但校准曲线的形状不会受到影响。

8.3 可估计的误差

放大器噪声、信号采集中的量化噪声、信号源的随机变化和对连续傅立叶变换的离散近似等都会产生可估计的误差。这些误差很难估计,但宜通过实验对安装好的换能器进行多次重复标定来进行估计。

当对数据进行有限时间(102 μs)的采集,对该时间段之后来自于换能器的信号将被忽略,这样也会产生可估计的误差。对于具有快速响应的换能器来说,此误差可以忽略,但误差大小取决于在数据采集结束时换能器的响应速度。

经过傅立叶变换得到离散的频率成分,频率间隔为 $1/T$,近似为 10 kHz,这是对实际的连续频谱的近似。那么实际低于 100 kHz 频率的信号,经过傅立叶变换其结果就会很粗略。对于高保真和稳定性的换能器来说,在 10 kHz 到 100 kHz 的频率中存在着有用的信息。对于谐振换能器来说,在这个范围内很难得到理想的精度。在高于 1 MHz 的频率,放大器和量化噪声变得很严重,以至于不可能达到预期的精度。在 100 kHz 到 1 MHz 之间,放大器噪声、量化噪声、傅立叶变换的有限性和时窗的有限性,在 90%的置信度下,宜在±5%以内。对于近似理想化的换能器来说,这样的误差估计可以在 0.01 MHz到 1 MHz 的频率范围内达到。

8.4 校准的重复性

重新安装比不重新安装换能器而进行的重复校准的重复性差。很明显重新安装换能器会出现新的问题。在校准过程中,要特别注意减小由于以下情况所引起的变化。

——传感器安装表面的不平整;

——试块表面的小毛刺;

——耦合面的污垢;

——耦合处过大黏度;

——冲击力作用点及大小的变化(参考值为 9.8 N)。

对这些情况的了解可以通过多次安装换能器进行重复校准实现。在大于 0.1 MHz 频率范围内,对同一个换能器的多次校准结果在 90%的置信度下,Ar_m 最大值的波动范围宜在±10%以内。

8.5 数据验证

宜采集重复校准的数据,整个系统的校准精密度要保证在±15%以内。

9 典型校准结果

图 6 和图 7 是对一个声发射换能器的两次校准结果,在两次校准中对换能器进行了重新安装。图 8 到图 15 表示来自声发射换能器的校准数据的处理过程。至少,类似于图 8、图 9、图 14 和图 15 的图形宜包括在校准报告中,还要包括基本方法提到的文献和与预期过程不同的变化。

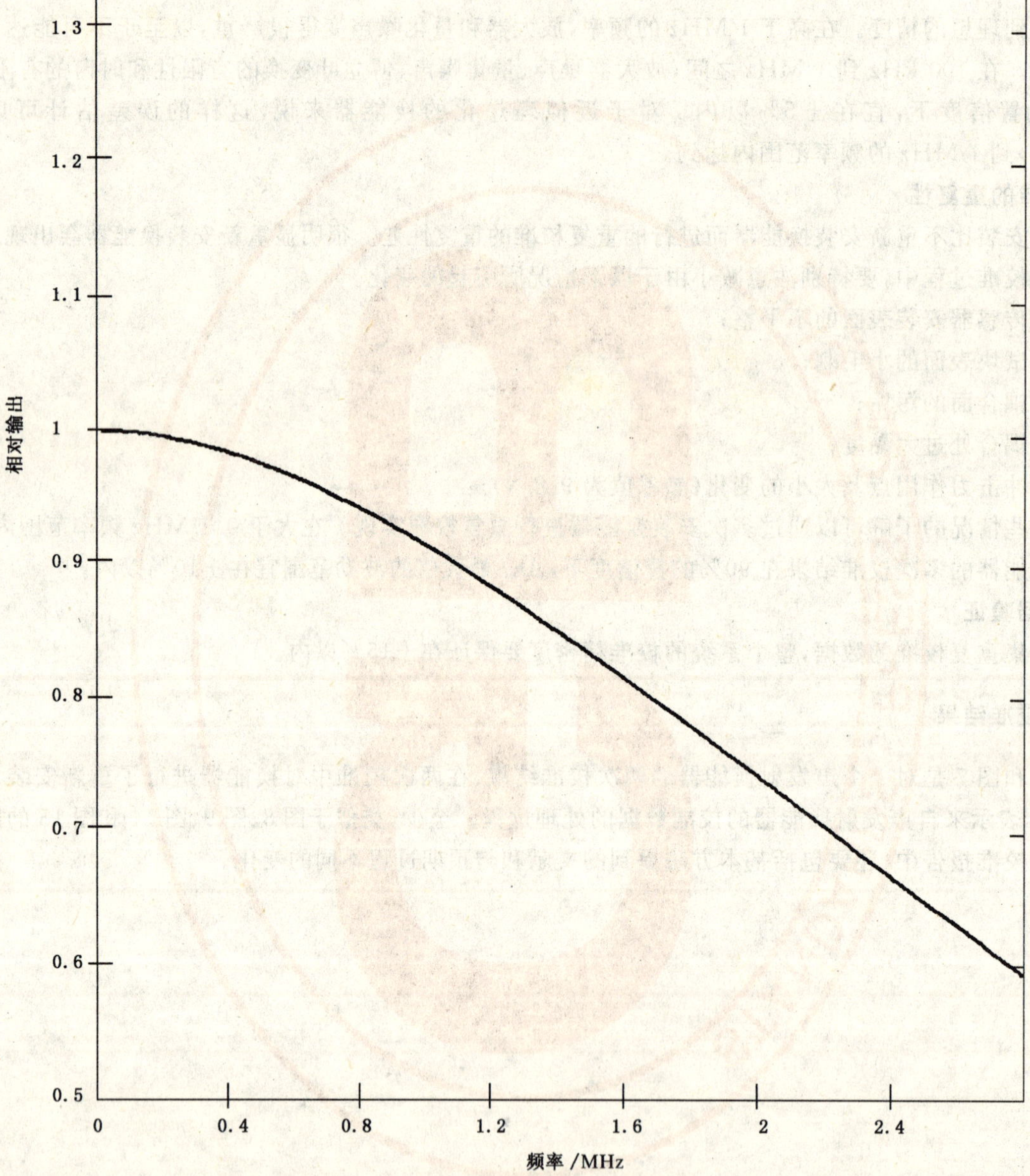

图 5 一定间隙宽度和波前曲率偏移的电容换能器(距离冲击源 0.1 m)的计算频率响应

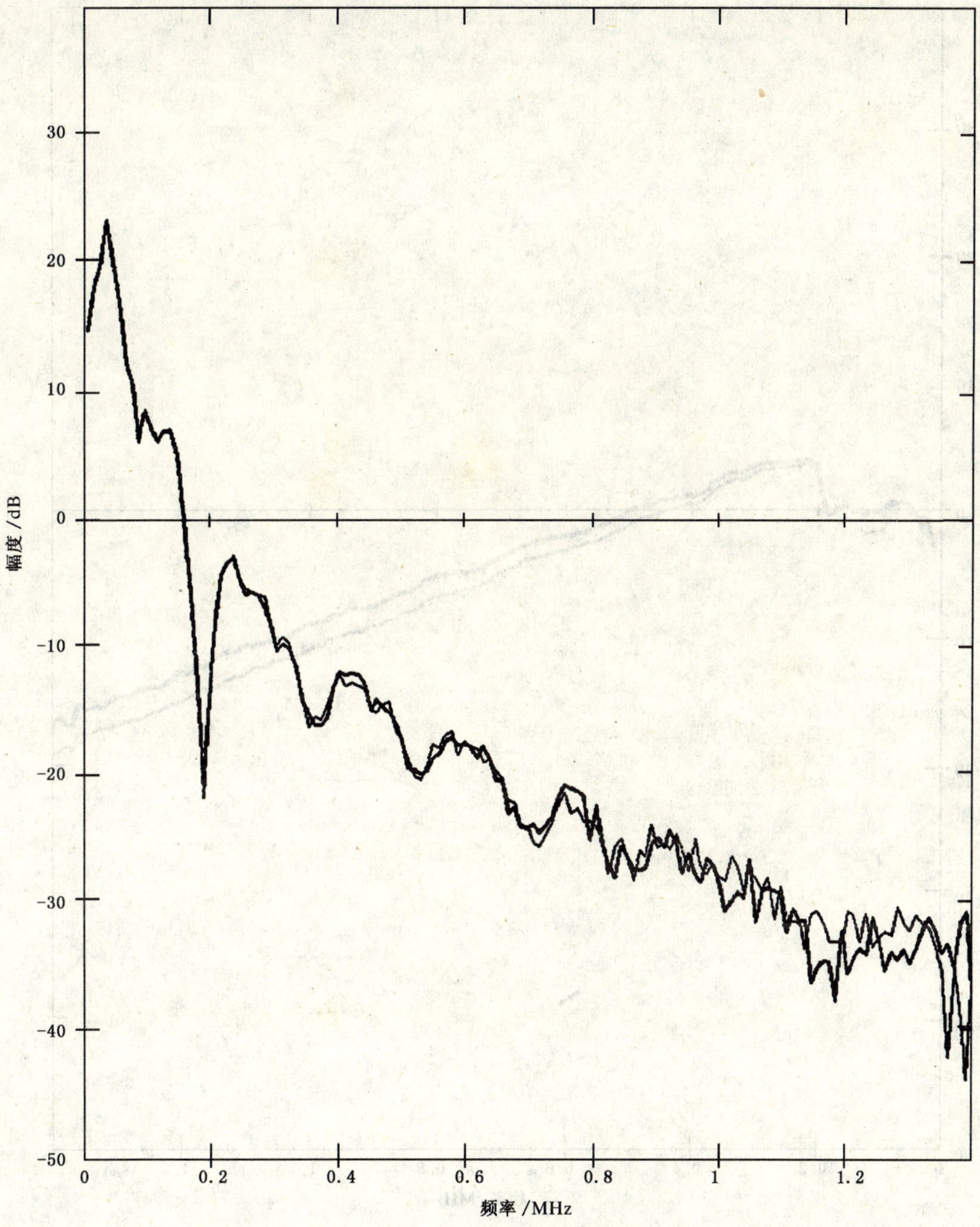

图 6 重复安装的声发射换能器两次校准的幅频响应

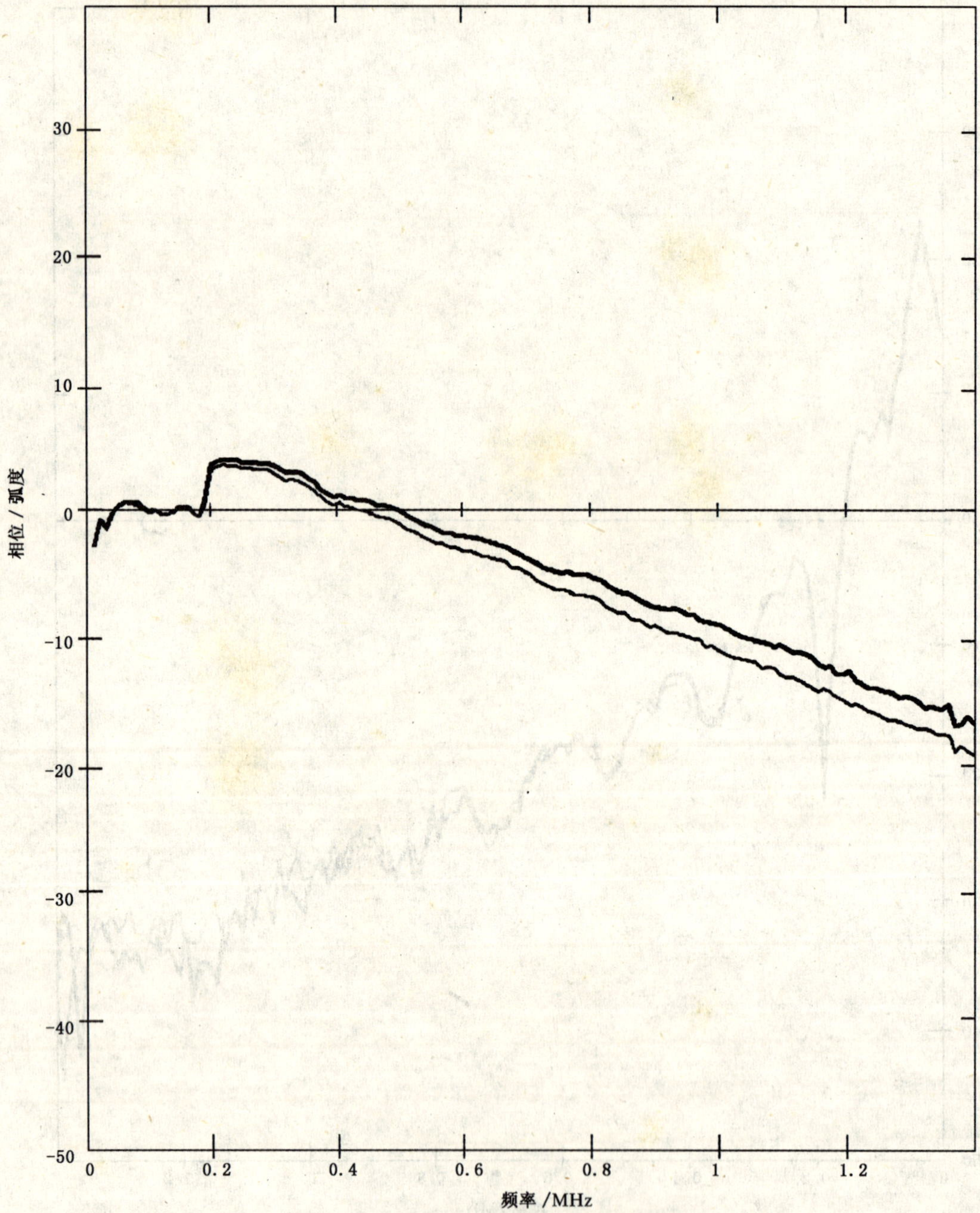

图7 对应于图6幅频响的应相频响应

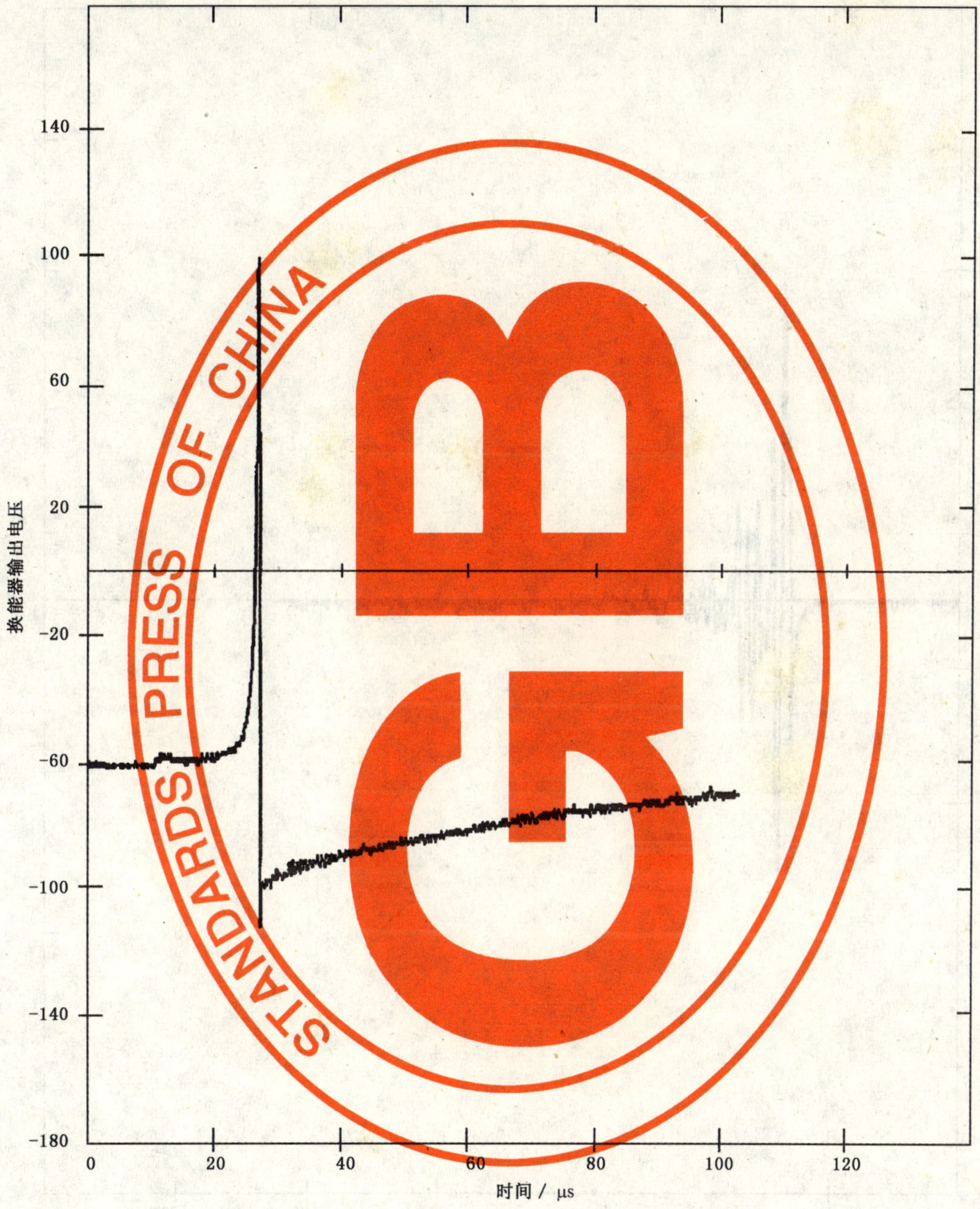

图 8　典型校准中，由瞬态记录仪采集的标准换能器的电压-时间波形

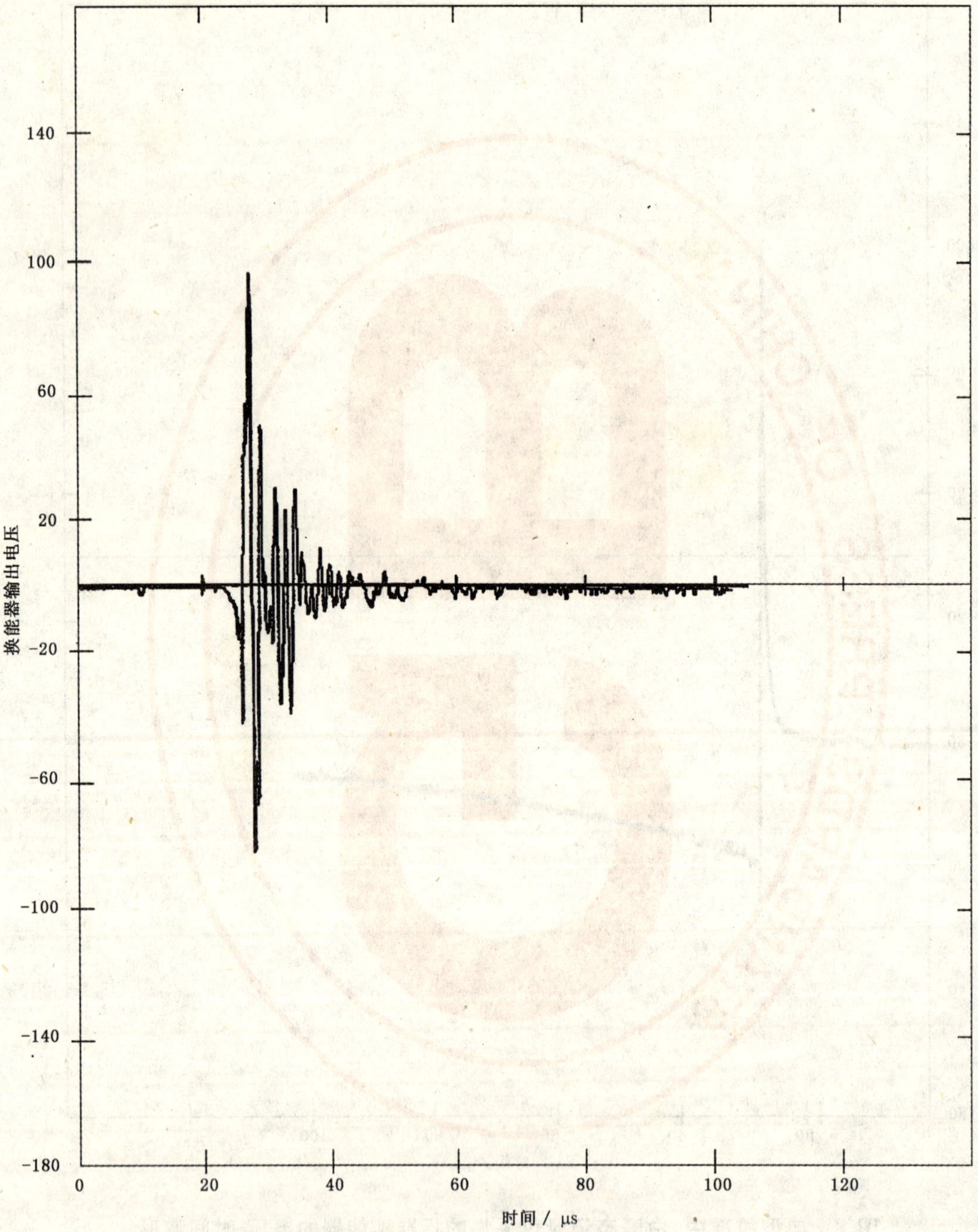

图 9 同样校准中,由瞬态记录仪采集的待检换能器的电压-时间波形

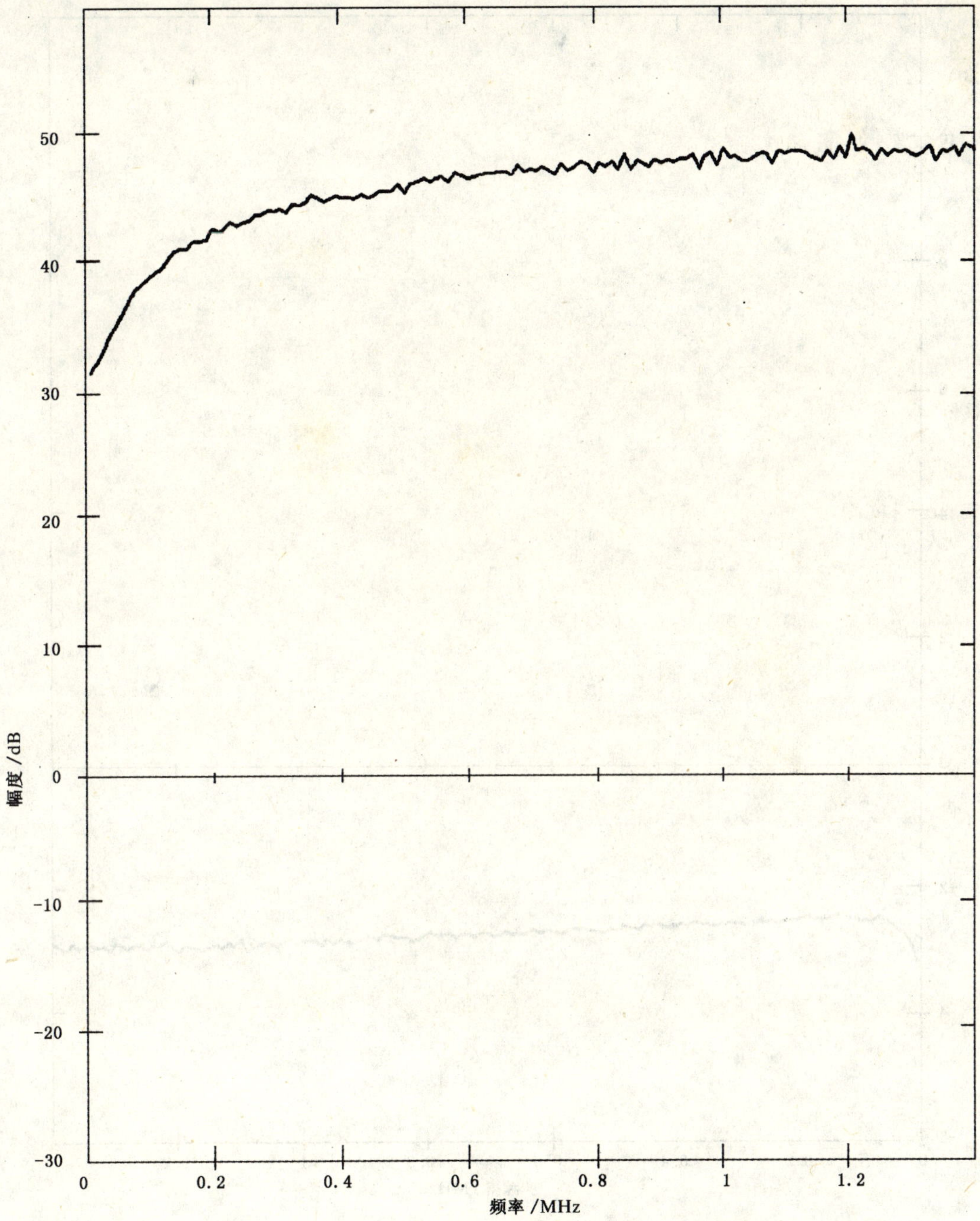

图 10 对图 8 数据进行快速傅立叶变换得到的幅频图

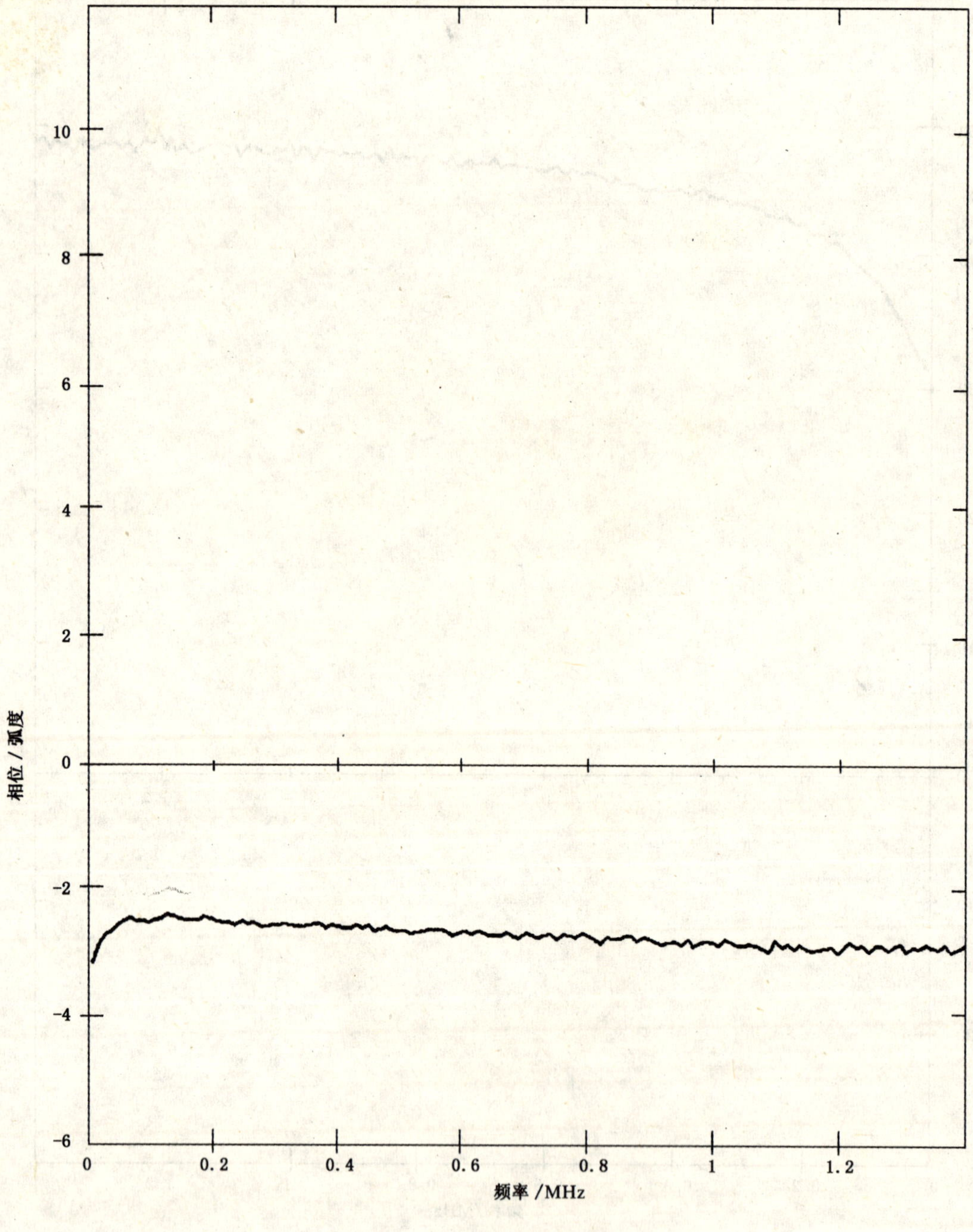

图 11 对应于图 10 的相频图

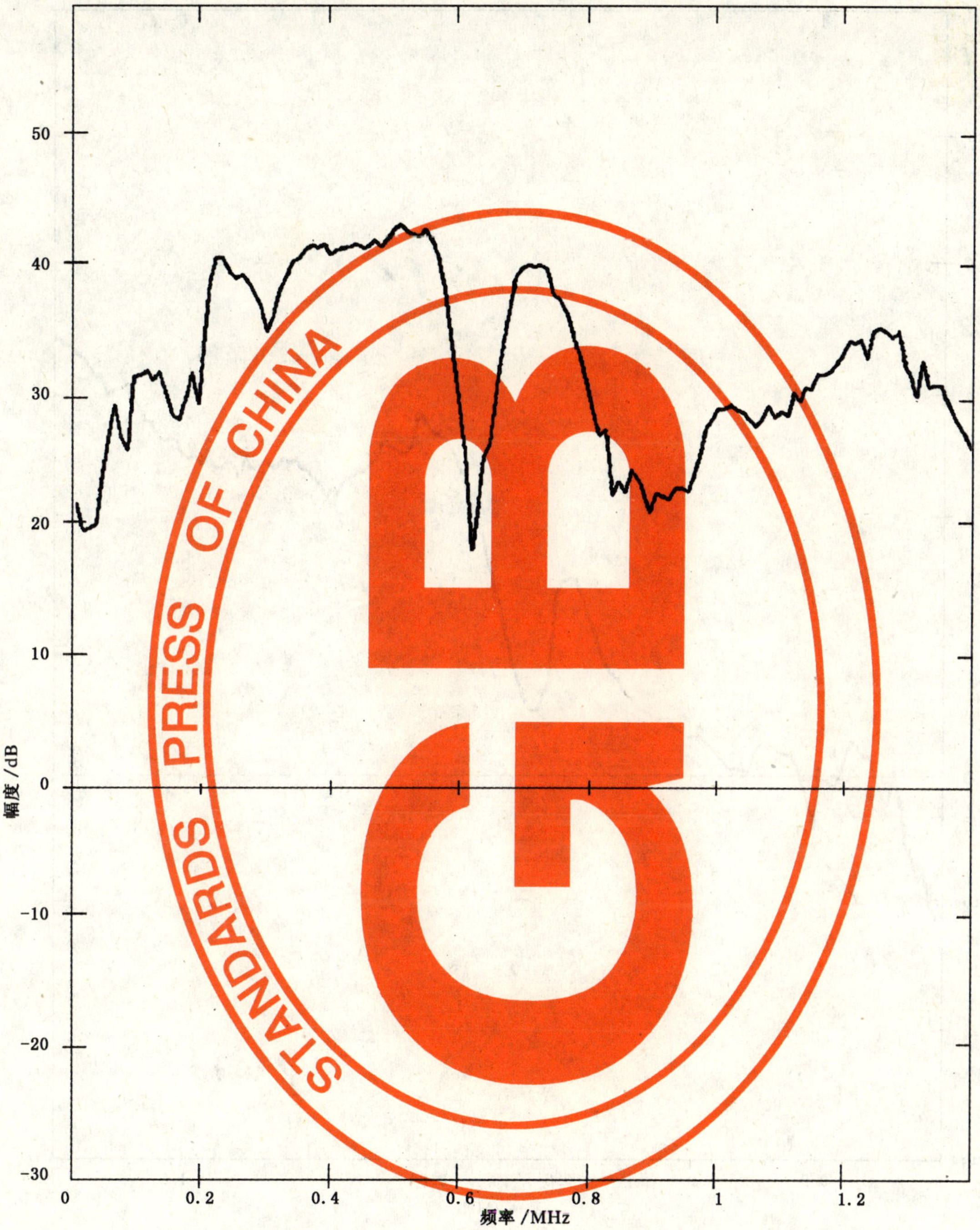

图 12 对图 9 数据进行快速傅立叶变换得到的幅频图

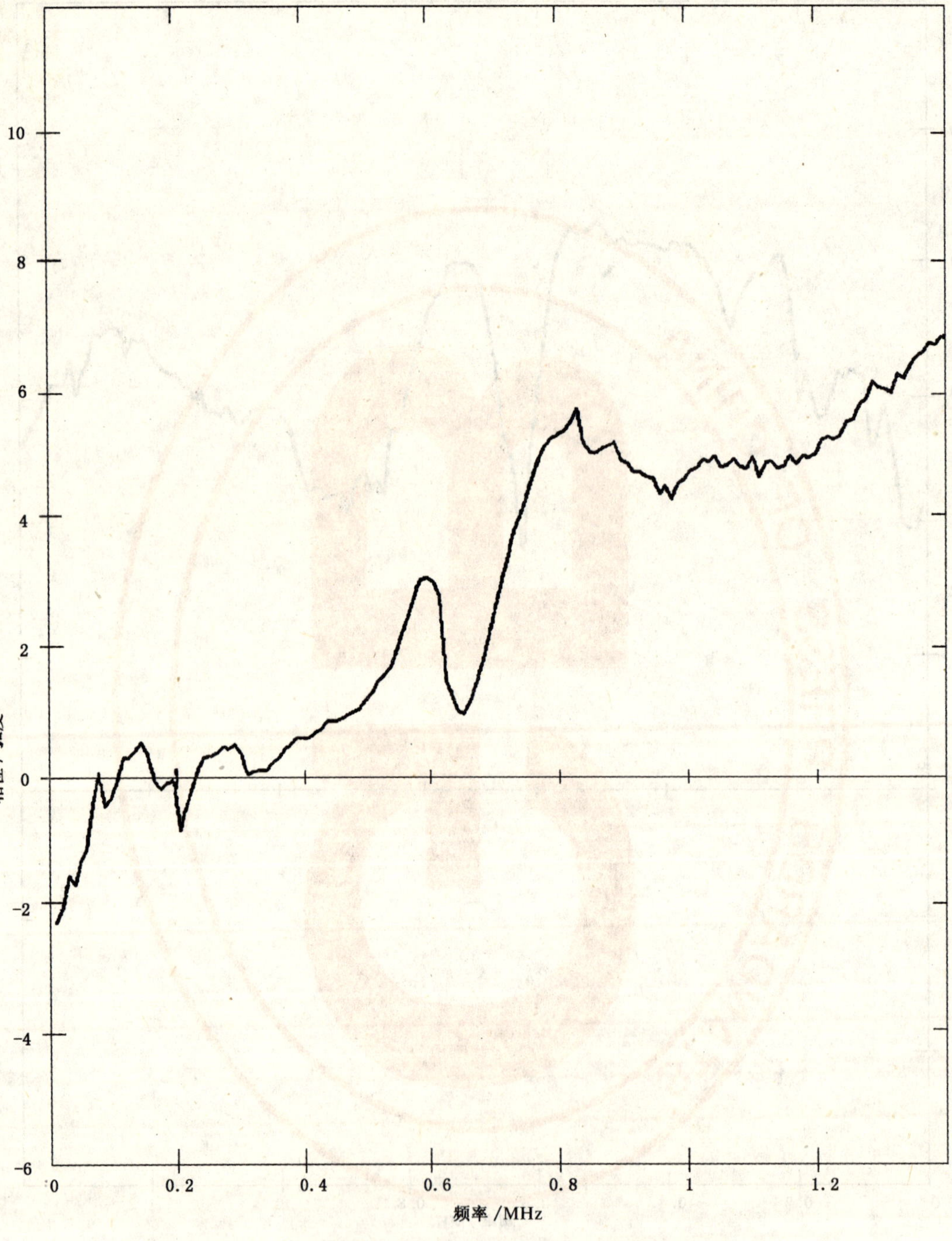

图 13 对应于图 12 的相频图

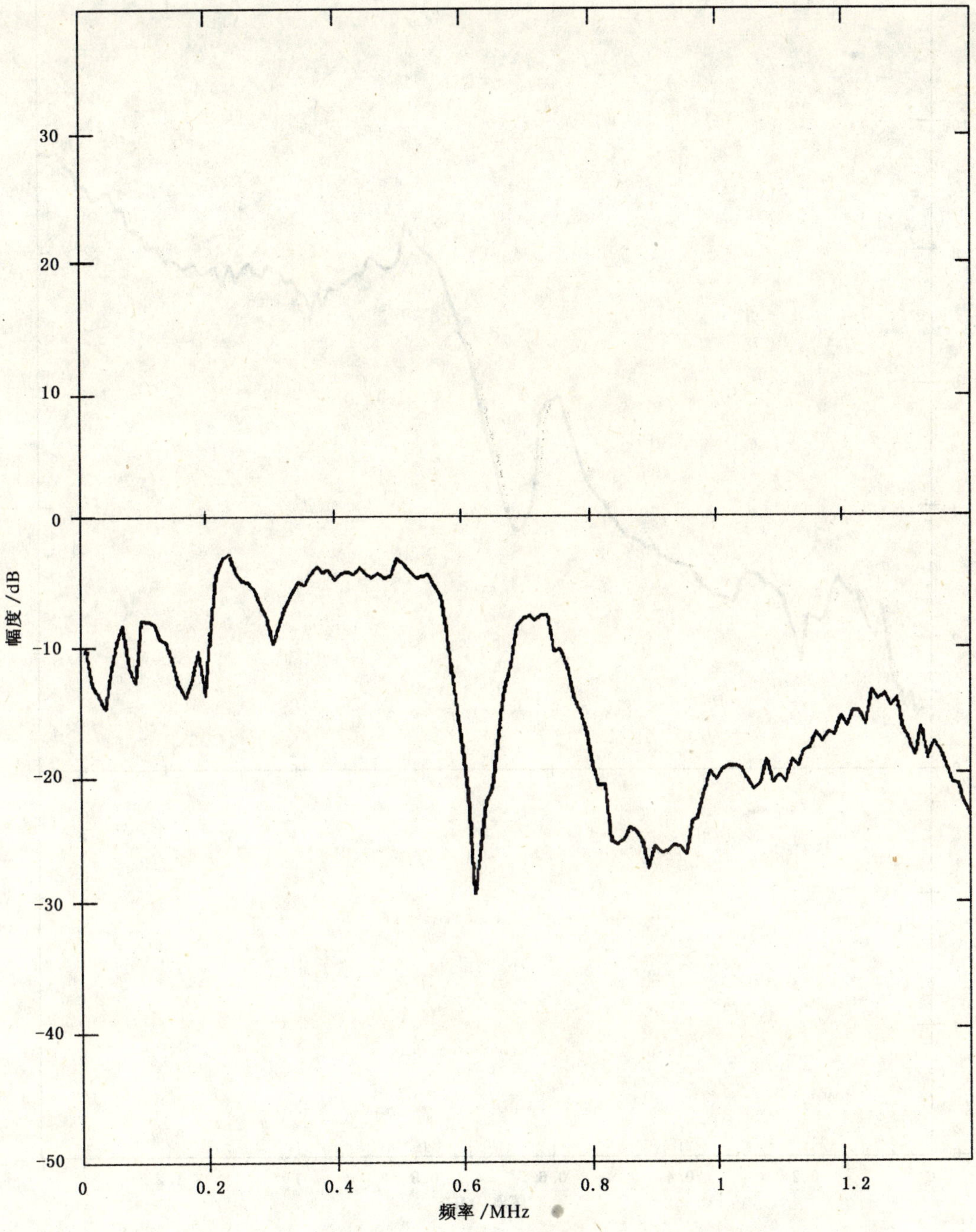

图 14　图 12 的纵坐标除以图 10 的纵坐标所得的待检换能器的幅频图

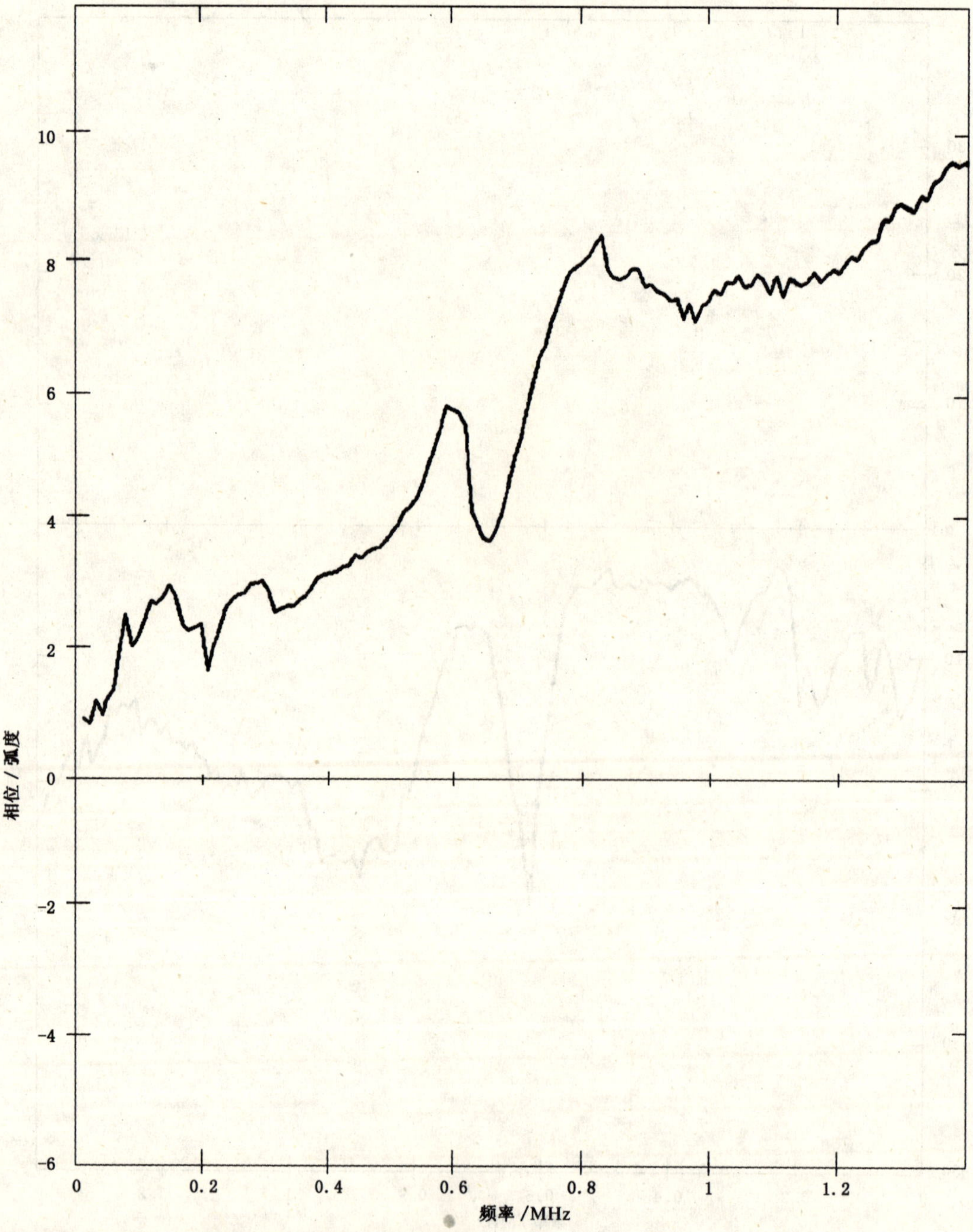

图 15 图 13 的纵坐标减图 11 的纵坐标所得的待检换能器的相频图

参 考 文 献

[1] BRECKENRIDGE, F. R. , Acoustic Emission Transducer Calibration by Means of the Seismic Surface Pulse, Journal of Acoustic Emission, Vol. 1, pp. 87-94, 1982 April.

[2] Hsu, N. N. and BRECKENRIDGE, F. R. , Characterization and Calibration of Acoustic Emission Sensors, Materials Evaluation, Vol. 39, pp. 60-68, 1981 January.

[3] BRECKENRIDGE, F. R. , WATANABE, T. and HATANO, H. , Calibration of Acoustic Emission Transducers: Comparision of Two Methods, Proceedings of the 6th Acoustic Emission Symposium, Tokyo, pp. 448-458, 1982.

ICS 19.100
J 04

中华人民共和国国家标准

GB/T 19801—2005/ISO 12714:1999

无损检测　声发射检测
声发射传感器的二级校准

Non-destructive testing—Acoustic emission inspection—
Secondary calibration of acoustic emission sensors

(ISO 12714:1999,IDT)

2005-06-08 发布　　2005-12-01 实施

中华人民共和国国家质量监督检验检疫总局
中国国家标准化管理委员会　发布

前言

本标准等同采用ISO 12714:1999《无损检测　声发射检测　声发射传感器的二级校准》(英文版)。

本标准等同翻译ISO 12714:1999。

为便于使用,本标准做了下列编辑性修改:

a) “本国际标准”一词改为“本标准”;

b) 用小数点“.”代替作为小数点的逗号“,”;

c) 删除国际标准的前言和引言;

d) 用GB/T 1.1规定的引导语代替国际标准中的引导语;

e) 删除国际标准的“参考文献”。

本标准由中国机械工业联合会提出。

本标准由全国无损检测标准化技术委员会(SAC/TC 56)归口。

本标准起草单位:国家质量监督检验检疫总局锅炉压力容器检测研究中心、清华大学、广州声华科技有限公司、北京科海恒生科技有限公司。

本标准主要起草人:沈功田、刘时风、段庆儒、李光海。

无损检测　声发射检测
声发射传感器的二级校准

1　范围

本标准规定了接收固体介质表面弹性波的声发射传感器的一种二级校准方法。本标准适用于实验室的三级标准传感器和用于检测的传感器的校准。

本校准给出了传感器对声发射工作中常见的瑞利波产生的频率响应。校准用信号源和待检传感器(SUT)安装在试块的同一个表面上。传感器的灵敏度是由 100 kHz 到 1 MHz 范围内的激励所确定。频率分辨率约为 10 kHz。校准单位是伏特每机械输入(位移、速度或加速度)。

2　规范性引用文件

下列文件中的条款通过本标准的引用而成为本标准的条款。凡是注明日期的引用文件,其随后所有的修改单(不包括勘误的内容)或修订版均不适用于本标准,然而,鼓励根据本标准达成协议的各方研究是否可使用这些文件的最新版本。凡是不注明日期的引用文件,其最新版本适用于本标准。

GB/T 12604.4　无损检测　术语　声发射检测(GB/T 12604.4—2005,ISO 12716:2001,IDT)

GB/T 19800　无损检测　声发射检测　传感器的一级校准(GB/T 19800—2005,ISO 12713:1998,IDT)

ASTM E 114-95　接触式超声脉冲回波直射检测(Ultrasonic Pulse-Echo Stright-Beam Examination by the Contact Method)[1)]

ASTM E 1106-86(1992)el　声发射传感器的一级校准方法(Standard Method for Primary Calibration of Acoustic Emission Sensors)[2)]

ASTM E 1316-97b　无损检测术语(Standard terminology for Nondestructive Examinations)[3)]

3　术语和定义

GB/T 12604.4 和 ASTM E 1316 确立的以及下列术语和定义适用于本标准。

3.1

参考传感器(RS)　reference sensor(RS)

经一级校准中测定的传感器,见 GB/T 19800 或 ASTM E 1106。

注:也称作二级标准传感器。

3.2

二级校准　secondary calibration

通过与参考传感器进行比较测量声发射传感器的瞬态频率响应的方法。

3.3

试块　test block

---

1) 与 ASTM E 114 对应的我国标准为 JB/T 4009—1999(neq ASTM E 114-96)。

2) ISO 12713:1998 是以 ASTM E 1106-86(1992)el 为标准草案而制定成的,故 ASTM E 1106-86(1992)el 与 ISO 12713:1998 是等效的。

3) 本标准引用 ASTM E 1316-97b 中的声发射检测术语,与 GB/T 12604.4—2005/ISO 12716:2001 中的术语是相同的。

具有各向同性、均质的弹性材料试块,在二级校准中用以放置激励源、RS(参考传感器)和SUT(待检传感器)。

4 缩略语

AE	声发射
ASTM	美国材料试验学会
FFT	快速傅立叶变换
ISO	国际标准化组织
RS	参考传感器
SUT	待检传感器

5 一般要求

5.1 待检传感器

本方法适用于三级标准法向位移传感器和在AE检测中使用的声发射传感器的绝对校准。为了达到作为三级标准的目的,待检传感器宜具有小孔径、高保真的特点(如美国国家标准局的锥形换能器)。一般来说,所有传感器的校准结果都会由于大孔径和频率响应的不一致性而降低其级别。

所指准确度只针对具有高衰减性的待检传感器。传感器接收到由瞬时冲击产生的信号在允许采集的窗口时间内(对于原型二级校准系统是3 μs)宜衰减到一个较小的水平(峰值信号的20%),并考虑试块边界回波限制。如果不满足此条件,校准的准确度就不可靠(见8.1)。

5.2 校准单位

二级校准和一级校准一样都能获得传感器同类型的信息。声发射传感器对它前表面的运动产生响应。安装在试块上的传感器前表面应力和应变是由传感器和试块的机械阻抗相互作用决定,在该处的应力和应变都不能直接进行测量。然而在没有传感器的情况下,试块表面传感器安装位置的自由位移可以在试块表面的其他位置测量获得。因为声发射传感器是用来于监测结构自由表面的运动,而忽略传感器和结构间的相互作用,自由运动是输入变量的近似。因此,校准的单位是伏特每自由位移或自由速度,例如伏特每米或伏特秒每米。

校准的结果可以是,在频域内为传感器对稳定正弦激励在稳定状态的幅值和相位响应,或在时域内对位移阶跃函数的瞬态响应。

5.3 试块材料的重要性

试块的声阻抗(Zac)是一个重要的参数,它影响着校准的结果。在不同材料的试块上校准所得到的传感器灵敏度结果不同,例如,一个在钢质试块上校准过的传感器如果再在玻璃或者铝质试块上校准,所得到的传感器平均灵敏度只有在钢质试块上的50%,如果在有机玻璃上进行校准得到的结果将只有钢质试块上的3%。

对于耦合面是圆形且表面灵敏度一致的传感器来说,存在着一些没有响应的频率。这个现象发生在一阶贝塞尔函数的零值点 $J_1(ka)$,其中:$k=2\pi f/c$,f 是频率,c 是试块中的瑞利波速,a 是传感器放置面的半径。因此,校准结果与试块材中的瑞利波速相关。

根据前面所述,二级校准的结果都对应着特定的试块材料;所以二级校准中必须明确试块的材料。尽管本标准声称二级校准可以在不同材料的试块上进行,但由于涉及到的一级校准只是在钢质试块上进行,所以如果要在其他材料上进行二级校准也必须在同样材料上进行一级校准。

6 二级校准装置的要求

6.1 基本框图

二级校准装置如图1所示。一个玻璃毛细管断裂装置或其他合适的声源装置(A)放置在钢质试块

(B)的上表面。RS(C)和SUT(D)放置在距离声源距离相等但方向相反的位置上。由于传感器位置的对称性,试块上表面在RS(C)和SUT(D)位置上的自由位移是相同的。两个传感器输出的瞬时电压被数字波形记录仪(E)同时记录并送入计算机进行数据处理。

试块表面上RS和SUT处的动态位移实际上可能有所不同,因为RS和SUT对试块的负载阻抗不同。为了一级校准和二级校准中定义的一致性,两个传感器的负载影响被认为是传感器本身的特性,校准的结果是以试块表面的自由位移形式表述的。

6.2 试块的要求

设计的二级校准装置专门用于钢制品检测用的传感器。因此试块是钢质的(热轧钢A36)。对于钢质试块来说,推荐在566℃或更高的温度消除应力,应力释放需在火焰切割后进行。

钢质试块应至少包括直径为400 mm、长度为180 mm的圆柱,试块的两个端面应平整且平行度不超过0.12 mm(±0.06 mm)。

钢质试块的上表面(工作面)的RMS粗糙度应不超过1 μm,这要求至少用表面粗糙度仪在试块表面的中心区域测量三点来保证。试块底面的RMS粗糙度值应不大于4 μm。对试块底面的粗糙度值要求是为了保证对试块进行声速测量的有效性。

对于其他材料的试块,其最小规格、尺寸准确度、粗糙度的要求应根据所用材料的纵波波速与钢中纵波波速的比值进行调整。

试块的上表面应是工作面,工作面上放置声源、RS和SUT。这些位置应在试块表面的中心区域以保证声源和传感器到边缘的距离最大。对于任何材料的试块,声源到RS的距离和声源到SUT的距离应为100 mm±2 mm(与在一级校准中的要求相同)。

试块应按ASTM E 114的要求进行2 MHz到5 MHz的超声纵波缺陷检测。试块中应不含回波高度大于第一次底波12%的缺陷。

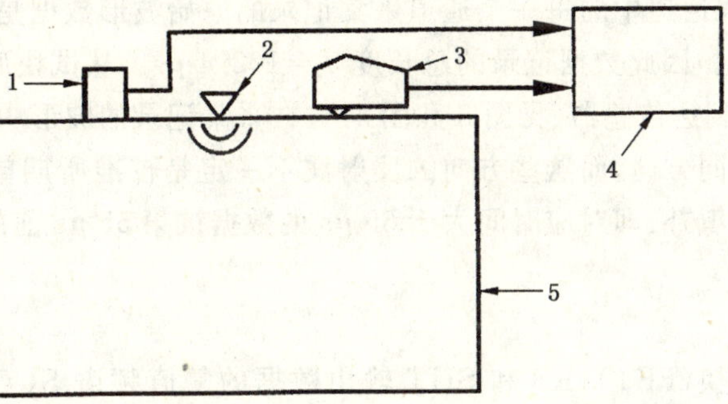

1——待检传感器;

2——毛细管断裂源;

3——参考传感器;

4——双通道波形记录系统;

5——41 cm×41 cm×19 cm钢质试块。

图1 二级校准装置示意图

试块的材料应有很高的均匀性,这由脉冲回波以及纵波和横波传播时间的测量确定。应至少在试块表面合理分布的7个位置上进行测量。每次测量的声波传播时间差应不大于0.1%。脉冲回波测量的换能器的主振频率推荐在2 MHz至5 MHz范围内。对于纵波声速的7次(或更多次)测量,其各次测量的偏差不应超过平均值的0.3%。横波测量也应满足同样的要求。

6.3 声源

在二级校准系统中使用的声源是玻璃毛细管的断裂。毛细管是由6 mm的耐热玻璃管拉成直径为0.1 mm到0.25 mm的玻璃管。声源的激发是由拿在手中直径4 mm的玻璃棒挤压位于试块上的玻璃毛细管而产生。

通常,二级校准的声源可以是任何小孔径的装置,只要能够提供足够能量用于 100 kHz 到 1 MHz 的频率范围内的校准测量。校准技术要求声源是一个瞬态装置,比如玻璃破裂装置、火花装置、脉冲驱动换能器或连续波形装置,例如一个由声脉冲发生器驱动的美国国家标准局锥形换能器。如果 RS 和 SUT 在试块上是依次检测,而不是同时检测,那么声源的重复性要保证在 2%准确度以内。

6.4 参考传感器

在二级校准系统中使用的 RS 是一个 NBS 锥形换能器。通常 RS 的频率响应由一级校准确定。无论作为速度传感器或位移传感器,它在 100 kHz 到 1 MHz 频率范围内的频率响应是平坦的,总的变化在 20 dB 以内。要求 RS 是小孔径类型的传感器、频率响应尽可能平滑。见 5.3 和图 8 有关孔径效应的部分。

6.5 待检传感器

SUT 的检测条件应与实际使用的条件相同。耦合剂、SUT 输出端的电气负载和压紧力应与实际使用时相同。耦合剂最好是黏度小的机油,任何合理的电气负载均可,压紧力最好是 9.8N。这些条件都与一级校准相同。

6.6 数据记录和处理设备

对于使用瞬态声源的校准方法来说,整个系统将包括一台计算机和双通道同步瞬态记录仪,一个通道记录 RS 的输出信号,另一个通道记录 SUT 的输出信号。瞬态记录仪至少是 8 位的准确度和 20 MHz的采样速率,或至少是 10 位准确度和 10 MHz 的采样速率,而且最少能存贮 55 μs 的数据。数据传送至计算机进行处理,也可以存到如软盘等永久储存介质上。

7 校准数据的处理

7.1 原始数据

在二级校准系统中,双通道中的每一个通道采集记录的原始波形数据是由 2048 个 10 bit 的数据组成,采样间隔 $\Delta t=0.05\ \mu s$。因此数据记录的总长度 $T=102.4\ \mu s$。从试块底部的反射波在两个通道开始记录数据后 60 μs 左右到达传感器(见图 3 和图 4)。在采集记录的波形中不希望出现反射波,因为到达传感器的反射波来自不同方向,而这些方向的反射波不一定是校准所期望方向的反射波。记录的数据都作如下方式的截短和填补:即对应时间大于 55 μs 的数据被第 55 μs 前的最后十个数据的平均值所代替。

7.2 复值频谱

经通过快速傅立叶变换(FFT),RS 和 SUT 输出数据的复值频谱 $S(f_m)$ 和 $U(f_m)$ 可按下列公式计算:

$$S(f_m)=\sum_{j=0}^{n-1}s_j\exp(i2\pi mj/n) \qquad \cdots\cdots(1)$$

$$U(f_m)=\sum_{j=0}^{n-1}u_j\exp(i2\pi mj/n) \qquad \cdots\cdots(2)$$

式中:

n——2048;

j——$0,1,2,\cdots,n-1$;

s_j——RS 通道中第 j 个采样值;

u_j——SUT 通道中第 j 个采样值;

m——$0,1,2,\cdots,(n/2)-1$;

f_m——m/T 第 m 个频率,单位是 MHz。

频率间隔是 $1/T=9.76$ kHz。通常 s_j 和 u_j 经过波形记录仪的增益和前置放大器的放大后被转换成电压值。SUT 的复值响应是:

$$D(f_m) = \frac{U(f_m)S_0(f_m)}{S(f_m)} \qquad \cdots\cdots(3)$$

这里 $S_0(f_m)$ 表示频率为 f_m 时 RS 的(复值)响应,单位是伏特每米。$S_0(f_m)$ 的值来自于对 RS 的一级校准结果。

7.3 幅值和相位

$D(f_m)$ 的幅值 r_m 和相位 ω_m 由下式计算得到:

$$r_m = |D(f_m)| \qquad \cdots\cdots(4)$$

$$\omega_m = \arctan\frac{I_z[D(f_m)]}{R_z[D(f_m)]} \qquad \cdots\cdots(5)$$

这里 I_z 和 R_z 分别表示复数 z 的虚部和实部,校准幅值 w_m 通常以 dB 的形式表示:

$$W_m = 20\log_{10}(r_m) \qquad \cdots\cdots(6)$$

W_m 和 ω_m 对应频率曲线如图 5 和图 6 所示。

7.4 特殊事项

FFT 把函数当作周期函数,周期等于数据记录时间的长度。如果数据初值和终值不相等,那么初值和终值间就存在跃变,FFT 就会因跃变而产生不可靠的结果。

对校准系统的修正是给数据加上如下的线性函数:

$$s'_j = s_j + (j/n)(s_0 - s_{n-1}) \qquad \cdots\cdots(7)$$

$$u'_j = u_j + (j/n)(u_0 - u_{n-1}) \qquad \cdots\cdots(8)$$

修正函数 s'_j 和 u'_j,它们的初值和终值间没有跃变。已经证明这种处理方法和其他两种常用的处理阶跃函数的方法的效果是相同的。此线性函数的应用是已经过填补处理的数据。

复数的相位不是唯一的。在校准系统中,规定 ω_m 的取值范围是 $-\pi \sim \pi$。在此规定下,当 ω_m 取边界值 $-\pi$ 或 π 时,ω_m 就会跃变。为了消除这种跃变,用 $2k\pi+\omega_m$ 来计算相位(k 为正整数,且随频率的增加而变大),这样 ω_m 就会连续,而不会跃变。对大部分传感器,这样计算的相频曲线,除 $D(f_m)\approx 0$ 外都是平滑的。当 $D(f_m)\approx 0$ 时,相位有时会跃变 2π 的整数倍。对于频率响应相对平坦的传感器,上面所述计算相位的方法很好。但是,如果相频响应剧烈的振荡,或幅频响应约等于 0 时,就会有 $2n\pi$ 的相位不确定度。

8 不确定度的评定

8.1 不确定度来源

有几种不确定度因素影响到二级校准的准确度和重复性。不确定度因素包括对 RS 的一级校准和 SUT 放置位置的变化,以及波形记录和数字处理中的不确定度形成了二级校准结果的不确定度。

传感器重新安装进行校准的重复性不及传感器固定不变进行校准的重复性。把传感器再次固定在试块表面不可避免会产生偏差。在二级校准过程中,应特别注意并尽可能减小下列因素:

——传感器表面的不平整;

——试块表面的小毛刺;

——耦合层中的灰尘;耦合剂过黏;

——传感器压紧力的大小和作用位置的偏差。

由于采集的波形只有 55 μs,这样会产生截断不确定度。SUT 主要对瑞利脉冲很敏感,波形大约持续 30 μs。如果瑞利脉冲在 55 μs 后产生,就不会记录到传感器输出的信号中。对于一个响应时间小于 30 μs 的传感器来说,不确定度可以忽略不计,但在 55 μs 后传感器仍然有信号输出时,截断的波形就不能正确的表示实际的传感器响应。估计截断不确定度比较困难。更大的试块可以采集较长时间的波形,但这并不实用。唯一合理的解决方法是限于校准高衰减的传感器。

傅立叶变换产生离散的频率成分,频率间隔约为 10 kHz。频率小于 100 kHz 的时候,10 kHz 的频率间隔相对太大。对于具有平滑频率响应的传感器，在 10 kHz 到 100 kHz 的频段内存在有用的信息，但是很难在这个频段内保证准确度。

在高频段，电子噪声和量化噪声的影响增加。在大于 1 MHz 时，这些影响导致对同一传感器的校准结果会产生若干 dB 的偏差。因此，合理的频谱范围是 100 kHz 到 1 MHz。

8.2 不确定度的定量评定

幅频响应数据的不确定度可分以下两类：

——A 型：对多种不同换能器幅频响应的数据进行统计分析得到；

——B 型：由数据采集和处理设备的个体特性差异所引起。

对于二级校准系统。认为 A 型来自于传感器耦合和放大增益的偏差，以及传感器的温度和老化效应。这些效应使传感器幅频响应的所有数据在 95%的置信度下产生约 16%的偏差。

B 型由电子噪声、数据采集、混叠不确定度和其他与瞬态采集过程有关的不确定度组成。其影响的大小可以通过选择设备来确定。这些影响使传感器幅频响应的所有数据增加同样大小的不确定度。全部增加的不确定度可以表示成设备满量程的一个系数。数字波形记录仪器的提供商应保证仪器在 95%的置信度下不确定度不超过满量程的 3%。当仪器设置到最佳动态范围时，产生的不确定度可简单表示为仪器采集到的数据最大值的百分比。因此，任何一次测试产生的幅频响应的不确定度就是这次测试的幅频响应数据最大值的 3%。

这种计算总体不确定度的方法必须考虑加法和乘法分量。对于所有幅频响应的乘法不确定度值 r_m 可以简化为 0.16 r_m。加法不确定度为 0.03 r_{max}，此处，r_{max} 是给定数据 r 的最大值。$U(r_m)$的总不确定度等于这两个分量的平方和的开方。

$$\begin{aligned}U(r_m) &= [(0.16r_m)^2 + (0.03r_{max})^2]^{1/2} \\ &= (0.026\, r_m^2 + 0.001 r_{max}^2)^{1/2} \\ &= r_m[0.026 + 0.001(r_{max}/r_m)^2]^{1/2} \qquad \cdots\cdots (9)\end{aligned}$$

$U(r_m)$的最小值是 16.3%，对于 r_m 的最大值。$U(r_m)$的上限取决于 r_m 最低可信值的选择。如果 r_m 最低可信值是 r_{min}，比 r_{max} 低 20 dB，那么 $U(r_m)$的最大值是 35.5%。$U(r_m)$的最大值会因截断大于 r_{min} 的值而减小。

8.3 以 dB 形式表示的不确定度

U 的值可以用 dB 的形式表示：

$$U_{dB} = 20 \log_{10}[1 \pm U(r_m)] \qquad \cdots\cdots (10)$$

对每次不同的校准和求和可使用常数：$U(r_{max})=1.5$ dB，$U(r_{min})=3.8$ dB。

9 二级校准系统的验证性检测

至少使用 3 个传感器进行校准以使二级校准系统产生重复性的校准结果。对每一个传感器，95%的频率响应数据必须落在由 $\pm U$ 所确定的不确定度范围内。

至少应有一个传感器的二级校准结果与一级校准结果相一致。此传感器 95%的频率响应数据，应与一级校准数据在 $\pm(U+1.5)$不确定度内相一致。

10 典型的校准结果

图 2 和图 3 表示在二级校准系统中从 SUT 和 RS 中采集到的典型的波形。图 4 和图 5 表示从图 2 和图 3 中数据所获得的校准频率范围。图 6、图 7 和图 8 表示 3 个传感器的一级校准和二级校准的结果比较。在各个图中，两个曲线的每一条都表示单个的校准结果。

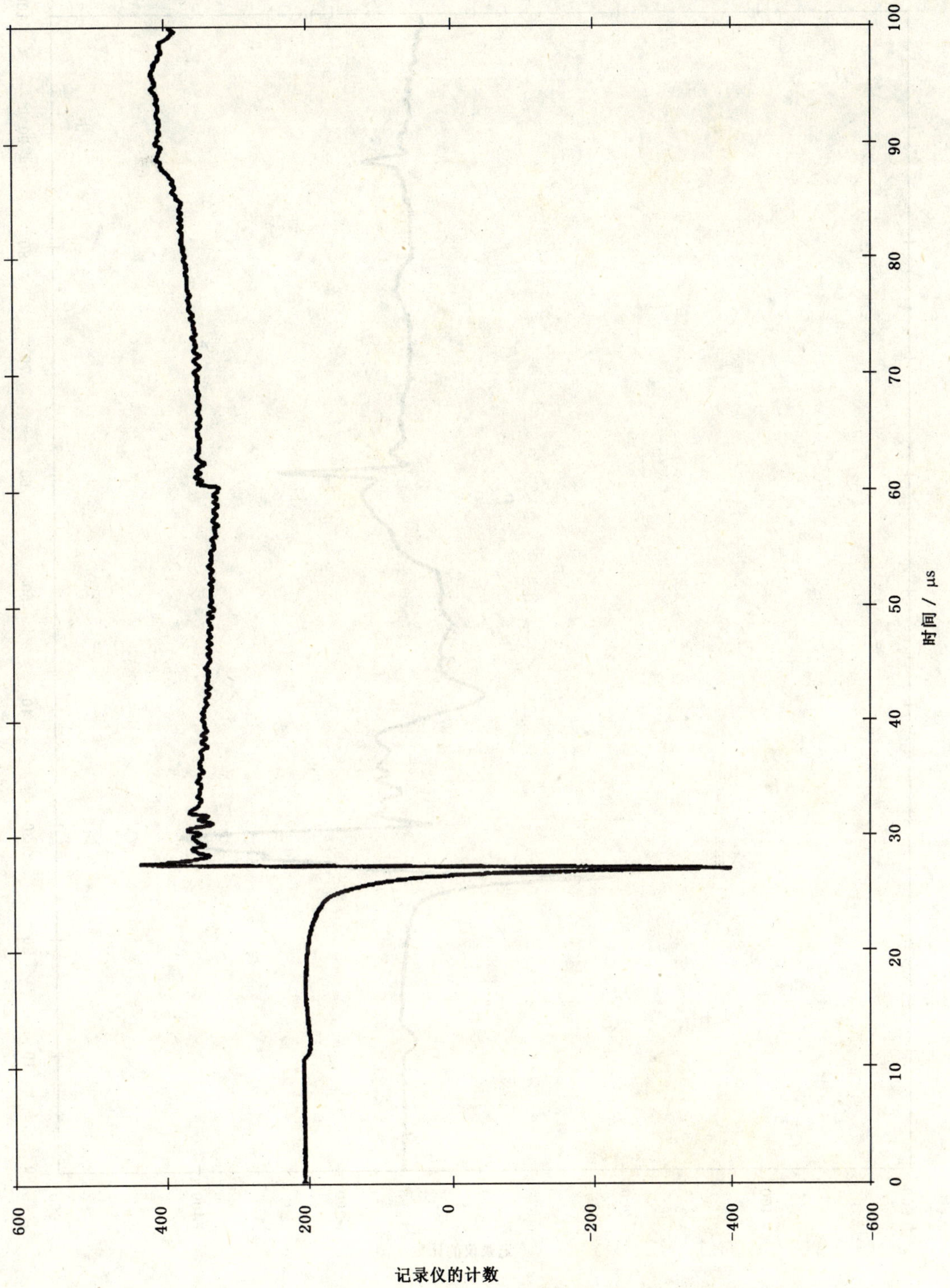

图 2　二级校准系统中参考传感器的波形

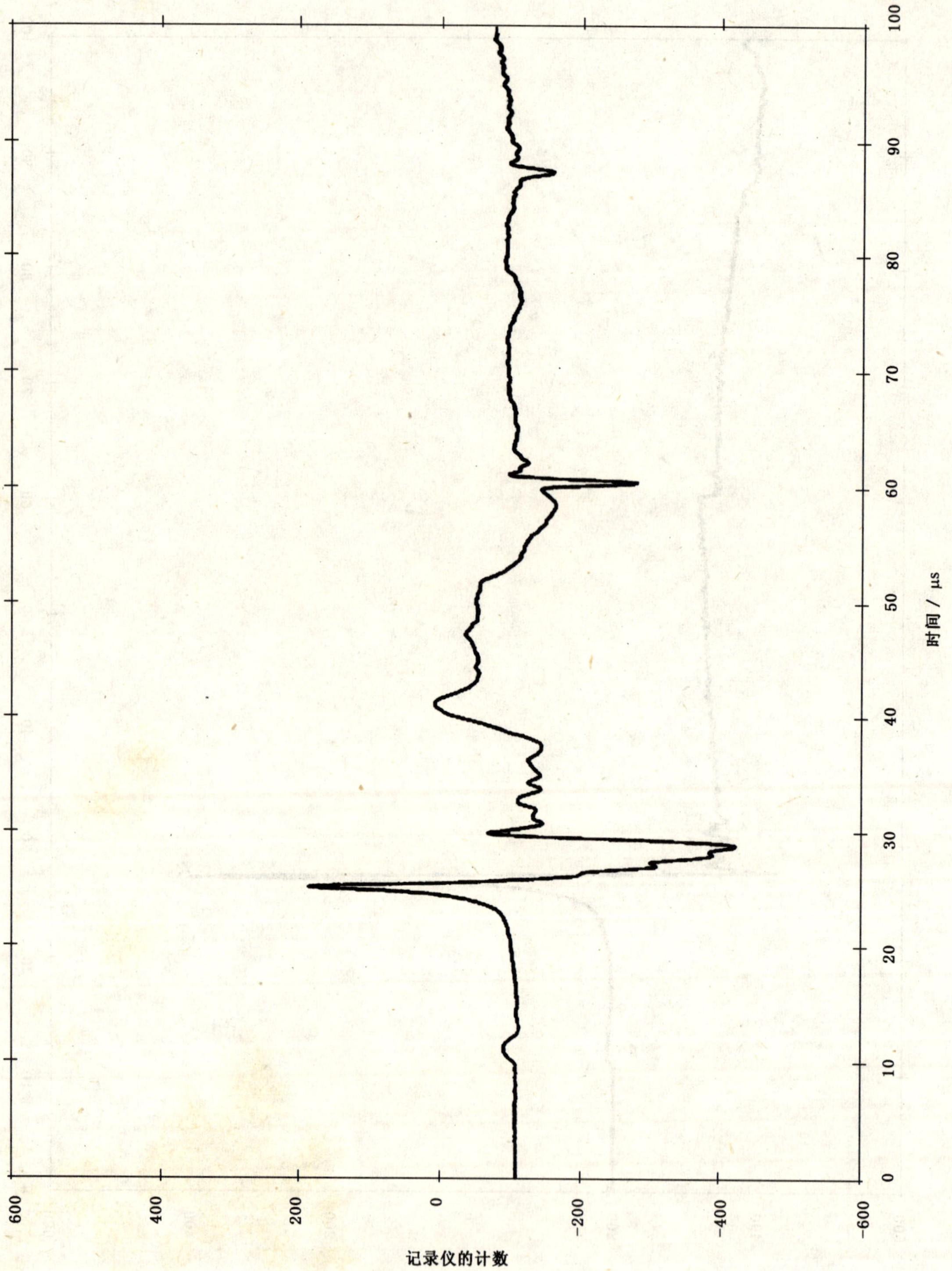

图 3　待检传感器的波形，与图 2 中参考传感器的波形记录同步

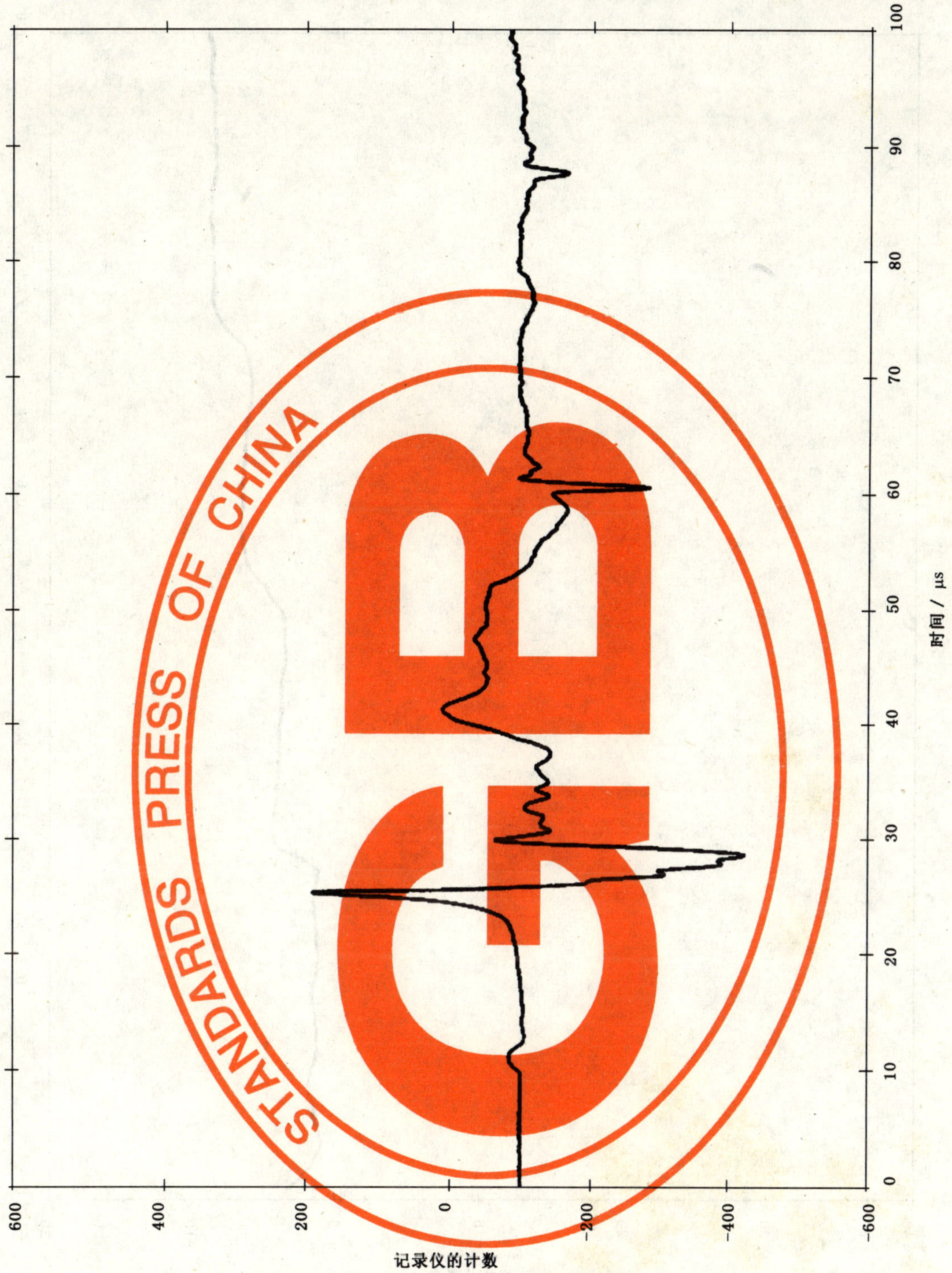

图 4 待检传感器的幅频响应曲线，由图 2 和图 3 中得出

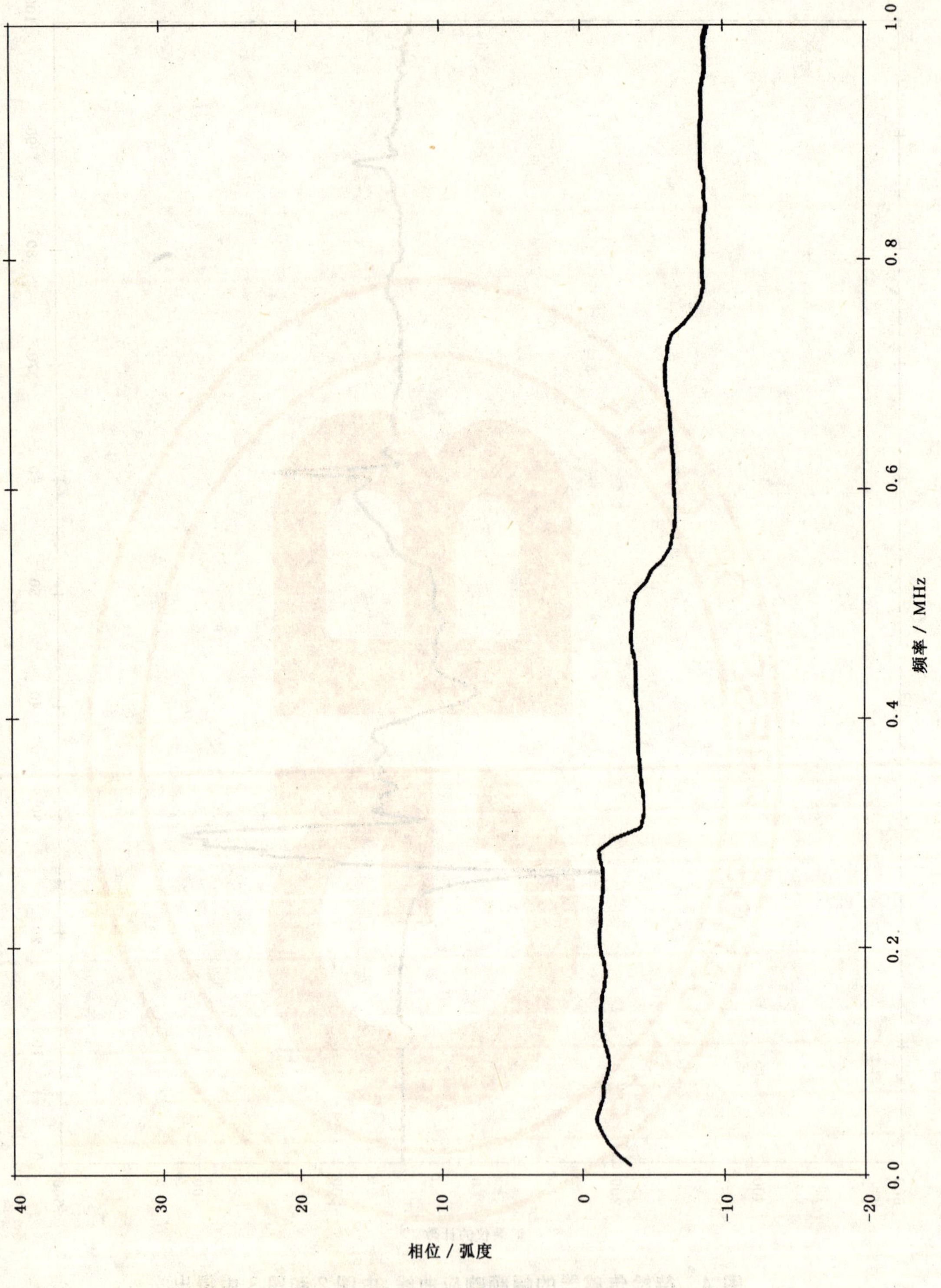

图 5 待检传感器的相频响应曲线,由图 2 和图 3 中得出

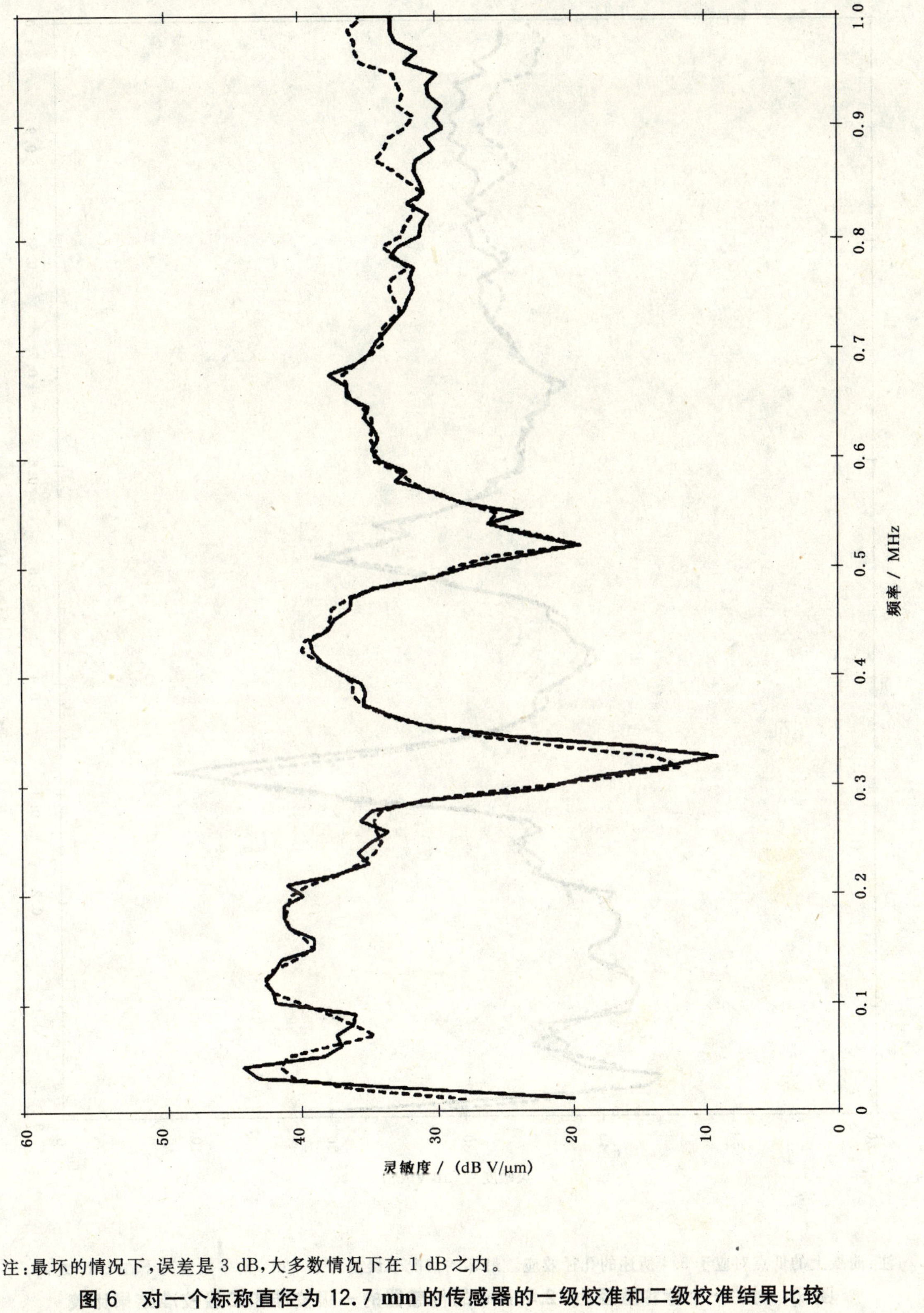

注:最坏的情况下,误差是 3 dB,大多数情况下在 1 dB 之内。

图 6　对一个标称直径为 12.7 mm 的传感器的一级校准和二级校准结果比较

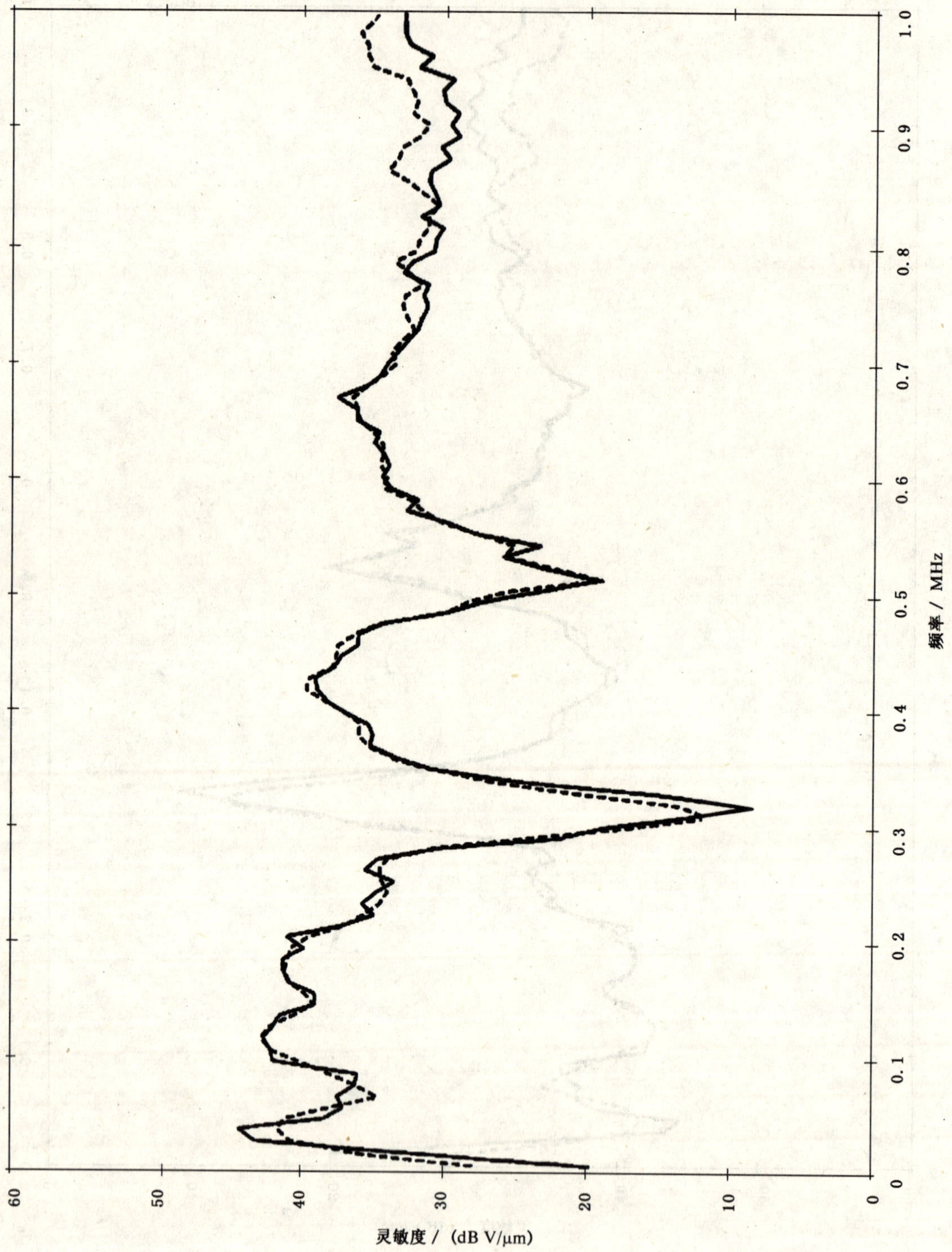

注:曲线上的低点对应于5.4所述的孔径效应。最坏的情况下误差为3.6 dB,大多数情况下在1 dB之内。

图7 对另一个标称直径为12.7 mm的传感器的一级校准和二级校准结果比较

注:在 1 MHz 下曲线上无孔径低点,最坏的情况下误差为 2.7 dB,大多数情况下在 1 dB 之内。

图 8　直径是 1.4 mm 的 NBS 圆锥形换能器的一级校准和二级校准结果比较

ICS 19.100
J 04

中华人民共和国国家标准

GB/T 19802—2005/ISO 5580:1985

无损检测　工业射线照相观片灯 最低要求

Non-destructive testing—Industrial radiographic illuminators—Minimum requirements

（ISO 5580:1985,IDT）

2005-06-08 发布　　2005-12-01 实施

中华人民共和国国家质量监督检验检疫总局
中国国家标准化管理委员会　发布

前言

本标准等同采用 ISO 5580:1985《无损检测　工业射线照相观片灯　最低要求》(英文版)。

本标准等同翻译 ISO 5580:1985。

为便于使用,本标准做了下列编辑性修改:

a) “本国际标准”一词改为“本标准”;

b) 用小数点“.”代替作为小数点的逗号“,”;

c) 删除国际标准的前言;

d) 按 GB/T 1.1—2000 规定加了表的编号。

本标准由中国机械工业联合会提出。

本标准由全国无损检测标准化技术委员会(SAC/TC 56)归口。

本标准起草单位:上海材料研究所。

本标准主要起草人:金宇飞、宓中玉、周九九。

无损检测 工业射线照相观片灯 最 低 要 求

1 范围

本标准规定了观察工业射线照相底片用观片灯的最低要求。

观片灯的功能取决于射线照相底片的观察。

观片灯应保证人员安全，并与国家现行电器安全标准中有关电气装置最大电压、绝缘和接地等要求相一致。

2 射线照相观片灯的特性

2.1 机械结构

观片灯外壳的一面上装有由内光源照亮的观察屏。此屏自身是能散射的屏。外壳内也可包含有关射线照相底片的防热系统，该系统是否通风均可。

用于观察湿的射线照相底片，如果射线照相底片需与观察屏接触，观片灯应设计得能防液体渗入。

2.2 观察屏

观察屏应易于清洁，应采用在按制造商的推荐方法进行清洁时和观片时均能抗划伤的材料制成。

注：屏的材料可以是任一种具有抗热变形和抗热变色特性的化合物。

观察屏的尺寸，应满足射线照相底片的观察，而不应产生多余的强光影响到操作人员的眼睛。观片灯宜观察不同尺寸的射线照相底片，因此应配备一组遮光面板。

2.3 亮度

观察屏亮度的要求，取决于射线照相底片的密度。以下推荐的亮度等级是各种密度等级的经验信息。

照亮射线照相底片的亮度，应不小于：

——30 cd/m^2(底片密度≤2.5 时)；

——10 cd/m^2(底片密度>2.5 时)。

一般近似取 100 cd/m^2 或更大。表 1 列出的屏亮度为要求的最小值。

表 1

底片密度	最小屏亮度/(cd/m^2)
1	300
1.5	1 000
2	3 000
2.5	10 000
3	10 000
3.5	30 000
4	100 000
4.5	300 000
注：观片灯可配置一个用于连续调节屏亮度的装置。	

2.4 光的颜色

照亮射线照相底片的光的颜色通常为白色。对产生单色图像的乳剂型胶片，也可使用胶片制造商推荐的照明色。

2.5 光的散射

若观片灯配置的是散射屏，则其光线应足够地发散，以便观察者的双眼看到满屏的光线。散射系数 σ' 应大于 0.7（见 3.1）。

2.6 照亮的均匀性

观察屏应能均匀地照亮，其均匀系数 g 应大于 0.5（见 3.2）。

2.7 干扰光

外壳、光阑和滤光板的结构应合理，使干扰光不妨碍射线照相底片的观察（见第 3 章）。

2.8 防眩光装置

每台观片灯，均应有适当的可用手动或自动操作的防眩光装置，以防止在卸下射线照相底片时对操作人员产生多余的眩光。

2.9 散热

应采取适当的预防措施，以确保在断续工作（在 20℃ 的环境温度下，最大接通时间 15 s，接通时间占 50%）1 h 后，经常触及部位的外壳温度不超过 60℃。此外，所采取的措施，还应确保密度为 2 的射线照相底片，在观片灯断续工作 1 h 和连续观察 1 min 后不发生卷曲。

3 部分特性的测定

所有光度学的测量，均应在暗室中进行。使用的亮度计调至其量程的中间档，并且当观察屏被完全遮住时，从观片灯漏出的光不应影响测量。

3.1 （散射屏的）光的散射

应在一个以观察屏中心为圆心和以近似于观察屏最大尺寸（至少 50 cm）为直径的半圆周上测量亮度。亮度测量应借助于适当的亮度计，其感光面与半圆弧线相切（见图 1）。

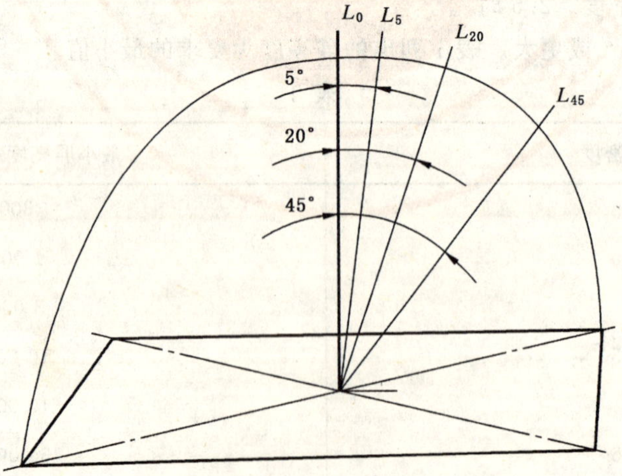

图 1 光亮度测量

应在与屏的法线成 45°(L_{45})、20°(L_{20})和 5°(L_5)的角度上进行测量。散射系数 σ' 应按下式计算：

$$\sigma' = \frac{L_{45} + L_{20}}{2L_5}$$

测量应在两个旋转方向上相继完成。

3.2 屏亮度的均匀性

应借助于亮度计或其他适当的仪器进行测量。如果屏是矩形的，应将其分成若干正方形，每个正方形的边长为 3.5 cm，分别测量每个正方形的亮度。如果屏是圆形的，仍应仿照上述基本程序。在这两种情况下，正方形网格中正中的那个正方形，应位于屏的中心。

找出 4 个最大和 4 个最小的亮度值，分别求出亮度的算术平均值 L_{max} 和 L_{min}。均匀系数 g 应按下式计算：

$$g = \frac{L_{min}}{L_{max}}$$

3.3 额定功耗

额定功耗是指观片灯在其最大亮度下连续工作至少 30 min 后所消耗的瓦数。

4 标志

观片灯上的铭牌，应给出下列信息：

a) 额定工作电压或容许的电压范围；

b) 额定主频或容许的频率范围；

c) 是否交流电和直流电都可用，或是只能用其中之一；

d) 额定功耗；

e) 以坎德拉每平方米为单位的最大亮度。

5 使用说明书

每台观片灯均应提供操作指导书，内容包括：

a) 装置的操作方法；

b) 安装和更换灯管和观察屏的指导书；

c) 保养与维修；

d) 安全注意事项；

e) 亮度等级校验周期。

ICS 19.100
J 04

中华人民共和国国家标准

GB/T 19803—2005/ISO 1027:1983

无损检测　射线照相像质计 原则与标识

Non-destructive testing—Radiographic image quality indicators—Principles and identification

(ISO 1027:1983, Radiographic image quality indicators for non-destructive testing—Principles and identification, IDT)

2005-06-08 发布　　　　2005-12-01 实施

中华人民共和国国家质量监督检验检疫总局
中国国家标准化管理委员会　发布

前　言

本标准等同采用 ISO 1027:1983《无损检测射线照相像质计　原则与标识》(英文版)。

本标准等同翻译 ISO 1027:1983。

为便于使用,本标准做了下列编辑性修改:

a) "本国际标准"一词改为"本标准";

b) 用小数点"."代替作为小数点的逗号",";

c) 删除国际标准的前言;

d) 在第 2 章中插入 GB/T 1.1—2000 规定的引导语;

e) 表中的单位移至表外。

本标准由中国机械工业联合会提出。

本标准由全国无损检测标准化技术委员会(SAC/TC 56)归口。

本标准起草单位:上海材料研究所、浙江省缙云像质计厂。

本标准主要起草人:金宇飞、宓中玉、柳章龙。

引　言

用 X 或伽玛射线照相检测产品时，检出缺陷的能力，取决于获得的射线照相质量。

射线照相质量取决于所用的射线照相技术，宜用像质计(IQI)来评价。

为此推荐使用两种规定的像质计。

有关 IQI 的正确使用，详见 ISO 2504。

无损检测 射线照相像质计
原则与标识

1 范围

本标准规定了无损检测射线照相用像质计的特性,规定了像质计的标识符号。本标准是建立在钢的射线照相经验基础上的,但仍试图推广应用于所有金属。对于特殊材料(如铝及其合金),可发布补充性的标准。

2 规范性引用文件

下列文件中的条款通过本标准的引用而成为本标准的条款。凡是注明日期的引用文件,其随后所有的修改单(不包括勘误的内容)或修订版均不适用于本标准,然而,鼓励根据本标准达成协议的各方研究是否可使用这些文件的最新版本。凡是不注明日期的引用文件,其最新版本适用于本标准。

ISO 3 优先数 优先数系(Preferred numbers—Series of preferrd numbers)[1]

ISO 17 优先数和优先数系使用指南(Guide to the use of preferred numbers and of series of preferred numbers)

ISO 2504 焊缝射线照相和底片观察条件 像质计推荐式样的利用(Radiography of welds and viewing conditions for films—Utilization of recommended patterns of image quality indicators(IQI))[2]

ISO 5576 工业射线照相 无损检测 词汇(Industrial radiology—Non-destructive testing—Vocabulary)[3]

3 术语和定义

ISO 5576 确立的术语和定义适用于本标准。

4 制造

制造像质计的材料,应尽可能接近被检工件的衰减系数。如果像质计有保护层,则此层材料不应影响线或孔的可见度。

5 特性要求

5.1 线型像质计

5.1.1 规格

此种型式的像质计,由一组最小长度 25mm 的线组成。它们相互平行、依线径增大的顺序并列排放,各线轴之间的距离不小于线径的 3 倍且不小于 5 mm。线径尺寸通常宜根据优先数系 R 10[4] 系列编成的依次相连的一系列线序号确定,单位为毫米。此外,用于特殊场合厚材料的,可用 R 20[4] 优先数系编号。线型像质计的示例如图 1。

---

1) 与 ISO 3 相当的我国标准为 GB/T 321—1980《优先数和优先数系》。

2) 正在制定相应的国家标准,等同采用 ISO 2504:1973。

3) 正在制定相应的国家标准,等同采用 ISO 5576:1997,并在修订 GB/T 12604.2—1990 的基础上发布。

4) R 10 优先数系,是一个在任一方向上的无限等比级数,其比值为 $\sqrt[10]{10}$;更高系列——例如 R 20 优先数系,其比值为 $\sqrt[20]{10}$。见 ISO 3 和 ISO 17。

5.1.2 尺寸公差[5)]

R 10 优先数系的线径的允许公差，由表 1 给出。

表 1 线径的允许公差

单位为毫米

线径 d	公差
$0<d\leqslant 0.125$	± 0.005
$0.125<d\leqslant 0.5$	± 0.01
$0.5<d\leqslant 1.6$	± 0.02
$1.6<d\leqslant 4$	± 0.03

5.2 阶梯孔型像质计

5.2.1 规格

此种型式的像质计，是由一系列阶梯构成的部件或组件。每个阶梯上有一个或多个直径与该阶梯厚度 e 相等的圆孔。

阶梯的厚度和孔的直径，通常宜根据 R 10[4)] 优先数系编成的依次相连的阶梯序号确定，单位为毫米。此外，用于特殊场合厚材料的，可用 R 20[4)] 优先数系编号。

阶梯厚度大于或等于 0.8 mm 时，仅有一个单独的孔；阶梯厚度小于 0.8 mm 时，在不同阶梯上可有两个或更多不同布置的孔。

孔的中心至阶梯边沿或两孔边沿之间的距离，在任何情况下都不得小于孔的直径加 1 mm。阶梯孔型像质计的示例如图 2。

5.2.2 尺寸公差[5)]

R 10 优先数系的阶梯厚度和孔径的允许公差，由表 2 给出。

表 2 阶梯厚度和孔径的允许公差

单位为毫米

阶梯厚度 e 或孔径	公差
$0<e\leqslant 0.5$	$^{+0.015}_{0}$
$0.5<e\leqslant 1$	$^{+0.020}_{0}$
$1<e\leqslant 2.5$	$^{+0.025}_{0}$
$2.5<e\leqslant 5$	$^{+0.030}_{0}$
$5<e\leqslant 10$	$^{+0.036}_{0}$

6 像质计的标识

为便于射线照相检测，每个像质计应有一个或多个用来表达以下特性的标识符号：

a) 像质计规格所符合的标准代号；

b) 线或孔的编号；

c) 线的长度(仅对线型像质计)；

d) 最大的线或孔的直径；

---

5) 这些公差对钢是恰当的。对于其他金属或合金，若产品条件与钢相近，其公差仍推荐采用这些确定值。

e) 采用的优先数系(R 10 或 R 20);

f) 制造像质计的材料。

单位为毫米

d——线径。

图 1 线型像质计示例

单位为毫米

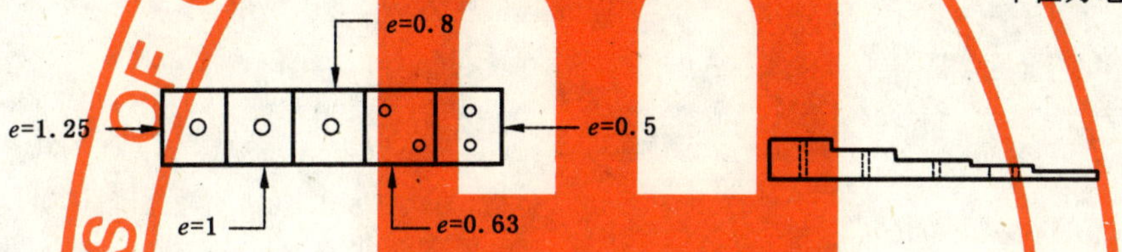

e——阶梯厚度。

注:阶梯可按上图所示方式,也可按下图所示方式排列。

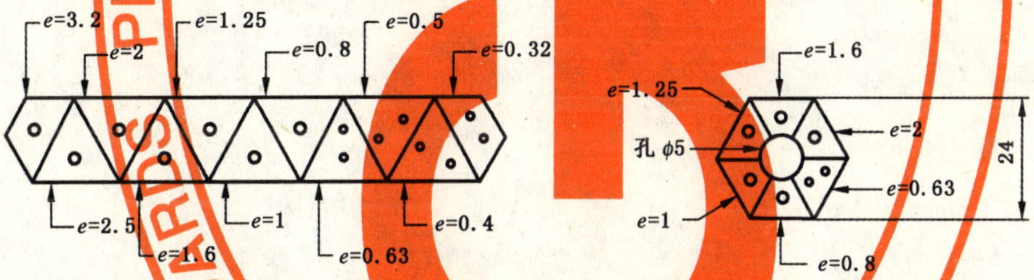

注:每个阶梯的孔,宜按 5.2 要求钻制。

图 2 阶梯孔型像质计示例

ICS 25.160.10
J 33

中华人民共和国国家标准

GB/T 19804—2005/ISO 13920:1996

焊接结构的一般尺寸公差和形位公差

Welding—General tolerances for welded constructions—Dimensions for lengths and angles—Shape and position

(ISO 13920:1996,IDT)

2005-06-08 发布　　　　2005-12-01 实施

中华人民共和国国家质量监督检验检疫总局
中国国家标准化管理委员会　发布

前 言

本标准等同采用了国际标准ISO 13920:1996《焊接 焊接结构的一般公差 长度和角度尺寸 形状及位置》(英文版),为了保证标准的适用性及协调性,本标准在等同转化ISO 13920的过程中,结合我国的实际情况做了必要的处理。在引用文件中,将引用的ISO标准改为我国相应的国家标准。

本标准由中国机械工业联合会提出。

本标准由全国焊接标准化技术委员会归口。

本标准负责起草单位:哈尔滨焊接研究所。

本标准主要起草人:朴东光。

焊接结构的一般尺寸公差和形位公差

1 范围

本标准规定了焊接结构的尺寸(线性尺寸和角度尺寸)公差及形位公差,这些公差分四个等级,适用于普通制造精度。公差等级的选择应当满足实际需求。

本标准规定的一般尺寸公差和形位公差适用于焊件、焊接组装件和焊接结构。复杂的结构可根据需要做特殊规定。

本标准给出的这些技术要求以GB/T 4249规定的独立原则为依据,即每个尺寸和形状、位置要求均是独立的,应分别满足要求。

仅标注线性尺寸和角度尺寸或形位说明,未单独标注公差的工艺文件,如果没有一般的公差参照说明应视为不完整,但临时尺寸除外。

2 规范性引用文件

下列文件中的条款通过本标准的引用而成为本标准的条款。凡是注日期的引用文件,其随后所有的修改单(不包括勘误的内容)或修订版均不适用于本标准,然而,鼓励根据本标准达成协议的各方研究是否可使用这些文件的最新版本。凡是不注日期的引用文件,其最新版本适用于本标准。

GB/T 1182 形状和位置公差 通则、定义、符号和图样表示法(eqv ISO 1101:1996)

GB/T 1214.1 游标类卡尺 通用技术条件

GB/T 1214.2 游标类卡尺 游标卡尺

GB/T 1219 几何量技术规范 长度测量器具:指示表 设计及计量技术要求

GB/T 4249 公差原则(eqv ISO 8015:1985)

3 术语和定义

本标准采用了GB/T 1182的术语和定义。

4 一般公差

4.1 线性尺寸公差

表1给出了线性尺寸公差。

表1 线性尺寸公差 单位为毫米

公差等级	公称尺寸 l 的范围										
	2~30	>30~120	>120~400	>400~1 000	>1 000~2 000	>2 000~4 000	>4 000~8 000	>8 000~12 000	>12 000~16 000	>16 000~20 000	>20 000
	公差 t										
A	±1	±1	±1	±2	±3	±4	±5	±6	±7	±8	±9
B		±2	±2	±3	±4	±6	±8	±10	±12	±14	±16
C		±3	±4	±6	±8	±11	±14	±18	±21	±24	±27
D		±4	±7	±9	±12	±16	±21	±27	±32	±36	±40

4.2 角度尺寸公差

应采用角度的短边作为基准边，其长度可以延长至某特定的基准点。在这种情况下，基准点应标注在图样上。

有关公差见表 2。图 1 至图 5 则给出了具体示例。

表 2 角度尺寸公差

公差等级	公称尺寸 l(工件长度或短边长度)范围/mm		
	0～400	>400～1 000	>1 000
	以角度表示的公差 $\Delta\alpha$/(°)		
A	±20′	±15′	±10′
B	±45′	±30′	±20′
C	±1°	±45′	±30′
D	±1°30′	±1°15′	±1°
	以长度表示的公差 t/(mm/m)		
A	±6	±4.5	±3
B	±13	±9	±6
C	±18	±13	±9
D	±26	±22	±18

注：t 为 $\Delta\alpha$ 的正切值，它可由短边的长度计算得出，以 mm/m 计，即每米短边长度内所允许的偏差值。

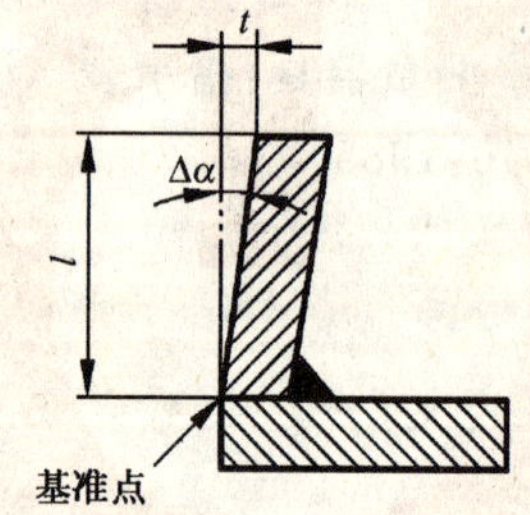

图 1

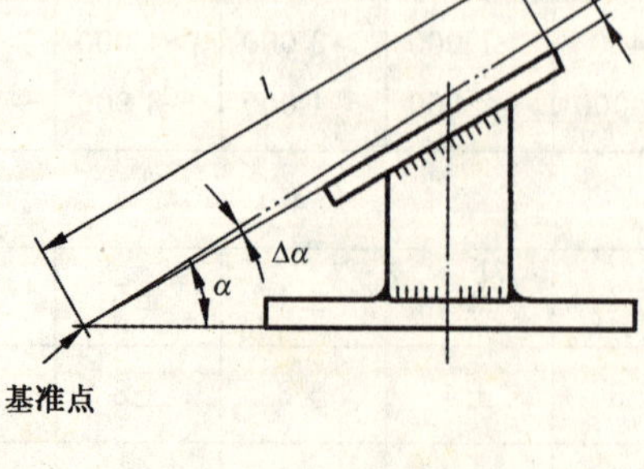

图 2

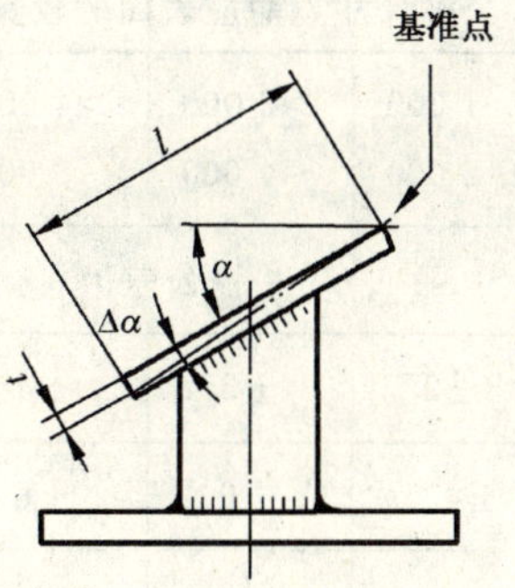

图 3

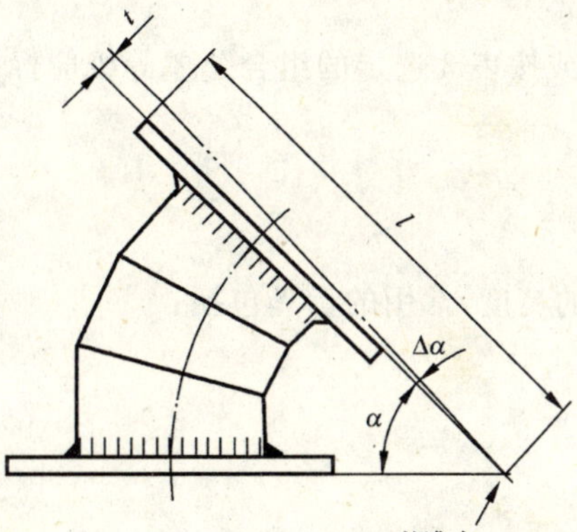

图 4

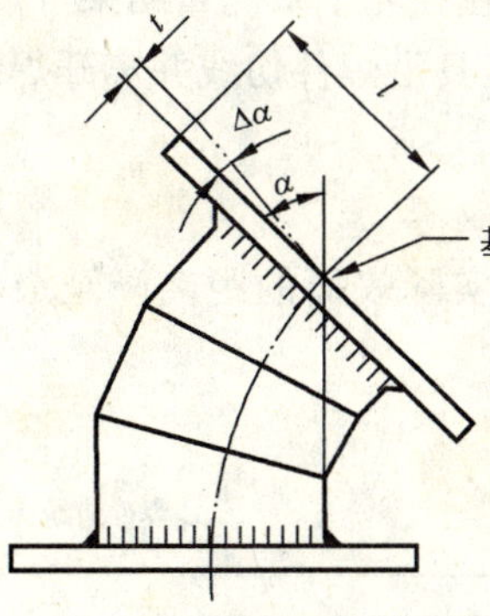

图 5

4.3 直线度、平面度和平行度

表 3 规定的直线度、平面度及平行度公差既适用于焊件、焊接组装件或焊接构件的所有尺寸，也适用于图样上标注的尺寸。

其他形位公差，如：同轴度和对称度公差未做规定。如果实际生产需要规定这种公差，应按

GB/T 1182规定在图样上标注。

表 3　直线度、平面度和平行度公差

单位为毫米

公差等级	公称尺寸 l(对应表面的较长边)的范围									
	>30 ～120	>120 ～400	>400 ～1 000	>1 000 ～2 000	>2 000 ～4 000	>4 000 ～8 000	>8 000 ～12 000	>12 000 ～16 000	>16 000 ～20 000	>20 000
	公差 t									
E	±0.5	±1	±1.5	±2	±3	±4	±5	±6	±7	±8
F	±1	±1.5	±3	±4.5	±6	±8	±10	±12	±14	±16
G	±1.5	±3	±5.5	±9	±11	±16	±20	±22	±25	±25
H	±2.5	±5	±9	±14	±18	±26	±32	±36	±40	±40

5　图样标注

按表 1、表 2 选定的公差等级或按表 3 选定的组合公差等级应标注在图样的合适部位。

6　测量

6.1　一般原则

用于测量的工具应具有合适的精度，常用的量具包括：

——刻度钢尺；

——卷尺；

——直尺；

——丁字尺；

——游标卡尺(符合 GB/T 1214.1 和 GB/T 1214.2 要求)；

——千分表或百分表(符合 GB/T 1219 要求)。

根据协议，可采用其他测量工具。

在非正常温度或条件下(如大型结构在强光下)，测量结果可能会受到影响。

角度的实际尺寸应采用合适的测量工具沿焊件切线并离开焊缝直接影响的区域测定。偏差则是公称尺寸与实际尺寸的差别。

6.2　直线度

焊件的边缘应与直尺靠紧，使直尺与实际表面的距离降至最小。应测量边缘与直尺间的距离(见图 6)。

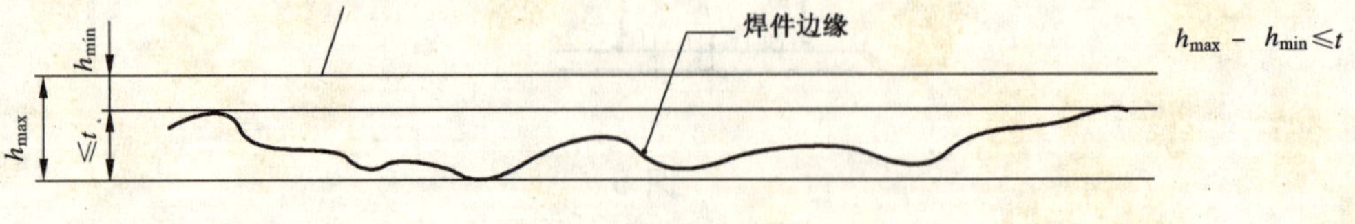

图 6　直线度测量

6.3　平面度

焊件的实际表面应和测量面靠紧，使其间隙达到最小。采用一些工具可能更有效，如：光学仪、水平仪、拉线、底板、面板和机台。

应测量实际表面与测量面之间的距离(示例见图 7)。

图 7 平面度测量

6.4 平行度

参照表面与基准面应平行对齐。

通过使用 6.3 所述的测量仪器,将测量面建立在平行于基准面并离开焊件之处。然后测量实际表面与测量面之间的距离(示例见图 8)。

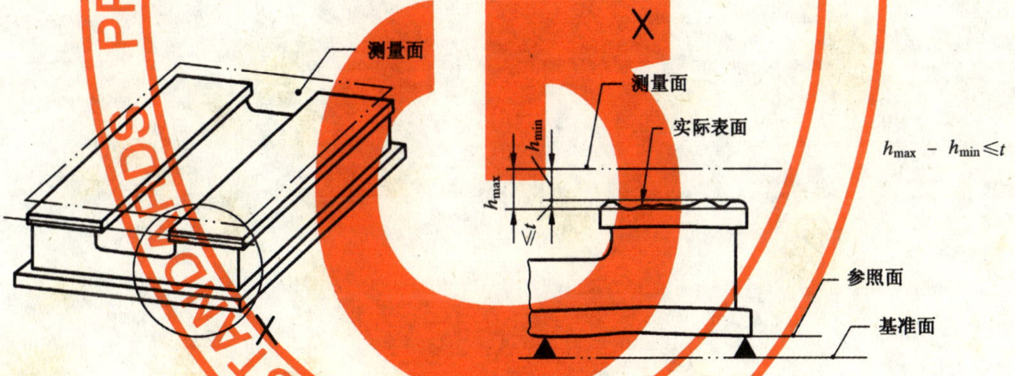

图 8 平行度测量

7 不符合

不符合本标准要求的部件是否可以使用,应根据其用途、适用性决定。

ICS 25.160.10
J 33

中华人民共和国国家标准

GB/T 19805—2005/ISO 14732:1998

焊接操作工技能评定

Qualification test of welding operators

(ISO 14732:1998, Welding personnel—Approval testing of welding operators for fusion welding and of resistance weld setters for fully mechanized and automatic welding of metallic materials, IDT)

2005-06-08 发布　　2005-12-01 实施

中华人民共和国国家质量监督检验检疫总局
中国国家标准化管理委员会　发布

前　言

本标准等同采用 ISO 14732:1998《焊接人员　金属材料机械化焊接和自动焊　熔化焊操作工和电阻焊安装工的考试》(英文版)。

为了保证标准的协调性和可操作性,本标准在等同转化国际标准时做了必要的编辑性改动。

与 ISO 14732 标准相比,本标准在内容方面主要有如下变化:

——“机械化焊接”和“自动焊”术语直接采用了 GB/T 3375《焊接术语》的定义;

——“焊接操作工”术语的含义更广,包含电阻焊操作人员在内;

——鉴于 ISO 14732 中的若干规范性引用文件正在修订,本标准在相应的条文中结合我国的实际情况做了必要处理。

本标准由中国机械工业联合会提出。

本标准由全国焊接标准化技术委员会归口。

本标准负责起草单位:哈尔滨焊接研究所、哈尔滨焊接技术培训中心。

本标准主要起草人:朴东光、钱强。

焊接操作工技能评定

1 范围

本标准规定了自动焊和机械化焊接操作工的技能评定要求。技能评定的对象为负责焊接装备编程和(或)在焊接时负责参数调节的焊接操作工。

本标准适用于钢、铝及铝合金熔化焊(自动焊与机械化焊接)和电阻焊操作工的技能评定。

2 规范性引用文件

下列文件中的条款通过本标准的引用而成为本标准的条款。凡是注日期的引用文件,其随后所有的修改单(不包括勘误的内容)或修订版均不适用于本标准,然而,鼓励根据本标准达成协议的各方研究是否可使用这些文件的最新版本。凡是不注日期的引用文件,其最新版本适用于本标准。

GB/T 3375 焊接术语

3 术语和定义

本标准在使用 GB/T 3375 标准中有关术语的基础上,还采用了下列术语和定义。

3.1 功能试验

针对按某一焊接工艺规程设定的焊接装备所进行的试验。

3.2 试生产焊接试验

与焊接工艺评定试验功能相同,采用非标准试件,模拟生产条件的焊接试验。

3.3 生产试验

在生产环境中进行的焊接试验。该试验的主要特点在于试验过程再现了正常的生产条件。

3.4 产品抽样试验

从使用焊接装备连续生产的焊接产品中抽取样品进行试验。抽样时不得干扰正常的生产条件。

3.5 编程

将焊接工艺规程和(或)焊接装备的规定动作一起编入一个焊接程序中的过程。

3.6 机器人焊接

利用一套在不同焊接方向和几何制造图形上预先编程的机械手进行的全自动焊接。

3.7 设定

在焊接之前正确调整焊接装备的过程。必要时可输入机器人程序。

3.8 焊接操作工

熔化焊时,指进行机械化焊接或自动焊的人员。

电阻焊时,仅指设定机械化焊接或自动焊的人员。按照规程要求,使用在电极和工件间做机械化(或半机械化)相对移动设备的作业人员不属于焊接操作工。

3.9 焊接装备

用于进行焊接的全部设备,由夹具、固定装置、一台或多台焊机及/或机器人、送丝机和其他辅助设施(包括焊接工件加载和卸载装置)组成。

3.10 焊接装备操作

包括工件加载和卸载在内,生产循环的启动和必要的停止。

3.11 考官和考试机构

评估是否符合应用标准要求,并为签约方所认可的人或组织。

4 评定

4.1 总则

应采用下列某种方法对焊接操作工进行技能评定：

——基于焊接工艺试验的评定；

——基于试生产焊接试验或生产试验的评定；

——基于生产抽样试验的评定；

——基于功能试验的评定。

上述这些评定方法应当附加有关焊接装备应用知识方面的考试，具体内容参见附录A。此外，建议附加一个焊接技术知识方面的考试，附录B提供了这种考试的推荐方法。

4.2 主要参数及认可范围

4.2.1 基于焊接工艺试验的评定

如果焊接操作工按照规定要求，成功地完成了焊接工艺试验，则该焊接操作工就通过了所用焊接装备种类的考试。

只要焊接操作工按照焊接工艺规程工作，而且焊接装备种类和焊接方法不变，考试结果就有效。

证书的推荐格式如附录C所示。

4.2.2 基于试生产焊接试验或生产试验的评定

如果焊接操作工按照规定要求，成功地完成了试生产焊接试验或生产试验，则该焊接操作工就通过了所用焊接装备种类的考试。

只要焊接操作工按照焊接工艺规程工作，而且焊接装备种类和焊接方法不变，考试结果就有效。

证书的推荐格式如附录C所示。

4.2.3 基于产品抽样试验的评定

如果产品的抽样样品评定合格，则焊制产品的焊接操作工就通过了考试。产品抽样试验应满足签约方的要求。

只要焊接操作工按照焊接工艺规程工作，而且焊接装备种类和焊接方法不变，考试结果就有效。

证书的推荐格式如附录C所示。

4.2.4 基于功能试验的评定

成功完成功能试验的焊接操作工应视为通过了所用焊接装备种类的考试。功能试验应包括：

——了解参数偏差与焊接结果之间的相互关系；

——按照焊接工艺规程控制焊接装备设置的参数；

——按照焊接工艺规程试验焊接装备的操作项目；

——报告任何对焊缝有影响的焊接装备故障。

只要焊接操作工按照焊接工艺规程工作，而且焊接装备种类和焊接方法不变，考试结果就有效。

证书的推荐格式如附录C所示。

4.2.5 自动焊及机器人焊接

如发生下列变化，焊接操作工需要重新做技能评定：

——带或不带电弧和(或)接头传感器的焊接；

——单道焊变成多道焊；

——机器人种类和系统(包括数控单元在内)的变化；

——所用方法规定的其他主要参数。

不带接头传感器的焊接适用于带接头传感器的焊接，反之则不行。多道焊适用于单道焊，反之也不行。

4.3 有效期

考试结果符合要求时,焊接操作工的考试合格有效期自试件的焊接之日开始算起。

在焊接主管人员确认满足下列条件的前提下,焊接操作工的考试可保持两年有效:

a) 焊接操作工在现有考试合格范围内,连续妥善地从事焊接工作,中断期限不超过6个月;

b) 无特殊理由怀疑焊接操作工的业务能力。

焊接主管人员应每6个月审查焊接操作工是否符合上述要求,并在其证书上签字。

5 延期

按4.3规定下列各项得到满足时,考试证书可在原认可范围内延续两年有效。

——产品焊缝符合质量要求;

——试验记录,即半年的射线(或超声波)探伤记录或断裂试验报告与焊接操作工考试证书一起归档保存。

考官或考试机构应核实上述事项后,签发考试证书的延期许可。

6 证书

应由考官或考试机构来确认焊接操作工是否成功地通过了考试。如果焊接操作工未能通过规定的考试,则不颁发证书。

考官或考试机构负责向考试合格的焊接操作工颁发资格证书。

焊接操作工的资格证书建议采用附录C的格式,所有相关的考试条件应记录在证书上。如采用其他形式的证书,也应包含附录C所要求的内容。

焊接工艺规程应包含有关材料、焊接位置、焊接方法和焊接参数范围等方面内容。

任何主要参数超出允许范围时,需要重新评定并颁发新的证书。

7 文件

证书、试验报告及焊接考试和延期的记录应归档保存。

附　录　A
（规范性附录）
有关焊接装备的应用知识

为了确保规程得到遵循、正常操作得以执行，焊接操作工应具备有关焊接装备的应用知识。

A.1　相关工艺中的焊接顺序/程序

理解焊接规范要求及焊接参数的影响。

A.2　相关工艺中的接头制备及符号表示

a）　接头制备符合焊接工艺规程。
b）　熔化面的清洁。

A.3　相关工艺中的焊接检验

a）　焊接缺陷的辨别。
b）　焊接缺陷的产生原因。
c）　焊接缺陷的预防及补救措施。

A.4　焊接操作工的认可

焊接操作工应清楚地了解认可的范围。

A.5　工艺操作

a）　编程知识（如果涉及到编程的话）。
b）　控制系统的知识及该系统给出的信号。
c）　移动系统。
d）　辅助设备。
e）　夹具、固定器具及安装。
f）　给定规范的参数及调节。
g）　安全规则及警告。
h）　启动-停止程序。

附 录 B
(资料性附录)
专业知识

B.1 一般原则

评定焊接操作工技能时,建议对其进行专业知识考试。

如果进行了专业知识考试,应在焊接操作工证书上予以记录。

本附录归纳了焊接操作工应该掌握的、确保其遵循工艺规程并正常完成工作的专业知识。

鉴于培训大纲及内容的不同,本附录仅提出了一般焊接操作工应具备的基本专业知识要求。

对焊接操作工进行专业知识考试时,可采用下列一种(或多种)方法:

a) 笔试(多项选择);

b) 按一组书面题做口试;

c) 计算机测试;

d) 按照书面的规范做示范/观察测试。

专业知识的考试范围应限于考试所用焊接方法的有关内容。

B.2 要求

B.2.1 焊接设备

B.2.1.1 弧焊

a) 气瓶的识别。

b) 主要构件的识别及组装。

c) 正确选择焊嘴和焊炬。

d) 送丝控制方法。

B.2.1.2 高能束焊

a) 电子束焊接设备。

b) 激光焊接设备。

B.2.1.3 压力焊

a) 种类和设备。

b) 主要构件的识别和组装。

B.2.1.4 电阻焊

a) 主要构件的识别和组装。

b) 正确选择电极。

c) 冷却系统。

d) 设备的维护。

B.2.2 焊接工艺

B.2.2.1 气体保护电弧焊

a) 规范。

b) 电极的种类和尺寸。

c) 保护气体的识别和流量。

d) 喷嘴/导电嘴的种类、尺寸和维护。

e) 金属过渡形态的选择及限制。

f） 焊接电弧辐射的保护。

B.2.2.2　埋弧焊

a） 规范。

b） 焊剂的烘干、使用及正确回收。

c） 焊接机头的正确对中及移动。

d） 单丝或多丝工艺。

e） 焊接电流及电压的影响。

B.2.2.3　电子束焊接

a） 规范。

b） 参数及其对焊接工艺的影响。

c） 聚焦系统。

d） 参数控制。

e） 母材制备。

f） 涉及泄漏试验的真空系统。

B.2.2.4　激光束焊接

a） 规范。

b） 参数及其对焊接工艺的影响。

c） 聚焦系统。

d） 参数控制。

e） 母材制备。

f） 相关气体的选择。

g） 用不同类型激光的加工。

h） 操作状态类型。

B.2.2.5　压力焊

a） 规范。

b） 设备种类。

c） 表面制备。

d） 控制系统。

B.2.2.6　电阻焊

a） 规范。

b） 表面制备。

c） 参数。

d） 电极材质及尺寸，电极的接触面及固定。

e） 焊接方法。

f） 监控系统。

g） 缺陷原因。

h） 试验方法。

B.2.3　母材

a） 材料识别。

b） 预热方法及其控制。

c） 道间温度的控制。

B.2.4　焊接材料

a） 焊接材料的识别。

b) 焊接材料贮存、保管和状态。

c) 正确选择尺寸规格。

d) 焊丝及药芯焊丝的清洁。

e) 焊丝盘的控制。

f) 气体流量和流速的监控。

g) 不使用焊接材料焊接的原则。

B.2.5 安全及事故预防

B.2.5.1 一般原则

a) 电击。

b) 机械伤害。

c) 焊接粉尘及气体的危害。

d) 噪声。

e) 射线辐射(如果有的话)。

B.2.5.2 所有弧焊方法

a) 电击危险增加的环境。

b) 弧光辐射。

c) 散射弧光的影响。

d) 接地不良的后果。

B.2.5.3 焊缝的外观检验

外观检验的知识。

附　录　C
(资料性附录)
焊接操作工资格证书

焊接工艺规程
编号 No:____________________
焊接操作工姓名:____________________
识别代码:____________________
标识方式:____________________
出生日期和地点:____________________
雇主:____________________
规程/考试标准:____________________

考官或考试机构
编号 No:____________________

照片
(如果需要)

专业知识:合格/未考试(可按需要删除)

焊缝细节			认可范围		
焊接方法					
焊接装备					
接头传感器					
单道焊/多道焊					
机器人种类					
技能评定的方法: ——基于焊接工艺试验 □ ——基于试生产焊接试验或产品试验 □ ——基于产品抽样试验 □ ——基于功能试验 □ 考试结果参见××文件(焊接工艺评定记录或其他试验文件)			姓名、日期及签名: 考官或考试机构: 颁发日期: 地点: 有效期至:__________		
考官或考试机构对后2年的延期意见			焊接主管人员对后6个月的延期意见		
日期	签名	职务或职称	日期	签名	职务或职称

ICS 83.140.30
G 33

中华人民共和国国家标准

GB/T 19806—2005/ISO 13955:1997

塑料管材和管件 聚乙烯电熔组件的挤压剥离试验

Plastics pipes and fittings—Crushing decohesion test for polyethylene(PE) electrofusion assemblies

(ISO 13955:1997,IDT)

2005-03-23 发布　　2005-10-01 实施

中华人民共和国国家质量监督检验检疫总局
中国国家标准化管理委员会　发布

前　言

本标准等同采用国际标准 ISO 13955:1997《塑料管材和管件——聚乙烯电熔组件的挤压剥离试验》(英文版)。

为了便于使用,本标准做了下列编辑性修改:

a) “本国际标准”改为“本标准”;

b) 用小数点“.”代替作为小数点的逗号“,”;

c) 删除国际标准的前言。

请注意本标准的某些内容有可能涉及专利。本标准的发布机构不应承担识别这些专利的责任。

本标准由中国轻工业联合会提出。

本标准由全国塑料制品标准化技术委员会管材、管件及阀门分技术委员会(TC48/SC3)归口。

本标准起草单位:港华辉信工程塑料(中山)有限公司、亚大塑料制品有限公司。

本标准主要起草人:何健文、李声红、王志伟、邹丽君、李鹏。

塑料管材和管件　聚乙烯电熔组件的挤压剥离试验

1　范围

本标准规定了用挤压的方法来确定流体输送用聚乙烯管材和电熔承口或鞍形管件组件的抗剥离性能。

本标准适用于管材公称外径 16 mm～225 mm 的组件。

2　规范性引用文件

下列文件中的条款通过本标准的引用而成为本标准的条款。凡是注日期的引用文件，其随后所有的修改单(不包括勘误的内容)或修订版均不适用于本标准，然而，鼓励根据本标准达成协议的各方研究是否可使用这些文件的最新版本。凡是不注日期的引用文件，其最新版本适用于本标准。

GB/T 19807　塑料管材和管件　聚乙烯管材和电熔管件组合试件的制备(GB/T 19807—2005，ISO 11413:1996，MOD)

3　原理

试验是通过挤压测试试样来评估 PE 管材/电熔承口或鞍形管件之组件的熔接质量。测试在(23±2)℃下进行。

组件的剥离强度用熔接面剥离后的破坏特征和脆性剥离百分数来表征。组件破坏的外观和位置也用于评估组件的强度。

4　仪器

应包括下列主要仪器：

4.1　压缩试验机

能够保持(100±10) mm/min 的稳定压缩速度。

4.2　工具

例如螺丝刀。

4.3　限位器

限制压缩机两压板的最小距离为管材壁厚的两倍。

5　试样

5.1　取样

试样(见 5.2 和 5.3)应按产品标准规定的抽样方式从管材和/或管件上截取。

5.2　试样制备

5.2.1　总则

每个试样应从组件上截取，组件是由一个或多个管材和一个承口或鞍形管件连接而成，并按照 GB/T 19807 制备。

由电熔承口管件连接而成的组件，按 5.2.2 制备试样。

由电熔鞍形管件连接而成的组件，按 5.2.3 制备试样。

5.2.2 电熔承口管件

按表1规定从组件截取试样，见图1。

表1 试样截取

管材公称外径 d_n/mm	分切数目(见图1)	角度/(°)	管件两侧管材的最小长度/mm
$16\leqslant d_n<90$	2	180	$2\ d_n$ 或 100
$90\leqslant d_n\leqslant225$	4	90	$2\ d_n$

单位为毫米

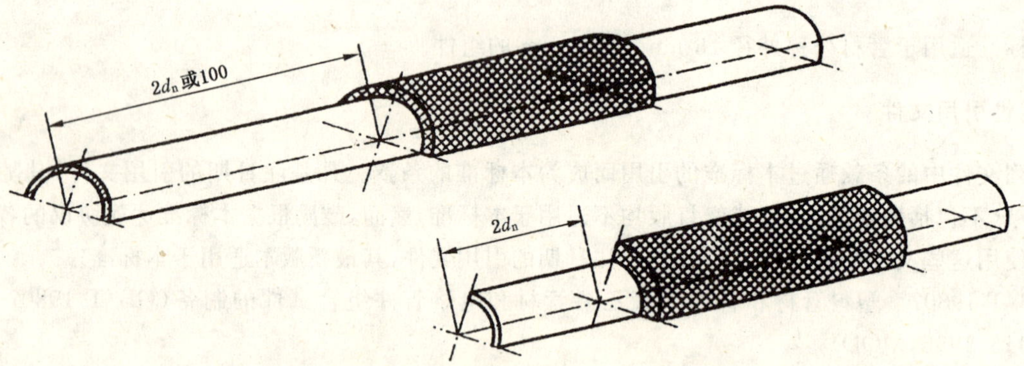

a) $16\leqslant d_n<90$　　b) $90\leqslant d_n\leqslant225$

图1 试样制备

5.2.3 电熔鞍形管件

沿着通过管材轴线的平面切割组件。该平面应垂直于由管材轴线与鞍形旁通或直通中线所形成的平面。如图2所示。

5.3 试样数目

试样的数目应按产品标准规定。

注：推荐最少使用三个试样。

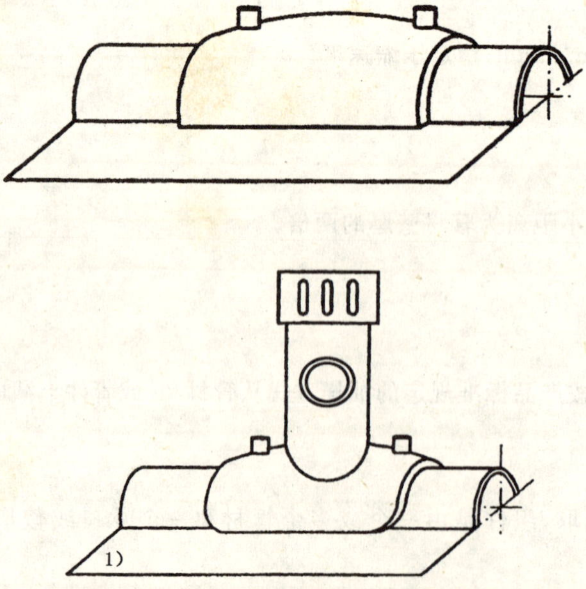

1) 为截取平面。

图2 包含鞍形管件的试样

6 状态调节

6.1 在熔接完成最少 12 h 后，按第 7 章规定的步骤进行。

6.2 熔接完成后，截取试样前，在(23±2)℃下，状态调节最少 6 h。

6.3 截取试样后，在测试温度下最少放置 6 h。

7 步骤

7.1 总则

在(23±2)℃下，执行下列步骤。如果试样包含有电熔承口管件，按 7.2 执行；如果试样包含电熔鞍形管件，按 7.3 执行。

7.2 电熔承口管件

7.2.1 测量并记录电熔管件承口线圈首圈至末圈之间的距离 y，如图 3 中 a)所示。

7.2.2 对每一试样，在电熔管件承口旁，用(100±10) mm/min 的速度施加压缩力，直到管材内壁彼此接触。限位器间的距离应等于管材壁厚的两倍。

7.2.3 用工具小心地将电熔承口管件与管材分离，工具应轻微移动以免对试样产生冲击。检查试样并记录破坏形式(如管材破坏或管件破坏，在线圈之间或在熔合面破坏)。

7.2.4 在管件外缘平行于管材轴线方向的熔接面上，测量总的脆性破坏长度 d_2，如图 3 中 b)所示。

7.2.5 对每一试样，使用式(1)，根据脆性破坏长度 d_2 和线圈首圈至末圈之间的距离 y，计算脆性剥离的百分比 C_c。

$$C_c = \frac{d_2}{y} \times 100 \qquad \cdots\cdots(1)$$

1——管件承口；

2——管材；

3——线圈；

a——熔接面的脆性破坏；

b——管材的韧性破坏；

c——线圈匝间塑料材料的韧性破坏。

图 3 包含电熔承口管件试样的剥离评价

7.3 电熔鞍形管件

7.3.1 确定熔融面的面积 S_T（见生产商的资料说明书）。

7.3.2 放置试样，使压力作用在与管材被切开平面平行的平面上（见图 4），而且压力试验机的压板接近鞍形管件。以（100±10）mm/min 的速度，使压板相互趋近，对试样施加一个不断增加的压缩力。继续压缩试样直到压板间的距离减小到管材壁厚的两倍。记录管壁即将接触前的压缩力。

单位为毫米

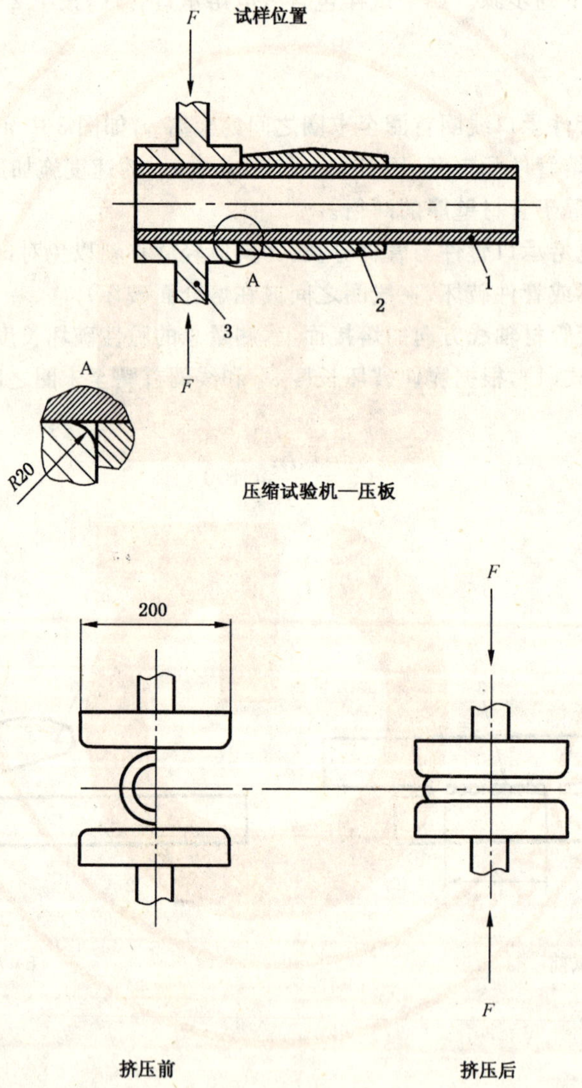

1——管材；

2——管件；

3——压板；

F——压力；

R——半径。

图 4 试样安装在压缩试验机两压板之间

7.3.3 用工具小心地将电熔鞍形管件与管材分离，工具应轻微移动以免对试样产生冲击。检查试样并记录破坏形式(如管材破坏或管件破坏，在线圈之间或在熔合面破坏)。

7.3.4 测量熔融面总的脆性破坏面积 S_F。

7.3.5 用公式(2)，根据脆性破坏面积 S_F 和熔融面的面积 S_T，计算脆性剥离的百分比 C_c。

$$C_c = \frac{S_F}{S_T} \times 100 \qquad \cdots\cdots(2)$$

式中：

S_F——脆性破坏面积，单位为平方毫米(mm^2)；

S_T——熔融面的面积，单位为平方毫米(mm^2)。

8 结果判定

如果脆性剥离的百分比高于相关产品标准中的规定，则组件没有通过测试。

9 试验报告

试验报告应包括下列内容：

a) 本标准编号；
b) 测试试样的完整标识；
c) 组件每一部件的材料；
d) 管件的公称尺寸；
e) 管材装配前的尺寸(平均直径、不圆度、壁厚和长度)；
f) 测试试样的尺寸，包括管材从承口突出来的自由长度；
g) 制备组件时的熔接条件；
h) 测试温度和温度测试的精度；
i) 试样数量；
j) 在熔接和从组件截取试样之间的时间，及状态处理的时间；
k) 测试电熔鞍形管件时，当压板之间距离为管材壁厚的两倍时的压缩力；
l) 脆性剥离的百分比；
m) 破坏形式(在熔接面破坏，线圈之间拉裂，管材或管件破坏)；
n) 在测试期间或测试后，观察到的任何特殊情况；
o) 测试日期；
p) 进行测试的实验室。

ICS 83.140.30
G 33

中华人民共和国国家标准

GB/T 19807—2005

塑料管材和管件 聚乙烯管材和电熔管件组合试件的制备

Plastics pipes and fittings—Preparation of test piece assemblies between a polyethylene (PE) pipe and an electrofusion fitting

(ISO 11413:1996,MOD)

2005-03-23 发布 2005-10-01 实施

中华人民共和国国家质量监督检验检疫总局
中国国家标准化管理委员会 发布

前　言

本标准修改采用国际标准 ISO 11413:1996《塑料管材和管件——聚乙烯管材和电熔管件组合试件的制备》(英文版)。

根据我国国情和标准编写的要求,本标准采用 ISO 11413:1996 时 ,作了一些修改,有关技术性差异已编入正文中,并在它们所涉及的条款的页边空白处用垂直单线标识,在附录 E 中给出了这些技术性差异及其原因的一览表以供参考。技术性差异为:

——删除了第 2 章中引用的国际标准 ISO/CD 12093《塑料管材和管件——聚烯烃电熔管件生产商的技术数据报告内容》;

——本标准 3.4 中不再引用 ISO/CD 12093,规定由生产商在技术文件中说明;

——附录 D 中 D.1 和 D.2 中不再引用 ISO/CD 12093,改为由制造商提供 R_{min} 和 R_{max} 值;

——修改了附录 D 中表 D.1 的电阻测量仪的分辨率和精度;

——增加了附录 E“本标准与 ISO 11413:1996 技术性差异及其原因”。

为了便于使用,本标准还作了下列编辑性修改:

a) “本国际标准”改为“本标准”;

b) 用小数点“.”代替作为小数点的逗号“,”;

c) 删除国际标准的前言。

请注意本标准的某些内容有可能涉及专利。本标准的发布机构不应承担识别这些专利的责任。

本标准的附录 A、附录 B、附录 C 为规范性附录,附录 D、附录 E 为资料性附录。

本标准由中国轻工业联合会提出。

本标准由全国塑料制品标准化技术委员会塑料管材、管件及阀门分技术委员会(TC48/SC3)归口。

本标准起草单位:港华辉信工程塑料(中山)有限公司、亚大塑料制品有限公司。

本标准主要起草人:何健文、李声红、王志伟、邹丽君、李鹏。

塑料管材和管件　聚乙烯管材和电熔管件组合试件的制备

1　范围

本标准规定了聚乙烯(PE)管材或插口管件与电熔管件(例如:承口管件如套筒,或鞍形管件)组合试件的制备方法。

本标准规定了组合试件制备准则,包括环境温度、熔接条件、管材和管件的尺寸、管材形状等参数,并考虑了相关产品标准中对使用条件的限制。

2　规范性引用文件

下列文件中的条款通过本标准的引用而成为本标准的条款。凡是注日期的引用文件,其随后所有的修改单(不包括勘误的内容)或修订版均不适用于本标准,然而,鼓励根据本标准达成协议的各方研究是否可使用这些文件的最新版本。凡是不注日期的引用文件,其最新版本适用于本标准。

GB/T 13663　给水用聚乙烯(PE)管材(GB/T 13663—2000,neq ISO 4427:1996)

GB 15558.1　燃气用埋地聚乙烯(PE)管道系统　第1部分:管材(GB 15558.1—2003,ISO 4437:1997,MOD)

GB 15558.2　燃气用埋地聚乙烯(PE)管道系统　第2部分:管件(GB 15558.2—2005,ISO 8085-2:2001,ISO 8085-3:2001,MOD)

ISO 12176-2:2000　塑料管材管件　聚乙烯系统焊接设备　第2部分:电熔连接

3　符号

3.1　通用符号(见图A.1)

D_{im}:在距管件承口端面 $L_3+0.5L_2$ 处的径向截面熔区平均内径。

$D_{im_{max}}$:管件制造商声明的 D_{im} 的最大理论值。

$D_{i_{max}}$:管件熔区最大内径。

$D_{i_{min}}$:管件熔区最小内径。

d_e:管材或管件插口端的外径。

d_{em}:管材或管件插口端平均外径。与产品标准中的定义一致,用测量的周长计算得出。

d_{emp}:管材或管件插口端经刮削处理或剥离表层后的平均外径。在对应于组合试件熔区中心测量周长,即距离管件承口端面 $L_3+0.5L_2$ 的径向截面内,测量周长后计算得出。

L_2:由管件制造商声明的熔区公称长度。

L_3:从管件承口端面到熔区外沿的公称距离。

e_s:管材表面刮削深度或剥离层的材料厚度。

3.2　间隙

3.2.1　承口管件

C_1:管件内孔与未刮削管材外壁之间的间隙,按式(1)进行计算。

$$C_1 = D_{im} - d_{em} \quad \cdots\cdots\cdots\cdots(1)$$

C_2:管件内孔与刮削后管材外壁之间的间隙,按式(2)进行计算。

$$C_2 = C_1 + 2e_s \quad \cdots\cdots\cdots\cdots(2)$$

注 1：C_2 可以通过机械加工的办法，将未刮削管材平均外径从 d_{em} 加工到 d_{emp} 得到。d_{emp} 按公式(3)进行计算。

$$d_{emp} = D_{im} - C_2 \quad \cdots\cdots (3)$$

C_3：管件内孔与未刮削管材外壁之间的最大理论间隙，按式(4)进行计算。

$$C_3 = D_{im_{max}} - d_e \quad \cdots\cdots (4)$$

C_4：管件内孔与刮削后管材外壁之间的最大理论间隙，按式(5)进行计算。

$$C_4 = C_3 + 2e_s \quad \cdots\cdots (5)$$

注 2：C_4 也可以通过机械加工的办法，将未刮削管材平均外径从 d_{em} 加工到 d_{emp} 得到。d_{emp} 按公式(6)计算。

$$d_{emp} = D_{im} - C_4 \quad \cdots\cdots (6)$$

3.2.2 鞍形管件

鞍形管件与管材之间的间隙假设为零。

3.3 环境温度

T_a：组合试件熔接时的环境温度。

注 3：环境温度可以是产品标准规定(或供需双方约定)的最低温度和最高温度之间的任意温度。

T_R：基准温度，23℃±2℃。

T_{max}：组合试件熔接时所允许的最高环境温度。

T_{min}：组合试件熔接时所允许的最低环境温度。

3.4 熔接参数

——基准时间，t_R：在基准环境温度下的理论熔接时间，由管件制造商给出。

——熔接能量：熔接过程中向管件提供的总电能。在给定环境温度 T_a 下，从管件接线端测得。管件的电工参数应在制造商声明的公差范围之内。通常要求管件制造商在其技术文件中说明环境温度在 T_{min}～T_{max} 变化时管件所需熔接能量与环境温度的函数关系。

——常规能量：在基准温度 T_R 下，用公称熔接参数熔接时，向管件输入的熔接能量。公称熔接参数由管件制造商给定。

——基准能量：根据管件公称电阻熔接时需要的常规能量。公称电阻由管件制造商给定。

——最大能量：在给定环境温度 T_a 下熔接能量的最大值。

——最小能量：在给定环境温度 T_a 下熔接能量的最小值。

4 组合试件的制备

4.1 总则

制备组合试件使用的管材或插口管件，应符合 GB 15558.1、GB/T 13663 或 GB 15558.2 的规定，使用的电熔管件尺寸应符合 GB 15558.2 的规定。组合试件制备方法应符合电熔管件制造商提供的书面程序。

除非制造商推荐更大的数值，最小刮削深度 e_s 为 0.2 mm。

4.2 步骤

执行下列步骤，其中步骤 d)和 f)应在足够容纳管材、管件和装夹工具的控温箱内进行，控温精度±2℃。不应使用制造后不满 170 h 的管件。

a) 在基准温度 T_R 下，测量待组合的部件，以确定 3.1 所定义(图 A.1 所示)的尺寸；

b) 在基准温度 T_R 下，根据 3.2 的规定准备管材，以达到所需的间隙条件；

c) 按制造商的操作说明将管材与管件装配；

d) 在附录 C 所规定的环境温度 T_a 下，将上述组件及相关装置进行状态调节至少 4 h；

e) 状态调节后，测量加热线圈的电阻，并根据附录 C 和附录 D 确定熔接所需的电工参数。测量电阻时，管件仍处于上述状态调节温度，电阻仪放置的环境温度为基准温度 T_R；

f) 根据附录 C 规定的能量水平，按照管件制造商的操作说明进行熔接制备组合试件；

g) 将组合试件冷却到环境温度。

附 录 A
（规范性附录）
电熔承口的尺寸符号

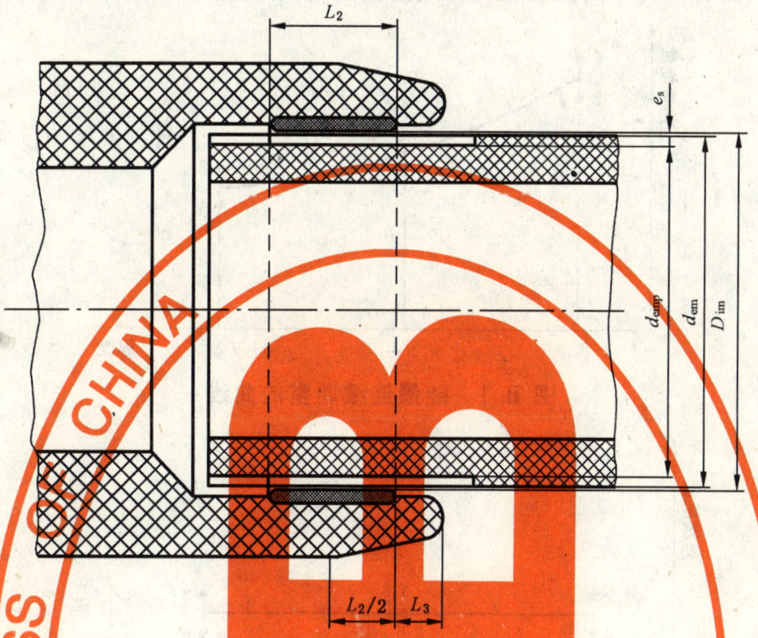

L_2——熔区公称长度；

L_3——承口入口端的非加热长度。

$D_{im}=(D_{i_{max}}+D_{i_{min}})/2$

$$d_{em}=\frac{C}{\pi} \qquad \cdots\cdots(A.1)$$

式中：

C——未刮削管材的周长。

$$d_{emp}=\frac{C_p}{\pi} \qquad \cdots\cdots(A.2)$$

式中：

C_p——已处理管材的周长。

$$e_s=(d_{em}-d_{emp})/2 \qquad \cdots\cdots(A.3)$$

图 A.1 电熔承口的尺寸符号

附 录 B
（规范性附录）
环境温度不同时熔接能量的变化示意图

图 B.1、图 B.2、图 B.3 为不同能量变化方式的示意曲线（见附录 C）。

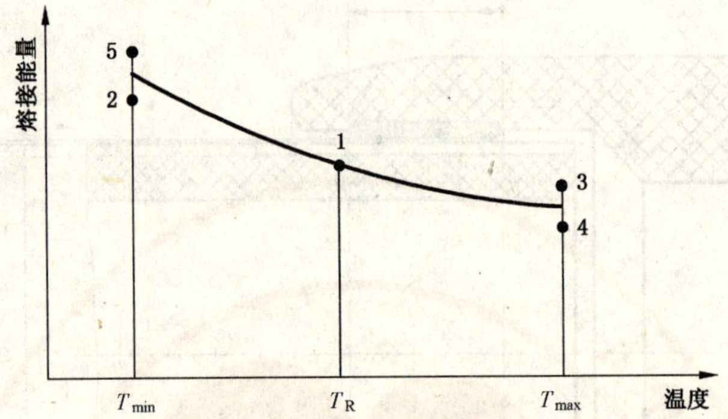

图 B.1 能量连续调整的曲线

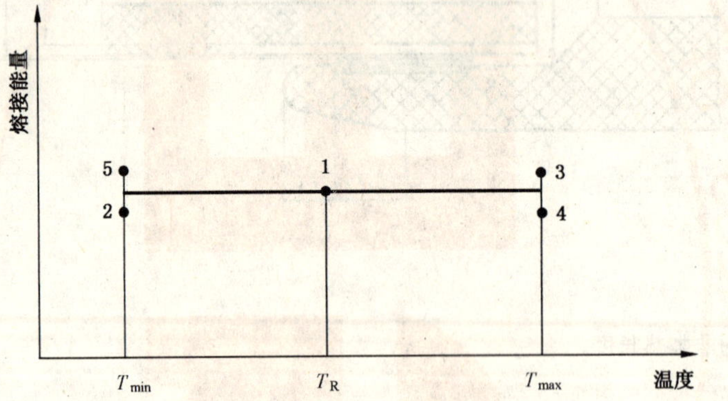

图 B.2 能量恒定的曲线

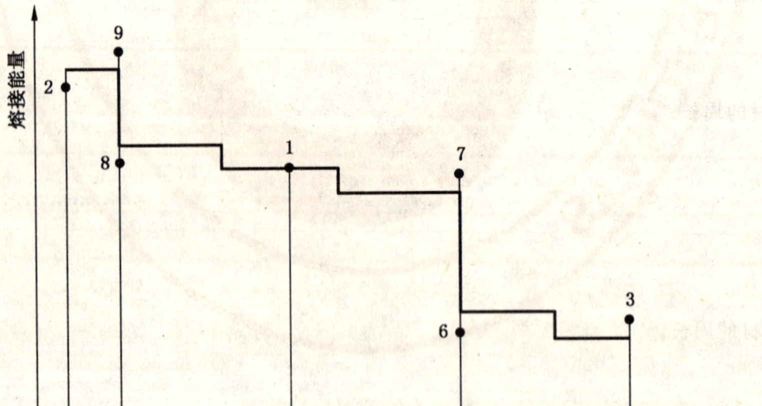

图 B.3 能量阶梯调整的曲线

附　录　C
（规范性附录）
组合试件制备条件

表 C.1　管材和管件准备的条件

条　件	环境温度 T_a(3.3)	管材外形	间隙[a](3.2)	能量(3.4)	装配载荷[b]
1	T_R	盘管或直管	C_2	常规	常规值
2	T_{min}	直管	C_4	最小	最小值
3	T_{max}	盘管或直管	C_2	最大	最大值
4	T_{max}	直管	C_4	最小	最小值
5	T_{min}	盘管或直管	C_2	最大	最大值
6	$>T_R$[c]	直管	C_4	最小	最小值
7	$>T_R$[c]	盘管或直管	C_2	最大	最大值
8	$<T_R$[c]	直管	C_4	最小	最小值
9	$<T_R$[a]	盘管或直管	C_2	最大	最大值

注：条件 1～5 适用于附录 B 中图 B.1 和图 B.2 所示的能量曲线，条件 1～3 和 6～9 适用于图 B.3 所示的能量曲线。

a　对于鞍形管件，间隙应视为 0。

b　适用于可控制装配载荷的鞍形管件的连接。

c　在能量曲线上基准温度的左侧或右侧，对应于最大能量间断点，并且最接近极限温度的温度。

附 录 D
（资料性附录）
熔接电工参数的确定
（能量、电压或电流公差符合 ISO 12176-2）

D.1 在环境温度 T_a 下的最大输入能量

以能量控制模式工作的焊机：

$$能量=公称能量+公差 \quad \cdots\cdots (D.1)$$

以电压控制模式工作的焊机：

$$工作电压=U_{max}\sqrt{R/R_{min}} \quad \cdots\cdots (D.2)$$

以电流控制模式工作的焊机：

$$工作电流=I_{max}\sqrt{R_{max}/R} \quad \cdots\cdots (D.3)$$

式中：

U_{max}——焊机最大额定电压，伏特（公称值＋公差）；

I_{max}——焊机最大额定电流，安培（公称值＋公差）；

R_{min}——由制造商提供的管件在基准温度 T_R 下的最小电阻值，单位为欧姆（Ω）；

R_{max}——由制造商提供的管件在基准温度 T_R 下的最大电阻值，单位为欧姆（Ω）；

R——在环境温度 T_a 下进行状态调节，然后用双臂桥式电阻仪测出的管件电阻值。电阻仪工作特性满足表 D.1。

D.2 在环境温度 T_a 下最小输入能量

以能量控制模式工作的焊机：

$$能量=公称能量-公差 \quad \cdots\cdots (D.4)$$

以电压控制模式工作的焊机：

$$工作电压=U_{min}\sqrt{R/R_{max}} \quad \cdots\cdots (D.5)$$

以电流控制的焊机：

$$工作电流=I_{min}\sqrt{R_{min}/R} \quad \cdots\cdots (D.6)$$

式中：

U_{min}——焊机最小额定电压，单位为伏特（V）（公称值－公差）；

I_{min}——焊机最小额定电流，单位为安培（A）（公称值－公差）；

R_{min}——由制造商提供的管件在基准温度 T_R 下的最小电阻值，单位为欧姆（Ω）；

R_{max}——由制造商提供的管件在基准温度 T_R 下的最大电阻值，单位为欧姆（Ω）；

R——在环境温度 T_a 下进行状态调节，然后用双臂桥式电阻仪测出的管件电阻值。电阻仪工作特性满足表 D.1。

测量电阻时，电阻仪所处的环境温度应为基准温度 23℃±2℃，管件按规定（例如，T_{max} 或 T_{min}）状态调节。如果将管件从状态调节环境中取出测量电阻，测量时间不得超过 30 s。

表 D.1 电阻仪工作特性

范围/Ω	分辨率/mΩ	精 度
0～1	1	读数的 2.5%
0～10	10	读数的 2.5%
0～100	100	读数的 2.5%

附　录　E
（资料性附录）
本标准与 ISO 11413:1996 技术性差异及其原因

表 E.1 给出了本标准与 ISO 11413:1996 的技术性差异及其原因的一览表。

表 E.1　本标准与 ISO 11413:1996 技术性差异及其原因

本标准的章条编号	技术性差异	原　因
2	删去了 ISO/CD 12093，增加了 ISO 12176-2:2000，其余采用了与国际标准相应的国家标准。	国际标准 ISO/CD 12093 目前仍无正式文本；增加 ISO 12176-2 为便于使用，并符合国家标准编写规定，强调与 GB/T 1.1 的一致性。
3.4	不再引用 ISO/CD 12093，规定由生产商在技术文件中说明。	国际标准 ISO/CD 12093 目前仍无正式文本，且不易统一，故本标准中规定由生产商在技术文件中说明，符合我国国情，方便使用。
附录 D	D.1 和 D.2 中不再引用 ISO/CD 12093，改为由制造商提供的 R_{min} 和 R_{max} 值。	理由同上。
附录 D	附录 D 中表 D.1 的电阻测量仪的分辨率和精度做了修改，分辨率由 0.1 mΩ 改为 1 mΩ、1 mΩ 改为 10 mΩ、10 mΩ 改为 100 mΩ，精度由读数的 0.25% 改为读数的 2.5%。	考虑到可操作性及我国实际生产的情况。

ICS 83.140.30
G 33

中华人民共和国国家标准

GB/T 19808—2005/ISO 13954:1997

塑料管材和管件　公称外径大于或等于90 mm的聚乙烯电熔组件的拉伸剥离试验

Plastics pipes and fittings—Peel decohesion test for polyethylene (PE) electrofusion assemblies of nominal outside diameter greater than or equal to 90 mm

(ISO 13954:1997,IDT)

2005-03-23 发布　　　　2005-10-01 实施

中华人民共和国国家质量监督检验检疫总局
中国国家标准化管理委员会　发布

前 言

本标准等同采用国际标准ISO 13954:1997《塑料管材和管件——公称外径大于或等于90 mm的聚乙烯电熔组件的拉伸剥离试验》(英文版)。

为了便于使用,本标准做了下列编辑性修改:

a) “本国际标准”改为“本标准”;

b) 用小数点“.”代替作为小数点的逗号“,”;

c) 删除国际标准的前言。

请注意本标准的某些内容有可能涉及专利。本标准的发布机构不应承担识别这些专利的责任。

本标准由中国轻工业联合会提出。

本标准由全国塑料制品标准化技术委员会塑料管材、管件及阀门分技术委员会(TC48/SC3)归口。

本标准起草单位:港华辉信工程塑料(中山)有限公司、亚大塑料制品有限公司。

本标准主要起草人:何健文、李声红、王志伟、邹丽君、李鹏。

塑料管材和管件　公称外径大于或等于 90 mm 的聚乙烯电熔组件的拉伸剥离试验

1　范围

本标准规定了用拉伸的方法来确定流体输送用聚乙烯管材和电熔承口组件的抗剥离性能。

本标准适用于公称外径大于或等于 90 mm 的组件。

2　规范性引用文件

下列文件中的条款通过本标准的引用而成为本标准的条款。凡是注日期的引用文件，其随后所有的修改单(不包括勘误的内容)或修订版均不适用于本标准，然而，鼓励根据本标准达成协议的各方研究是否可使用这些文件的最新版本。凡是不注日期的引用文件，其最新版本适用于本标准。

GB/T 19807　塑料管材和管件　聚乙烯管材和电熔管件组合试件的制备(GB/T 19807—2005，ISO 11413:1996，MOD)

3　原理

试验是在一定条件下将试样样条熔融面逐渐拉伸剥离，通过检查熔融面来评价 PE 管材/电熔承口组件的熔接质量。测试在 23℃±2℃下进行。

组件的剥离强度通过管壁、管件壁或熔合面剥离后的破坏特征和脆性剥离百分数来表征。

4　仪器

仪器应包括下列主要部件(见图 1)。

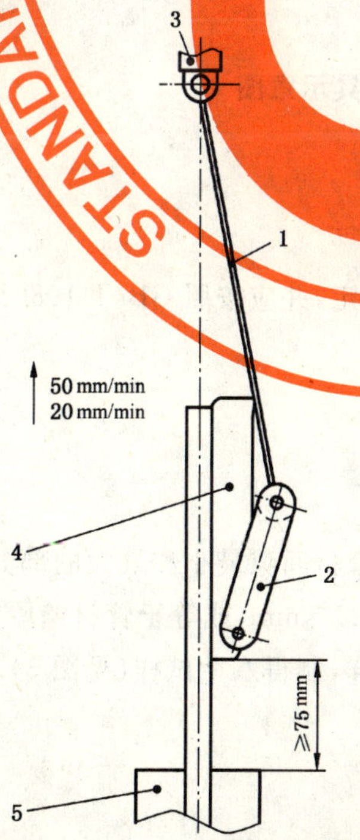

1——拉伸链条或金属绳索(最少 300 mm 长)；
2——带销的拉伸夹具；
3——拉伸试验机；
4——试样；
5——夹具。

图 1　剥离试验装配图

4.1　拉伸试验机

能够在规定的速度(见第7章)下,用足够的力剥离测试试样(见第5章和图4)。

4.2　带销的拉伸夹具

如图2所示。

单位为毫米

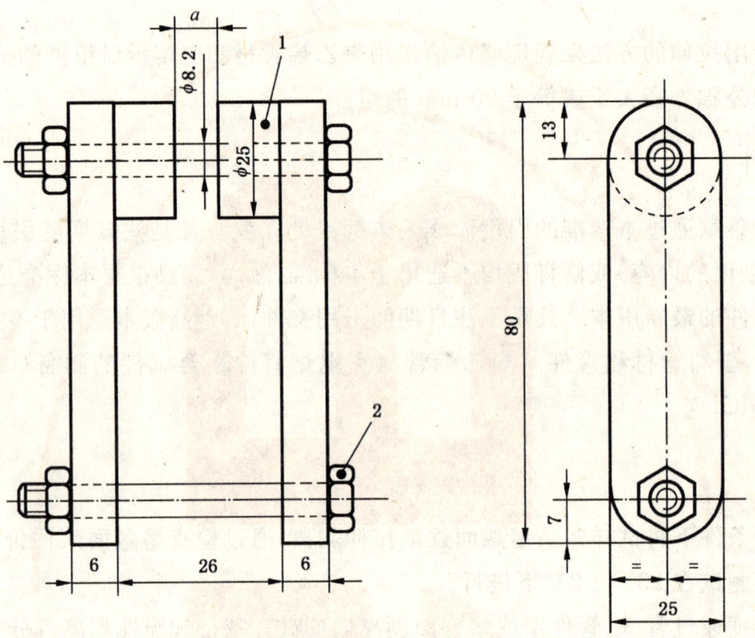

1——垫片;

2——螺栓,与试样牵引孔配合(见图1和图3);

a——放置拉伸链/金属绳索的间隙。

图2　拉伸夹具示意图

5　试样

5.1　组件制备

电熔承口管件和管材取样按照相应产品标准的规定,并应按照GB/T 19807制备组件,突出管件承口以外的管材长度不少于125 mm。

5.2　试样制备

5.2.1　在熔接至少6 h之后,按照5.2.2准备试样。

5.2.2　从组件截取四个试样:

a)　通过取样前目测检查,使得试样包括管件与管材间隙最小和最大的部分;

b)　试样的切边平行于组件的长度方向,宽度为25^{+5}_{0}mm,或等于管材壁厚,偏差$^{+5}_{0}$mm,取较大者。

在组件含有套筒的情况下,通过套筒中心截取试样,制得八个试样(见图3)。

单位为毫米

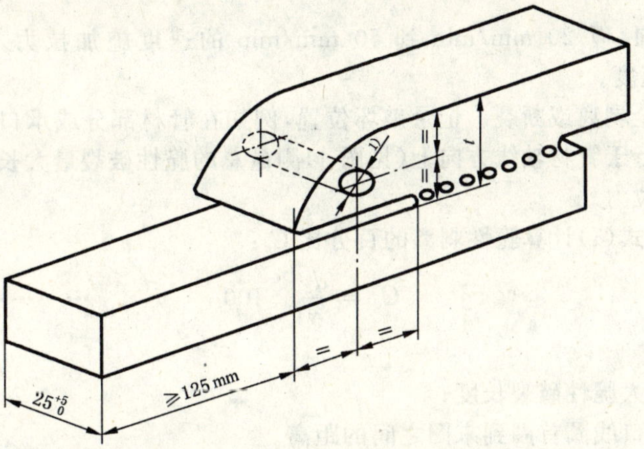

1) 与拉伸夹具螺栓配合的牵引孔，直径为 $t/5$，最小 3 mm。

图 3 试样尺寸和形状

5.2.3 对每个试样钻一个牵引孔，以便与拉伸夹具联结，孔直径为 $t/5$，最小取 3 mm。如果孔出现屈服，把孔位移到第一个线圈的上方，如图 3 所示。

5.3 试样数目

试样的数目应按产品标准规定。

注：推荐最少使用三个试样。

6 状态调节

在熔接完成最少 12 h 后，按第 7 章的步骤进行。

熔接完成后，截取试样前，在 23℃±2℃下，组件最少状态调节 6 h。

截取试样后，在测试温度下最少放置 6 h。

7 步骤

在 23℃±2℃下，执行下列步骤。

7.1 测量电熔管件承口线圈首圈到末圈之间的距离 y，如图 4 所示。

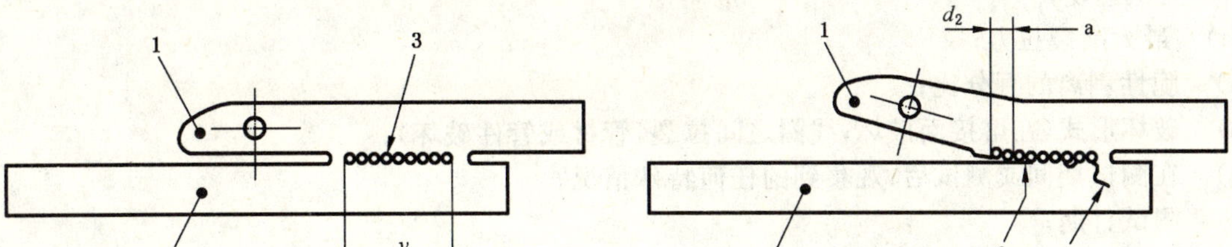

a) 测试前　　　　b) 测试后

1——管件承口；

2——管材；

3——线圈；

a——熔接面的脆性破坏；

b——管材的韧性破坏；

c——线圈匝间塑料的韧性破坏。

图 4 试样的剥离评价

7.2 把试样的承口部分连接到拉伸夹具(4.2),把从承口突出的管材插入拉伸试验机的夹具内(4.1),如图1所示。

7.3 沿试样长度方向,以20 mm/min到50 mm/min的速度施加拉力。在有争议情况下,使用(25±2.5)mm/min的速度。

7.4 测试直到试样完全剥离或断裂。记录破坏位置,例如在管材部分或承口部分,在线圈之间或在熔合界面。在熔接面,平行于管材轴线方向上(见图4)测量总的脆性破裂最大长度 d_2。

7.5 记录最大的断裂拉力。

7.6 对每一试样,用公式(1)计算脆性剥离的百分比 C_c:

$$C_c = \frac{d_2}{y} \times 100 \qquad \cdots\cdots(1)$$

式中:

d_2——观察到的最大脆性破裂长度;

y——电熔管件承口线圈首圈到末圈之间的距离。

8 结果判定

如果脆性剥离的百分比高于相关产品标准中的规定,则认为组件没有通过测试。

9 试验报告

试验报告应包括下列内容:

a) 本标准编号;
b) 测试试样的完整标识;
c) 组件每一部件的材料;
d) 管件的公称尺寸;
e) 管材装配前的尺寸(平均直径、不圆度、壁厚和长度);
f) 测试试样的尺寸,包括管材从承口突出来的自由长度;
g) 制备组件时的熔接条件;
h) 测试温度和温度测试的精度;
i) 试样数量;
j) 管材和管件最小及最大间隙试样的详细情况;
k) 在熔接和从组件截取试样之间的时间,及状态处理的时间;
l) 测试速度;
m) 最大断裂拉力;
n) 脆性剥离的百分比;
o) 破坏形式(在熔接面破坏,线圈之间拉裂,管材或管件破坏);
p) 在测试期间或测试后,观察到的任何特殊情况;
q) 测试日期;
r) 进行测试的实验室。

ICS 83.140.30
G 33

中华人民共和国国家标准

GB/T 19809—2005/ISO 11414:1996

塑料管材和管件 聚乙烯(PE)管材/管材或管材/管件热熔对接组件的制备

Plastics pipes and fittings—Preparation of polyethylene (PE) pipe/pipe or pipe/fitting test piece assemblies by butt fusion

(ISO 11414:1996,IDT)

2005-03-23 发布 2005-10-01 实施

中华人民共和国国家质量监督检验检疫总局
中国国家标准化管理委员会 发布

前　言

本标准等同采用国际标准 ISO 11414:1996《塑料管材和管件——聚乙烯(PE)管材/管材或管材/管件热熔对接组件的制备》(英文版)。

为了便于使用,本标准做了下列编辑性修改:

a) “本国际标准”改为“本标准”;

b) 用小数点“.”代替作为小数点的逗号“,”;

c) 删除国际标准的前言。

本标准的附录 A 和附录 B 为规范性附录。

本标准由中国轻工业联合会提出。

本标准由全国塑料制品标准化技术委员会塑料管材、管件及阀门分技术委员会(TC48/SC3)归口。

本标准起草单位:河北宝硕管材有限公司。

本标准主要起草人:高长全、李艳英、代启勇。

塑料管材和管件　聚乙烯(PE)管材/管材或管材/管件热熔对接组件的制备

1　范围

本标准规定了聚乙烯管材与管材或管材与管件插口端热熔对接组件的制备方法。

考虑到相关产品标准中规定的使用限制条件和所用管材的类型,本标准规定了焊接参数,如环境温度、接头几何尺寸和熔接参数等。

焊接环境的不同会影响到待测组件的连接性能。根据生产商的说明书和/或相关标准,制备组件的熔接工艺和参数可以进行适当调整。

注:无论使用何种树脂,若组件及熔接连接技术符合 ISO/TR 11647:1996 的熔接匹配性,都适用于本标准。为验证连接性能,规定的熔融过程中的参数可进行适当调整。

2　规范性引用文件

下列文件中的条款通过本标准的引用而成为本标准的条款。凡是注日期的引用文件,其随后所有的修改单(不包括勘误的内容)或修订版均不适用于本标准,然而,鼓励根据本标准达成协议的各方研究是否可使用这些文件的最新版本。凡是不注日期的引用文件,其最新版本适用于本标准。

GB/T 13663—2000　给水用聚乙烯(PE)管材(neq ISO 4427:1996)

GB/T 13663.2—2005　给水用聚乙烯(PE)管道系统　第2部分:管件

GB 15558.1—2003　燃气用埋地聚乙烯(PE)管道系统　第1部分:管材(ISO 4437:1997,MOD)

GB 15558.2—2005　燃气用埋地聚乙烯(PE)管道系统　第2部分:管件(ISO 8085-2:2001,ISO 8085-3:2001,MOD)

ISO/TR 11647:1996　聚乙烯管材和管件的可熔焊性

3　符号

3.1　热熔对接过程中的通用符号

e_n:管材的公称壁厚,单位为毫米(mm)。

d_n:管材的公称外径,单位为毫米(mm)。

p:施于热熔对接接头端面的压力,单位为兆帕(MPa)。

t:熔接过程中每一阶段的时间。

T_{max}:最高允许环境温度,单位为摄氏度(℃)。

T_{min}:最低允许环境温度,单位为摄氏度(℃)。

3.2　接头几何尺寸

D_a:待熔接两连接件间外径的错边量,单位为毫米(mm)。

D_w:两待熔接面间隙,单位为毫米(mm)。

3.3　环境温度

T_a:熔接时的环境温度,单位为摄氏度(℃)。

注:环境温度可以在最低温度 T_{min} 和最高温度 T_{max} 之间变化,在相关标准中规定或生产商和用户之间达成协议。

3.4　熔接过程参数

3.4.1　总则

T:加热板温度,在与待熔管材或插口管件相接触的加热板表面区域内测量,单位为摄氏度(℃)。

3.4.2 第一阶段:加热

p_1:加热阶段的端面压力,即施加在接触区表面的压力,单位为兆帕(MPa);

B_1:初始卷边宽度,表示为加热段结束时的卷边宽度,单位为毫米(mm);

t_1:升温时间,在升温阶段连接区域获得宽度为 B_1 的卷边所用时间,单位为秒(s)。

3.4.3 第二阶段:吸热

p_2:吸热阶段施加在加热板和管材或管件间的压力,单位为兆帕(MPa);

t_2:吸热阶段的持续时间,单位为秒(s)。

3.4.4 第三阶段:抽出加热板

t_3:从加热板离开抽离到两熔接端相接触时的时间间隔,单位为秒(s)。

3.4.5 第四阶段:升压

t_4:产生对接压力所需时间,单位为秒(s)。

3.4.6 第五阶段:熔接

p_5:熔接阶段施加在接触面上的压力,单位为兆帕(MPa);

t_5:在焊机上的组件在熔接压力下保持的时间,单位为分钟(min)。

3.4.7 第六阶段:冷却

t_6:冷却时间,在此阶段熔接组件不能受到任何强外力作用,单位为分钟(min)。这一冷却过程也可以不在焊机上进行。

B_2:在冷却结束时获得的卷边宽度,单位为毫米(mm)。

4 组件用管材

组件所用管材应取自直管段。

5 设备

所用对熔焊机应配有自动熔压控制器以使第一、第二、第五熔接阶段的压力保持恒定。

6 连接步骤

将符合 GB/T 13663、GB/T 13663.2、GB 15558.1 或 GB 15558.2 的直管和管件按如下要求连接,若能够改善连接的性能(外观或机械性能),则焊接工艺可做适当调整。

a) 将管材或管件安装在焊机中,当 d_n<200 mm 时所产生的外径错边量 D_a 最大为 0.5 mm,当 d_n≥200 mm 时 D_a 最大为 $0.1e_n$ 或 1 mm 中的较大值;

b) 用铣刀铣平熔接端表面,当 d_n<200 mm 时,间隙 D_W 应控制在 0.3 mm 内,当 d_n≥200 mm 时,间隙 D_W 应控制在 0.5 mm 之内;

c) 用附录 A 中规定的参数进行熔接。当熔接参数在附录 B 给定的范围变化时,新试样重复熔接操作程序。

附 录 A
（规范性附录）
熔接过程和参数

图 A.1 为熔接过程的图解，表 A.1 给出了每一阶段参数的参考值。

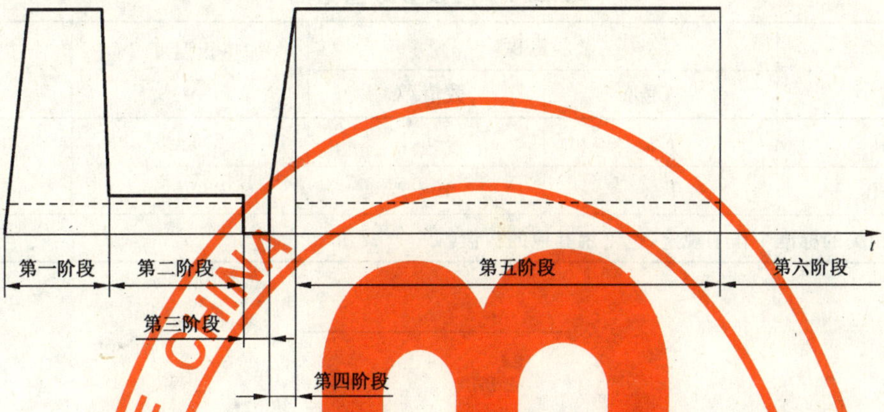

图 A.1 熔接过程图解

表 A.1 熔接参数参考值

参数		单位	数值
加热板温度 T $63\leqslant d_n\leqslant 250$ $d_n>250$		℃	210 ± 10 225 ± 10
第一阶段	压力 p_1[a]	MPa	0.18 ± 0.02
	时间 t_1	s	获得 B_1 所用时间
	卷边宽度 B_1	mm	$d_n\leqslant180$：$1<B_1\leqslant2$ $180<d_n\leqslant315$：$2<B_1\leqslant3$ $d_n>315$：$3<B_1\leqslant4$
第二阶段	压力 p_2[a]	MPa	0.03 ± 0.02
	时间 t_2	s	$(30+0.5d_n)\pm10$
第三阶段	时间 t_3	s	最大值：$3+0.01d_n\leqslant8$
第四阶段	时间 t_4	s	最大值：$3+0.01d_n\leqslant6$
第五阶段	压力 p_5[a]	MPa	0.18 ± 0.02
	时间 t_5	min	最小值：10
第六阶段	时间 t_6	min	最小值为 $1.5e_n$，且最大值不超过 20 min

a 这一压力是接头内表面压力，与 d_n、e_n 和所用熔接设备有关。

附　录　B
（规范性附录）
熔接参数值范围

表 B.1 给出了连接过程中各参数值的范围。

表 B.1　熔接参数值范围

状况	环境温度[a]		加热板温度 T/℃	熔接压力 p/MPa
	符号	数值/℃		
最小值	T_{min}	-5_{-2}^{0}	205±5	0.15±0.02
最大值	T_{max}	40±2	230±5	0.21±0.02

a　若在相关的标准中作了规定，也可用其他的数值。

ICS 83.140.30
G 33

中华人民共和国国家标准

GB/T 19810—2005/ISO 13953:2001

聚乙烯(PE)管材和管件　热熔对接接头拉伸强度和破坏形式的测定

Polyethylene (PE) pipe and fittings—Determination of the tensile strength and failure mode of test pieces from a butt-fused joint

(ISO 13953:2001,IDT)

2005-03-23 发布　　2005-10-01 实施

中华人民共和国国家质量监督检验检疫总局
中国国家标准化管理委员会　发布

前　言

本标准等同采用国际标准 ISO 13953:2001《聚乙烯(PE)管材和管件——对接热熔接头拉伸强度和破坏形式的测定》(英文版)。

为了便于使用,本标准做了下列编辑性修改:

a) “本国际标准”改为“本标准”;

b) 用小数点“.”代替作为小数点的逗号“,”;

c) 删除国际标准的前言。

本标准由中国轻工业联合会提出。

本标准由全国塑料制品标准化技术委员会塑料管材、管件及阀门分技术委员会(TC48/SC3)归口。

本标准起草单位:河北宝硕管材有限公司、亚大塑料制品有限公司。

本标准主要起草人:代启勇、王志伟、李艳英。

聚乙烯(PE)管材和管件　热熔对接接头拉伸强度和破坏形式的测定

1　范围

本标准规定了测定聚乙烯(PE)热熔对接组件的拉伸强度和拉伸破坏形式的试验方法。

本方法适用于公称外径不小于 90 mm 的聚乙烯(PE)管材与管材或管材与管件插口端的热熔对接接头。

本方法可以与其他测试方法结合使用,来判定对熔焊接接头的质量。

2　规范性引用文件

下列文件中的条款通过本标准的引用而成为本标准的条款。凡是注日期的引用文件,其随后所有的修改单(不包括勘误的内容)或修订版均不适用于本标准,然而,鼓励根据本标准达成协议的各方研究是否可使用这些文件的最新版本。凡是不注日期的引用文件,其最新版本适用于本标准。

GB/T 19809　塑料管材和管件　聚乙烯(PE)管材/管材或管材/管件热熔对接组件的制备(GB/T 19809—2005,ISO 11414:1996,IDT)

3　原理

将聚乙烯(PE)管材热熔对接接头加工成哑铃形试样(如图 1 或图 2 所示),对试样以恒定速度施加一拉力。试样在拉伸试验机上承受负载时,应力集中于熔接部位最终在接头附近破坏。

热熔对接接头质量以破坏形式和拉伸强度进行判定。

本试验在 23℃±2℃的温度下进行。

4　设备

4.1　实验室

能够将温度控制在 23℃±2℃。

4.2　拉伸试验机

能够以(5±1)mm/min 的恒定速度拉伸,连续记录试样所承受的拉力,并能识别试样的破坏。

4.3　夹具

配有可穿过试样牵引孔的销钉。

4.4　测量仪器

测量试样的宽度和厚度,精度不低于 0.05 mm(见 7.1)。

4.5　试样样板(见表 1 和表 2)

用于标识待加工试样的形状。

5　试样

5.1　取样

制备试样所用管材/管件应按产品标准的规定进行抽取。

5.2　制备

5.2.1　总则

热熔对接接头应按生产商的说明或相关标准(如 GB/T 19809)中的规定进行制备。

对每一所需试样，应穿过接头沿管材的轴向加工出一长条，并进一步加工以制备符合以下尺寸的试样：

a） 对于壁厚 $e<25$ mm 的管材，见表 1 和图 1(A 型)；

b） 对于壁厚 $e\geqslant 25$ mm 的管材，见表 1 和图 2(B 型)。

适用时，使用样板以确保焊缝与 A 型或 B 型试样的腰部中心截面尽可能重合。

卷边可以除去。

5.2.2 A 型试样

A 型试样的尺寸和形状应符合图 1 和表 1。

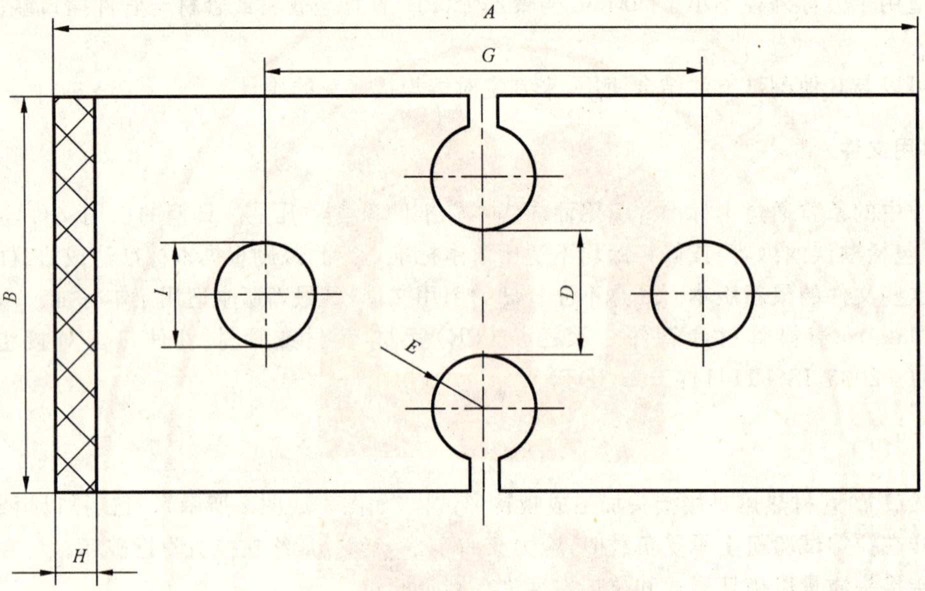

图 1 A 型试样($e<25$ mm)

表 1 A 型或 B 型试样的尺寸

单位为毫米

符号	说明	A 型试样的尺寸		B 型试样的尺寸
		$d_n\leqslant 160$	$d_n>160$	
A	总长(最小值)	180	180	250
B	末端宽度	60±3	80±3	100±3
C	狭长平行段长度	—	—	25±1
D	腰部宽度	25±1	25±1	25±1
E	半径	5±0.5	10±0.5	25±1
G	牵引孔中心距	90±5	90±5	165±5
H	厚度	全壁厚	全壁厚	全壁厚
I	牵引孔直径	20±5	20±5	30±5

试样的"腰部"应通过钻孔或其他机加工方式来获得，其中心距应为 35 mm 或 45 mm，孔的中心连线与焊缝重合。然后，在样条上将孔和对应的边之间切开。试样腰部的加工面应是平滑的，其余界面不作要求。

5.2.3 B 型试样

B 型试样的尺寸和形状应符合图 2 和表 1。

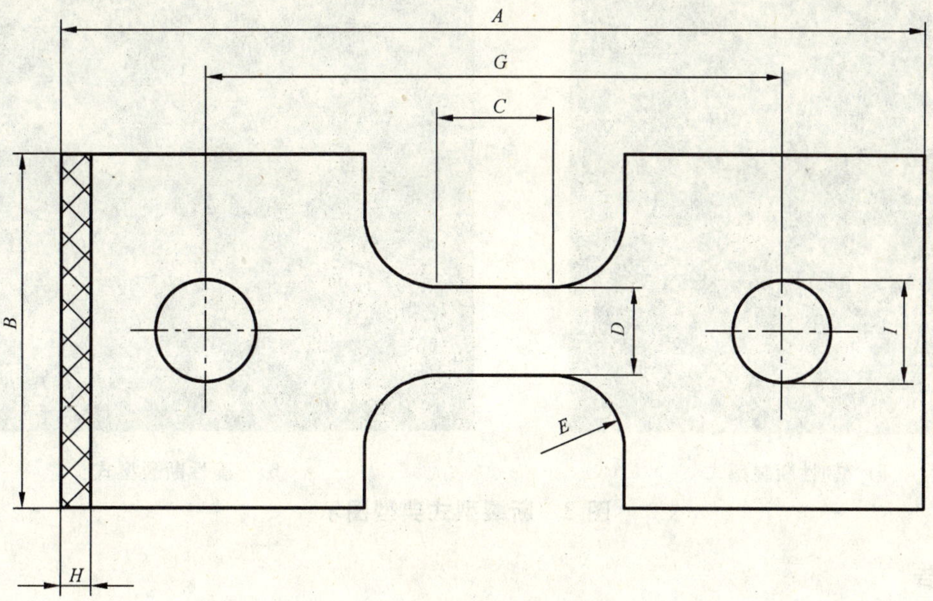

图 2 B型试样($e \geq 25$ mm)

5.3 试样数量

试样数量由管材的公称外径 d_n 决定,见表 2。

表 2 试样的数目

公称外径 d_n/mm	试样的数目
$90 \leq d_n < 110$	2
$110 \leq d_n < 180$	4
$180 \leq d_n < 315$	6
$d_n \geq 315$	7

其中一个试样应取自接头错边最大处,其他试样应沿接头圆周均匀取得。

6 状态调节

应在热熔对接 24 h 后制样。试样应在 23℃±2℃的环境温度下进行状态调节不少于 6 h,状态调节后立即进行试验。

7 试验步骤

7.1 测量管材壁厚作为试样厚度,测量试样宽度:对于 A 型试样,宽度为腰部两孔的间距 D(见表 1,图 1),对于 B 型试样,宽度为狭窄部分的宽度 D(见表 1,图 2)。

7.2 将试样固定在拉伸试验机夹具上,并保证施加于试样上的力垂直于对熔焊缝。

7.3 夹具以(5±1)mm/min 的速度运动,对试样施加拉力。

7.4 记录拉伸过程中施加的拉力,直到试样完全破坏。

7.5 记录最大拉力(单位为牛顿)和试样破坏类型(如韧性破坏或脆性破坏),韧性破坏和脆性破坏类型特征见图 3,仅考虑在对熔接头处或其附近的破坏。

7.6 计算拉伸强度,用最大拉力(单位为牛顿)除以试样接头部分的截面积(即宽度×厚度,测量方法见 7.1,单位为平方毫米)。

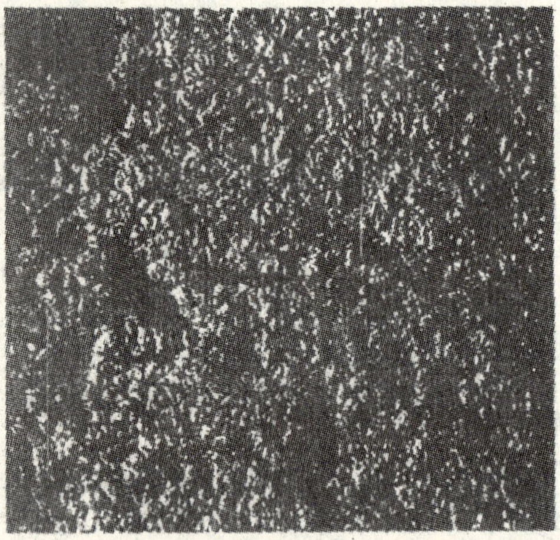

a) 韧性断裂型式

b) 脆性断裂型式

图3 断裂型式典型图示

8 试验报告

试验报告包括以下内容：

a) 本标准编号及相关标准编号；

b) 试样的必要信息，包括试样用管材的公称尺寸、原料型号、制造商代码及所用焊接工艺；

c) 试样类型(A 或 B 型)，卷边是否去除及试样数量；

d) 试验温度；

e) 每个试样的破坏类型；

f) 每个试样的拉伸强度；

g) 试验过程中观察到的现象；

h) 任何可能影响到试验结果的因素，如未在本标准中说明的任何事件和操作细节；

i) 实验室；

j) 试验日期。

ICS 83.080.01
G 31

中华人民共和国国家标准

GB/T 19811—2005/ISO 16929:2002

在定义堆肥化中试条件下塑料材料崩解程度的测定

Determination of the degree of disintegration of plastic materials under defined composting conditions in a pilot-scale test

(ISO 16929:2002,IDT)

2005-03-23 发布　　2005-10-01 实施

中华人民共和国国家质量监督检验检疫总局
中国国家标准化管理委员会　发布

前　言

本标准等同采用ISO 16929:2002《在定义堆肥化中试条件下塑料材料崩解程度的测定》。本标准与ISO 16929:2002相比,作了下列编辑性修改:

——ISO 16929:2002 中引用 ISO 3310:1999《试验筛——技术要求与试验——第 2 部分:金属穿孔板试验筛》,引用的技术内容与 GB/T 6003.2—1997《金属穿孔板试验筛》(eqv ISO 3310-2:1990)一致,因此本标准将引用文件 ISO 3310:1999 改为 GB/T 6003.2—1997。

——ISO 16929:2002 中引用 ISO 7150-1:1984《水质——铵的测定——第 1 部分:手动光谱法》,引用的技术内容与 GB/T 7481—1987《水质　铵的测定　水杨酸分光光度法》(eqv ISO 7150-1:1984)一致,因此本标准将引用文件 ISO 7150-1:1984 改为 GB/T 7481—1987。

——ISO 16929:2002 中引用 ISO 5663:1984《水质　凯氏氮的测定　加硒矿化作用法》,引用的技术内容与 GB/T 11891—1989《水质　凯氏氮的测定》(neq ISO 5663:1984)一致,因此本标准将引用文件 ISO 5663:1984 改为 GB/T 11891—1989。

本标准由全国塑料制品标准化技术委员会提出并归口。

本标准由北京工商大学轻工业塑料加工应用研究所负责起草,内蒙古蒙西高新技术集团有限责任公司、深圳市绿维科技有限公司、宁波天安生物材料有限公司、武汉华丽环保科技有限公司、天津丹海股份有限公司、揭阳斯普林降解制品有限公司、国家塑料制品质量监督检验中心(北京)参加起草。

本标准主要起草人:翁云宣、陈学军、王世和、孔力、毛国玉、苗蕾、叶新建、张先炳、刘彩霞、李字义。

引　言

生物分解塑料材料的生物处理包括了运转良好的市政或工业生物质废弃物处理设备中的需氧堆肥。在定义堆肥化中试条件下塑料材料崩解程度的测定，是评价材料堆肥能力的一个重要步骤。

警告：废水、活性污泥、土壤及堆肥中可能含有潜在致病菌，处理时应采取适当的防护措施。

在定义堆肥化中试条件下塑料材料崩解程度的测定

1 范围

本标准用于测定在定义的中试条件下需氧堆肥试验中塑料材料的崩解程度。本标准规定的试验方法可用于测定在堆肥化过程中试验材料所受的影响及获得堆肥的质量,但不能用于测定试验材料需氧生物分解能力(其他的试验方法如GB/T 19276.1—2003、GB/T 19276.2—2003、GB/T 19277—2003可用于测定试验材料需氧生物分解能力)。

本标准为评价塑料堆肥能力整体计划的一部分。

2 规范性引用文件

下列文件中的条款通过本标准的引用而成为本标准的条款。凡是注日期的引用文件,其随后所有的修改单(不包括勘误的内容)或修订版均不适用于本标准,然而,鼓励根据本标准达成协议的各方研究是否可使用这些文件的最新版本。凡是不注日期的引用文件,其最新版本适用于本标准。

GB/T 6003.2—1997 金属穿孔板试验筛(eqv ISO 3310-2:1990)

GB/T 7481—1987 水质 铵的测定 水杨酸分光光度法(eqv ISO 7150-1:1984)

GB/T 11891—1989 水质 凯氏氮的测定(neq ISO 5663:1984)

GB/T 19276.1—2003 水性培养液中材料最终需氧生物分解能力的测定 采用测定密闭呼吸计中需氧量的方法(ISO 14851:1999,IDT)

GB/T 19276.2—2003 水性培养液中材料最终需氧生物分解能力的测定 采用测定释放的二氧化碳的方法(ISO 14852:1999,IDT)

GB/T 19277—2003 受控堆肥条件下材料最终需氧生物分解和崩解能力的测定 采用测定释放的二氧化碳的方法(ISO 14855:1999,IDT)

ISO 10304-2:1995 水质——离子色谱法测定溶解性阴离子——第2部分:对废水中溴化物、氟化物、硝酸盐、亚硝酸盐、亚磷酸盐和硫酸盐的测定

ISO 10390:1994 土壤质量——pH值的测定

ISO 11465:1993 土壤质量——土壤生物干物质和水含量的测定——重量法

3 术语和定义

下列术语和定义适用于本标准。

3.1

生物处理能力 biological treatability

材料需氧堆肥或厌氧生物消化的潜力。

3.2

降解 degradation

导致材料结构显著变化的一种不可逆过程。主要特征是性能丧失(如完整性、分子量、结构或机械强度)和/或发生破碎。该过程受环境条件的影响,需经过一段时间和包含一个或一个以上步骤。

3.3

生物分解 biodegradation

由生物活动尤其是酶的作用引起材料化学结构显著变化的一种不可逆过程。

3.4

崩解　disintegration

材料成为很小碎片的物理断裂。

3.5

堆肥　compost

混合物生物分解得到的有机的土壤调理剂。该混合物主要由植物残余组成，有时也含有一些有机物和一定的无机物。

3.6

堆肥化　composting

产生堆肥的一种需氧处理方法。

3.7

堆肥能力　compostability

在堆肥过程中材料被生物分解的能力。

注：如宣称有堆肥能力，应说明材料在堆肥化体系中（如标准试验方法所示）可生物分解和崩解。并且在堆肥最终使用中是完全可生物分解的。堆肥必须符合相关的质量标准，如低重金属含量、无生物毒性、无明显可区分的残留物。

3.8

堆肥腐熟性　maturity of compost

杜瓦瓶中自加热试验时，杜瓦瓶中的最高温度测量值。

注：通常被称作“Rottegrad”值（见 6.2.3.1）。

3.9

总干固体　total dry solids

将已知体积的材料或堆肥在 105℃ 温度下干燥至恒重所得到的固体量。

3.10

挥发性固体　volatile solids

将已知体积的材料或堆肥的总干固体量减去在大约 550℃ 温度下焚烧后得到的残留固体量所得的差。

注：挥发性固体含量可用于指示有机物质含量。

4　原理

崩解试验在已定义的、标准化的中试规模堆肥条件下进行。

试验材料与新鲜的生物质废弃物以精确的比例混合后，置入已定义的堆肥化环境中。自然界中普遍存在的微生物种群自然地引发堆肥化过程，温度随之升高。堆肥化物料应定期地进行翻转混合。定期监测温度、pH 值、水分含量、气体组分，它们应满足标准要求，以确保充分、合适的微生物活性。堆肥化过程一直持续到堆肥完全稳定，一般情况下，约在 12 周以后。

定时从外观上对堆肥进行观察，监测试验材料对堆肥化过程的不利影响。测定试验结束时堆肥的腐熟性，用 2 mm 和 10 mm 筛眼的筛子对堆肥和试验材料的混合物过筛。试验材料的崩解性通过 2 mm试验筛筛上物的试验材料碎片的量与总干固体量的比值来评价。在堆肥化过程结束时得到的堆肥还可用于更多的测试，如化学分析和毒性试验。

5　设备

5.1　堆肥化环境

5.1.1　概要

堆肥化环境可以是中试规模的堆肥箱或埋于中试规模堆肥箱中的格网。每个堆肥箱的容积应足够大，以确保能发生自然升温。用合适的空气供给系统对每个堆肥箱提供足够、连续的通风条件。

注1：为试验条件标准化，堆肥试验可在恒温的堆肥箱或在放置于恒温人工气候室内的堆肥箱中进行。

注2：如在堆肥自发嗜热阶段，堆肥的温度高于65℃，微生物种群的多样性将会减少。为了恢复嗜热细菌组数，推荐将最多不超过三个月的腐熟堆肥（大约占起始生物质废弃物全部质量的1%）重新接种堆肥。

5.1.2 堆肥箱

5.1.2.1 容积和材质

——最小的容积为140 L；

——由坚固、耐高温、不生物分解的材料组成；

——不影响堆肥化过程或堆肥的质量。

5.1.2.2 排水系统

排水系统是由堆肥箱箱底一层至少有5 cm厚的滴水板组成。

5.1.3 样品格网

如果使用样品格网，格网应由筛眼尺寸为1 mm的多孔非降解塑料组成，能耐120℃的温度，最小容积为20 L。

5.2 温度测量设备

5.3 pH计

5.4 氧气测试仪器

5.5 筛子

使用合适形状、筛眼为2 mm和10 mm的试验筛（见GB/T 6003.2—1997）。

6 试验程序

6.1 培育前和培育期间的步骤

6.1.1 试验的开始

6.1.1.1 生物质废弃物的准备

使用的生物质废弃物，作为载体基材，尽可能从主要处理城市废弃物的堆肥设备投入物中取样，也可直接取材于家庭或食品杂货商店的生物质废弃物。

注：可选择含下列成分的典型人工生物质废弃物：

——新鲜的水果和蔬菜混合废弃物；

——兔子饲料（种子和挤出的干燥蔬菜颗粒）；

——腐熟的堆肥；

——足够的水以获得合适的水分含量；

——填充剂（如木屑或树皮）。

对于所有的试验系列，应使用相同肥龄和来源的同类生物质废弃物。通过切碎或过筛，粉碎生物质废弃物使其颗粒尺寸最大为50 mm。根据废弃物类型添加大约10%～60%的填充剂（结构上稳定的成分如木屑或树皮，其颗粒尺寸在10 mm～50 mm之间。）

为确保一个良好的堆肥化过程，生物质废弃物应满足以下标准：

——生物质废弃物/填充剂的新鲜混合物的碳氮比值（C：N）在20～30之间；

——水分含量应在50%（质量百分比）以上，且不存在游离水分；

——挥发性固体含量占总干固体量的50%（质量百分比）以上；

——pH值在5以上。

如需要，用尿素调节碳氮比值。

6.1.1.2 试验材料的准备

a) 如果试验的目的是测量试验材料的崩解程度以及测定堆肥化过程的效果和堆肥质量，则选择相同形态（如形状、厚度）的试验材料。对尺寸较大的膜类材料，减小至10 cm×10 cm，其他材料减小至 5 cm×5 cm。

注 1：作为一种选择，可以添加着色剂（如氧化钛或三氧化二铁）到试验材料中以方便再次分拣。

b) 如果试验的目的中包含了堆肥的毒性试验（可选择），选用 a）中有细粉或颗粒的试验材料。细小的形态是为了防止生物质废弃物和试验材料的混合物容积过大。

注 2：试验材料推荐使用粒径小于 500 μm 的粉料。

6.1.1.3 试验系列的数量

提供足够数量的堆肥化试验组，至少：

a) 两组用于生物质废弃物对照的试验；

b) 两组用于 6.1.1.2 a）目的的试验；

c) 两组用于 6.1.1.2 b）目的的试验（可选择）。

6.1.1.4 生物质废弃物和试验材料的混合比例

对每个堆肥试验组添加相同数量的生物质废弃物（湿重至少 60 kg）。试验材料的添加数量应如下：

a) 为测试崩解程度和堆肥分析[见 6.1.1.2 a)]：

——生物质废弃物湿重的 1%的最终形态的试验材料。

b) 在某个试验组中，为测试崩解程度、堆肥分析和毒性试验[见 6.1.1.2a）和 b)]：

——生物质废弃物湿重的 1%的最终形态的试验材料；且

——生物质废弃物湿重的 9%的粉状或颗粒状的试验材料。

c) 在单独的试验组中，为进行可选择的毒性试验[见 6.1.1.2 b)]：

——生物质废弃物湿重的 1%的最终形态的试验材料，再加上湿重的 9%的粉状或颗粒状的试验材料；

——或生物质废弃物湿重的 10%的粉状或颗粒状的试验材料。

6.1.1.5 样品的准备

所用的生物质废弃物从均匀和有代表性的样品中随机取样。

分别准备每组试验组。对含试验材料的系列，准确地称量生物质废弃物和试验材料，在放入堆肥箱前混合均匀。

如果在堆肥箱中使用样品格网，将各个样品的生物质废弃物置入物放入一个容器中，称量，再与试验材料按 6.1.1.4 规定的比例充分混合，在格网中放置生物质废弃物和试验材料的混合物，用不可生物分解且耐热的塑料绳将这种格网捆紧，并对它们进行合适的标识。

6.1.2 翻转

定期翻转生物质废弃物混合物以防止结块，升使水分、微生物、酶作用物再混合。在前四周每周进行一次，以后每两周进行一次，直至试验结束。如果使用了样品格网，则打开格网，翻转里面的成分。

6.1.3 试验的终止

6.1.3.1 周期

培育的周期为 12 周。

6.1.3.2 筛分步骤

筛分从每组堆肥试验中得到的堆肥以获得试验材料的残留碎片，具体如下：

当采用堆肥箱进行试验时，从各个堆肥箱中取同类的样品，最好是全部堆肥箱的全部物料（最少不低于 50%）。若采用了样品格网，则取整个格网的物料。

用 10 mm 筛眼的标准筛过筛各个样品，仔细地从所剩物料中拣出大块，并将它们打散。筛过的材料进一步用 2 mm 筛眼的筛子过筛。从所有已获得的 2 mm～10 mm 尺寸的碎片中，拣出试验材料的碎片，并将它们放于一个单独的 2 mm 筛眼的筛子上，尽可能地用流动水仔细清洗。清洗过的粒料于 105℃下（熔点低于 105℃的材料于 40℃下）干燥至恒重。由此获得的总干固体量按第 7 章所述计算崩解程度。另外，通过测定易挥发物质含量测量现存有机物的含量。

注：可用更窄颗粒尺寸分布范围将 2 mm～10 mm 碎片分段拣出(如分为 2 mm～5 mm 和 5 mm～10 mm)。洗涤过程中可在 2 mm 筛眼的筛子下增加一个 1 mm 筛眼的筛以避免试验材料的损失。不过，粒径＜2 mm 的所有碎片通常被忽略不计。建议从已拣出试验材料的堆肥中取样，用于堆肥质量分析和毒性试验。

6.1.3.3 外观观察(可选择)

在试验起始或结束时至少要进行一次外观观察，如果可能，每次翻转物料时都要观察一次。估测试验材料碎片尺寸的分布并记录试验材料碎片上微生物生长情况(如真菌菌丝、细菌生长情况)。

为达到这个目的，至少选择 10 个碎片以便较好反映可见的降解现象，包括试验材料发生微小分解到广泛的降解。仔细地用水清洗干净选取的碎片，并从以下几个方面进行外观评价：

——材料的坚固性和密实性；

——褪色性；

——局部崩解迹象(如洞的存在)；

——拣取试验材料的难易程度。

将选取的碎片放回堆肥化的混合物中，记录试验结果并拍摄照片。

注：如 12 周后试验材料仍未完全崩解，着重推荐采用外观观察法。

6.2 分析及过程控制

6.2.1 试验的开始

a) 生物质废弃物：在试验的开始时，分别分析生物质废弃物、填充剂(见 6.1.1)，描述并记录废弃物的组成(例如庭园或厨房废弃物的比例)。

b) 试验材料：描述试验材料(见 6.1.1.2)，记录材料类型、比表面积或厚度、碳氮比值、水分含量、总干固体及挥发性固体含量。

6.2.2 试验期间

6.2.2.1 通风

控制通风使堆肥过程可顺利进行。定期测量堆肥化物料的氧气含量或消耗的空气，在试验开始的第一个月内至少每个工作日测量一次，其后一周一次。在堆肥化物料中含氧量应高于 10%，如果含氧量降低于 10%，对生物质废弃物进行通风，空气流速应小于 15 L/(kg 总干固体·h)。

注：空气流可控制堆肥箱的温度及水分含量，给堆肥箱通风的空气流最好与实际的堆肥化设备一致，如果在实践应用中采用了过高的空气流速，随空气流失的氮量可通过添加一些物质如尿素来补充。

6.2.2.2 水分含量及 pH 值

经过翻转后，从每组试验系列中取样测量水分含量及 pH 值。水分含量太低(小于 40% 质量百分率)将不利于堆肥过程的正常进行，此时应添加水。

6.2.2.3 温度

测量堆肥中间的温度，至少每个工作日一次。

6.2.2.4 外观观察(可选择)

在翻转时，目测混合物及试验材料，包括结构、水分、真菌生长情况及一般外观(见 6.1.3.3)。

6.2.3 试验的终止

6.2.3.1 堆肥

在过筛前测量全部堆肥的湿重。

注 1：建议在称量及过筛前将堆肥箱中的物料冷却至室温，否则测量水分含量时在称量和取样期间会有大量水分蒸发。

分析小于 10 mm 碎片的均匀样品以测定总干固体、挥发性固体(见 ISO 11465)、pH 值(见 ISO 10390)、氨氮(见 GB/T 7481—1987)、亚硝酸盐氮及硝酸盐氮(见 ISO 10304-2)和总含氮量(见 GB/T 11891—1989)。用合适的方法测定堆肥腐熟性，如测定挥发性脂肪酸(如液相色谱层析法)或“Rottegrad”法。

注 2：堆肥腐熟等级的评价可采用“Rottegrad”法，这是在测定杜瓦瓶中自升温试验中的最高温度(T_{max})基础上产生的。用 2 d～5 d 后测得的最高温度来分类堆肥：

——Rottegrad Ⅰ：T_{max}＞60℃（新鲜废弃物）；

——Rottegrad Ⅱ：T_{max} 50.1℃～60℃；

——Rottegrad Ⅲ：T_{max} 40.1℃～50℃；

——Rottegrad Ⅳ：T_{max} 30.1℃～40℃；

——Rottegrad Ⅴ：T_{max}≤30℃（熟化的堆肥）。

方法的细节见参考文献[1]。

将分析结果与已知的高质量堆肥的结果相比较来描述生产堆肥的质量。

如果需要进一步的毒性试验，使用小于 10 mm 的碎片。

6.2.3.2 残留材料

测定大于 2 mm 碎片的总干固体量。

7 计算

称量收集到的大于 2 mm 碎片中试验材料的质量，并与起始试验材料的质量进行比较（见 6.1.1.2）。用式(1)计算试验材料的崩解程度：

$$D_i = \frac{m_1 - m_2}{m_1} \times 100\% \qquad \cdots\cdots(1)$$

式中：

D_i——试验材料的崩解程度，用%表示；

m_1——试验开始时投入的试验材料总干固体量，单位为克(g)；

m_2——试验后收集得到试验材料总干固体量，单位为克(g)。

8 试验的有效性

试验符合下列事项时有效：

a) 试验开始后的第一周内堆肥最高温度低于 75℃，以后低于 65℃；
b) 温度保持在高于 60℃以上的时间至少要一周；
c) 温度保持在高于 40℃以上的时间至少要持续四周；
d) 在试验期间 pH 值增加至 7 以上，且不下降至 5 以下；
e) 在 12 周后空白对照的生物质废弃物堆肥熟化程度在Ⅳ～Ⅴ（"Rottegrad"）之间，和/或其挥发脂肪酸含量小于 500 mg/kg，或其他适当参数用于确保正常堆肥化过程完成。

9 试验报告

试验报告应当列出所有相关资料：

a) 规范性引用文件，例如本标准；
b) 所有标识和描述试验材料所需的资料，比如：干固体含量、挥发性固体含量、有机碳含量、形状或外观；
c) 生物质废弃物的来源及在试验开始时进行的所有分析的结果；
d) 关于堆肥试验装置的详细描述（堆肥箱、堆肥箱中的样品格网）；
e) 堆肥试验装置的容量和生物质废弃物及试验材料的总量；
f) 试验结果，例如堆肥化及过筛后筛上试验材料的量及崩解程度；
g) 用于表征堆肥化的参数值，例如温度曲线、pH 值、水分含量及氧气浓度；
h) 在堆肥化结束时进行的分析结果；
i) 在试验中及试验结束时对生物质废弃物堆肥及试验材料的观测结果（可选择），例如真菌生长情况、结构、颜色及气味，记录或拍摄照片；
j) 对任何试验结果产生影响的原因。

参 考 文 献

[1] Methods Book for the Analysis of Compost, Available from Bundesg *u* tegeneinschaft Kompost e. V. , Hα uptstra β 305, D -51143 Cologne, Germany

ICS 23.040.20
G 33

中华人民共和国国家标准

GB/T 19812.1—2005

塑料节水灌溉器材 单翼迷宫式滴灌带

Plastic equipment for water saving irrigation—Drip tape with labyrinth on one side

2005-06-22 发布　　2005-12-01 实施

中华人民共和国国家质量监督检验检疫总局
中国国家标准化管理委员会　发布

前言

本部分为GB/T 19812《塑料节水灌溉器材》的其中一个部分。

请注意本部分的某些内容有可能涉及专利。本部分的发布机构不应承担识别这些专利的责任。

本部分由国家发展和改革委员会提出。

本部分由全国塑料制品标准化技术委员会归口。

本部分起草单位:新疆天业股份有限公司、山东莱芜塑料制品股份有限公司、福建亚通新材料科技股份有限公司、中国塑料加工工业协会塑料节水器材专业委员会。

本部分主要起草人:魏健、李双全、常军、殷培业、魏作友。

塑料节水灌溉器材
单翼迷宫式滴灌带

1 范围

GB/T 19812 的本部分规定了单翼迷宫式滴灌带的术语和定义、分类、标记、材料、技术要求、试验方法、检验规则、标志、包装、运输和贮存。

本部分适用于以聚烯烃为主要原料，采用挤出吹塑，并以真空模具成型的一侧带有滴水孔且流道呈迷宫型的非复用型滴灌带。

本部分不适用于其他类型的滴灌带。

2 规范性引用文件

下列文件中的条款通过 GB/T 19812 的本部分的引用而成为本部分的条款。凡是注日期的引用文件，其随后所有的修改单(不包括勘误的内容)或修订版均不适用于本部分，然而，鼓励根据本部分达成协议的各方研究是否可使用这些文件的最新版本。凡是不注日期的引用文件，其最新版本适用于本部分。

GB/T 2828.1—2003 计数抽样检验程序 第1部分：按接收质量限(AQL)检索的逐批检验抽样计划(ISO 2859-1：1999，IDT)

GB/T 13021 聚乙烯管材和管件炭黑含量的测定 热失重法(GB/T 13021—1991，neq ISO 6964：1986)

GB/T 17188 农业灌溉设备 滴灌管 技术规范和试验方法(GB/T 17188—1997，idt ISO 9261：1991)

GB/T 18251 聚烯烃管材、管件和混配料中颜料或炭黑分散的测定方法(GB/T 18251—2000，neq ISO/DIS 18553：1999)

3 术语和定义

GB/T 17188 确立的以及下列术语和定义适用于 GB/T 19812 的本部分。

3.1

单翼迷宫式滴灌带 drip tape with labyrinth on one side

在单翼上带有一定间距的孔眼、流道呈迷宫型、管壁较薄，盘卷压扁后呈带状的滴灌管。

3.2

流态指数 emitting unrt exponent (*m*)

反映滴孔流量随压力变化的敏感性，体现滴灌产品的流态特征及流量与压力的关系。

3.3

流量常数 flow constant (*k*)

表征滴灌产品特征的比例常数。

4 分类

按流量均匀度分为 A 类和 B 类。

5 标记

标记表示如下：

示例：公称内径为 16 mm，滴水孔间距为 300 mm，额定流量为 2.6 L/h，额定工作压力为 100 kPa 的 A 类单翼迷宫式滴灌带表示为：MGD 16×300-2.6-100-A。

6 材料

6.1 制造滴灌带所用材料应能适应灌溉中常用的化肥和农药，并能承受 45℃以下的灌溉用水。

6.2 所用材料应不利于藻类和细菌的生长且耐紫外线辐射。

6.3 按本部分生产滴灌带所产生的洁净回用料，可掺入新料中回用，性能应符合本部分的要求。

7 要求

7.1 外观

产品一般为黑色，色泽均匀一致，表面光滑、平整，不应有气泡、挂料线、明显的未塑化物及杂质，迷宫流道成型饱满。

7.2 规格尺寸

7.2.1 公称内径及极限偏差应符合表 1 的规定。

表 1 公称内径及极限偏差 单位为毫米

公称内径	12	16	18	20
极限偏差	±0.3			

7.2.2 公称壁厚及极限偏差应符合表 2 的规定。

表 2 公称壁厚及极限偏差 单位为毫米

公称壁厚	0.16	0.18	0.20	0.22	0.24
极限偏差	+0.04 −0.02				

7.2.3 滴水孔间距偏差不大于 5%。

7.2.4 每卷段数、每段长度及每卷长度偏差应符合表 3 的规定。

表 3 每卷段数、每段长度及每卷的长度偏差

项　目	每卷段数段		每段长度/m	每卷长度偏差/(%)	
	≤1 000 m	>1 000 m		≤1 500 m	>1 500 m
指　标	≤2	≤3	≥200	±2	±1.5
注：其他尺寸的产品也可由供需双方商定。					

7.3 流量均匀度

流量均匀度应符合表 4 的规定。

表 4 流量均匀度

类　别	$\bar{q}$ 相对于 q_n 的偏差(C值)/(%)	变异系数(CV值)/(%)
A	≤5	≤5
B	≤10	≤10

7.4 压力与流量关系式

应与生产厂提供的压力-流量关系式一致，在额定工作压力下流量偏差 A 类应不大于 5%，B 类应不大于 10%。

7.5 抗堵塞性能

在规定的条件下完成试验后，试样的滴水孔应无不滴水的现象。

7.6 耐静水压试验

试样应能承受额定工作压力的 1.5 倍，保持 1 h 而无渗漏、无损坏。

7.7 爆破压力

试样的瞬时爆破压力应不小于额定工作压力的 2 倍。

7.8 拉伸性能

试样应能承受 130 N 的载荷而不出现损坏现象。试验前后试样的标线间距变化率应不大于 5%。

7.9 不透光性

试样应不透光。

7.10 炭黑含量

生产滴灌带的材料中加入的炭黑含量(质量)应为(2.25±0.25)%。

7.11 炭黑的分散

生产滴灌带的材料中的炭黑分散等级应小于等于 3 级。

8 试验方法

8.1 抽样

除另有规定外，试样应从至少有 500 个滴水孔的批量产品中随机抽取。盘卷产品取样时应先除去外表层的产品后取样。

8.2 试验条件

除另有规定外，试验均应在环境温度和水温 23℃±2℃时进行，试验用水应使用公称孔径 75 μm～100 μm(200 目～160 目)的或生产厂推荐的过滤器过滤后的清水。试验期间，压力的变化量应保持在要求值的±2%偏差范围内。

8.3 外观

在自然光线下肉眼观测。

8.4 规格尺寸

8.4.1 内径

在滴灌带端部插入一锥体(锥角不大于 10°)，沿滴灌带端部在锥体上作环形标记，用精度不低于 0.02 mm的量具测量锥体上环形标记处的直径，并计算内径偏差。测量中应注意不能使滴灌带内径扩张。

8.4.2 壁厚

用精度不低于 0.01 mm 的测厚仪测量滴灌带同截面圆周上等间距四点的壁厚，在两个截面上重复进行。测量结果取最大值和最小值，并计算壁厚偏差。

8.4.3 滴水孔间距

用精度不低于 1 mm 的尺测量至少三个滴水孔间距，取最大值和最小值计算间距偏差。

8.4.4 每卷段数、每段长度及每卷长度偏差

8.4.4.1 检测设备

a) 倒卷机:应带有记米装置,能测量产品的整卷长度;

b) 放卷架:应能使产品自由转动,在放卷过程中不应产生机械摩擦阻力。

8.4.4.2 检测步骤

将抽出的整卷样品安装在放卷架上,抽出端头穿过倒卷机的记米装置后,卷在倒卷机卷轴上的空卷心上,然后调整收卷速度到工作状态直到将整卷样品倒完。在倒卷过程中,观察整卷产品,如有断头,读取并记录断头处记米装置上显示的米数和段数。整卷样品倒完后,读取并记录米装置上显示的米数,与标注的长度比较,用式(1)计算长度偏差(ΔL):

$$\Delta L = \frac{L - L_0}{L_0} \times 100\% \qquad \cdots\cdots\cdots\cdots(1)$$

式中:

L——实测长度,单位为米(m);

L_0——标注长度,单位为米(m)。

8.5 流量均匀度

8.5.1 仪器设备

a) 压力表,精度 0.4 级;

b) 温度计,最小刻度 1℃;

c) 秒表,最小指示 0.1 s;

d) 集水容器、量筒。

8.5.2 试验装置

试验装置见图 1。

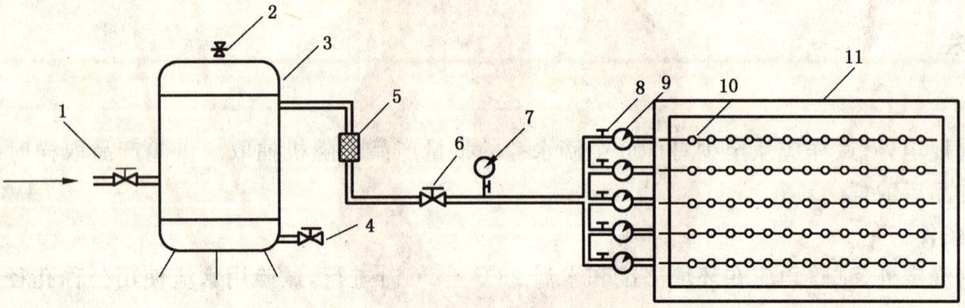

1——进水管;
2——排气阀;
3——调压罐;
4——泄水阀;
5——过滤器;
6、8——调压阀;
7、9——压力表;
10——滴水孔;
11——试验台。

图 1 流量均匀度试验装置

8.5.3 试样

在计数抽样合格的样品中,从不相邻的截面上截取五段滴灌带,每段至少有五个滴水孔,用管接头连接五段滴灌带作为试样。

8.5.4 试验步骤

将试验样水平悬吊在试验台架上,堵上末端,向内充水,排尽空气后逐渐(约 20 s)加压至额定工作压力,稳定出水至少 3 min 后,用集水容器收集每个滴水孔的出水量,出水时间应不少于 3 min。用量筒测量集水容器中的出水量并计算成流量(L/h)。记录水温、试验压力、出水时间、滴水孔出水量。重复

上述试验,连续两次所测出水量之差不得大于 2%,取平均值。

8.5.5 结果计算

滴水孔平均流量、滴水孔流量的变异系数、滴水孔流量标准偏差和平均流量相对于额定流量的偏差计算分别按式(2)、式(3)、式(4)和式(5)进行。

$$\bar{q}=\frac{1}{n}\sum_{i=1}^{n}q_i \qquad \cdots\cdots(2)$$

$$CV=\frac{S}{\bar{q}} \qquad \cdots\cdots(3)$$

$$S=\sqrt{\frac{1}{n-1}\sum_{i=1}^{n}(q_i-\bar{q})^2} \qquad \cdots\cdots(4)$$

$$C=\left|\frac{\bar{q}-q_n}{q_n}\right| \qquad \cdots\cdots(5)$$

式中:

$\bar{q}$——滴水孔平均流量,单位为升每小时(L/h);

n——滴水孔个数;

q_i——第 i 个滴水孔流量,单位为升每小时(L/h);

CV——滴水孔流量的变异系数;

S——滴水孔流量标准偏差;

C——平均流量相对于额定流量的偏差;

q_n——额定流量,单位为升每小时(L/h)。

8.6 压力-流量关系试验

8.6.1 仪器设备

同 8.5.1。

8.6.2 试验装置

同 8.5.2。

8.6.3 试验步骤

8.6.3.1 将 8.5 所测 25 个滴水孔的流量由小到大排列编号,从编号序列中选取第 3、12、13、23 号四个滴水孔作为试样。

8.6.3.2 将试样水平悬吊在试验台架上,堵上末端,向试样内充水,排尽空气后,由小到大调节入口水压,以每阶段增压不大于 50 kPa 的幅度,将压力从零增加到 1.2 倍的额定工作压力(至少分布八个压力点),量取四个试样在每一个压力点的出水量,出水时间应不少于 3 min;然后再将压力以每阶段降低不大于 50 kPa 的幅度,从 1.2 倍的最大工作压力降至零(压力分布点与升压时相同),量取四个试样在每一个压力点的出水量。滴水时间与升压时相同。并计算成流量(L/h),取平均值。

8.6.3.3 在压力调节范围内,入口压力增加和降低过程中,试验压力至少保持 3 min 后再量取出水量。并记录试验时的室温、水温、水压、出水时间、滴水孔出水量。

8.6.3.4 每个试样两次测得流量之差应不大于 2%,如试样在某个压力点下两次测得流量之差大于 2%时,重新测量此压力点下的流量;如在增压或降压期间,入口压力超过预定压力值 10 kPa 以上,则应将压力回零,重新进行该试验。

8.6.4 结果计算

a) 根据试验所得多组压力和流量进行回归,求得流量常数 k、流态指数 m 两个参数:

$$\bar{q}'\approx kp^m \qquad \cdots\cdots(6)$$

式中:

$\bar{q}'$——平均流量,单位为升每小时(L/h);

k——流量常数；

p——工作压力，单位为千帕(kPa)；

m——流态指数。

b) 将额定工作压力分别代入式(6)和生产厂提供的关系式，对比所得的两个流量，用式(7)计算两个流量的偏差(Δq)：

$$\Delta q = \frac{\bar{q}' - q'}{q'} \times 100\% \qquad \cdots\cdots(7)$$

式中：

$\bar{q}'$——将额定工作压力代入式(6)回归计算后所得的关系式中得到的流量，单位为升每小时(L/h)；

q'——将额定工作压力代入生产厂提供的关系式得到的流量，单位为升每小时(L/h)。

8.7 抗堵塞性能试验

8.7.1 试验条件

使用能通过公称孔径为125 μm以下(120目以上)的过滤滤芯装置的自然级配泥沙，烘干后配置成泥沙含量为1 500 mg/L±5 mg/L的试验用浑水。

8.7.2 试样

在计数抽样合格的样品中，随机抽取三段产品作为试验样，每段试样应不少于100个滴水孔。

8.7.3 试验设备、仪器

a) 浑水调压系统(包括搅拌、调压和稳压装置)；

b) 压力表、时钟；

c) 标准样筛：筛孔为125 μm(120目)；

d) 天平：最小分度值为0.001 g。

8.7.4 试验装置

试验装置见图2。

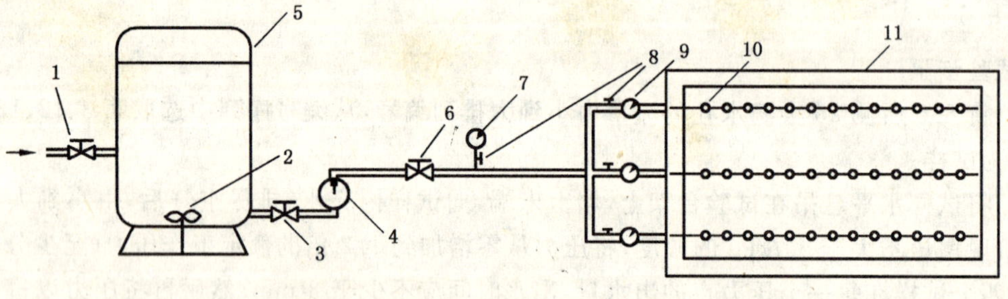

1——进水阀；　　5——浑水罐；

2——搅拌器；　　7、9——压力表；

3、6、8——调压阀；　　10——滴灌带；

4——增压泵；　　11——试验台。

图2 抗堵塞性能试验装置

8.7.5 浑水制备

将用标准样筛筛出后烘干的自然级配泥沙，按1 L水加入1 500 mg泥沙的比例混合，搅拌均匀，制成试验用的浑水。

8.7.6 试验步骤

将试验样水平悬吊在试验台架上，堵上末端，向内充入预混好的试验用浑水，排尽空气后逐渐(约20 s)加压至额定工作压力，保持滴水4 h后停止加压。停止4 h再重新加压至额定工作压力，保持滴水

1 h后停止。第二次滴水时观察滴水孔有无不滴水的现象。

8.8 耐静水压

8.8.1 试样

在计数抽样合格的样品中，从不相邻的截面上截取五段滴灌带，每段至少有五个滴水孔作为试验样。

8.8.2 试验设备

同8.5.2。

8.8.3 试验步骤

将试样与供水装置连接，堵上末端，向试验样内充水，排尽空气后逐渐（约20 s）加压至1.5倍额定工作压力，保持1 h，并观察试样有无渗漏及损坏。

8.9 爆破压力

8.9.1 试样

在计数抽样合格的样品中，随机抽取五段滴灌带，每段至少有10个滴水孔作为试验样。

8.9.2 试验设备

同8.5.2。

8.9.3 试验步骤

将试样逐一与供水装置连接，堵上末端，向试样内充水，排尽空气后在20 s～30 s内加压至试样破裂，读取试样破裂时的压力值为试验结果。结果取五个试验结果的最小值。如试样在连接处破裂，应重新取样进行试验。

8.10 拉伸性能

在计数抽样合格的样品中，随机抽取三段至少为300 mm的滴灌带（每段包括一个滴水孔且位于中间），各做两条间距200 mm的横向标线（滴水孔位于中间），逐一固定于试验设备的夹紧装置上（标线与夹具的间距不应大于10 mm），加足130 N的载荷，保持15 min后卸载，观察试样是否有损坏现象，放置30 min后测量标线间的距离，计算其相对于试验前间距的变化率，结果取最大值。

8.11 不透光性

在计数抽样合格的样品中，随机抽取三段300 mm长的产品作为试样。将试样一端封严不透光，在试样侧面有自然光的条件下，用不透光的小棒在有光源的一面沿滴灌带的轴向移动，从试样的另一端，用肉眼观察试样的内表面，以看不见有遮挡光源的影子为合格。

8.12 炭黑含量

按GB/T 13021规定进行。

8.13 炭黑分散

按GB/T 18251规定进行。

9 检验规则

9.1 组批

同一原料、配方生产的同一规格的滴灌带为一批，每批为1 000卷，生产七天不足1 000卷时，则按七天的产量为一批。

9.2 出厂检验

9.2.1 出厂检验项目为7.1～7.3及7.6～7.9。

9.2.2 7.1～7.2按GB/T 2828.1—2003规定的一次正常抽样方案，取一般检验水平Ⅰ，接收质量限（AQL）6.5。见表5。也可以按合同双方协议进行检验。

表 5　抽样方案

单位为卷

批　量 N	样 本 量 n	接 收 数 Ac	拒 收 数 Re
≤150	8	1	2
151～280	13	2	3
281～500	20	3	4
501～1 200	32	5	6

9.2.3　在计数抽样合格的样品中，随机抽取足够的样品，进行其他项目的试验。

9.3　型式检验

型式检验项目为全部技术要求的项目。一般情况下每半年进行一次。若有以下情况之一，应进行型式检验：

a)　新产品或老产品转厂生产的试制定型鉴定；

b)　结构、材料、工艺有较大变化可能影响产品性能时；

c)　产品长期停产后恢复生产时；

d)　出厂检验结果与上次型式检验结果有较大差异时；

e)　国家质量监督机构提出进行检验要求时。

9.4　判定规则

7.1～7.2 按表 5 进行判定，若有一项不合格，则判该批为不合格。其他项目中有不合格项时，应在计数抽样合格的批产品中随机抽取双倍样品，对不合格项进行复检，若仍有不合格项，则判该批为不合格。

10　标志、包装、运输、贮存

10.1　标志

10.1.1　产品合格证

每单位包装内应附产品合格证，内容包括：产品名称、标记、批号、班组及检验员代号、标准代号、生产日期、生产厂名、厂址。

10.1.2　产品说明书

每交付批产品应向用户提供产品说明书，内容应包括：额定流量，额定工作压力，压力与流量关系式，安装、运行、使用的条件说明等。

10.2　包装

产品用牛皮纸、塑料薄膜等包装，也可按用户要求包装。包装应能有效地保护产品不受损伤。

10.3　运输

产品在装卸、运输时，严禁重压、剧烈撞击和抛摔，防止日晒、雨淋。

10.4　贮存

产品存放地面应平整，码放整齐，码放高度不应超过 3 m。产品应远离热源，不得露天曝晒。产品自生产之日起贮存期不应超过两年。

ICS 23.040.20
G 33

中华人民共和国国家标准

GB/T 19812.2—2005

塑料节水灌溉器材 压力补偿式滴头及滴灌管

**Plastic equipment for water saving irrigation—
Pressure compensating emitter and emitting pipe**

2005-06-22 发布　　2005-12-01 实施

中华人民共和国国家质量监督检验检疫总局
中国国家标准化管理委员会　发布

前言

本部分为 GB/T 19812《塑料节水灌溉器材》的其中一个部分。

请注意本部分的某些内容有可能涉及专利。本部分的发布机构不应承担识别这些专利的责任。

本部分由国家发展和改革委员会提出。

本部分由全国塑料制品标准化技术委员会归口。

本部分起草单位：新疆天业股份有限公司、山东莱芜塑料制品股份有限公司、河北国农节水工程有限公司、北京绿源塑料联合公司、福建亚通新材料科技股份有限公司、中国塑料加工工业协会塑料节水器材专业委员会。

本部分主要起草人：郭庆人、李慧娟、常军、殷培业、崔建伟、库国钢、魏作友。

塑料节水灌溉器材
压力补偿式滴头及滴灌管

1 范围

GB/T 19812 的本部分规定了压力补偿式滴头、滴灌管的术语和定义、分类、标记、材料、技术要求、试验方法、检验规则和标志、包装、运输、贮存。

本部分适用于输送温度不超过 45℃的灌溉用水、具有压力调节功能的滴头及滴灌管。

本部分不适用于渗水管及埋地使用的滴灌管。

2 规范性引用文件

下列文件中的条款通过 GB/T 19812 的本部分的引用而成为本部分的条款。凡是注日期的引用文件，其随后所有的修改单(不包括勘误的内容)或修订版均不适用于本部分，然而，鼓励根据本部分达成协议的各方研究是否可使用这些文件的最新版本。凡是不注日期的引用文件，其最新版本适用于本部分。

GB/T 2828.1—2003 计数抽样检验程序 第1部分：按接收质量限(AQL)检索的逐批检验抽样计划(ISO 2859-1:1999,IDT)

GB/T 8804.3 热塑性塑料管材 拉伸性能测定 第3部分：聚烯烃管材(GB/T 8804.3—2003,ISO 6259-3:1997,IDT)

GB/T 8806 塑料管材尺寸测量方法(GB/T 8806—1988,eqv ISO 3126:1974)

GB/T 13021 聚乙烯管材和管件炭黑含量的测定 热失重法(GB/T 13021—1991,neq ISO 6964:1986)

GB/T 15819 灌溉用聚乙烯(PE)25 管材 由插入式管件引起环境应力开裂敏感性的试验方法和技术要求(GB/T 15819—2005,neq ISO/DIS 8796:2002)

GB/T 16422.2 塑料实验室光源暴露试验方法 第2部分：氙弧灯(GB/T 16422.2—1999,idt ISO 4892-2:1994)

GB/T 17187 农业灌溉设备 滴头 技术规范和试验方法(GB/T 17187—1997,idt ISO 9260:1991)

GB/T 17188 农业灌溉设备 滴灌管 技术规范和试验方法(GB/T 17188—1997,idt ISO 9261:1991)

GB/T 18251 聚烯烃管材、管件和混配料中颜料或炭黑分散的测定方法(GB/T 18251—2000,neq ISO/DIS 18553:1999)

3 术语和定义

GB/T 17187、GB/T 17188 确立的以及下列术语和定义适用于本部分。

3.1

流态指数 emitting unrt exponent (m)

反映滴水流量随压力变化的敏感性，体现滴灌产品的流态特征及流量与压力的关系。

3.2

流量常数 flow constant (k)

表征滴灌产品特征的比例常数。

4 分类

4.1 按流量均匀度分为：A类和B类。

4.2 按结构分为以下三类：

a) 管上式压力补偿式滴头、滴灌管(结构特征代号：GBG)；

b) 内镶式压力补偿式滴头、滴灌管(结构特征代号：NBG)；

c) 管间式压力补偿式滴头、滴灌管(结构特征代号：JBG)。

5 标记

标记表示如下：

示例：公称直径为 18 mm，滴头间距为 500 mm，额定流量为 8.0 L/h，工作压力范围为 100 kPa～400 kPa，流量均匀度为A类的管上式压力补偿滴灌管表示为：GBG 18×500-8.0-100/400-A。

6 材料

6.1 制造滴头及滴灌管所用材料应能适应灌溉中常用的化肥和农药，并能承受45℃以下的灌溉用水。

6.2 所用材料应不利于藻类和细菌的生长且耐紫外线辐射。

6.3 压力补偿的功能性元件应能满足正常使用五年的要求。

6.4 按本部分生产滴灌管所产生的洁净回用料，可掺入新料中回用，性能应符合本部分的要求。

7 要求

7.1 外观

7.1.1 滴头的内外表面应光滑平整，无毛刺，不允许有气泡、裂口、溢边、缺损、变形等制造缺陷。

7.1.2 滴灌管的颜色一般为黑色，色泽均匀一致，表面不得有明显的未塑化物、杂质及划伤。

7.1.3 滴头安装在滴灌管的位置应正确，滴头镶嵌在管道上应牢固、平整，无滴头漏嵌、翘曲及镶嵌不到位等现象。

7.2 规格尺寸

7.2.1 滴灌管的公称外径、公称壁厚及极限偏差应符合表1的规定。

7.2.2 滴头间距偏差不大于5%。

7.3 流量均匀度

流量均匀度应符合表2的规定。

7.4 压力与流量关系

7.4.1 压力与平均流量关系曲线

压力与平均流量曲线应与厂家给出的一致，在工作压力范围内，平均流量相对于额定流量的偏差，A类应不大于5%，B类应不大于10%。

7.4.2 压力补偿范围

试样在试验中压力补偿范围应不小于150 kPa。

表 1 公称外径、公称壁厚及极限偏差

公称外径/mm	极限偏差/mm	公称压力/kPa			
		250		400	
		公称壁厚/mm	极限偏差/mm	公称壁厚/mm	极限偏差/mm
12	+0.30 0	1.0	+0.3 −0.1	1.1	+0.3 −0.1
16		1.2	+0.4 −0.1	1.4	+0.4 −0.1
18		1.3	+0.4 −0.1	1.4	+0.4 −0.1
20		1.3	+0.4 −0.1	1.5	+0.4 −0.1
注：其他规格尺寸的产品也可由供需双方商定。					

表 2 流量均匀度

类　别	$\bar{q}$ 相对于 q_n 的偏差(C值)/(%)	变异系数(CV值)/(%)
A	≤5	≤5
B	≤10	≤10

7.4.3 **流态指数(m)**

滴头的流态指数(m)的值应不大于0.2。

7.5 **耐静水压性能**

7.5.1 **环境温度下的耐静水压**

滴灌管应能承受规定的试验压力，滴头与滴灌管连接处应无渗漏；试验后，每个滴头的流量相对于试验前，偏差应不大于10%。

7.5.2 **60℃水温下的耐静水压**

滴灌管在规定的试验温度下，应能承受规定的试验压力而不出现损坏现象；试验后，每个滴头的流量相对于试验前，偏差应不大于10%。

7.6 **不透光性**

滴灌管应不透光。

7.7 **耐拉拔性能**

7.7.1 管上式、管间式滴头应能承受规定的载荷，在试验中不应从管道中脱出；内镶式滴头应能承受规定的载荷，试验时滴头与管壁粘结处不应发生脱开、断裂现象。

7.7.2 滴灌管试样在50℃±2℃的试验温度下，应能承受规定的载荷而不出现断裂现象，试验前后试样的流量变化量不大于5%；试验前后的标线间距变化量不大于5%。

7.8 **耐环境应力开裂性能**

聚乙烯滴灌管的耐环境应力开裂性能应符合GB/T 15819的要求。

7.9 **耐候性**

在老化试验完成后，滴灌管应能满足以下要求：

a) 断裂伸长保留率≥50%；

b) 滴头流量的变化率≤5%。

7.10 **炭黑含量**

生产滴灌管的材料中加入的炭黑含量(质量)应为(2.25±0.25)%。

7.11 炭黑的分散

生产滴灌管的材料中的炭黑分散的尺寸等级应小于等于3级。

8 试验方法

8.1 试验条件

除相关条款另有规定外，试验均应在环境温度和水温23℃±2℃时进行。试验用水应使用公称孔径75 μm～100 μm(200目～160目)的或制造厂推荐的过滤器过滤后的清水。试验期间，压力的变化量应保持在要求值的±2%偏差范围内。

8.2 外观

在自然光线下用肉眼观测。

8.3 规格尺寸

8.3.1 滴灌管平均外径

按GB/T 8806规定进行测量，并计算管径偏差。

8.3.2 滴灌管壁厚及极限偏差

按GB/T 8806规定进行测量，并计算壁厚偏差。

8.3.3 滴头间距

用精度1 mm的尺测量，至少测量三个间距，取最大值和最小值并计算滴头间距偏差。

8.4 流量均匀度

8.4.1 仪器设备

a) 压力表，精度0.4级；

b) 温度计，最小刻度1℃；

c) 秒表，最小指示0.1 s；

d) 盛水容器、量筒。

8.4.2 试验装置

试验装置见图1。

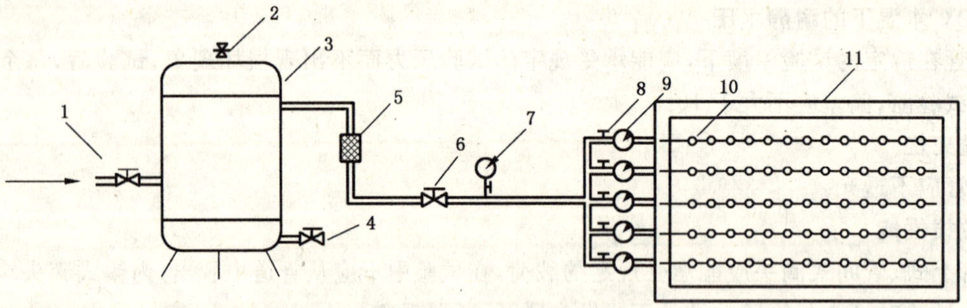

1——进水管；
2——排气阀；
3——调压罐；
4——泄水阀；
5——过滤器；
6、8——调压阀；
7、9——压力表；
10——滴水孔；
11——试验台。

图1 流量均匀度试验装置

8.4.3 试验步骤

8.4.3.1 将至少含有25个滴头的滴灌管试样，水平悬吊在试验台架上，堵上末端，向滴灌管内充水，排尽空气后，进行试样调节。

8.4.3.2 调节试样的入口水压至最大工作压力，保持3 min后卸压至零保持1 min，反复三次。

8.4.3.3 调节试样的入口水压至最小工作压力，保持 3 min 后卸压至零保持 1 min，反复三次。

8.4.3.4 调节试样的入口水压在工作压力范围的中值上，保持 10 min。

8.4.3.5 不改变试样入口压力，即水压保持在工作压力范围的中值上稳定出水至少 3 min 后，用盛水容器收集每个滴水孔的出水量，出水时间应不少于 3 min。用量筒测量盛水容器中的出水量并计算成流量(L/h)。记录水温、工作压力、滴水时间、滴头出水量。重复上述试验，连续两次所测流量之差不得大于 2%。取平均值。

8.4.4 结果计算

滴头平均流量、滴头流量的变异系数、滴头流量标准偏差、平均流量相对于额定流量的偏差计算分别按式(1)、式(2)、式(3)和式(4)进行。

$$\bar{q}=\frac{1}{n}\sum_{i=1}^{n}q_i \qquad \cdots\cdots(1)$$

$$CV=\frac{S}{\bar{q}} \qquad \cdots\cdots(2)$$

$$S=\sqrt{\frac{1}{n-1}\sum_{i=1}^{n}(q_i-\bar{q})^2} \qquad \cdots\cdots(3)$$

$$C=\left|\frac{\bar{q}-q_n}{q_n}\right| \qquad \cdots\cdots(4)$$

式中：

$\bar{q}$——滴头平均流量，单位为升每小时(L/h)；

n——滴头的个数；

q_i——第 i 个滴头流量，单位为升每小时(L/h)；

CV——滴头流量的变异系数；

S——滴头流量标准偏差；

C——平均流量相对于额定流量的偏差。

q_n——额定流量，单位为升每小时(L/h)。

8.5 压力与流量关系

8.5.1 仪器设备与试验装置

仪器设备与试验装置分别同 8.4.1 和 8.4.2。

8.5.2 试验步骤

8.5.2.1 将 8.4 所测 25 个滴头的流量由小到大排列编号，选取编号序列为第 3、12、13、23 号四个滴头为试样。

8.5.2.2 将试样水平悬吊在试验台架上，堵上末端，向试样内充水，排尽空气后，由小到大调节入口水压，以每阶段增压不大于 50 kPa 的幅度，将压力从零增加到 1.2 倍的最大工作压力(至少分布八个压力点)。量取四个试样在每一个压力点的出水量，滴水时间不应少于 3 min；然后再将压力以每阶段降低不大于 50 kPa 的幅度，从 1.2 倍的最大工作压力降至零(压力分布点与升压时相同)，量取四个试样在每一个压力点的出水量，滴水时间与升压时相同，并计算成流量(L/h)，取平均值。

8.5.2.3 在压力调节范围内，入口压力增加和降低过程中试验压力至少保持 3 min 后再量取出水量。记录试验时的室温、水温、水压、试验日期、滴水时间、滴头出水量。

8.5.2.4 每个试样连续两次测得流量之差应不大于 2%，如试样在某个压力点下两次测得流量之差大于 2%时，重新测量此压力点下的流量。如在增压或降压期间，入口压力超过预定压力值 10 kPa 以上，则应将压力回零，重新进行该试验。

8.5.3 绘制压力-流量关系曲线

以两次测得的四个滴头在每一个压力点对应的平均流量为纵坐标，以压力为横坐标，绘制压力-流量关系曲线。

8.5.4 **确定压力补偿范围**

压力-流量关系曲线上左右两个曲率半径最小点在横坐标之间范围即为压力补偿范围，压力补偿范围应不小于150 kPa。

8.5.5 **确定流态指数(m)**

将试验所得多组流量和压力进行回归，求得流量常数k、流态指数m两个参数：

$$\bar{q} \approx kp^m \qquad \cdots\cdots(5)$$

式中：

$\bar{q}$——滴头平均流量，单位为升每小时(L/h)；

k——流量常数；

p——工作压力，单位为千帕(kPa)；

m——流态指数。

8.6 **耐静水压试验**

8.6.1 **试验装置**

试验装置同8.4.2。

8.6.2 **试验步骤**

8.6.2.1 **环境温度下耐静水压**

8.6.2.1.1 用管接头连接五段滴灌管，每段至少含有一个滴头，水平悬吊在试验台架上，堵上末端，向试样内充水，排尽空气，使水压保持在工作压力范围的中值上稳定出水至少3 min后，用盛水容器收集每个滴水孔的出水量，出水时间应不少于3 min。用量筒测量盛水容器中的出水量并计算成流量。

8.6.2.1.2 然后逐渐(至少10 s)增加水压至1.8倍的最大工作压力，并保持1 h。再将压力降至工作压力范围的中值上稳定出水至少3 min后，用盛水容器收集每个滴水孔的出水量，出水时间应不少于3 min。用量筒测量盛水容器中的出水量并计算成流量，与加压前的流量相比较。计算流量偏差率。

8.6.2.2 **高温下耐静水压**

8.6.2.2.1 用管接头连接三段滴灌管，每段至少含有一个滴头作为试样。将试样与试验设备相连接，堵上末端，向试样内充水，排尽空气后，使水压保持在工作压力范围的中值上稳定出水至少3 min后，用盛水容器收集每个滴水孔的出水量，出水时间应不少于3 min。用量筒测量盛水容器中的出水量并计算成流量。

8.6.2.2.2 然后将试样浸没在温度为60℃±2℃的水中，逐渐(至少10 s)增加水压至最大工作压力，并保持48 h。泄压后将试样从水中取出，在环境温度下放置30 min后，给试样逐渐(至少10 s)增加工作压力范围的中值上稳定出水至少3 min后，用盛水容器收集每个滴水孔的出水量，出水时间应不少于3 min。用量筒测量盛水容器中的出水量并计算成流量。与高温试验前的流量相比较。计算流量偏差率。

8.7 **不透光性**

随机抽取三段300 mm长的滴灌管作为试样。将试样一端封严不透光，在试样侧面有自然光的条件下，用不透光的小棒在有光源的一面沿滴灌带的轴向移动，打开试样的另一端，用肉眼观察试样的内表面，看不见有遮挡光源的影子为合格。

8.8 **耐拉拔性能**

8.8.1 **滴头的耐拉拔性能**

8.8.1.1 **管间式滴头与内镶式滴头**

至少做三个试样，管间式试样应由一个滴头与两段滴灌管连接组成；内镶式试样滴孔应在试样中间。

将试样逐一固定于拉力试验设备的夹紧装置上，施加轴向载荷至F值(单位为N)并保持1 h。

F 值由式(6)计算,但应不大于 500 N。

$$F = 1.5\ \pi \sigma_t e(D - e) \qquad \cdots\cdots (6)$$

式中:

σ_t——管材材料的许用应力,单位为牛顿每平方毫米(N/mm^2);

注:聚乙烯管 $\sigma_t = 2.5\ N/mm^2$。

D——管材的外径,单位为毫米(mm);

e——管材的最小壁厚,单位为毫米(mm)。

8.8.1.2 管上式滴头

至少做三个试样,每个试样应按生产厂要求安装在滴灌管上,并水平固定于试验装置上(见图 2),沿管道的垂直方向给滴头施加 40 N 的负荷,并保持 1 h。观察试样是否从管道中脱出。

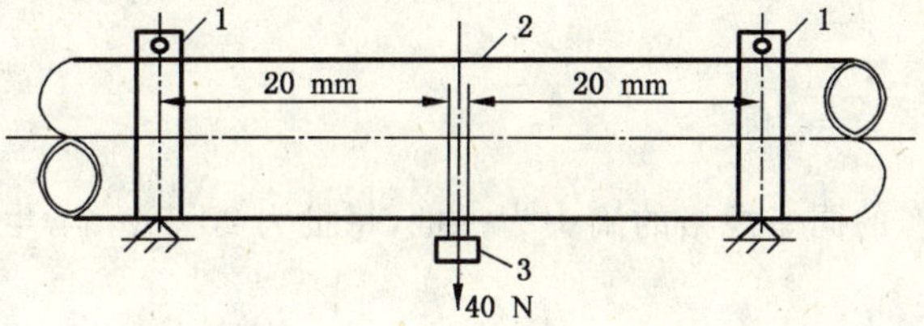

1——卡箍;

2——塑料管道;

3——滴头。

图 2 管上式滴头耐拉拔试验装置

8.8.2 滴灌管的耐拉拔性能

8.8.2.1 取五段滴灌管,每段至少长 250 mm,用管接头连接五段滴灌管,每段至少含有一个滴头,水平悬吊在试验台架上,堵上末端,向试样内充水,排尽空气,使水压保持在工作压力范围的中值上稳定出水至少 3 min 后,用盛水容器收集每个滴水孔的出水量,出水时间应不少于 3 min。用量筒测量盛水容器中的出水量并计算成流量。

8.8.2.2 然后将每段滴灌管各做两条间距 150 mm 的横向标线(滴头位于中间),逐一固定于拉力试验设备的夹紧装置上,在 30 s 内加至 180 N 的载荷,在 50℃±2℃的温度中保持 15 min 后卸载,在环境温度下放置 30min 后测量标线间的距离,计算其相对于试验前间距的变化率,结果取最大值。

8.8.2.3 再将做完拉伸试验的五段滴灌管用管接头连接,水平悬吊在试验台架上,堵上末端,向试样内充水,排尽空气,使水压保持在工作压力范围的中值上稳定出水至少 3 min 后,用盛水容器收集每个滴水孔的出水量,出水时间应不少于 3 min。用量筒测量盛水容器中的出水量并计算成流量,与拉拔前的流量相比较,计算试验前后的流量变化率。

8.9 耐环境应力开裂性能

聚乙烯滴灌管耐环境应力开裂性能试验按 GB/T 15819 的规定进行。

8.10 耐候性试验

8.10.1 按 GB/T 16422.2 对试样进行氙弧灯人工老化试验。

——试验条件:辐照度 0.55 W/m^2,波长 340 nm,黑板温度 65℃,湿度 50%;

——设定程序:光照 102 min,光照+喷淋 18 min,黑暗 44 min,光照 58 min,光照+喷淋 18 min;

——试验时间:300 h。

8.10.2 氙弧灯人工老化试验结束后按 GB/T 8804.3 进行拉伸性能试验。采用类型 2 试样。每组五个试样。比较氙弧灯人工老化试验前后试样的断裂伸长保留率。用式(7)计算:

$$\Delta L = (L/L_0) \times 100\% \qquad \cdots\cdots (7)$$

式中:

ΔL——断裂伸长保留率,%;

L——老化试验后试样的断裂长度,单位为毫升(mm);

L_0——老化试验前试样的断裂长度,单位为毫升(mm)。

8.10.3 对老化试验后的试样进行环境温度下的耐静水压试验:每次五个试样。

——老化试验前按 8.6.2.1 测量滴头流量,然后进行氙弧灯人工老化试验;

——将氙弧灯人工老化试验后的试样取出后,观察试样的变化情况,并按 8.6.2.1 的方法,做环境温度下的静水压试验,比较老化试验前后滴头流量的变化率。

8.11 炭黑含量

按 GB/T 13021 规定进行。

8.12 炭黑分散

按 GB/T 18251 规定进行。

9 检验规则

9.1 组批

9.1.1 同一原料、配方生产的同一规格的滴头为一批,每批为 20 000 个,生产七天不足 20 000 个时,则按七天的产量为一批。

9.1.2 同一原料、配方生产的同一规格的滴灌管为一批,每批为 1 000 卷,生产七天不足 1 000 卷时,则按七天的产量为一批。

9.2 出厂检验

9.2.1 出厂检验项目为 7.1~7.3、7.5.1、7.6。

9.2.2 7.1~7.3 按 GB/T 2828.1—2003 规定的一次正常抽样方案,取一般检验水平Ⅰ,接收质量限(AQL)6.5,见表 3。也可以按合同双方协议进行检验。

表 3 抽样方案

批 量 N	样 本 量 n	接 收 数 Ac	拒 收 数 Re
≤150	8	1	2
151~280	13	2	3
281~500	20	3	4
501~1 200	32	5	6
1 201~3 200	50	7	8
3 201~10 000	80	10	11
10 001~35 000	125	14	15

9.2.3 在计数抽样合格的样品中,随机抽取足够的样品,进行其他项目的试验。

9.3 型式检验

型式检验项目为全部技术要求的项目。至少每年进行一次。若有以下情况之一应进行型式检验:

a) 新产品或老产品转厂生产的试制定型鉴定;

b) 结构、材料、工艺有较大变化可能影响产品性能时;

c) 产品长期停产后恢复生产时;

d) 出厂检验结果与上次型式检验结果有较大差异时;

e) 国家质量监督机构提出进行检验要求时。

9.4 判定规则

7.1~7.2 按表 3 进行判定,若有一项不合格,则判该批为不合格。其他项目中有不合格时,应在计数抽样合格的批产品中随机抽取双倍样品，对不合格项进行复检，仍不合格，则判该批为不合格。

10 标志、包装、运输、贮存

10.1 标志

10.1.1 外包装

产品的外包装上应标注：产品名称、标记、数量、标准代号、生产厂名、厂址。

10.1.2 产品合格证

产品的包装内应附产品合格证，内容包括：产品名称、标记、批号、班组及检验员代号、标准代号、生产日期、生产厂名、厂址。

10.1.3 产品说明书

每交付批产品应向用户提供产品说明书，内容至少包括：额定流量，有效压力补偿范围，额定工作压力，压力与流量关系曲线，安装、运行、使用的条件说明等。

10.2 包装

10.2.1 滴头的包装

包装应用小袋分装、纸箱包装。包装箱内应装有产品装箱单、产品检验合格证、产品说明书。也可按用户要求包装。

10.2.2 滴灌管的包装

用牛皮纸、塑料薄膜等包装，也可按用户要求包装。包装应能有效地保护产品不受损伤。

10.3 运输

产品在装卸、运输时，严禁重压、剧烈撞击和抛摔，防止日晒、雨淋。

10.4 贮存

存放产品的地面应平整，码放整齐，码放高度不应超过 3 m。产品应远离热源，不准露天曝晒。产品自生产之日起存放时间不应超过五年。

ICS 93.080.30
P 51

中华人民共和国国家标准

GB/T 19813—2005

太阳能突起路标

Solar energy raised pavement markers

2005-06-10 发布　　2005-11-01 实施

中华人民共和国国家质量监督检验检疫总局
中国国家标准化管理委员会　发布

前　言

本标准制定时主要参照了 ASTM D4280-02《长寿命、不铲雪路段用突起路标》和 ASTM D4383-01《长寿命、铲雪路段用突起路标》等标准。

请注意本标准的某些内容有可能涉及专利。本标准的发行机构不应承担识别这些专利的责任。

本标准的附录 A 为规范性附录。

本标准由全国交通工程设施(公路)标准化技术委员会(SAC/TC 223)提出并归口。

本标准主要起草单位:交通部公路科学研究所、交通部交通工程监理检测中心、交通安全研究中心。

本标准主要起草人:韩文元、张璇、王蕊。

太 阳 能 突 起 路 标

1 范围

本标准规定了太阳能突起路标的术语和定义、结构与分类、技术要求、测试方法、检验规则和标志、包装、运输及贮存。

本标准适用于太阳能供电、主动发光的道路路面用突起路标。

2 规范性引用文件

下列文件中的条款通过本标准的引用而成为本标准的条款。凡是注日期的引用文件，其随后所有的修改单(不包括勘误的内容)或修订版均不适用于本标准，然而，鼓励根据本标准达成协议的各方研究是否可使用这些文件的最新版本。凡是不注日期的引用文件，其最新版本适用于本标准。

GB/T 191 包装储运图示标志(eqv ISO 780)

GB/T 2423.1 电工电子产品环境试验 第2部分:试验方法 试验A:低温(idt IEC 60068-2-1)

GB/T 2423.2 电工电子产品环境试验 第2部分:试验方法 试验B:高温(idt IEC 60068-2-2)

GB/T 2423.3 电工电子产品基本环境试验规程 试验Ca:恒定湿热试验方法(eqv IEC 68-2-3)

GB/T 2423.10 电工电子产品环境试验 第二部分:试验方法 试验Fc和导则:振动(正弦)(idt IEC 68-2-6)

GB/T 2423.22 电工电子产品环境试验 第2部分:试验方法 试验N:温度变化(eqv IEC 60068-2-14)

GB/T 2918 塑料试样状态调节和试验的标准环境(idt ISO 291)

GB/T 11013 碱性二次电池和电池组 圆柱密封镉镍可充单体电池(idt IEC 285)

GB/T 15100 碱性或其他非酸性电解液的二次电池和电池组 密封金属氢化物镍可充单体电池(IEC 61436:1998,IDT)

GB/T 18833—2002 公路交通标志反光膜

JT/T 390 突起路标

JT/T 431—2000 高速公路LED可变信息标志技术条件

JT/T 495 公路交通安全设施质量检验抽样及判定

JT/T 593 公路沿线设施塑料制品耐候性指标及测试方法

3 术语和定义

下列术语和定义适用于本标准(见图1)。

3.1

逆反射 retroreflection

反射光线从靠近入射光线的反方向，向光源返回的反射。

[GB/T 18833—2002,定义3.1]

3.2

逆反射(发光)器中心 retroreflector(luminophor)center

突起路标发光面(片)或逆反射片的几何中心，简称几何中心。

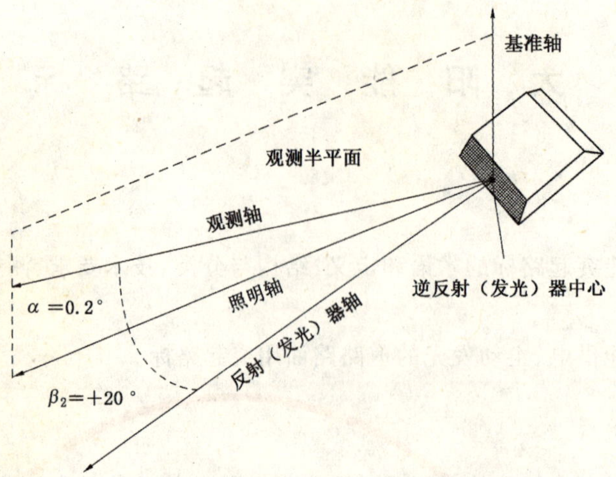

图 1 突起路标术语及光学测试原理图

3.3

基准轴 datum axis

起始于逆反射(发光)器的几何中心,垂直于安装水平面的直线。

3.4

逆反射(发光)器轴 retroreflector(luminophor)axis

水平面内通过几何中心与基准轴和突起路标迎车面底边线相互垂直的直线。

3.5

照明轴 illumination axis

连接几何中心和光源中心的直线。

注 1：对于逆反射器来说,该轴为一实轴,是存在的。

注 2：对于主动发光器来说,该轴为一虚轴,是为了描述测量几何条件而定义的。

3.6

观测轴 observation axis

观测半平面内连接几何中心和光探测器中心的直线。

[GB/T 18833—2002,定义 3.5]

3.7

水平入射角 β horizontal entrance angle

水平面内照明轴与逆反射器轴之间的夹角。

3.8

观测角 α observation angle

照明轴与观测轴之间的夹角。

[GB/T 18833—2002,定义 3.7]

3.9

发光强度系数 R coefficient of luminous intensity

逆反射器在观察方向的发光强度 I 除以投向逆反射体且落在垂直于入射光方向的平面内的光照度 $E_{\perp}$ 的商。

$$R = \frac{I}{E_{\perp}}$$

式中：

R——发光强度系数,单位为坎[德拉]每勒[克斯]($cd \cdot lx^{-1}$)；

I——发光强度,单位为坎[德拉](cd);

$E_{\perp}$——垂直照度,单位为勒[克斯](lx)。

[GB/T 18833—2002,定义 3.8]

3.10

逆反射系数 R coefficient of retroreflection

平面逆反射表面上的发光强度系数 R 除以它的表面面积的商。

$$R' = \frac{R}{A} = \frac{I}{E_{\perp}A}$$

式中:

R'——逆反射系数,单位为坎每勒平方米($cd \cdot lx^{-1} \cdot m^{-2}$);

A——试样表面的面积,单位为平方米 m^2。

[GB/T 18833—2002,定义 3.9]

3.11

标准测试条件 standard test conditions

环境温度为 25℃±2℃,用标准太阳电池测量的光源辐照度为 1 000 W/m^2 并具有标准的太阳光谱辐照度分布。

3.12

半强角 half-intensity angle

发光强度为最大发光强度光轴方向一半时,观测轴与最大发光强度光轴的夹角。

3.13

浮充电 floating charge

把充电电路和储能元件的供电电路并联接到负载上,充电电路在向负载供电的同时,仍向储能元件充电,只有当充电电路断开时储能元件才向负载供电的一种充电运行方式。

4 结构与分类

4.1 结构

太阳能突起路标一般由壳体、主动发光元件、太阳电池、储能元件以及控制器件等构成。

4.2 分类

4.2.1 按照是否带逆反射器分为带逆反射器的组合式突起路标和不带逆反射器的单一式突起路标两种,分别用大写字母 Z 和 D 表示。

4.2.2 按照使用环境温度条件分为 A 型、B 型和 C 型三种:

——A 型为常温型,最低使用温度为-20℃;

——B 型为低温型,最低使用温度为-40℃;

——C 型为超低温型,最低使用温度为-55℃。

4.2.3 按照能见度条件分为Ⅰ型、Ⅱ型和Ⅲ型。Ⅰ型适用于无照明的道路,Ⅱ型适用于有照明的道路,Ⅲ型适用于多雾天气的道路。

5 技术要求

5.1 一般要求

5.1.1 突起路标的壳体、太阳电池、储能元件、发光元件以及控制器件的性能应满足公路环境使用条件。

5.1.2 生产企业应向用户出示有关太阳电池、储能元件、LED 产品的使用寿命证明和经有资质的检测机构检测合格的证书,并在产品质量保证书上明确标示出太阳能突起路标的设计使用寿命。

5.1.3 带闪烁的突起路标应设置控制端子以便控制闪烁频率和测试工作时的发光强度。

5.2 外观质量

5.2.1 突起路标壳体成型完整，无裂纹、无砂眼、无气泡；边角过渡圆滑、无毛刺、无飞边；外表面颜色应均匀一致，太阳电池受光面清洁透亮、无明显暇点。

5.2.2 太阳能突起路标应封装严密，除太阳电池和发光装置外，从上部位置不应观察到其他元件和接线。

5.3 外形尺寸

太阳能突起路标的外形一般为梯形结构（见图1）。下底边长有100 mm±3 mm、125 mm±2 mm和150 mm±1 mm 3种规格，安装于路面以上的有效高度不大于25 mm，梯形迎车面的坡度角应不大于45°。

5.4 太阳电池和储能元件的匹配性能

太阳电池和储能元件应匹配良好，在标准测试条件下放置8 h，储能元件的额定容量应满足突起路标正常发光72 h的需要；或选用的太阳电池在太阳光照度小于1 000 lx时，向储能元件充电8 h后，储能元件的容量应满足突起路标正常发光12 h的需要。

5.5 太阳电池和储能元件的耐久性

太阳电池的使用寿命应不小于40 000 h，储能元件在浮充电状态下的循环使用寿命应不小于2 000次充放电。

注1：每年按4 000 h计算太阳电池使用时间、按充放电400次计算储能元件的循环使用次数。

注2：循环使用寿命是指在放电深度达到50%的额定容量时，再以0.2C的充电电流充到额定容量为一个循环。

5.6 发光器件的性能

发光器件应采用LED，单粒LED在额定电流时的发光强度，不论白色、黄色和红色都应不小于2000 mcd，半强角不小于15°。LED的数量，每个发光面不少于2粒。

5.7 主动发光单元工作时的发光强度

突起路标主动发光单元发光时的发光强度应不小于表1的规定值，但上限值不应大于规定值的10%。

表1 突起路标发光强度

测量几何条件		发光强度/mcd								
		Ⅰ型			Ⅱ型			Ⅲ型		
水平入射角	观测角	白色	黄色	红色	白色	黄色	红色	白色	黄色	红色
$\beta=0°$	0.1°	500	500	500	600	600	600	660	660	660
	0.2°	480	480	480	500	500	500	550	550	550
	0.33°	450	450	450	480	480	480	530	530	530
$\beta=\pm20°$	1°	400	400	400	450	450	450	500	500	500
	2°	300	300	300	400	400	400	440	440	440

5.8 主动发光单元工作时的色品坐标

主动发光单元发光时的色品坐标应符合GB/T 18833—2002表2和图4的有关规定。

5.9 组合式突起路标逆反射器的光学性能

5.9.1 逆反射器的发光强度系数

组合式突起路标逆反射器的发光强度系数应符合表2的规定。

5.9.2 逆反射器的色品坐标

组合式突起路标逆反射器的色品坐标应符合GB/T 18833—2002表2和图4的有关规定。

表 2　发光强度系数 R

测量几何条件		最小发光强度系数/(mcd/lx)		
水平入射角	观测角	白色	黄色	红色
$\beta=0°$	0.2°	279	167	70
$\beta=+20°$	0.2°	112	67	28
$\beta=-20°$	0.2°	112	67	28

注 1：本表中的 β 即 GB/T 18833—2002 中的 β_1。

注 2：$\beta_2=0°$，没有列出。

5.10　**闪烁频率**

安装在弯道、多雾等特殊路段的突起路标应闪烁发光，以便引起驾驶员的注意。闪烁频率分两个频段。第一频段应为(70～80)次/min，第二频段应为(200～300)次/min。在普通公路和城市道路上宜选用第一频段，在高速公路上宜选用第二频段。安装在道路直线段的突起路标使用闪烁方式时，闪烁频率宜为(30±5)次/min，占空比宜为1.5∶1。

5.11　**夜间视认距离**

晴朗的夜间，在 15 m～200 m 范围内由突起路标形成的发光轮廓线应清晰明亮。

5.12　**耐溶剂性能**

经过 6.12 试验后，太阳能突起路标应无渗透、无开裂、无被溶解等损坏痕迹，受试后的样品应能正常工作。

5.13　**密封性能**

太阳能突起路标应密封良好，经密封试验后，受试样品内部不应进水和产生水雾及其他受浸润现象。

5.14　**机械性能**

5.14.1　**耐磨损性能**

经过耐磨试验后，突起路标的发光强度和发光强度系数应分别符合表 1、表 2 的规定。

5.14.2　**耐冲击性能**

太阳能突起路标耐冲击性能应符合 JT/T 390 有关规定。

5.14.3　**抗压荷载**

太阳能突起路标的耐压荷载应不小于 100 kN。

5.15　**环境适应性能**

5.15.1　**耐低温性能**

将充满电的太阳能突起路标分别在－55℃、－40℃、－20℃条件下，按 6.14 的方法试验 16 h，产品及其部件应能正常工作，外观应无任何变形、损伤。

5.15.2　**耐高温性能**

将充满电的太阳能突起路标在 85℃条件下，按 6.15 的方法试验 8 h，产品及其部件应能正常工作，外观应无任何变形损伤。

5.15.3　**耐湿热性能**

将充满电的太阳能突起路标在温度 45℃、相对湿度 98%的条件下，按 6.16 的方法试验 48 h，产品及其部件应能正常工作，外观应无任何变形、损伤。

5.15.4　**耐温度交变循环性能**

将充满电的太阳能突起路标，按 6.17 的方法，在 60℃的环境中，保持 4 h 后，立即转至－20℃的环境中保持 4 h，共进行 3 个循环，产品及其部件应能正常工作，试验后外观应无任何变形、损伤。

5.15.5 耐机械振动性能

将充满电的太阳能突起路标，在振动频率 2 Hz～150 Hz 的范围内，按 6.18 的方法进行扫频试验。在 2 Hz～9 Hz 时按位移控制，位移 3.5 mm；9 Hz～150 Hz 时按加速度控制，加速度为 10 m/s^2。2 Hz→9 Hz→150 Hz→9 Hz→2 Hz 为一个循环，共经历 20 个循环后，产品功能正常，结构不受影响，零部件无松动。

5.16 耐循环盐雾性能

按 6.19 规定的方法试验后，太阳能突起路标的发光强度和发光强度系数不应低于表 1 和表 2 规定值的 80%，色品坐标仍符合本标准要求。

5.17 耐候性能

按 6.20 规定的方法试验后，太阳能突起路标的发光强度和发光强度系数不应低于表 1 和表 2 规定值的 80%，色品坐标仍符合本标准要求。

6 测试方法

6.1 一般规定

6.1.1 除特殊规定外，试样应按 GB/T 2918 的规定在 23℃±2℃条件下进行状态调节 24 h，并且在此条件下进行试验。

6.1.2 单一式突起路标不测逆反射性能，组合式突起路标在测逆反射性能时应关闭主动发光单元。

6.1.3 除特殊规定外，太阳能突起路标一般在充满电状态下进行测试。

6.2 一般要求和外观质量

用目测方法进行。

6.3 外形尺寸

用分度值不低于 0.02 mm 的游标卡尺测量，每个尺寸分别测量 5 次，取算术平均值为测量结果。

6.4 太阳电池和储能元件的匹配性能

6.4.1 储能元件的额定容量采用专用的仪表按 GB/T 11013 和 GB/T 15100 的规定执行。

6.4.2 太阳电池和储能元件的匹配性能：取 10 个试样将储能元件的电量放电至不能正常工作后，进行实测，取平均值作为结果。

6.5 循环使用寿命

按 GB/T 11013 和 GB/T 15100 的规定执行。

6.6 主动发光单元工作时的发光强度和色品坐标

单粒 LED 和太阳能突起路标成品工作时的发光强度和色品坐标按 JT/T 431 有关发光强度和色品坐标测试方法的规定执行。

6.7 逆反射器的发光强度系数和色品坐标

太阳能突起路标成品逆反射器的发光强度系数和色品坐标按 JT/T 390 有关发光强度系数和色品坐标测试方法的规定执行。

6.8 闪烁频率

用频率计、示波器等仪器检测，当频率较低时可采用秒表和目测进行。

6.9 夜间视认距离

按照 JT/T 431 有关规定执行。

6.10 耐溶剂性能

将太阳能突起路标样品完全浸泡于标准 93 号无铅汽油中，浸泡 10 min 后，立即用自来水清洗干净，在室温条件下晾干后，用 4 倍放大镜检查。

6.11 密封性能

将试样平放入温度为 50℃±3℃、深度为 200 mm±10 mm 的水中，浸泡 15 min 之后，在 5 s 内迅速将试样取出并立即放入5℃±3℃、深度为200 mm±10 mm的水中，再浸泡15 min后取出为一个循环。上述试验共进行4次，试验结束后立即用4倍放大镜进行检查。

6.12 耐磨损性能

6.12.1 在磨损试验前，先测样品的发光强度系数和发光强度，并作记录。

6.12.2 将一直径为25.4 mm±5 mm的钢纤维棉砂纸固定在水平操作台上，钢纤维棉砂纸应符合附录A的规定。

6.12.3 将突起路标的逆反射片或发光面放置到钢纤维棉砂纸的正上方，出光面向下。

6.12.4 在片或面上施加一个22 kg±0.2 kg的荷载，之后完全摩擦该试片或面100次。

6.12.5 卸下荷载对试验后的反射片或面进行测试。

6.13 抗压荷载

6.13.1 测试前，将样品放置在23℃±2℃的条件下进行4 h的状态调节。

6.13.2 将样品基底放置在一个厚度为13 mm、比被测样品大的钢板中心上。

6.13.3 在被测样品上放置一块厚度为9.5 mm、邵氏硬度为A60、尺寸大于被测样品的弹性垫。

6.13.4 另一块厚度为13 mm、比被测样品大的钢板放置在弹性垫上。

6.13.5 开启试验机，以2.5 mm/min的速率对试验样品进行加载，直到样品被破坏或样品产生明显变形(大于3.3 mm)为止，记录下此时的力值为一次试验结果。

6.14 耐低温性能

按GB/T 2423.1规定执行。

6.15 耐高温性能

按GB/T 2423.2规定执行。

6.16 耐湿热性能

按GB/T 2423.3规定执行。

6.17 耐温度交变循环试验

按GB/T 2423.22的规定执行。

6.18 耐机械振动试验

按GB/T 2423.10的规定执行。

6.19 耐循环盐雾性能

按JT/T 593中有关耐循环盐雾试验的规定执行。

6.20 耐候性能

按JT/T 593中有关耐候性试验的规定执行。

7 检验规则

7.1 型式检验

7.1.1 太阳能突起路标产品须经过国家认可的质检机构型式检验合格才能批量生产。

7.1.2 型式检验项目为本标准的全部技术要求。

7.1.3 型式检验的样品应在生产线终端选取。

7.1.4 型式检验为每年进行一次，如有下列情况之一时，也应进行型式检验。

a) 正式生产过程中，如原材料、元器件、工艺有较大改变，可能影响产品性能时；

b) 产品停产后恢复生产时；

c) 出厂检验结果与上次型式检验有较大差异时；

d) 国家质量监督机构提出型式检验时。

7.1.5 判定规则

型式检验时，如有任一项指标不符合本标准要求时，则需重新抽取双倍试样，对该项指标进行复验，复验结果仍然不合格时，则判该型式检验为不合格。

7.2 出厂检验

7.2.1 产品需经生产单位质量部门检验合格并附产品质量合格证方可出厂。

7.2.2 组批

用同一批元器件和同一工艺生产的突起路标可组为一批。

7.2.3 抽样方法

当批量不大于10 000只时，随机抽取26只进行检验；当批量大于10 000只时，随机抽取40只进行检验，批的最大值不超过25 000只。

7.2.4 出厂检验项目

出厂检验项目见表3。

表3 太阳能突起路标检验项目一览表

序号	项目名称	技术要求	试验方法	型式检验	出厂检验	备注
1	一般要求	5.1	6.2	√	√	
2	外观质量	5.2	6.2	√	√	
3	外形尺寸	5.3	6.3	√	√	
4	匹配性能	5.4	6.4	√	√	
5	循环耐久性	5.5	6.5	√	×	
6	发光器件的性能	5.6	6.6	√	√	
7	整体发光强度	5.7	6.6	√	√	
8	发光器色度性能	5.8	6.6	√	√	
9	发光强度系数	5.9.1	6.7	√	√	
10	逆反射器的色度性能	5.9.2	6.7	√	√	
11	闪烁频率	5.10	6.8	√	√	
12	夜间视认距离	5.11	6.9	√	○	
13	耐溶剂性能	5.12	6.10	√	√	
14	密封性能	5.13	6.11	√	√	
15	耐磨损性能	5.14.1	6.12	√	○	
16	耐冲击性能	5.14.2	JT/T 390	√	○	
17	抗压荷载	5.14.3	6.13	√	○	
18	耐低温性能	5.15.1	6.14	√	○	
19	耐高温性能	5.15.2	6.15	√	○	
20	耐湿热性能	5.15.3	6.16	√	○	
21	耐温度交变循环性能	5.15.4	6.17	√	○	
22	耐机械振动性能	5.15.5	6.18	√	○	
23	耐循环盐雾性能	5.16	6.19	√	○	
24	耐候性能	5.17	6.20	√	×	
注：√为检验项目，○为选做项目，×为不检项目。						

7.3 验收检验

太阳能突起路标的验收检验按 JT/T 495 中有关突起路标的规定执行。

8 标志、包装、运输与贮存

8.1 标志

8.1.1 在太阳能突起路标上应模印产品商标、温度等级等标记。

8.1.2 在包装箱上，应印有"小心轻放"、"勿受潮湿"、"怕晒"、"远离热源"等字样或标志，标志应符合 GB/T 191 的有关规定。

8.2 包装

单个突起路标用塑料袋或软纸包装后顺序装入包装箱内，包装箱可用多层瓦楞纸箱或木箱，包装箱外表印有产品名称、型号规格、数量、颜色、温度等级，制造企业名称、地址等通信信息，整箱重量、包装箱尺寸等。

8.3 运输

突起路标在运输时，不得受剧烈的撞击、摩擦和重压，从火车或卡车卸货时，应小心搬运，不得使用手钩、不得将包装箱从运输工具上推下。

8.4 贮存

太阳能突起路标应存放在仓库内，存放场地应平整，并有明显的"禁止烟火"标志。贮存和使用过程中，应防止重压，不与高温热源或明火接触，不得露天曝晒。

8.5 产品随行文件

8.5.1 每箱突起路标应该附有一张制造标签、一张合格证标签、一份产品使用说明书。

8.5.2 制造标签主要内容包括：产品标记、生产日期、批号、产品标准号、生产企业名称、联系地址等。

8.5.3 合格证标签主要内容包括：合格证、检验合格、检验证编号、检验人员代号、检验日期等。

8.5.4 产品使用说明书中应给出太阳能突起路标的极限使用条件、施工方法和注意事项。

附 录 A
（规范性附录）
钢纤维棉砂纸技术要求

A.1 材料

钢纤维棉(砂纸)磨料所用材料应为普通碳素钢制成。

A.2 钢棉纤维粗度级配

钢棉纤维粗度级配应符合下述要求：

小于 0.050 8 mm 的不多于 5%；

大于 0.457 mm 的不多于 5%；

大于 1.02 mm 的占 0%。

A.3 钢棉纤维的外观特性

钢棉纤维切割均匀，边沿应尖锐、截面光滑，长度在分散处理前应粘连在一起。

A.4 钢棉纤维的延展性

单根钢棉纤维应能完整弯曲在一根直径为 1.14 mm 的圆棒上，而不断裂。

A.5 钢纤维棉耐腐蚀性

将一张钢棉团成一个直径约 19 mm 的圆球，轻轻地将此球压扁；将一张白色的吸水纸浸入蒸馏水中，除去纸中多余的水，将此纸放入一玻璃容器的底部，把钢棉球放在纸上，盖上容器。在 22℃±3℃的条件下保持 5 h，钢棉球不应使吸水纸染色。

A.6 钢纤维棉的含水量

将 50 g 钢棉试样放入干燥箱中，在 120℃的条件下烘干 1 h，钢棉试样失重应不大于 1.5%。

A.7 钢纤维棉的弹性

将一张钢纤维棉团成一个直径约 19 mm～25 mm 的圆球，先测量圆球的直径，再将此球压扁至测量直径的 50%，卸去外力后，此球应恢复至原直径的 85%。

本附录译自美国联邦规范 FF-W-1825A 中有关 No.3 粗钢棉纱部分。

ICS 73.120
J 77

中华人民共和国国家标准

GB 19814—2005

分离机　安全要求

Safety requirements for separator

2005-06-27 发布　　2005-12-01 实施

中华人民共和国国家质量监督检验检疫总局
中国国家标准化管理委员会　发布

前言

本标准第6章、第7章、第8章、第9章和附录A的技术内容是强制性的,其余为推荐性。

本标准的附录A是规范性附录。

本标准由中国机械工业联合会提出。

本标准由全国分离机械标准化技术委员会归口。

本标准负责起草单位:合肥通用机械研究所。

本标准参加起草单位:南京绿洲机器厂。

本标准主要起草人:赵扬、刘兵。

分离机　安全要求

1　范围

本标准规定了各种工业用碟式分离机、管式分离机、室式分离机(以下简称分离机)在设计、制造、安装、使用及维护中应遵守的安全要求。

本标准中包含的安全要求和措施,是针对预防分离机设计、制造、安装运行过程中可能产生的一些主要危险,而不是全部的危险。

本标准还规定了分离机安全性能的检验、判定方法。

2　规范性引用文件

下列文件中的条款通过本标准的引用而成为本标准的条款。凡是注日期的引用文件,其随后所有的修改单(不包括勘误的内容)或修订版均不适用于本标准,然而,鼓励根据本标准达成协议的各方研究是否可使用这些文件的最新版本。凡是不注日期的引用文件,其最新版本适用于本标准。

GB/T 3323　钢熔化焊对接接头射线照相和质量分级

GB/T 3766—2001　液压系统通用技术条件(eqv ISO 4413:1998)

GB/T 4334.1～4334.6—2000　不锈钢耐腐蚀试验方法

GB/T 4774　分离机械　名词术语

GB/T 5226.1—2002　机械安全　机械电气设备　第1部分:通用技术条件(IEC 60204-1:1992,IDT)

GB/T 5745　船用碟式分离机

GB/T 7932—2003　气动系统通用技术条件(ISO 4414:1998,IDT)

GB/T 9445　无损检测人员资格鉴定与认证(GB/T 9445—1999,idt ISO 9712:1992)

GB/T 10894　分离机械　噪声测试方法(GB/T 10894—2004,ISO 3744:1994,NEQ)

GB/T 10895　离心机、分离机　机械振动测试方法(GB/T 10895—2004,ISO 10816-1:1995,NEQ)

GB/T 15706.1—1995　机械安全　基本概念与设计通则　第1部分:基本术语、方法学

GB 18209.2—2000　机械安全　指示、标志和操作　第2部分:标志要求(idt IEC 61310-2:1995)

JB 4708　钢制压力容器焊接工艺评定

JB 4730—1994　压力容器无损检验

JB/T 4744　钢制压力容器产品焊接试板的力学性能检验

JB/T 5287.1　碟式啤酒分离机

JB/T 5287.2　碟式乳品分离机

JB/T 5287.3　碟式胶乳分离机

JB/T 5995　机电产品使用说明书编写规定

JB/T 6419　碟式淀粉分离机

JB/T 7231　碟式植物油分离机

JB/T 7242　碟式酵母分离机

JB/T 8103　碟式分离机　技术条件

JB/T 9095　离心机、分离机锻焊件常规无损探伤技术规范

JB/T 9098　管式分离机　技术条件

3 术语和定义

分离机产品技术术语和定义应符合 GB/T 4774 的规定。

机械安全方面的术语和定义应符合 GB/T 15706.1 的规定。

4 总则

分离机设计、生产、运输、安装、维护、操作及其验收应符合相应的产品标准。

4.1 碟式啤酒分离机应符合 JB/T 5287.1 的规定。

4.2 碟式乳品分离机应符合 JB/T 5287.2 的规定。

4.3 碟式胶乳分离机应符合 JB/T 5287.3 的规定。

4.4 船用碟式分离机应符合 GB/T 5745 的规定。

4.5 碟式淀粉分离机应符合 JB/T 6419 的规定。

4.6 碟式植物油分离机应符合 JB/T 7231 的规定。

4.7 碟式酵母分离机应符合 JB/T 7242 的规定。

4.8 其他碟式分离机应符合 JB/T 8103 的规定。

4.9 管式分离机应符合 JB/T 9098 的规定。

5 危险清单

以下仅指出分离机使用寿命期限内由于设计、制造、选型、使用等因素，可能造成机体破坏、爆炸、转鼓爆裂、机械割伤，有毒、腐蚀物质伤人、触电等一些主要危险。

5.1 设计因素

5.1.1 分离机(特别是分离机转鼓锁紧环)强度计算错误或不合理。

5.1.2 选材不当。

5.1.3 结构设计不合理，强度、刚度不够，稳定性差，高速旋转件紧固部位无可靠的防松措施，不能有效地防止人、机损伤。

5.1.4 容纳分离物料的工作部分，无有效的密封、拦液装置等。

5.1.5 转动部分无有效的防护措施。

5.1.6 液压、气动系统设计不合理，运转中程序动作无联锁保护。

5.1.7 运转中程序动作无联锁保护。

5.1.8 隔振或减振装置设计不合理。

5.1.9 系统固有频率与运转频率选择不合理。

5.1.10 电气、控制装置设计不合理。

5.1.11 安全设计不当，如危险因素分析和遗留风险确定不当或不充分。

5.1.12 安全警示标志和使用说明书设计不当或无效。

5.2 制造与外购件选型因素

5.2.1 材料化学成分、机械性能不符合标准或存在严重缺陷。

5.2.2 焊接质量不好，未按规定进行焊接、焊接检验；铸造、锻造未达到设计要求或未按规定进行检验。

5.2.3 零部件制造精度未达到相应产品标准的要求，装配不当。

5.2.4 应做动平衡的转动件，动平衡精度未达到要求。

5.2.5 运转噪声及整机振动不符合相应产品标准规定的要求。

5.2.6 电气设备及外购件不符合安全要求。

5.2.7 应经热处理的主要零部件，热处理未达到要求。

5.3 选型、安装、使用、维护因素

5.3.1 选型不当。不按规定的范围使用分离机，例如将一般用途的分离机用于易燃、易爆场合；将无防腐措施或防腐措施不当的分离机用于处理强腐蚀物料等。

5.3.2 不按规定的操作规程运行，例如转鼓反向旋转、非正常制动、超负荷运转、超速运转等。

5.3.3 不及时排除故障、不及时报废失效分离机。

5.3.4 未按产品使用说明书中的要求安装、使用、维护分离机或自行修改分离机的零部件、自行提高分离机的转速及增减附属装置。

6 分离机设计和制造中的安全要求和措施

6.1 频率校核与强度校核

分离机应进行系统固有频率、运转频率校核和主要受力件强度校核。

6.2 防护装置

6.2.1 分离机外壳应确保人身安全。

6.2.2 操作人员可能触及的，对人体有危险的分离机所有外露转动件应采取距离防护或设置安全防护装置。在操作人员遵守操作规程的条件下，安全防护装置应确保人身的安全。

6.2.3 防护装置采用防护罩时，应满足下列要求：

a) 防护罩应便于安装和拆卸；

b) 防护罩应确保身体的任何部位不会触及被防护物体；

c) 防护罩应保证任何人触及时不会变形或位移导致防护罩触及被防护物体。

6.2.4 外露和旋转零、部件的外表面不应有尖棱、尖角、毛刺等。

6.2.5 分离机回转连接件应有可靠的防松措施。

6.3 吊装

单人难以搬动的分离机零部件，除非其本身形状适合于吊装，否则应提供吊装工具，或者标有明显的起吊位置。带包装箱的分离机，包装箱上也应有明显的起吊位置标识。

6.4 噪声与振动

6.4.1 噪声限值应符合相应产品技术条件标准所规定的要求。测试方法应符合 GB/T 10894 的规定。

6.4.2 分离机应采用隔振和减振措施，分离机的振动限值应符合相应产品技术条件标准所规定的要求。测试方法应符合 GB/T 10895 的规定。

6.5 液压与气动系统

6.5.1 液压传动系统的安全要求应符合 GB/T 3766—2001 中 4.3 的规定。

6.5.2 气动系统的安全要求应符合 GB/T 7932—2003 中的有关规定。

6.5.3 液压和气动系统的控制装置动作应安全、灵敏、可靠。

6.5.4 液压和气动系统必须有限压和限位装置。

6.6 防爆要求

6.6.1 处于密闭、易燃、易爆环境或在有压力条件下及潮湿环境下工作的分离机，应符合密闭、防燃、防爆、防湿等有关标准或法规的要求，并应有可靠的安全防护措施。转鼓等与物料接触部分的清洗应符合防爆要求。

6.6.2 分离机应有可靠的防火花和防静电措施。

6.7 温升

有关部位的温升值应符合相应产品技术条件标准的规定。

6.8 材料要求

6.8.1 分离机转鼓主要受力件和主轴原材料的力学性能和化学成分应符合有关标准规定，并应有材料制造商的材料质量证明书。分离机制造单位应按该证明书对材料进行验收，必要时应进行复验。

6.8.2 分离机转鼓受力件最终热处理后的机械性能应符合设计规定。

6.8.3 制造分离机主要零件的材料允许以性能相同或较优的材料代用，但必须经设计部门同意。

6.8.4 用于医药、卫生、食品工业的分离机，与物料接触的零部件及其配套件应符合国家医药、食品等相应行业的相关标准或工艺要求。

6.9 焊接

6.9.1 转鼓的焊接须由持有法定部门颁发的压力容器类焊工合格证或法定部门认可的其他证书，例如CCS(中国船级社)的焊工担任。

6.9.2 转鼓体不允许有纵向焊缝。其环向焊缝应根据图样技术要求拟定焊接工艺，按JB/T 4744焊接试板的要求，制作力学性能检验试板，并进行力学性能测定。焊接接头的力学性能应不低于母材的力学性能。经过焊接工艺评定提出“焊接工艺评定报告”，焊接工艺评定用的焊接试板的焊缝应进行100％X射线探伤，符合GB/T 3323 AB级照相2级。奥氏体不锈钢焊接试板应按GB/T 4334.1～4334.6—2000做晶间腐蚀倾向试验，不得有晶间腐蚀倾向。

6.9.3 分离机转鼓体焊接前的焊接工艺评定，应按JB 4708进行，焊接工艺规程应按图样技术要求和评定合格的焊接工艺制定，焊接工艺评定报告、焊接工艺规程、施焊记录，其保存期不少于7年。

6.9.4 转鼓环向焊缝发现有不允许的缺陷，返修时，应根据材料类别、板厚、焊接方法和焊后热处理等来确定允许返修次数，焊缝同一部位的返修次数不得超过2次。返修次数、部位和返修情况应记入转鼓返修记录。不锈钢焊缝返修部位应保持原有的抗晶间腐蚀的能力。

6.10 无损检测

6.10.1 无损检测人员应按GB/T 9445中的规定进行培训，取得资格证书。凡签发探伤报告者，应取得国家机关主管部门承认的Ⅱ级或Ⅱ级以上资格证书。

6.10.2 像质计的放置应符合JB 4730—1994中5.8.3的规定，不得放反。

6.10.3 射线透照质量等级应符合JB 4730—1994中5.9的规定。

6.10.4 焊缝的透照厚度比应符合JB 4730—1994中5.11 3的规定。

6.10.5 透照厚度应符合JB 4730—1994中5.11.5的规定。

6.10.6 底片质量应符合JB 4730—1994中5.16和6.2.5的规定，不得出现探伤胶片片长不够、胶片灵敏度不够、探伤焦距不够、无搭接标记以致无法读片、判片的缺陷。

6.10.7 每个焊接转鼓的转鼓焊缝应按JB/T 9095的规定进行100％射线探伤检查。焊缝质量按GB/T 3323中AB级照相的Ⅱ级评定。

6.10.8 主轴、转鼓等重要锻件，热处理后应进行无损检测，并应符合JB/T 9095的规定。

6.11 动平衡

每台分离机转鼓的动平衡精度应不低于相应产品技术条件标准的规定。

6.12 电气要求

6.12.1 绝缘电阻检验

分离机安装使用前，用相应级别的绝缘电阻计测定动力电路导线和保护接地电路间的绝缘电阻，应符合GB/T 5226.1—2002中19.3的规定。

6.12.2 分离机配套电动机和电气控制箱应安全可靠并设有漏电保护措施，应满足分离机在规定环境条件下的使用要求，应有防止误动作而发生故障和危险的防护装置。

6.12.3 随电气设备提供的技术资料应符合GB/T 5226.1—2002中第18章的要求，应提供系统图(在适当的场合)、电路原理图、安装图、操作说明书、维修说明书和产品合格证书。

6.13 产品档案

6.13.1 每台分离机在制造过程中应建立产品档案和技术档案。档案在制造厂按机器设计年限保存。

6.13.2 产品档案应包括：转鼓及主轴材料质量保证书、理化分析报告、无损检测报告、射线探伤底片、动平衡报告、转鼓返修记录、转鼓晶间腐蚀报告；技术档案应包括转鼓强度计算书、振动校核计算书、焊接工艺评定报告、机器制造过程中的检验记录以及产品等级评定资料等。

6.13.3 产品档案应按机器编号逐台归档，技术档案可以集中归档。当处理物料或转鼓材质有重大变化，应对转鼓强度重新进行强度校核，并形成计算书重新归档。

6.14 大修期

制造厂应协助顾客根据每台分离机的使用场合分别规定产品的大修期。大修期可由供需双方商定后确定，并应在产品使用说明书中明示。

7 使用信息

7.1 基本要求

7.1.1 分离机制造厂在提供分离机产品的同时，应提供详细的使用信息，以使用户能按此信息安全地安装、使用和维护机器。分离机制造厂应协助用户选型，并正确、合理地使用机器。

7.1.2 使用信息应以标志和使用说明书的形式给出。

7.2 标志

7.2.1 标志应以产品标牌和旋转方向标牌的形式给出，标志应在明显的部位用中文书写并标识。标志中使用的术语应符合 GB/T 4774 的规定，文字及图案清晰。应符合 GB 18209.2—2000 中 4.3 和第 7 章的规定。

7.2.2 每台分离机的产品标牌，应按照相应产品标准规定写明分离机正常工作的额定技术参数。标牌中给出的技术参数应准确、真实。

7.2.3 分离机应设置永久性的转鼓或电机旋转方向标牌(标记)。

7.2.4 为避免其他遗留风险应在相应位置设置警示标志。

7.3 使用说明书

7.3.1 使用说明书的基本要求与一般规定应符合 JB/T 5995 的规定。使用说明书应以中文书写，产品使用说明书中所使用的术语应符合 GB/T 4774 的规定。

7.3.2 制造厂应提供能够正确指导用户安装、使用、维护等内容的使用说明书。使用说明书应明确规定分离机的预定用途、对物料的限制，并应包括保证安全和正确安装、使用和维护分离机的所有说明。应要求使用者按其说明合理地使用机器，也应对不按使用说明中的要求而采用其他方式使用分离机的潜在危险提出适当的警告。制造厂必须根据用户提供的使用条件确定机器的大修期。

7.3.3 分离机的使用说明书应包括：

a) 关于分离机的运输、搬运和贮存的信息，例如：

——机器的贮存条件；

——安装尺寸、质量、质心位置；

——对基础的要求；

——搬运说明(例如起吊位置、施力点)。

b) 有关分离机交付运转的信息，例如：

——固定和振动缓冲要求；

——安装条件；

——使用和维护需要的空间；

——允许的环境条件(温度、湿度、振动等)；

——分离机与动力源的连接说明(尤其是对于防止电的超载)；

——对用户必须采取的防护措施(特殊安全装置、安全距离、安全符号和信号等)提出的建议。

c) 关于分离机自身的信息，例如：

——对分离机及其附件、防护装置和(或)安全装置的详细描述；

——分离机预定的应用范围；

——主要技术参数；
——主要工作部分的材质；
——由分离机产生的噪声、振动数据；
——证明分离机符合有关强制性要求的正式证明文件。

d) 有关分离机使用的信息，例如：
——手动操纵器的说明；
——运行中的监测和记录；
——对设定与调整的说明(如应注明转鼓体与锁紧环联结应有装配对位标记)；
——停机的模式和方法(特别是紧急停车)；
——启动及运行过程中的操作程序、方法、注意事项及容易出现的误操作和防范措施；
——关于无法由设计者通过采取安全措施消除风险的信息；
——有关禁用信息。

e) 维修信息，例如：
——故障分析；
——出现故障的处理程序和方法；
——检查的性质和频次；
——关于需要规定技术知识和特殊技能人员专门执行的维修说明。

f) 安全信息
——对可能造成危险的信息，应以警示形式给出。

g) 关于停止运转、拆卸和由于安全原因而报废的信息。

h) 有关分离机操作和维护信息，例如：
在操作说明书中，应按照第9章的要求明示分离机操作和维护中的安全要求和措施。

8 安全性能的判定

8.1 抽样

8.1.1 抽样检查的产品应是通过设计确认或鉴定、具备批量生产条件，并经制造厂自验合格的产品。

8.1.2 抽样采取随机抽样法。

8.1.3 抽样检查的产品应是完工时间不超过1年的产品。

8.1.4 抽样采用一次抽样方案。库存批量不超过10台，抽查样本为1台。批量为10台以上，抽查样本为2台。

8.2 检测项目及判定方法

8.2.1 检测项目及判定方法应符合表1的规定。

表1 分离机产品安全性能检测项目及判定方法

序	检测项目	项次	判定方法	判定依据	备注
1	频率校核及振动校核计算	关键项	查看频率校核计算书及振动计算书	6.1	2项
2	防护装置	关键项	目测	6.2	4项
3	噪声	关键项	实测	6.4.1	
4	振动	关键项	实测	6.4.2	
5	密闭防爆要求	关键项	目测及查验技术文件	6.6	

表 1(续)

序	检测项目	项次	判定方法	判定依据	备注
6	转鼓及主轴材料力学性能和化学成分	关键项	查验归档技术文件	6.8	4 项
7	焊工资格认定	关键项	查验证书	6.9.1	
8	转鼓焊缝探伤和主轴探伤	关键项	查验探伤资格证书、工艺评定资料、探伤报告、探伤底片等	6.10	8 项
9	转鼓动平衡	关键项	查验报告	6.11	
10	吊装要求	主要项	目测	6.3	
11	液压系统安全要求	主要项	目测及查验技术文件	6.5.1、6.5.3、6.5.4	3 项
12	气动系统安全要求	主要项	目测及查验技术文件	6.5.2、6.5.3、6.5.4	3 项
13	密闭防爆要求	主要项	目测及查验技术文件	6.6	
14	有关部位的温升值	主要项	实测	6.7	
15	焊接工艺评定	主要项	目测及查验技术文件	6.9.2～6.9.4	3 项
16	电气系统安全要求	主要项	目测及查验技术文件	6.12	3 项
17	产品档案	主要项	调阅产品档案	6.13	
18	产品标牌和旋转方向标牌	主要项	目测	7.2	4 项
19	分离机大修期	主要项	查验使用说明书	6.14	
20	产品使用说明书	主要项	查验使用说明书	7.3	8 项

8.2.2 转鼓焊缝探伤和主轴探伤不做破坏性检查,查验探伤资格证书、工艺评定资料、探伤报告、探伤底片等工艺过程文件,应符合 6.10 的规定。不符合 6.10 规定,视为该检测产品不合格。

8.2.3 判定分离机安全性能合格除关键项必须 100%达到本标准规定的要求外,必须有 85%以上的主要项符合本标准的规定。

8.2.4 某一条款含几个子条款,分别按子条款要求计项。

8.2.5 因结构原因无该项检查项目,此项不进行统计。

8.3 附录 A 中表 A.1 为典型的分离机安全性能标准检验项目一览表,实际检验时可根据机型不同对此表进行增删。

8.3.1 “标准规定要求”栏按下列规定填写:

a) 对于标准有明确规定值的项,填写标准的规定值,如振动、噪声值;

b) 对于用条款说明安全要求的项,填写标准条款号。

8.3.2 “实际检验情况”栏按下列规定填写:

a) 对于标准有明确规定值的项,填写标准的实测值,如振动、噪声值;

b) 对于用条款说明安全要求的项,填写“符合”或“不符合”。

8.3.3 必要时可在备注栏里填写不符合项的具体不符合情况。

9 操作和维护中的安全要求和措施

9.1 使用分离机的顾客应选派受过技术培训的人员作为分离机的安全管理人员。

9.2 管理人员应保证操作人员得到有关安全预防措施方面的教育,防止发生事故和人身伤害。操作人员应常备使用说明书(操作手册),并应对其内容充分了解。

9.3 分离机仅允许顾客指定的受过技术培训的人员进行操作与维护，并严格按制造厂提供的维护、使用说明书有关章节合理使用和维护机器。

9.4 分离机应定期进行检查，以保证分离机的功能和重要零件以及安全防护措施处在正常工作状态下。分离机应制定正确的小、中、大修周期，并严格执行，使其在正常状态下运行。

9.5 操作人员应熟练掌握分离机的开车、停车和应急停车等操作程序。不得超速、超负荷运转分离机。

9.6 操作人员发现异常情况后，应采取必要的措施，不见效时应立即停机，确认安全后重新启动。在调整、维护或排除故障时需采取必要的防范措施。

9.7 分离机转鼓、主轴等转动件及其他重要的零部件腐蚀严重或转鼓明显不平衡时，应及时更换或维修，不得采用表面补焊等不安全措施。

9.8 应保证分离机的完整性，未征求机器制造厂同意前不允许随意拆除、变更零部件或增减附属装置。

9.9 贮存期或使用期累积超过大修期，再次使用前必须送原制造厂（或顾客认可的维修厂）大修。大修时转鼓总成应由制造厂（或顾客认可的维修厂）或权威检测部门再次进行无损检测，以确认下次大修时间。

附 录 A
（规范性附录）

表 A.1 典型的分离机安全性能检验项目一览表

序号		名　　称	标准规定要求	实际检验情况	判　定	备　注
关键项（23 项）	1	频率校核及振动校核(2 项)	6.1			
	2	防护装置(4 项)	6.2			
	3	噪声	6.4.1			
	4	振动	6.4.2			
	5	密闭防爆要求	6.6			
	6	转鼓及主轴探伤(8 项)	6.10			
	7	焊工资格认定	6.9.1			
	8	转鼓动平衡	6.11			
	9	转鼓及主轴材料力学性能和化学成分(4 项)	6.8			
主要项（28 项）	1	吊装要求	6.3			
	2	液压系统安全要求(3 项)	6.5			
	3	气动系统安全要求(3 项)	6.5			
	4	分离机有关部位的温升值	6.7			
	5	焊接工艺评定(3 项)	6.9.2～6.9.4			
	6	电气系统安全要求(3 项)	6.12			
	7	产品档案	6.13			
	8	产品标牌和旋转方向标牌(4 项)	7.2			
	9	分离机大修期	6.14			
	10	产品使用说明书(8 项)	7.3			

ICS 73.120
J 77

中华人民共和国国家标准

GB 19815—2005

离心机　安全要求

Safety requirements for centrifuge

2005-06-27 发布　　2005-12-01 实施

中华人民共和国国家质量监督检验检疫总局
中国国家标准化管理委员会　发布

前 言

本标准第6章、第7章、第8章、第9章和附录A的技术内容是强制性的，其余为推荐性。

本标准的附录A是规范性附录。

本标准由中国机械工业联合会提出。

本标准由全国分离机械标准化技术委员会归口。

本标准负责起草单位：合肥通用机械研究所。

本标准参加起草单位：南京绿洲机器厂。

本标准主要起草人：赵扬、刘兵。

离心机　安全要求

1　范围

本标准规定了各种具有金属转鼓(衬包或不衬包)的工业用离心机(以下简称离心机)在设计、制造、安装、使用及维护中应遵守的安全要求。

本标准中包含的安全要求和措施,是针对离心机设计、制造、安装运行过程中可能产生的一些主要危险,而不是全部的危险。

本标准还规定了离心机安全性能的检验、判定方法。

本标准适用于一切工业用途的离心机(包括工业脱水机)。

2　规范性引用文件

下列文件中的条款通过本标准的引用而成为本标准的条款。凡是注日期的引用文件,其随后所有的修改单(不包括勘误的内容)或修订版均不适用于本标准,然而,鼓励根据本标准达成协议的各方研究是否可使用这些文件的最新版本。凡是不注日期的引用文件,其最新版本适用于本标准。

GB/T 3323　钢熔化焊对接接头射线照相和质量分级

GB/T 3766—2001　液压系统通用技术条件(eqv ISO 4413:1998)

GB/T 4334.1~4334.6—2000　不锈钢耐腐蚀试验方法

GB/T 4774　分离机械　名词术语

GB/T 5226.1—2002　机械安全　机械电气设备　第1部分:通用技术条件(IEC 60204-1:1992, IDT)

GB/T 7932—2003　气动系统通用技术条件(ISO 4414:1998,IDT)

GB/T 9445　无损检测人员资格鉴定与认证(GB/T 9445—1999,idt ISO 9712:1992)

GB/T 10894　分离机械　噪声测试方法(GB/T 10894—2004,ISO 3744:1994,NEQ)

GB/T 10895　离心机　分离机　机械振动测试方法(GB/T 10895—2004,ISO 10816-1:1995, NEQ)

GB/T 13755　三足式离心机　技术条件

GB/T 15706.1　机械安全　基本概念与设计通则　第1部分:基本术语、方法学

GB 18209.2—2000　机械安全　指示、标志和操作　第2部分:标志要求(idt IEC 61310-2:1995)

JB/T 445　上悬式离心机　技术条件

JB/T 447　活塞推料离心机　技术条件

JB/T 3263　卧式振动离心机

JB/T 4335　螺旋卸料沉降离心机　技术条件

JB 4708　钢制压力容器焊接工艺评定

JB 4730—1994　压力容器无损检测

JB/T 4744　钢制压力容器产品焊接试板的力学性能试验

JB/T 5284　防爆型刮刀卸料离心机

JB/T 5995　机电产品使用说明书编写规定

JB/T 6118　TCL沉降过滤离心机

JB/T 7220　刮刀卸料离心机

JB/T 7241　进动卸料离心机　技术条件

JB/T 7893.1　立式振动离心机

JB/T 8101　离心卸料离心机

JB/T 8051　离心机转鼓强度计算规范

JB/T 8652　螺旋卸料过滤离心机

JB/T 9095　离心机、分离机锻焊件常规无损检测技术规范

YY 0021　旁滤式离心机

QB/T 2324　服装机械　工业脱水机

3　术语和定义

离心机产品技术术语和定义应符合 GB/T 4774 的规定。

机械安全方面的术语和定义应符合 GB/T 15706.1 的规定。

4　总则

离心机设计、制造、运输、安装、维护、操作及其验收应符合相应的产品标准。

4.1　三足式离心机应符合 GB/T 13755 的规定。

4.2　上悬式离心机应符合 JB/T 445 的规定。

4.3　活塞推料离心机应符合 JB/T 447 的规定。

4.4　卧式振动离心机应符合 JB/T 3263 的规定。

4.5　螺旋卸料沉降离心机应符合 JB/T 4335 的规定。

4.6　防爆型刮刀卸料离心机应符合 JB/T 5284 的规定。

4.7　TCL 沉降过滤离心机应符合 JB/T 6118 的规定。

4.8　刮刀卸料离心机应符合 JB/T 7220 的规定。

4.9　进动卸料离心机应符合 JB/T 7241 的规定。

4.10　离心卸料离心机应符合 JB/T 8101 的规定。

4.11　螺旋卸料过滤离心机应符合 JB/T 8652 的规定。

4.12　旁滤式离心机应符合 YY 0021 的规定。

4.13　立式振动离心机应符合 JB/T 7893.1 的规定。

4.14　工业脱水机应符合 QB/T 2324 的规定。

5　危险清单

以下仅指出离心机由于设计、制造、选型、使用等因素，可能造成机体破坏、爆炸、转鼓爆裂、机械割伤、人员挤伤，有毒、腐蚀物质伤人、触电等一些主要危险。

5.1　设计因素

5.1.1　离心机(特别是离心机转鼓)强度计算错误或不合理。

5.1.2　选材不当。

5.1.3　结构设计不合理，各连接部位强度、刚度不够，稳定性差或高速旋转件紧固部位无可靠的防松措施，不能有效的防止人、机损伤。

5.1.4　容纳分离物料的工作部分，无有效的密封、拦液装置等。

5.1.5　转动部分无有效的防护措施。

5.1.6　液压、气动系统设计不合理，运转中程序动作无联锁保护。

5.1.7　隔振或减振装置设计不合理。

5.1.8　电气、控制装置设计不合理。

5.1.9　安全设计不当，如危险因素分析和遗留风险确定不当或不充分。

5.1.10 安全警示标志和使用说明书设计不当或无效。

5.2 制造因素与外购件选型因素

5.2.1 材料化学成分、力学性能不符合标准或存在严重缺陷。

5.2.2 焊接质量不好，未按规定进行焊接、焊接检验；铸造、锻造未达到设计要求或未按规定进行检验。

5.2.3 零部件制造精度不符合设计要求，装配不当。

5.2.4 应做动平衡的转动件，动平衡精度未达到要求。

5.2.5 运转噪声及振动值不符合相应产品标准规定的要求。

5.2.6 电气设备及外购件不符合安全要求。

5.2.7 应经热处理的主要零、部件，热处理未达到要求。

5.3 选型、安装、使用、维护因素

5.3.1 选型不当，不按规定的范围使用离心机，例如将一般用途的离心机用于易燃、易爆场合；将无防腐措施或防腐措施不当的离心机用于处理强腐蚀物料等。

5.3.2 不按规定的操作规程运行，例如转鼓反向旋转、非正常制动、超负荷运转、超速运转等。

5.3.3 不及时排除故障、不及时报废失效的离心机。

5.3.4 未按产品使用说明书中的要求安装、使用、维护离心机或自行修改离心机的零部件、自行提高离心机的转速及增减附属装置。

6 设计和制造中的安全要求和措施

6.1 离心机的转鼓强度

离心机转鼓应按照 JB/T 8051 进行强度校核，应满足转鼓强度要求。

6.2 防护装置

6.2.1 离心机的外壳应确保人身安全。

6.2.2 操作人员可能触及的，对人体有危险的离心机所有外露转动件应采取距离防护或设置安全防护装置。安全防护装置应确保人身的安全。

6.2.3 防护装置采用防护罩时，应满足下列要求：

a) 防护罩应便于安装和拆卸；

b) 防护罩应确保身体的任何部位不会触及被防护物体；

c) 防护罩应保证任何人触及时不会变形或位移导致防护罩触及被防护物体。

6.2.4 外露和旋转零、部件的外表面不应有尖棱、尖角、毛刺等。

6.2.5 重要的易松动联接部位均应有可靠的防松装置。

6.3 吊装

单人难以搬动的离心机零、部件，除非其本身形状适合于吊装，否则均应设有明显地吊环、吊耳或吊装螺栓等其他吊装装置，或者标有明显的起吊位置。带包装箱的离心机，包装箱上也应有明显的起吊位置标识。

6.4 噪声与振动

6.4.1 噪声限值应符合相应产品技术条件标准所规定的要求。测试方法应符合 GB/T 10894 的规定。

6.4.2 应采用隔振和减振措施，振动限值应符合相应产品技术条件标准所规定的要求。测试方法应符合 GB/T 10895 的规定。

6.5 液压与气动系统

6.5.1 液压传动和液压控制系统的安全要求应符合 GB/T 3766—2001 中 4.3 的规定。

6.5.2 气动系统的安全要求应符合 GB/T 7932—2003 中 4.3 的有关规定。

6.5.3 液压和气动系统的控制装置动作应安全、灵敏、可靠。

6.5.4 液压和气动系统必须有限压和限位装置。

6.6 密闭防爆要求

处于密闭、易燃、易爆环境或在有压力条件下及潮湿环境下工作的离心机及其驱动电机，应符合密闭、防燃、防爆、防湿等有关标准或法规的要求，并应有可靠的安全防护措施。转鼓等与物料接触部分的清洗应符合防爆要求。

6.7 温升

有关部位的温升值应符合相应产品标准的规定。

6.8 材料要求

6.8.1 离心机转鼓、主轴及主要零部件的材料的力学性能和化学成分应符合有关标准规定，并应有材料制造商的材料质量证明书。离心机制造单位应按该证明书对材料进行验收，必要时应进行复验。

6.8.2 制造离心机主要零件的材料允许以性能相同或较优的材料代用，但必须经设计部门同意。

6.8.3 用于医药、食品工业的离心机，应符合国家医药、食品等相应行业的相关标准或工艺要求。

6.9 焊接

6.9.1 转鼓的焊接须由持有法定部门颁发的压力容器类焊工合格证的焊工担任。

6.9.2 拦液板焊缝应与转鼓纵焊缝相错。

6.9.3 转鼓的主要焊缝应根据图样技术要求拟定焊接工艺，按 JB/T 4744 焊接试板的要求，制作力学性能检验试板，并进行力学性能测定。焊接接头的力学性能应不低于母材的力学性能。经过焊接工艺评定提出“焊接工艺评定报告”，并结合实践经验制定“焊接工艺规程”。只要焊接的钢种、焊接材料和焊接方法不变，以上“焊接工艺规程”可作为该焊接件焊接生产的依据。焊接工艺评定用焊接试板的焊缝应 100%进行 X 射线探伤，符合 GB/T 3323 AB 级照相Ⅱ级。除非离心机使用场合没有晶间腐蚀倾向或顾客明确不需要进行晶间腐蚀倾向试验外，奥氏体不锈钢焊接试板均应按 GB/T 4334.1～4334.6—2000 做晶间腐蚀倾向试验，不得有晶间腐蚀倾向。

6.9.4 转鼓焊接前的焊接工艺评定，应按 JB 4708 进行，焊接工艺规程应按图样技术要求和评定合格的焊接工艺制定。焊接工艺评定报告、焊接工艺规程、施焊记录。

6.9.5 转鼓焊缝发现有不允许的缺陷，需要返修时，应根据材料类别、板厚、焊接方法和焊后热处理等来确定允许返修次数，焊缝同一部位的返修次数不宜超过两次。如超过两次，应得到制造单位技术总负责人批准。返修次数、部位和返修情况应记人转鼓的返修记录。奥氏体不锈钢焊缝返修部位应保持原有的抗晶间腐蚀的能力。

6.10 无损检测

6.10.1 无损检测人员应按 GB/T 9445 中的规定进行培训，取得资格证书。凡签发探伤报告者，应取得国家机关主管部门承认的相应检测方法的Ⅱ级或Ⅱ级以上资格证书。

6.10.2 象质计的放置应符合 JB 4730—1994 中 5.8.3 的规定，不得放反。

6.10.3 射线透照质量等级应符合 JB 4730—1994 中 5.9 的规定。

6.10.4 焊缝的透照厚度比应符合 JB 4730—1994 中 5.11.3 的规定。

6.10.5 透照厚度应符合 JB 4730—1994 中 5.11.5 的规定。

6.10.6 底片质量应符合 JB 4730—1994 中 5.16 和 6.2.5 的规定，不得出现探伤底片片长不够、底片灵敏度不够、探伤焦距不够、无搭接标记以致无法读片、判片的缺陷。

6.10.7 每个转鼓焊缝应按 JB/T 9095 的规定进行 X 射线探伤检查，并达到其规定要求。纵焊缝应 100%射线探伤检查，焊缝质量按 GB/T 3323 中 AB 级照相的Ⅱ级评定；环焊缝抽检的长度应不少于该焊缝总长度的 20%，焊缝质量按 GB/T 3323 中 AB 级照相的Ⅲ级评定，如超标再增加 10%检查，再次超标则 100%检查。环缝射线探伤照片量不少于两张（每张照片长度不小于 200 mm）。

6.10.8 主轴、转鼓等重要锻件，按制造工艺进行无损检测，并应符合 JB/T 9095 的规定。

6.11 动平衡

每台离心机转鼓的动平衡精度应符合相应产品技术条件标准的规定。

6.12 电气要求

6.12.1 绝缘电阻检验

离心机安装使用前，用相应级别的绝缘电阻计测定动力电路导线和保护接地电路间的绝缘电阻，应符合 GB/T 5226.1—2002 中 19.3 的规定。

6.12.2 离心机电器控制箱应有防止因误动作发生故障和危险的防护装置。自动离心机制动装置与主电动机控制系统应有联锁装置。

6.12.3 随电气设备提供的技术资料应符合 GB/T 5226.1—2002 中第 18 章的要求，应提供系统图（在适当的场合）、电路原理图、安装图和操作说明书、维修说明书以及产品合格证书。

6.13 档案

6.13.1 离心机在制造过程中应建立产品档案和技术档案。档案在制造厂按机器设计年限保存。

6.13.2 产品档案应包括：转鼓及主轴材料质量保证书、理化分析报告、无损检测报告、射线探伤底片、动平衡报告、转鼓返修记录、转鼓晶间腐蚀报告；技术档案应包括转鼓强度计算书、焊接工艺评定报告、机器制造过程中的检验记录以及产品等级评定资料等。

6.13.3 产品档案应按机器编号逐台归档，技术档案可以集中归档。当处理物料或转鼓材质有重大变化，应对转鼓强度重新进行强度校核，并形成计算书重新归档。

6.14 大修期

制造厂应协助顾客根据每台离心机的使用场合分别规定产品的大修期或规定进行转鼓强度复核的时间。大修期或进行转鼓强度复核的时间可由供需双方商定后确定，并应在产品使用说明书中明示。

7 使用信息

7.1 基本要求

7.1.1 离心机制造厂在提供离心机产品的同时，应提供详细的使用信息，以使用户能按此信息安全地安装、使用和维护机器。离心机制造厂应协助用户选型，并正确、合理地使用机器。

7.1.2 使用信息应以标志和使用说明书的形式给出。

7.2 标志

7.2.1 标志应以产品标牌和旋转方向标牌的形式给出，标志应在明显的部位用中文书写并标识，标志所采用的术语应符合 GB/T 4774 的规定。标志的文字及图案应清晰，符合 GB 18209.2—2000 中 4.3 和第 7 章的规定。

7.2.2 每台离心机的产品标牌，应按照相应产品标准规定写明离心机正常工作的额定技术参数。标牌中给出的技术参数应准确、真实。

7.2.3 离心机应固定永久性的转鼓旋转方向标牌。

7.2.4 为避免其他遗留风险应在相应位置设置警示标志。

7.3 使用说明书

7.3.1 使用说明书的基本要求与一般规定应符合 JB/T 5995 的规定。使用说明书应以中文书写。使用说明书中所使用的术语应符合 GB/T 4774 的规定。

7.3.2 制造厂应提供能够正确指导用户安装、使用、维护等内容的使用说明书。使用说明书应明确规定离心机的预定用途、对物料的限制，并应包括保证安全和正确安装、使用和维护离心机的所有说明。应要求使用者按说明书合理地使用机器，也应对不按使用说明中的要求而采用其他方式使用离心机的潜在危险提出适当的警告。制造厂必须根据用户提供的使用条件确定机器的大修期。

7.3.3 离心机的使用说明书应包括：

a) 关于离心机的运输、搬运和贮存的信息，例如：

——机器的贮存条件；

——安装尺寸、质量、质心位置；

——对基础的要求；

——搬运说明(例如起吊位置、施力点)。

b) 有关离心机交付运转的信息，例如：

——固定和振动缓冲要求；

——安装条件；

——使用和维修需要的空间；

——允许的环境条件(温度、湿度、振动等)；

——离心机与动力源的连接说明(尤其是对于防止电的超载)；

——对用户必须采取的防护措施(特殊安全装置、安全距离、安全符号和信号等)提出的建议。

c) 关于离心机自身的信息，例如：

——对离心机及其附件、防护装置和(或)安全装置的详细描述；

——离心机预定的应用范围；

——主要技术参数；

——主要工作部分的材质；

——由离心机产生的噪声、振动数据；

——证明离心机符合有关强制性要求的正式证明文件。

d) 有关离心机使用的信息，例如：

——对分离物料的要求，如物料密度等的说明；

——手动操纵器的说明；

——对设定与调整的说明；

——运行中的监测和记录；

——停机的模式和方法(特别是紧急停车)；

——启动及运行过程中的操作程序、方法、注意事项及容易出现的误操作和防范措施，

——关于无法由设计者通过采取安全措施消除风险的信息；

——有关禁用信息。

e) 维修信息，例如：

——故障分析；

——出现故障的处理程序和方法；

——检查的性质和频次；

——关于需要规定技术知识和特殊技能人员专门执行的维修说明。

f) 安全信息

——对可能造成危险的信息，应以警示形式给出。

g) 关于停止运转、拆卸和由于安全原因而报废的信息。

h) 有关离心机操作和维护信息，例如：

在操作说明书中，应按照第9章的要求明示离心机操作和维护中的安全要求和措施。

8 安全性能的判定

8.1 抽样

8.1.1 抽样检查的产品应是在市场销售的、具备批量生产条件，并经制造厂自验合格的产品。

8.1.2 抽样采取随机抽样法。

8.1.3 抽样检查的产品应是完工时间不超过1年的产品。

8.1.4 抽样采用一次抽样方案。库存批量不超过20台，抽查样本为1台。批量为20台以上，抽查样本为2台。

8.2 **检测项目及判定方法**

8.2.1 检测项目及判定方法应符合表1的规定。

表1 离心机产品安全性能检测项目及判定方法

序	检测项目	项次	判定方法	判定依据	备注
1	转鼓强度校核	关键项	查看转鼓强度计算书	6.1	
2	防护装置	关键项	目测	6.2	4项
3	噪声	关键项	实测	6.4.1	
4	振动	关键项	实测	6.4.2	
5	密闭防爆要求	关键项	目测及查验技术文件	6.6	
6	转鼓及主轴材料力学性能和化学成分	关键项	查验归档技术文件	6.8	3项
7	焊工资格认定	关键项	查验证书	6.9.1	
8	转鼓焊缝探伤和主轴探伤	关键项	查验探伤资格证书、工艺评定资料、探伤报告、探伤底片等	6.10	8项
9	转鼓动平衡	关键项	查验报告	6.11	
10	有关部位的温升值	主要项	实测	6.7	
11	吊装要求	主要项	目测	6.3	
12	液压系统安全要求	主要项	目测及查验技术文件	6.5.1、6.5.3、6.5.4	3项
13	气动系统安全要求	主要项	目测及查验技术文件	6.5.2、6.5.3、6.5.4	3项
14	拦液板焊缝应与转鼓纵焊缝相错	主要项	目测	6.9.2	
15	焊接工艺评定	主要项	目测及查验技术文件	6.9.3～6.9.5	3项
16	电气系统安全要求	主要项	目测及查验技术文件	6.12	3项
17	产品档案	主要项	调阅产品档案	6.13	
18	产品标牌和旋转方向标牌	主要项	目测	7.2	4项
19	离心机大修期	主要项	查验使用说明书	6.14	
20	产品使用说明书	主要项	查验使用说明书	7.3	8项

8.2.2 转鼓焊缝探伤和主轴探伤不做破坏性检查，查验探伤资格证书、工艺评定资料、探伤报告、探伤底片等工艺过程文件，应符合6.10的规定。不符合6.10规定，视为该检测产品不合格。

8.2.3 判定离心机安全性能合格除关键项必须100%达到本标准规定的要求外，必须有85%以上的主要项符合本标准的规定。

8.2.4 某一条款含几个子条款，分别按子条款要求计项。

8.2.5 因结构原因无该项检查项目，此项不进行统计。

8.3 附录A中的表A.1为典型的离心机安全性能标准检验项目一览表，实际检验时可根据机型不同对此表进行增删。

8.3.1 “标准规定要求”栏按下列规定填写：

a) 对于标准有明确规定值的项，填写标准的规定值，如振动、噪声值；

b) 对于用条款说明安全要求的项，填写标准条款号。

8.3.2 “实际检验情况”栏按下列规定填写：

a） 对于标准有明确规定值的项，填写标准的实测值，如振动、噪声值；

b） 对于用条款说明安全要求的项，填写“符合”或“不符合”。

8.3.3 必要时可在备注栏里填写不符合项的具体不符合情况。

9 操作和维护中的安全要求和措施

9.1 使用离心机的顾客应选派受过技术培训的人员作为离心机的安全管理人员。

9.2 管理人员应保证操作人员得到有关安全预防措施方面的教育，防止发生事故和人身伤害。操作人员应常备使用说明书(操作手册)，并应对其内容充分了解。

9.3 离心机仅允许顾客指定的受过技术培训的人员进行操作与维护，并严格按制造厂提供的维护、使用说明书有关章节合理使用和维护机器。

9.4 离心机应定期进行检查，以保证离心机的功能和重要零件以及安全防护措施处在正常工作状态下。离心机应制定正确的小、中、大修周期，并严格执行，使其在正常状态下运行。

9.5 操作人员应熟练掌握离心机的开车、停车和应急停车等操作程序。不得野蛮操作(如高速旋转过程中用铲子铲物料、超规定的装载量等)；不得超速、超负荷运转离心机。

9.6 操作人员发现异常情况后，应采取必要的措施，不见效时应立即停机，确认安全后重新启动。在调整、维护或排除故障时需采取必要的防范措施。

9.7 离心机转鼓、主轴等转动件及其他重要的零部件腐蚀严重或转鼓明显不平衡时，应及时更换或修复，不得采用表面补焊等不安全的应急措施。

9.8 应保证离心机的完整性，未征求机器制造厂同意前不允许随意拆除、变更零部件或增减附属装置。

9.9 贮存期或使用期累积超过大修期，再次使用前必须送原制造厂(或顾客认可的维修厂)大修。大修时如转鼓总成可拆卸修复，修复后应由制造厂(或顾客认可的维修厂)或权威检测部门再次进行无损检测，以确认下次大修时间。

附 录 A
（规范性附录）

表 A.1 典型的离心机安全性能检验项目一览表

序号		名　称	标准规定要求	实际检验情况	判　定	备　注
关键项（21项）	1	转鼓强度校核	6.1			
	2	防护装置(4项)	6.2			
	3	噪声	6.4.1			
	4	振动	6.4.2			
	5	密闭防爆要求	6.6			
	6	转鼓及主轴探伤(8项)	6.10			
	7	焊工资格认定	6.9.1			
	8	转鼓动平衡	6.11			
	9	转鼓及主轴材料力学性能和化学成分(3项)	6.8			
主要项（29项）	1	焊接工艺评定(3项)	6.9.3～6.9.5			
	2	拦液板焊缝应与转鼓纵焊缝相错	6.9.2			
	3	吊装要求	6.3			
	4	液压系统安全要求(3项)	6.5			
	5	气动系统安全要求(3项)	6.5			
	6	离心机有关部位的温升值	6.7			
	7	电气系统安全要求(3项)	6.12			
	8	产品档案	6.13			
	9	离心机大修期	6.14			
	10	产品标牌和旋转方向标牌(4项)	7.2			
	11	产品使用说明书(8项)	7.3			

ICS 25.220.10
A 29

中华人民共和国国家标准

GB/T 19816.1—2005/ISO 11125-1:1993

涂覆涂料前钢材表面处理
喷射清理用金属磨料的试验方法
第1部分:抽样

Preparation of steel substrates before application of paints and related products—Test methods for metallic blast-cleaning abrasives—Part 1:Sampling

(ISO 11125-1:1993,IDT)

2005-06-10 发布　　2005-11-01 实施

中华人民共和国国家质量监督检验检疫总局
中国国家标准化管理委员会　发布

前　言

GB/T 19816《涂覆涂料前钢材表面处理　喷射清理用金属磨料的试验方法》分为下列几部分：

——第1部分：抽样；

——第2部分：颗粒尺寸分布的测定；

——第3部分：硬度的测定；

——第4部分：表观密度的测定；

——第5部分：缺陷颗粒百分比和微结构的测定；

——第6部分：外来杂质的测定；

——第7部分：含水量的测定；

——第8部分：磨料机械特性的测定。

本部分为GB/T 19816的第1部分。

本部分等同采用ISO 11125-1:1993《涂覆涂料前钢材表面处理　喷射清理用金属磨料的试验方法　第1部分：抽样》(英文版)。

为便于使用，本部分做了下列编辑性修改：

a)　“本国际标准”一词改为“本部分”；

b)　用顿号“、”代替作为分述的逗号“，”；

c)　删除国际标准的前言；

d)　在附录A中增加了与“喷射清理用金属磨料”的国际标准相对应的国家标准目录。

本部分的附录A为资料性附录。

本部分由中国船舶工业集团公司提出。

本部分由全国涂料和颜料标准化技术委员会涂漆前金属表面处理及涂漆工艺分技术委员会归口。

本部分起草单位：中国船舶工业综合技术经济研究院、中国船舶工业第十一研究所。

本部分主要起草人：宋艳媛、刘冰扬、傅建华。

涂覆涂料前钢材表面处理 喷射清理用金属磨料的试验方法 第1部分:抽样

1 范围

本部分是有关喷射清理用金属磨料的抽样和试验的国家标准 GB/T 19816 的一个部分。

金属磨料的类型和对每种类型的要求均包含在 ISO 11124 的各个部分中。

ISO 11124 和 GB/T 19816 是有关喷射清理用金属磨料的系列标准。有关这两个系列标准的所有部分的信息参见附录 A。

GB/T 19816 的本部分规定了从物料中采集喷射清理用金属磨料样品,以及为满足 GB/T 19816 其他部分规定的适当的试验方法需求而将样品细分的方法。

2 定义

下列定义适用于 GB/T 19816 的本部分。

2.1

总数量　total quantity

需要进行试验的磨料的全部数量(例如某一物料的数量)。

2.2

样品单元　sample unit

销售用的包装单元,如货盘、桶、大袋等,从中提取单一样品(见 2.3)。

2.3

单一样品　single sample

从总数量中一次抽样所得的样品,这个样品不直接用于试验。

2.4

混合样品　mixed sample

混合若干个单一样品所得的样品。

2.5

缩分样品　reduced sample

通过缩分 1 个混合样品所得的样品。

注:为了得到合适的试样数量,每一次缩分后的所有缩分样品,除保留 1 个以外其余均剔除。如果有必要,对保留的缩分样品可重复进行缩分。

2.6

试样　test sample

试样是缩分样品,它有足以供试验用的数量和体积,可直接用于各项试验。

3 仪器

3.1 抽样器

用内径约 25 mm、长约 800 mm 的无缝钢管做成,一端有 1 个 T 型手柄,另一端削尖。沿管长开孔,开孔应成一直线,孔间隔为50 mm,孔的直径由抽样颗粒的尺寸决定,约为最大颗粒尺寸的3倍。

注:对于金属磨料,通常使用10 mm直径的孔。

3.2 分样器、格槽缩分器或其他设备

应适合于缩分样品。

4 步骤

4.1 通则

抽样步骤的设计是为了获取能代表受检物料或总数量的样品。表1中规定的抽样步骤假设在1个几乎没有特性差异的单一样品单元中进行。

金属磨料在从制造厂到最终用户所在地的装运过程中易产生不均匀的颗粒尺寸分布。然而在货盘装运单元上用小包装时,不均匀度是最小的,单一样品可代表样品单元。当样品单元为桶、大袋时,不均匀度可能变得显著。对于这种样品单元,应采用多于1个的单一样品。

注:抽样和样品分配框图见图1和图2。

4.2 样品单元数

在一批物料中拟抽取的样品单元(货盘、桶、大袋等)的数目应按表1的规定。来自不同样品单元的样品不应混在一起。

表1 拟抽取的样品单元数

物料的总数量/t	拟抽取的样品单元数量/个
1	1
2～5	2
6～10	3
11～25	5
>25	每25 t抽取5个

4.3 样品单元的抽样

4.3.1 由袋、箱等组成的货盘

从货盘上的1袋、1箱等中取约500 g单一样品,即构成该货盘的试样(见图1)。

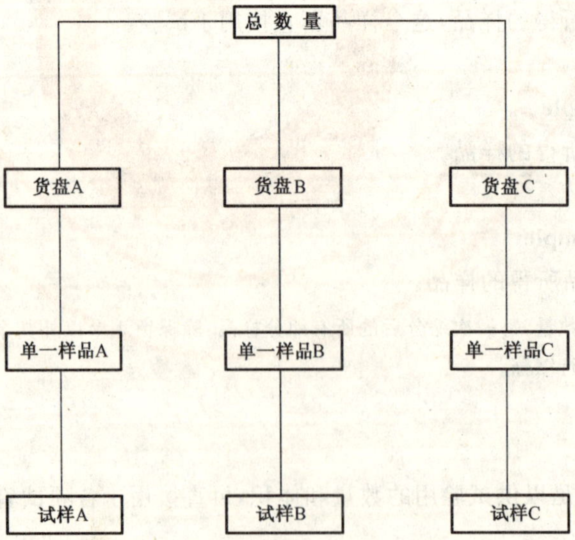

注1:所示流程图是基于总数量为10 t的基础上的;

注2:单一样品是从每一货盘中随机地选取1袋或1箱得到的。

图1 从由袋、箱等组成的货盘中抽样的流程图

4.3.2 桶、大袋或类似包装

用抽样器(3.1)从样品单元的不同位置抽取3份单一样品。将这些单一样品倒入1个合适的容器中混合,直至所有颗粒尺寸分布均匀,即构成混合样品(见图2)。

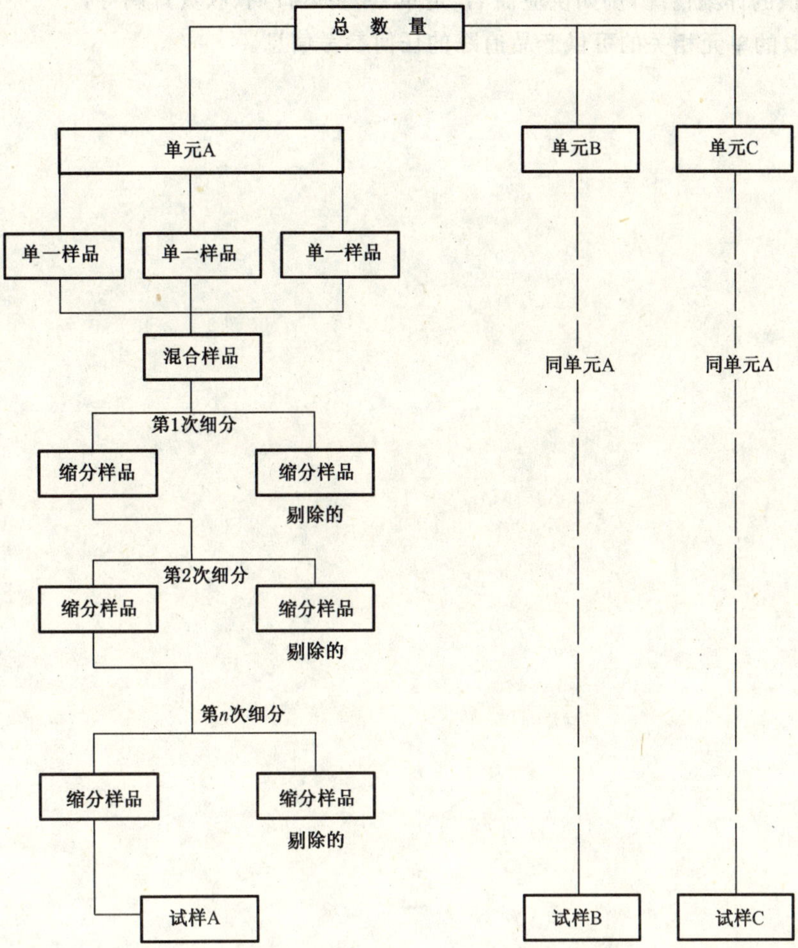

注:所示流程图是基于总数量为10 t的基础上的。

图2 从桶、大袋和类似销售包装中抽样的流程图

4.4 缩分样品量

从货盘样品单元抽取的单一样品无需缩分。

将混合样品用分样器(3.2)机械地细分。除保留1个缩分样品外,其余全部剔除。继续操作,直至得到一个约为500 g的试样。

4.5 试样

1个大约500 g的试样即可为进行GB/T 19816的第2部分到第7部分的所有试验提供充裕的试验材料。

试样应存放在密封容器中供取用。试验取用前,应将该试样再混合均匀。不应将使用过的部分与剩余的试样再混合。

5 样品的标识

每个样品均应清楚地标明其来源。

试样应至少标有下列内容：

a） 按 ISO 11124 相应部分规定，标识被测产品必需的所有细节；

b） 物料标识的详细情况，例如供应商名、定单号、装运日期、收货日期等；

c） 与被抽取的单元相关的可供产品追踪的任何参考信息。

附 录 A
（资料性附录）
喷射清理用金属磨料的国际标准

ISO 11124 和 ISO 11125 是有关喷射清理用金属磨料的技术要求和试验方法的标准。

ISO 11124 在总标题《涂覆涂料前钢材表面处理　喷射清理用金属磨料的技术要求》下，由下列部分组成：

——第 1 部分：导则和分类；

——第 2 部分：冷硬铸铁砂；

——第 3 部分：高碳铸钢丸和砂；

——第 4 部分：低碳铸钢丸；

——第 5 部分：钢丝段。

ISO 11125 在总标题《涂覆涂料前钢材表面处理　喷射清理用金属磨料的试验方法》下，由下列部分组成：

——第 1 部分：抽样；

——第 2 部分：颗粒尺寸分布的测定；

——第 3 部分：硬度的测定；

——第 4 部分：表观密度的测定；

——第 5 部分：缺陷颗粒百分比和微结构的测定；

——第 6 部分：外来杂质的测定；

——第 7 部分：含水量的测定；

——第 8 部分：磨料机械特性的测定。

与“喷射清理用金属磨料”的国际标准相对应的国家标准目录：

GB/T 18838.1—2002　涂覆涂料前钢材表面处理　喷射清理用金属磨料的技术要求　导则和分类(ISO 11124-1:1993,MOD)；

GB/T 19816.1—2005/ISO 11125-1:1993　涂覆涂料前钢材表面处理　喷射清理用金属磨料的试验方法　第 1 部分：抽样(ISO 11125-1:1993,IDT)；

GB/T 19816.2—2005/ISO 11125-2:1993　涂覆涂料前钢材表面处理　喷射清理用金属磨料的试验方法　第 2 部分：颗粒尺寸分布的测定(ISO 11125-2:1993,IDT)；

GB/T 19816.3—2005/ISO 11125-3:1993　涂覆涂料前钢材表面处理　喷射清理用金属磨料的试验方法　第 3 部分：硬度的测定(ISO 11125-3:1993,IDT)；

GB/T 19816.4—2005/ISO 11125-4:1993　涂覆涂料前钢材表面处理　喷射清理用金属磨料的试验方法　第 4 部分：表观密度的测定(ISO 11125-4:1993,IDT)。

ICS 25.220.10
A 29

中华人民共和国国家标准

GB/T 19816.2—2005/ISO 11125-2:1993

涂覆涂料前钢材表面处理 喷射清理用金属磨料的试验方法 第2部分:颗粒尺寸分布的测定

Preparation of steel substrates before application of paints and related products—Test methods for metallic blast-cleaning abrasives—Part 2:Determination of particle size distribution

(ISO 11125-2:1993,IDT)

2005-06-10 发布 2005-11-01 实施

中华人民共和国国家质量监督检验检疫总局
中国国家标准化管理委员会 发布

前言

GB/T 19816《涂覆涂料前钢材表面处理　喷射清理用金属磨料的试验方法》分为下列几部分：

——第1部分：抽样；

——第2部分：颗粒尺寸分布的测定；

——第3部分：硬度的测定；

——第4部分：表观密度的测定；

——第5部分：缺陷颗粒百分比和微结构的测定；

——第6部分：外来杂质的测定；

——第7部分：含水量的测定；

——第8部分：磨料机械特性的测定。

本部分为GB/T 19816的第2部分。

本部分等同采用ISO 11125-2:1993《涂覆涂料前钢材表面处理　喷射清理用金属磨料的试验方法　第2部分：颗粒尺寸分布的测定》(英文版)。

为便于使用，本部分做了下列编辑性修改：

a) “本国际标准”一词改为“本部分”；

b) 用小数点“.”代替作为小数点的逗号“,”；

c) 用顿号“、”代替作为分述的逗号“,”；

d) 删除国际标准的前言；

e) 在附录A中增加了与“喷射清理用金属磨料”的国际标准相对应的国家标准目录。

本部分的附录A为资料性附录。

本部分由中国船舶工业集团公司提出。

本部分由全国涂料和颜料标准化技术委员会涂漆前金属表面处理及涂漆工艺分技术委员会归口。

本部分起草单位：中国船舶工业综合技术经济研究院、中国船舶工业第十一研究所。

本部分主要起草人：宋艳媛、刘冰扬、傅建华。

涂覆涂料前钢材表面处理
喷射清理用金属磨料的试验方法
第2部分:颗粒尺寸分布的测定

1 范围

本部分是有关喷射清理用金属磨料的抽样和试验的国家标准 GB/T 19816 的一个部分。

金属磨料的类型和对每种类型的要求均包含在 ISO 11124 的各个部分中。

ISO 11124 和 GB/T 19816 是有关喷射清理用金属磨料的系列标准。有关这两个系列标准的所有信息参见附录 A。

GB/T 19816 的本部分规定了喷射清理用金属磨料颗粒尺寸的筛分测定方法。

2 规范性引用文件

下列文件中的条款通过 GB/T 19816 的本部分的引用而成为本部分的条款。凡是注日期的引用文件,其随后所有的修改单(不包括勘误的内容)或修订版均不适用于本部分,然而,鼓励根据本部分达成协议的各方研究是否可使用这些文件的最新版本。凡是不注日期的引用文件,其最新版本适用于本部分。

GB/T 19816.1—2005 涂覆涂料前钢材表面处理 喷射清理用金属磨料的试验方法 第1部分:抽样(ISO 11125-1:1993,IDT)

ISO 565:1990 试验筛 金属丝编织网、穿孔板和电成型薄板 筛孔的基本尺寸

3 仪器

除常规实验室仪器和玻璃器皿,还应包括以下设备。

3.1 天平

精确度为 0.1 g。

3.2 试验筛

试验筛为圆形,高为 25 mm~50 mm,金属框架,筛面为直径约 200 mm 的金属丝网。常规试验筛的孔径范围根据被测试产品的规格确定,并应符合 ISO 565:1990 中表 2 的要求,如本部分的表 1 所示。试验筛应具有方孔,并配有筛盖和积物盘。试验筛应定期进行标定检验,应无残存磨料。

注:小直径的试验筛不可能使样品准确地筛分。

表 1 常规试验筛孔径表(选自 ISO 565:1990;规格为 R20/3 和 R40/3)

mm	mm	mm
0.045	0.355	1.40
0.053	0.425	1.70
0.063	0.500	2.00
0.075	0.600	2.36
0.125	0.710	2.80
0.180	0.850	3.35
0.250	1.00	4.00
0.300	1.18	4.75

3.3 拍击式振筛机

拍击式振筛机用于搅动样品。筛分样品应在一个合适的振筛机内进行，振筛机应具有平面旋转和产生强烈振动或敲击作用的垂直运动两种功能。振筛机应牢固安装。

注：手工筛分或其他仅有振动或旋转的机械系统，不可能使样品准确地筛分。

3.4 1/1样品分配器

4 抽样

按 GB/T 19816.1—2005 的规定抽取被测试产品的代表性样品。

5 步骤

取两份试样进行测定。

5.1 用 1/1 样品分配器(3.4)抽取约 100 g 的样品。

5.2 用天平(3.1)称取(100±0.5) g 试料(m_0)。

注：增加试料量可能导致不准确的筛分。

5.3 把所有试验筛按 ISO 11124(参见附录 A)相应部分规定的等级和筛分规格表的要求进行分级，如果不是 ISO 11124 所包括的材料，则按有关双方一致同意的方法排列。

5.4 把试验筛(3.2)按疏密等级从上到下放置，筛孔最大的排在顶部，筛孔最小的排在底部，其下放置一个收集盘以接纳通过最小筛孔的所有磨料。

5.5 将试料放在顶部的试验筛上。

5.6 在顶部的试验筛上加盖。

5.7 把装有试料的试验筛架放入拍击式振筛机(3.3)内，圆形磨料至少搅动 10 min，棱角磨料至少搅动 15 min。

注：搅动时间的选择应能使每 5 min 筛架上的各层筛中累积物的变化不超过 0.5%。

5.8 小心地把顶部的筛从筛架上移出，将该筛上所留磨料倒入天平盘中，刷清筛上所有粘附的磨料并加入到天平盘中。称量，精确到 0.1 g，记录结果(m_1)。对筛架上的所有筛，包括最下面的收集盘，重复此操作，将其上所留磨料汇集称重。计算和记录每一个筛上所留磨料的累积率，如果小于初始量的 99%，则再收集、测试。

6 结果的表述

每一试验筛和收集盘上所留磨料的质量百分数 R 按公式(1)计算：

$$R = \frac{m_1}{m_0} \times 100 \qquad \cdots\cdots(1)$$

式中：

m_0——试料的质量，单位为克(g)；

m_1——筛或盘上所留磨料的质量，单位为克(g)。

如果每一试验筛上所留累积磨料两次测定结果相差超过 10%(相对于高的结果)，则按第 5 章规定步骤重复操作。

计算所留磨料的两次有效测定结果的平均值。

计算结果精确到 1%。

7 精密度

筛开孔在 ISO 565:1990 允许极限内的差异，可能引起同种材料在测试结果上较大的差别。一旦产生这种差异，应建议用户和供应商之间交换样品或筛。

8 试验报告

试验报告至少应包括下列内容：

a) 按 ISO 11124 相应部分规定，标识被测试产品必需的所有细节；

b) 本部分标准号(GB/T 19816.2—2005)；

c) 测试结果；

d) 与规定的测试方法的差异；

e) 测试日期；

f) 测试者。

附 录 A
（资料性附录）
喷射清理用金属磨料的国际标准

ISO 11124 和 ISO 11125 是有关喷射清理用金属磨料的技术要求和试验方法的标准。

ISO 11124 在总标题《涂覆涂料前钢材表面处理 喷射清理用金属磨料的技术要求》下，由下列部分组成：

——第 1 部分：导则和分类；

——第 2 部分：冷硬铸铁砂；

——第 3 部分：高碳铸钢丸和砂；

——第 4 部分：低碳铸钢丸；

——第 5 部分：钢丝段。

ISO 11125 在总标题《涂覆涂料前钢材表面处理 喷射清理用金属磨料的试验方法》下，由下列部分组成：

——第 1 部分：抽样；

——第 2 部分：颗粒尺寸分布的测定；

——第 3 部分：硬度的测定；

——第 4 部分：表观密度的测定；

——第 5 部分：缺陷颗粒百分比和微结构的测定；

——第 6 部分：外来杂质的测定；

——第 7 部分：含水量的测定；

——第 8 部分：磨料机械特性的测定。

与"喷射清理用金属磨料"的国际标准相对应的国家标准目录：

GB/T 18838.1—2002 涂覆涂料前钢材表面处理 喷射清理用金属磨料的技术要求 导则和分类(ISO 11124-1:1993,MOD)；

GB/T 19816.1—2005/ISO 11125-1:1993 涂覆涂料前钢材表面处理 喷射清理用金属磨料的试验方法 第 1 部分：抽样(ISO 11125-1:1993,IDT)；

GB/T 19816.2—2005/ISO 11125-2:1993 涂覆涂料前钢材表面处理 喷射清理用金属磨料的试验方法 第 2 部分：颗粒尺寸分布的测定(ISO 11125-2:1993,IDT)；

GB/T 19816.3—2005/ISO 11125-3:1993 涂覆涂料前钢材表面处理 喷射清理用金属磨料的试验方法 第 3 部分：硬度的测定(ISO 11125-3:1993,IDT)；

GB/T 19816.4—2005/ISO 11125-4:1993 涂覆涂料前钢材表面处理 喷射清理用金属磨料的试验方法 第 4 部分：表观密度的测定(ISO 11125-4:1993,IDT)。

ICS 25.220.10
A 29

中华人民共和国国家标准

GB/T 19816.3—2005/ISO 11125-3:1993

涂覆涂料前钢材表面处理 喷射清理用金属磨料的试验方法 第3部分:硬度的测定

Preparation of steel substrates before application of paints and related products—Test methods for metallic blast-cleaning abrasives—Part 3:Determination of hardness

(ISO 11125-3:1993,IDT)

2005-06-10 发布　　　　2005-11-01 实施

中华人民共和国国家质量监督检验检疫总局
中国国家标准化管理委员会　发布

前言

GB/T 19816《涂覆涂料前钢材表面处理　喷射清理用金属磨料的试验方法》分为下列几部分：

——第1部分:抽样；

——第2部分:颗粒尺寸分布的测定；

——第3部分:硬度的测定；

——第4部分:表观密度的测定；

——第5部分:缺陷颗粒百分比和微结构的测定；

——第6部分:外来杂质的测定；

——第7部分:含水量的测定；

——第8部分:磨料机械特性的测定。

本部分为GB/T 19816的第3部分。

本部分等同采用ISO 11125-3:1993《涂覆涂料前钢材表面处理　喷射清理用金属磨料的试验方法　第3部分:硬度的测定》(英文版)。

为了便于使用,本部分做了下列编辑性修改:

a)　"本国际标准"一词改为"本部分"；

b)　用小数点"."代替作为小数点的逗号","；

c)　用顿号"、"代替作为分述的逗号","；

d)　将规范性引用文件ISO 6507-2:1983改为GB/T 4340.2—1999；

e)　删除国际标准的前言；

f)　在附录A中增加了与"喷射清理用金属磨料"的国际标准相对应的国家标准目录。

本部分的附录A为资料性附录。

本部分由中国船舶工业集团公司提出。

本部分由全国涂料和颜料标准化技术委员会涂漆前金属表面处理及涂漆工艺分技术委员会归口。

本部分起草单位:中国船舶工业第十一研究所、中国船舶工业综合技术经济研究院。

本部分主要起草人:刘冰扬、宋艳媛、傅建华、李梅林。

涂覆涂料前钢材表面处理
喷射清理用金属磨料的试验方法
第3部分:硬度的测定

1 范围

本部分是有关喷射清理用金属磨料的抽样和试验的国家标准 GB/T 19816 的一个部分。

金属磨料的类型和对每种类型的要求均包含在 ISO 11124 的各个部分中。

ISO 11124 和 GB/T 19816 系列是有关喷射清理用金属磨料的一套密切相关的标准。有关这两个系列标准的所有信息可参见附录 A。

GB/T 19816 的本部分规定了喷射清理用金属磨料的维氏硬度的测定方法。

本部分所述方法不宜用于颗粒尺寸小于 0.3 mm 的磨料测试。

注:对 0.3 mm 以下的颗粒(颗粒等级为 S 040/G 050)的精确测定是非常困难的。

2 规范性引用文件

下列文件中的条款通过 GB/T 19816 的本部分的引用而成为本部分的条款。凡是注日期的引用文件,其随后所有的修改单(不包括勘误的内容)或修订版均不适用于本部分,然而,鼓励根据本部分达成协议的各方研究是否可使用这些文件的最新版本。凡是不注日期的引用文件,其最新版本适用于本部分。

GB/T 4340.2—1999 金属维氏硬度试验 第2部分:硬度计的检验(idt ISO 6507-2:1997[1])

GB/T 19816.1—2005 涂覆涂料前钢材表面处理 喷射清理用金属磨料的试验方法 第1部分:抽样(ISO 11125-1:1993,IDT)

3 设备

3.1 硬度试验机

具备高达 10 N 的测试力和可将硬度试验压痕放大至少 200 倍的光学装置。

3.2 硬度比照板

具有与被测试产品相近的硬度范围。

3.3 金相样品固定材料

硬化温度低于 140℃。

注:固定材料的拉伸极限值至少应是因施加试验力而在试样上产生的压应力值的 2 倍。

示例:公称直径 0.4 mm 的颗粒具有大约 0.126 mm^2 的面积,在施加 9.807 N 试验力时,产生约 80 N/mm^2 的压应力,固定介质的拉伸极限值应大于 160 N/mm^2。

注:使用硬化温度高于 140℃的金相固定材料,会对测试样品的材质产生回火作用而影响所测得的硬度值。

3.4 金相样品模具

直径至少 25 mm。

4 抽样

按 GB/T 19816.1—2005 的规定抽取被测试产品的代表性样品。

1) 在 ISO 11125-3:1993 中,此标准为 ISO 6507-2:1983。

5 样品的准备

磨料颗粒单层铺在金相样品模具(3.4)的底部,并嵌入金相样品固定材料(3.3)中。由此得到的试验样品可以研磨和抛光。对样品进行湿研磨,直至颗粒公称直径的一半暴露出来。固定的支撑面和测试表面应平行。

注1:每种试验样品要尽可能提供充足的磨料颗粒,保证在研磨和抛光后,测试表面至少有一半面积被磨料颗粒覆盖。

注2:这些为硬度测试准备的金相样品也可用于如国际标准 ISO 11125-5(参见附录 A)所描述的颗粒缺陷和微观结构的测定。

6 步骤

取双份试样进行测定。

6.1 在 GB/T 4340.2—1999 规定的环境温度中进行所有的硬度测量。

6.2 测量样品硬度以前,应先用与待测试产品相近的硬度比照板(3.2)校准。

6.3 被测试磨料颗粒直径大于 0.5 mm 时,用 9.807 N 即相当于 HV1 的测试力测量样品的硬度。被测试磨料颗粒直径为 0.3 mm～0.5 mm 时,用 4.904 N 即相当于 HV0.5 的测试力测量样品的硬度。测试时间为 10 s～15 s。

6.4 对位于试验样品边缘不足 3 mm 处的颗粒不进行测量,在每个颗粒中心和边缘之间长度的一半处做硬度压痕。

在固定和抛光后的金相试样表面下,金属磨料有时含有未被发现的内部收缩缺陷和空穴。这些隐蔽空穴产生不一致的硬度压痕并给出错误的硬度读数。这些硬度压痕应略去不计。

注:缺陷的定义在国际标准 ISO 11124 相应的测试材料部分给出。

6.5 在每个试验样品的不同颗粒上做 10 个可用的硬度压痕,略去两条对角线长度之差大于 5%的所有压痕,记录得到的 10 个硬度值。

7 结果的表述

从所得的 10 个硬度值中计算出与国际标准 ISO 11124(参见附录 A)相应部分规定的要求一致的百分率。

注:可以计算算术平均值,尽管当使用这个方法评估与国际标准 ISO 11124(参见附录 A)相应部分的一致性时不是必需的。

8 硬度值的转换

没有通用方法能精确地将维氏硬度转换为其他硬度或拉伸强度。所以应避免这类转换,除非能通过比较试验得到这些转换的可靠基础。

硬度值的严格比较仅在等同的测试力的情况下才有可能。

9 试验报告

试验报告至少应包括下列内容:

a) 按国际标准 ISO 11124(参见附录 A)相应部分规定,标识测试产品必需的所有细节;

b) 本部分标准号(GB/T 19816.3—2005);

c) 测试结果;

d) 与规定的测试方法的差异;

e) 测试日期;

f) 测试者。

附 录 A
(资料性附录)
喷射清理用金属磨料的国际标准

ISO 11124 和 ISO 11125 是有关喷射清理用金属磨料的技术要求和试验方法的标准。

ISO 11124 在总标题《涂覆涂料前钢材表面处理　喷射清理用金属磨料的技术要求》下,由下列部分组成:

——第1部分:导则和分类;

——第2部分:冷硬铸铁砂;

——第3部分:高碳铸钢丸和砂;

——第4部分:低碳铸钢丸;

——第5部分:钢丝段。

ISO 11125 在总标题《涂覆涂料前钢材表面处理　喷射清理用金属磨料的试验方法》下,由下列部分组成:

——第1部分:抽样;

——第2部分:颗粒尺寸分布的测定;

——第3部分:硬度的测定;

——第4部分:表观密度的测定;

——第5部分:缺陷颗粒百分比和微结构的测定;

——第6部分:外来杂质的测定;

——第7部分:含水量的测定;

——第8部分:磨料机械特性的测定。

与"喷射清理用金属磨料"的国际标准相对应的国家标准目录:

GB/T 18838.1—2002　涂覆涂料前钢材表面处理　喷射清理用金属磨料的技术要求　导则和分类(ISO 11124-1:1993,MOD);

GB/T 19816.1—2005/ISO 11125-1:1993　涂覆涂料前钢材表面处理　喷射清理用金属磨料的试验方法　第1部分:抽样(ISO 11125-1:1993,IDT);

GB/T 19816.2—2005/ISO 11125-2:1993　涂覆涂料前钢材表面处理　喷射清理用金属磨料的试验方法　第2部分:颗粒尺寸分布的测定(ISO 11125-2:1993,IDT);

GB/T 19816.3—2005/ISO 11125-3:1993　涂覆涂料前钢材表面处理　喷射清理用金属磨料的试验方法　第3部分:硬度的测定(ISO 11125-3:1993,IDT);

GB/T 19816.4—2005/ISO 11125-4:1993　涂覆涂料前钢材表面处理　喷射清理用金属磨料的试验方法　第4部分:表观密度的测定(ISO 11125-4:1993,IDT)。

ICS 25.220.10
A 29

中华人民共和国国家标准

GB/T 19816.4—2005/ISO 11125-4:1993

涂覆涂料前钢材表面处理 喷射清理用金属磨料的试验方法 第4部分：表观密度的测定

Preparation of steel substrates before application of paints and related products—Test methods for metallic blast-cleaning abrasives—Part 4: Determination of apparent density

(ISO 11125-4:1993, IDT)

2005-06-10 发布　　2005-11-01 实施

中华人民共和国国家质量监督检验检疫总局
中国国家标准化管理委员会　发布

前　言

GB/T 19816《涂覆涂料前钢材表面处理　喷射清理用金属磨料的试验方法》分为下列几部分：

——第1部分:抽样；

——第2部分:颗粒尺寸分布的测定；

——第3部分:硬度的测定；

——第4部分:表观密度的测定；

——第5部分:缺陷颗粒百分比和微结构的测定；

——第6部分:外来杂质的测定；

——第7部分:含水量的测定；

——第8部分:磨料机械特性的测定。

本部分为GB/T 19816的第4部分。

本部分等同采用ISO 11125-4:1993《涂覆涂料前钢材表面处理　喷射清理用金属磨料的试验方法 第4部分:表观密度的测定》(英文版)。

为便于使用,本部分做了下列编辑性修改：

a) "本国际标准"一词改为"本部分"；

b) 用小数点"."代替作为小数点的逗号","；

c) 用顿号"、"代替作为分述的逗号","；

d) 删除国际标准的前言；

e) 在附录A中增加了与"喷射清理用金属磨料"的国际标准相对应的国家标准目录。

本部分的附录A为资料性附录。

本部分由中国船舶工业集团公司提出。

本部分由全国涂料和颜料标准化技术委员会涂漆前金属表面处理及涂漆工艺分技术委员会归口。

本部分起草单位:中国船舶工业第十一研究所、中国船舶工业综合技术经济研究院。

本部分主要起草人:傅建华、刘冰扬、宋艳媛。

涂覆涂料前钢材表面处理 喷射清理用金属磨料的试验方法 第4部分:表观密度的测定

1 范围

本部分是有关喷射清理用金属磨料的抽样和试验的国家标准 GB/T 19816 的一个部分。

金属磨料的类型和对每种类型的要求均包含在 ISO 11124 的各个部分中。

ISO 11124 和 GB/T 19816 系列是有关喷射清理用金属磨料的一套密切相关的标准。有关这两个系列标准的所有部分的信息可参见附录 A。

GB/T 19816 的本部分规定了喷射清理用金属磨料的表观密度的测定方法。

试验的目的是证实金属磨料的完好性。内部缩孔或中空的颗粒会降低表观密度。

2 规范性引用文件

下列文件中的条款通过 GB/T 19816 的本部分的引用而成为本部分的条款。凡是注日期的引用文件,其随后所有的修改单(不包括勘误的内容)或修订版均不适用于本部分,然而,鼓励根据本部分达成协议的各方研究是否可使用这些文件的最新版本。凡是不注日期的引用文件,其最新版本适用于本部分。

GB/T 19816.1—2005　涂覆涂料前钢材表面处理　喷射清理用金属磨料的试验方法　第1部分:抽样(ISO 11125-1:1993,IDT)

ISO 3696:1987　分析实验室用水规格和试验方法

3 定义

GB/T 19816 的本部分应用下列定义。

3.1

表观密度　apparent density

按 GB/T 19816 的本部分规定的比重瓶法测定的单位体积的金属磨料的质量。

4 材料

4.1 蒸馏水或去离子水

至少应为 ISO 3696:1987 规定的3级纯度。

5 设备

除常规实验室仪器和玻璃器皿以外,还应包括以下设备。

5.1 比重瓶

Gay-Lussac 型,50 mL,带有毛细管的瓶塞。

5.2 天平

称量精确到 0.01 g。

6 抽样

按 GB/T 19816.1—2005 的规定抽取被测试产品的代表性样品。

7 步骤

取双份试样进行测定。

7.1 用天平(5.2)称清洁干燥的比重瓶(5.1)的净重(m_1),精确到0.01 g。

7.2 加入大约100 g试样,再称重(m_2)。

7.3 把蒸馏水或去离子水(4.1)加入比重瓶,直至其完全充满为止。塞上瓶塞,然后轻摇比重瓶,去除粘附在试料上的空气。移去瓶塞,注入水后再塞上瓶塞,通过毛细管压出多余的水。注意揩干比重瓶的外部。确信比重瓶内无空气泡存在,再称比重瓶和其内容物(m_3)。

7.4 排空比重瓶里的水和试料,冲洗若干次以去除磨料的所有遗痕。再充入蒸馏水或去离子水,塞上瓶塞,并保证无水泡存在。揩干比重瓶的外部后称重(m_4)。

注:应注意尽量不直接用手接触比重瓶,以防手对其加温。比重瓶、试料和水应尽可能在同样的室温下。

8 结果表述

被测试产品的表观密度 ρ_A,单位以千克每立方米(kg/m³)表示,按公式(1)计算:

$$\rho_A = \frac{m_2 - m_1}{(m_4 - m_1) - (m_3 - m_2)} \times \rho_W \times 10^3 \qquad \cdots\cdots(1)$$

式中:

m_1——比重瓶质量的数值,单位为克(g);

m_2——比重瓶和试料的质量的数值,单位为克(g);

m_3——比重瓶、试料和水的质量的数值,单位为克(g);

m_4——比重瓶和水的质量的数值,单位为克(g);

ρ_W——在测定温度下水的密度的数值,单位为千克每立方分米(kg/dm³)。

如果两次测定结果相差超过10%(相对于高的结果),则按第7章规定步骤重复操作。

计算两次有效测定结果的平均值,计算结果精确到100 kg/m³。

9 试验报告

试验报告至少应包括下列内容:

a) 按ISO 11124(参见附录A)相应部分规定,标识被测试产品必需的所有细节;

b) 本部分标准号(GB/T 19816.4—2005);

c) 测试结果;

d) 与规定的测试方法的差异;

e) 测试日期;

f) 测试者。

附 录 A
（资料性附录）
喷射清理用金属磨料的国际标准

ISO 11124 和 ISO 11125 是有关喷射清理用金属磨料的技术要求和试验方法的标准。

ISO 11124 在总标题《涂覆涂料前钢材表面处理　喷射清理用金属磨料的技术要求》下，由下列部分组成：

——第 1 部分：导则和分类；

——第 2 部分：冷硬铸铁砂；

——第 3 部分：高碳铸钢丸和砂；

——第 4 部分：低碳铸钢丸；

——第 5 部分：钢丝段。

ISO 11125 在总标题《涂覆涂料前钢材表面处理　喷射清理用金属磨料的试验方法》下，由下列部分组成：

——第 1 部分：抽样；

——第 2 部分：颗粒尺寸分布的测定；

——第 3 部分：硬度的测定；

——第 4 部分：表观密度的测定；

——第 5 部分：缺陷颗粒百分比和微结构的测定；

——第 6 部分：外来杂质的测定；

——第 7 部分：含水量的测定；

——第 8 部分：磨料机械特性的测定。

与"喷射清理用金属磨料"的国际标准相对应的国家标准目录：

GB/T 18838.1—2002　涂覆涂料前钢材表面处理　喷射清理用金属磨料的技术要求　导则和分类(ISO 11124-1:1993,MOD)；

GB/T 19816.1—2005/ISO 11125-1:1993　涂覆涂料前钢材表面处理　喷射清理用金属磨料的试验方法　第 1 部分：抽样(ISO 11125-1:1993,IDT)；

GB/T 19816.2—2005/ISO 11125-2:1993　涂覆涂料前钢材表面处理　喷射清理用金属磨料的试验方法　第 2 部分：颗粒尺寸分布的测定(ISO 11125-2:1993,IDT)；

GB/T 19816.3—2005/ISO 11125-3:1993　涂覆涂料前钢材表面处理　喷射清理用金属磨料的试验方法　第 3 部分：硬度的测定(ISO 11125-3:1993,IDT)；

GB/T 19816.4—2005/ISO 11125-4:1993　涂覆涂料前钢材表面处理　喷射清理用金属磨料的试验方法　第 4 部分：表观密度的测定(ISO 11125-4:1993,IDT)。

ICS 25.220.10
A 29

中华人民共和国国家标准

GB/T 19816.5—2005/ISO 11125-5:1993

涂覆涂料前钢材表面处理 喷射清理用金属磨料的试验方法 第5部分:缺陷颗粒百分比和微结构的测定

Preparation of steel substrates before application of paints and related products—Test methods for metallic blast-cleaning abrasives—Part 5:Determination of percentage defective particles and of microstructure

(ISO 11125-5:1993,IDT)

2005-09-14 发布　　2006-04-01 实施

中华人民共和国国家质量监督检验检疫总局
中国国家标准化管理委员会　发布

前言

GB/T 19816《涂覆涂料前钢材表面处理 喷射清理用金属磨料的试验方法》分为下列几部分：

——第1部分：抽样；

——第2部分：颗粒尺寸分布的测定；

——第3部分：硬度的测定；

——第4部分：表观密度的测定；

——第5部分：缺陷颗粒百分比和微结构的测定；

——第6部分：外来杂质的测定；

——第7部分：含水量的测定；

——第8部分：磨料机械特性的测定。

本部分为GB/T 19816的第5部分。

本部分等同采用ISO 11125-5:1993《涂覆涂料前钢材表面处理 喷射清理用金属磨料的试验方法 第5部分：缺陷颗粒百分比和微结构的测定》(英文版)。

本部分等同翻译ISO 11125-5:1993。

为便于使用，本部分作了下列编辑性修改：

a) “本国际标准”一词改为“本部分”；

b) 用分号“;”代替作为分述的逗号“,”；

c) 删除国际标准的前言；

d) 在附录A中增加了与“喷射清理用金属磨料”的国际标准相对应的国家标准目录。

本部分的附录A为资料性附录。

本部分由中国船舶工业集团公司提出。

本部分由全国涂料和颜料标准化技术委员会涂漆前金属表面处理及涂漆工艺分技术委员会归口。

本部分起草单位：中国船舶工业综合技术经济研究院、淄博市周村富合钢丸有限公司。

本部分主要起草人：宋艳媛、杨继会、梁风芝、苗宏仁。

涂覆涂料前钢材表面处理
喷射清理用金属磨料的试验方法
第5部分：缺陷颗粒百分比和
微结构的测定

1 范围

本部分是有关喷射清理用金属磨料的抽样和试验的国家标准 GB/T 19816 的一个部分。

金属磨料的类型和对每种类型的要求均包含在 ISO 11124 的各个部分中。

ISO 11124 和 GB/T 19816 是有关喷射清理用金属磨料的系列标准。有关这两个系列标准的所有信息参见附录 A。

GB/T 19816 的本部分规定了测定喷射清理用金属磨料的缺陷颗粒百分比和微结构的试验方法。

2 规范性引用文件

下列文件中的条款通过 GB/T 19816 的本部分的引用而成为本部分的条款。凡是注日期的引用文件，其随后所有的修改单(不包括勘误的内容)或修订版均不适用于本部分，然而，鼓励根据本部分达成协议的各方研究是否可使用这些文件的最新版本。凡是不注日期的引用文件，其最新版本适用于本部分。

GB/T 19816.1—2005 涂覆涂料前钢材表面处理 喷射清理用金属磨料的试验方法 第1部分：抽样(ISO 11125-1:1993,IDT)

GB/T 19816.3—2005 涂覆涂料前钢材表面处理 喷射清理用金属磨料的试验方法 第3部分：硬度的测定(ISO 11125-3:1993,IDT)

3 设备

除常规实验室仪器和玻璃器皿以外，还应包括下列设备。

3.1 金相显微镜，最大放大倍数 500×。

3.2 双筒显微镜，最大放大倍数 50×。

4 抽样

按 GB/T 19816.1—2005 的规定抽取被测试产品的代表性样品。

5 样品的准备

按 GB/T 19816.3—2005 的规定准备和固定样品。

6 步骤

6.1 带有裂缝、缺口、空穴和缩孔的颗粒的测定

注：缺陷的定义按 ISO 11124 中与测试材料相对应的部分的规定。

6.1.1 用放大 50 倍的双筒显微镜(3.2)检查固定后的样品(见第5章)，随机选择视场，检查 50 个颗粒。

注：由于视场中的颗粒数取决于颗粒尺寸，因此应取多个视场进行检查。

6.1.2 统计有下列缺陷的颗粒数：

a) 裂缝；

b) 缺口；

c) 空穴；

d) 缩孔。

具有一种以上缺陷的颗粒，仅计数一次。

6.1.3 计算每种缺陷的百分比和缺陷的总百分比。

6.2 形状缺陷的丸粒的测定

6.2.1 取大约2 g丸粒放在一块显微镜玻璃载片上或盘子里，铺成一层。用双筒显微镜(3.2)的适当放大倍数检查这些丸粒，随机选择视场，检查50个颗粒。

注1：由于视场中的颗粒数取决于颗粒尺寸，因此应取多个视场进行检查。

注2：对S200或更大尺寸的颗粒，应取1份以上的样品才能保证检查的颗粒数为50个。

6.2.2 对长度大于2倍最大颗粒宽度的颗粒计数。

6.2.3 计算缺陷颗粒的百分比。

6.3 形状缺陷的砂粒的测定

6.3.1 取大约2 g砂粒放在一块显微镜玻璃载片上，铺成一层。用双筒显微镜(3.2)的适当放大倍数检查这些砂粒，随机选择视场，检查50个颗粒。

注1：由于视场中的颗粒数取决于颗粒尺寸，因此应取多个视场进行检查。

注2：对G200或更大尺寸的颗粒，应取1份以上的样品才能保证检查的颗粒数为50个。

6.3.2 对圆的或半圆的颗粒计数。应特别注意颗粒的朝向，以免错误判断颗粒形状。

6.3.3 计算缺陷颗粒的百分比。

6.4 形状缺陷的圆柱颗粒的测定

6.4.1 取大约2 g圆柱颗粒放在一块显微镜玻璃载片上，铺成一层。用双筒显微镜(3.2)的适当放大倍数检查这些圆柱颗粒，随机选择视场，检查50个颗粒。

注：由于视场中的颗粒数取决于颗粒尺寸，因此应取几个视场进行检查。

6.4.2 对缺陷颗粒计数。应特别注意颗粒的朝向，以免错误判断颗粒形状。

6.4.3 计算缺陷颗粒的百分比。

6.5 微结构的测定

6.5.1 用2%硝基乙醇腐蚀液或苦味酸腐蚀代表性样品(见第5章)，显露微结构供金相检查。用金相显微镜(3.1)的适当放大倍数检查这些颗粒的微结构，随机检查50个。

6.5.2 对有不可接受的微结构的颗粒计数。

6.5.3 计算有不合乎需要的微结构颗粒的百分比。

7 试验报告

试验报告至少应包括下列内容：

a) 按ISO 11124(参见附录A)相应部分规定，标识测试产品必需的所有细节；

b) 本部分标准号(GB/T 19816.5—2005)；

c) 测试结果；

d) 与规定的测试方法的差异；

e) 测试日期；

f) 测试者。

附 录 A
(资料性附录)
喷射清理用金属磨料的国际标准

ISO 11124 和 ISO 11125 是有关喷射清理用金属磨料的要求和试验方法的标准。

ISO 11124《涂覆涂料前钢材表面处理　喷射清理用金属磨料的技术要求》,由下列部分组成:

——第 1 部分:导则和分类;

——第 2 部分:冷硬铸铁砂;

——第 3 部分:高碳铸钢丸和砂;

——第 4 部分:低碳铸钢丸;

——第 5 部分:钢丝段。

ISO 11125《涂覆涂料前钢材表面处理　喷射清理用金属磨料的试验方法》,由下列部分组成:

——第 1 部分:抽样;

——第 2 部分:颗粒尺寸分布的测定;

——第 3 部分:硬度的测定;

——第 4 部分:表观密度的测定;

——第 5 部分:缺陷颗粒百分比和微结构的测定;

——第 6 部分:外来杂质的测定;

——第 7 部分:含水量的测定;

——第 8 部分:磨料机械特性的测定。

与"喷射清理用金属磨料"的国际标准相对应的国家标准目录:

GB/T 18838.1—2002　涂覆涂料前钢材表面处理　喷射清理用金属磨料的技术要求　第 1 部分:导则和分类(ISO 11124-1:1993,MOD)

GB/T 19816.1—2005　涂覆涂料前钢材表面处理　喷射清理用金属磨料的试验方法　第 1 部分:抽样(ISO 11125-1:1993,IDT)

GB/T 19816.2—2005　涂覆涂料前钢材表面处理　喷射清理用金属磨料的试验方法　第 2 部分:颗粒尺寸分布的测定(ISO 11125-2:1993,IDT)

GB/T 19816.3—2005　涂覆涂料前钢材表面处理　喷射清理用金属磨料的试验方法　第 3 部分:硬度的测定(ISO 11125-3:1993,IDT)

GB/T 19816.4—2005　涂覆涂料前钢材表面处理　喷射清理用金属磨料的试验方法　第 4 部分:表观密度的测定(ISO 11125-4:1993,IDT)

GB/T 19816.5—2005　涂覆涂料前钢材表面处理　喷射清理用金属磨料的试验方法　第 5 部分:缺陷颗粒百分比和微结构的测定(ISO 11125-5:1993,IDT)

GB/T 19816.6—2005　涂覆涂料前钢材表面处理　喷射清理用金属磨料的试验方法　第 6 部分:外来杂质的测定(ISO 11125-6:1993,IDT)

GB/T 19816.7—2005　涂覆涂料前钢材表面处理　喷射清理用金属磨料的试验方法　第 7 部分:含水量的测定(ISO 11125-7:1993,IDT)

ICS 25.220.10
A 29

中华人民共和国国家标准

GB/T 19816.6—2005/ISO 11125-6:1993

涂覆涂料前钢材表面处理 喷射清理用金属磨料的试验方法 第6部分:外来杂质的测定

Preparation of steel substrates before application of paints and related products—Test methods for metallic blast-cleaning abrasives—Part 6:Determination of foreign matter

(ISO 11125-6:1993,IDT)

2005-09-14 发布　　2006-04-01 实施

中华人民共和国国家质量监督检验检疫总局
中国国家标准化管理委员会　发布

前　言

GB/T 19816《涂覆涂料前钢材表面处理　喷射清理用金属磨料的试验方法》分为下列几部分：

——第1部分：抽样；

——第2部分：颗粒尺寸分布的测定；

——第3部分：硬度的测定；

——第4部分：表观密度的测定；

——第5部分：缺陷颗粒百分比和微结构的测定；

——第6部分：外来杂质的测定；

——第7部分：含水量的测定；

——第8部分：磨料机械特性的测定。

本部分为GB/T 19816的第6部分。

本部分等同采用ISO 11125-6:1993《涂覆涂料前钢材表面处理　喷射清理用金属磨料的试验方法　第6部分：外来杂质的测定》(英文版)。

本部分等同翻译ISO 11125-6:1993。

为便于使用，本部分做了下列编辑性修改：

a)　"本国际标准"一词改为"本部分"；

b)　用分号"；"代替作为分述的逗号"，"；

c)　删除国际标准的前言；

d)　在附录A中增加了与"喷射清理用金属磨料"的国际标准相对应的国家标准目录。

本部分的附录A为资料性附录。

本部分由中国船舶工业集团公司提出。

本部分由全国涂料和颜料标准化技术委员会涂漆前金属表面处理及涂漆工艺分技术委员会归口。

本部分起草单位：中国船舶工业综合技术经济研究院、淄博市周村富合钢丸有限公司。

本部分主要起草人：宋艳媛、杨继会、梁凤芝、苗宏仁。

涂覆涂料前钢材表面处理
喷射清理用金属磨料的试验方法
第6部分:外来杂质的测定

1 范围

本部分是有关喷射清理用金属磨料的抽样和试验的国家标准GB/T 19816的一个部分。

金属磨料的类型和对每种类型的要求均包含在ISO 11124的各个部分中。

ISO 11124和GB/T 19816是有关喷射清理用金属磨料的系列标准。有关这两个系列标准的所有信息参见附录A。

GB/T 19816的本部分规定了测定喷射清理用金属磨料外来杂质的试验方法。本试验的目的是确定磨料受外来杂质沾污的程度。由磁选法测定诸如氧化物、熔炼残渣等的外来杂质含量。

2 规范性引用文件

下列文件中的条款通过GB/T 19816的本部分的引用而成为本部分的条款。凡是注日期的引用文件,其随后所有的修改单(不包括勘误的内容)或修订版均不适用于本部分,然而,鼓励根据本部分达成协议的各方研究是否可使用这些文件的最新版本。凡是不注日期的引用文件,其最新版本适用于本部分。

GB/T 19816.1—2005 涂覆涂料前钢材表面处理 喷射清理用金属磨料的试验方法 第1部分:抽样(ISO 11125-1:1993,IDT)

3 设备

除常规实验室仪器和玻璃器皿以外,还应包括下列设备。

3.1 天平,称量精度为0.1 g。

3.2 磁铁,可手持。

4 抽样

按GB/T 19816.1—2005的规定抽取被测试产品的代表性样品。

5 样品的准备

如果认为或怀疑有水分存在时,样品在进行测试前应干燥。

6 步骤

取两份试样进行测定。

6.1 用天平(3.1)称取(100±0.1)g试料。

6.2 将少量试料(大约20 g)薄铺在一张纸上。

6.3 将磁铁(3.2)从其表面通过,移去金属磨料颗粒。保留剩余物。

注:所铺薄层应薄到确保所用金属磨料颗粒均被磁铁吸走。

6.4 按6.2和6.3规定步骤重复操作,直至所有试料被分离。在磁铁使用期间,应频繁地清理磁铁,以防止金属颗粒堆积。

6.5 当所有明显的金属材料从试料中分离后，将剩余物薄铺在纸上，用磁铁再次从其表面通过，移去所有剩余的磁性颗粒。

6.6 称剩余物，计算外来杂质含量的百分比。

7 试验报告

试验报告至少应包括下列内容：

a) 按国际标准 ISO 11124(参见附录 A)相应部分规定，标识测试产品必需的所有细节；

b) 本部分标准号(GB/T 19816.6—2005)(ISO 11125-6:1993，IDT)；

c) 测试结果；

d) 与规定的测试方法的差异；

e) 测试日期；

f) 测试者。

附 录 A
（资料性附录）
喷射清理用金属磨料的国际标准

ISO 11124 和 ISO 11125 是有关喷射清理用金属磨料的要求和试验方法的标准。

ISO 11124《涂覆涂料前钢材表面处理　喷射清理用金属磨料的技术要求》，由下列部分组成：

——第 1 部分：导则和分类；

——第 2 部分：冷硬铸铁砂；

——第 3 部分：高碳铸钢丸和砂；

——第 4 部分：低碳铸钢丸；

——第 5 部分：钢丝段。

ISO 11125《涂覆涂料前钢材表面处理　喷射清理用金属磨料的试验方法》，由下列部分组成：

——第 1 部分：抽样；

——第 2 部分：颗粒尺寸分布的测定；

——第 3 部分：硬度的测定；

——第 4 部分：表观密度的测定；

——第 5 部分：缺陷颗粒百分比和微结构的测定；

——第 6 部分：外来杂质的测定；

——第 7 部分：含水量的测定；

——第 8 部分：磨料机械特性的测定。

与“喷射清理用金属磨料”的国际标准相对应的国家标准目录：

GB/T 18838.1—2002　涂覆涂料前钢材表面处理　喷射清理用金属磨料的技术要求　第 1 部分：导则和分类(ISO 11124-1:1993,MOD)

GB/T 19816.1—2005　涂覆涂料前钢材表面处理　喷射清理用金属磨料的试验方法　第 1 部分：抽样(ISO 11125-1:1993,IDT)

GB/T 19816.2—2005　涂覆涂料前钢材表面处理　喷射清理用金属磨料的试验方法　第 2 部分：颗粒尺寸分布的测定(ISO 11125-2:1993,IDT)

GB/T 19816.3—2005　涂覆涂料前钢材表面处理　喷射清理用金属磨料的试验方法　第 3 部分：硬度的测定(ISO 11125-3:1993,IDT)

GB/T 19816.4—2005　涂覆涂料前钢材表面处理　喷射清理用金属磨料的试验方法　第 4 部分：表观密度的测定(ISO 11125-4:1993,IDT)

GB/T 19816.5—2005　涂覆涂料前钢材表面处理　喷射清理用金属磨料的试验方法　第 5 部分：缺陷颗粒百分比和微结构的测定(ISO 11125-5:1993,IDT)

GB/T 19816.6—2005　涂覆涂料前钢材表面处理　喷射清理用金属磨料的试验方法　第 6 部分：外来杂质的测定(ISO 11125-6:1993,IDT)

GB/T 19816.7—2005　涂覆涂料前钢材表面处理　喷射清理用金属磨料的试验方法　第 7 部分：含水量的测定(ISO 11125-7:1993,IDT)

ICS 25.220.10
A 29

中华人民共和国国家标准

GB/T 19816.7—2005/ISO 11125-7:1993

涂覆涂料前钢材表面处理 喷射清理用金属磨料的试验方法 第7部分:含水量的测定

Preparation of steel substrates before application of paints and related products—Test methods for metallic blast-cleaning abrasives—Part 7:Determination of moisture

(ISO 11125-7:1993,IDT)

2005-09-14 发布　　2006-04-01 实施

中华人民共和国国家质量监督检验检疫总局
中国国家标准化管理委员会　发布

前　言

GB/T 19816《涂覆涂料前钢材表面处理　喷射清理用金属磨料的试验方法》分为下列几部分：

——第1部分：抽样；

——第2部分：颗粒尺寸分布的测定；

——第3部分：硬度的测定；

——第4部分：表观密度的测定；

——第5部分：缺陷颗粒百分比和微结构的测定；

——第6部分：外来杂质的测定；

——第7部分：含水量的测定；

——第8部分：磨料机械特性的测定。

本部分为GB/T 19816的第7部分。

本部分等同采用ISO 11125-7:1993《涂覆涂料前钢材表面处理　喷射清理用金属磨料的试验方法　第7部分：含水量的测定》（英文版）。

本部分等同翻译ISO 11125-7:1993。

为便于使用，本部分作了下列编辑性修改：

a)　"本国际标准"一词改为"本部分"；

b)　用分号"；"代替作为分述的逗号"，"；

c)　删除国际标准的前言；

d)　在附录A中增加了与"喷射清理用金属磨料"的国际标准相对应的国家标准目录。

本部分的附录A为资料性附录。

本部分由中国船舶工业集团公司提出。

本部分由全国涂料和颜料标准化技术委员会涂漆前金属表面处理及涂漆工艺分技术委员会归口。

本部分起草单位：中国船舶工业综合技术经济研究院、淄博市周村富合钢丸有限公司。

本部分主要起草人：宋艳媛、杨继会、梁风芝、苗宏仁。

涂覆涂料前钢材表面处理
喷射清理用金属磨料的试验方法
第7部分:含水量的测定

1 范围

本部分是有关喷射清理用金属磨料的抽样和试验的国家标准 GB/T 19816 的一个部分。

金属磨料的类型和对每种类型的要求均包含在 ISO 11124 的各个部分中。

ISO 11124 和 GB/T 19816 是有关喷射清理用金属磨料的系列标准。有关这两个系列标准的所有信息参见附录 A。

GB/T 19816 的本部分规定了测定喷射清理用金属磨料游离水含量程度的试验方法。由测量加热时质量损失的方法来测定。

2 规范性引用文件

下列文件中的条款通过 GB/T 19816 的本部分的引用而成为本部分的条款。凡是注日期的引用文件,其随后所有的修改单(不包括勘误的内容)或修订版均不适用于本部分,然而,鼓励根据本部分达成协议的各方研究是否可使用这些文件的最新版本。凡是不注日期的引用文件,其最新版本适用于本部分。

GB/T 19816.1—2005 涂覆涂料前钢材表面处理 喷射清理用金属磨料的试验方法 第1部分:抽样(ISO 11125-1:1993,IDT)

3 设备

除常规实验室仪器和玻璃器皿以外,还应包括下列设备。

3.1 天平,称量精度为 0.01 g。

3.2 烘箱,恒温能力(110±5)℃。

3.3 容器或托盘,耐热且有足够的容积可使试料平铺成一薄层。

3.4 干燥器,含有一种干燥剂,例如氯化钴硅胶。

4 抽样

按 GB/T 19816.1—2005 的规定抽取被测试产品的代表性样品,密封保存。

5 步骤

取两份试样进行测定。

5.1 试料

将容器(3.3)放入烘箱(3.2)内,在(110±5)℃下干燥 15 min。然后将容器移至干燥器(3.4)内冷却至室温。用天平(3.1)称量容器的质量,精确到 0.01 g。再用该容器称取大约 100 g 试料,精确到0.01 g (m_0)。

5.2 测定

将装有试料的容器放入预调至(110±5)℃的烘箱(3.2)内,至少烘干 1 h。然后将容器移至干燥器内冷却至室温。再称量装有干燥试料的容器的质量,精确到 0.01 g,算出干燥试料的质量(m_1)。

6 结果的表述

含水量 M，以质量百分数表示，按公式(1)计算：

$$M = \frac{m_0 - m_1}{m_0} \times 100 \qquad \cdots\cdots (1)$$

式中：

m_0——加热干燥前的试料的质量的数值，单位为克(g)；

m_1——加热干燥后的试料的质量的数值，单位为克(g)。

如果两次测定结果相差超过 0.05％(绝对值)，则按第 5 章规定步骤重复操作。

计算两次有效测定结果的平均值，计算结果精确到 0.01％。

7 试验报告

试验报告至少应包括下列内容：

a) 按国际标准 ISO 11124(参见附录 A)相应部分规定，标识测试产品必需的所有细节；

b) 本部分标准号(GB/T 19816.7—2005) (ISO 11125-7:1993,IDT)；

c) 测试结果；

d) 与规定的测试方法的差异；

e) 测试日期；

f) 测试者。

附 录 A
(资料性附录)
喷射清理用金属磨料的国际标准

ISO 11124 和 ISO 11125 是有关喷射清理用金属磨料的要求和试验方法的标准。

ISO 11124《涂覆涂料前钢材表面处理　喷射清理用金属磨料的技术要求》,由下列部分组成:

——第1部分:导则和分类;

——第2部分:冷硬铸铁砂;

——第3部分:高碳铸钢丸和砂;

——第4部分:低碳铸钢丸;

——第5部分:钢丝段。

ISO 11125《涂覆涂料前钢材表面处理　喷射清理用金属磨料的试验方法》,由下列部分组成:

——第1部分:抽样;

——第2部分:颗粒尺寸分布的测定;

——第3部分:硬度的测定;

——第4部分:表观密度的测定;

——第5部分:缺陷颗粒百分比和微结构的测定;

——第6部分:外来杂质的测定;

——第7部分:含水量的测定;

——第8部分:磨料机械特性的测定。

与"喷射清理用金属磨料"的国际标准相对应的国家标准目录:

GB/T 18838.1—2002　涂覆涂料前钢材表面处理　喷射清理用金属磨料的技术要求　第1部分:导则和分类(ISO 11124-1:1993,MOD)

GB/T 19816.1—2005　涂覆涂料前钢材表面处理　喷射清理用金属磨料的试验方法　第1部分:抽样(ISO 11125-1:1993,IDT)

GB/T 19816.2—2005　涂覆涂料前钢材表面处理　喷射清理用金属磨料的试验方法　第2部分:颗粒尺寸分布的测定(ISO 11125-2:1993,IDT)

GB/T 19816.3—2005　涂覆涂料前钢材表面处理　喷射清理用金属磨料的试验方法　第3部分:硬度的测定(ISO 11125-3:1993,IDT)

GB/T 19816.4—2005　涂覆涂料前钢材表面处理　喷射清理用金属磨料的试验方法　第4部分:表观密度的测定(ISO 11125-4:1993,IDT)

GB/T 19816.5—2005　涂覆涂料前钢材表面处理　喷射清理用金属磨料的试验方法　第5部分:缺陷颗粒百分比和微结构的测定(ISO 11125-5:1993,IDT)

GB/T 19816.6—2005　涂覆涂料前钢材表面处理　喷射清理用金属磨料的试验方法　第6部分:外来杂质的测定(ISO 11125-6:1993,IDT)

GB/T 19816.7—2005　涂覆涂料前钢材表面处理　喷射清理用金属磨料的试验方法　第7部分:含水量的测定(ISO 11125-7:1993,IDT)